钢结构建筑工业化与新技术应用

中国建筑金属结构协会钢结构专家委员会

中国建筑工业出版社

图书在版编目（CIP）数据

钢结构建筑工业化与新技术应用/中国建筑金属结构协会钢结构专家委员会. —北京：中国建筑工业出版社，2016.4

ISBN 978-7-112-19327-1

Ⅰ.①钢… Ⅱ.①中… Ⅲ.①钢结构-建筑工业化-研究 Ⅳ.①TU391

中国版本图书馆CIP数据核字（2016）第064251号

本书共分五大部分，从钢结构建筑工业化、钢结构研究与应用、钢结构住宅、钢结构工程施工、金属屋面系统新技术应用，汇总了国内近两年钢结构建筑工业化发展及新技术的应用，对钢结构施工技术、钢结构住宅体系和金属屋面系统的应用等进行了介绍。

本书对于从事钢结构的研究、设计、施工和管理工作的从业人员会有所帮助和启发，对钢结构专业的师生具有参考价值。

* * *

责任编辑：郦锁林 万 李

责任校对：陈晶晶 刘梦然

钢结构建筑工业化与新技术应用

中国建筑金属结构协会钢结构专家委员会

*

中国建筑工业出版社出版、发行（北京西郊百万庄）

各地新华书店、建筑书店经销

北京红光制版公司制版

北京市密东印刷有限公司印刷

*

开本：880×1230毫米 1/16 印张：28 插页：4 字数：708千字

2016年4月第一版 2016年4月第一次印刷

定价：**86.00**元

ISBN 978-7-112-19327-1

（28582）

《钢结构建筑工业化与新技术应用》

编 写 委 员 会

主　编：党保卫

副主编：弓晓芸　王明贵　张跃峰

编　委：沈祖炎　陆赐麟　李少甫　王仕统　贺明玄

罗永峰　陈志华　冯　远　黄　刚　周观根

肖　瑾　李文斌　董　春　胡育科　刘　民

韩庆华　丁大益　陈振明　戴　阳　刘中华

孙晓彦　严洪丽　花定兴　查晓雄　宋传新

秘书处：顾文婕　周　瑜

前 言

十二届全国人大第四次会议《政府工作报告》中提出："积极推广绿色建筑和建材，大力发展钢结构和装配式建筑，提高建筑工程标准和质量。"

2015年9月30日住房城乡建设部、工业和信息化部印发的《促进绿色建材生产和应用行动方案》，从"钢结构和木结构建筑推广行动"等10个方面部署了相关任务，方案明确在文化体育、教育医疗、交通枢纽、商业仓储等公共建筑中积极采用钢结构，发展钢结构住宅，在工业建筑和基础设施中大量采用钢结构，在大跨度工业厂房中全面采用钢结构，推进轻钢结构农房建设。

2016年2月6日《中共中央　国务院关于进一步加强城市规划建设管理工作的若干意见》中，针对当前一些城市存在的建筑贪大、媚洋、求怪等乱象丛生、特色缺失和文化传承堪忧等现状，提出加强建筑设计管理。按照"适用、经济、绿色、美观"建筑方针，突出建筑使用功能以及节能、节水、节地、节材和环保，防止片面追求建筑外观形象。强化公共建筑和超限高层建筑设计管理。鼓励国内外建筑设计企业充分竞争，培养既有国际视野又有民族自信的建筑师队伍，倡导开展建筑评论。

以上一系列相关政策的出台给我国钢结构建筑行业的发展和转型升级指明了方向，给予钢结构企业极大的鼓舞和鞭策。钢结构建筑的春天来到了！

本书介绍了近两三年高等院校、设计研究院的建筑钢结构专家在钢结构设计理论、规程规范、BIM技术研究及新材料、新技术、新产品的最新研究成果。

并介绍了近两年建设竣工的机场航站楼、大剧院、会展中心、高层和超高层建筑、工业建筑等工程中钢结构施工技术研究与应用的实践经验，对钢结构以及相关行业的发展将起到积极的推动作用。

钢结构住宅体系的研究及应用也在不断创新，在许多地区推广应用。这是产学研合作的成果。

金属板屋面系统以其质量轻、强度高、色彩丰富、造型灵活和极富现代感等独特的魅力在建筑围护结构领域中得到广泛应用，这部分的论文是近年来专业公司在金属板屋面系统的设计施工实践中的宝贵经验的总结，对提高屋面的工程质量具有一定的参考价值。

在此，对积极投稿的作者、审稿的钢结构专家，以及为本书出版给予支持的企业，一并表示感谢。

对于书稿中出现的错误，敬请读者批评指正。

目　录

一

钢结构建筑工业化

以钢结构建筑为抓手，推动建筑行业绿色化、工业化、信息化协调发展

沈祖炎，罗金辉，李元齐

（同济大学建筑工程系，上海　200092）

摘　要　建筑工业化、绿色建筑和建筑一体化信息管理已经成为我国建筑行业实现产业升级的三大重要战略方向，引起了行业的高度重视和各级政府的关注和支持。本文从建筑行业贯彻国家五大发展理念的角度，结合新型建筑工业化、绿色建筑和建筑一体化信息管理（BIM）的发展背景，提出了三者的发展理念、策略以及它们之间的相互关系。剖析了钢结构建筑在实现新型建筑工业化、绿色建筑以及充分发挥BIM平台功能等方面的优势，提出应以钢结构建筑为抓手，推动建筑行业绿色化、工业化、信息化“三位一体”，协调发展的建议。

关键词　新型建筑工业化；绿色建筑；建筑一体化信息管理；钢结构建筑；协调发展

1　引言

目前我国建筑行业能耗居高不下，建筑资源消耗水平远高于发达国家，建筑工业化和信息化程度还很低。这种低效率的粗放型发展模式已成为我国这种人均资源十分匮乏的人口大国不能承受之重，引起了国家相关部门和建筑行业的高度重视。

党的十八大五中全会提出：实现“十三五”时期发展目标，破解发展难题，厚植发展优势，必须牢固树立“创新、协调、绿色、开放、共享”的发展理念。建筑行业必须坚决贯彻五大发展理念，以提高发展质量和效益为中心，坚持工业化、绿色化、信息化三大发展方向：即要认真贯彻创新发展理念，坚持建筑行业向工业化方向发展，实现新型建筑工业化；认真贯彻绿色发展理念，坚持建筑行业向绿色化方向发展，实现绿色建筑；认真贯彻共享发展理念，坚持建筑行业向信息化方向发展，实现建筑一体化管理（BIM）共享信息平台，在推进三大发展方向时，还必须认真贯彻协调发展理念，坚持协调统一，实现工业化、绿色化、信息化“三位一体”协调发展策略，有力推进建筑行业的转型升级，有力推进我国从建筑业大国向建筑业强国的转变。

2　钢结构建筑最有条件实现新型建筑工业化

2.1　新型建筑工业化发展的背景

回顾历史，不难看出，工业革命的成果直接推动了制造业的变革，也影响了建筑工业化的发展。1760年开始的第一次工业革命的蒸汽机成果，促成制造业的变革是机器替代手工劳动，在建筑业出现了机械建造的预制装配式建筑。1870年开始的第二次工业革命的电气化成果，促成制造业的变革是自动流水线生产代替单台机器生产，形成大规模成批生产，在建筑业也出现了体系建筑和模块建筑等的流水线建造。1950年开始的第三次工业革命的电子计算机和信息控制技术等成果，促成制造业的变革是向高度数字化自动控制下的生产发展，数控机床、机器人的大量应用，少人和无操作工人的车间正在陆

续出现，在建筑业也有越来越多的建筑业工厂已在 BIM 技术的控制下采用机器人或数控机床进行建筑部品的批量生产和组装。

目前，美、德等发达国家正在致力于向第四次工业革命前进，其特征是智能化。制造业的变化在控制技术方面，用可变的智能控制技术取代不可变的自动控制技术；在生产系统方面，用柔性制造系统取代刚性生产系统；在生产模式方面，用大量定制生产模式取代大规模成批生产模式；在生产体制方面，用社会化生产体制（即通过物流网和互联网技术组成最有效的产业链联盟）取代工业化生产体制。

我国建筑工业化现状与发达国家相比存在非常明显的差距。我国在 20 世纪 50 年代曾在全国建筑业推行标准化、工厂化，大力发展预制装配建筑。从 20 世纪 70 年代初到 80 年代中期，预制混凝土构件生产经历了大发展时期，到 20 世纪 80 年代末，全国已有数万家构件厂，预制混凝土年产量达 2500 万 m^3。但由于对预制装配式建筑的结构整体性缺少深入研究，在 1978 年唐山大地震中，几乎所有的钢筋混凝土预制装配式建筑都夷为平地；在北京前门建造的预制钢筋混凝土大板高层住宅经过几年使用后均发现板缝明显渗水，影响使用质量。另外，我国自 20 世纪 80 年代末开始推行社会主义市场经济，钢筋混凝土预制装配式建筑造价较高的缺点暴露无遗。因此，由那时起，我国的钢筋混凝土建筑仍回到以现浇结构为主，在少量机械化的辅助下由人工建造，相当处于第一次工业革命时期的工业化水平。钢结构建筑情况稍好，均采用预制装配式，一些部品已有流水线建造，相当处于第二次工业革命早期的工业化水平。

长期以来，我国建筑业一直是劳动密集型行业，主要依赖低人力成本和以包代管的生产经营模式。与其他行业以及国外同行业相比，我国存在手工作业多、工业化程度低、劳动生产率低、工人工作条件差、建筑工程质量和安全问题时有发生、建造过程的能源和资源消耗大、环境污染严重、建筑寿命低等问题。随着我国人口红利的淡出，建筑业的“招工难”、“用工荒”现象已经出现，而且仍在不断地加剧，传统模式已难以为继，必须向新型工业化道路转轨。

自 21 世纪初期以来，建筑工业化已提升成为我国在建筑领域的发展战略。实现建筑工业化符合《国家中长期科学和技术发展规划纲要（2006—2020 年）》，是我国当前建筑业转型升级、节能减排、新农村建设、城镇化和住宅产业化等国家重大发展需求的技术支撑。鉴于过去发展建筑工业化的经验教训，2002 年 11 月，党的十六大提出“走新型工业化道路”。2012 年 2 月，中央经济工作会议上提出“走一条中国式新型工业化道路”，均提到了要有别于过去工业化的新型工业化。

近年来，全国由上而下地出台各种政策，意欲推动建筑特别是住宅建筑工业化的发展，但事与愿违。由于在推进建筑工业化发展的过程中，没有按照其自身发展规律去做，只是采用行政命令强行推行，其结果必然导致构件生产非标准化，出现费工费料费时的劳民伤财现象。

因此，要能在全国更广、更快和更好地实现建筑工业化，必须对新型建筑工业化的目标和技术要求有清晰的了解，对其发展理念有正确的掌握，对其实现策略有认真的规划。

2.2 新型建筑工业化发展的策略

鉴于我国建筑工业化的技术水平相当落后，因此，其发展必须贯彻创新发展理念，走新型建筑工业化的跨越式发展道路。

新型建筑工业化的目标和技术特征可从以下方面加以说明：

1）新型建筑工业化目标的技术水平应定位在第三次工业革命甚至第四次工业革命的技术水平，即到达深度信息化甚至智能信息化初步。

2）新型建筑工业化的覆盖范围应是从建筑设计阶段开始到建筑物拆除为止的全寿命周期。

3）建筑设计个性化应能在新型建筑工业化中得到充分的发挥。

4）新型建筑工业化的建造系统应逐步采用可变的智能控制技术和柔性制造系统，形成大产量定制生产模式，满足客户的各种不同需求。

5）形成完备的各种建筑部品的商品化生产，通过产业链联盟的组成，逐步由工业化生产体制向社会化生产体制的转变。

6）实行满足个性化要求的菜单式订购。

基于我国建筑业的现状，要实现新型建筑工业化，任务是非常艰巨的，是一项不折不扣的系统工程。这项系统工程可以分解为建筑全寿命周期的 9 个阶段，在每一个阶段都有实现“一个化”的要求：即①建筑设计个性化；②结构设计体系化；③部品尺寸模数化；④结构构件标准化；⑤配套部品商品化；⑥加工制作智能化；⑦现场安装装配化；⑧建造运维信息化；⑨拆除废件资源化。

可以看出，当九个阶段都实现“九化”的要求，即“九段九化”都能实现，就标志了新型建筑工业化的实现。

新型建筑工业化实现后取得的效果可用“四个高”加以归纳，即高效率、高质量、高科技、高效益。

为了我国建筑行业能够尽早实现新型建筑工业化，在推行新型建筑工业化时必须坚持走跨越式发展的道路，不能按部就班地走传统发展的老路；必须坚持以达到提高质量、增加效率、减少污染、节约资源和降低成本等为追求目的，不能总是瞄准了获得各种优惠政策的指标去做，违背了新型建筑工业化必能取得的“四个高”的效果；必须坚持以建筑全寿命周期内的各项指标作为衡量的综合指标，不能采用只强调一个或少部分的指标、无视全体指标的做法。只有以上述正确的发展理念为主导，建筑行业的新型建筑工业化才能健康、迅速地得到实现。

2.3 应以钢结构建筑为抓手发展新型建筑工业化，并起示范作用

钢结构建筑与混凝土结构建筑相比，已基本达到预制装配化，具备了智能化自动流水线制造的能力，并且已形成了若干种符合建筑工业化制造特征的体系建筑（如：轻型工业厂房的轻钢门式刚架体系建筑、螺栓球节点网架结构体系建筑等），完成了多种建筑部品的商业化生产（如：墙面、楼面 、屋面等）。因此，钢结构建筑已具有实现新型建筑工业化的基础，建筑行业实现新型建筑工业化应以钢结构建筑为抓手，率先实现，并起示范作用。

虽然钢结构建筑已具有新型建筑工业化的基础，但由于相关部门仍以传统观点将建筑工业化等同于预制装配化，完全没有理解新型建筑工业化的真实内涵，将钢结构建筑归入已基本实现建筑工业化的建筑，因此，延缓甚至阻碍了钢结构建筑向新型建筑工业化发展的步伐。主要表现在以下几个方面：①没有立足行业发展，让建筑师牵头组织不同专业人员协同攻关，从模数化、标准化和部品系列化等方面着手研究实现建筑工业化的基本条件；②研发人员以结构工程专业为主，导致钢结构建筑工业化的研发过多聚焦于实现结构的装配化。而围护结构等配套产品标准化、系列化、通用化程度较低，没有按建筑、结构、设备等专业进行全行业系统工程的要求协同攻关；③对适合工业化建造的钢结构建筑体系的研究思路简单地从承重的角度考虑以钢结构代替混凝土结构；④各企业研发的钢结构工业化建筑体系缺少通用性，各自为战。

针对上述问题，提出下列建议：①相关部门应以钢结构建筑为抓手，按照新型建筑工业化的目标和技术要求，切实领导建筑行业推进新型建筑工业化的实现；②建议发改委会同住房城乡建设部制订并发布“钢结构建筑实现新型建筑工业化的行动方案”等指导性文件，制定钢结构建筑的财政补贴政策，并出台鼓励公共建筑采用工业化建造的钢结构建筑的相关政策；③相关行业协会应在推进钢结构建筑实现新型建筑工业化的过程中起领导作用，按照钢结构建筑工业化的发展规律，引领协会全体成员走正确的发展道路；④协会应遴选合适人员，成立钢结构建筑工业化发展委员会，制定钢结构建筑工业化中长期发展规划和近期实施计划，并选择若干个合适单位对实施计划的不同内容进行试点。

3 钢结构建筑是实现绿色建筑的最佳结构形式

3.1 建筑行业绿色化发展的背景

18 世纪到 19 世纪，由于工业革命带来的负面效果，出现了工业生产污染严重、城市卫生状况恶

化、环境质量急剧下降等问题，并引发了严重的社会问题。美国、英国、法国等国家开展了城市公园绿地建设活动。这一措施为在城市发展中被迫与自然隔离的人们创造了与大自然亲近的机会，也在一定程度上反映了绿色建筑的思想。

20世纪60年代，意大利建筑师保罗·索勒瑞首次将生态与建筑合称为“生态建筑”，使人们对建筑的本质又有了新的认识。真正的绿色建筑概念在这时才算是被提出来。1972年联合国人类环境会议通过的《斯德哥尔摩宣言》，提出了人与人工环境、自然环境保持协调的原则。

20世纪90年代，我国首次引入绿色建筑的概念。在正式启动绿色建筑近10年的时间内，我国的绿色建筑从无到有、从少到多、从地方到全国、从单体向城区、城市规模化发展，特别是2013年《绿色建筑行动方案》发布以来，我国绿色建筑进入了新的发展阶段。尽管近年我国绿色建筑发展速度明显加快，但总体来说我国绿色建筑发展尚处于初步阶段，仍然存在不少问题。主要表现在以下几个方面：①大部分绿色建筑项目尚未在运营过程中得到验证，已获得绿色建筑标识项目80%以上集中在设计阶段；②市场上存在着部分追求噱头、形式片面、盲目进行技术堆砌倾向；③由于缺乏对绿色建筑投入产出的科学评价以及对社会环境效益的正确认识，从而影响设计人员的主动积极性。

回顾过去我国二十多年的大规模基本建设，给人民生活提供了极大的便利，为社会创造了大量的财富，同时也消耗了大量的自然资源，产生了一系列环境问题。另外，建筑行业已成为能源消耗和碳排放大户。如果不用绿色发展理念加以革新，仍以粗放模式建设，将会摧残生态环境，制约中国乃至世界的可持续发展。

我国在国民经济和社会发展第十三个五年规划的建议中提出了五大发展理念。绿色发展理念是其中之一，提出“必须坚持节约资源和保护环境的基本国策，坚持可持续发展”以及“促进人和自然和谐共生”。建筑行业在贯彻绿色发展理念时就应把实现绿色建筑作为行动的目标。

3.2 建筑行业的绿色化发展策略

绿色建筑现在在国际上仍然没有一个统一的概念，欧美国家提出的“生态建筑”、“节能省地型建筑”和“可持续建筑”，以及日本提出的“环境共生建筑”等都是从不同角度对绿色建筑的阐述。对绿色建筑的提法的共同特点是将建筑与环境紧密联系，突出以下三个方面：对资源和环境的影响和负荷小；能为人类提供健康舒适的生活环境；要求建筑与自然条件相融合。

我国对绿色建筑的定义为：绿色建筑（Green Buildings）是指在建筑的全寿命周期内，最大限度地节约资源、保护环境和减少污染，为人们提供健康、适用和高效的使用空间，与自然和谐共生的建筑。简言之，绿色建筑就是在全寿命周期内四节一环保，满足使用功能的同时与自然和谐共生。

由此可见，绿色建筑就是要在建筑全寿命周期内做到以下三点：一是节约各种资源，特别是强调节能；二是保护环境，强调减少环境污染，减少二氧化碳的排放；三是满足人民使用上的要求，为人们提供与自然和谐共生的空间。这就要求建筑行业在推行绿色建筑时必须认真做到节地和室外生态环境利用；节能和能源利用；节水和水资源利用、节材和材料资源利用；绿色施工及采用新型建筑工业化建造；室外环境保护及污染物控制；洁净室内环境及职业健康保护等。

因此，为了我国建筑行业能够尽早实现绿色建筑，在推行建筑行业绿色化时，必须坚持在建筑全寿命周期内对以下几方面作重点推进，并把各项指标的综合评价作为评价的依据：绿色建筑材料和再生材料的利用，绿色设计的创新理念，如“共享设计”的绿色建筑设计理论和“被动优先、主动优化”的解决之道等，“建筑一体化管理（BIM）”信息共享平台的深度运用，新型建筑工业化和绿色施工的系统研发，结构全寿命设计及多灾种防灾技术的应用等；必须坚持可持续发展观和形成人与自然和谐共生建设生态文明等国家相关战略。只有以上述正确的发展理念为主导，建筑行业的绿色化才能全面、完善地得到实现。

3.3 钢结构建筑是实现绿色建筑的最佳结构形式

钢结构建筑体系在我国已具备规模化发展的条件。钢结构建筑以其强烈的工业化特色、轻质高强的优势以及干式施工方式，不仅可以大幅提高工程质量和安全技术标准、实现绿色施工，还可以大幅提高建筑的工作性能和使用品质，增强城市的防灾减灾能力。

精心设计的钢结构建筑具有“轻、快、好、省”的特点。轻，在相同承载力作用下，结构最轻，因而节材；快，工业化程度高，因而节能、节水、节地、减少污染；好，材性好，能安全且容易做到轻量化，因而节材；省，钢材可回收利用，因而符合可持续发展。此外，钢结构建筑抗震性能好，减少地震灾害，能做到人与自然和谐共生。加上新型工业化建造，就能在全寿命周期内高质量地践行“绿色建筑”的各项要求。因此，钢结构建筑是实现“绿色建筑”的最佳结构形式。

但是，由于目前钢结构建筑应用不多，怎样结合钢结构建筑的特点实现绿色建筑缺少实践经验，因此需要在推广钢结构建筑的同时加强对实现绿色建筑的研究和支持。

针对上述情况，提出下列建议：

1）加快落实国务院《绿色建筑行动方案》。各省市应尽快出台实施或指导意见，在政府投资的保障性安居工程中积极开展绿色建筑和节能减排工程建设，大力推广钢结构住宅产业化技术，改变传统的住宅生产方式，实行住宅全装修以及工业化、标准化和产业化施工，全面执行绿色建筑标准。

2）依据国务院颁发的《绿色建筑行动方案》和《循环经济发展战略及近期行动计划》的要求，按照减量化、再利用、资源化的原则，从全寿命周期的角度完善国标《绿色建筑评价标准》的评价指标。

3）通过政府引导和政策扶植，以钢结构建筑为载体，将新型绿色节能建材成套技术、外墙保温成套技术、屋面成套技术、非承重隔墙成套技术等进行配套集成，形成若干个集科研、设计、生产、施工于一体的中国钢结构绿色建筑集成产业基地或产业中心。

4 钢结构建筑最能体现建筑一体化管理（BIM）共享信息平台在实现新型建筑工业化时的关键作用

4.1 建筑一体化管理发展的背景

人类信息技术的发展经历了“语言的使用”、“文字的创造”、“印刷的发明”、“电话、电报、广播和电视的发明及普遍应用”以及“电子计算机、互联网和现代通信的使用”五次革命。而建筑信息化的概念是在信息技术第五次革命之后的1975年，由美国首次提出，但当时受制于技术未能实现。随着信息技术的不断发展，建筑行业信息化的定义也得到了不断的完善。我国对建筑行业信息化的定义为：运用信息技术，特别是计算机技术、网络技术、通信技术、控制技术、系统集成技术和信息安全技术等，改造和提升建筑业技术手段和生产组织方式，提高建筑企业经营管理水平和核心竞争能力，提高建筑业主管部门的管理、决策和服务水平。建筑业的信息化主要包括政务管理信息化、行业信息化和企业信息化。

近年来，随着信息技术的不断进步和建筑行业逐步规范，我国建筑行业信息化发展较快，信息网络建设开始起步，信息技术应用得到推广，但是大部分企业信息化基本处于单一应用阶段。企业信息化仅限于专业软件的局部使用，数据不能共享，普遍存在信息孤岛现象。根据国外建筑业信息化的发展轨迹，在未来若干年内，一方面行业工具软件将进一步得到广泛应用；另一方面行业发展要求建筑企业对工程项目建设进行全过程信息化管理，项目管理整体解决方案将得到大范围应用。此外，行业内信息的收集、共享也将通过网络平台等得到发展，为建筑企业经营决策提供支持。

我国在2003年由建设部颁布了《2003—2008年全国建筑业信息化发展规划纲要》，指出我国要运用信息技术实现建筑业跨越式发展。2015年，住房城乡建设部发布《住房城乡建设部关于印发推进建筑信息模型应用指导意见的通知》（建质函［2015］159），就推进建筑信息模型（BIM）的应用提出了具体意见。然而信息技术在我国建筑行业的应用水平依然比较落后，而且严重落后于其他行业，主要是由于目前建筑企业的信息化大多数不是企业自身驱动力去实施的，主要依赖国家政策的推动，但是随着中国建筑业全球化、城市化进程的发展以及可持续发展的要求，应用BIM技术对建筑全寿命周期进行全方位管理，是实现建筑业信息化跨越式发展的必然趋势。

4.2 建筑行业信息化的发展策略

新型建筑工业化需要有正确无误的精细化管理，建筑行业传统的项目管理方式无法应对项目海量数据的及时处理，无法解决协同效率低、错误多等问题，也无法完成一套完整的预算数据。由于缺乏强大的基础数据支撑，一切管理依照经验指挥，再好的管理团队也不可能真正实现精细化管理。

建筑行业为了解决这一问题，最初采用“建筑信息模型”技术（Building Information Model，简称BIM）得到了一个建设项目的物理和功能特性的数字表达；应用后发现BIM还需为项目从概念到拆除的全寿命周期中不断修正数字表达，以符合不断变化的实际情况，BIM的表达改用“建筑信息建模”（Building Information Modeling）更为合适；以后更发现，BIM又能为该项目在全寿命周期中的所有决策提供可靠依据，具有广泛的管理功能，BIM更可改用“建筑信息管理”（Building Information Management）来表达；最近，BIM又能为建筑工业化提供数字化信息，实现信息控制下的智能建造系统，因此，又把BIM表达为“建筑一体化管理”（Building Integration Management）。

建筑一体化管理（BIM）信息平台，能支持对工程环境、能耗、经济、质量、安全等方面的分析、检查和模拟，可为项目全过程的方案优化和科学决策提供依据。BIM平台可支持各专业协同工作、项目的虚拟建造和精细化管理，为建筑业的提质增效、节能环保创造条件。

由此可见，建筑一体化管理（BIM）是建筑行业转型升级的重要标志，具有重要的战略地位和应用价值。

BIM技术的特征是信息互用，即在项目建设过程中项目参与方之间、不同应用系统工具之间对项目信息的交换和共享。因此建筑行业在实现建筑一体化管理（BIM）信息平台时，必须认真贯彻共享发展理念：坚持实现的信息平台能为全行业共享；坚持实现的信息平台应在建筑全寿命周期内信息统一；坚持实现的信息平台能为各阶段所有参与单位共用。

4.3 钢结构建筑最能体现BIM技术在实现新型建筑工业化时的关键作用

钢结构建筑的建设特点，决定了它在建筑信息化中具有较其他结构更明显的优势。设计阶段，特别是深化图设计阶段，钢结构建筑的所有零件和建筑部品均可按工厂制造的需要将其物理信息数字化表达，直接为制造厂所用。建筑信息模型的建立，既能起到碰撞检查的作用，又能起到虚拟建造的作用，为优化现场施工安装方案提供了可视化的依据；工厂制造阶段，融入了BIM控制技术后，可将BIM信息直接输入智能机器人和数控机床，实现钢结构构件的数字化制造，使钢结构建筑工业化产生质的提升，从高度自动化的生产逐步发展为可自律操作的智能生产系统，从而有望引起建筑工业化的第四次革命；运输阶段，通过信息化技术，可根据现场安装进程，对构件进场批次及堆放次序等运输方案做合理安排，大幅度提高运输管理效率；现场安装阶段，可应用信息化技术，将现场安装中的误差及时反馈给钢结构制造厂，以调整后续构件的加工，满足整体结构的安装误差，实现精细化管理。由此可见，钢结构建筑能使BIM技术在实现新型建筑工业化建造时起关键作用。

5 建筑行业绿色化、工业化、信息化的发展应采用“三位一体”协调发展的策略

新型建筑工业化在建筑全寿命周期内可划分成以下几个阶段：设计阶段、制作阶段、安装阶段、运维阶段以及拆除阶段。这五个阶段都有独立进行的时段、独立进行的空间，但又是循序接连进行的。以制作阶段为例，在设计阶段完成后，就进入制作阶段，在工厂完成产品的制作，产品再进入安装阶段。按照新型建筑工业化的要求，制作阶段应将水、电、暖等管道、内外装修以及有关绿色化的措施等在构件和部品制作时一体化完成。绿色建筑是指导设计体现可持续发展观的一种先进理念，它的实现必须通过各种绿色化措施在建筑全寿命周期内的各个阶段予以实施。因此，体现绿色建筑的各种措施能否在新型建筑工业化的各个阶段一体化完成至关重要。绿色建筑的措施如不能在建筑工业化的各个阶段同时完成，不但影响建筑工业化的效果，也同样会影响绿色化措施的效果。因此，建筑行业的绿色化发展和工

业化发展应该融合统一，协调发展，在推行绿色建筑时，处处考虑到建筑工业化的可行性，在推行建筑工业化时，处处关注到绿色建筑的要求，以达到相得益彰、事半功倍的效果。

新型建筑工业化要求建筑的建造和运维的全过程（即全寿命周期）是在数字化信息控制下的自动化或智能化系统中进行和完成。一个工程往往有数十个甚至数百个单位参与，所有海量信息必须前后一致、完全统一，才能在新型建筑工业化的高度自动化的生产和管理系统中使用。而建筑一体化信息管理（BIM）平台能满足这一要求，能提供建筑全寿命周期内使用需要的用数字表达的信息，使其在新型建筑工业化的高度自动化生产管理系统中得到高效应用。建立在 BIM 信息平台上的新型建筑工业化并且在建造系统中融入了 BIM 控制技术后，建筑工业化将发生质的提升，可以将高度自动化的生产逐步发展为可自律操作的智能生产系统，引领建筑工业化的第四次革命。因此，建筑工业化发展和信息化发展应该融合统一，协调发展。

综合以上分析，建筑行业绿色化、工业化、信息化的发展应采取三位一体、协调发展的策略，才能起到 1+1+1>3 的作用。要使建筑行业的“三位一体”、协调发展顺利进行，应从行业发展的高度制定合理可行的顶层设计方案，指导行业发展。同时，建筑行业“三位一体”、协调发展涉及土木、建筑、管理、信息、机械制造、智能控制等多学科交叉，应建设一批复合型高级科技人才队伍，才能健康、高水平地发展。

6 建议

十一五、十二五期间，住房城乡建设部曾就建筑行业的绿色化、工业化、信息化发展花大力推行，但收效甚微。究其原因主要有二：一是“三个化”孤立推行，没有协调发展；二是选用不合适的混凝土结构建筑为抓手，导致工业化建筑的造价不降反增，增加达 20%左右。

综上讨论，得出了以下几点结论：①钢结构建筑最有条件实现新型建筑工业化；②钢结构建筑是实现绿色建筑的最佳结构形式；③钢结构建筑最能体现 BIM 在实现新型建筑工业化时的关键作用；④建筑行业绿色化、工业化、信息化的发展应采用“三位一体”协调发展的策略。

鉴于此，建议：建筑行业的发展，应以钢结构建筑为抓手，采取绿色化、工业化、信息化“三位一体”协调发展的策略。

参考文献

[1] 叶明，武洁青．新型建筑工业化内涵及其发展．中国建设报，市场五版，2013.02.06.

[2] 沈祖炎，李元齐．建筑工业化建造的本质和内涵[J]. 建筑钢结构进展，2015，17(5)：1－6

[3] 中国绿色建筑工程师网(http：//www.jzr8.com/news.aspx? id=1098). 国外绿色建筑的发展．2014.10.21.

[4] 中国产业信息网(http：//www.chyxx.com/industry/201507/331891.html). 2014 年中国绿色建筑行业发展现状回顾分析．2015.07.29.

[5] 中华人民共和国国家标准．绿色建筑评价标准 GB/T 50378－2014 [S]. 北京：中国建筑工业出版社，2015.

适应新常态，努力促进建筑钢结构行业的创新发展

党保卫

（中国建筑金属结构协会建筑钢结构分会，北京　100859）

摘　要　本文阐述了我国建筑钢结构行业的宏观经济政策，指出建筑钢结构发展的历史机遇。要求企业要正确把握新常态，转变发展观念、调整发展战略、增强核心竞争力，在新一轮改革中抓住发展机遇，积极应对、主动适应，谱写新常态下钢结构持续发展协奏曲，为促进钢结构行业的健康有序发展做出新贡献。

关键词　改革；创新；新常态；钢结构行业；发展

唯改革者进，唯创新者强。创新始终是推动一个国家、一个民族向前发展的重要力量。抓创新就是抓发展，谋创新就是谋未来。党的十八届五中全会提出“五大发展理念”，排在首位的就是“创新发展”。“十二五”期间尤其是党的十八大以来，无论是经济转型升级，还是加快实施创新驱动发展战略；改革创新精神贯穿着各行各业的各个环节。

今年是“十三五”开局之年，我国经济社会发展进入了全面建成小康社会、实现“两个一百年”奋斗目标中第一个百年奋斗目标的决胜阶段。习近平总书记指出，科技是国家强盛之基，创新是民族进步之魂。对我国未来五年的发展做出全面部署，把发展的基点放在创新上，使之成为引领发展的第一动力。

展望未来，中国发展的时与势、艰与险，将我们推到了创新发展的风口，新一轮科技革命和产业变革蓄势待发。中国建筑金属结构协会建筑钢结构分会会长党保卫在2016年年初钢结构全体专家会议以及2月份的第三届全国彩钢机械研讨大会上以“适应新常态，努力促进建筑钢结构行业的创新发展”为主题，从建筑钢结构行业的发展现状与未来发展方向入手，阐明了在当前经济社会新常态下，建筑钢结构行业实现顺势发展、创新发展的必然性，为行业发展提供了经验借鉴。以下是报告内容，以供建筑钢结构行业借鉴思考。

1　我国建筑钢结构行业的宏观经济政策

在建筑钢结构这个细分行业，近两年钢结构行业相关产业政策暖风频吹，出台了对行业发展和转型升级有重要影响的多项政策。2013年国发1号文件《绿色建筑行动方案》，锁定绿色建筑，要求推广适合工业化生产的预制装配式混凝土、钢结构等建筑体系；在国发〔2013〕41号《关于化解产能严重过剩矛盾的指导意见》中，要求大力推广钢结构在建设领域的应用；2014年4月8日，为推动绿色施工和建筑节能减排，促进建筑业转型升级，住房城乡建设部发布建市〔2014〕45号文，批准部分钢结构企业开展房建总承包试点；2014年5月18日，在第八届中国国际钢铁大会上，工业和信息化部领导提出“……在公共建筑和政府投资建设领域开展钢结构应用试点”。2014年5月27日，批准《绿色建筑评价标准》为国家标准，自2015年1月1日起实施，标志着中国的绿色建筑开始进入2.0时代。2015年9月30日住房城乡建设部、工业和信息化部印发的

《促进绿色建材生产和应用行动方案》，从“钢结构和木结构建筑推广行动”等10个方面部署了相关任务，方案明确在文化体育、教育医疗、交通枢纽、商业仓储等公共建筑中积极采用钢结构，发展钢结构住宅，在工业建筑和基础设施大量采用钢结构。在大跨度工业厂房中全面采用钢结构。推进轻钢结构农房建设。特别是2015年11月4日召开的国务院常务会议，部署贯彻党的十八届五中全会精神，部署推进工业稳增长，调结构，促进企业拓市场增效益，其中要求结合棚改和抗震安居工程等，开展钢结构建筑试点，扩大绿色建材等使用。

今年伊始，在《国务院关于钢铁行业化解过剩产能实现脱困发展的意见》国发〔2016〕6号文中明确提出：推广应用钢结构建筑，结合棚户区改造、危房改造和抗震安居工程实施，开展钢结构建筑推广应用试点，大幅提高钢结构应用比例；在《国务院关于深入推进新型城镇化建设的若干意见》国发〔2016〕8号文中：对大型公共建筑和政府投资的各类建筑全面执行绿色建筑标准和认证，积极推广应用绿色新型建材、装配式建筑和钢结构建筑；在2月21日公布的《中共中央国务院关于进一步加强城市规划建设管理工作的若干意见》提出，力争用10年左右时间，使装配式建筑占新建建筑的比例达到30%，积极稳妥推广钢结构建筑。

这些，从国家的层面上，发出了推广应用钢结构的最强声音。钢结构行业国家支持政策见表1。

在省一级的地方政府中针对推广钢结构建筑的产业政策和行动也在积极进行：在2015年7月24日经过云南省人民政府同意，云南省住房和城乡建设厅发布了《关于加快发展钢结构建筑的指导意见》，意见强调，将在云南省城乡建设中大力推广使用钢结构建筑。“十三五”期间，力争新建公共建筑选用钢结构建筑在15%以上，不断提高城乡住宅建设中钢结构使用比例。2015年11月30日重庆市政府领导主持了“重庆钢结构产业有限公司正式签约”活动。市长黄奇帆签约仪式上表示，重庆钢结构产业公司的签约运营，拉开了重庆市钢铁和建筑行业转型升级的大幕。签约的成功，使重庆增添了城市建设生力军，可补齐重庆市钢结构发展的短板，形成钢结构与预制结构“双轮驱动”的建筑产业现代化新格局。2016年1月15日重庆市人民政府发布《关于加快钢结构推广应用及产业创新发展的指导意见》(渝府发〔2016〕2号)：推动政府投资、主导的公共或公益性建筑全面采用钢结构；社会投资的工业厂房和公共建筑优先采用钢结构；推动市政交通基础设施大量采用钢结构；探索推广钢结构住宅，鼓励建设钢结构住宅小区；鼓励钢结构及其部品配套企业创建国家级建筑产业现代化示范基地；支持房地产开发企业、大型建筑施工企业创建国家钢结构住宅产业化基地。

明确至2020年钢结构产值占建筑业总产值比重达到8%以上，政府投资新建的公共、公益性建筑应用钢结构比重达到50%，社会投资新建的公共建筑应用钢结构比重达到15%，新建市政建筑钢结构比重达到50%。

钢结构行业国家支持政策 **表1**

时间	政策	主要内容
1997年	《1996～2010年建筑技术政策》	发展钢结构，开发钢结构制造和安装施工新技术
1998年	《关于建筑业进行推广应用十项新技术的通知》	提出：要把推广使用钢结构作为建筑新技术进行推广应用
1999年	《国家建筑钢结构产业“十五”计划和2010年发展规划纲要》	提出：在“十五”期间，建筑钢结构行业要作为国家发展的重点
2002年	建设部发布了《钢结构产业化技术原则》	
2003年	《建设事业技术政策纲要》	2010年建筑钢结构用钢量要达到钢产量的6%
2005年	建设部发布《关于进一步做好建筑业10项新技术推广应用的通知》	其中包括了钢结构技术

续表

时间	政策	主要内容
2007年	建设部颁布《“十一五”期间我国钢结构行业形势及发展对策》	提出：“十一五”期间继续坚持对发展钢结构鼓励支持的正确导向与相关政策、措施，进一步推广与扩大钢结构的应用，促进建筑钢结构应用推广和持续发展，推进建筑钢结构产业化的进程；发挥钢结构重量轻、强度高、抗震性能好的优势，符合节能环保和工厂化、产业化的要求，采取加快发展钢结构各项政策和措施，到2010年，建筑钢结构的综合技术水平接近或达到国际先进水平；钢结构产量目标达到全国钢产量的10%
2009年	国务院发布《钢铁产业调整和振兴规划》	尽快完善建筑领域工程建设标准体系，结合提高抗震标准，研究出台扩大工业厂房、公共建筑、商业设施等建筑物钢结构使用比例的规定，修改提高地震多发地区建筑物、重点工程、建筑物基础工程等用钢标准及设计规范
2010年	住房城乡建设部发布《建筑业十项新技术(2010)》	钢结构技术包括：深化设计技术、厚钢板焊接技术、大型钢结构滑移安装施工技术、钢结构与大型设备计算机控制整体顶升与提升安装施工技术、钢与混凝土组合结构技术、住宅钢结构技术、高强度钢材应用技术、大型复杂膜结构施工技术、模块式钢结构框架组装、吊装技术等
2011年	住房城乡建设部发布《建筑业十二五规划》	提出：钢结构工程比例增加。推动重大工程、地下工程、超高层钢结构工程和住宅工程关键技术的基础研究
2013年	国务院《绿色建筑行动方案》	推广适合工业化生产的预制装配式混凝土、钢结构等建筑体系
	国务院《关于化解产能严重过剩矛盾的指导意见》	推广钢结构在建设领域的应用，提高公共建筑和政府投资建设领域钢结构使用比例，在地震等自然灾害高发地区推广轻钢结构集成房屋等抗震型建筑。促进高品质钢材、铝材的应用，满足先进制造业发展和传统产业转型升级需要
2014年	住房城乡建设部批准部分钢结构企业进行总承包试点	
2015年	住房城乡建设部、工业和信息化部印发的《促进绿色建材生产和应用行动方案》	从“钢结构和木结构建筑推广行动”等10个方面部署了相关任务，方案明确在文化体育、教育医疗、交通枢纽、商业仓储等公共建筑中积极采用钢结构，发展钢结构住宅，在工业建筑和基础设施大量采用钢结构。在大跨度工业厂房中全面采用钢结构。推进轻钢结构农房建设
	住房城乡建设部批准第二批钢结构企业进行总承包试点	

可见，钢结构在国家的目前经济战略中的作用和地位已十分重要；现在国家相关部委正在制定推广钢结构建筑的相关政策。这些技术和经济宏观政策，无疑为钢结构行业开辟更广阔的市场。

2　建筑钢结构发展的历史机遇

目前中国经济进入结构调整的深水区，钢结构行业正在经历双重挑战，即经济下行压力的严峻挑战，转型发展的深刻挑战；但是国家的三大战略重大项目，“一带一路”、京津冀协同发展、长江经济带及工业2025等顶层规划设计陆续出台，逐步推进，给市场带来了更多的利好。行业未来发展出现新的挑战与机遇，包括一带一路与国际化、互联网+新时代发展、行业行政管理的简政放权与市场开放、PPP项目模式等。

(1) 一带一路与国际化

“一带一路”涉及65个国家44亿人口的经济合作发展。揭示了我国经济新增长和复兴的历史转折点已经来临。“一带一路”大战略推进的关键在于基础设施建设，涉及国内城市和沿线国家。其巨大的潜在市场，吸引了钢结构企业纷纷出走。以中建钢构、杭萧钢构、东南网架、精工钢构、多维联合集团等为首的企业在国外签下高达数十亿元的订单。

早几年，钢构行业的企业在技术、人才、布局等方面就着手准备走出去。比如开展国外认证、许可等相关工作，不少钢结构一级资质的企业已经获得了欧美、日本、东南亚市场准入认证；在布局上，有在国内设立海外事业部或国外分支机构等；在人才方面，也引进国内外高端人才等。在“一带一路”大战略提出之后，钢结构行业海外市场有了爆发性的增长。在2014年，在“一带一路”沿线成功接单的例子很多，如东南网架签约了委内瑞拉超过10亿元的大合同，北京多维联合集团和委内瑞拉政府签订近10亿元的新型板材项目；精工钢构集团海外斩获30余项钢结构工程，在海外建立了8个分公司。

2015年钢结构行业最大的海外合同订单超过30亿元人民币，有的企业海外业务承接量超过了国内部分，海外市场将成为企业发展新的强劲增长极。

(2) 互联网+新时代发展

“互联网+”的概念被正式提出之后迅速发酵，各行各业纷纷尝试借助互联网思维推动行业发展，钢结构行业也不例外。2015年，政府工作报告首次提出“互联网+”的行动计划。6月24日，国务院常务会通过互联网行动指导意见，“互联网+”这个新兴产业模式正式成为国家行动计划。

目前，不少大型钢结构企业在向智能化、数字化和信息化方面迈出了坚实的一步。首先是钢构件加工与管理的智能化。如物联网的应用，全自动化的加工中心，焊接机器人等，特别是几个特大型钢结构的工厂现代化已经超过了欧美、日本等国家。其次是施工现场的数字化、标准化。如BIM技术的应用、现场焊接机器人、自动化的施工平台以及4D、5D信息化管理平台、远程安全监控等；再有是管理上的信息化。以ERP、PDM、BIM等数字化管理系统为代表，使企业的现代化管理深入到财务、人力资源、工程管理等各个系统。

如针对超高层施工难度大、多专业施工立体交叉频繁等问题，广州周大福国际金融中心项目与广联达软件股份有限公司合作开发了东塔BIM综合项目管理系统；天津高银金融117大厦项目，在建设之初启用了广联云服务，将其作为BIM团队数据管理、任务发布和信息共享的数据平台，并提出基于广联云的BIM系统云建设方案，开展BIM技术深度应用。上海中心大厦项目引入大空间3D激光扫描技术；钢结构在施工之前，将施工过程在计算机上进行三维仿真演示，可以提前发现并避免在实际施工中可能遇到的各种问题。

再如中建钢构建立了钢结构全生命期信息化管理平台（以下简称“钢结构管理平台”），解决钢结构施工过程中信息共享和协同作业问题，包含八个功能模块：工程计量、综合管理、库存管理、采购管理、工程管理、生产管理、图纸文档管理、系统设置，能覆盖包括深化设计、材料管理、构件制造、项目安装的钢结构施工全过程业务，采用BIM、物联网、云计算、大数据等新一代信息技术，建立在工程可视化、施工信息全过程追溯、产品质量保障、智能数据分析体系，大幅提高钢结构工程信息化、智能化管理水平。

这些新技术的应用，将为行业的科技创新带来深层次的技术革命，将促进钢结构技术的飞跃式、裂变发展。

(3) 行业行政管理的简政放权与市场开放

在当前经济发展新常态下，行业的行政主管部门于2015年3月开始实行2014版资质标准，2015年10月9日，发布《住房城乡建设部关于建筑业企业资质管理有关问题的通知》。通过进一步简政放权释放改革红利，给行业和企业发“红包”，让企业集中更多的力量用于市场竞争，而不是应付政府的行政审批，这有利于促进建筑业健康发展，有利于促进经济稳定增长。2014新标准整体取消了主项、增项“一拖五”的规定，也就是企业申请了主项施工资质后，只允许再申请相关的5项专业资质作为增项的规定被取消了，新资质标准的修订释放出钢结构企业乃至整个建筑企业，要从粗放型增长向集约型增长转变的信号。企业可以增项施工总承包、专业承包、施工劳务资质三个序列的各类别资质，数量不受限制，放开了对企业的束缚。

钢结构资质呈现诸多亮点如下：

一是增加对厂房面积和必要的加工设备的要求，以体现专业企业的真正实力；让真正的钢结构专业企业获得生存和发展空间。

二是兼顾行业具有加工制造和建筑施工的特点，增加对机械设备、对现场管理人员和技术工人的要求。

三是强化对技术工人的要求，可避免出现空壳公司，也有利于行业快速推进工业化，有利于鼓励、引导行业培养有知识、能创新的高素质技术工人队伍。

四是对三级企业没有设备、厂房的要求，要鼓励更多的社会资本和人才进入行业，放开行业对全社会企业的束缚和垄断。

住房城乡建设部2015年10月9日下发通知：企业申请施工总承包特级资质，不再考核国家级工法、专利等指标；在企业承接工程方面，取消工程承接范围的下限。

同时，将钢结构工程专业承包一级资质承包工程范围修改为“可承担各类钢结构工程的施工”；对已有资质的建筑业企业，资质换证调整为简单换证，资质许可机关取消对企业资产、主要人员、技术装备指标的考核。这说明在新的市场情况下，住房城乡建设部对有关政策及时进行调整，行政审批程序进一步简化，建筑市场进一步放开，为建筑业企业释放政策红利。政府的监管部门不再一味追求事前审批，而是要重点加强事中、事后监管、科学管理。

2014年住房城乡建设部开展了钢结构总承包资质试点工作，至今已进行两批次，有45家钢结构企业参与。这拓宽了企业以钢结构为主体工程的市场准入和承揽范围，提高企业的管理水平，助力企业转型升级。

（4）PPP项目模式

发改委、财政部等六部委制定的《基础设施和公用事业特许经营管理办法》2015年6月1日起实施。国务院办公厅2015年5月19日转发了《财政部、发展改革委、人民银行关于在公共服务领域推广政府和社会资本合作模式指导意见的通知》，PPP已上升为国家意志。

PPP模式试点在全国不少地方正在展开。2014年，重庆市签约启动高速公路、轨道交通、市郊铁路、市政设施、港口物流、土地整治6大类合计1300亿元的PPP项目，基本为关系社会公共利益、公共安全的大型基础设施、公用事业工程PPP项目。近日重庆钢结构产业有限公司签约的成功（表2），使重庆增添了城市建设生力军，特别是重庆“八大投”加盟，引入金融支持，使公司兼具“投行＋总承包＋PPP”的功能，具备承揽公共设施建设的较强实力和竞争力，有助于拓展桥梁、道路等基础设施建设投资渠道，将为钢结构建筑PPP模式发展打下良好的基础。

重庆钢结构产业有限公司的签约项目（超过160亿） **表2**

序号	签约单位	项目内容
1	中国安全产业协会	建设投资5.26亿元的钢结构房屋中国安全产业研发创新和国际交流中心大厦
		投资20亿元的道路安全防护栏
		投资15亿元的智能安全立体停车场
		投资0.75亿元的工业建筑重庆永安劳保用品有限公司厂房项目
2	重庆市地产集团有限公司	建设投资金额108亿元的重庆西站综合交通枢纽工程
3	重庆市大渡口区人民政府	建设超过40万m^2的建筑

行业要深入研究，准确把握PPP模式的深刻内涵，积极务实地做好PPP模式的推广运用工作。

“中国建筑”已经走在PPP发展的前列，他们抓住机遇，先后成立了规范、专业的基础设施建设投资基金和融资平台，同时联合国内众多建设企业发起成立联合，以多种的形式聚合力量进入城市基础设施建设领域。2015年初至目前，PPP项目涉及金额已超过900多亿元（表3）。

2015年中国建筑的PPP项目一览表　　表3

	项目名称	主要内容	金额（亿元）
5月22日	徐家湾地区综合改造项目框架协议	中国建筑与西安市签署，该项目位于西安市未央区，由西安市未央区政府和中国建筑所属中建方程合作实施，规划总面积约12km^2，以科技研发、金融商务、智慧商贸和文化休闲等产业为建设重点	200.0
5月28日		中国建筑第七工程局有限公司与河南省开封市政府签订的PPP合作框架协议	77.0
7月17日	重庆红岩村桥隧项目	中国建筑第八工程局有限公司（简称中建八局）土木公司中标重庆红岩村桥隧PPP项目，投资额近46亿元，建设费逾30亿元	46.0
7月27日	中国建筑与重庆市政府2015年PPP项目合作框架协议	根据协议，双方将在轨道交通九号线、沙坪坝铁路枢纽综合改造工程、曾家岩嘉陵江大桥、白居寺大桥以及郭家沱大桥等项目进行合作，总投资金额近400亿元	400.0
8月26日	乌鲁木齐市城南经贸区（沙依巴克区）市政道路PPP项目	由中建新疆建工（集团）有限公司承担，该项目包括四条道路，长逾14公里，总投资逾20亿元	20.0
10月22日	光谷火车站东、西广场工程投融资建设合同	由中建三局承担。该项目为湖北省首个PPP项目，总投资额近38亿元；光谷火车站是武汉五大火车站之一，建成后将与其他四座火车站进行有效联动，形成武汉市高铁、城铁、地铁、快速公交及市内其他社会交通组成的立体交通格局。光谷火车站东、西广场项目总建筑面积逾38万m^2	38.0
10月17日	中国建筑六盘水市地下综合管廊试点城市PPP项目	六盘水市是国家首批公布的十个综合管廊试点城市之一，计划2015～2017年建设地下综合管廊约40km，总投资约30亿元。项目采用PPP模式进行投资建设运营，项目特许经营期30年，其中建设期2年，中国建筑作为社会资本参与投资建设和运营	30.0
10月28日	新建武汉至十堰铁路HSSG-2标段	合同额近28亿元。这是湖北首个PPP模式铁路项目	28.0
10月23日	深汕特别合作区信息技术城开发、建设、运营PPP项目	该项目是深圳、汕尾地区首个PPP项目；项目位于深汕特别合作区鹅埠片区，包括贯穿整个片区的“四纵四横”八条市政道路，总长约25km，总投资额18亿元。项目采用PPP+EPC合作模式，建设期3年，运营期7年，由中建二局负责项目投资建设运营	18.0
11月26日	株洲市铁东路核心段新建工程PPP项目	中国建筑第五工程局有限公司所属土木公司中标株洲市铁东路核心段新建工程PPP项目，合同额5.9亿元	5.9
12月1日	台州湾大桥及接线工程PPP项目	中国建筑中标台州湾大桥及接线工程PPP项目，项目合同额约45亿元	45.0

PPP项目模式将对钢结构市场环境产生巨大的影响，特别是城市公共建筑和基础设施建设。

（5）企业的发展

新环境下企业要活下去有三个要义：一是要把握行业趋势，顺势而为；二是企业模式要主动变革；三是产业要多元化，实现关联发展。那么企业如何抓住机遇和适应挑战？我想钢结构企业可以从海外市场、基础设施、建筑工业化（包括住宅）三个业务领域进行拓展。多年来，我们一直呼吁钢构行业要实现错位发展，大企业做标杆，中小企业做精做专——产业联盟之路；不管大企业还是中小企业，要锁定行业定位，打造自身的核心竞争力，在品质上与对手争高下。

2015年已经过去，2016年钢结构行业保持快速发展的挑战巨大，但机遇较以往更多。一言以蔽之，"创新、协调、绿色、开放、共享"发展理念将继续引领建筑钢结构业发展航向。行业企业要正确把握新常态，转变发展观念、调整发展战略、增强核心竞争力，在新一轮改革中抓住发展机遇、积极应对、主动适应，谱写新常态下钢结构持续发展协奏曲，为促进钢结构行业的健康有序发展再做出新的贡献。

促建筑理性设计　倡结构科学选型

陆赐麟

（北京工业大学，北京　100124）

摘　要　随着经济建设的快速发展，我国各地出现一些建筑乱象。为认真执行我国“绿色建筑”的政策和贯彻“可持续发展”建设原则，促使行业健康积极发展，本文特别阐述了奇怪建筑的定义、分类及危害。并对完成精品建筑设计的两个重要环节：建筑理性设计和结构科学选型进行了深入而具体的分析与诠释。最后，对行业的主管和有关部门提出了可行的建议。

关键词　建筑；结构；奇怪建筑；建筑乱象；结构选型；结构体系

21世纪开始前后中国建筑乱象丛生。评论如潮，行者如故。唯早日达成共识，我国建筑行业才能健康积极发展。

首先，要达成共识的两个基本问题是：1）什么是建筑？2）建造建筑的原则是什么？首先，建筑（building）是人类在自然界中生存、生活、生产的人工掩体，因此，建筑物为人类服务的基本属性不容置疑，不能篡改。其次，自古罗马以来，古今中外总结建设经验逐渐形成的“适用、经济、美观”三原则是指导建筑工程的灵魂，万变不能离其宗。

1　奇怪建筑的剖析

1.1　奇怪建筑的定义

奇怪建筑除了具有怪异奇特的外形，其建筑本身违背上述两个基本观点。就是背离建筑的基本属性和功能，违反建筑设计的三原则。其后果必然是造成社会财富的巨大浪费和自然资源的无谓挥霍。

一般来说，奇怪建筑的属性与特点如下：

1）怪异奇特的建筑造型；　2）低效残缺的建筑功能；
3）违规耗材的结构体系；　4）繁琐手工的制造工艺；
5）劳力密集的现场施工；　6）琐碎无度的建筑装饰；
7）奢侈超高的工程投资；　8）暴殄天物的资源浪费；
9）唯命是从的木然设计；　10）追逐名利的设计意图。

具备上述2～3项特征的建筑物，都涉嫌人为奇怪建筑的行列，应当重新审查其合理性。

1.2　奇怪建筑的分类

古今中外都有奇怪建筑的出现。诞生这些建筑物的社会、人文、历史等条件不同，不外是下列几种类型：

1）景观型：由于自然地理的特殊条件，应势顺景而建造的建筑物（图1，图2）。

它们很奇特，但很自然、清新，为人们提供了一个赏心悦目的景观。

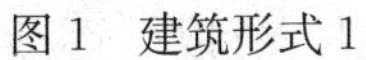

图1　建筑形式1

图2　建筑形式2

2）功能型：为商业宣传或标志而建造的建筑物。它们具有明显的物化形象和商业色彩（图3，图4），例如，酒厂的房屋像酒壶，茶场的楼房像茶壶，经贸大楼像古钱。出于商业目的最大化的要求，本无可厚非，但有时形象低俗，惹人非议。

图3　建筑形式3

图4　建筑形式4

3）创新型：与传统建筑设计的风格不同，不采用直线、对称、均衡、稳定等传统设计理念，利用新材料、新技术、新风格构成新颖明快的建筑物（图5、图6）。它们奇而合理，怪而优美，让大众喜闻乐见，赞赏有加。

图5　建筑形式5

图6　建筑形式6

4）异常或奇怪（型）。

2 建筑要与时俱进和理性设计并举

在思想活跃百家争鸣的现代建筑大花园中，奇花异草，群芳争艳是常态，并且欢迎外来的优良品种。但目前，在中国建筑乱象已成为不争的事实之时，我国建筑行业面临清理不良观念，促使行业健康发展的社会责任。

建筑和结构本是建筑设计中不可分割的两个工序。19世纪以前的土建工程主要是由主要工种的工匠独自来完成。例如，明末清初的木匠雷发达（样板雷）父子建造了圆明园、避暑山庄、故宫等系列优秀的宫廷建筑。隋朝石匠李春自己设计建造了流传千年的著名赵州安济石拱桥。19世纪欧洲工业革命后，科技进步发展，促进学科林立。建筑专业从土建行业脱颖而出，逐渐独立。由于百年来常用砖瓦灰沙石木等简朴材料和传统结构型式建造房屋，明显区别就在建筑造型。所以，逐渐形成了“建筑主导，结构辅成”的规则并延续至今。

由于钢铁和水泥的出现，20世纪开始前后建造了一些用钢材和钢筋混凝土材料的大跨和高层建筑，结构体系和材性上有了明显改变。及至20世纪下半叶以后，科技进步工业发展，促使建筑结构体系和建筑材料品种有了极大的改变和提高。守旧的建筑师们面对巨变，自以为是的工程设计屡遭失败与非议。1976年蒙特利尔奥运主赛场工程和悉尼歌剧院建筑就是众所周知的不成功案例。除了挥霍大量的财力物力外，留给我们的是那抹不去的遗憾。而熟知建筑的结构工程师P. L. Nervi，用新材料新结构建造了1964年奥运会的罗马大、小体育宫。另一位掌握结构知识的建筑师F. Otto设计并建造了1972年慕尼黑奥运会的索网主赛场馆。这两个国际闻名的成功案例，受到行业内外的一致好评。所以，在新材料、新结构、新工艺、新技术大量涌现的当代土建行业中，建筑师应熟知基本结构知识，设计出大型的建筑精品。

综上所述，促使我国建筑行业健康积极发展的当务之急，应当是：

2.1 提高设计能力，整合设计程序

我国建筑学专业教学大纲中的力学和结构课程设置较少，加以近年来土建行业中出现的新材料、新技术、新体系使得原本缺乏结构概念的建筑师们更加捉襟见肘。加以现今我国推行的绿色建筑和可持续发展原则，对设计师们又都是陌生的领域。我曾经问过一位担任建筑设计院院长的老同学：“为什么你们不爱在设计中采用新技术、新体系?”。他如实相告 ：“哪里去找掌握新东西的设计人员，还有审图人员?”所以，我国在职的设计队伍要重视职业的再教育工作，补充土建新知识，尤其是结构、材料方面的内容。在建筑设计中，建筑重在创意与构想，结构提供保证与实施。结构是建筑的载体，可是建筑对有何种适宜的载体都不清楚，怎么能构思出精品建筑呢? 不妨采用建筑和结构联合编组主导工程设计的方法，互补互通避免纰漏才是上策。其实，F. Otto设计的慕尼黑索网体育场馆，当时就已经是由建筑结构联合组负责设计的了。

2.2 科学理性设计，合情合理创新

建筑艺术是没有规定限界和故有标准的。它应随着时代的前进不断补充新元素和丰富新内容。因为建筑是人类社会的重要组成部分，它的诞生、存在、利用和消亡都与人类息息相关。所以，建筑必须是按人类普世价值观进行理性设计，具有民众欣赏接纳的造型，符合可持续发展原则的工程投资。理性设计的具体化主要表现在：1）使用功能完满化；2）建材效益最大化；3）承重体系轻量化。建筑设计除了要贯彻绿色建筑理念外，还应有创新的要求。建筑作为当代社会、文化、经济、技术的载体，创新就一定不能脱离社会共有的价值观、审美观、文化观和技术强度。即或创新设计中有些许差错，也会影响工程的成败。因为造型美丽新颖的悉尼歌剧院（图7），在20世纪50年代就采用混凝土薄壳新结构屋盖。由于技术超前，不得不改用Y一形和T一形高肋拱替代薄壳新结构。因此，延误工期17年，投资增大6倍，还徒增了60%的多余空间。最近，国际著名建筑师Zaha Hadid设计了一座新颖的高楼（图

8)。用柔和的曲线替代了传统的直线,用三边形的悬臂挑台替代了传统矩形悬臂结构。这种设计创新不仅使建筑造型清新悦目,而且结构受力也更合理,深受民众喜爱。

图7　悉尼歌剧院

图8　Zaha Hadid 作品

2.3　提高审批水平,管控不良设计

目前,一些建筑工程的审批工作流于形式,因此,除了建立设计责任制外,还要组建公正的评审机构,阻止不良设计流入社会。

另外,按照建筑物的等级、面积、投资额、重要性等,设立国家、省区、地市的三级审批机构,不仅管控奇怪建筑、烧钱建筑,还要把关豆腐渣工程。

建筑具有文化和科技双重属性,属于应用科学。所以,建筑艺术不同于纯艺术,不可以只是纸上谈兵。建筑要借助科技这个载体才能实现人类的需求,所以必须考虑技术可行性。悉尼歌剧院工程的失误也在于此。其次,建筑的文化属性不能忽略,要考虑人文地域、习俗环境等背景。所以,建筑设计是不能任性的,应当尽快回到理性、健康的轨道上来。

3　钢结构体系的科学选型

精品建筑必然是艺术与技术良好结合的产物。正如美国 F. Wright 所说:“建筑是用结构表达观点的科学技术”。所以,为建筑设计提供现代、优秀、合理的承载结构体系是结构工程师责无旁贷的工作。实现科学结构选型的基本内容是:

3.1　完满体现建筑的功能要求

实现建筑艺术与功能的最大化是结构选型的首要任务。所以在建筑设计之始,就应根据建筑物的功能、尺度、布置、荷重、运营、投资等要求提出可能较好的结构体系方案。因为在不计经济成本条件下,不合理的结构都能完成任何承载任务。优秀结构体系的标准就是:充分满足建筑功能的合理且高效结构。

3.2　结构体系的科学化与轻量化

初选结构体系是否合理?还需做进一步验证。把初算出来的工程钢结构用量代入耗材系数 k 的经验公式,据此进一步修改初选结构方案。

取:耗材估算系数 $k=g/p+g$

式中　g——钢结构总用钢量(自重);

p——外部荷载总重。

结构体系的优越性与耗材估算系数 k 成反比关系,一般情况下:

优秀结构体系 $k=0.2\sim0.3$;平庸结构体系 $k=0.4\sim0.5$;拙劣结构体系 $k=0.6$ 以上。

在结构选型不当时,可能有几种处理方式:

1)修改结构体系:主要是对中等 k 值的体系而言,应对整体或局部结构进行优化,改型或引入新材料、新技术。例如改用预应力钢结构或钢一混凝土组合结构等先进体系。尤其，应该向钢结构轻量化的国际方向努力，为结构的体系、构件、节点等“减肥”；

2）更换结构体系：主要针对高值 k 的情况而言。只有更换不当结构体系才能消除不合理因素。例如，跨度 100m 的屋盖结构，错选用了简支实腹梁体系。此时再不改弦易辙，更待何时。

3）重做建筑设计：造型怪异、投资过度、占地太大、施工困难等原因都可以放弃原设计，而这不能不说是个聪明的抉择。2020 年东京奥运主赛场馆因投资巨大，违背建设三原则而遭否定，就是近例。

出于经济利益、商业企图、个人目的等非理性考量，坚持不合理方案的实施。这种建筑物的存在只能留给世人以遗憾和笑柄。例如 1976 蒙特利尔奥运会建筑群在国际土建行业中留下不良的声誉，迄今未了。

3.3 制造安装工业化与装配化

2014 年国际钢结构学术论坛上，提出了钢结构发展方向就是工业化、装配化和轻量化。在 21 世纪整个制造业工业化的发展方向是不言自明的。作坊式的生产、手工式的操作、标榜每个节点不等高、每个杆件不等长等逆天“优点”，只能是低效率、低质量的小农经济生产模式，将钢结构的发展引向倒退。装配化是钢结构工业化生产后的必然趋势。装配化施工是把工厂批量生产的构件运至工地后现场拼装。主要采用高强螺栓辅以少量焊接的连接方式组装工程。所以，消除了落后的传统施工模式，提高了工程安装质量，提高了施工速度。所以，2015 年 11 月我国住房城乡建设部提出：2025 年装配式建筑要占新建建筑比例 50%以上。钢结构装配化施工是政策指引，大势所趋。

在世界倡导可持续发展战略和绿色环保理念指导下，在建筑结构工程中，尽量采用钢结构已是不争的事实（钢筋混凝土材料的碳排放量为 740.6kg/m^2，钢结构的为 480kg/m^2）。在采用钢结构体系时，尽量选用充分发挥材料强度的轴心受力体系，例如弦支结构、索膜结构等新体系。如果采用多次预应力技术，还可以重复地、循环地利用钢材强度潜力，达到材性利用最大化的目的。我国攀枝花市体育馆采用了多次预应力钢网壳屋盖，同比其省钢率达到 38%。

4 结语

为了我国建筑行业的积极、健康发展，以下的想法已经不止一次地呼吁过。但我仍愿不厌其烦地重述自己的建议，并促其实现：

4.1 尽快重返“适用、经济、美观”三原则

自古罗马时期传承下来的，古今中外都遵守的三原则是人类生存、社会进步、行业发展中总结出来的宝贵经验。它不过时，它不片面。只是在不同地区，不同时代，不同条件下有所侧重，有所调整而已。例如我们新中国成立初期把三原则中第三项，调整为“在可能条件下美观”。经济问题更是受到国内外一致的重视。人均 GDP 远远高于中国的日本，因为新建 2020 年东京奥运会主赛场投资昂贵而放弃原设计。我国近年来在工程设计指标中，放弃了耗材数量的要求，几乎不提工程的钢耗量了。

4.2 提倡创新，鼓励先进，培育新人

在建筑行业中有一项法规：设计、制作、运输、施工各个工种的取费都按工程材料总用量为准。量大多挣钱，量小少收入。这就让我理解了，每当我解说新技术、新结构优秀、节钢、轻巧的时候，既无人称赞，也不便反对的场景。20 年前，我曾提出按工程技术含量大小决定行业取费多少的想法，但因“麻烦”而搁浅。时至今日，表明旧的行规已经限制了生产力的发展，有关部门是否应该重新考虑“破旧立新”了？创新是发展的第一推动力，但是在行业推广的事物中，很少看见创新的符号。例如，推广钢结构住宅多年，效果不明显。深究其原因，少见有创新。为此，培育有创新能力的设计人员又是当务之急。只有具备了可以创新的精兵强将，掌握了新技术、新知识、新理念后，我们才能在创新的道路上阔步前进。

4.3 正本清源，梳理建筑设计中的歪理邪念，催生建筑精品

2013年年末在南京召开的中国建筑设计国际高级论坛上，众多的院士对奇怪建筑展开了严厉的批判，并提到其思想源出于“四媚”：媚钱、媚权、媚怪、媚外。思想“媚外”炮制了不少山寨建筑，不在本文讨论之列。前三者是产生建筑乱象的根源，限于篇幅，这里着重谈谈源于设计者的“媚怪”问题。一些在建筑艺术上造诣不高的建筑师们想出了“出奇制胜”的“怪招”来提高自己的知名度。于是“回归自然”、“无序美”、“眼球一亮”等观念应运而生。据此衍生出来的奇怪建筑，不仅违背人类的审美观，违反自然规律，而且挥霍了财力物力，浪费了自然资源。建筑设计是建筑工程的龙头，只有科学、理性的设计思想，才能催生出优秀的精品建筑。所以，我国建筑行业的主管部门，也应在设计思想领域承担起正本清源的工作，尽早地让精品建筑遍布中国大地。

参考文献

[1] 陆赐麟. 中国建筑乱象之出现及其危害[J]. 工业建筑，2015(2).
[2] 陆赐麟. 科学的结构选型是催生精品设计的保证[J]. 工业建筑，2012(9).
[3] 陆赐麟. 用科学标准促进钢结构行业健康发展[J]. 钢结构，2009(12).

钢结构工程的属性特征及其创新人才培养之浅识

李少甫

（清华大学土木工程系，北京 100084）

摘　要　文中对钢结构，钢结构工程及健康钢结构的理念作了阐述；提出了对钢结构设计、施工技术创新人才的期望；浅议了培养该类人才，关于教学实践方面的一些设想与建议。

关键词　钢结构；属性特征；健康钢结构；创新人才；教学实践

1　前言

钢结构以其适应性强、建造快和品质优良而被广泛地应用于房屋建筑、能源交通、电力通信、海洋开发等基础性建设工程。随着我国钢铁产能的飞速发展，城镇化、“全面建成小康社会”建设的要求，以及“一带一路”世界性工程建设新时代的到来，钢结构工程的建造范围和需求量将日益广泛和巨大。为适应这一发展趋势，培养一批德、才兼备，能担当建造健康钢结构工程创新人才是迫切需要的。人才的培养，离不开教育。钢结构工程专门技术人才的培养和健康钢结构的建造，都需要了解和掌握钢结构工程的属性特征，以下将就此，对这一技术人才培养的有关方面问题，谈一些粗浅的体会、认知、设想及建议。目的在于抛砖引玉，并期望同仁们的指正、赐教。

2　钢结构工程与健康钢结构工程

（1）钢结构工程

1）钢结构一般是指根据规划、设计，由钢材经加工、连接、安装而建造成的一种建筑，它为满足人们社会的物质、精神、文化的生产和生活需要而建造和应用。

2）建筑，其中包括钢结构，一般体形较大，功能要求较多；它需要承受自然环境（风、雪、雨、露、地震、海浪、温度等）和人为环境（人群、货物、车辆等）的各种可能　的荷载和作用；并应满足各种预定功能要求和具有良好社会经济效益。

3）可靠性（安全性，适应性和耐久性）是钢结构等工程结构预定功能的最重要的基本要求。其中，适应性应包括适用于建设项目功能的和适宜于其建造工作等方面的品性要求。

4）钢结构的全面表述：钢结构是按规划、设计，用钢材经过加工、连接、安装，构筑成的一种需要承受自然和人为环境的各种可能作用；能够满足各种预定功能要求；具有良好社会经济效益的钢质建筑。人们也常简称其为“钢构”。

5）钢结构工程应是钢结构的规划、设计、制造、运输、安装、验收、使用、维护等全过程工作的总概括。

（2）钢结构工作的健康状态

钢结构品质的优劣，可以形象地用人们健康状况的不同术语如：健康，亚健康，次健康，危病态钢结构来表述其工作状态的可使用性。

1）健康钢结构：是能够承受自然环境和人为环境的各种可能荷载和作用，可充分满足各项预定功能要求，且具有良好的社会经济效益的钢质建筑。在钢结构工程的全过程中，只有坚持和实施，以人为本、节材节能、废物减排、环境友好、可持续发展等的绿色理念和要求，才能建造起适用、可靠、社会经济良好的精品健康钢结构工程，或可称之为绿色健康钢结构工程。

2）亚健康钢结构：是能够承受自然环境和人为环境的各种可能荷载和作用，可基本满足各项预定功能要求，且具有较好的社会经济效益的钢质建筑物。

3）次健康钢结构：是能够承受自然环境和人为环境的部分可能荷载和作用，仅能满足部分预定功能要求，但工作可靠性不足或社会经济效益一般的钢质建筑物。

4）危病态钢结构：是不足以承受自然环境和人为环境的各种可能荷载和作用，不满足各种预定功能要求、工作安全性低或社会经济效益差的钢质建筑。

不言而喻，对钢结构健康状况的评价应该科学、准确、严格地建立在有关的技术标准和法规的基础之上；并且应进行精心设计、建造、使用和维护健康钢结构工程。但是，对于因各种缘故致使其健康工作状态不佳的2）、3）、4）非健康类钢结构，应区别对待，及时从设计、施工过程的各个环节，采取相应措施进行改善和处理。例如，应努力改善既有或在建的亚健康钢结构，提高其工作性能；力争改造次健康钢结构，完善、提高其工作性能；采取果断措施，改建或拆除部分或全部危病态钢结构，同时必须发出安全警示，以免酿成灾祸。

3 钢结构的基本属性与技术特征

了解和把握钢结构的基本属性和技术特征，对于更好地发扬、应用其所长；避免、克服其所短，以建造健康钢结构工程是重要的。

（1）钢结构基本属性理念

1）建造社会性

钢结构的建造是许多行业大众的群策群力活动，它离不开社会的需要和科学技术的发展，也反映着社会发展的历史进程。它是为社会所需，所建，所用。因此其建造具有极大的社会性。从总体上考虑，钢结构与其他工程材料的工程结构，如混凝土、砌体、木等工程结构，有些共同的工程属性；但因材质的不同而有所差别，特别是其间的技术特征差异更甚。

2）技术综合性

钢结构工程的建造，涉及其工程的应用、所处环境、技术与其工艺和艺术等的要求；它与物理、数学、化学、气象、地理、力学、金属工艺、机械加工、结构工程以及信息、网络工程等许多学科的知识和技术相关，是其有关方面的有机、统筹、综合应用。

3）应用依附性

钢结构是为各工程建设的需要而建造的，必须适应其建设项目的要求，离开其需求，钢结构便失去其建造和存在的先决条件，因此它必须依附于各建设项目和各有关方的要求，不能独自为主、各行其是。

4）品质独立性

以钢结构为主要支承结构的建设项目，钢结构的存在是实现项目需求的根本保证；一旦建成，它的品质即被确定：是优是劣，能否安全、适用和耐久地工作，并有良好的社会经济效益；是否达到健康钢结构的要求等，却相对独立于建设项目者初衷主观愿望，而不可任意改变地存在着，例如，其已建造完成的结构类别、体系、布置及所用材料品质；焊接、安装状况及其缺陷等。并且这些存在，将直接影响其健康工作状况，甚或决定着该建设项目的成败。在建造过程中，如不及时、认真地加以审视，盲目地任其存在下去是不可取的，甚至是有害的。一些钢结构工程在建造过程中或建成后的惨痛事故教训，就曾不断地表明了它品质的这一独特性。

（2）钢结构的基本技术特征（技术品性）

正常设计、施工和使用的钢结构，一般应具有以下优良的技术品性：

1）自重轻：钢的容（重）强（度）比较小，在相同工程情况下，结构的自重较轻。

2）塑性大：调整结构、构件、截面的局部超应力的能力强。

3）韧性好：抵抗撞击、振动、疲劳破坏的性能好。

4）质量优：工厂加工，质量稳定、可靠。

5）建造快：可边在工厂加工、制造，边运往工地安装，使建设周期短。

6）拆迁易：结构安装单元间，采用可拆卸的螺栓连接时尤其如此。

7）适应性强：可适用于多种行业，建造许多类型的建筑。

8）钢材可回收利用率较高。

除此之外，裸露的用普通钢材建造的钢结构尚有以下不良技术品性：

9）耐火性差——钢材热容量小，导热性强，遇火温升快，高温强度低：普通钢材400℃时强度极大地降低，600℃即失去承载力。

10）较易锈蚀：在湿度大、侵蚀性介质强的环境中易锈蚀。

需要指出的是：如果在非正常条件下设计、施工和使用时，钢结构的上述优良技术品质特征将会退化，甚至于向其反面发展；如能采取恰当技术措施，上述不良技术品性特征可以得到改善，进而满足工程需要。因此，把握钢结构的基本属性和技术品性，扬长避短是建造健康钢结构工程的关键所在。也是培养钢结构工程人才之所需。

4 培养钢结构工程创新人才的浅识

钢结构工程项目的建设一般经历规划、设计、施工（可包括制造、运输、安装、质检、验收）三个阶段。其建设项目常是复杂多样的，其实施需要相应的各方面、多种类型的技术人才和经济、管理等的人才。就其创新技术人才而言，首先应具有勇于创新的意识理念；应能把握钢结构属性特征，具有科学、实干态度；且与项目的规划、设计、制造、安装以及经济、管理等各方面配合工作的团队精神。

钢结构工程设计、施工技术人才，除应具有上述意识理念、态度和精神外，期望尚能完成如下的技术工作：

（1）对钢结构工程设计类人才期望

1）了解、确定钢结构的自然环境和人为环境的状态及其对结构的影响与荷载作用。

2）掌握钢结构工程设计的基本原理与方法。

3）正确了解应用与钢结构工程设计有关的技术标准、法规。

4）正确选用钢结构的类别及其体系的布置和构件截面形式。

5）正确构建其体系的结构计算简图（包括钢材、几何、荷载、边界等特性的必要条件）和进行其受力分析。

6）确定构件截面形式与尺寸。

7）掌握节点设计要领，正确进行其构造设计和连接的计算。

8）绘制技术和施工设计图和编制相关的技术文件。

9）必要时进行全面优化设计。

10）了解钢结构工程的制造、运输、安装、质检、验收等施工过程及使用与维护的要领。

（2）对钢结构工程施工类人才期望

1）了解钢结构自然环境和人为环境的状态及其对结构的影响与荷载作用。

2）了解钢结构工程设计的基本原理与方法。

3）了解与钢结构设计有关的技术标准和规范。

4）熟悉、掌握钢结构制造、运输、安装、质检、验收等施工的全过程及其各工种、工法的要领。

5）熟悉并正确执行与钢结构施工有关的技术标准和规范。

6）能进行钢结构的施工设计，编制钢结构制作详图及其运输、安装设计图和使用维护要求等有关技术文件。

7）必要时可根据需要对钢结构的技术或施工设计进行深化设计或部分优化设计。

不言而喻，在互联网技术应用及世界交往日益广泛与频繁的当今社会，无论哪类产业的中、高层次的创新人才，熟练掌握计算机、网络技术的应用是必需的；一定的外语阅读、写作和语言交流能力也常是需要的。对二者的能力要求，应根据工作的需要来确定和不断地提高。

5 关于钢结构工程教育的教学设想与建议

钢结构工程人才的培养需要相应的教育。其总目的是育德、树人，即培养有道德、有理想、勇于担当、能适应建造绿色健康钢结构工程创新人才。这可以是通过学校或企业等方式来完成。前者教学的理论性、系统性常较好；后者实践、针对性较强；二者紧密结合，教学优势互补，应是培养产业（包括钢结构工程）创新人才的一种好方式。

钢结构工程涉及方方面面的工作，需要不同类型、层次的技术人才。例如，具有相应学历（中专、大专、学士、硕士、博士等）的普通技工、高级技工、普通技术员、高级技术人员、工程师、高级工程师等；也需要相应学科的高水平的研究人才。可以根据工作对人才的需求，以相应在学校和（或）实践中的方式，分期、分段及其相互结合的方式来完成。

无论什么层次和岗位的钢结构科技人才，都应对钢结构工程及其健康的理念有一个较全面、完整的了解，其深度、广度可以不同。但是，应涵盖其全过程，以便为建造健康钢结构工程在各自的工作中，能互相了解、配合，更好地发挥各自的作用。

上述钢结构工程的属性、特征已表明，它是一种复杂的系统性工程，即便其设计、施工技术工作也是如此。它涉及许多学科和技术的课程，诸如：数学、物理、化学等基础性课程；工程材料、工程力学等技术基础性课程；结构工程设计、施工（包括制造、运输、安装、维护等）等专业技术性课程。这些课程还会有其不同类别、分支，在有限的教学时间内，结合人才培养要求恰当、合理选配、有序安排、进行其教学是必需的。

工程结构有很强的地域性，根据粗浅地了解，国内外不同学校、不同阶段，甚至不同教师的选择和施教都有区别。在此，仅以本人的一些工作体验，提出以下几项设想和粗浅建议，也是抛砖引玉；期盼赐教和批评指正。

（1）教学内容全面；教学安排合理。

全面是指：构筑钢结构工程所进行的规划、设计、施工，即钢材加工（零件）、连接（构、部件）、安装（现场）、使用维护等过程，所涉及的必要及辅助的基本知识和技术内容。因其内容繁多，在有限的学时和教学期间，更应按需要精心选配其课程门类及内容，选用其教学方式方法，并使其安排合理。

（2）层次阶段分授；水平不断提高。

不同层次人才或同一层次人才可在不同阶段进行培养；内容广度、深度要求可有区别地进行和不断提高。

（3）钢构“道”“术”阐述；理念原理讲明。

韩愈在《师说》曾指出“师者所以传道，受（授）业，解惑也”。何谓钢结构工程之道、术，指的是否应是构筑绿色健康钢结构工程的道理、道路（途径）和导向（目的）等的理念；其所需采用的各种技术及其方法等可否称其为术。当然道与术二者的存在是相对的；在另一范畴、场合，其术也有其自身的道及术。辟如，在钢结构工程中，钢材的选用，可视其为是一种术，但钢材本身性状规律及其生产的道理、途径等又是其道；冶炼、轧制不同品质、类型钢材和使用的各种方法又有其繁多的术。在钢结构工程课程的教学中，关于钢材的基本知识的讲授，主要应是讲明应如何结合工程所处环境及受力状况的需要，正确选用能发挥钢结构优良技术品性的钢材品种，确定其性能指标要求，并讲清其原理，而不是要深入探求金属学本身的理论与方法。

钢结构工程所涉及“道和术”的层次、内容及含义常广泛而深入。例如，钢结构工程中常应用的工程力学，就包含理论力学、材料力学、结构力学等学科分支以及其不同分析方法等的

内容，其理论系统、严谨；其阐述、理解、掌握都需要相当时间、过程，不可能一蹴而就地传授完成。但是，将涉及的基本理念，原理，在不同的阶段、课程、场合，根据不同层次人才培养要求逐步深入浅出地讲明；以传授其道、指点迷津、启发学子以举一反三，是可能和必要的。

（4）理论根据指明；参考文献给出。

钢结构工程中所阐述的许多基本原理，常是以相应学科的合理假定、严密的逻辑推理、实践证实的科学理论为依据的。系统、完整地讲授这些理论，常常受到学时等方面的限制。尤其在钢结构基本原理与设计一类课程里是这样。为使一些授道者及其受业者有继续深入了解和研究的需要，指明所阐述原理的理论根据和（或）给出其参考文献常是恰当的。

（5）课堂现场匹配；理论实践结合。

工程技术的实施离不开理论的指引和现场实践的需要。课堂教学与现场实践的有机、相互配合，对加强理论的理解、实践需要的了解，以不断学习、提高、创新和构筑绿色、健康钢结构工程都是必要的。

6 结束语

世界在变化，时代在前进，社会在发展，人们物质、精神、文化生活的需求在不断提高。工程技术进展、变化日新月异；信息网络技术已进入各个领域，BIM 技术在建设领域以及钢结构工程中的应用日益增多。产业创新是适应这一社会发展需要的必由之路。“全面建成小康社会”、“一带一路”号声在召唤。钢结构工程的适应性广、运输便捷、建造快速等特性，定会受到建设者们的青睐；它所涉及的多方面的科学技术，经历着的规划、设计、施工等的过程，都有着不少的创新空间。相信钢结构工程产业界的同仁们，定会适应这一总趋势的要求和召唤、携手奋进，在该领域不断有所创新、提高和发展；众多钢结构工程创新人才脱颖而出；从而建造出更多无愧于时代需要的绿色、健康钢结构工程。

参考文献

[1] 王国周. 瞿履谦. 钢结构—原理与设计[M]. 北京：清华大学出版社，1995.
[2] 陈绍蕃. 钢结构设计原理[M]. 北京：科学出版社，1987.
[3] 李少甫. 把握钢结构属性特征 建造健康钢结构工程，我国大型建筑工程设计的发展方向—论文集[C]. 2005.
[4] 周观根，姚谏. 建筑钢结构制作工艺学[M]. 北京：中国建筑工业出版社，2011.
[5] 蒋綺琛，吕彦雷. BIM 技术在上海国际航空服务中心钢结构项目中的应用分析[J]. 钢结构，(204)，2015.

我国地震区超高层混合结构设计探讨

王仕统

（广东省钢结构协会，广州 510640）

摘　要　本文根据美国、日本对高层混合结构（混凝土核心筒＋钢框架）的适用范围，结合我国现行规范（程）的规定，以及我国近年来超高层混合结构体系的现状，谈谈对超限高层专项审查技术要点的看法和建议。本文结语中，还介绍了美国新世界贸易中心 1 WTC 混合结构（纽约是非抗震设防区），它的施工顺序与我国混合结构不同，哪种施工顺序更科学，供研究参考。

关键词　混凝土核心筒；钢框架；混合结构；探讨

全钢结构——主要采用下列不开裂的结构构件（structural members），并通过焊接、铆钉或高强螺栓连接而成的钢结构骨架：

型钢（Steel shape）、钢板（Steel plate）、高强钢丝或钢棒（简称 S）

钢管混凝土（Concrete－filled Steel Tubular，简称 ST・C）

钢梁＋压型钢板上现浇混凝土组合件（Steel－Concrete composite，简称 S・C）

因此，凡采用带裂缝工作的混凝土构件（Concrete member），如钢筋混凝土（Reinforced Concrete，简称 RC）构件、型钢混凝土（Steel－Reinforced Concrete，简称 RC・S）构件，以及部分预应力混凝土（Partial Prestressed Concrete，简称 PPC）构件时，均不能叫做钢结构，应视为混合结构。

1988 年，我国高层首次采用混凝土（Concrete）核心筒＋外钢框架（Steel Frame），即 C＋SF 混合结构以来（图 1），我国就大量采用混合结构，甚至在 8 度抗震设防区（北京国贸等）也如此。为何 C＋SF 能够在我国大量采用，主要原因是：混凝土核心筒几乎承担 90％以上的水平力（风、地震），具有

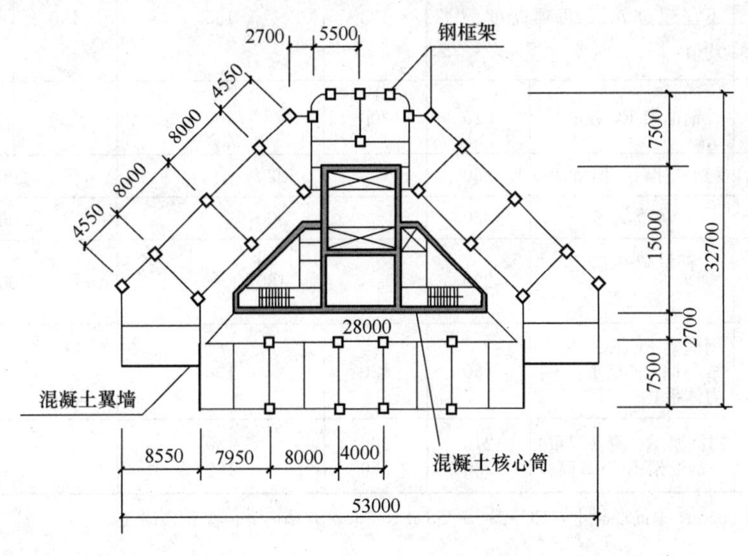

图 1　上海希尔顿国际酒店（n＝43 层，H＝143m，1988 年）

很大的抗推刚度，容易满足水平侧移限值，设计无难度。但必须指出：由于混凝土与钢结构两种结构的结构延性比 $\zeta = D_u/D_y$ 相差很大，前者仅 $\zeta_c = 3 \sim 4$，后者高达 $\zeta_s = 7 \sim 9$（图2）。因此，混凝土和钢两种结构的混合在强震作用下的结构性能表现，必须引起结构工程师的严重关注：强震后，同一幢高楼的两种抗侧力体系，一个（混凝土核心筒刚度大，地震力也大——第一道抗震防线）可能成为建筑垃圾，一个（钢框架）能修复（可持续发展），后续如何处理，值得深思！

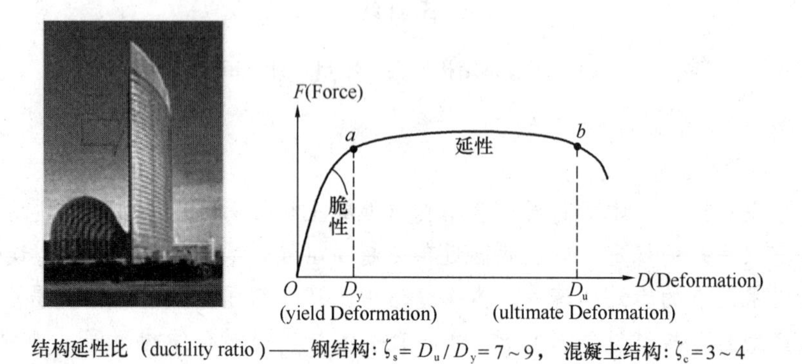

结构延性比（ductility ratio）——钢结构：$\zeta_s = D_u / D_y = 7 \sim 9$，混凝土结构：$\zeta_c = 3 \sim 4$

图2　两种结构的延性比 ζ 值

1　我国规范（程）对高层全钢结构、混凝土结构和混合结构的高度限值［*H*］

我国规范（程）规定的高层混合结构的高度限值［*H*］　　**表1**

No.	规范（程）	抗侧力体系		非抗震设计	抗震设防烈度 6度 0.05g	7度 0.10g	7度 0.15g	8度 0.20g	8度 0.30g	9度 0.40g
1	规范［1］	P. 96 全钢	*a* 筒体		300		280	260	240	180
			b 框架-中心支撑		220		200	180	150	120
		P. 48 混凝土	*c* 框架-核心筒		150	130		100	90	70
		P. 213 混合	当房屋高度超过 *c* 项时，［*H*］不宜超过 *b*、*c* 两项高度的平均值		185	165		140	120	95
2	规程［2］	P. 123 混合	钢框架-RC 核心筒	210	200	160		120	100	70
3	规程［3］	P. 1 全钢	框架-支撑（剪力墙板）	260	220			200		140
			各类筒体	360	300			260		180
		P. 1 混合	钢框架-混凝土核心筒	220	180			100		70
4	规程［4］	混合	钢框架-RC(RC·S)* 核心筒（非双重抗侧力体系）	160	120	100		—		—
			钢框架-RC 筒（双重） 钢框架-RC·S 筒	210 230	200 220	180 180		120 130		70 70

* RC——Reinforced Concrete 钢筋混凝土，RC·S——Steel-Reinforced Concrete 型钢混凝土。

由表1可见，我国四本现行规范（程）对高层混合结构的高度限值［*H*］是：6、7度的［*H*］≤

220m，8 度 ［H］$\leqslant$140m，9 度 ［H］$\leqslant$95m。

2　我国超高层混合结构现状

我国 400m 以上的高层建筑采用混合结构体系好像已成为时尚。因为，混凝土核心筒的刚度极大，容易满足水平侧移限值，软件都可以计算，设计无难度。目前，我国部分高层混合结构工程如下：

2.1　广州新中轴线的三大高层混合结构（图 3）

东塔是广州最高的高层混合结构——H=518.15m，美国 KPE 建筑事务所、奥雅纳工程咨询（深圳）公司设计，中国建筑第三工程局有限公司和中国建筑第四工程局有限公司承建，中建钢构有限公司钢结构施工。总建筑面积 50 万 m^2，总用钢量 16.8 万 t（型钢 10.8 万 t，钢筋 6.0 万 t）。最厚钢板 t=130mm（铸钢件厚度 400mm），最大钢筋直径 d=40mm。混凝土用量 20 万 m^3。

广州中轴线的三大高层混合结构

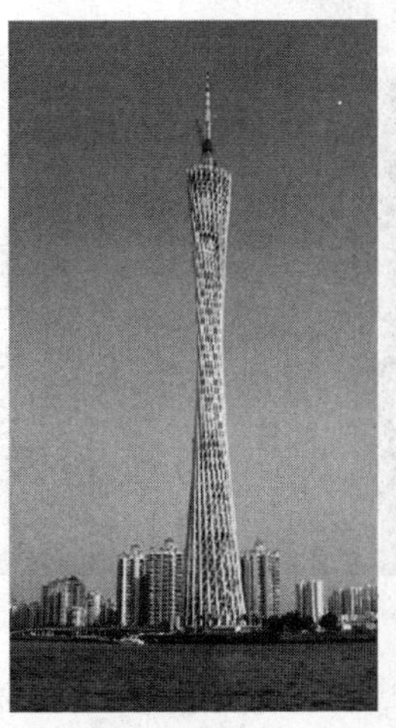

广州电视塔（n=39，H=454m，不含天线146m，2009）

西塔（n=103，H=432m，2009）

东塔（n=111，H=518.15m，2015）

图 3　广州新中轴线三大高层混合结构

2.2　上海陆家嘴的三大超高层混合结构（图 4）

上海中心是上海最高的高层混合结构——H=580m。由美国 Gensler 公司设计，上海建工（集团）总公司总包。总建筑面积 57.4 万 m^2，钢材总用量 10 万 t，最厚钢板 t=140mm，最大钢筋直径 d=40mm。

图 4　上海陆家嘴的三大高层混合结构

2.3　深圳平安大厦（图 5）

平安大厦是深圳最高的高层混合结构——$H=597$m（不含天线高 63m）。由美国 KBF 公司和 CCDI 悉地（深圳）国际设计公司设计，中国建筑一局（集团）有限公司承建，中建钢构有限公司钢结构施工。总建筑面积 46 万 m^2，钢材总用量 10 万 t（型钢 4.545 万 t，钢筋 5.455 万 t）。最厚钢板 $t=150$mm

图 5　深圳平安大厦（$n=118$ 层，$H=597$m，不含天线 63m）

（铸钢件厚 220mm），最大钢筋直径 $d=32$mm。混凝土用量为 27.8 万 m^3。

2.4 天津高银 117 大厦（图 6）

$n=117$ 层，$H=597$m，总建筑面积 85 万 m^2，总用钢量 18 万 t（型钢 14 万 t，钢筋 4 万 t）。混凝土用量为 18.9 万 m^3。

可见，我国超高层混合结构体系的型钢、钢筋、混凝土用料多，并不经济，且两种抗侧移体系的性能相差很大，型钢混凝土施工也很艰难。

在全世界已建成的前十大高楼（至 2012 年）中，美国 1 幢（全钢结构），亚洲 9 幢，其中中国 7 幢——中国台湾 101 大楼 1 幢（全钢结构），中国大陆 6 幢均为超高层混合结构。

图 6 天津高银 117 大厦

3 结语

（1）美国高层混合结构“主要用于非抗震设防区，且认为不宜大于 150m”；“1992 日本建了两幢：$H=78$m 和 $H=107$m，但并未推广”；“1964 年美国阿拉斯加地震高层混合结构楼房，曾发生严重破坏甚至倒塌”。

我国规范（程）规定的高层混合结构的高度限值见表 2。

我国规范（程）规定的高层混合结构的高度限值 [H]（m） **表 2**

规范（程）		规范 [1]	规程 [2]	规程 [3]	规程 [4]
[H]	6 度	185	200	180	120～220
	7 度	165	160	180	100（非双重抗侧力体系） 180（双重抗侧力体系）
	8 度	120～140	100～120	100	120～130
	9 度	95	70	70	70

为了达到技术指标，①设计人员只有无限度地加大结构尺寸和结构用钢量来满足文件中规定的各项指标，直到算够为止；②进行了模型抗震性能试验。看似万无一失、很科学，但是，由于混凝土和钢两种结构的混合在强震作用下的结构性能及延性比差异和破坏机理，以及美国阿拉斯加地震高层混合结构破坏事实，必须引起我国政府和科技人员的严重关注。设计是硬道理（轻量化设计），硬设计（笨重）就没有道理！

（2）高层全钢结构属于不开裂结构，才是抗震性能好、轻量化的结构形式，才能设计得最高。现代全钢结构的两大特点：①采用轻质高强材料；②采用现代结构分析方法——结构减震控制理论、结构稳定理论和预应力理论。图 7 所示，美国居世界前列的三个著名高层全钢结构建筑，可见，随着它们高度的增加：$H=381$m（Empire State Building，帝国大厦）→$H=416.966$m（World Trade Center，世界贸易中心）→$H=443.179$m（Sears Tower，西尔斯塔），结构方案也在变化：框一撑→框筒→束筒，用钢量反而在减少：206kg/m^2→186.6kg/m^2→161kg/m^2，这充分说明高层全钢结构轻量化设计的高科技设计水平。

图 8 所示为世界贸易中心轻量化的几个指标。

① 箱形钢柱尺寸小，且钢板薄：箱形截面 450×450×（7.5～12.5），3 柱过渡到 1 箱形柱（800mm×800mm），未设转换层；采用被动控制阻尼器；工地高强螺栓装配化（三层吊装单元）。总用

钢 G=8.41 万 t，建筑总重 P=40 万 t，从而，G/P=0.21（优秀设计 G/P=0.2～0.3）；

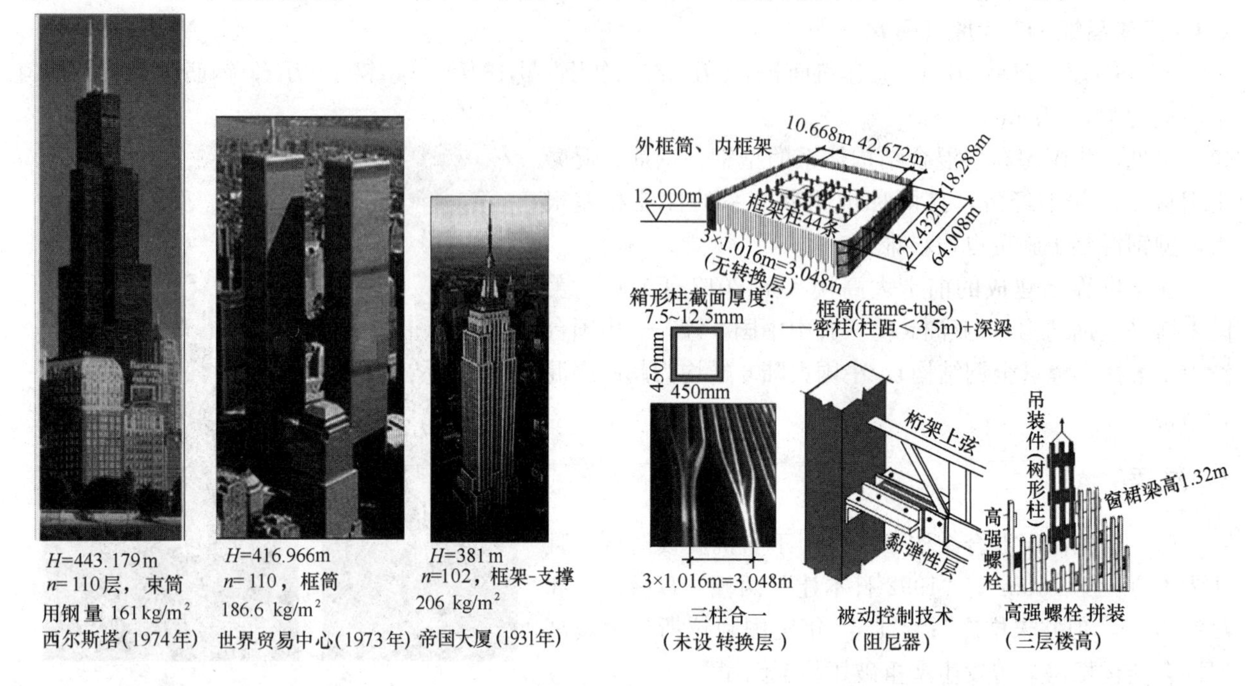

图 7　美国居世界前列的三个著名高层全钢结构建筑

图 8　世界贸易中心（美国纽约，1973 年）

② 美国世贸中心的风压值 w=2.2kN/m²，顶点侧移仅为：u=280mm，u/H=0.28/416.966=1/1489，刚度 OK。

由此可见，要想把高层建筑建得最高且为轻量化，结构工程师应该明白：(*a*) 正确选择抗侧力体系；(*b*) 正确估计结构或构件截面尺寸。且应按美国、日本等国家的方式，美国高层混合结构“主要用于非抗震设防区，且认为不宜大于 150m”——在强震区采用全钢结构，而非混合结构。

2001 年 9 月 11 日，波音 767 客机击断钢柱，进入美国世界贸易中心（World Trade Center）。1h 后，南、北两楼先后塌落。2013 年建成新世贸中心 1 号大楼（简称 1 WTC）——自由塔（Freedom Tower），考虑到原世贸中心中央只有 44 条钢柱（图 9*a*），顶不住飞机撞击后的上部结构重力而塌落。自由塔采用高层混合结构（纽约，非抗震区）。其结构高度与原南楼相同 H=1362ft=415.318m，新、旧世贸中心的平面尺寸等信息见图 9*b*。

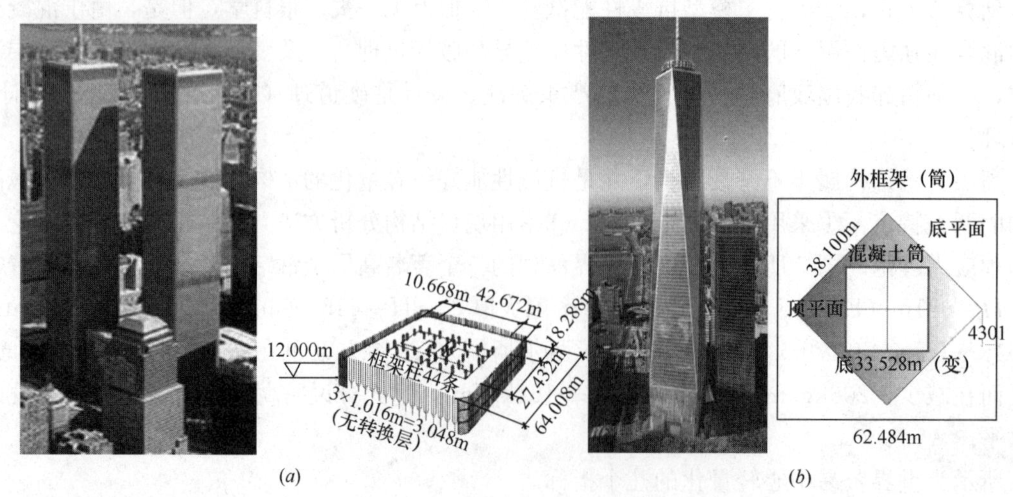

(*a*)　(*b*)

图 9　新旧世贸中心

(*a*) 旧楼（全钢结构，南塔 H=415.318m）；(*b*) 新楼 CIWTC，混合结构，非抗震区 H=415.318m）

中国高层混合结构的施工顺序是：超前施工混凝土核心筒，然后利用核心筒上的起重设备安装周边钢框架。

美国新世贸1号楼（1 WTC）按每8层或12层一个作业区的施工进行：先安装钢框架（包括混凝土核心筒内的型钢混凝土的型钢），然后现浇混凝土。每个作业区的施工顺序分为四个步骤：①钢框架；②金属楼板和现浇核心筒外的混凝土；③核心筒混凝土剪力墙；④核心筒内混凝土楼板。核心筒外缘要设置宽翼缘钢环形梁，以便在楼板和核心墙之间保持间隙，便于模板提升。该施工顺序是结构设计的关键，因为它要影响不同构件间的连接方法和构造，特别是在混凝土核心筒墙和相邻部位之间。施工顺序也会影响塔楼的轴向压缩、计算方法和施工的补偿。在混合结构中，钢和混凝土的弹性变形、徐变和收缩效应的差异，轴向缩短更显得重要。核心筒中的框架柱在外包混凝土之前的缩短应仔细考虑，目的是在楼层施工完毕后应保持理论标高。承包商应调整周边钢柱与中心混凝土墙的标高差，对它们采用不同程度的增长：对于钢结构，可以①在制作时将柱子加长一点，②在现场按时加垫片，或在两者同时采用。塔楼结构是按2003 IBC的风荷载设计的，进行了一系列塔楼对龙卷风的反应以及对人体的舒适度研究。在不同阶段，在Rowan Williams Davies & Irwin风洞试验室进行了高频力的平衡（HFFB）和空气弹性试验，也考虑塔尖的空气动力学试验和空气弹性试验。风洞试验考虑了周围环境的影响。鉴于1 WTC完工时，2、3、4号楼还没有完工，在办公楼最高层可能会遇到人体舒适度问题；结构设计也考虑了千年一遇的风暴。

上述两种高层混合结构的施工方法，哪种更科学很值得我们研究！否则，施工在结构中产生的应力难以估计。

（3）我国结构工程师应努力实现全钢结构文化。

1）现代全钢结构设计轻量化，即实现结构哲理：少费多用——用最少的结构提供最大的结构承载力。钢结构行业包括设计与施工（制造和安装），轻盈的钢结构必须从设计开始——设计是龙头。因此，在进行现代全钢结构设计时，不是简单地使用设计软件，而应该遵循钢结构轻量化的设计理论——二、三、四观点（表3），其中钢结构精心设计四大步骤中的前两步：①正确选择结构方案；②正确估计结构截面高度。否则，所谓的优化是徒劳的。作者认为，钢结构的用钢量是衡量结构设计优劣的最重要指标之一。不谈用钢量多少，仅仅追求钢结构建筑亚洲第一高、世界第一跨是不科学的。

二、三、四观点 **表3**

No.	结构分为两大类	钢结构固有的三大核心价值	钢结构轻量化设计的四大步骤
1	弯矩结构 moment-resisting structures	最轻的结构 the lightest structural weight	结构方案（概念设计） structural scheme（conceptual design）
2	轴力结构（形效结构） axial force-resisting structures（formative structures）	最短的工期 the shortest construction period	结构截面高度 height of structural cross section
3		最好的延性 the best ductility	构件布局（短程传力、形态学与拓扑） layout of structural members（short-range force path，morphology and topology）
4			结点小型化 node miniaturization

2）现代全钢结构建筑与绿色建筑必须挂钩——节材与环保。全钢结构最能实现产业化：钢构件制造（焊接）工厂化，工地高强螺栓装配化。

我国高层全钢结构轻量化设计，任重而道远！

参考文献

[1] 中华人民共和国国家标准．建筑抗震设计规范 GB 50011—2010[S]. 北京：中国建筑工业出版社，2010.
[2] 中华人民共和国行业标准．高层建筑混凝土结构技术规程 JGJ 3—2010[S]. 北京：中国建筑工业出版社，2011.
[3] 中华人民共和国行业标准．高层民用建筑钢结构技术规程 JGJ 99—2015[S]. 北京：中国建筑工业出版社，2016.
[4] 中国工程建设标准化协会标准．高层建筑钢一混凝土混合结构设计规程 CECS 230：2008[S]. 北京：中国计划出版社，2008.
[5] 全国超限高层建筑工程抗震设防审查委员会，超限高层建筑工程抗震设防专项审查技术要点(建质[2006]220 号-建质[2010]109 号[R]
[6] 广东省地方标准．钢结构设计规程 DBJ 15-102-2014[S]. 北京：中国城市出版社，2015.
[7] 刘大海、杨翠如．高楼钢结构设计(钢结构、钢一混凝土混合结构)[M]. 北京：中国建筑工业出版社，2003.
[8] 王仕统．提高全钢结构的结构效率，实现钢结构的三大核心价值[J]. 钢结构，2010(9).
[9] 王仕统．关于钢结构设计的二、三、四观点[J]. 中国建筑金属结构，2014(4).
[10] 王仕统．钢结构设计[M]. 广州：华南理工大学出版社，2010.
[11] 王仕统．现代屋盖钢结构分析与设计[M]. 北京：中国建筑工业出版社，2014.
[12] 陈富生，邱国桦，范重．高层建筑钢结构设计(第二版)[M]. 北京：中国建筑工业出版社，2004.
[13] 罗福午，张惠英，杨军．建筑结构概念设计及案例[M]. 北京：清华大学出版社，2003.
[14] F. Hartet，Multi—Storey Building(second Edition)，Collins Professional and Technical Books，1985
[15] 目击者指南：美国[M]. 北京：中国旅游业出版社，2008.
[16] 陆赐麟，用科学标准促进钢结构行业健康发展[J]. 钢结构与建筑业，2009(19).
[17] 蔡益燕译．值得关注的纽约世贸中心 1 号楼，AISC《Modern steel construction》，2014，Fed，&May.
[18] 王仕统．简论空间结构新分类[J]. 空间结构，2008.
[19] 王仕统．浅谈钢结构的精心设计[J]. 工业建筑，2003(增刊).
[20] 王仕统．大跨度空间钢结构的概念设计与结构哲理，论大型公共建筑工程建设——问题与建议[C]. 北京：中国建筑工业出版社，2006.
[21] 郑廷银．多高层房屋钢结构设计与实例[M]. 重庆：重庆大学出版社，2014.

互联网＋与钢结构技术人才共享机制

张大照[1]，贺明玄[2]

（1. 上海杜润建筑科技有限公司，上海　201999；2. 宝钢钢构有限公司，上海　201999）

摘　要　近年，钢结构行业规模迅速扩大、产能快速提升、区域迅速覆盖、难度不断增加，对钢结构技术和人才的要求越来越高。钢结构人才紧缺、技术水平不均衡成为常态，如何解决此问题成为关键。基于此，本文从互联网＋钢结构人才角度，提出了一种解决路径：请高手平台。

关键词　钢结构；人才；互联网＋

1　引言

我国的钢结构发展历经了节约钢材、限制使用、合理使用和大力推广使用四个阶段。自1996年粗钢产量突破1亿t后，钢结构行业即开始了突飞猛进的发展。如2004年钢结构产量为1200万t，而2014年的产量则为5000万t。钢结构企业数量也迅速增加，当前专项施工资质企业突破1万家，千吨规模以上的钢结构制造企业超过3000家。区域分布也从长三角和沿海地区，向全国覆盖。从业人员也大幅度增加，初步估计钢结构直接从业人员应该在100万人以上。相当比例的民营企业迅速圈地建设钢结构加工基地，提升了钢结构产能，但却很难迅速提升从业人员的技术水平。相对于15年前以工业厂房、轻钢体系为代表的钢结构行业，如今的钢结构则集中表现为高层、超高层、大跨、重载、异形、弯扭、混合（如钢管混凝土、劲性结构等）乃至多杆汇交节点、多板组合截面，进而材料混合（如铸钢与普钢、张弦体系）等非常复杂结构体系。

可见，钢结构规模的迅速扩大、产能的快速提升、区域的迅速覆盖和难度的不断增加，必然导致对钢结构技术、人才的大量需求。当供不应求时，就形成了钢结构人才紧缺、技术不均衡的局面。

2　钢结构专业人才紧缺分析

（1）人才成长需要周期。一个胜任的钢结构人才成长时间需要5～10年，前提是其工程经历也是相当的。而近年来迅速崛起的钢结构企业尚未来得及提供如此时间窗口，导致了人才紧缺。据文献[4]，目前国内设计院里钢结构专业设计院（室）极少，高水平专业设计师奇缺，并且熟悉钢结构的结构总工、建筑师和设备师都十分缺乏。钢构企业里具有国际工程经验的专业工程技术人员和经营人员奇缺，高水平的焊工和自动化设备技术人员稀缺，详图设计和BIM应用人员的技术水平偏低，产业化工程技术人员和产业工人紧缺。专业的钢结构监理人员和检测人员也不足。

（2）行情不好，导致人才流失。目前钢结构的单吨制作价格已经非常低，且工程付款周期长，有的没有预付款，质保金通常在钢材采购款支付之后的3年以后方能回收，钢结构企业的现金流问题严重，导致了企业的效益普遍不好，很多企业倒闭，很多企业裁员减薪，因而很多专业人才改行或者岗位变动，这些都严重影响了专业人才的成长。

（3）企业边界限制了人才能力发挥。企业的存在，让很多专业人才有组织可以依附。但当企业任务不饱满，或者高端人才的使用频率很低，这些都是人才浪费的现象。换言之，有的企业占用人才资源而未加合理利用，也是导致专业人才紧缺的原因。

3 解决办法

（1）培养

文献［4］给出了方案：多层面培养体系。集全社会之力，培养出满足市场需求的多层次的专业人员梯队，包括高层次人才（院士、专家、设计大师、总工程师、企业家等）、中层次人才（研发人员、设计师、工艺师、专业技师、检测师等）和基本操作层人才（技术工人、产业工人等）。科教机构应做好以下工作：增加本科阶段钢结构课程学时和学分，做好基础教育；增加钢结构专业研究生招生数量，培养研究人才；开设国际工程专业课程和钢结构设计专业课程；编制设计软件、设计手册、标准图集并开展培训。企业应做好以下工作：培训钢结构与工业化专业技术人才；培训钢结构与BIM专业技术人才；培训钢结构焊工和智能化设备操作工人。

（2）共享

在大力培养专业人才的同时，可以采用“互联网＋”的概念，建立一个钢结构网络咨询平台，大力整合既有的人力资源，尤其是高端有一技之长的专业人才，邀请他们入库，形成高手资源，使得覆盖的细分专业相当广泛。这样，任何一个工程或者钢结构企业，当遇到难题时，可以递交平台，平台根据问题的关键词，匹配最合适的高手来解决此问题，这无疑是解决问题的高效手段。而且在绝大多数情况下，高手不一定需要到问题的原发地，高手解决问题的时间和方式也是非常灵活的，这为尽快解决人才紧缺、技术能力分布不均等问题提供了可能。

另一方面，当同行用户在多次使用平台解决工程难题的时候，这本身就是学习和提升的过程。因而，共享技能平台，也是培训平台。随着共享活动的持续推进，平台上集聚培训的资源、知识会越来越丰富，进而成为效果非常显著的自我学习的培训平台。

之所以有必要且有可能采用“共享”的方式，解决人才技术紧缺，是因为：

1）人才分布不均匀。目前，江浙沪等东部区域的钢结构人才比中西部区域明显富集，甚至过剩，但人才没有主动向中西部地区就业的动力。

2）人才年龄梯度。人才成长需要时间，需要过程实践。钢结构行业的工程经验尤为重要，所谓“越老越值钱”就是此意，但现实状况是，往往到了年纪大了的时候就退休了，他们在身体还是相当好的情况下，身怀绝技退居二线了，这对年轻人的成长、年长者的技能传承都是不利的。

3）更专业的人做更专业的事。虽然是同行，但术业有专攻，且工作经历、个体差异，导致了同行之间就需要特殊技能、特定经验的细分工程任务的交流、互助，显得非常必要，而且可行。

4 案例

4.1 请高手平台介绍

鉴于上述共享技术人才可能性的分析，笔者创办了工程领域在线咨询平台——请高手。该平台致力于分享、传播工程领域内一流高手的智慧、经验与技能，旨在为同行用户提供及时、高效、保密的定制咨询和应答服务。其服务对象主要为同行，主要解决工程同行的技术、商务和管理等问题，当前以建筑钢结构为主要的业务方向。

高手特指有一技之长、能够且愿意为同行破解工程难题的专业人士，不同于一般的社会专家。高手主要由两大类人员构成：退休人员、兼职人员。该平台的服务是有偿的、用户定制的；任务必须是细分、明确的，其主要界面见图1～图3。

请高手平台于2015年10月28日推广，目前关注的专业人士已经近万人。预计2016年关注的同行人士约10万人，通过平台直接解决问题的次数将超过千次，但平台的推广发展需要经历3年左右的时间。

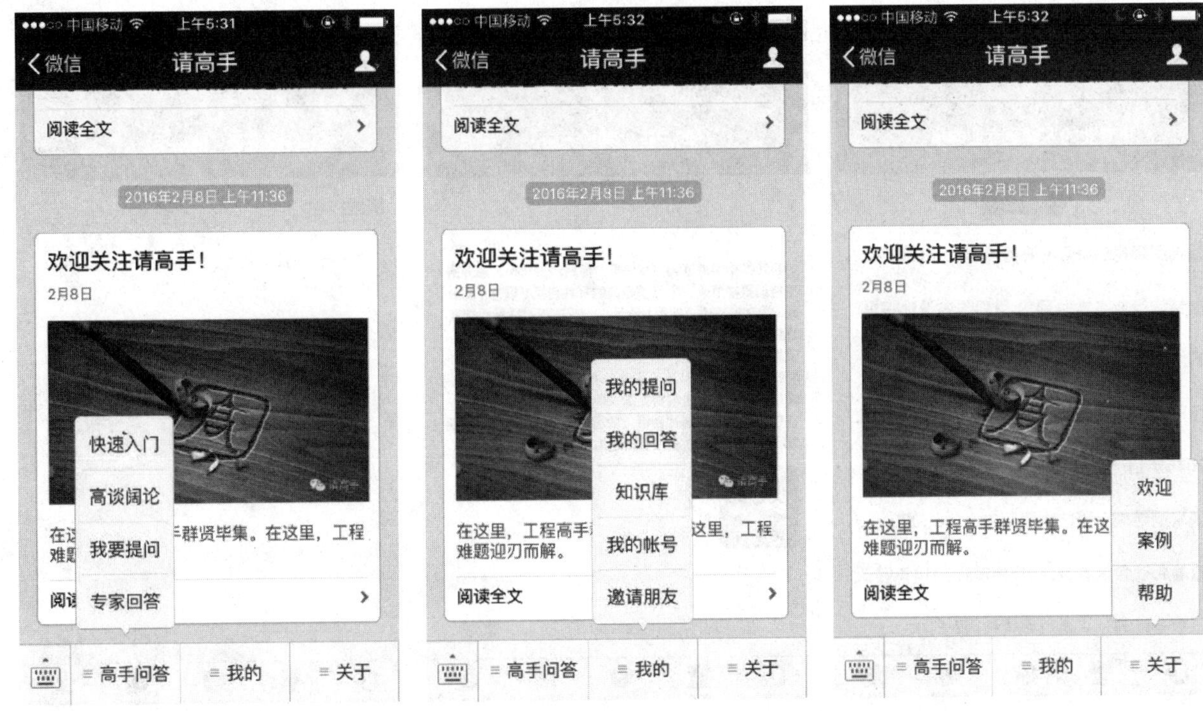

图1　主界面1　　　　图2　主界面2　　　　图3　主界面3

4.2　主旨

1）碎片化办公。节约高手时间，充分发挥其一技之长的效率。尽量减少出差时间，直接通过移动终端，利用其碎片化时间，解决自己最擅长的细分问题。

2）善用退休人员。充分发挥退休专业人士的能力，让他们将自己毕生积累的经验和技能再度服务社会，既发挥才干，赢得尊重，又丰富了退休生活。

3）善助兼职人员。土木工程行情下行，建筑钢结构尤甚，各单位裁员减薪普遍，因而专业人员兼职需求很普遍，抓住此机会，通过平台集聚专业人才，精准导向需要解决的工程难题，就能明显创造价值。

4）一线导流二线。针对一线城市过剩的人力资源，利用互联网技术，高效、精准的导流到二三线城市，实现了人员本身不流动，但特殊复杂技能可以流动的期望。

5）降低人力成本。钢结构市场竞争异常激烈，降低人力成本是个关键，对于具体难度较大或者复杂任务，借助请高手平台，调用远程资源，为我所用，不失为有效办法。

6）构建知识库（图4）。在大数据时代，钢结构行业尚没有大数据系统。请高手平台通过知识传承、技能分享的方式，发动高手总结自己工程经验和心得，以及通过难题的问答解决，沉淀为知识记录，形成独特的知识库。这样的知识库，累积一段时间，隐藏敏感信息后，将提供给工程领域的在校学生，以便于他们通过生动的工程案例学习，快速提升自己的能力。

7）问题递交和解决非常便捷——一问一答。如图5、图6所示，问题提交界面包括三个要素：①问题的描述，即委托工作内容。包括问题的文字描述、插图以及辅助录音；②希望的解决时间；③愿意付出的费用。这三个要素就是最基本的合同要素，通过平台，就非常便捷地实现了。从而，高手愿意根据提交的情况，进行解答；当同行用户对解答不满意时，根据反馈不满意的理由，平台重置提问，选择合适的高手再次进行解答，直至同行用户满意为止。所有这些活动的开展，是以请高手平台的“公信力”为基础的。因而，这不是一个简单的交易撮合平台，而是一个集聚全体高手职业操守的具备公信的专业平台公司，其内部的奖惩机制在此不赘述。

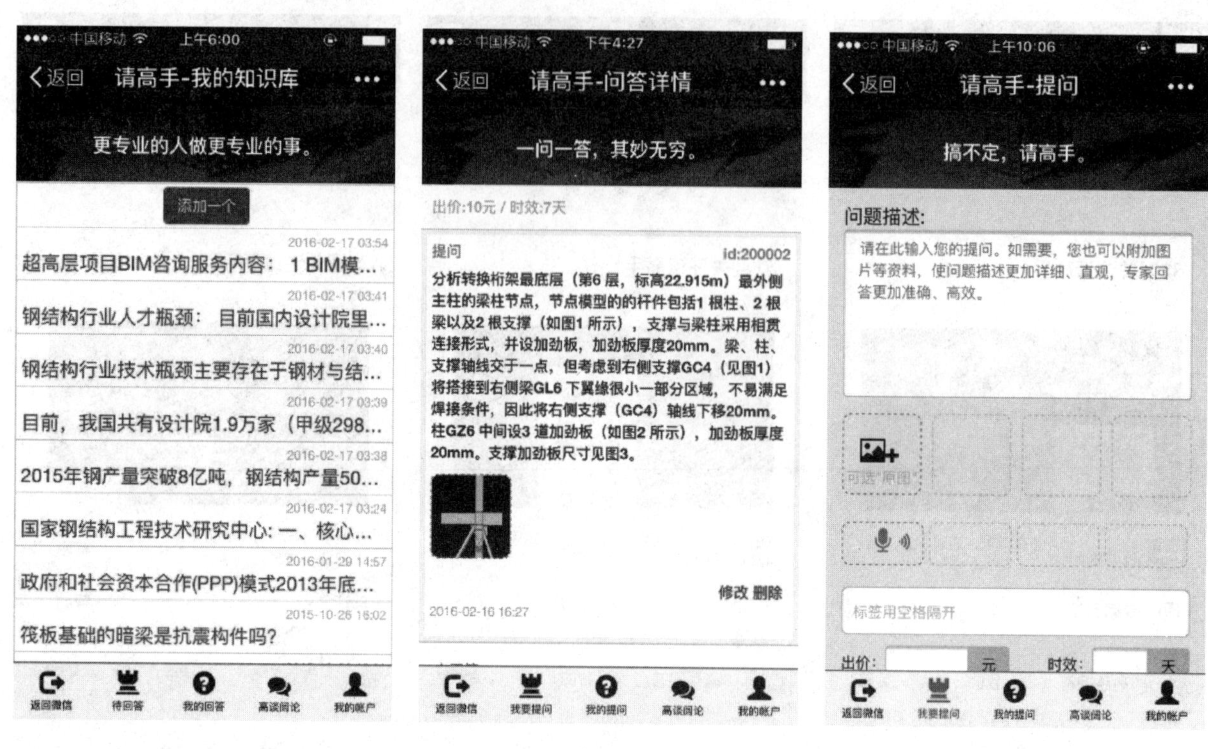

图 4 知识库界面 图 5 问题提交界面 1 图 6 问题提交界面 2

4.3 应用举例

（1）复杂结构的弹塑性时程分析

某结构近 300m 高，位于八度抗震设防区，框架、核心筒与伸臂桁架体系，钢管混凝土柱。请高手平台采用了 PERFORM－3D 对其进行地震作用下的弹塑性时程分析（图 7），以评价结构在设防地震和罕遇地震作用下的弹塑性行为，并针对结构薄弱部位和构件提出相应加强措施建议。

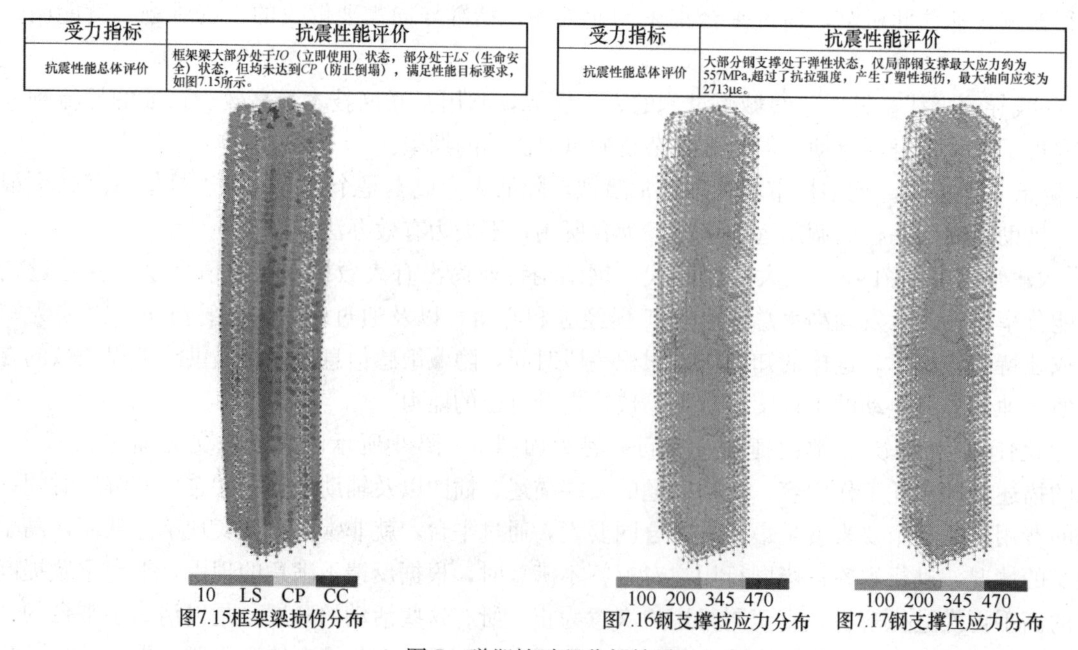

受力指标	抗震性能评价
抗震性能总体评价	框架梁大部分处于*IO*（立即使用）状态，部分处于*LS*（生命安全）状态，但均未达到*CP*（防止倒塌），满足性能目标要求，如图7.15所示。

受力指标	抗震性能评价
抗震性能总体评价	大部分钢支撑处于弹性状态，仅局部钢支撑最大应力约为557MPa,超过了抗拉强度，产生了塑性损伤，最大轴向应变为2713με。

图7.15框架梁损伤分布 图7.16钢支撑拉应力分布 图7.17钢支撑压应力分布

图 7 弹塑性时程分析结果

(2) 复杂节点的优化分析

某碗形建筑的大悬挑转换桁架节点构造及有限元分析（图 8）。解决难题的背景：工程施工图已审定，但施工时设计方不放心，借助请高手平台进行专业把关。

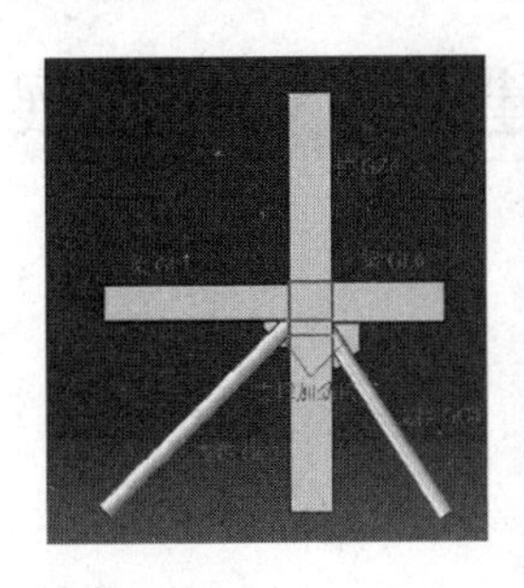

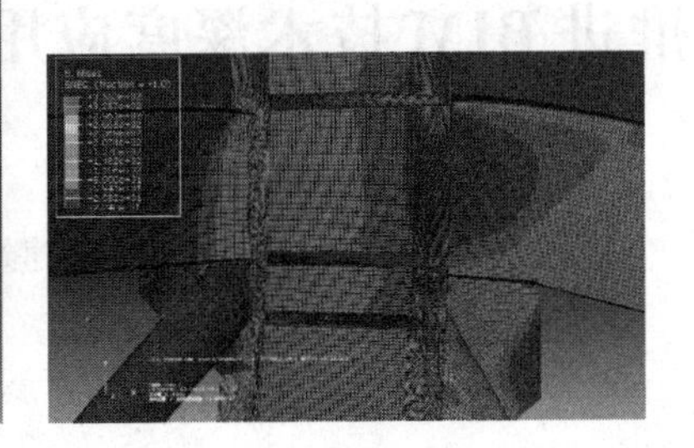

图 8 复杂节点的优化分析

(3) 小结

上述两个问题，为自动慕名请高手平台解决的案例代表，可归结为：结构层面、节点层面以及构件加工。通过这样细分、明确问题的解决，实现了预期目标：①同行帮助同行解决更专业的问题。第一个问题的委托方是设计院，而执行方为另一设计院的计算中心。之所以能够完成，是因为后者设计院在大型复杂计算方面非常有经验，而且所使用的 Perform3D 工具较之于使用 Abaqus 具有计算代价减小，易于收敛的特点。②同行帮助同行解决优化问题。第二个问题的节点共分析了 12 个类别，原因是每个节点的构造、受力相当复杂，FEA 分析采用了 Abaqus，原设计单位没有复杂节点设计与 FEA 精细分析能力。③同行内跨界互助。第三个问题为构件加工工艺设计，模拟大变形支撑的结构性能，科研单位不了解加工工艺的实现，故需要与钢结构加工单位进行工艺交流，以符合其原设计意图。该问题内的残余应力模式与实际大变形支撑的残余应力不一致，是研究单位所应关注的。④高度保密性。⑤低成本。⑥效率非常高，响应时间由同行用户根据需要自行定制。

4.4 专业分布

目前请高手以建筑钢结构专业为主，并同步推进工程领域其他专业的远程调用推广。钢结构的结构设计、优化设计、节点设计、FEA、工艺方案以及优化、现场安装方案、BIM、VR 以及造价咨询、建厂策划、项目策划等专业人员数百名，可以为全国各地的钢结构企业提供及时高水平的技术、管理和商务服务。

计划聚集钢结构专家的专业方向为：焊接机器人与智能生产、防腐防火一体化、涂装自动化、仿真模拟、模块化交付、高性能钢材、钢结构主导的 PPP 项目等。

5 展望

“创新、协调、绿色、开放、共享”为十三五期间中国钢结构发展的主导理念，紧扣协调资源、共享智慧是请高手平台，化解钢结构专业技术人才瓶颈的一种有效尝试。随着互联网+思维和移动办公习惯的常态化，基于移动互联网的请高手平台，将大力提升知名度、吸引更多同行参与、注重公信力锻造，必将为钢结构行业的转型升级和持续发展做出应有的贡献。

参考文献

[1] 姚兵. 协会 行业 企业 发展再研究[M]. 北京：中国建筑工业出版社. 2015.

[2] 岳清瑞. 对我国钢结构发展瓶颈及对策的几点思考[R].

推进 BIM 技术深度应用，促进绿色建筑和建筑工业化发展

李云贵

（中国建筑工程总公司，北京 100037）

摘 要 本文阐述了 BIM 技术的应用和发展为改造传统建筑业提供了有效工具。推进 BIM 技术深度应用是促进绿色建筑和建筑工业化发展的关键。

关键词 BIM 技术；绿色建筑；建筑工业化

1 引言

党的十六大报告指出我国要实现“可持续发展能力不断增强，生态环境得到改善，资源利用效率显著提高，促进人与自然的和谐，推动整个社会走上生产发展、生活富裕、生态良好的文明发展道路”，从而掀起了发展绿色建筑高潮。

绿色建筑、建筑工业化和建筑业信息化三位一体。绿色建筑作为发展目标，建筑工业化为实现绿色建筑提供了先进的生产方式，而信息化为实现绿色建筑和建筑工业化提供了有效技术手段和管理工具。推进 BIM 技术应用作为建筑业信息化的重要组成部分，必将极大地促进绿色建筑和建筑工业化发展。

2 BIM 技术发展为改造传统建筑业提供了有效工具

BIM 技术的提出和发展，对建筑业科技进步产生了重大影响，已成为建筑业实现技术升级、生产方式转变和管理模式变革，带动管理水平提升，加快推动转型升级的有效手段。我国各级主管部门都十分重视 BIM 技术研究和推广应用，组织开展了一系列基础研究、标准编制和技术政策等相关工作，把握 BIM 技术研究和应用发展方向，取得了可喜成果，有力推进了 BIM 在我国的落地和工程实践。为贯彻落实国务院推进信息技术发展的有关文件精神，住房城乡建设部于 2015 年 6 月 16 日发布了《关于推进建筑信息模型应用的指导意见》（建质函［2015］159 号），为普及应用 BIM 技术提出了明确要求和具体措施。

建筑信息模型（Building Information Modeling）技术这一方法和理念是在 2002 年被首次提出的。BIM 是在 CAD 技术基础上发展起来的多维模型信息集成技术，美国国家标准技术研究院给出了明确定义：BIM 是以三维数字技术为基础，集成了建筑工程项目各种相关信息的工程数据模型，是对工程项目设施实体和功能特性的数字化表达。BIM 是建筑项目物理和功能特性的数字表达，是一个共享的知识资源，为建筑从概念到拆除的全生命周期中的所有决策提供可靠依据的过程。

BIM 对建筑行业技术革新的作用和意义已在全球范围内得到了业界的广泛认可。如果说 CAD 技术的发展和普及应用使设计师甩掉图板是建筑行业信息化的一次革命，那么，BIM 技术的发展和普及应用则是建筑行业的又一次革命。BIM 的提出和发展，除了在技术上对建筑行业行为进行改革和创新外，更是对建筑业生产流程和管理方式的挑战。

BIM 的作用是使建筑项目信息在规划、设计、建造和运行维护全过程充分共享，无损传递。应用 BIM 技术可以使建筑项目的所有参与方（包括政府主管部门、业主、设计团队、施工单位、建筑运营

部门等）在项目从概念产生到完全拆除的整个生命期内都能够在模型中操作信息和在信息中操作模型，进行协同工作，从根本上改变过去依靠符号文字形式表达的蓝图进行项目建设和运营管理的工作方式，实现在建设项目全生命期内提高工作效率和质量、降低资源消耗，以及减少错误和风险的目标，并有助于在建筑全生命期实施“节能减排”的可持续发展战略，有助于应用高新技术改造传统的建筑业。

3 推进 BIM 技术应用促进绿色建筑化发展

虽然我国工程建设近三十年来一直处于高速发展之中，但建筑业效率低下，粗放型的增长方式没有根本转变，建筑能耗高、能效低是建筑业可持续发展面临的一大问题。建筑业的高速发展消耗了大量的社会资源。全球 50%以上的物质原料用来建造各类建筑及附属设备，这些建筑在建造和使用过程中又消耗了全球 50%的能源。我国水泥消耗量约占全球水泥生产总量的 45%，建筑用钢占全国钢材生产总量的 50%以上。与发达国家相比，我国钢材消耗高出 10%至 25%，单位建筑面积能耗是发达国家的 2 至 3 倍。工程建造过程又存在着严重的资源浪费和环境污染：民用建筑二次装修普遍，造成大量的资源浪费；与建筑有关的空气污染、光污染等约占环境总体污染的 34%，建筑施工垃圾约占城市垃圾总量的 30%～40%，每 1 万 m^2 的住宅施工，产生建筑垃圾量达 500～600t，施工粉尘占城区粉尘排放量的 22%。

建筑设计和工程建设过程中的浪费和损害环境的现象相当普遍，包括我国在内的世界各国工程建设过程中的损失和浪费惊人。据美国有关部门统计，由于超预算、错误设计与施工造成返工、工期拖延、管理不当等带来的损失与浪费，约占投资总额的 30%。我国没有做过类似的统计，但估计浪费现象会更严重。造成上述情况的原因根本在于建筑业，特别是设计和施工方面的技术和管理水平落后。另根据美国建筑科学研究院（NIBS-National Institute of Building Sciences）在美国国家 BIM 标准（NBIMS—National Building Information Modeling Standard）援引美国建筑工业研究院（CII—Construction Industry Institute）的研究报告，工程建设行业的非增值工作（即无效工作和浪费）高达 57%，而在制造业这个数字只有 26%，两者相差 31%。Rex Miller 等在其名为《Commercial Real Estate Revolution 一商业房地产革命》的专著中列举了来自美国建筑业的这样一组统计数据：72% 的项目超预算，70% 的项目超工期，75% 不能按时完工的项目至少超出初始合同价格 50%，建筑工人的死亡威胁是其他行业的 2.5 倍。

我们过去一直讲“绿色建筑”，在 2015 年 3 月 24 日中央政治局会议上首次提出了“绿色化”概念，不仅拓展了“绿色”概念，而且更深一层的意义在于，这是对十八大提出的“新四化”概念的提升，在“新型工业化、城镇化、信息化、农业现代化”之外，又加入了“绿色化”，并且将其定性为“政治任务”。应用 BIM 技术可以有效推进工程建设“绿色化”战略的落实，可以有效减少“错、缺、漏、碰”现象的发生，节约能源和资源，减少建筑垃圾排放，保护环境，并促进工程质量和安全水平的提升。英国机场管理局利用 BIM 技术削减希思罗 5 号航站楼百分之十的建造费用。美国斯坦福大学整合设施工程中心（CIFE）根据 32 个项目总结了使用 BIM 技术的以下优势：消除 40%预算外更改；造价估算控制在 3%精确度范围内；造价估算耗费的时间缩短 80%；通过发现和解决冲突，将合同价格降低 10%；项目工期缩短 7%，及早实现投资回报。美国 BIM 标准为以 BIM 技术为代表的信息化技术制定的目标是：“到 2020 年为美国工程建设行业每年节约 2000 亿美元”。我们可以期望 BIM 技术的普及应用会带来提高效率和质量，减少资源消耗和浪费的巨大社会效益。

4 推进 BIM 技术应用促进建筑工业化发展

BIM 技术有助于建筑工业化发展。工业化的好处众所周知：效率高、精度高、成本低、质量好、资源节约、不受自然条件影响等。我国住宅建造的水平与发达国家相比有较大的差距，主要原因是住宅建设的工业化水平较低所致。制造业的生产效率和质量在近半个世纪得到突飞猛进的发展，生产成本大大降低，其中一个非常重要的因素就是以三维设计为核心的PDM（Product Data Management产品数据管理）技术的普及应用。建设项目本质上是工业化制造和现场施工安装结合的产物，提高工业化制造在建设项目中的比例是建筑业工业化的发展方向和目标。工业化建造至少要经过设计制图、工厂制造、运输储存、现场装配等主要环节，其中任何一个环节出现问题都会导致工期延误和成本上升，例如：图纸不准确导致现场无法装配，需要装配的部件没有及时到达现场等。BIM技术不仅为建筑业工业化解决了信息创建、管理、传递的问题，而且BIM三维模型、装配模拟、采购制造运输存放安装的全程跟踪等手段为工业化建造的普及提供了技术保障。同时，工业化还为自动化生产加工奠定了基础，自动化不但能够提高产品质量和效率，而且对于复杂钢结构，利用BIM模型数据和数控机床的自动集成，还能完成通过传统的“二维图纸—深化图纸—加工制造”流程很难完成的下料工作。BIM技术的产业化应用将大大推动和加快建筑业工业化进程。

BIM技术有助于通过信息将整个建筑产业链紧密联系起来，向工业化建造方向发展。建筑工程项目的产业链包括业主、勘察、设计、施工、项目管理、监理、部品、材料、设备等，一般项目都有数十个参与方，大型项目的参与方可以达到几百个甚至更多。二维图纸作为产业链成员之间传递沟通信息的载体已经使用了几百年，其弊端也随着项目复杂性和市场竞争的日益加大变得越来越明显。打通产业链的一个技术关键是信息共享，BIM就是全球建筑业专家同仁为解决上述挑战而进行探索的成果。业主是建设项目的所有者，因此自然也是该项目BIM过程和模型的所有者，设计和施工是BIM的主要参与者、贡献者和使用者，业主要建立完整的可以用于运营的BIM模型，必须有设备材料供应商的参与，供应商逐步把目前提供的二维图纸资料逐步改进为提供设备的BIM模型，供业主、设计、施工直接使用，一方面促进了这三方的工作效率和质量，另一方面对供应商本身产品的销售也提供了更多更好的方式和渠道。产业链的另外一端就是数字城市，在没有BIM技术以前，数字城市的主要内容实际上就是数字地图，最多用三维图块来表达建筑物，改善可视化效果。有了建筑物的BIM模型以后，BIM和GIS的集成和融合，使城市管理人员能够在数字城市系统的虚拟世界中，管理精细化到每家每户，数字城市的综合能力和水平将得到大幅度提升。

5 结束语

建筑信息模型（BIM）、大数据、智能化、移动通讯、云计算、物联网等最新信息及相关技术的快速发展，深刻改变了我们的生活、工作和思维方式。为了加快推进信息技术发展，国务院陆续发布了一系列重要文件，如于2015年1月6日发布了《关于促进云计算创新发展培育信息产业新业态的意见》（国发〔2015〕5号）、于2013年2月5日发布了《关于推进物联网有序健康发展的指导意见》（国发〔2013〕7号）、于2015年7月1日发布了《关于积极推进“互联网＋”行动的指导意见》（国发〔2015〕40号）、于2015年8月31日发布了《促进大数据发展行动纲要》（国发〔2015〕50号）。保障信息安全是推进信息技术应用的重要方面，美国把BIM应用的最高等级定义为国土安全，这足以说明信息安全的重要性。为确保信息安全，国务院于2012年6月28日发布了《关于大力推进信息化发展和切实保障信息安全的若干意见》（国发〔2012〕23号）。

目前，我国BIM技术研究和应用已有了较好基础，但我们也要看到，BIM作为一项新技术，在我国工程中应用还处于初级阶段，而且由于BIM标准体系尚未完善、BIM软硬件工具还在发展之中，有些企业对BIM技术仍停留在一般认识上，尚未进行深入研究、尝试和应用，对于BIM理解不深、人才培养不足，造成项目实施环节出现问题，推进BIM技术广泛应用还任重道远。为了更好地推动BIM技术应用，提升工程质量和管理水平、节能减排、降本增效，进一步推动技术创新和人才培养，还需加大力度推进BIM深度应用，特别是推进以BIM为核心的大数据、智能化、移动通讯、云计算、物联网等信息技术在建筑业中的集成应用，已成为下一阶段推进BIM技术深度应用的重要任务。

《钢结构设计规程》DBJ 15—102—2014 简介

王仕统

（广东省钢结构协会，广州　510640）

摘　要　广东省标准《钢结构设计规程》DBJ 15—102—2014，以下简称《广钢规程》，2015 年 6 月 1 日起实施。《广钢规程》由广东省钢结构协会、广东省建筑科学研究院主编，适用于工业与民用建筑和一般构筑物的全钢结构设计。目录为：1 总则；2 术语和符号；3 材料及选用；4 作用；5 屋盖钢结构设计；6 高层钢结构设计；7 隔震与消能减震；8 防腐防火；9 仿真分析与监测；附录 A～附录 D。《广钢规程》首次提出钢结构轻量化的若干设计理念，如将结构整体分为弯矩结构和轴力结构（形效结构）两大类、钢结构固有的三大核心价值以及钢结构设计的四大步骤。对于钢结构制造和安装，提出逐步实现"构件制造工厂化、工地高强螺栓装配化"；对于某些技术名词作了正名，如索梁或索桁架，正名为双层索结构等。

关键词　广东省标准；钢结构设计规程；现代全钢结构；设计理念；二、三、四观点；新措辞；技术名词正名

1　国家技术经济政策新措辞

《广钢规程》1.0.1 条 为了适应广东省建筑钢结构设计的需要，贯彻执行国家的技术经济政策，做到技术先进、安全经济、方便建造、适用耐久，特制定本规程。

《广钢规程》的新措辞，与国家现行规范［2］和规程［3］的措辞：技术先进、经济合理、安全适用、确保质量不同。前者更节材、能提升施工质量。

"技术先进"主要指在进行屋盖和高层钢结构设计时，应选择满足建筑功能要求的先进结构方案（方案选错，优化无用!）；由于传统结构（如砖石、圬工结构等）的材料不均质且强度较低，结构分析方法较粗糙。人们普遍认为结构尺寸越大越安全（多用材料就是安全），安全与经济是矛盾的。随着现代科技、材料的不断进步，现代钢结构采用高强轻质材料和现代结构分析方法，如，有限单元法、结构稳定理论、结构减震控制理论和预应力理论等，能逐步实现钢结构哲理——用最少的结构提供最大的结构承载力，安全与经济和谐统一，新措辞是"安全经济"；由于现代钢材固有的优秀性，如轻质高强、均质和延性好等，人们能设计出轻量化的钢结构构件和节点，并能实现钢结构工程制造和安装的精细化（精度和质量）。"广钢规程"首次提出"方便建造"；钢结构的最大缺点是易腐蚀，新提法强调涂装防腐的重要性，新措辞是"适用耐久"。

2　全钢结构与结构新分类——轴力结构（形效结构）和弯矩结构

《广钢规程》1.0.2 条　本规程适用于工业与民用建筑和一般构筑物的（全）钢结构（不开裂结构）设计，包括屋盖形效结构、屋盖弯矩结构和高层弯矩结构等（表 1.0.2）。

《广钢规程》表 1.0.2　结构分类

<table>
<tr><td rowspan="2">传力维</td><td>轴力结构（Axial Force-Resisting Stru.）</td><td colspan="2">弯矩结构（Moment-Resisting Structure）</td></tr>
<tr><td>屋盖形效结构</td><td>屋盖弯矩结构</td><td>高层弯矩结构</td></tr>
<tr><td>一</td><td>拱
索：柔性索、劲性索</td><td>实腹梁、桁架、张弦梁</td><td>框架、框架-支撑（钢板剪力墙）、筒体结构、巨型结构、悬挂体系</td></tr>
<tr><td>二</td><td></td><td>格栅、网架、张弦梁</td><td></td></tr>
<tr><td>三</td><td>刚性结构，如：网壳
柔性结构，如：单、双层索、索网、索穹顶
杂交结构，如：弦支穹顶</td><td></td><td></td></tr>
</table>

注：传力维表示结构的传力维数，与过去结构分类按几何维数分类不同。

本条主要根据结构的整体受力来分类，把结构分为弯矩结构和轴力结构两大类，以方便设计人员从概念上把握结构的受力本质。

表 1.0.2 中的所谓屋盖形效结构（图 1）是一种由于结构形状而产生效益的结构，它的科技含量比屋盖弯矩结构（图 2）高得多，用钢量较少，三维屋盖形效结构的用钢量更少。

因此，《广钢规程》5.1.2 条 屋盖跨度大于 100m 的大跨度屋盖钢结构应优先选用屋盖形效结构。

钢结构主要采用下列不开裂的钢结构构件（structural members），并通过焊接、铆钉或高强螺栓连接而成的钢结构骨架（结构 structure）：

型钢（Steel shape）、钢板（Steel plate）、高强钢丝或钢棒（简称 S）

钢管混凝土（Concrete—filled Steel Tubular，简称 ST・C）

钢梁＋压型钢板上现浇混凝土组合楼盖（Steel—Concrete composite，简称 S・C）

因此，凡结构中出现带裂缝工作的混凝土构件（Concrete member），如钢筋混凝土（Reinforced Concrete，简称 RC）构件、型钢混凝土（Steel-Reinforced Concrete，简称 RC・S）构件，以及部分预应力混凝土（Partial Prestressed Concrete，简称 PPC）构件等，均不是《广钢规程》设计的内容。

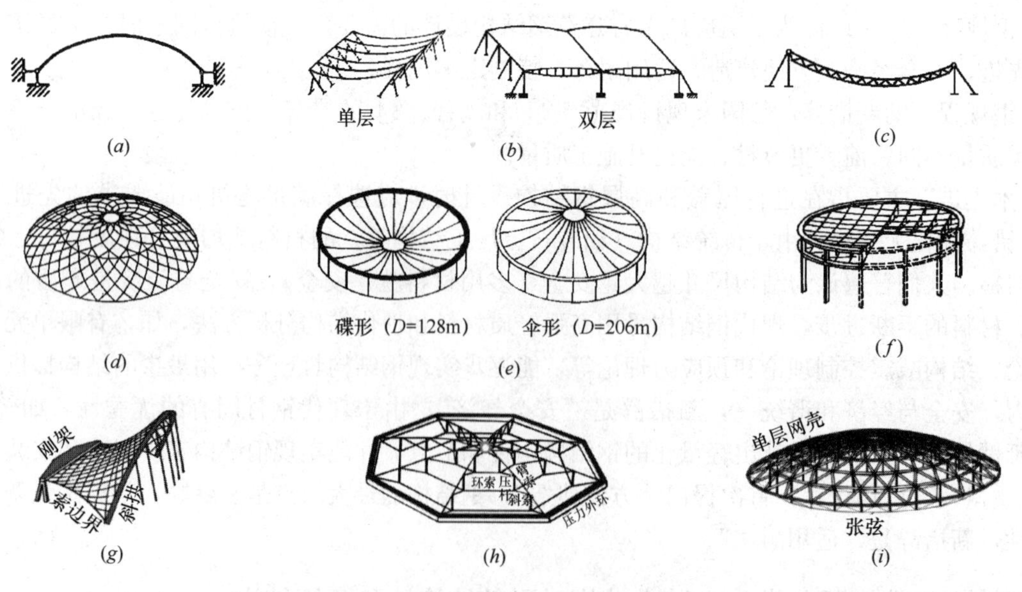

图 1　屋盖形效结构（Roof Formative Structures）

（a）拱；（b）柔性索；（c）劲性索；（d）网壳；（e）辐射式单层悬索；（f）双层网状悬索；（g）索网；（h）索穹顶；（i）弦支穹顶

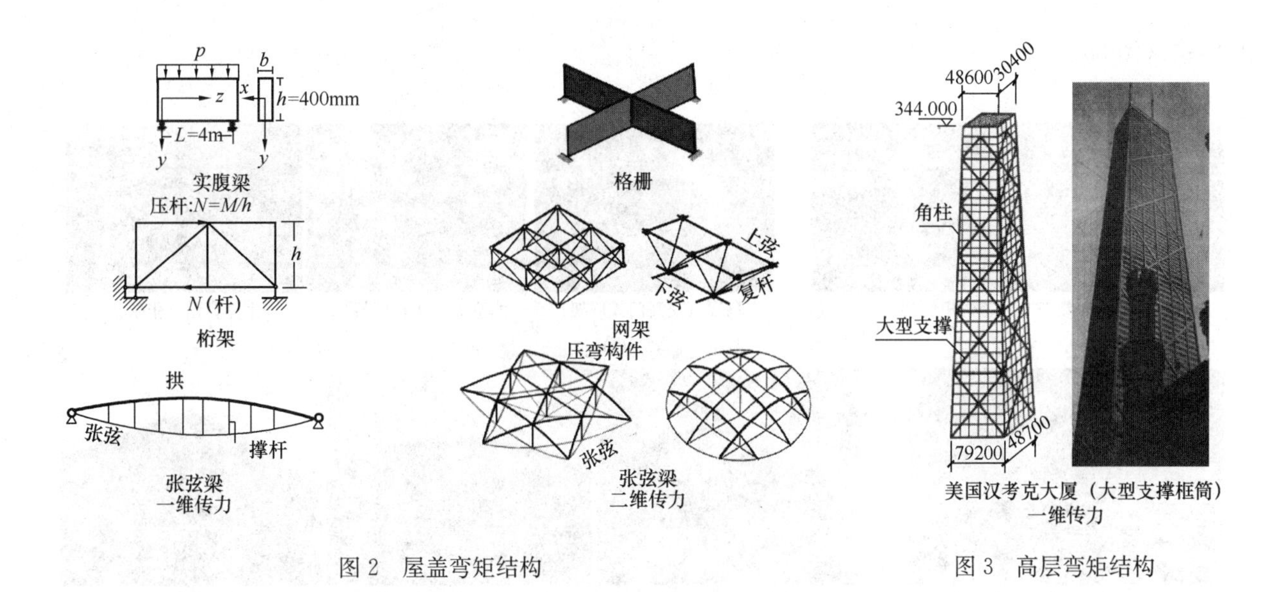

图 2　屋盖弯矩结构

图 3　高层弯矩结构

世界先进国家，如美、英、日、韩等国的奥运会场馆几乎都采用屋盖形效结构。如，1996 年第 26 届奥运会美国亚特兰大主场馆——乔治亚索穹顶（Georgia Dome，图 4*a*）。2012 年第 30 届奥运会主场馆——英国伦敦碗（图 4*b*），屋顶采用轮辐式索网结构，通过张拉内环索、外环桁架间的劲向索使结构成形并提供结构刚度，径向索和环向张拉索通过铸钢结点连接。5 层结构环，用高强螺栓连接。

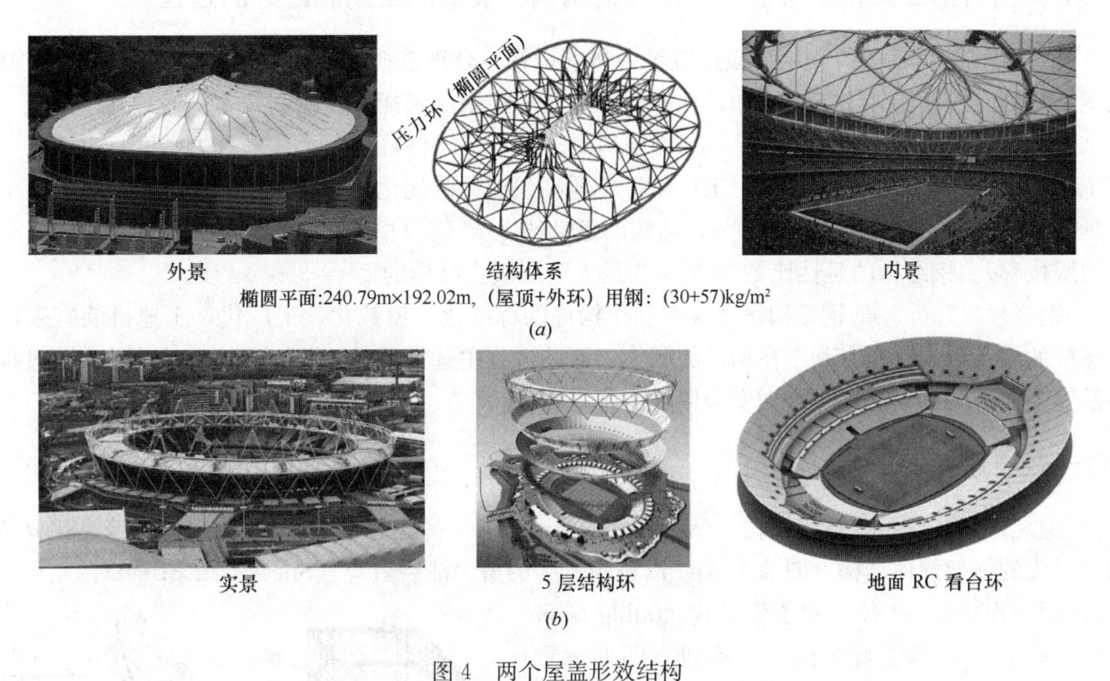

图 4　两个屋盖形效结构

（*a*）1996 年，美国第 26 届奥运会——乔治亚索穹顶；（*b*）2012 年，英国第 30 届奥运会主体育场——伦敦碗（8 万人座位，总用钢约 1 万 t）

我国技术人员不习惯采用屋盖形效结构，如北京中轴线上的三大场馆都是屋盖弯矩结构（图 5*a*）。其中，鸟巢（Brid's Nest）是 2008 年第 29 届奥运会开幕式主场馆，主结构采用交叉门式刚架结构，或平面桁架式结构。鸟巢平面为椭圆：332.3m×297.3m，中央开洞 186.718m×127.504m，总用钢为 4.1875 万 t，实际用钢 5.2 万 t，从而，用钢量高达：710～881kg/m^2。2010 年上海世博会的钢结构屋盖，除世博轴阳光谷（网壳、索膜）是屋盖形效结构外，世博中心、文化演艺中心、主题馆等是屋盖弯矩结构（图 5*b*）。

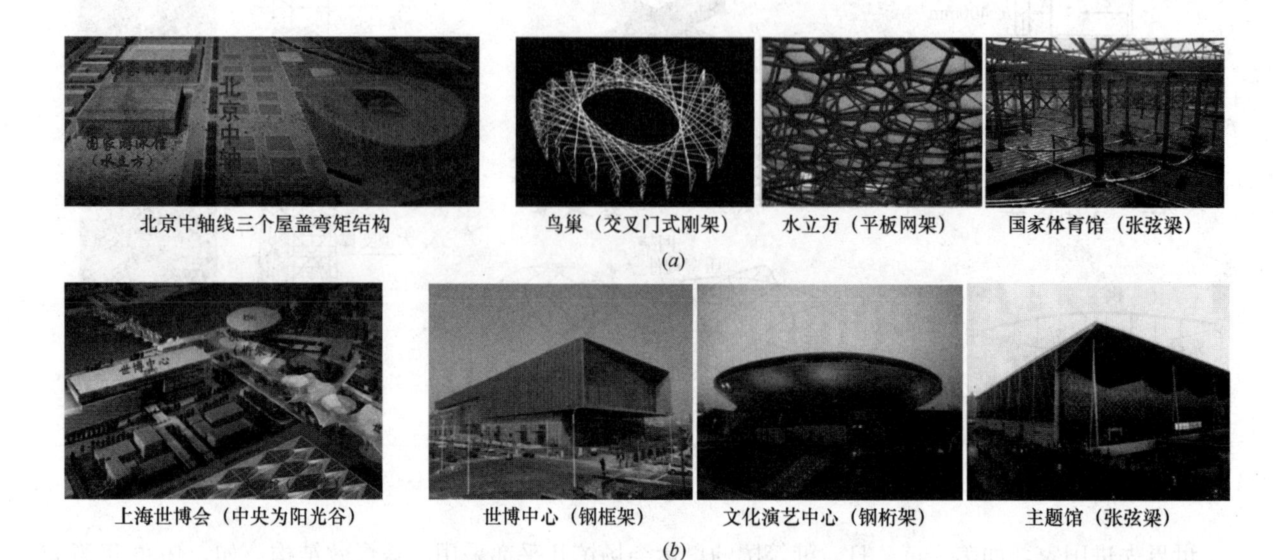

图 5　北京奥运会和上海世博会的屋盖都是屋盖弯矩结构

（*a*）2008 年，北京第 29 届奥运会场馆（其中，鸟巢 8 万人座位，总用钢 5.2 万 t）；（*b*）2010 年上海世博会场馆

3　钢结构固有的三大核心价值——最轻的结构、最短的工期和最好的延性

《广钢规程》1.0.3 条　钢结构设计应重视概念设计，合理选择结构方案，提高钢结构的结构效率，体现钢结构固有的结构轻、工期短和延性好等优点。积极采用消能减震控制技术。

结构轻——用结构的比强度 $H = f_k/\gamma$ 来衡量（f_k——材料强度；γ——重力密度）；

工期短——构件制造（焊接等）工厂化，工地高强螺栓装配化；

延性好——钢试件伸长率 $\delta > 20\%$；结构的延性比 $\zeta = D_u/D_y$（D_u——结构的极限位移；D_y——结构的屈服位移）。钢结构的延性比 $\zeta_s = 7 \sim 9$ 远大于混凝土结构的 $\zeta_c = 3 \sim 4$。

《广钢规程》1.0.5 条 钢结构设计应有利于构件的标准化、模数化、工厂化，工地拼装宜采用高强螺栓连接的结点形式；应有利于在构件的制作、涂装过程中选择环保、节能的施工工艺及安装过程中选择降低安装人员的劳动强度、增加安全保障的施工方法。

4　对一些技术名词正名

《广钢规程》2.1.3 条 框筒结构　frame tube structure——由柱距 $d \leqslant 3$m 的密柱和跨高比 $d/h < 3$ 的深梁组成的框架筒体结构（图 2.1.3）。以避免过大的剪力滞后效应（Shear Lag Effect）。

《广钢规程》2.1.4 条　双层索结构 double layer cable structure——双层索结构由一系列下凹的承重索和上凸的稳定索，以及它们之间的连系杆件组成。索的布置有平行式、辐射式和网状式三种布置形式。印度有文献[12]，把这种结构称为索桁架 cable truss 或索梁 cable beam 不科学，力学概念不清。见图 2.1.4。

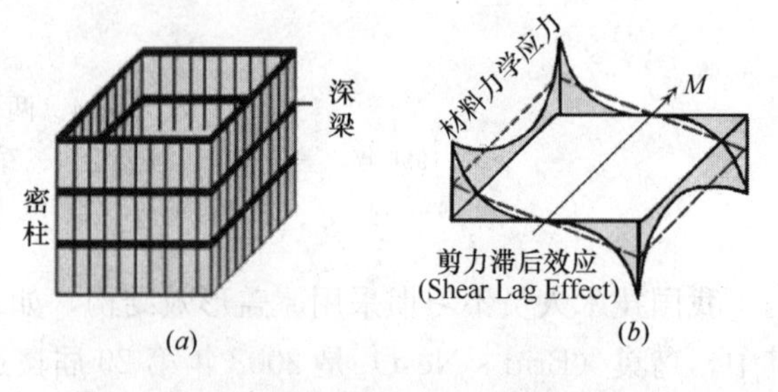

《广钢规程》图 2.1.3　框筒结构

（*a*）框筒；（*b*）剪力滞后效应

《广钢规程》2.1.5 条　索穹顶　cable dome——由脊索、环索、斜索、撑杆、中央受拉构件与受压边

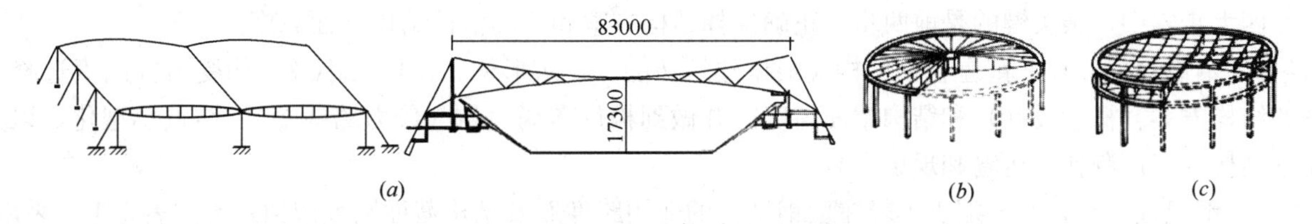

《广钢规程》图 2.1.4　双层索结构

(a) 平行式；(b) 辐射式；(c) 网状式

缘构件组成的自相平衡的三维屋盖形效结构，索、杆布置的特点是：“连续拉、间断压”。见图 2.1.5。

《广钢规程》2.1.6 条　弦支穹顶结构　suspended dome structure——弦支穹顶结构是由环向索、斜索和撑杆以及网壳组成的三维屋盖形效结构见图 2.1.6（日本称为 suspen－dome structure 不确切）。

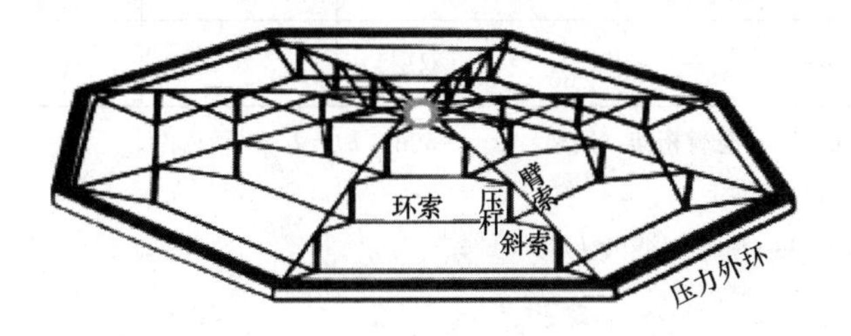

《广钢规程》图 2.1.5　索穹顶（连续拉、间断压）

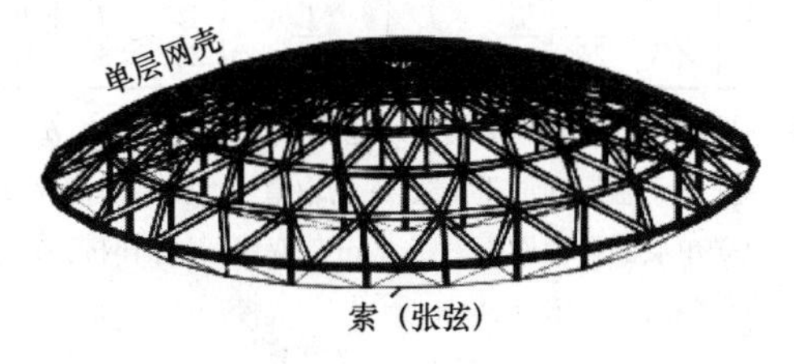

《广钢规程》图 2.1.6　弦支穹顶结构

《广钢规程》2.1.7 条　张弦梁结构 string beam structure——上弦为拱式构件，下弦为张弦或钢拉杆，中间由竖向撑杆组合而成的屋盖弯矩结构见图 2.1.7（原为 beam string structure 不确切）。

《广钢规程》2.1.8 条　防屈曲支撑　buckling－restrained brace——防屈曲支撑是一种金属屈服耗能支撑构件，主要由耗能芯材、约束构件和无粘结材料三部分构成，其中主受力芯材采用低屈服点钢材（Q160、Q225 或 Q235）。为了防止芯材受压时整体屈曲，即在受压、受拉时都能达到屈服，芯材被置于一个屈曲约束单元内（有称屈曲约束支撑不确切）。见图 2.1.8。

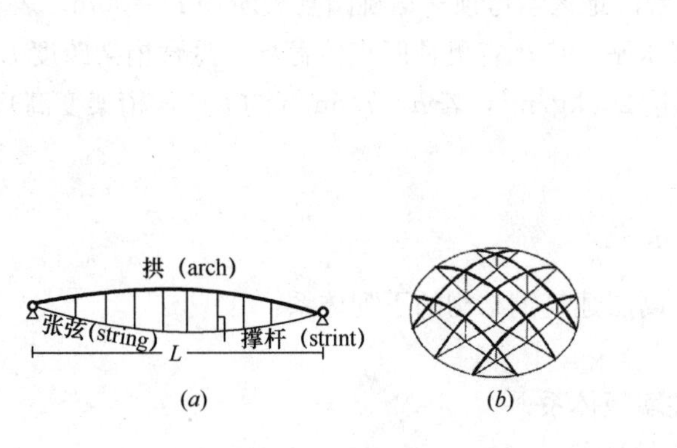

《广钢规程》图 2.1.7　张弦梁结构

(a) 一维；(b) 二维

芯材
填充料
钢管套

《广钢规程》图 2.1.8　防屈曲支撑

5　钢结构轻量化设计的四大步骤

(1) 正确选择结构方案（概念设计）；

(2) 正确估计结构截面高度；

(3) 构件布局简洁（短程传力、形态学与拓扑）；

(4) 节点小型化。

四大步骤中，最关键的是前两步：正确选择结构方案和正确估计结构截面高度。

《广钢规程》5.1.1 条 屋盖钢结构应根据建筑功能、建筑形体、作用大小及结构受力等因素选择合理的结构方案（概念设计）和结构截面高度。并做到构件布局简洁（传力路线短）、结点小型化，以方便钢结构的工厂制作、运输和现场安装。

《广钢规程》5.1.3 条 端支承轻屋面钢结构的适用跨度 L 及结构截面高度限值 h 可按表 5.1.3 采用。

《广钢规程》表 5.1.3 L 与 h

参数	一维传力			二维传力			三维传力		
	实腹梁	桁架	张弦梁	交叉梁	网架	张弦梁	球面网壳	弦支穹顶	索穹顶
L（m）	≤30	≤80	≤100	≤35	≤100	≤100	≤80（单层） ≤150（双层）	≤150	≤200
h	$\frac{L}{15}\sim\frac{L}{25}$	$\frac{L}{10}\sim\frac{L}{18}$	$\frac{L}{10}$	$\frac{L}{25}\sim\frac{L}{30}$	$\frac{L}{12}\sim\frac{L}{20}$	$\frac{L}{12}$	$\frac{L}{30}\sim\frac{L}{60}$（双层）		

注：① 对于悬臂实腹梁的适用范围：$L_c=10\sim15\text{m}$，$h=L_c/10$；悬臂桁架（网架）：$L_c<50\text{m}$，$h=L_c/6\sim L_c/8$。

② 对于重屋面或重荷载，h 的取值可增大，适用跨度 L 可减少。

③ 单层圆柱面网壳 $L\leqslant30\text{m}$；双层圆柱面网壳 $L\leqslant100\text{m}$，$h=L/20\sim L/50$。

④ 门式刚架 $L\leqslant40\text{m}$。

张弦梁、网架属于屋盖弯矩结构，因此，表 5.1.3 中二维传力的张弦梁、网架跨度不超过 100m。深圳宝安体育馆可视为平板网架体系跨度 L=101.4m，用钢量 68kg/m^2。世界最大跨度的日本名古屋单层网壳穹顶，L = 187.2m，用钢量高达 300kg/m^2（笨重），这是由于单层网壳的初始缺陷对网壳稳定（屈曲）的严重影响，因此，表 5.1.3 中的单层球面网壳跨度不超过 80m。东莞厚街体育馆采用弦支穹顶屋盖（屋盖形效结构），椭圆平面：110m × 80m，用钢量 72.8kg/m^2，本规程的弦支穹顶跨度限定为 150m。目前，世界最大的索穹顶是美国亚特兰大乔治亚索穹顶（图 4a），椭圆平面：240.79m×192.02m，屋盖用钢量仅 30kg/m^2，加上受压外环 57kg/m^2，总用钢只有 87kg/m^2；目前，我国大陆地区最大索穹顶是内蒙古鄂尔多斯伊金霍洛旗体育馆工程 L=71.2m，用钢量 22.5kg/m^2（索、撑杆及索锚具 16.2kg/m^2，结点 6.3kg/m^2），中国台湾地区索穹顶——桃园县表演场 D=90m。表 5.1.3 规定的索穹顶跨度≤200m，符合中国的科技发展水平。广东省奥林匹克体育场，悬臂桁架跨度 L=52.4m，桁架高度 h=5.2m，（桁架等高），用钢量高达 200kg/m^2，若 h=7.5m（约 $L/7$，桁架变高），用钢量只有 80kg/m^2。

6 优选高层全钢结构抗侧力体系

《广钢规程》6.2.1 条 本规程适用于高层建筑钢结构的下列体系：

1 框架结构；

2 框架-支撑（含防屈曲支撑）、延性墙板体系；

3 筒体结构——框筒、大支撑框筒、筒中筒、束筒；

4 巨型结构体系；

5 悬挂体系。

本规程中所列的结构体系均为全钢结构体系。其中的框架，可以是钢柱与钢梁组成的钢框架，也可以是钢管混凝土柱与钢梁组成的钢框架。如果在框架体系中沿结构的纵、横两个方向均布置一定数量的支撑，就形成框架-支撑结构体系。当支撑或延性墙板组成内筒，与周边框架组成了框架-核心筒结构体系。框筒结构体系主要指由密柱、深梁形成的钢结构体系。外周筒体可以是密柱、深梁形成的框筒，也可以用大斜撑组成的大支撑框筒（密柱的柱距 d 和深梁 d/h 可以放宽），而内部的筒体可以是框筒，也可以是大支撑框筒。束筒体系是由两个以上框筒连在一起所构成的结构体系。除框架结构外，其余结构体系均可根据实际需要，设置外伸臂桁架及周边桁架以减小结构的侧移；巨型钢框架结构、复合巨型柱由钢柱、钢梁和型钢支撑所组成，巨型柱内布置设备管道间、设备用房和楼梯间等，各楼层的自重和地震作用及风荷载通过各楼层梁、内外四周的梁柱所组成的次框架短程传力给大框架。

7 结语

《广钢规程》的设计理念新提法为首次提出，目的在于实现钢结构的轻量化设计——以力学为准则、结构理论为基础，从而方便钢结构工程的制造和装配，以推广现代钢结构的发展。

（1）措词比较（表1）

措词比较 **表1**

钢结构设计规程 DBJ 15—102—2014	技术先进　安全经济　方便建造　适用耐久
钢结构设计规范 GB 50017—2003 高层民用建筑钢结构技术规程（JGJ 99—2015）	技术先进　经济合理　安全适用　确保质量

（2）轻量化二、三、四观点（表2）

二、三、四观点 **表2**

NO.	结构分为 两大类	钢结构固有的 三大核心价值	钢结构精心设计的 四大步骤
1	弯矩结构 Moment-Resisting Structures	最轻的结构 the lightest structural weight	结构方案（概念设计） structural scheme (conceptual design)
2	轴力结构（形效结构） Axial Force-Resisting Structures (Formative Structures)	最短的工期 the shortest construction period	结构截面高度 height of structural cross section
3		最好的延性 the best ductility	构件布局（短程传力、形态学与拓朴） layout of structural members (short-range force path，morphology and topology)
4			结点小型化 node miniaturization

在进行结构分类时，应严格区分构件（structural members）与结构（structure），如桁架、平板网架是由轴力构件组成的一、二维弯矩结构。圆钢管混凝土构件有效地用于小偏心受压柱和轴心受力构件。因此，不能有“钢管混凝土结构”之说。由钢管混凝土柱和钢梁组成的框架，只能叫做钢框架结构，而不能称为钢管混凝土结构。

参考文献

[1] 广东省地方标准．钢结构设计规程 DBJ 15—102—2014[S]. 北京：中国城市出版社，2015.
[2] 中华人民共和国国家标准．钢结构设计规范 GB 50017—2003[S]. 北京：中国计划出版社，2003.
[3] 中华人民共和国行业标准．高层民用建筑钢结构技术规程 JGJ 99—2015[S]. 北京：中国建筑工业出版社，2016.
[4] 王仕统．大跨度空间钢结构的概念设计与结构哲理，论大型公共建筑工程建设——问题与建议[C]. 北京：中国建筑工业出版社，2006.
[5] 王仕统，简论空间结构新分类[J]. 空间结构，2008(3).
[6] 王仕统．提高全钢结构的结构效率，实现钢结构的三大核心价值[J]. 钢结构，2010(9).
[7] 刘锡良．现代空间结构[M]. 天津：天津大学出版社，2003.
[8] 薛素铎、李雄彦．2012 伦敦奥运场馆结构体系概述[J]. 工业建筑，2012(增刊).

[9] 王仕统、薛素铎、关富玲、陈务军、姜正荣、石开荣．现代屋盖钢结构分析与设计[M]. 北京：中国建筑工业出版社，2014.
[10] 董石麟，陈兴刚．鸟巢形网架的构形、受力特性和简化计算方法[J]. 建筑结构，2003(10).
[11] 范重、刘先明、范学伟、胡天兵、王喆．国家体育场钢结构设计中的优化技术，第五届全国现代结构工程学术研讨会[C]. 工业建筑，2005(增刊).
[12] [印度]Prem Krishna，Cable-suspended Roofs，McGraw-Hill，Inc，1978.
[13] 王仕统．浅谈钢结构的精心设计[J]. 工业建筑，2003(增刊).
[14] 王仕统，钢结构设计最关键的两大步骤——正确选择结构方案和正确估计结构截面高度[J]. 钢结构与建筑业，2011(1).
[15] 王仕统，姜正荣．宝安体育馆钢屋盖(140m×140m)结构设计[J]. 钢结构，2003(5).
[16] 沈祖炎．必须还钢结构轻、快、好、省的本来面目[J]. 钢结构与建筑业，2010(1).
[17] 姜正荣，王仕统，石开荣等．厚街体育馆大跨度椭圆抛物面弦支穹顶结构的非线性屈曲分析[J]. 土木工程学报，2013.
[18] 张国军、葛家琪等．内蒙古伊族全民健身体育中心索穹顶结构体系设计研究[J]. 建筑结构学报，2012(4).
[19] 王泽强、程书华等．索穹顶结构施工技术研究[J]. 建筑结构学报，2012(4).
[20] 王仕统，姜正荣．点评国际中标方案——广东奥林匹克体育场的结构设计，第四届全国现代结构工程学术研究会[C]. 工业建筑，2004(增刊).

大力推广钢结构建筑，根本在于提升工程设计和应用水平

胡育科

（中国建筑金属结构协会建筑钢结构分会，北京　100835）

摘　要　本文阐述了我国钢结构行业发展的情况以及存在的问题，指出大力推广钢结构建筑，根本在于提升工程设计和应用水平。倡导坚持行业自律实现有序发展。

关键词　钢结构建筑；工程设计；应用

2016年3月5日，“两会”政府工作报告在部署2016年8项重点工作时提到：积极推广绿色建筑和建材，大力发展钢结构和装配式建筑，提高建筑工程标准和质量。

而在一个月前的2016年2月6日中共中央、国务院印发的《关于进一步加强城市规划建设管理工作的若干意见》，文中明确：大力推广装配式建筑，积极稳妥地推广钢结构建筑，健全城市抗震，加强城市防灾避难场所建设。

从《进一步加强城市规划建设管理工作的若干意见》到“两会”《政府工作报告》，时间只有1个月，对推广钢结构建筑却由“积极稳妥”到“大力推广”，这一变化包含着中央高层的共识、决心和坚定不移的一种态度；本来政府报告考虑今年是“十三五”开局，报告写了2万多字，总理坚持又压缩到往年的1.9万多字，可以说惜字如金，钢结构本身就是装配式建筑，而且是目前较为成熟的装配式建筑，这一点也为高层所认同。

国家政策只是产业引领的风向标和助力器，政府不可能代替企业做市场的事情，企业也不可能代替消费者的消费理念和消费行为，最终做强我国的建筑钢结构行业，形成新的绿色建筑消费市场，根本在于不断提升工程和设计、应用水平。

1　用好用足国家政策关键在钢结构企业

“十二五”期间，是钢结构产业政策研究重要的时期，特别是“十八大”以后，经济调结构、转方式，国家更加注重产业政策的顶层设计，通过政策调整，推动各个行业绿色发展和资源节约。从2011年开始，中国建筑金属结构协会把积极推广钢结构产业政策研究，向国家建设主管部门建言，作为一项重要的工作，2012～2014年，连续3年组织全国“两会”代表提出提案和建议，被列为人大、政协督办或部门回复的重要提案达7份。在当年制定建筑业“十二五”规划起草过程中，协会提出5条修改建议，被采纳4条，为加大钢结构应用创造环境和条件。

2012年开始，协会根据住房城乡建设部要求，全过程参与了一些重要文件、标准的起草和资料提供工作。如2012年底两部委下发《绿色建筑行动方案》（征求意见稿）、2013年8月召开的“化解产能过剩矛盾座谈会”，接到通知后，协会根据需要及时提供了书面建议或意见，为形成最终印发的文件中，确立了钢结构在推广绿色建筑的重要地位。2015年7月协会与中国钢铁工业协会联合在常州召开“高强建筑钢和钢结构应用论坛”，300余钢铁企业和钢结构企业代表参加，形成产业链合作与联盟的“抱团发展”。

2012年，根据住房城乡建设部下达的“钢结构住宅产业化推进研究”课题任务，协会组织专家团

队，历时2年，通过走访国内30多家钢结构企业，召开各类技术研讨会20余次，采集已建和在建的35个项目、共333万m^2钢结构住宅的资料数据，形成《钢结构住宅产业化现状、趋势和建议》、《钢结构住宅技术研究报告》、《钢结构住宅应用成果报告》3份课题成果。2014年底通过住房城乡建设部验收，一致认为该项研究成果具有指导和实用推广价值。课题报告上报国家相关部门后，得到了高度重视和肯定，在政府决策层面也得到积极呼应。

2014年由协会参与修订或编制的2部重要国家标准《绿色建筑评价标准》、《工业化建筑评价标准》发布，分别于2015、2016年实施，将对建筑业传统生产方式带来颠覆性的改变，推进建筑工业化是国家新型工业化的重要组成部分。2015年11月4日，在国务院常务会议上，提出了“结合抗震安居工程和棚户区改造，开展钢结构建筑试点”意见。近期，国家有关部门就落实“推广钢结构建筑”加紧研究具体的政策和措施办法，山东省、重庆市、甘肃等地方省市一批能够落实、落地、可操作性强的具体鼓励措施已经出台。

但是政策再好，不等于技术、产品和质量、应用水平就好，用好用足政策，关键在钢结构企业。开展钢结构产业基地试点也好，钢结构建筑的补贴也好，是基于适应建筑工业化要求，提高钢结构工程质量和应用水平，钢结构行业应积极响应国家号召，在建筑产业现代化推进中先行一步、走快一些，必须不断完善钢结构产品、技术性能，满足建造“百年建筑”的新要求。

2　正视当前钢结构推广的瓶颈和问题

国家政策只是给行业释放的一个信号和带来的一次机会，作为钢结构行业的设计、科研和生产、施工企业，要正视当前存在的制约钢结构建筑推广的一些瓶颈或困难：

一是缺乏市场应用空间，钢结构企业研发投入动力不足；21世纪初，借助于一些国际重大赛事和经贸活动的举办，钢结构建筑曾经在城市文化体育场馆、超高层建筑和少量的跨海跨江大桥创造出非凡的业绩，进入经济新常态后，一批楼堂馆所下马。全国7.1亿多平方米的房地产库存，结构调整的“阵痛期”使钢结构行业雪上加霜。

二是靠钢结构企业自行产品推广，成本投入较大；由于钢结构一致被认为只是建筑主体结构，属于专业承包范畴，业主不能直接发包工程给钢结构企业，总包企业层层拖欠，使得钢结构企业缺乏后劲，据协会摸底，国内6家上市钢结构企业，被建设单位和总承包企业拖欠的工程款占应收工程款的10%～30%，多数钢结构企业依旧只能靠低价竞标维系企业生存。

三是设计院和开发企业缺乏专业人才，钢结构工程设计水平不高，专业集成能力不强。这些年，中国成为世界建筑设计师梦想的“试验场”，一些追求“怪奇特”钢结构建筑引发社会争议，造价昂贵、用钢量大，而在一些适合钢结构建筑应用的领域，由于集团利益固化，很少采用钢结构体系，没有体现出钢结构建筑“轻快好省美”优势。

四是地方建筑市场管理体制不畅、现行制度规章不利于钢结构和装配式建筑推广。特别是地方出台的一些强制成立分支机构，按工程规模缴纳农民工保证金等，建议政府部门应尽快制定具有可操作性的措施，构建政府引导、行业力推、企业主体、市场运作推广钢结构建筑的新体系。

五是消除社会对钢结构建筑不了解，甚至误解。在政府加大宣传力度的同时，钢结构企业必须完善产品功能，解决钢结构防火防腐、设计造价偏高、施工周期长、居住功能有欠缺、材料保温隔音、防渗防裂等问题，重点解决墙体板材应用材质、功能问题，我国地域辽阔，气候环境差异较大，板材适应条件差异很大，要适合不同地区不同需求，推出消费者满意的建筑产品。

3　形成与钢结构建筑配套的推广体系

提高钢结构建筑的设计、应用水平，必须按照建筑整体功能和施工管理的要求，对钢结构企业来说，运用信息时代“互联网+钢结构建造”的深度融合，探索新设计、生产、安装到精装修一体化的发展理念，形成配套的钢结构建筑推广完整和产业链的体系。

设计＋集成建筑。应该从钢结构建筑专业系统集成设计入手，运用信息化设计技术和BIM多维数字设计软件，对建筑节点连接技术和建筑集成的每根梁柱构件、每块墙体板材都是按照装配工艺、工序要求、安装顺序、编号和扫描码，逐步做到构配件的唯一性，推动建筑企业由粗放型向集约型，由劳动力密集向技术密集型，由规模发展到注重质量、效益的转变。在国家推动“中国制造2025”、“互联网＋”时代，设计方案要与生产加工、安装施工紧密衔接，通过工程设计软件升级，提升装配式钢结构建筑综合集成水平。

结构＋绿色板材。真材实料、不投机取巧，把钢结构建筑的优势和好处传递给消费者，这是钢结构产品能否得到消费者买账的根本，新一代的钢结构建筑，必须在绿色环保、装配化技术、居住功能、专业集成和舒适性、耐久性上取得扎实的改进和突破。绿色新型墙材体系的配套和应用，房屋建筑内外墙体、楼板是建筑面积3～3.5倍，占到整个建筑造价50％以上，必须补齐钢结构与新型墙板结合的短板。

生产＋精细化。精密设计、精细化生产、精准化施工是装配式建筑最明显特征。和传统现浇混凝土相比，钢结构就是预制化、装配化的工业化建筑，政府和社会会更加关注和重视的是钢结构建筑的预制装配化水平和绿色化程度；消费者更关注和重视建筑功能和居住品质、关注工程质量和耐久性。这“两个”关注和重视，是政策出台的目的，决定钢结构企业未来升级和发展的方向。

装配＋机械化。实现建筑业提质增效、降低资源消耗、绿色施工的目标，必须借鉴发达国家钢结构建筑应用的经验，尽量减少现场施工的人工作业量，钢结构作为最具工业化特征的建筑，工程所有的建筑构件和集成模块都在工厂中生产，运到现场采用机械化作业方式，提高生产效率，加快施工进度。

舒适＋耐久性。钢结构建筑与传统结构形式比，优势在哪里，消费者一般不容易体会得到，而房屋围护墙材体系一些缺陷、小毛病又如墙材的隔声保温、裂缝渗漏、复合墙体板材的空芯感等，都极容易体现在人们日常生活居的感觉中，解决钢结构与墙体材料属性差异和工艺、施工节点连接等问题，是提高建筑钢结构应用水平的关键。

绿色＋抗震安全。要用钢结构建筑的实物展示和建筑检测报告，严格钢结构建筑的抗震标准，特别是在地震多发地区的抗震性房屋结构体系，要采用相应的隔震减震技术，成为地方自然灾害的避难所。让老百姓住上安全、健康的钢结构房子。

4 扩大应用领域提升钢结构应用水平

钢结构建筑体现应还钢结构建筑“轻快好省美”的本来面目，在城市房地产开发中增加钢结构体系的份额，2014年全国新开工的房屋建筑面积17.95亿m^2，2015年新开工的房屋面积下降到10亿m^2，根据课题组预测，从2016年～2020年，全国新建房屋建筑面积每年将保持在10亿～15亿m^2的规模，如果采用钢结构体系占到20％～25％，预计每年将有2.5亿m^2的钢结构房屋建筑在建规模，是钢结构行业的新市场，必须在造价、装配化率、工期、质量水平有新提高。

今年“两会”政府工作报告明确，继续推动东、中、西、东北地区“四大板块”协调发展，重点推进“一带一路”建设、京津冀协同发展、长江经济带发展“三大战略”，在基础设施、产业布局、生态环保等方面实施一批重大工程，为此，协会通过参与具体实施意见的起草工作，积极向国家相关部门反映，即将形成落地的实施意见。

在地震多发地区，优先采用钢结构。地震设防烈度7度以上地区农村民居建设、学校、医院钢结构抗震建筑比例应提高；在地震7度以上设防地区，城市、乡镇（学校、医院、桥梁、保障住房、通信设施）等生命线工程可强制推广钢结构体系，提高建筑物抗震水平。

“十三五”期间，国家对基础设施和道路、桥梁建设加大投资力度，钢结构具有较大市场空间。对城市基础设施中适合采用钢结构体系的领域，政府在研究出台相应鼓励措施，如机场航站楼、高铁车站、地铁站、轻轨工程的新建和扩建；城市市政立交桥、高架桥、立体停车设施、人行天桥等钢结构体系应占到60%～80%。

公路桥梁、铁路桥梁应提高钢结构的比例，跨海、跨江大桥采用钢桥，提升公路收费站等钢结构应用水平。

工业厂房、仓储及码头仓库、机库等建筑，适合采用大跨度、轻钢网架体系，易装配、节省材料、易拆除、可循环、对环境污染小，应100%采用钢结构体系。对于城市临建用房，如在国有工矿企业临建生产、办公用房、建筑工地临建房屋设施等方面提高钢结构比例。

总之，这些领域将是钢结构行业主攻方向，实现建筑业的可持续发展，必须解决资源短缺和管理粗放、污染严重和资源浪费等问题，推广钢结构建筑，是解决建筑业由传统生产方式向工业化转型的有效途径。

5 坚持行业自律实现有序发展

推广钢结构建筑，在政策的引导和严厉的环保执法下，将促进建筑业生产方式的变革，一些新的机构和集团都将进入钢结构建筑领域，这些机构和一些大的地产企业将进入钢结构建筑领域，如万达、万科和一些钢铁企业重组兼并后将进入钢结构领域，钢结构行业将面临“野蛮闯入者”的搅局，将带来企业的洗牌，钢结构企业要有应变的危机感和准备。

大力推广钢结构，必要坚持积极、稳妥、有序发展的原则，如果缺乏行业自律、产品标准和检验检测基本要求，对粗制滥造、低价恶性竞争、市场炒作行为的企业，应该通过市场诚信体系的建立和完善，建立相应处罚或市场规则加以约束，否则，则可能因劣质产品和不正当竞争搅局，导致由钢铁产能过剩转移到建筑钢结构产能过剩。

大力推广钢结构，必须坚持安全性和经济性协调一致，体现钢结构“轻快好省美”的特点，以质量取胜，以管理、服务水平提升为钢结构建筑提供更好的环境，确保整体工程质量和应用水平。要看到，出于对建筑安全的顾虑，我国的很多钢结构设计偏于保守，如上海一家设计院为浙江一高铁站设计，10万 m^2 建筑，5万多吨用钢量，每平方米用钢超过500kg，而中国台湾地区同类型的高铁站房用钢量每平方米不到200kg。

大力推广钢结构，必须技术领先，形成自有知识产权和技术体系。通过不断创新，让我国钢结构工程质量、品质赶上或超过世界发达国家水平，减少资源浪费、少走弯路，减少蛮干和冲动，更减少粗制滥造、市场炒作和忽悠行为，既不能盲目乐观，也不能故步自封，而是要坚持创新，结合国情和实际，研发和推出适合我国推广应用的钢结构建筑体系，服务国家经济建设，造福千家万户百姓生活。

二

钢结构研究与应用

钢结构施工过程监测技术研究现状*

罗永峰[1]，叶智武[1,2]，王开强[2]

（1. 同济大学建筑工程系，上海　200092；2. 中国建筑第三工程局有限公司，武汉　430064）

摘　要　现阶段钢结构施工过程监测技术的主要研究内容包括：施工过程监测方法、数据处理方法、模型修正技术以及预警评估系统等，本文总结了钢结构施工过程监测技术的研究现状，针对当前监测技术中存在的问题进行了分析，并简要介绍了本研究团队的一些研究成果，期望为施工过程监测领域的研究提供借鉴与参考。

关键词　关键参数；测点布置；数据处理方法；模型修正；预警评估

1　引言

近三十多年来，大跨度空间钢结构在国内外蓬勃发展，其结构体系越来越复杂，相应的施工难度也越来越大，在这类钢结构的建造过程中，已出现过多起不同类型的施工事故，分析这些施工事故原因可发现，大多数工程对处于施工状态的时变结构系统并未进行准确的施工过程模拟计算以及有效的跟踪监测，因而未能实时掌握施工中结构受力性态的变化，以至于对施工状态可能出现的破坏现象未能及时提出预警，进而导致本可避免的事故发生。因此，对大跨度空间钢结构施工过程监测技术进行研究，将施工过程监测与控制技术广泛应用于大跨度空间钢结构建造过程中，具有重要的理论意义和实用价值。

施工过程监测是指在施工过程中对重要的结构设计参数、状态参数进行监测，以获取反映结构施工系统实际施工状态的数据和技术信息，进而根据监测数据结果，对施工状态进行评估、对施工路径进行合理的修正或调整，从而达到施工过程安全与顺畅控制的目的。因此，目前施工过程监测技术的主要研究内容包括：施工过程监测方法研究、监测数据处理方法研究、数值模型修正技术研究以及预警评估系统研究。本文基于自然科学基金项目“大型复杂空间钢结构施工过程模拟分析关键技术研究”(51078289)，综合分析国内外在这一领域的研究现状，并简要介绍了本研究团队在该方面的一些研究成果，期望为实际监测工作提供参考与借鉴。

2　施工过程监测方法研究

在空间和时间上，施工过程中钢结构及其施工系统的状态可用静力平衡方程或动力平衡方程来描述，根据结构在施工过程中是否有较为明显的动力效应，可将结构施工过程监测分为静力监测和动力监测两种。在对实际结构进行监测时，监测参数的确定和测点的合理布置是实际监测工作遇到的首要问题，也是施工过程监测技术研究工作要解决的首要问题。

国内外关于动力监测方法的研究起步较早，在监测参数确定和测点布置等方面已有较多的研究成果，且已广泛应用于桥梁健康监测领域。文献［3］指出，动力监测参数的选取与结构的振动频率相关，振动位移监测适合于频率为10Hz以下的低频范围，速度监测适合于频率为10Hz～1kHz的中频范围，而加

* 基金项目：国家自然科学基金项目（51078289）。

速度监测则适合于频率为 2Hz～10kHz 或更高的高频范围。李戈对桥梁结构健康监测中传感器的布置问题进行了研究，提出了应用遗传算法确定最优测点的方法；Li 和 Liu 等提出了应用遗传算法确定最优控制力施加点的方法；Bruant 和 Coffignal 等对结构控制设计的动作器和传感器的布置问题进行了研究；对于测点布置评价准则的研究，李东升等综合分析了国内外结构健康监测领域中常用的传感器布置方法及其评价准则，经过分析表明，各测点布置评价准则的优劣性与结构类型密切相关。Mar 和 Hisham 对结构动态响应测量的测点布置方法进行了研究，提出了两种测点优化布置方法。

然而，结构施工过程监测与健康监测分别针对结构的施工阶段和使用阶段，两个阶段的结构体系、荷载、边界及传力方式可能完全不同，同时，两个阶段监测的目的也不尽相同，因而，需要监测的参数及其测点、监测方式、数据分析与预警方法等往往也相差较大（通常两者之间的差异主要体现在监测的结构状态、监测周期、监测环境以及监测目标方面），因此，尽管现有动力监测方法在结构健康监测领域的应用已较为成熟，但该方法并不能完全适用于施工过程监测，故对施工过程监测中的动力监测方法进行深入研究是非常有必要的。

桥梁结构的线状构造形式与建筑空间结构大跨度、大面积分布形式有着本质的区别，相应地，其受力性能、施工方法等也有较大的差异，故关于桥梁结构监测技术研究成果难以直接运用于建筑结构。在建筑结构领域，施工状态下结构的受力性态往往与设计状态相差较大，且在大多数施工方法中，整体结构的振动效应并不显著，因此，静力监测因其数据可靠、直观而越来越多地被应用于大型复杂钢结构的施工过程监测中。

谭冬莲等以简支梁桥为研究对象，提出了一套基于关心截面插值拟合误差最小准则的传感器优化布置方法。李正农等对高耸结构的测点优化布置方法进行研究，改进了 4 种适应度函数形式，并提出根据适应度函数值确定测点最优布置的方法，同时基于组合原理对结构二维变形状况的测点布置进行研究，提出了结构测点的二维优化布置方法。赵俊以一维结构的梁模型和二维结构的板模型为例，提出了基于静力测试变形可观测性的区域梯度法和基于静力测试损伤可识别性的分步测试法，对变形测点进行优化，由于算例过于简单，优化参数仅有变形且未在工程结构上得到验证，因此，该方法有一定的局限性。姜绍飞对大型复杂结构，提出了一种基于结构易损性分析的传感器布置方法，用结构整体冗余度和构件的局部冗余度来搜索结构的失效模式，依次来寻找结构的薄弱环节，并通过结构的应变能寻找结构的最易损伤失效途径以及传感器布设方法。

综合分析现有的关于结构施工过程监测的研究文献可发现，目前大多研究文献仅限于对某项特定工程施工过程监测结果的分析，并未对可广泛应用的施工过程监测理论及技术进行深入研究，以至于在很多实际监测工作中，大多数工程仍仅以结构应力或位移为关键监测参数，并仅在最大应力构件或最大位移处布置测点。大量工程经验表明，施工过程中结构及其临时支承体系的受力状态还与其他参数如温度、风荷载等息息相关，而且大跨度空间钢结构往往存在稳定问题，结构的失效部位往往并非在最大应力构件或最大位移点处，故目前大多数工程施工过程监测选择的监测参数尚不够完善，测点的布置也不尽合理，可能不能准确反映结构施工过程的最不利状态。因此，如何选择关键监测参数以及合理布置测点，是在施工过程中能否准确掌握结构施工状态的关键技术之一，也将直接影响结构受力状态监测的完备性与可靠性，这一课题也是结构施工过程监测研究的热点课题之一。

3 监测数据处理方法研究

在大型复杂钢结构施工过程中，由于施工周期长、施工过程监测数据量大，如何快速高效地从海量甚至不完整的数据中获取少量而有效的数据用于即时的施工过程控制，是目前钢结构施工过程监测尚需深入研究的问题之一。另外，各种难以避免的因素可能导致施工过程监测数据链中部分数据的漂移、缺失或数据链中断，据此，可将施工过程监测数据分为两种类型：正常监测数据和异常监测数据，其中异常监测数据又包括漂移数据和缺失数据。不同数据处理方法将直接影响结构施工过程的即时控制甚至结构施工过程的安全评估。因此，对两种类型的监测数据进行有效的处理，可为结构及其施工系统安全状态的有效评估提供可靠及有效数据。

3.1 正常监测数据处理方法

杨锦园以某大型斜拉桥长期健康监测系统为例，对近一年的监测数据进行可靠性检验及平滑修正，并利用关联度分析法对监测点进行相关性分析，为海量数据的预处理提供了思路。伍山雄通过分析大跨斜拉桥健康监测系统的组成，提出了对海量数据的基本处理流程，为类似工程提供了参考。李爱群及其团队对桥梁环境荷载和静动力响应等海量监测数据进行处理，并紧密结合大跨斜拉桥和悬索桥的结构特点，系统地研究了大跨斜拉桥、悬索桥服役环境作用监测与效应模拟技术、动力性能监控与异常预警技术。吴佰建等结合青马大桥的动应变健康监测数据，对工作应变传感器和温度应变传感器数据进行了对比分析，确定了稳定变形与结构应变的分界频率。

当前的研究均是针对桥梁健康监测中的海量数据处理方法的研究，缺乏对施工过程监测数据处理方法的研究。而且，当前的文献更多的是对数据的可靠性检验、相关性分析、特征信息剥离等方面的研究，缺少对监测数据特点以及依据数据特点对海量数据处理方法的研究。

3.2 异常监测数据处理方法

数据漂移的数值往往不是过大、就是过小，物理意义不明确，难以反映出结构当前的受力状态。通常若该类数据量不大时，在大多数文献中，处理方法为直接删除。而若该类数据量较大，则需要进行进一步研究。

缺失数据的形成往往有迹可循，缺失数据量可能较大，且可能携带了较为重要的信息，对结构状态分析造成的影响不可忽略。国内外学者对缺失数据进行大量的研究，Little 和 Rubin 从数据缺失的随机性方面定义了三种数据缺失机制：完全随机性缺失数据、随机性缺失数据以及非随机性缺失数据。基于随机性缺失数据，Tsikriktsis 归纳了缺失数据处理方法，并将其分为三大类，即删除方法、插补方法以及基于数据模型的预测方法，详细论述了每种方法的优缺点及适用范围，具有指导意义；Kim 研究发现，直接删除法会带来较大的信息丢失；Kline 认为，当采用插补方法时，变量之间不应有太大的相关性；庞新生将插补法分为单一插补和多重插补进行研究，认为单一插补与多重插补的区别在于每一个缺失值构造所需替代值的个数，而且单一插补方法的误差较大，多重插补方法误差小，但操作较为繁琐，对于现场监测而言，适用性大大降低。最大似然模型预测法是指基于已有的确定性数据，建立监测数据中关键参数（如时间或温度等）的数学模型，依据一定的统计准则，对缺失数据进行有效的估计。吕亚芹研究了基于线性回归模型的贝叶斯预测模型，将该数据分析模型应用于缺失数据处理；王洪春给出了一种新的基于主曲线的缺失数据属性值的恢复方法，该方法是对数据进行了非线性处理，应用较为广泛；García 提出了处理缺失数据的最邻近算法（KNN），为后续缺失数据处理方法的研究提供了思路；王凤霞提出了一种基于改进最近邻算法的缺失数据处理方法，主要针对于缺失数据的临近数据源不够的情况。

以上研究文献中的缺失数据处理方法，均是针对社会统计学、信息工程、管理科学等领域中的缺失数据，由于不同类型数据的物理意义及其本源的不同，数据缺失的成因和机理也会不同，因此，以上数据处理方法难以直接应用于建筑结构的施工监测。然而，在建筑结构领域尤其是在钢结构施工过程监测领域，国内外学者对监测数据处理方法研究很少，缺乏实际工程可应用的成果。

4 数值模型修正技术研究

在结构施工过程中，常通过有限测点的监测数据了解结构的整体受力状态，并根据实时监测数据与数值模拟分析结果的比较，对结构施工状态进行实时分析判定。然而，结构施工过程数值分析的模型通常基于设计图建立，较为理想化，无法考虑施工路径的实时变化以及施工误差，因而可能导致数值分析结果与实测数值之间往往存在较大的差异，施工过程中，若不采取一定的理论技术来缩小分析模型与结构实际响应之间的误差，那么依据有限测点数据推算的结构整体受力状态就不够精确，给实际施工控制带来安全隐患。因此，根据实时监测数据修正计算模型在施工过程监测与控制中是非常关键的。

依据试验加载方式和已知响应信息类型的不同，结构模型修正分为基于动力信息（频率、振型等）和基于静力信息（位移、应变和曲率等）的修正方法。动力学模型修正的研究，最早由 Gravitz 为解决飞机地面共振试验中测量振型的正交化问题而提出。根据修正对象的不同，动力学修正方法可分为矩阵型修正法和元素型修正法，矩阵型修正法是早期的研究热点，通过考虑正交性条件来修正结构刚度矩阵和质量矩阵，然而，该方法是对矩阵的全元素修正，修正后的矩阵一般情况下难以正确反映结构的连接情况，且物理意义不明确，还改变了矩阵的窄带性和稀疏性，不利于计算求解。因此，从 20 世纪 80 年代末，学者逐渐重视了对元素型修正方法的研究，元素型修正方法实质上是一个系统识别问题，即在已知结构动态性能变化或给定动态性能的情况下求出结构参数的变化，这显然是一个逆问题，结果可能不唯一。因此，参数型修正技术是一个约束优化问题，通过构造理论模型与实际模型之间在同一激励下的动力特性的误差（目标函数），选择一定的修正量在一定的约束条件下使该误差满足最小化来达到修正的目的。该修正技术需要解决三大问题：①修正参数的选择问题；②优化目标函数的选取问题；③修正算法正确性判断问题关于这方面的研究已获得较多成果。

然而，由于模态参数对结构局部损伤不敏感以及动态测试易受到噪声影响而误差较大，结构的动态测试在实际应用中不能尽如人意。同时，经过动力修正后的模型一般只可用于动力分析，而不能用于静态分析。因此，静力测试由于误差小、精度高以及直观性而逐渐被应用于模型修正中。

静力学模型修正技术的参数与动力学参数型修正技术类似，一般选择设计参数如构件面积、构件刚度、测点应力、变形等。Sanayei 等进行了系列研究，先提出采用静力监测数据对模型进行修正的方法，基于灵敏度分析筛选修正参数，并在算例中采用蒙特卡罗方法分析了该方法的误差，该方法为静力学模型修正技术奠定了基础；Banan 和 Hjelmstad 用不完备的静力测试数据修正单元刚度，并提出了一种分组方案以解决实测数据稀少时的损伤识别问题。邓苗毅以分段截面抗弯刚度为修正参数，基于静载试验实测的挠度、转角和曲率建立目标函数，实现了结构的参数识别，同时，将结构静力响应和结构参数之间复杂的隐式关系用显式表示。

当前在模型修正方面的研究，大多是针对既有结构，对在建结构模型修正技术的研究乏善可陈，鉴于在建结构与既有结构在荷载、几何、边界等条件的不同，在建结构的模型修正技术的研究需要结合其自身的受力特点，其中修正参数选取、目标函数建立以及修正方法的确定等方面均是该问题的研究重点。

5 施工过程预警评估系统研究

结构预警评估旨在通过对系统实时、连续获取的监测数据进行分析处理，了解和掌握结构的状态变化，快速、及时地评估当前结构是否存在发生灾害的可能，并向管理者发出警报，以便及时采取有效措施来防止或减轻灾害带来的损失。预警评估系统是施工过程监测的最终目的，其合理性直接影响实际工程的安全性。其中，结构评估是系统核心，预警则是预防灾害发生的有效控制手段，只有建立一套完善的预警评估机制，才能确保施工过程能安全快速的进行。因此，对预警评估系统的研究具有重要的实用价值。

在建筑结构领域对结构监测技术的研究起步较晚，其中，结构预警评估方面的研究尚不成熟，不足以广泛应用于实际结构工程中。Wu 提出了两阶段的灵敏度分析方法对结构进行损伤识别和定位。第一阶段，结合贝叶斯估算方法和加权最小二乘法对梁柱节点刚度和弹性模量进行识别；第二阶段，通过有限元模型修正技术实现损伤检测与定位，为钢框架结构的安全评估提供了参考。金恩平研究了空间网格结构受力特性，基于模糊综合评估理论，从结构损伤角度，提出了空间网格结构的安全性评价程序、评价等级划分标准与评价方法。李立新等以结构可靠度理论为基础，利用现有可靠度理论求解结构可靠度指标的方法、民用建筑可靠性鉴定原则、及时动态监测方法来构建工程结构预警系统。利用该系统求出安全指标即可靠度指标β，通过系统的分级原则，与预警临界值β_0、β_1比较，若$\beta \geqslant \beta_0$，表明工程结构处于安全，即不会发生工程事故，警度为无警；若$\beta \leqslant \beta_1$，表明工程结构处于非安全，即工程结构事故已发作，为重警。张德义研究了大跨度空间结构动力特征的温度敏感性规律及其安全预警技术，并提出了基于Johnson变换的统计过程控制，用于监测结构的健康状态，以国家游泳中心为例，验证了该方法的有效性。瞿伟廉在深圳市民中心屋顶网架结构上布置了一套智能监测系统，该系统关键技术包括：网壳结构工作状态的智能监测技术，支承钢牛腿工作状态的智能监测技术，网壳结构节点焊缝拉裂损伤的自动诊断技术，有损伤网壳结构抗倒塌的实时安全评定技术，通过该监测系统，成功实现了对风力作用下的网壳结构进行全面健康监测。罗尧治、苑佳谦在构建空间结构预警评估系统时，结合层次分析法和模糊理论，先将评判空间结构的各项指标进行分级处理，然后根据各项指标的数值，采用模糊综合评判和模式识别理论对结构进行预警评估，并基于该预警评估方法对某钢结构工程进行了定量化分析评估。

综合以上文献可知，目前建筑结构领域对预警评估系统的研究多局限于特定工程，且当前施工过程监测中大多数工程仅通过局部构件或节点的应力和变形监测结果来判断结构的安全性，缺乏合理性，因此，建立一套适用于建筑结构的预警评估系统是当前结构监测领域的研究重点和难点，急需对预警评估系统的基础理论部分进行深入研究。

6 本团队施工过程监测技术研究成果

近年来，本团队关于钢结构施工过程监测技术方面的主要研究成果包括：监测参数确定方法、测点布置方法、数据处理方法、模型修正技术以及预警评估系统等。

6.1 监测参数确定方法

（1）静力监测参数

静力监测关键参数可通过求解结构施工系统静力平衡方程和分析失效模式的方法确定。研究表明，施工过程中结构施工系统的最大应力、最大变形、变化率最大的应力和变形、变化最大的支座反力以及失效模式特征参数均为静力监测关键参数。另外，由于大型复杂钢结构施工周期较长，温度作用和风荷载对结构的受力性态影响较大，故温度和风荷载也可作为静力监测的另一类关键参数。

（2）动力监测参数

与静力监测关键参数的确定方法类似，动力监测关键参数也可通过求解结构施工系统动力方程和分析动力失效模式的方法确定。研究表明，结构振动频率、结构最大位移、特征动力变形、振动加速度以及构件最大应力均为动力监测的关键参数。此外，钢结构施工过程中的振动效应是由结构运动引起的，故结构运动速度也可作为动力监测的关键参数。

6.2 监测测点布置方法

（1）静力测点布置

静力测点为通过施工过程静力分析确定的测点，包括构件应力测点、结构变形或位移测点、温度测点以及风荷载测点，确定具体测点位置的原则为：

1）在施工结构系统中应力最大构件和结构变形最大节点处布置应变测点和位移测点。

2）在反映施工过程中结构及施工体系失效模式的特征应变和变形处布置测点。

3）在反映结构状态变化的构件及节点处布置测点，主要包括内力变化较大构件的应力测点、位移变化较大节点的位移测点以及反力变化较大支座的反力测点。

4）反映施工过程中结构重要区域或部位结构的受力状态测点。

5）在温度变化较大的位置布置温度测点。

6）在风荷载效应敏感部位布置风荷载测点。

（2）动力测点布置

动力测点为通过施工过程动力分析确定的测点，包括构件应力测点、振动位移测点、加速度测点、频率测点以及运动速度测点。确定具体测点位置的原则为：

1）在结构应力响应最大处布置应变测点，在节点位移响应最大处布置位移测点。

2）在反映施工结构及施工体系动力失效模式的特征测点布置动力位移测点。

3）在施工结构系统振型关键点布置振动加速度测点。

6.3　数据处理方法

（1）正常数据处理

施工过程监测中的完善数据，可采取各施工阶段内数据平均化处理的方法。该方法是将每个施工阶段的监测数据平均为一个或几个数值，然后以该监测参数数值为纵轴，施工步为横轴，绘制出该参数随施工步变化的曲线。

（2）异常数据处理

1）漂移数据

根据漂移数据的特征可将其分为两类：一类是单点漂移数据，即监测数据在一些时间点上偶然跳跃；另一类是连续漂移数据，即监测数据在很长一段时间内持续跳跃。单点漂移数据的数据量较小，可采用单点数据剔除或者采用相邻数据的平均值进行替换，连续漂移数据可采用缺失数据处理方法进行合理补偿。

2）缺失数据

实际工程监测经验统计表明，每个数据采集的时刻均是已知和确定的。因此，如果有数据缺失，则缺失时段Δt也是确定的。根据数据缺失时段Δt的特点，可将施工过程监测的缺失数据分为三类，第一类缺失数据：数据缺失时段Δt足够短（一般在12h以内），该时段内结构几何形态未发生变化，且风荷载、温度变化均不大，即对应的结构受力状态基本未变。第二类缺失数据：数据缺失时段Δt适中（超过12h），该时段内结构几何形态未发生变化，但风荷载、温度均变化较大，即对应的结构受力状态有较明显的变化。第三类缺失数据：数据缺失时段Δt足够长，该时段内结构经历了n（$n\geqslant1$）个施工步，结构几何形态及荷载均已发生显著变化，即结构的受力状态发生显著变化。

第一类缺失数据的缺失时段短，由于结构内力状态基本未变，因此，缺失数据与其相邻的有效数据应服从相同的分布规律，为此，可采用基于最小二乘原则的线性回归分析方法对该类缺失段数据进行补偿。

第二类缺失数据的缺失时段适中，结构几何状态未发生改变，此时结构受力状态的变化主要受到风荷载以及温度作用的影响。该类缺失数据可根据其他数据在此时段监测结果的变化规律进行估算，然而，构件受力特点不同，施工过程监测测点布置通常也不同，同时缺失数据的处理方法也不尽相同。为此，将钢构件分为轴力构件和弯曲构件，分别研究其第二类缺失数据的补偿方法。对于轴力构件，一般仅在构件上布置1～2个传感器，此时缺失数据补偿时，考虑风荷载和温度作用的影响，采用多元非线性回归分析方法进行补偿。对于弯曲构件，一般在构件上布置4个传感器，若有一个传感器数据缺失，则该缺失数据可根据其他3个传感器在缺失时段内的监测数据进行估算。

第三类缺失数据的缺失时段较长，该时段内结构已完成多个施工步，结构的几何状态、荷载状态以及边界条件发生较大变化，此时采用将缺失数据分段在各施工步分别补偿的方法。

6.4　施工过程模型修正技术

考虑到施工过程结构的特点，施工过程模型采用基于灵敏度的静力模型修正技术，该方法精确合理。在修正过程中，修正参数的选取和目标函数的建立是模型修正最关键的两个问题，其合理与否关系到模型修正的精确和效率。

根据施工过程结构受力特性，选取结构自重参数、结构刚度和结构的边界条件作为修正参数。同时，施工过程监测参数种类较多，且每个参数的量纲不同，因此，施工过程模型修正技术采用相对误差形式来代替残差形式。

6.5 预警评估系统

结构的失效机理可分为两种，即构件失效和整体结构失效，在实际结构中，任何一种失效情况出现，均会给结构施工带来大的安全隐患。因此，对施工结构系统进行评估时需要考虑构件层次和结构层次两个方面，同时，为了更合理精确的控制实际施工，还建立了分级预警机制。

（1）构件层次

在构件层次上，可通过构件的应力状态进行判定，即根据应力实测数据对结构的安全性进行评定，当结构构件应力超过临界值（阈值）时，可认为该构件存在安全隐患，需要进行预警，并采取相关的措施进行加固。

然而，根据实测经验可知，应变传感器测量的构件应力为构件的实际应力，对于单根构件而言，实测数据不能反映出构件的稳定状态，同时，基于现行《钢结构设计规范》GB 50013 可知，仅通过构件的应力测量数据从强度上直观判定构件的安全性是不合理的，尚应考虑构件的稳定性能，因此，在构件层次上，需要依据相关规范从强度和稳定两个方面评估构件的安全。

（2）结构层次

在结构层次上，选择整体状态参数-结构变形作为关键参数，分别基于结构变形模式和稳定承载力对结构的整体稳定性态进行评估并预警。

结构整体稳定的预警评估方法为：通过结构整体稳定分析获得结构可能的整体失稳变形模态，以这些变形模态为基准，通过 MAC 准则，研究当前结构变形模式与失稳模态之间的相关性，从而判定结构是否存在发生整体失稳的可能性，并进行评估；同时，对模型修正后的结构进行双非线性（材料和几何）稳定分析，获得结构的稳定承载力，并对结构稳定承载力进行评估并预警。

（3）分级预警

施工阶段结构及其施工系统的应力比使用阶段更为复杂，可能存在较多的应力集中、构件内力重分布现象，需要对实际构件的应力状态设置合理的预警值，使构件处于可控范围。基于结构的受力状态，本文采用三级预警方法对结构的安全性能进行评估预警，即

一级：轻度预警，结构受力状态尚处于可控状态，但应实时关注受力较大构件或结构区域；

二级：中度预警，局部构件或结构变形较大，应需要根据实际情况对结构的受力状态进行分析评估，待判定下一施工步安全后，方可进行施工；

三级：重度预警，结构发生显著变形或局部构件受力较大已产生明显弯曲，结构存在较大安全隐患，应立即停止施工，并采用相应的加固措施。

7 结论

本文总结了当前钢结构施工过程监测技术研究现状，并简要介绍了本研究团队的一些研究成果，主要得出以下结论：

（1）施工过程关键监测参数需要通过求解平衡方程和分析结构失效模式进行确定，同时测点应布置在结构受力最大部位、受力变化率较大部位、最易失稳区域；

（2）完善数据可采用各施工阶段内平均化的方法进行处理，这样可直观地显示结构的受力状态。对于缺失数据，应根据每类缺失数据的形成机制以及相应特点，采取相应的方法进行处理；

（3）根据施工过程结构受力特性，选取结构自重参数、结构刚度和结构的边界条件作为修正参数，采用相对误差形式来代替残差形式作为修正的目标函数；

（4）两层次评估法可从构件和结构层次分别评估结构的局部和整体安全性能，三级预警方法可更合理的控制实际施工。

参考文献

[1] 罗永峰，王春江，陈晓明．建筑钢结构施工力学原理[M]．北京：中国建筑工业出版社，2009.

[2] 罗永峰，叶智武，张蓉，等．大型复杂钢结构施工过程监测方法研究[C]．第12届全国现代结构工程学术会议论文集，2012.

[3] 隋慧芸．工程现场振动监测及信号处理系统研究[D]．杭州：浙江大学，2004.

[4] 李戈，秦权，董聪．用遗传算法选择悬索桥监测系统中传感器的最优布点[J]．工程力学，2000，17(1)：25-34.

[5] Li Q S，Liu D K，Fang J Q，et al. Multi-level optimal design of buildings with active control under winds using genetic algorithms[J]. Journal of Wind Engineering and Industrial Aerodynamics，2000，86(1)：65-86.

[6] Bruant I，Coffignal G，Lene F，et al. A methodology for determination of piezoelectric actuator and sensor location on beam structures[J]. Journal of sound and vibration，2001，243(5)：861-882.

[7] 李东升，张莹，任亮，等．结构健康监测中的传感器布置方法及评价准则[J]．力学进展，2011，41(25)：39-50.

[8] Reynier M，Abou-Kandil H. Sensors location for updating problems[J]. Mechanical systems and signal processing，1999，13(2)：297-314.

[9] 谭冬莲，肖汝诚．桥梁监测系统中复杂结构的静力应变传感器优化配置方法[J]．公路，2006(6)：105-108.

[10] 李正农，胡尚瑜，李秋胜．结构试验测点的二维优化布置[J]．工程力学，2009，26(5)：153-158.

[11] 赵俊．结构健康监测中的测点优化布置方法研究[D]．广州：暨南大学，2011.

[12] 姜绍飞，杨博，吴兆旗．基于易损性分析的桁架桥传感器布设方法[J]．工程力学，2009，27(S2)：263-271.

[13] 杨锦园．基于数据仓库的桥梁长期健康监测数据分析与处理系统研究[D]．武汉：武汉理工大学，2006.

[14] 伍山雄，李芳．大跨斜拉桥结构健康监测系统数据处理方法研究[J]．施工技术，2009，38(2)：94-96.

[15] 李爱群，丁幼亮，王浩，等．桥梁健康监测海量数据分析与评估——"结构健康监测"研究进展[J]．中国科学：技术科学，2012，42(8)：972-984.

[16] 吴佰建，李兆霞，王滢，等．桥梁结构动态应变监测信息的分离与提取[J]．东南大学学报(自然科学版)，2008，38(5)：767-773.

[17] Little R J，Rubin D B. Statistical analysis with missing data[M]. New York：Wiley New York，1987.

[18] Tsikriktsis N. A review of techniques for treating missing data in OM survey research[J]. Journal of Operations Management，2005，24(1)：53-62.

[19] Kim J，Curry J. The treatment of missing data in multivariate analysis[J]. Sociological Methods & Research，1977，6(2)：215-240.

[20] Kline R B. Principles and practice of structural equation modeling[M]. New York：Guilford press，2011.

[21] 庞新生．缺失数据插补处理方法的比较研究[J]．统计与决策，2012(24)：6.

[22] 吕亚芹，刘世祥．线性回归模型参数的贝叶斯区间估计[J]．北京建筑工程学院学报，2003，19(2)：82-84.

[23] 王洪春．缺失数据的主曲线恢复方法[J]．微电子学与计算机，2008，25(11)：160-161，166.

[24] García-Laencina P J，Sancho-Gómez J，Figueiras-Vidal A R，et al. K nearest neighbours with mutual information for simultaneous classification and missing data imputation[J]. Neurocomputing，2009，72(7)：1483-1493.

[25] 王凤梅，胡丽霞．一种基于近邻规则的缺失数据填补方法[J]．计算机工程，2012，38(21)：53-55，62.

[26] Sanayei M，Imbaro G R，Mcclain J A，et al. Structural model updating using experimental static measurements[J]. Journal of Structural Engineering，1997，123(6)：792-798.

[27] Banan M R，Banan M R，Hjelmstad K D. Parameter estimation of structures from static response. II：Numerical simulation studies[J]. Journal of Structural Engineering，1994，120(11)：3259-3283.

[28] 邓苗毅，任伟新．基于实测挠度、转角和曲率的细长梁分段抗弯刚度识别研究[J]．实验力学，2007，22(5)：483-488.

[29] Wu J R，Li Q S. Structural parameter identification and damage detection for a steel structure using a two-stage finite element model updating method[J]. Journal of Constructional Steel Research，2006，62(3)：231-239.

[30] 金恩平．空间网格结构健康监测与安全性评价方法研究[D]．兰州：兰州理工大学，2011.

[31] 李立新，刘琳，刘曦．工程结构安全预警系统构建方法[J]．沈阳建筑大学学报(自然科学版)，2006，22(2)：204-207.

[32] 张德义．大跨空间结构模态参数的温度敏感性与应变预警方法研究[D]．哈尔滨：哈尔滨工业大学，2009.
[33] 瞿伟廉，滕军，项海帆，等．风力作用下深圳市民中心屋顶网架结构的智能健康监测[J]．建筑结构学报，2006，27(1)：1-8.
[34] 王小波．钢结构施工过程健康监测技术研究与应用[D]．杭州：浙江大学，2010.
[35] 苑佳谦．大跨度空间结构灾害预警评估理论研究与系统开发[D]．杭州：浙江大学，2011.
[36] Fischer J，Redlich J，Zschau J，et al. A wireless mesh sensing network for early warning[J]. Journal of Network and Computer Applications，2012，35(2)：538-547.
[37] Kiremidjian A S，Straser E G，Meng T，et al. Structural damage monitoring for civil structures[C]. //Proceedings of Structural Health Monitoring：Current Status and Perspectives，1997：492-501.
[38] Pines D J，Lovell P A. Conceptual framework of a remote wireless health monitoring system for large civil structures [J]. Smart materials and Structures，1998，7(5)：627.
[39] 沈雁彬．基于动力特性的空间网格结构状态评估方法及检测系统研究[D]．杭州：浙江大学，2007.
[40] 罗永峰，叶智武，陈晓明，等．空间钢结构施工过程监测关键参数及测点布置研究[J]．建筑结构学报，2014，35(11)：108-115.
[41] Luo Y F，Ye Z W，Guo X N，et al. Data Missing Mechanism and Missing Data Real-Time Processing Methods in the Construction Monitoring of Steel Structures[J]. Advances in Structural Engineering，2015，18(4)：585-601.
[42] 罗永峰，叶智武，郭小农．钢结构施工过程监测数据缺失机理与处理方法[J]．同济大学学报(自然科学版)，2014，42(6)：823-829.
[43] 叶智武．大跨度空间钢结构施工过程分析及监测方法研究[D]．上海：同济大学，2015.

高强钢工程应用及梁柱端板连接节点研究进展

强旭红，武念铎，任楚超，罗永峰

（同济大学土木工程学院，上海 200092）

摘 要 高强钢作为一种新兴环保节约型材料，应用于土木工程符合可持续发展战略及节能环保型社会的建设，本文对国内外高强钢的工程应用现状和高强钢端板连接节点在常温、火灾下及火灾后性能的最新研究进展进行总结。现有研究表明，高强钢端板连接节点在常温、火灾下及火灾后的承载力均随端板厚度和端板所采用钢材强度等级的提高而提高；节点初始刚度均随端板厚度的增加而提高；节点转动能力均随端板厚度和端板所采用钢材强度等级的提高而降低。现行欧洲钢结构设计规范 EC3 推荐的组件法对高强钢端板连接节点在常温、火灾下及火灾后的承载力的预测精度满足工程要求，且能准确预测节点的失效模式，但对于初始刚度的计算误差较大，因此，需要研发新的设计理论和计算公式，以期更经济合理安全地应用高强钢结构。此外，现阶段针对节点的延性还未有明确统一的评价指标和判别标准，针对节点转动能力的评价指标的合理性还有待进一步论证。

关键词 高强钢；端板连接节点；常温；火灾下；火灾后

高强度结构钢材是指采用微合金化和热机械轧制技术生产出的具有高强度、良好延性、韧性及加工性能的结构钢材。目前，关于高强钢的定义，欧洲钢结构设计规范 Eurocode 3(EC3)定义高强钢的名义屈服强度不小于 460MPa，澳大利亚规范 AS 4100 定义高强钢的名义屈服强度大于 450MPa，我国香港规范定义高强钢的名义屈服强度在 460～690MPa 之间，我国国家标准《钢分类》定义屈服强度大于等于 420MPa 的钢材为高强钢。

高强钢结构在受力性能、建筑使用功能、社会经济及环保效益等方面具有显著优势，不仅可提高结构的安全性和可靠性，而且可以创造更大的建筑使用空间，实现更灵活的建筑表现，同时能够节约建筑工程总成本，降低能耗、不可再生资源消耗量及碳排放量，符合我国可持续发展战略和节能环保型社会的创建，属于绿色环保型建筑体系，因此在国内外得到广泛的应用。然而，目前国内外钢结构设计规范并没有专门针对高强钢结构的设计方法和设计理论，限制了高强钢的应用与发展。

钢结构梁柱端板连接节点以其施工速度快、施工质量可控、焊接工厂化以及延性破坏耗能能力强等优点在实际工程中得到了广泛应用。根据欧洲钢结构设计规范 EC3 对梁柱节点的分类，端板连接节点属于半刚性节点，其在具有较高承载力的同时还具备一定的延性和较好的抗震耗能能力，因而成为多高层钢结构与钢结构厂房中常用的装配式节点形式之一。在钢结构梁柱端板连接节点中，端板的几何尺寸和钢材强度对端板连接节点的抗弯承载力和转动能力起控制作用。因此，对端板的优化设计是提高端板连接节点工作性能的关键，目前关于端板采用高强度钢材的研究已有很多研究成果。

本文总结高强钢在工程结构中的应用现状和高强钢端板连接节点常温、火灾下及火灾后的研究进展，进而指出现行规范和研究存在的问题和不足，并给出未来研究工作的建议。

1 高强钢的应用现状

高强钢作为高性能钢的一种，因其强度高，可将结构构件制作得小巧轻薄，进而可减轻构件及结构自重、降低运输吊装成本，同时可减少焊缝体积、降低焊接残余应力、缩短工期，以及创造更多净使用空间、满足建筑造型要求，并有效提高铁矿石资源利用率、实现节能减排，从而在桥梁建设、市政建设、高层建筑和大跨度建筑结构中日益受到青睐，并有着广泛的应用前景。目前，高强度钢材已成功应用于国内外一些大型或重要桥梁建设、市政标志性建筑以及体育场馆中，部分高强钢在国内外建筑结构中的主要应用如表 1 和图 1 所示。

高强钢在建筑结构中的应用 **表 1**

国家	建筑	部位	高强钢等级/强度	作用
德国	Sony Centre	屋顶桁架	S460，S690	减轻构件自重
澳大利亚	Latitude	转换桁架	Bisplate80	减轻转换桁架自重
日本	Landmark Tower	H 型截面柱	600MPa	减小柱截面尺寸
澳大利亚	Star City	底层柱	650MPa，690MPa	节约空间
英国	Hutton Field	张力腿平台	795MPa	—
美国	Reliant Stadium	屋盖桁架	A913Grade65	减轻屋盖自重
美国	Cardinals Stadium	屋盖桁架	S460	减轻屋盖自重
中国	水立方	节点接头板	Q460	减轻节点重量
中国	央视新台址	外筒钢柱	Q460	减轻重量，减少焊接工作量
中国	鸟巢	桁架柱内柱	Q460	减小构件壁厚，减少焊接量
中国	深圳会展中心	屋面桁架	550MPa，460MPa	减轻屋盖自重
中国	深圳体育中心	树形柱	Q460	减轻自重，增加使用空间

图 1　高强钢在建筑结构中的应用

(*a*)Sony Center；(*b*) Latitude；(*c*) Landmark Tower；(*d*) Star City；(*e*) 水立方；
(*f*) 央视新台址；(*g*) 鸟巢；(*h*) 深圳会展中心；(*i*) 深圳湾体育中心

然而，与高强钢在土木工程领域的实际应用及其广阔应用前景不协调的是，科研领域世界各国学者对高强钢结构的研究相对滞后，现有的科研成果有限，且一般仅限于研究高强钢结构在常温下的性能及失效机理。目前，世界范围内各大领先的钢结构设计规范对高强钢结构的设计鲜有阐述，仅有欧洲钢结构设计规范 Eurocode3 通过增加 EN1993-1-12 部分，将欧规的适用范围扩展到 S700 以内的高强钢。由于缺乏理论与实验数据，欧洲钢结构设计规范 Eurocode3 并没有提出针对高强钢结构的特殊设计方法与说明，而是沿用基于普通钢结构的科研成果总结出的设计方法，这是否科学、经济、合理，有待于进一步科研的检验与指导。此外，由于高强钢材料力学性能试验研究的样本不足，难以建立高强度钢材的质量评价体系，无法针对高强度钢材提出合理的抗力系数；随着强度提高，钢材的屈强比提高、延性降低、变形能力变差，因此，高强钢结构的变形能力、延性及耗能能力是否满足设计要求有待进一步的研究验证。

2 高强钢梁柱端板连接节点常温性能研究现状

现行欧洲钢结构设计规范 EC3 采用组件法预测梁柱节点的力学行为。组件法的基本思想是将节点拆分为多个基本组件，每个组件由线性或非线性的弹簧模拟，通过弹簧的串联或并联将各基本组件进行组装，进而获得节点的整体力学行为。理论上，若节点的各基本组件得以合理的表征，组件法可适用于任意节点形式和荷载条件。按照组件法的思想，任意节点均可被简化为 3 个不同的区域：受拉区、受剪区和受压区，端板连接节点的受拉区、受剪区和受压区如图 2 所示。

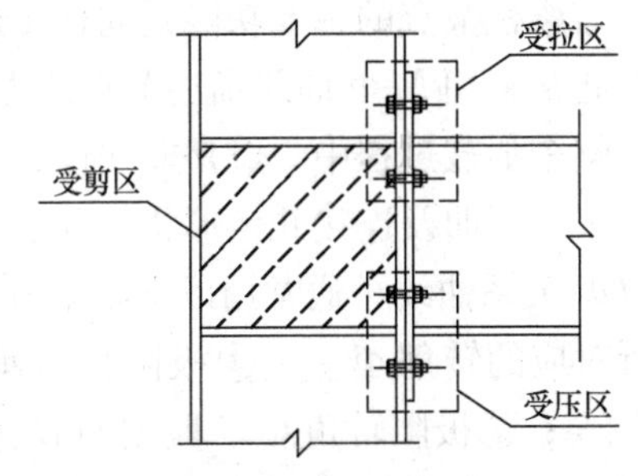

图 2 端板连接节点的受拉区、受压区及受剪区示意图

对于高强钢端板连接节点，由于高强钢屈服平台短、屈强比高及延性差，因此节点的转动能力是否满足 EC3 的相关要求有待验证。近年来，国内外已有多位学者对高强钢端板连接节点的受拉区、受剪区及节点整体力学性能进行研究，还未有学者对节点受压区进行研究，本文对高强钢端板连接节点常温力学性能的研究现状进行总结。

2.1 受拉区

节点的受拉区包括受弯的端板和柱翼缘及受拉螺栓，对端板连接节点的变形能力具有重大贡献。在组件模型中，该区域可由等效 T 型连接(T-stub)模拟，EC3 定义 T 型连接的三种失效模式如图 3 所示：翼缘根部屈服同时螺栓失效(Fail Mode 1)、翼缘在根部和螺栓位置处屈服(Fail Mode 2)及螺栓失效(Fail Mode 3)。T 型连接的力学行为在过去得到较多研究，这些研究主要集中在对普通钢 T 型连接塑性承载力与初始刚度的试验与理论研究，对高强度钢材 T 型连接和 T 型连接变形能力的研究较少。

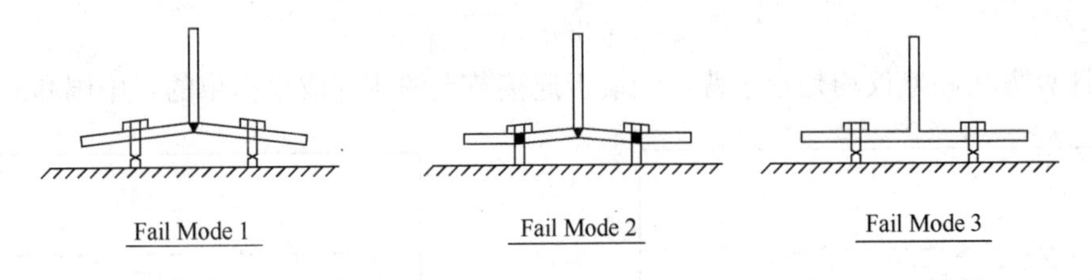

图 3 T 型连接的失效模式

乐毓敏对 3 组共 9 个 Q690 高强钢 T 型连接进行单调拉伸试验，并将试验的 T 型连接最大变形值分别与 Jaspart 模型和 Faella 模型的预测值对比。结果表明 Q690 高强钢 T 型连接的最大变形能力与普通钢相比显著下降，但仍表现出较好的延性；螺栓施加预紧力会减小 T 型连接的最大变形能力；Jaspart 模型和 Faella 模型预测的最大变形值与试验结果均有一定偏差，但都在可接受范围内，因 Jaspart 模型更简洁，故建议采用 Jaspart 模型预测高强钢 T 型连接的最大变形能力。

值得注意的是，文献[23]虽然指出高强钢T型连接有较好的延性，但是并未给出用于评价T型连接延性的指标，也未对比EC3推荐的T型连接的塑性铰线分布模式是否适用于高强钢。现阶段，还未有其他学者对高强钢T型连接的常温力学性能进行研究，因此无法验证现有计算方法可否直接用于评估其承载能力和初始刚度。

2.2 受剪区

Girao Coelho对高强钢S690和S960梁柱焊接节点域的力学性能进行研究。研究表明，在保证承载力的情况下，只要设计合理，适当减小柱腹板厚度，高强钢板仍具有足够的延性，满足变形要求。试验结果还表明，同等尺寸的构件，由于高强钢屈服强度增加，其承载能力更高。同时，节点域中腹板越厚，延性越低。因此，需要对腹板厚度进行一定取舍，但节点腹板不能过薄，否则局部稳定不能保证。试验结果与欧洲规范EC3的对比表明，欧洲规范仍适用于高强钢构件设计，但存在一些不足，如未考虑轴向压力对构件承载力的不利影响，建议对现有公式进行修正。

2.3 节点整体

在一定范围内，T型连接可准确反映端板连接节点受拉区的力学行为，但由于柱翼缘柔性的影响，端板的实际塑性铰线分布与T型连接并不总是吻合的，因此有必要对节点整体进行研究。

梁柱节点的主要功能是向柱传递梁端的轴力、剪力、弯矩及扭矩，其中比较重要的是弯矩的传递，因此常采用M-Φ曲线描述节点的力学行为，M为节点所承受的弯矩，Φ为节点的相对转角。M-Φ曲线在整个加载过程中一般是非线性的，导致连接非线性的因素很多，其中材料的非线性、连接组件的局部屈服、屈曲及连接几何形状突变引起的应力集中等是导致节点非线性特性的最主要因素。对于非线性的M-Φ关系曲线，通常用以下几个特征参量来表征：①抗弯承载力M_{Rd}；②初始刚度K_e；③抗弯承载力所对应的转角Φ_{MRd}；④极限抗弯承载力M_{max}；⑤屈服后刚度K_p；⑥极限抗弯承载力所对应的转角Φ_{Mmax}；⑦极限转角Φ_c。典型的节点M-Φ曲线和其特征参量如图4所示。

对于普通钢梁柱端板连接节点，中国钢结构设计规范基于弹性设计方法给出节点的抗弯承载力M_{Rd}，但并未针对其他特征参量提出建议。EC3基于塑性设计方法给出节点抗弯承载力M_{Rd}，同时给出根据试验得到的M-Φ曲线确定M_{Rd}的方法(图5)：首先根据试验得到的初始刚度K_e和规范建议的刚度修正系数η，通过公式(1)求得割线刚度k_s，对于端板连接节点，EC3建议刚度修正系数η取2；随后以原点为起点，割线刚度k_s为斜率，做直线与M-Φ曲线相交，交点对应的M即为试验得到的M_{Rd}。基于组件法，EC3还给出节点初始刚度K_e的计算公式。针对节点的转动能力，EC3建议：若节点的抗弯承载力由端板或柱翼缘的抗弯承载力控制，且柱翼缘或端板的厚度t满足公式(2)则认为节点的转动能力满足要求。

$$K_s = K_e/\eta \tag{1}$$

$$t \leqslant 0.36d\sqrt{f_{u,b}/f_y} \tag{2}$$

以上设计计算方法和建议均是基于普通钢端板连接节点的研究成果提出的，中国和欧洲钢结构设计

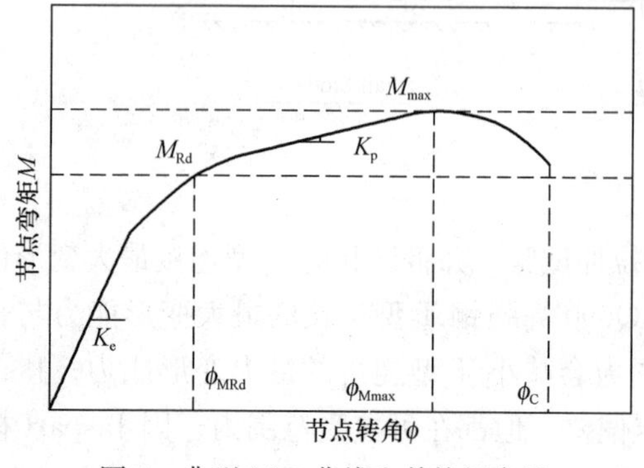

图4 典型M-Φ曲线和其特征参量

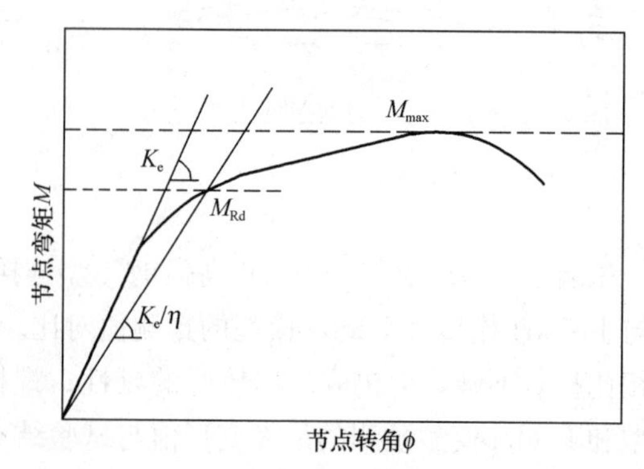

图5 根据试验结果确定M_{Rd}

规范均未对高强钢端板连接节点提出针对性相关建议，因此国内外已有多位学者对高强钢梁柱端板连接节点进行研究，验证现行设计规范对于高强钢的适用性。

Girao Coelho 对端板采用高强钢，梁柱采用普通钢的端板连接节点进行的静力试验。研究表明：节点的承载力随着端板厚度的增加和端板采用的钢材等级的提升而提高；节点的刚度同样随端板厚度的增加而增加，但增加的幅度不如承载力，同时端板采用的钢材等级的提高对节点的刚度无影响。文献[22，29-31]也得到相同的结论，并表明采用 EC3 基于普通钢提出的计算方法能够较为准确的预测节点的承载力，但高估节点的初始转动刚度。

端板连接节点属于半刚性节点，因此节点需有良好的转动能力以保证节点的塑性破坏晚于结构的塑性破坏。对于普通钢端板连接节点，文献[32]建议节点转动能力达到 40～50mrad 即可认为具有足够的转动能力；Wilkinson 等学者认为节点的塑性转角大于 30mrad 则在地震作用下，节点不会先于结构破坏。基于这样的认识，Zoetemeijer 对大量的端板连接节点试验结果进行总结，提出关于节点转动能力的相关准则。Jaspart 在此基础上进一步研究，研究成果被 EC3 采纳，即：若节点的抗弯承载力由端板或柱翼缘的抗弯承载力控制，且柱翼缘或端板的厚度 t 满足公式(2)则认为节点的转动能力满足要求。研究文献[22，29-31]表明高强钢端板连接节点的转动能力随端板厚度和所采用钢材强度等级的提高而减小，且当节点的抗弯承载力由端板或柱翼缘抗弯承载力控制时，即使端板厚度不满足公式(2)的要求，节点的转动能力仍能满足文献[32，33]的要求，因此 EC3 基于普通钢端板连接节点转动能力提出的要求对于高强钢端板连接节点偏于保守。值得注意的是，以上研究均采用节点的极限转角 Φ_c 衡量节点的转动能力，但 Φ_c 取决于试验何时卸载。试验可因两种情况卸载：一是节点部分组件破坏；二是节点组件未发生破坏，但变形过大，超过测量仪器的量程。当试验因第二种情况而卸载时，此时的极限转角并不是节点真实的极限转角 Φ_c，且小于节点的真实极限转角 Φ_c。因此，采用节点的极限转角 Φ_c 衡量节点的转动能力时一定要进行合理的试验设计，避免第二种情况的发生。

节点的延性反映节点 M-Φ 曲线屈服平台的长度，是衡量节点耗能能力的重要指标之一。研究表明端板连接节点的延性随着端板厚度的增加和所采用的钢材强度等级的提高而下降，但高强钢端板连接节点仍具有较好的延性。值得注意的是，EC3 并未给出衡量节点延性的指标，现有研究通常采用延性系数 θ 作为衡量节点延性的指标，但对于节点延性系数 θ 的计算方法，目前还没有公认的定义。文献[36，37]建议采用公式(3)计算节点的延性系数，即节点极限转角与节点抗弯承载力 M_{Rd} 对应转角 Φ_{MRd} 的比值；文献[29，30]采用公式(3)和公式(4)(即节点的极限抗弯承载力 M_{max} 对应的转角 Φ_{Mmax} 与 Φ_{MRd} 的比值)计算节点的延性系数；文献[22]认为应从力和变形两个角度衡量节点的延性，因此在公式(3)和公式(4)的基础上提出公式(5)。这些学者提出衡量节点延性的指标，也给出计算方法，但是并未指出指标在何范围内即可认为节点的延性满足要求，这有待进一步的研究。

$$\theta = \phi_c / \phi_{M_{Rd}} \tag{3}$$

$$\theta = \phi_{M_{max}} / \phi_{M_{Rd}} \tag{4}$$

$$R = M_{max} / M_{Rd} \tag{5}$$

至于高强钢端板连接节点的失效模式，由于螺栓常温下的破坏为脆性破坏，因此 EC3 建议控制节点的失效模式为端板破坏或端板和螺栓组合破坏。文献[22，29-31]表明在保证焊缝强度足够的情况下，按照 EC3 设计高强钢端板连接节点可保证节点不发生脆性破坏，且 EC3 建议的端板塑性铰线分布模式同样适用于高强钢端板连接节点。

以上研究均基于欧标高强钢 S460、S690 或 S960，且仅端板采用高强钢。孙飞飞对国产普通钢端板连接节点、仅端板采用高强钢 Q690 的端板连接节点及端板和柱均采用高强钢 Q690 的端板连接节点进行拟静力试验研究，试验结果同样表明：EC3 基于普通钢科研成果提出的计算公式可准确预测高强钢端板连接节点的抗弯承载力，但对转动刚度的预测与试验结果偏差较大；节点的变形能力和延性随着端板厚度和端板所采用钢材强度等级的提高而降低。同时研究还表明高强钢柱对于螺栓的受力有不利影响，高强钢塑性变形发生较晚，因此，当节点变形能力相同时，更大的变形压力转移到螺栓上，导致螺栓更早发生破坏，从而削弱了节点的转动能力。

综上，现阶段对高强钢端板连接节点的研究仍不足，尤其缺乏衡量节点延性的指标和判断标准，同时衡量节点转动能力的指标是否合理还有待进一步验证。现行欧洲钢结构设计规范 EC3 基于普通钢端板连接节点提出的计算方法可准确预测高强钢端板连接节点的抗弯承载力，但不适用于预测节点的初始抗弯刚度，因此有必要对以上问题进行进一步研究，以充分发挥高强钢的优势。

3 高强钢梁柱端板连接节点火灾下性能研究现状

现阶段，国内外对普通钢端板连接节点火灾下力学行为的研究较多，仅 Qiang 对端板采用欧标高强钢 S690 和 S960，梁柱采用普通钢的端板连接节点进行稳态火灾试验研究。研究表明：高温下，节点的承载力随着端板厚度和材料强度等级的提高而提高，采用高温下钢材材料力学性能的折减系数，按照 EC3 推荐的组件法计算高强钢节点高温下的抗弯承载力与试验结果吻合较好。

Qiang 的研究还表明，高温下高强钢节点的转动能力随着端板的厚度和钢材强度等级的提高而降低，试验得出的高强钢节点火灾下极限转角 Φ_c满足文献[32，33]的要求，但端板厚度不满足公式(2)的要求，由此证明高强钢节点火灾下的转动能力满足 EC3 的要求，另外 EC3 对节点转动能力的要求过于保守。文献[32，33]对节点极限转角 Φ_c提出的限值是为保证普通钢框架在地震作用下，节点不先于结构破坏，因此该限值是否可直接用于判断节点火灾下的转动能力有待更多科研。即使对于研究较充分的普通钢连接节点，大多数研究均采用这种方法判断节点的转动能力是否满足要求，郭士雄对约束钢梁火灾下力学性能的研究表明，约束使得火灾下的钢梁即使在很大的挠度下仍具有较大的承载力，即产生“悬链线”效应，而节点足够的转动能力有助于该效应的充分发挥，但文献[45]未指出节点的转动能力达到何种程度可保证“悬链线”效应的充分发挥，因此采用何种指标衡量节点火灾下的转动能力，该指标达到何值即可认为节点在火灾下的转动能力满足要求，有待进一步的研究。

至于高强钢端板连接节点火灾下的失效模式，Qiang 的研究表明，由于火灾下高强螺栓的强度折减系数比钢材的大，因此高温下节点的失效模式会发生转变，即常温下节点的失效模式为端板破坏，高温下节点的失效模式转变为端板和螺栓联合破坏。Herdarpour 对普通钢 T 型连接高温力学性能的研究也发现常温下翼缘螺栓联合破坏的 T 型连接在火灾下的失效模式为螺栓破坏。李国强对高强度螺栓 20MnTiB 钢的高温材料性能试验研究表明，高温下高强螺栓用钢材具有较好的延性，其在 550℃时的断后延伸率为 24.3%，当温度达到 700℃时，其断后延伸率高达 69.0%。端板连接节点火灾下试验研究也表明，火灾下节点失效时，螺栓颈缩明显，因此认为常温下为脆性破坏的高强度螺栓在火灾下为延性破坏。

综上，现阶段对高强钢端板连接节点火灾下力学性能的研究十分不足，还未有学者对梁、柱及端板均采用高强钢的端板连接节点火灾下力学性能进行研究。同时，现有研究衡量节点火灾下转动能力的指标和判断节点转动能力是否满足要求的标准与常温下相同，这种做法有待考证。采用火灾下钢材的力学性能，EC3 基于普通钢端板连接节点研究成果提出的计算方法可准确预测高强钢端板连接节点火灾下的抗弯承载力，但是否适用于预测节点火灾下的初始抗弯刚度有待验证。高强钢端板连接节点火灾下的效模式，由常温下的失效模式一向失效模式二转变，有必要对该问题进行进一步研究，以保证高强钢端板连接节点火灾下的安全性和经济性。

4 高强钢梁柱端板连接节点火灾后性能研究现状

现阶段，对于节点火灾后力学性能的研究主要集中在混凝土梁柱节点、钢-混凝土组合框架梁柱节点、混凝土柱-钢梁节点及普通钢梁柱栓焊连接节点，仅 Qiang 对端板采用欧标高强钢 S690 和 S960，梁柱采用普通钢的端板连接节点进行火灾后试验研究。研究表明高强钢端板连接节点火灾后可恢复常温下(未过火)90%的承载力；节点的承载力随着端板厚度和钢材等级的提高而提高；采用钢材火灾后力学性能的剩余系数，按照EC3推荐的组件法计算节点火灾后抗弯承载力与试验结果吻合较好。研究同样采用试验得到的节点极限转角Φ_c衡量节点的转动能力，由此得出高强钢火灾后的转动能力较常温(未过火)有所提高。同时研究还表明过火温度为550℃时，高强钢端板连接节点冷却后的失效模式与常温下(未过火)相同。但值得注意的是，通过对现有高强钢和高强螺栓火灾后屈服强度剩余系数进行总结发现，与火灾下类似，高强螺栓火灾后屈服强度的剩余系数低于高强钢(表2)，且二者的差距随过火温度的升高而增大(表3)。以S460和10.9级螺栓为例，当过火温度为500℃，S460火灾后屈服强度剩余系数是10.9级高强螺栓的1.03倍；当过火温度为750℃，S460火灾后屈服强度剩余系数甚至达到10.9级高强螺栓的1.88倍。因此火灾后高强螺栓更易破坏，这将导致当过火温度超过一定值后，高强钢端板连接节点火灾后的失效模式与常温(未过火)相比同样会发生转变，失效模式可能由延性的端板破坏向端板和螺栓联合破坏转变，甚至转变为脆性的螺栓破坏。

高强钢和高强螺栓火灾后屈服强度剩余系数 表2

火灾温度(℃)	S460	S690	S960	8.8级高强螺栓	10.9级高强螺栓
500	1.007	0.997	1.008	0.98	0.83
600	0.980	0.995	0.990	0.87	0.75
700	0.968	0.894	0.722	0.63	0.58
750	0.901	0.749	0.671	0.53	0.48

高强钢和高强螺栓火灾后屈服强度剩余系数比值 表3

火灾温度(℃)	S460/8.8	S460/10.9	S690/8.8	S690/10.9	S960/8.8	S960/10.9
500	1.03	1.21	1.02	1.20	1.03	1.21
600	1.13	1.31	1.14	1.33	1.14	1.32
700	1.54	1.67	1.42	1.54	1.15	1.24
750	1.70	1.88	1.41	1.56	1.27	1.40

综上，现阶段对高强钢端板连接节点火灾后力学性能的研究十分不足，还未有学者对梁、柱及端板均采用高强钢的端板连接节点火灾后性能进行研究，同时也未有研究指出火灾后节点失效模式的转变。因此，有必要对以上问题进一步研究，以保证高强钢端板连接节点火灾后的安全性，为高强钢结构火灾后的检测与鉴定提供依据。

5 结语

目前，高强度结构钢已经在工程结构中得到应用，并取得良好的效果，但现有研究和规范的不足制约着高强钢的普及应用。本文总结高强度结构钢的应用现状和高强钢端板连接节点在常温、火灾下及火灾后的研究进展，指出现行主要钢结构设计规范和现有研究的问题与不足，同时对未来研究工作提出建议。本文对推广高强钢在土木工程领域的合理应用、解决目前工程实际超前理论方法滞后的问题，具有重要意义。

参考文献

[1] 施刚，班慧勇，石永久，王元清．高强度钢材钢结构研究进展综述[J]．工程力学，2013，30(1)：1-13.

[2] European committee for standardization. EN 1993-1-2，Eurocode 3-design of steel structures-part 1-2：general rules-structural fire design [S]. CEN，Brussels，2005.

[3] Australia Standards (AS) (1998). Steel structures [S]. AS 4100：1998，Sydney，Australia，1998.

[4] Hong Kong Buildings Department (2005). Code of practice for the structural use of steel [S]. Kowloon，Hong Kong：

The Government of the Hong Kong Special Administrative Region, 2005.

[5] 中华人民共和国国家标准. 钢分类 GB/T 13304—2008 [S]. 北京：中国标准出版社，2008.

[6] 班慧勇，施刚，石永久，王元清．超高强度钢材钢结构受力性能研究[C]. 中国钢协结构稳定与疲劳分会 2008 年学术交会论文集．北京：工业建筑杂志社，2008：29-37.

[7] Kodur V, Dwaikat M, Fike R. High-Temperature Properties of Steel for Fire Resistance Modeling of Structures [J]. Mater Civil Eng, 2010, 22: 423-434.

[8] Outinen J, Makelainen P. Mechanical properties of structural steel at elevated temperatures and after cooling down [J]. Fire Mater 2004; 28: 237-51.

[9] European committee for standardization. EN 1993-1-8, Eurocode 3-design of steel structures-part 1-8: design of joints [S]. CEN, Brussels, 2005.

[10] 施刚，石永久，王元清．超高强度钢材钢结构的工程应用[J]. 建筑钢结构进展，2008，10(4)：32-38.

[11] 邱林波，刘毅，侯兆新，陈水荣，钟国辉．高强钢在建筑中的应用研究现状[J]. 工业建筑，2014，44(3)：1-5.

[12] MEng G P. Evening meeting-high strength steel use in Australia, Japan & the US [J]. Structural Engineer, 2006, 84(21): 27-31.

[13] Bjorhovde R. Performance and design issues for high strength steel in structures [J]. Advances in Structural Engineering, 2010, 13(3): 403-411.

[14] 罗永峰，王熹宇，强旭红，等．高强钢在工程结构中的应用进展[J]. 天津大学学报：自然科学与工程技术版，2015，48(B07)：134-141.

[15] 李国强，王彦博，陈素文．高强度结构钢研究现状及其在抗震设防区应用问题[J]. 建筑结构学报，2012，34(1)：1-13.

[16] 曹晓春，甘国军，李翠光．Q460E 钢在国家重点工程中的应用[J]. 焊接技术，2007 (S1)：12-15.

[17] 陈振明，张耀林，彭明祥，等．国产高强钢及厚板在央视新台址主楼建筑中的应用[J]. 钢结构，2009 (2)：34-38.

[18] 范重，刘先明，范学伟，等．国家体育场大跨度钢结构设计与研究[J]. 建筑结构学报，2007，28(2)：1-16.

[19] 田黎敏，郝际平，戴立先，等．深圳湾体育中心结构施工过程模拟分析[J]. 建筑结构，2011，41(12)：118-121.

[20] European committee for standardization. EN 1993-1-12, Eurocode 3-design of steel structures-part 1-12: additional rules for the extension of EN 1993 up to steel grade S700 [S]. CEN, Brussels, 2007.

[21] Girao Coelho A M. Characterization of the Ductility of Bolted End Plate Beam-to-Column Steel Connections [D]. Portugal: University of Coimbra, 2004.

[22] Girao Coelho A M, Bijlaard F. High Strength Steel in Building and Civil Engineering Structures: Design of connections [J]. Advances in Structural Engineering, 2010, 13(3): 413-429.

[23] 乐毓敏．Q690 高强钢 T 型连接极限变形能力研究[J]. 佳木斯大学学报，2013，31(2)：199-202.

[24] Girao Coelho A M, Bijlaard F S K, Kolstein H. Experimental behaviour of high-strength steel web shear panels [J]. Engineering Structures, 2009, 31(7): 1543-1555.

[25] Maggi Y I, Goncalves R M, Leon R T, et al. Parametric analysis of steel bolted end plate connections using finite element modeling [J]. Journal of Constructional Steel Research, 2005, 61(5): 689-708.

[26] 楼国彪，李国强，雷青．钢结构高强度螺栓端板连接研究现状(I)[J]. 建筑钢结构进展，2006，8(2)：8-21.

[27] 中华人民共和国国家标准. 钢结构设计规范 GB 50017—2003[S]. 北京：中国计划出版社，2003.

[28] Girao Coelho A M, Bijlaard F S K. Experimental behaviour of high strength steel end-plate connections [J]. Journal of Constructional Steel Research, 2007, 63: 1228-1240.

[29] Girao Coelho A M, Silva L S da, Bijlaard F S K. Experimental assessment of the ductility of extended end plate connections [J]. Engineering Structures, 2004, 26: 1185-1206.

[30] Girao Coelho A M, Bijlaard F S K. Ductility of high strength steel moment connections [J]. The International Journal of Advanced Steel Construction, 2007, 3(4): 765-783.

[31] Girao Coelho A M, Silva L S da, Bijlaard F S K. Ductility analysis of bolted extended end plate beam-to column connections in the framework of the component method [J]. Steel and Composite Structures, 2006, 6(1): 33-53.

[32] Girao Coelho A M. Characterization of the bolted endplate beam-to-column steel connections [D]. University of Co-

imbra，2004.
[33] Wilkinson S，Hurdman G，Crowther A. A moment resisting connection for earthquake resistant structures[J]. Journal of Constructional Steel Research，2006，62(3)：295-302.
[34] Zoetemeijer P. Summary of the research on bolted beam-to-column connections [M]. TU Delft，Faculteit der Civiele Techniek，1990.
[35] Jaspart J P. Contributions to recent advances in the field of steel joints. Column bases and further configurations for beam-to-column joints and column bases [J]. 1997.
[36] Da Silva L S，Santiago A，Real P V. Post-limit stiffness and ductility of end-plate beam-to-column steel joints[J]. Computers & Structures，2002，80(5)：515-531.
[37] 孙旭．Q690 钢力学性能研究[D]. 上海：同济大学，2013.
[38] 孙飞飞，孙密，李国强，等．Q690 高强钢端板连接梁柱节点抗震性能试验研究[J]. 建筑结构学报，2014，35(4)：116-124.
[39] 郑永乾，韩林海．火灾下梁柱连接节点力学性能研究[J]. 钢结构，2007，22(1)：89-94.
[40] 李晓东，董毓利，高立堂，王卫永，靳乐．钢框架边柱节点抗火性能的试验研究[J]. 实验力学，2007，22(1)：13-19.
[41] 隋炳强，董毓利，翁文林，潘永战．外伸端板中节点火灾行为的试验研究[J]. 建筑结构，2009，39(5)：76-79.
[42] 王卫永，董毓利，李国强．外伸端板节点火灾行为的试验研究和理论分析[J]. 哈尔滨工业大学学报，2006，38(12)：2126-2128.
[43] Yu H，Burgess I W，Davison J B，et al. Experimental and numerical investigations of the behavior of flush End plate connections at elevated temperatures [J]. Journal of Structural Engineering，2010.
[44] Qiang X，Bijlaard F S K，Kolstein M H，et al. Behaviour of beam-to-column high strength steel endplate connections under fire conditions (Part 1)：Experimental study [J]. Engineering Structures，2014，64：23-38.
[45] 郭士雄．约束钢梁在升温段和降温段的反应及梁柱节点的破坏研究[D]. 上海：同济大学，2006.
[46] Heidarpour A，Bradford M A. Behaviour of a T-stub assembly in steel beam-to-column connections at elevated temperatures [J]. Engineering Structures，2008，30(10)：2893-2899.
[47] 李国强，李明菲，殷颖智，蒋守超．高温下高强度螺栓 20MnTiB 钢的材料性能试验研究[J]. 土木工程学报，2001，34(5)：100-104.
[48] 楼国彪．钢结构高强度螺栓外伸式端板连接抗火性能研究[D]. 上海：同济大学，2005.
[49] Qiang X，Jiang X，Bijlaard F S K，et al. Post-fire behaviour of high strength steel endplate connections (Part 1)：Experimental study [J]. Journal of Constructional Steel Research，2014，108：82-93.
[50] 王玉镯，傅传国，邱洪兴．火灾后钢筋混凝土框架节点抗震性能试验研究[J]. 建筑结构学报，2009，2(21)：121-126.
[51] 宋天诣．火灾后钢-混凝土组合框架梁-柱节点的力学性能研究[D]. 北京：清华大学，2010.
[52] 霍静思，韩林海．火灾作用后钢管混凝土柱-钢梁节点指挥性能试验研究[J]. 建筑结构学报，2006，27(6)：28-47.
[53] 强旭红，罗永峰，何佳琴，张立华．火灾作用后钢结构栓焊连接节点若干性能试验研究[J]. 施工技术，2008，37：448-453.
[54] Qiang X，Jiang X，Bijlaard F S K，et al. Post-fire behaviour of high strength steel endplate connections (Part 2)：Numerical study [J]. Journal of Constructional Steel Research，2014，108：94-102.
[55]Qiang X，Bijlaard F S K，Kolstein H. Post-fire mechanical properties of high strength structural steels S460 and S690 [J]. Engineering Structures，2012，35：1-10.
[56] Qiang X，Bijlaard F S K，Kolstein H. Post-fire performance of very high strength steel S960[J]. Journal of Constructional Steel Research，2013，80：235-242.
[57] 楼国彪，俞珊，王锐．高强度螺栓过火冷却后力学性能试验研究[J]. 建筑结构学报，2012，33(2)：33-40.

非结构构件抗震性能研究综述

韩庆华[1,2]，赵一峰[1]，芦　燕[1,2]，王　勃[1]

（1. 天津大学建筑工程学院，天津　300072；
2. 天津大学滨海土木工程结构与安全教育部重点实验室，天津　300072）

摘　要　非结构构件震害在近年来的地震灾害中屡见报道。非结构构件的破坏将会造成极大的人员伤亡、财产损失，甚至运营中断，因此非结构构件的破坏机理和抗震设计方法研究逐渐引起重视。本文主要介绍了吊顶系统的震害情况，综述了非结构构件地震响应和破坏机理研究、基于性能的非结构构件易损性分析以及非结构构件抗震设计反应谱分析理论。最后指出需要从考虑不同主体结构的非结构构件抗震性能、损伤指标、基于混合法的易损性分析、楼面反应谱分析理论以及抗震构造措施等方面开展非结构构件的抗震性能研究。

关键词　非结构构件；破坏机理；损伤指标；易损性分析；楼面反应谱；抗震构造措施

1　引言

非结构构件[Nonstructural Components，或称二次结构(Secondary Systems)或附属结构(Appendages)]是指建筑中结构部分以外的所有构件，结构部分承受地震、风、重力等荷载，对非结构构件起支撑作用，是建筑达到其预期功能必不可少的。

当前地震已成为一种灾害性的自然现象，一旦发生，将会造成极大的人员伤亡、财产损失，甚至运营中断。在日本大地震中（2011 年 3 月 11 日，M9.0），日本科学未来馆(Miraikan)的入口大厅处，25m 范围内的吊顶板连带 T 形龙骨一起坠落（图 1*a*）。一学校体育馆二层的吊顶板由于螺丝的滑落从 7～11m 不同高度处发生掉落，部分灯具也发生破损（图 1*b*）。一公共游泳池由于吊顶龙骨夹具的变形，造成超过 2/3 的吊顶板连同照明灯具发生掉落（图 1*c*）；2013 年我国芦山地震（4 月 20 日，M7.0）中芦山县体育馆结构出现破坏，其吊顶系统同样破坏严重。图 1(*d*)所示为吊顶龙骨的连接件失效导致吊顶板的大量脱落或下垂。

图 1　大跨建筑结构中吊顶系统震害实例
(*a*)Miraikan 吊顶破坏；(*b*) 日本一体育馆吊顶板坠落；
(*c*)日本一游泳馆吊顶大面积掉落；(*d*) 芦山体育馆吊顶脱落

因此，在抗震设计中要不断提高建筑结构的抗震性能与防灾变能力，不仅要保证建筑主体结构本身的安全可靠，更要保证其内部设施和设备等非结构构件不损坏、不中断工作，以使震后人员损伤和财产损失降至最低，使其起到应急避难场所的作用，以期不断提高建筑结构实现既有功能的效果和效率。

2 非结构构件地震响应和破坏机理研究

吊顶系统破坏是非结构构件震害报道中最为常见的一种震害形式。长期以来，围绕吊顶系统的地震响应及抗震性能研究是学术界的一个重要课题。

由于地震模拟振动台可以再现地震过程，研究结构的地震反应和破坏机理，早在 1983 年，美国的 ANCO Engineering 公司开展了 3.6m ×8.5m 的吊顶系统振动台试验研究，研究表明吊顶系统的破坏主要集中在吊顶与墙体接触的房间四周，之后在 1993 年又针对美国 Armstrong 公司生产的吊顶系统的抗震性能展开一系列振动台试验研究。Rihal and Granneman(1984)进行了在正弦波激励下的吊顶系统(3.66m ×4.88m)振动台试验研究，得出设置竖向撑杆可以减小吊顶系统的位移反应，倾斜吊杆可以有效地降低吊顶动力反应。Yao(2000)提出了一种直接悬挂吊顶系统，并对其自振特性和振动模态进行分析。分析表明 45°方向的支撑斜杆不会改善吊顶系统的抗震性能，而对吊顶系统与周围墙体采用抽芯铆钉连接可以改善其抗震性能。McCormick *et al*(2008)对非结构系统中的隔墙和吊顶系统进行了足尺钢框架振动台试验。通过控制试验模型的层间位移角来对非结构系统进行基于性能的抗震性能评估。Gilani *et al*(2008)针对标准型和可替换型两种不同的周边墙体固定件对吊顶系统的地震响应进行振动台试验，分析表明可替换的周边墙体固定件的吊顶系统抗震性能良好。在反应谱加速度达到 3g 时，其吊顶的破坏面积不超过 30%，掉落位置主要集中在吊顶的中部。Gilani *et al*(2008)同时采用满足 ICC-ES AC 156规范要求的吊顶系统进行振动台试验，其破坏只表现为距离框架中心的吊顶板的掉落，同时未产生很大的竖向加速度。Magliulo *et al*(2012)对单向布置的龙骨连接整体式吊顶板与双向布置的龙骨连接整体式吊顶板的抗震性能进行研究，在振动台试验中并未出现吊顶板的脱落，主要原因为吊顶自身的振动特性、密集的龙骨布置以及大量的吊杆限制了吊顶板的竖向振动。Furukawa *et al*(2013)对一四层的钢筋混凝土框架隔震结构(医院)进行足尺振动台试验，试验表明橡胶隔震系统从某种程度上会加大结构的竖向地震加速度，但是在竖向峰值加速度不超过 $2g$ 时对医疗设备等非结构构件不会引起很大的震害。Nakaso *et al*(2015)加入预应力索来改变吊顶的振动特性，通过 6m×10m 的振动台试验进行对比，得出加入预应力索会增加吊顶的水平刚度同时减小吊顶水平位移。笔者也研究了上部结构刚度不同时，吊顶系统的竖向加速度的变化规律。通过振动台试验研究得出在相同地震峰值加速度情况下，柔性上部结构对吊顶系统的竖向加速度影响较大，会产生吊顶板及网格的明显竖向振动，且随着地震加速度的增大，柔性上部结构引起的吊顶竖向振动越剧烈。

除此之外，国内外学者还对隔墙系统进行的抗震性能试验研究，Retamales and Filiatraut *et al*(2010，2013)对 36 个使用普通细部构造的隔墙做了平面内的拟静力和动力试验。提出了新的构造细节，来提高最先发生破坏所需的水平位移，并减小破坏在墙体内的传播。Goodwin and Maragakis *et al*(2007)通过振动台试验研究了采用螺纹连接接头和焊接连接接头的管道系统的抗震性能，并提出其破坏模式。

3 基于性能的非结构构件抗震性能及易损性分析

基于性能的抗震设计是有效提升土木工程抗震能力的关键技术。建筑结构基于性态的抗震设计突破了传统抗震设计以“保证生命安全”为主要设防目标的局限，以有效控制人员伤亡和经济损失、保障结构使用功能为目标，代表抗震设计理论的发展方向，对确保建筑结构地震安全及土木工程防震减灾学科的发展具有重要推动作用。早在 2000 年美国联邦紧急事务管理署(FEMA)出版的既有建筑抗震加固指南 FEMA356 (2000)便提出了非结构构件的 4 个抗震性能水准：基本完好(Operational)，立即使用(Immediate Occupancy)，生命安全(Life Safty)和减少灾害(Hazard Reduced)。美国国家减少地震灾害项目HAZUS-MH MR3 (NEHRP 2003)也针对吊顶系统提出了4个破坏形态：轻微破坏(Slight)、中等破坏(Moderate)、严重破坏(Extensive)、完全破坏(Complete)。易损性分析是进行建筑结构(包括非结构构件)抗震性能评估的重要一步。易损性曲线能够很好的反映其抗震性能。HAZUS-MH MR3 (2003)同样也针对吊顶系统的4个破坏形态提出了易损性曲线(图2)。之后大量学者也基于不同非结构构件的抗震性能进行研究，并提出了其易损性曲线，以用来对其进行抗震性能评估。Badillo-Almaraz *et al* (2007)采用约束夹具、受压立杆改善吊顶系统的抗震性能，通过振动台试验获得了改进后的吊顶系统的易损性曲线。Magliulo *et al* (2012)以轻微破坏、中等破坏、严重破坏和龙骨网格失效4个性能等级对整体式吊顶板的抗震性能进行了分析，并得出易损性曲线。Cosenzal *et al* (2015)以生命损失、经济损失和居住、服务损失为基准设定了医疗机构非结构构件抗震性能的3个破坏形态，并通过振动台试验数据获得易损性分析。针对医疗机构的管道系统，Soroushian and Maragakis *et al* (2014)对管道系统中的螺纹接头、焊接接头以及管道系统进行了振动台试验和Opensees数值分析，结合试验和数值模拟结合提出了相应的易损性曲线。

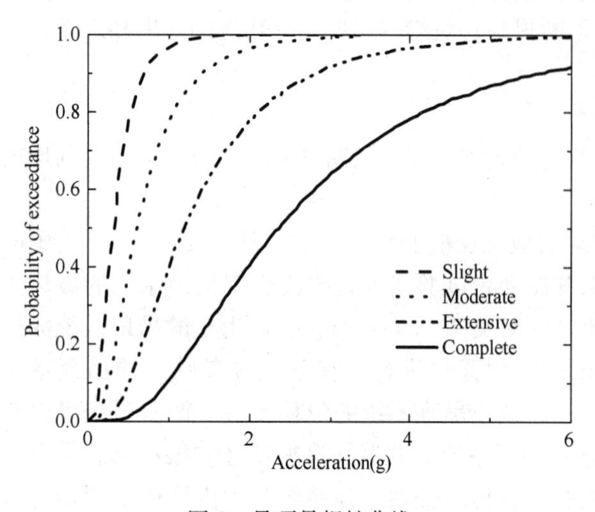

图2　吊顶易损性曲线
FEMA HAZUS-MH MR3 (NEHRP 2003)

4　非结构构件抗震设计反应谱分析理论研究

随着对非结构构件震害经验的积累，工程人员对非结构构件的抗震性能有了一定认识，逐渐形成了比较有效的非结构构件抗震设计方法并被纳入规范，最早的是美国ATC-03 Report(ATC 1978)。1985年美国国家减小地震灾害项目(NEHRP)制定的基于新建建筑物和其他结构抗震设计推荐规范(BSSC 1985)直接引用了ATC1978的相关规定。之后又对非结构构件的抗震设计进行多次修订。对非结构构件抗震设计的基本规定也被2003版国际建筑标准(ICC 2003)和2002版的SEI/ASCE 7(ASCE 2003)所借鉴。此外欧洲抗震规范Eurocode 8、新西兰抗震规范NZS 1170.5、中国抗震规范GB 50011等规范都对非结构构件的抗震设计方法做出规定，以上这些规范所规定的设计方法只是考虑非结构构件与主体结构的连接强度。其基本设计原理是基于楼面反应谱法的设计方法。楼面反应谱(也称楼面谱)是安装在某楼面上的具有不同自振周期和阻尼的单自由度系统对楼面地震反应时程历史的最大值的均值组成的曲线。由于目前规范未考虑主体结构非线性对非结构构件抗震性能的影响。之后大量学者又深入研究了主体结构非线性对楼面反应谱的影响。其中Lin *et al* (1985)提出一个放大系数来研究主体结构非线性变形、滞回性能以及非结构构件阻尼比的变化对楼面反应谱的影响，并通过此系数修正规范提出的设计楼面反应谱。Medina *et al* (2006)考虑主体结构自振周期、强度以及非结构构件的位置和阻尼比研究了非线性钢框架结构的楼面反应谱，提出对规范ICC (2003)和SEI/ASCE 7(ASCE 2003)提出的非结构构件的峰值加速度应该随着作用位置、非结构构件阻尼比和主体结构的自振周期及强度而变化，提出了修正系数R_{acc}。Chaudhuri *et al* (2008)针对主体结构非线性对非结构构件的地震反应放大效应进行了大量参数化分析，提出非结构构件位于靠下楼层时且其自振频率接近主体结构的高阶频率时，需要着重考虑非结构构件的地震反应放大效应。Politopoulosa *et al* (2010)分析了多自由度主体结构的非线性对楼面反应谱的影响，但是主体结构的高阶模态会加大楼面反应谱。Petrone *et al* (2015)提出Eurocode8规定的非结构构件设计方法并不完全适用于钢筋混凝土结构，尤其是非结构构件处于高频时，同时对AC 156提出的目标反应谱进行了说明。

国内研究学者对非结构构件的楼面反应谱法也进行了深入研究。秦权等(1997，2001)最先采用随机振动法建立了由地面反应谱计算设备反应的程序，并针对6座典型高层建筑计算了600余条楼面谱，从中给出了设计用楼面谱。在此基础上，以冷风机组和楼顶水箱为例，讨论了非结构构件和设备的抗震设计的简化公式。黄宝锋等(2009)将非结构构件分为加速度敏感型构件、位移敏感型构件和混合敏感型构件，提出加速度指标、位移指标和混合指标，同时提出加速度放大系数谱和位移幅值谱的概念和生成方法，建议拟合楼层包络谱来指导非结构构件的计算和分析。曾奔等(2009)采用锥体模型求得地基基础阻抗函数，推导出非结构构件的绝对加速度传递函数，利用随机振动理论，通过功率谱密度函数法建立楼层反应谱，并和人工合成地震波分析所得结果进行了对比。功率谱密度函数法用较少计算量就可以得到相当准确的楼层反应谱，同时能与现行抗震规范很好的相结合。此外，考虑主体结构的非线性，国巍、李宏男等(2008，2009，2010)利用随机振动和等效线性化方法推导了由非线性主体结构和支撑于其上的附属结构所组成的二次结构体系的随机响应表达式，以此来分析了主体结构非线性对附属结构动力响应的影响，分析了主体结构非线性对附属结构最优位置的影响。利用SIMULINK仿真工具对水平双向地震输入下偏心结构的楼板谱进行了计算，研究了影响楼板谱变化的几个重要参数，针对现行抗震设计规范中楼板谱计算的SRSS(Square Root of the Sum of Squares)方法进行了分析，并指出了它的不足。建立了主附结构体系的扭转耦联模型，利用复模态理论和模式搜索方法研究了影响附属结构最优位置的几个重要因素，包括地震输入方向、场地类别、主体结构偏心、附属结构质量、频率及阻尼比等，通过数值分析得出了一些有益的结论。

5 非结构构件抗震性能发展趋势和展望

从众多地震灾害调查报告显示，非结构构件的震害主要集中在吊顶、管道、隔墙等系统上。针对不同非结构构件的抗震性能与抗震设计方法的研究仍有待深入开展。

(1)不同主体结构的非结构构件抗震性能及破坏机理有待深入研究

以吊顶为例，目前针对吊顶系统的失效形式和破坏机理的研究主要针对钢框架或钢筋混凝土框架结构，框架结构由于其抗侧刚度差，以水平振型为主；像其他结构形式，例如大跨建筑结构自由度多，自振频率分布密集，振型复杂，振型之间相互耦联，往往结构第一振型以竖向振动为主。Furukawa *et al* (2013)对隔震结构与非结构构件进行的足尺振动台试验研究得出：虽然竖向楼面加速度在不超过2g时，家具和医疗设备等不会出现过大的振动，但是加速度超过此值后，竖向振动明显增大。因此，针对不同主体结构的非结构构件抗震性能及破坏机理仍有待深入研究。

(2)基于性能的非结构构件破坏指标不清晰

地震损伤等级划分是基于性能抗震研究的基础。对吊顶系统的地震损伤状态进行划分，可以为建立易损性曲线建立依据。表1表述了FEMA356、HAZUS-MH MR3、Hiram BA及Magliulo针对吊顶系统的损伤状态的定义。从表1中规定看出，基于性能的吊顶系统损伤状态主要以吊顶板的掉落或者网格的失效为评判标准，由于吊顶系统构造的复杂性及多变性，系统各部件之间存在复杂的相互作用，上部结构对吊顶的抗震性能有很大的影响，所以需要建立不同主体结构的吊顶系统破坏模式，制定出吊顶系统的损伤状态及具体评判指标。同时，针对管道、隔墙等其他非结构构件也需要制定具体的损伤状态。

吊顶系统损伤状态 **表1**

参考规范或文献	损伤状态	损伤描述
FEMA356	完好	吊顶板有移动或脱落
	立即使用	几块吊顶板掉落或脱开
	生命安全	大量吊顶板损伤和掉落

续表

参考规范或文献	损伤状态	损伤描述
HAZUS-MH MR3	轻微破坏	几块吊顶板移动或掉落
	中等破坏	大量吊顶板掉落、网格骨架局部脱开或屈曲
	严重破坏	大量的网格骨架屈曲，局部倒塌
	完全破坏	完全倒塌或基本所有的网格骨架屈曲
H. Badillo-Almaraz	轻微破坏	1%吊顶板掉落
	中等破坏	10%吊顶板掉落
	严重破坏	33%吊顶板掉落
	网架失效	轻钢网格骨架局部或整体失效
G. Magliulo	完好	10%的吊顶板掉落
	立即使用	30%的吊顶板掉落
	生命安全	50%的吊顶板掉落

(3)基于试验及解析法相结合的非结构构件易损性分析有待深入研究

地震易损性(Seismic Fragility)是指在不同强度地震作用下结构发生各种不同破坏状态的概率，国内外研究学者提出了很多易损性评估方法，主要有经验法、解析法、试验法和兼而有之的混合法。经验易损性曲线是在建筑震害现场调查的基础上，建立的峰值地面加速度、爱氏地震动强度或是有效峰值加速度的函数。易损性函数多呈正态分布和对数正态分布。采用解析法进行结构易损性分析时，首先应建立结构的力学模型；其次，建立运动方程并选择合适的地震动输入和分析方法计算结构的地震反应；最后，依据地震反应和结构在不同强度水平下极限状态之间的关系，确定不同地震动作用下结构处于不同状态的条件概率。典型的结构地震反应分析方法有反应谱法、非线性静力分析法、非线性动力分析方法等。其主要缺点就是计算工作量大。结构模型的建立、分析方法的选择、计算假定、地震危险性的考虑以及破坏状态的定义都显著地影响易损性分析的结果，从而影响风险评估的结果。随着结构地震反应理论模型、非线性分析方法、样本采样技术以及可靠度分析方法的不断发展和完善，由解析法估计结构的易损性越来越显现出广阔的发展前景。Soroushian *et al* (2014)等针对管道系统进行了基于试验和解析相结合的易损性分析，对组成管道系统的焊接接头、螺纹连接接头、吊杆、连接件等进行了单调加载和拟静力加载，拟合其易损性曲线，基于试验结构建立管道系统的数值分析模型，通过大量的数值分析，考虑管道的泄露和开裂，建立了基于试验和解析相结合的易损性曲线。由于试验的数量有限，耗费的成本比较大，开展合理有效的非结构构件数值建模方法，研究结构反应参数与非结构构件地震损伤状态的对应关系，研究可以预测非结构构件损伤状态的实用且有效的抗震性能指标，为非结构构件的基于性能的抗震研究提供基础。

(4)非结构构件反应谱分析理论急需深入开展

由于目前各国抗震规范对非结构构件的地震作用进行计算采用等效侧力法。等效侧力法是将非结构构件作为单自由度系统，侧向地震力与重力成正比，作用于重心。一般考虑设计加速度、功能(或重要性)系数、构件类别系数、位置系数、动力放大系数和构件重力系数 6 个因素。由于对各个系数的理解还不够深入，各国规范中这些系数的取值也多半出于经验，而没有经过周密的实验和理论研究。同时，各国的规范对各个系数的解释和取值规定也各不相同，因此，计算出的相同条件下构件的地震力差别也很大，如不同规范计算出的同一构件的地震力可能相差 5 倍。同时目前规范主要以非结构构件的水平地震作用进行规定，不考虑构件的竖向地震作用，只有 FEMA356 进一步规定了竖向地震作用的计算方法，但是没有明确指出什么情况下该考虑构件的竖向地震作用。因此，需要建立不同主体结构的“楼面反应谱”以期提出合理的非结构构件的水平地震作用和竖向地震作用的设计方法。

(5)非结构构件抗震构造措施研究

非结构构件的抗震构造措施对非结构构件抗震设计至关重要。非结构构件急需依据对其失效机理的分析结果，确定非结构构件的抗震薄弱位置，结合施工工艺，提出不同非结构构件的抗震构造措施。

参考文献

[1] K. Kawaguchi, Y. Ogi, Y. Nakaso, *et al*. Damage of non-structural components in a large roof building during the 2011 off the pacific coast of Tohoku earthquake and its aftershocks and recovery of ceiling using member materials[J], Bulletin of Earthquake Resistant[J]. Structure Research Center, 2012, 45: 63-68.

[2] K. Kawaguchi, Y. Taniguchi, Y. Ozawa, *et al*. Damage to non-structural components in large public spaces by the great east Japan earthquakes[J]. Bulletin of Earthquake Resistant Structure Research Center, 2012, 45: 45-53.

[3] 聂桂波，戴君武，张晨啸，等. 芦山地震中大跨空间结构主要破坏模式及数值分析[J]. 土木工程学报，2015，48(4)：1-6.

[4] 王多智，戴君武. 基于芦山7.0级地震吊顶系统震害调查与分析，第23届全国结构工程学术会议论文集(第Ⅱ册)[C]. 2014.

[5] H. Badillo, A. S. Whittaker, A. M. Reinhorn, *et al*. Seismic fragility of suspended ceiling systems, Technical Report MCEER-06-0001[R]. Multidisciplinary Center for Earthquake Engineering Research, University at Buffalo SUNY, Buffalo, NY, 2006.

[6] H. Badillo-Almaraz, A. S. Whittaker, A. M. Reinhorn. Seismic fragility of suspended ceiling systems[J]. Earthquake Spectra, 2007, 23(1): 21-40.

[7] S. S. Rihal, G. Granneman. Experimental investigation of the dynamic behavior of building partitions and suspended ceilings during earthquake, Interim Progress Report prepared for the National Science Foundation, Report # ARCE R84-1[R]. Architectural Engineering Department, California Polytechnic State University, San Luis Obispo, USA, June, 1984.

[8] G. C. Yao. Seismic performance of direct hung suspended ceiling systems[J]. Journal of Architecture Engineering, 2000, 6(1): 6-11.

[9] J. McCormick, Y. Matsuoka, P. Pan, *et al*. Evaluation of non-structural partition walls and suspended ceiling systems through a shake table study[R]. Proceedings of ASCE-SEI Structures Congress, Vancouver, BC, Canada, 2008: 1-10.

[10] A. S. J Gilani, A. M. Reihorn, T. Ingratta, *et al*. Earthquake simulator testing and evaluation of suspended ceilings: standard and alternate perimeter installations[R]. Structures Congress 2008: 1-10.

[11] A. S. J. Gilani, A. M. Reinhorn, B. Glasgow, *et al*. Earthquake simulator testing and seismic evaluation of suspended ceilings[J]. Journal of Architectural Engineering, 2010. 16(2): 63-73.

[12] G. Magliulo, V. Pentangelo, V. Capozzi, *et al*. Shake table tests on plasterboard continuous ceilings[C]. The 15th World Conference on Earthquake Engineering, 2012, Lisbon, Portugal.

[13] G. Magliulo, V. Pentangelo, G. Massaloni, *et al*. Shake table tests for suspended continuous ceilings[J]. Bulletin of Earthquake Engineering, 2012, 10(6): 1819-1832.

[14] S. Furukawa, E. Sato, Y. D. Shi, *et al*. Full-scale shaking table test of a base-isolated medical facility subjected to vertical motions[J]. Earthquake Engineering & Structural Dynamics, 2013, 42(13): 1931-1949.

[15] Y. Nakaso, K. Kawaguchi, Y. Ogi, *et al*. Seismic control with tensioned cables for suspended ceilings[J]. Journal of the International Association for Shell and Spatial Structures, 2015, 56 (4) : 231-238.

[16] 韩庆华，张鹏，芦燕. 基于传递函数法的大跨建筑非结构构件动力性能研究[J]. 土木工程学报，2014，47(增刊)：79-84.

[17] 王勃. 大跨建筑结构中吊顶系统的动力特性及其试验研究[D]. 天津大学，天津，2015.

[18] R. Retamales, R. Davies, G. Mosqueda, *et al*. Experimental seismic fragility of cold-formed steel framed gypsum partition walls[J]. Journal of Structural Engineering, 2013, 139(2): 1285-1293.

[19] A. Filiatrault, G. Mosqueda, R. Retamales, *et al*. Experimental seismic fragility of steel studded gypsum partition

walls and fire sprinkler piping subsystems[J]. Structural Congress，2010：2633-2644.

[20] E. R. Goodwin，E. M. Maragakis，A. M. Itani et al. Experimental evaluation of the seismic performance of hospital piping subassemblies[R]. Technical Report MCEER-07-0013，2007.

[21] Federal Emergency Management Agency. Pre-standard and commentary for the seismic rehabilitation of buildings (FEMA 356)[S]. Washington，D. C.，USA，2000.

[22] National Earthquake Hazards Reduction Program(NEHRP). Multi-hazard loss estimation methodology，earthquake model(HAZUS-MH MR3)[S]. Washington，D. C.，2003.

[23] E. Cosenza，L. Di Sarno，G. Maddaloni，*et al*. Shake table tests for the seismic fragility evaluation of hospital rooms[J]. Earthquake Engineering & Structural Dynamics，2015，44(1)：23-40.

[24] S. Soroushian，E. Maragakis，A. E. Zaghi，*et al*. Comprehensive analytical seismic fragility of fire sprinkler piping systems[R]. Technical Report MCEER-14-0002，2014.

[25] 韩庆华，寇苗苗，芦燕，等. 国内外非结构构件抗震性能研究进展[J]. 燕山大学学报，2014，38(2)：181-187.

[26] 刘小娟，蒋欢军. 非结构构件基于性能的抗震研究进展[J]. 地震工程与工程振动，2013，33(6)：53-60.

[27] Applied Technology Council(ATC). Tentative provisions for the development of seismic regulations for buildings (ATC Rep. No. 3-06)[C]. Palo Alto，California. 1978.

[28] Building Seismic Safety Council (BSSC)，NEHRP recommended provisions for the development of seismic regulations for new buildings(1985 Ed.，FEMA-95)[S]. Federal Emergency Management Agency，Washington，D. C. 1986.

[29] International Code Council(ICC). International building code，Whittier，California，2003. [30]American Society of Civil Engineers，Minimum design loads for buildings and other structures (SEI/ASCE 7-02) [R]. Reston，Va.，2003.

[30] European Committee for Standardization(CEN). Eurocode 8：design of structures for earthquake resistance—part 1：general rules，seismic actions and rules for buildings(EN 1998-1)[S]. Brussels，Belgium，2004.

[31] Council of Standards New Zealand，Structural design actions part 5：earthquake actions-New Zealand(NZS 1170. 5：2004)，Wellington，New Zealand，2004.

[32] 中华人民共和国国家标准. 建筑抗震设计规范 GB 50011—2010[S]. 北京：中国建筑工业出版社，2010.

[33] J. Lin，S. A. Mahin. Seismic response of light subsystems on inelastic structures，Journal of Structure Engineering (ASCE)[R]. 1985，111(2)：400-417.

[34] R. A. Medinaa，R. Sankaranarayanana，K. M. Kingston. Floor response spectra for light components mounted on regular moment-resisting frame structures[J]. Engineering Structures，2006，28(14)：1927-1940.

[35] S. R. Chaudhuri，R. Villaverde，Effect of building nonlinearity on seismic response of nonstructural components：a parametric study，Journal of Structural Engineering(ASCE)[S]. 2008，134(4)：661-670.

[36] I. Politopoulosa. Floor spectra of MDOF nonlinear structures，Journal of Earthquake Engineering (ASCE) [S]. 2010，14(5)：726-742.

[37] C. Petrone，G. Magliulo. G. Manfredi. Floor response spectra in RC frame structures designed according to Eurocode 8[J]. Bull Earthquake Engineering，2015，DOI 10. 1007/s10518-015-9846-7.

[38] 秦权，李瑛. 非结构构件和设备的抗震设计楼面谱[J]. 清华大学学报(自然科学版)，1997，37(6)：82-86.

[39] 秦权，聂宇 . 非结构构件和设备的抗震设计和简化计算方法[J]. 建筑结构学报，2001，22(3)：15-20.

[40] 黄宝锋，卢文胜 . 非结构构件地震破坏机理及抗震性能分析，第 18 届全国结构工程学术会议[C]. 2009，Ⅲ-077-Ⅲ-083.

[41] 曾奔，周福霖，徐忠根 . 隔震结构基于功率谱密度函数法的楼层反应谱分析[J]. 振动与冲击，2009，28(2)：36-39.

[42] 国巍，李宏男，柳国环 . 非线性建筑物上的附属结构响应分析[J]. 计算力学学报，2010，27(3)：476-481.

[43] 国巍，李宏男 . 多维地震作用下偏心结构楼板谱分析[J]. 工程力学，2008，25(7)：125-132.

[44] 国巍，李宏男 . 考虑扭转耦联效应的附属结构最优位置分析[J]. 计算力学学报，2009，26(6)：797-803.

[45] Y. Yin，X. Huang，Q. H. Han，L. Bai. Study on the accuracy of response spectrum method for long-span reticulated shells[J]. International Journal of Space Structures，2009，24(1)：27-35.

[46] Q. Li, J. Chen. Nonlinear elastoplastic dynamic analysis of single-layer reticulated shells subjected to earthquake excitation[J]. Computers and Structures, 2003, 81(4): 177-188.
[47] 于晓辉，吕大刚，王光远．土木工程结构地震易损性分析的研究进展，第二届结构工程新进展国际论坛[C]. 2008: 763-774.
[48] 周奎，李伟，余金鑫．地震易损性分析方法研究综述[J]. 地震工程与工程振动，2011，31(1): 106-113.
[49] 周艳龙，张鹏．结构地震易损性分析的研究现状及展望[J]. 四川建筑，2010，30(3): 110-114.

墙板式阻尼器的性能及工程应用研究

田　海[1]，贺明玄[2]

（1. 上海力岱结构工程技术有限公司，上海　200050；2. 宝钢钢构有限公司，上海　201900）

摘　要　从产品类型、产品特点以及试验结果等方面对墙板式阻尼器的性能进行了重点介绍，并根据其受力特点，归纳总结了墙板式阻尼器的适用范围，然后以两个项目为例，阐述了墙板式阻尼器在设计过程中的简化计算方法；通过案例分析可知，墙板式阻尼器在弹性阶段可以为结构提供抗侧刚度或部分附加阻尼，屈服后可以耗能，进而减小地震作用，保护主体结构。最后总结了墙板式阻尼器优越的性能，展望其工程应用前景。

关键词　墙板式阻尼器；抗侧刚度；简化计算方法；附加阻尼

金属阻尼器是根据钢材稳定的屈服性能和强塑性变形能力等特点研发的一种被动耗能阻尼器。软钢阻尼器一般可分为4类：轴向屈服耗能阻尼器（图1）、面外弯曲耗能阻尼器（图2）、面内弯曲耗能阻尼器（图3）以及剪切耗能阻尼器（图4）。轴向屈服耗能阻尼器通常采用的形式是无粘结支撑形式，如：防屈曲约束支撑，该类阻尼器根据轴向屈服耗能，地震作用下为结构提供阻尼或者刚度，为了防止芯材的屈服，芯材被一层混凝土所包裹，因此其截面尺寸一般较大，从而影响建筑外观和减少建筑的使用功能。面外弯曲耗能阻尼器根据在外力作用下钢板平面外同时屈服的特点进行耗能，该类型的阻尼器主要包括X型、菱形挖孔型以及三角型，其变形能力强且滞回性能稳定，但其初始刚度小，因此当结构在弹性阶段需要增加较大刚度时，该类型阻尼器并不适用。面内弯曲变形阻尼器是根据钢板平面内弯曲变形实现耗能，该类阻尼器相比于面内弯曲耗能阻尼器极大提高了初始刚度和屈服力，但在孔端位置处极易出现应力集中现象。剪切耗能阻尼器利用钢板的剪切变形实现其耗能目的，相比于弯曲耗能阻尼器，初始刚度和屈服力进一步提高，但局部屈服容易引起应力集中。

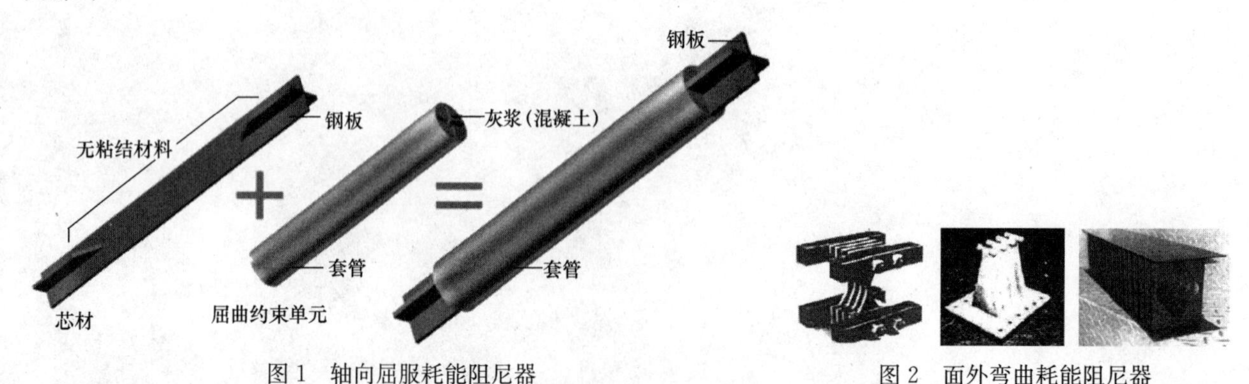

图1　轴向屈服耗能阻尼器

图2　面外弯曲耗能阻尼器

为了克服剪切耗能阻尼器应力集中问题，上海力岱结构工程技术有限公司（以下简称“力岱公司”）开发了一种新型面外加强的剪切型阻尼器——墙板式阻尼器，图5及图6分别为该产品的整体图及部件分解示意图，为满足不同结构的性能需求，力岱公司将墙板式阻尼器分为减震型墙板式阻尼器和抗震型墙板式阻尼器。其中减震型墙板式阻尼器可以根据设计师的要求为结构提供刚度或者阻尼，而抗震型墙板式阻尼器只为结构提供刚度。墙板式阻尼器在实际工程中已得到一定程度的应用。

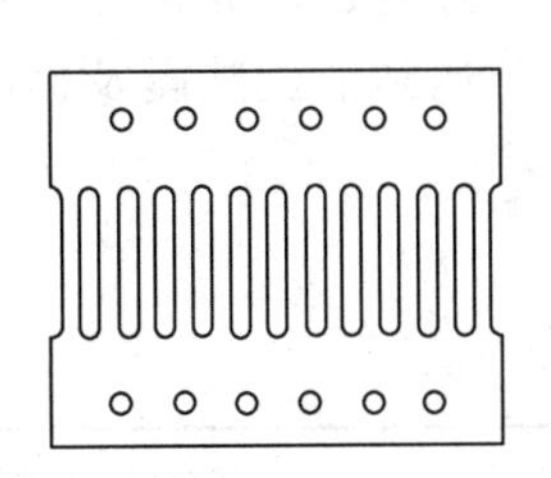

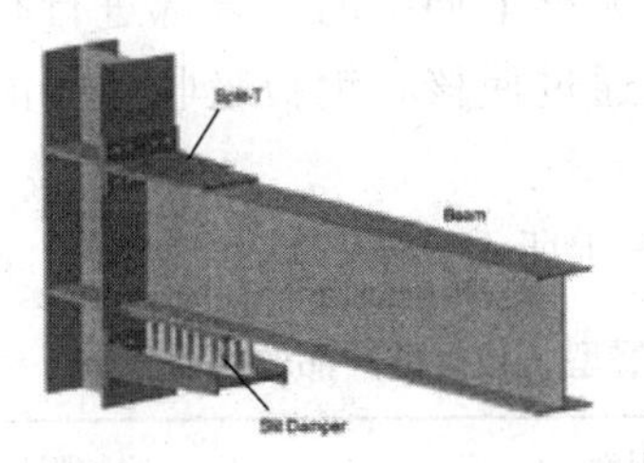

图 3　面内弯曲变形阻尼器

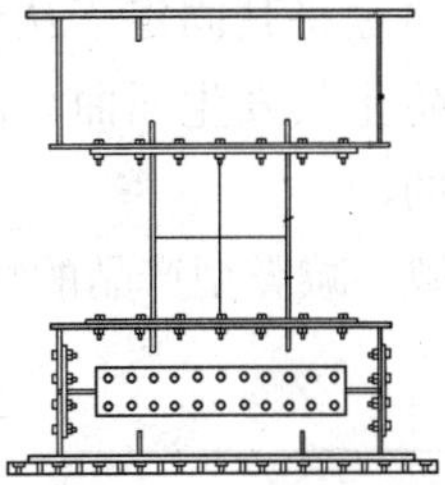

图 4　剪切耗能阻尼器

图 5　墙板式阻尼器整体图

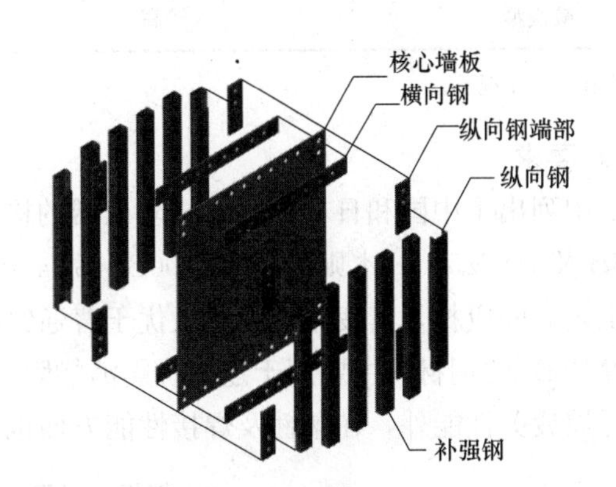

图 6　墙板式阻尼器部件分解示意图

1　墙板式阻尼器的特点及性能

1.1　产品类型

墙板式阻尼器是一种放置于建筑墙体内部，在改善结构整体抗震性能的同时，确保建筑使用功能、立面效果等不受影响的结构产品。

墙板式阻尼器根据其用途一般分为两种类型，即图 7 所示的抗震型墙板式阻尼器（代号：LDSW-K；简称：抗震型产品）及图 8 所示的减震型墙板式阻尼器（代号：LDSW-J；简称：减震型产品）。

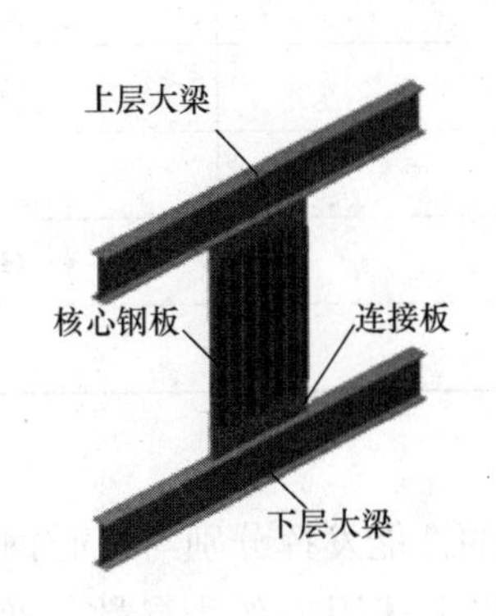

图 7　抗震型墙板式阻尼器

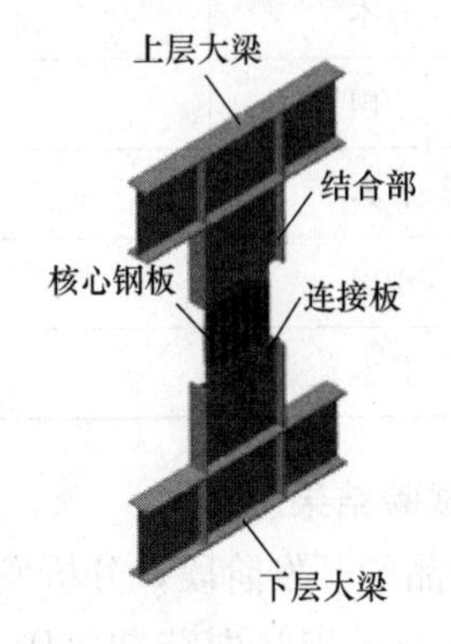

图 8　减震型墙板式阻尼器

1.2　产品特点

抗震型产品是具有变形能力的剪切抵抗型抗震材料。通过连接板与建筑物的上下大梁相连接，并通过对其核心钢板进行补强措施来防止其发生屈曲。抗震型产品一般通过调整主体结构的抗侧刚度，达到改善结构抗震性能的目的。

减震型产品是一种依靠核心墙板的塑性滞回所产生的衰减力，发挥能量吸收作用的减震型墙板式构件。通过将其固定于从建筑物上下大梁上伸出的接合部进行布置，并通过对其核心钢板进行补强措施来防止其发生屈曲。减震型产品通过使核心钢板吸收地震能量，达到消能减震及提高结构安全性的目的。

抗震型、减震型产品的特点比较如表 1 所示。

抗震型、减震型产品的特点比较 **表 1**

产品类型	水平刚度	附加阻尼	接合部（H 型钢）
抗震型	较低	不考虑	无
减震型	较高	考虑*	有

*：指在小震工况下。

1.3 材料要求

表 2 中列出了中国和日本的墙板式阻尼器的构成部件及所对应的材质。对于其核心钢板，中国常采用 Q235B 及 LY225。日本则采用 SN400B、SN490B 及 LY225。SN 类钢材是在普通钢材基础上经复杂热处理工艺后的成材，其疲劳性能大大优于普通钢材。LY225 类钢材是一种具有低屈服点（屈服强度：225±20MPa）的钢材，主要用于建筑抗震消能阻尼器的核心材料。该钢材除了具有较窄的屈服波动和良好的低周疲劳性能外，在塑性及焊接性能方面也优于普通钢材。

墙板式阻尼器的构成部件材质 **表 2**

<table>
<tr><th colspan="2">构成部件</th><th>材　质</th><th>材质标准</th></tr>
<tr><td rowspan="4">核心墙板</td><td rowspan="2">中国</td><td>LY225</td><td>GB/T 28905—2012</td></tr>
<tr><td>Q235B</td><td>GB/T 700—2006</td></tr>
<tr><td rowspan="2">日本</td><td>LY225</td><td>大臣认定材料</td></tr>
<tr><td>SN400B 或 SN490B</td><td>JIS G 3136</td></tr>
<tr><td rowspan="2">补强钢</td><td>中国</td><td>Q235B</td><td>GB/T 700—2006</td></tr>
<tr><td>日本</td><td>STKR400</td><td>JIS G 3466</td></tr>
<tr><td rowspan="2">纵向钢
横向钢</td><td>中国</td><td>Q345B</td><td>GB/T 1591—2008</td></tr>
<tr><td>日本</td><td>SN490B</td><td>JIS G 3136</td></tr>
<tr><td rowspan="2">连接板
垫板</td><td>中国</td><td>Q345B</td><td>GB/T 1591—2008</td></tr>
<tr><td>日本</td><td>SS400</td><td>JIS G 3101</td></tr>
</table>

1.4 试验研究情况及试验结果

在墙板式阻尼器产品的开发阶段，分析发现该产品的性能发挥分别与核心钢板的边长比、宽厚比、面外约束情况、产品是否承担竖向荷载等因素相关。将上述因素作为参数，通过大量试验对其进行验证。

下面分别介绍两类产品中具有代表性的试验。试验装置如图 9 所示，试验件上端固定于夹具上，试验件下端固定于保持水平的加力梁上，采用油压式千斤顶进行水平加载。水平加载前，在竖直方向上通过千斤顶施加规定的竖向荷载。加载采用位移控制加载，如图 10 所示的正负交替分级渐增方式。

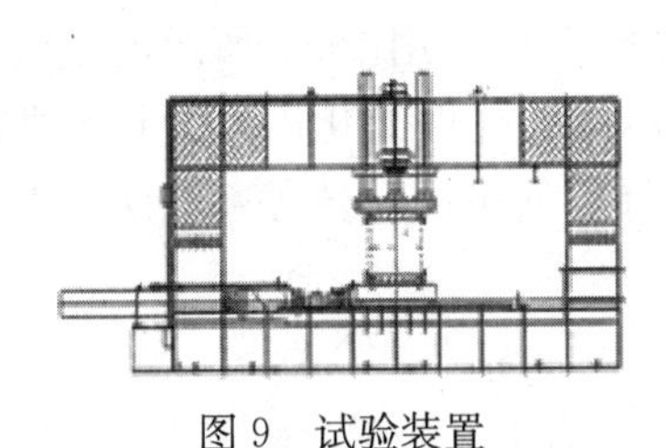

图 9　试验装置

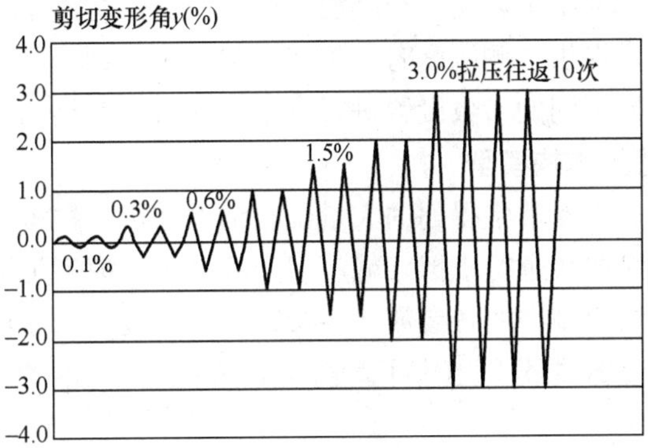

剪切变形角γ(%)
4.0
3.0
2.0
1.0
0.0
−1.0
−2.0
−3.0
−4.0
3.0%拉压往返10次
1.5%
0.3%
0.6%
0.1%

图 10　加载方式

抗震型产品采用表 3 所示尺寸进行如图 11 所示试验，Q-γ 滞回曲线如图 12 所示。在加载过程中，在补强钢的约束下不发生局部屈曲，具有稳定的承载力。在剪切变形角达到 3.0%的第 1 圈阶段，发生明显的承载力下降。

抗震型产品及减震型产品试验件的相关参数　　**表 3**

产品类别	核心钢板材质	核心钢板厚度（mm）	产品宽度（mm）	产品高度（mm）
抗震型	SN490B	3.2	900	2200
减震型	LY225	6.0	900	980

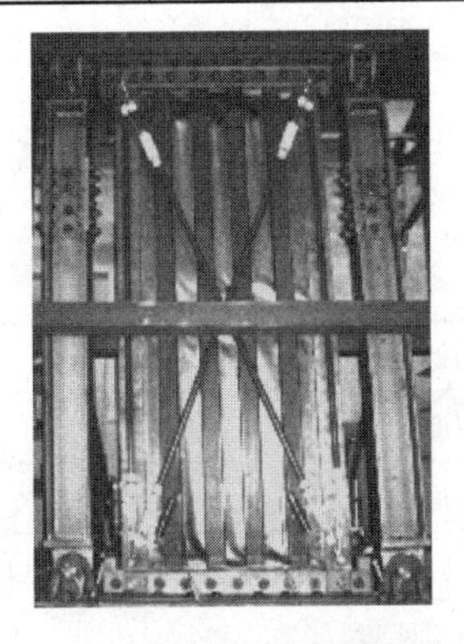

图 11　抗震型墙板试验场景

剪力Q(kN)
600
400
200
0
−200
−400
−600
−4.0% −3.0% −2.0% −1.0% 0.0% 1.0% 2.0% 3.0% 4.0%
剪力变形角γ(%)

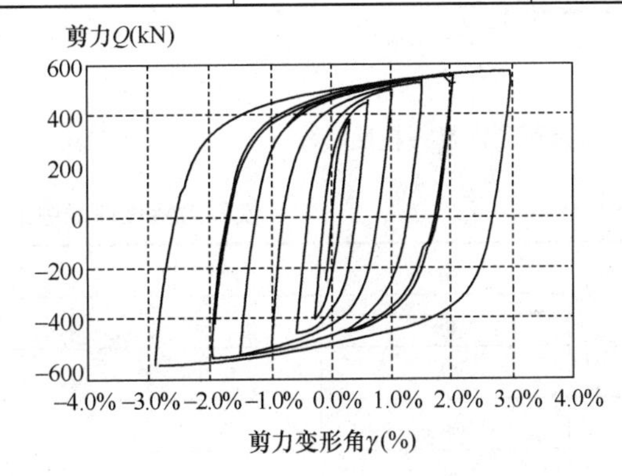

图 12　剪力-剪切变形角滞回曲线

减震型产品采用表 3 所示尺寸进行如图 13 所示试验，Q-γ 滞回曲线如图 14 所示。在加载过程中，恢复力性能稳定，呈规则的纺锤形滞回曲线，具备很高的耗能能力。在剪切变形角达到 3.0%的第 10 圈阶段，发生明显的承载力下降。

图 13　减震型墙板试验场景

剪力Q(kN)
1000
800
600
400
200
0
−200
−400
−600
−800
−1000
−4.0% −3.0% −2.0% −1.0% 0.0% 1.0% 2.0% 3.0% 4.0%
剪切变形角γ(%)

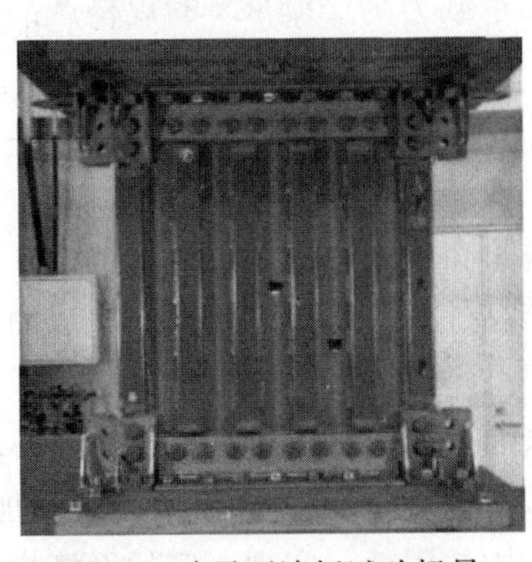

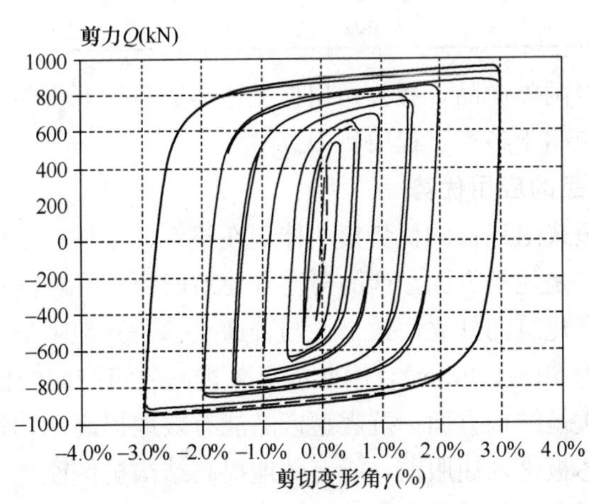

图 14　剪力-剪切变形角滞回曲线

上述试验结果表明，与减震型产品相比，抗震型产品在相对较早阶段就出现了明显的承载力下降。因此当需要提供抗侧刚度时，更适合采用抗震型产品；当需要提供塑性滞回性能时，更适合采用减震型产品。根据不同的参数设置进行大量试验后，总结出常规产品的目录，供设计师选用。

1.5 产品的本构模型

通过对 1.4 节中得到的大量试验结果分析，抗震型产品的计算模型可采用图 15 所示的二线性简化恢复力特性曲线进行模拟。减震型产品的计算模型可采用图 16 所示的三线性简化恢复力特性曲线进行模拟。本构模型中的各参数（各参数含义见表 4）均可通过公式推导用简单的函数关系表示。两种模型的初始刚度 K 中分别考虑了弯曲及剪切变形。

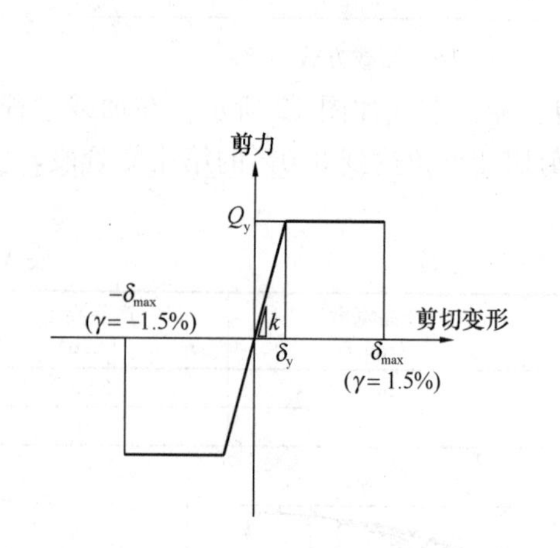

图 15 抗震型恢复力特性曲线

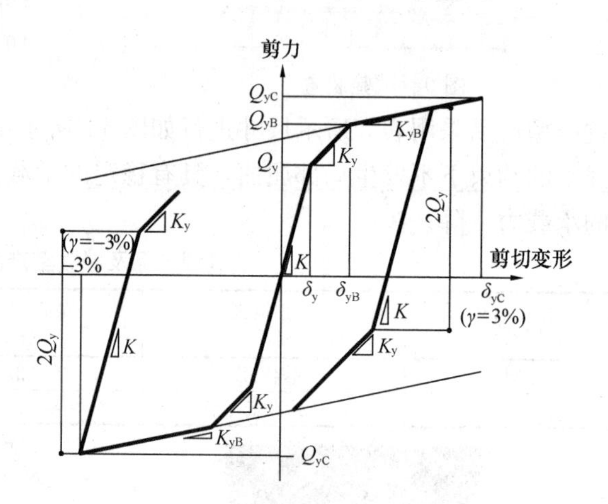

图 16 减震型恢复力特性曲线

恢复力特性曲线中的对应参数 表 4

抗震型 减震型	K	初始刚度
	δ_y	屈服位移
	Q_y	屈服荷载
抗震型	δ_{max}	剪切变形角为 1.5%时的极限剪切位移
减震型	K_y	第二刚度
	δ_{yB}	第二折点位移
	Q_{yB}	第二折点荷载
	K_{yB}	第三刚度
	δ_{yC}	剪切变形角为 3.0%时的剪切位移
	Q_{yC}	剪切变形角为 3.0%时的剪切荷载

针对两类产品，我公司根据上述参数自行开发研制了最大剪切承载力为 2000kN 的规格产品，可以灵活地应用于各类工程项目中。

1.6 产品的应用优势

墙板式阻尼器的优势集中体现在建筑、结构、制作加工及施工安装 4 个层面。

首先是建筑方面。产品可避开建筑门窗，在柱间的任意位置自由布置。因能隐藏于墙体内，因此可大大提升建筑的外立面效果。与普通支撑及其他阻尼器相比，此产品外观厚度相对较薄（完成面外观厚度范围为 80～170mm），因此能显著提高建筑空间的使用面积。

其次是结构方面。抗震型产品能有效地提高结构抗侧刚度，从而提升整体的结构抗震性能。减震型产品在芯板进入屈服前，能有效地提高结构抗侧刚度。在芯板进入屈服后，则为主结构提供附加阻尼，从而降低主结构地震作用，既达到减震耗能作用，又可降低主体结构的用料，实现一定的经济指标。

再次是制作加工及施工安装层面。产品为纯钢制品，加工质量易于把控。施工安装方法与一般钢结构相同，因此在新建钢结构项目中，此产品安装可与主体结构施工同步进行，从而大幅度地加快施工进度。

2 墙板式阻尼器的应用场合

实际工程中，墙板式阻尼器的侧向变形与楼层上下变形差密切相关。楼层上下变形差由两个部分组成：弯曲变形差和剪切变形差。墙板式阻尼器以剪切变形为主，因此上下楼层的剪切变形差占比越大，墙板式阻尼器侧向变形越大，其发挥耗能效率更高。

墙板式阻尼器在弹性阶段可以提供较大的刚度，在屈服后可以提供附加阻尼，因此，对于高烈度地区，其可以发挥很好的效率；墙板式阻尼器在楼层完成后进行安装，因此，其既可以适用于新建建筑也适用于已有建筑；墙板式阻尼器在混凝土和钢结构建筑中均可以进行方便安装，并发挥较好的功效。

结合实际工程，我司从建筑类型、结构类型、地震烈度等几个方面对墙板式阻尼器的适用范围进行归纳总结，详见表5。

墙板式阻尼器的适用地区及适用结构类型 **表5**

序号	建筑类型	结构类型	采用阻尼器的作用	地震烈度	典型地区	新建或加固
1	多层、高层建筑（典型的包括办公建筑、商业建筑、学校建筑、医院建筑）	钢框架结构、混凝土框架结构	在提高结构的整体刚度的同时，改善原结构的刚度分布，调整结构的抗扭刚度	无限制	8度及8度以上地区	新建或加固
2	多层、高层建筑（典型的包括办公建筑、医院建筑、酒店建筑）	钢框架结构、混凝土框架结构	在小震阶段发挥刚度或阻尼作用；在中大震阶段发挥耗能作用	多为7度以上	7度以上地区	新建或加固
3	中高层建筑（典型的包括办公建筑、医院建筑）	钢框架结构 混凝土框架结构 混凝土框架少墙结构 钢骨混凝土框架结构	在小震阶段发挥刚度或阻尼作用；在中大震阶段发挥耗能作用	无限制	8度及8度以上地区	新建或加固

3 墙板式阻尼器的应用实例

3.1 工程应用之一：某高层钢框架结构建筑

3.1.1 工程概况

该项目为住宅，地处于北京地区，抗震设防烈度为8度（0.2g），场地类别为Ⅲ类，设计地震分组为第一组。该项目底盘有3层地下室，地上10层建筑两栋，13层建筑一栋，18层建筑一栋，楼层高度均满足《建筑抗震规范》GB 50010—2010第8.1.1条关于建筑物限高90m的规定。该项目的典型平面见图17，图中，结构横向为Y向，结构纵向为X向。

3.1.2 采用墙板式减震阻尼器的原因

以18层建筑（以下简称A楼）为例，A楼原方案采用框架－中心支撑结构方案，梁柱截面和支撑的尺寸都很大，影响建筑的使用空间。同时，由于在住宅纵向不能设支撑，该方案也不满足《建筑抗震设计规范》GB 50011—2010第3.5.3条之规定：结构在两个主轴方向的动力特性宜相近。为满足《建筑抗震设计规范》GB 50011—2010第3.5.3条规定，若采用纯框架方案，其梁柱截面尺寸要求更大，对建筑物的影响更突出。

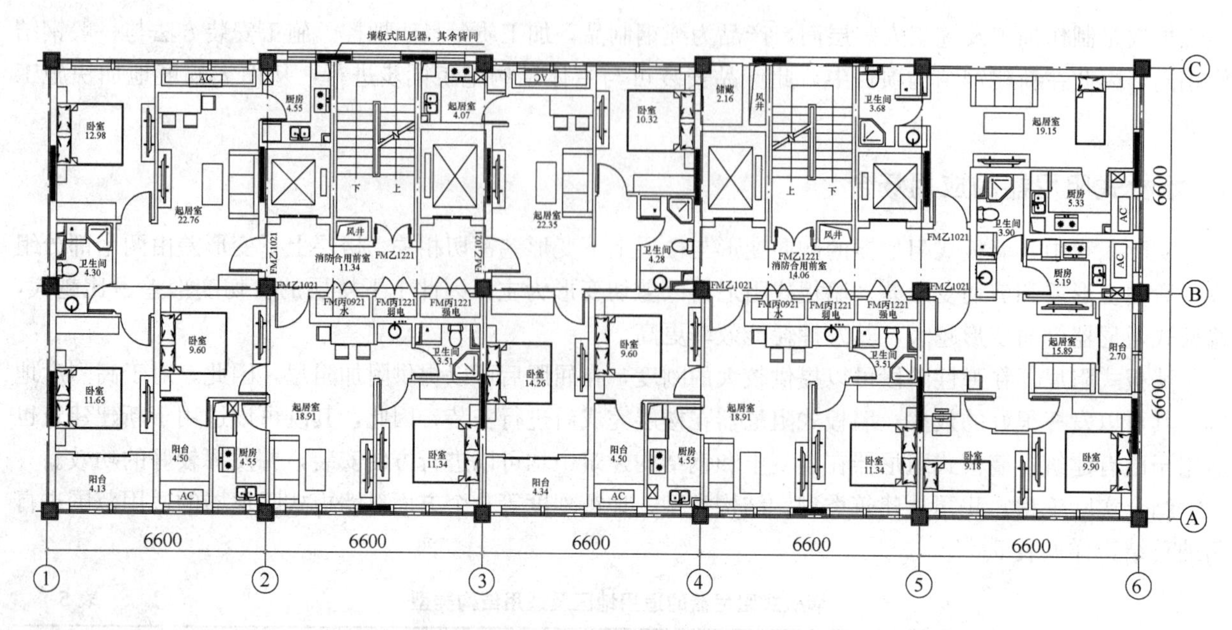

图 17　某高层钢框架结构标准层平面图

为了解决框架—中心支撑方案和纯框架方案给结构带来的诸多问题，考虑采用对结构布置减震型墙板式阻尼器的方案。采用该方案后，提高了结构的整体刚度，梁柱截面合理，同时也不会影响门窗的布置，满足建筑使用空间的要求。

为了模拟墙板式阻尼器为结构提供的刚度，可采用等效支撑模型和弹簧模型，分别如图 18 和图 19 所示。

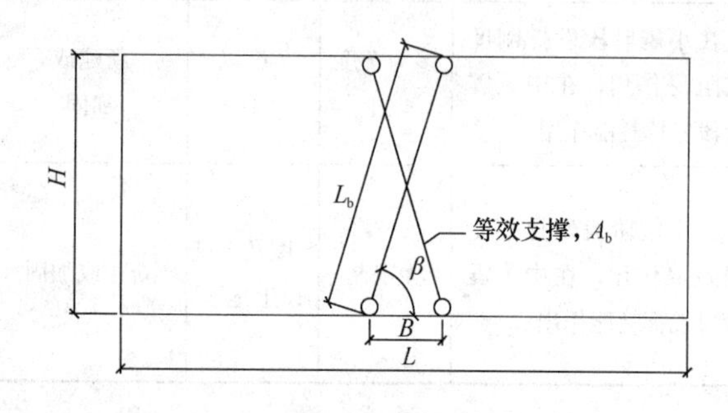

图 18　等效支撑模型

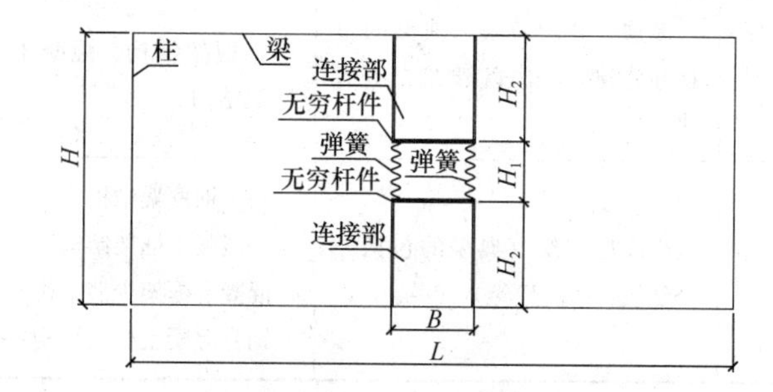

图 19　弹簧模型

图 18 中，等效支撑模型中支撑的截面面积 A_b 可采用式（1）计算。

$$A_b = \frac{KL_b}{2E\cos^2\beta} \tag{1}$$

式中　A_b——等效支撑的截面积；

K——结合部和墙板式阻尼器的串联刚度；

L_b——等效支撑的长度；

E——钢板剪力墙的弹性模量；

β——等效支撑和钢梁的水平夹角。

图 19 中，采用弹簧的平面内剪切刚度模拟实际墙板式阻尼器的剪切刚度。

3.1.3　计算分析结果

计算分析主要解决以下几个问题：①减震型墙板式阻尼器的选择及布置；②结构在小震作用下的性能；③结构在中震和大震作用下的性能。

由于原结构的 X 向门窗较多，阻尼器可布置的空间较小，且原结构的 X 向刚度相对较大；原结构的Y向门窗较少，阻尼器可布置的空间灵活，可弥补原结构的Y向刚度相对较小的现状。表6为根据上述原则确定的阻尼器选用列表。

减震型墙板式阻尼器的选用依据　　表6

阻尼器	尺寸	刚度	屈服位移
X向	小	小	小
Y向	大	大	大

因墙体的宽度为200mm，所以阻尼器相关部分的尺寸需要控制在200mm以内。最终选用X向阻尼器的尺寸为6mm×600mm×600mm（厚度×高度×宽度），Y向阻尼器的尺寸为6mm×980mm×1200mm（厚度×高度×宽度），6mm为核心钢板的厚度，其外包尺寸为86mm，其余参数相应确定阻尼器平面布置，如图17所示。

选定减震型墙板式阻尼器后，对结构进行建模分析，对PKPM模型，采用等效支撑代替减震型墙板式；对ETABS模型，采用弹簧模型代替减震型墙板式阻尼器。小震作用下反应谱分析变形；动力时程分析时，小震和大震加速度峰值取70cm/s^{2}和350cm/s^2。选取两条天然波和一条人工波。

小震作用下，A楼非减震结构和减震结构的层间位移角如表7所列。从表7可以看出，A楼PKPM等效支撑模型和ETABS弹簧模型的计算结果较吻合。从表7也可以看出，未采用减震型墙板式阻尼器的结构层间位移角超限，而采用减震型墙板式阻尼器后，结构的层间位移角满足规范要求的限值：1/250。

A楼小震作用下结构的最大层间位移角　　表7

类别	X		Y	
	PKPM	ETABS	PKPM	ETABS
非减震结构	1/245	1/236	1/204	1/198
减震结构	1/392	1/ 392	1/278	1/ 252

大震作用下A楼减震结构的最大层间位移角如表8所列。从表8可以看出，结构在大震作用下的层间位移角均小于规范规定的1/50的要求。

A楼ETABS大震作用下结构的最大层间位移角　　表8

地震波	X	Y
人工波	1/61	1/54
天然波1	1/95	1/64
天然波2	1/88	1/68
包络值	1/61	1/54

图20为A楼在大震作用下，减震型墙板式阻尼器的滞回曲线。从图20可以看出，X向和Y向的

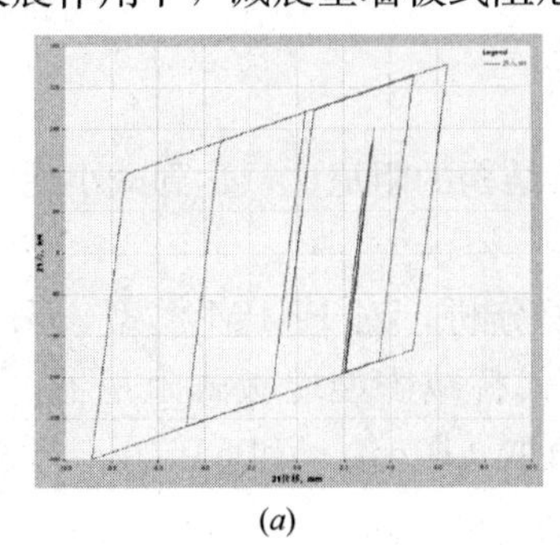

(a)

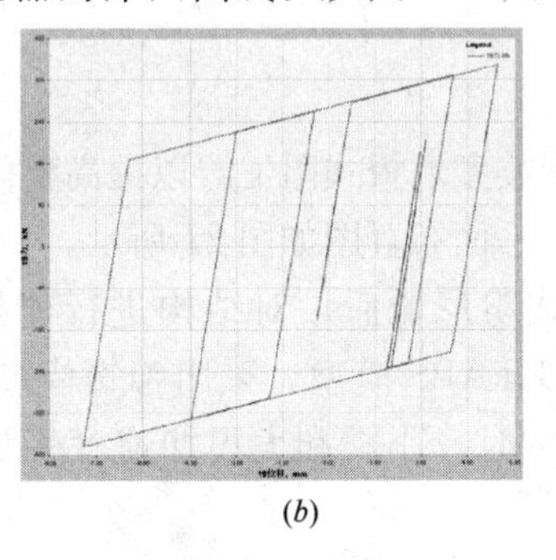

(b)

图20　减震型墙板式阻尼器在大震作用下的滞回曲线

(a) X向阻尼器；(b) Y向阻尼器

阻尼器在大震作用下进入了屈服耗能，可为结构提高附加阻尼，减小了地震对结构的作用。

3.2 工程应用之二：某高层钢筋混凝土框架结构建筑

3.2.1 工程概况

该项目为宿迁市公共卫生服务中心，抗震设防烈度为 8 度（0.3g），场地类别为Ⅲ类，设计地震分组为第一组。主体建筑为地上一栋主楼、裙房及一层地下车库组成。主楼地上 13 层，裙房地上 4 层。主楼典型平面布置图如图 21 所示。

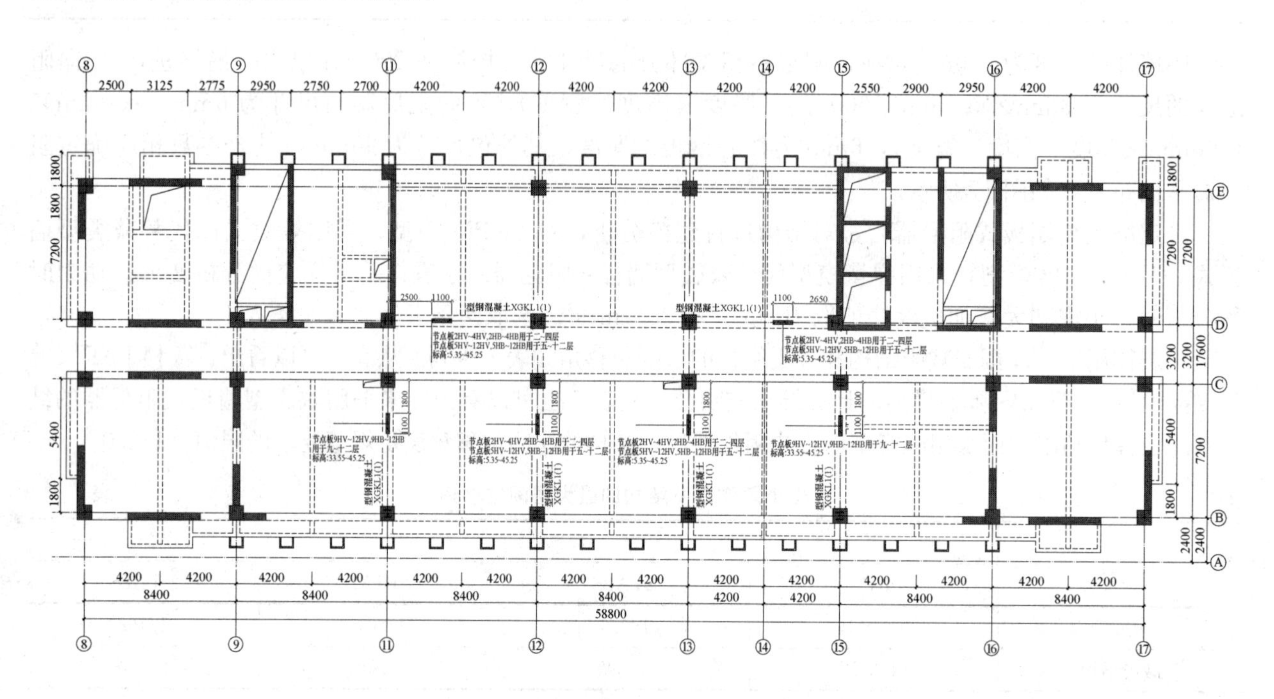

图 21 主楼结构标准层平面布置图

3.2.2 采用减震型墙板式阻尼器的原因

主楼原方案采用传统的延性抗震设计方法，但是该方法存在以下缺陷：一方面，结构的梁柱截面过大、配筋过多，材料花费较多，工程造价大幅度提高，而需要布置较多的抗震墙使得建筑物的使用功能受到限制。另一方面，结构梁柱截面、配筋增大后，结构的刚度大幅度增加，结构在地震中吸收的地震能量将主要由结构构件的弹塑性变形来耗散，导致结构在大震中损坏严重，对结构的安全不利。

为了解传统的延性抗震设计方法给结构带来了一系列问题，考虑采用对结构布置减震型墙板式阻尼器的方案。采用该方案后，提高了结构的整体刚度，梁柱截面合理，同时也不会影响门窗的布置，不降低建筑使用空间。

3.2.3 计算分析结果

本工程通过设置减震型墙板式阻尼器以提高整体结构的阻尼比，达到减小地震作用的目的。主楼结构减震型墙板式阻尼器平面布置图如图 21 所示。

选定减震型墙板式阻尼器后，对结构进行建模分析，对 PKPM 模型，采用等效支撑代替减震型墙板式阻尼器；对 ETABS 模型，采用弹簧模型代替减震型墙板式阻尼器。小震作用下反应谱分析变形；动力时程分析时，小震和大震加速度峰值取 110cm/s^2 和 510cm/s^2。选取两条天然波和一条人工波。

小震作用下，主楼非减震结构和减震结构的层间位移角如表 9 所列。从表 9 可以看出，主楼 PKPM 等效支撑模型和主楼 ETABS 弹簧模型的计算结果吻合。从表 9 也可以看出，未采用减震型墙板式阻尼器的结构层间位移角超限，而采用减震型墙板式阻尼器后，结构的层间位移角满足规范 1/800 的限值要求。

主楼小震作用下结构的最大层间位移角　　表 9

类别	X		Y	
	PKPM	ETABS	PKPM	ETABS
非减震结构	1/701	1/713	1/383	1/388
减震结构	1/1382	1/1359	1/1264	1/1246

大震作用下主楼减震结构的最大层间位移角如表 10 所列。从表 10 可以看出，结构在大震作用下的层间位移角均小于规范规定的 1/100 的要求。

主楼 ETABS 大震作用下结构的最大层间位移角　　表 10

地震波	X	Y
人工波	1/484	1/194
天然波 1	1/270	1/174
天然波 2	1/212	1/263
包络值	1/212	1/174

4　墙板式阻尼器的应用前景及展望

阻尼器产品越来越受到设计师的钟爱，其中墙板式阻尼器以其刚度大、布置灵活等特点而备受关注。在多、高层框架结构中，阻尼墙板可以充分发挥阻尼墙板的性能，在地震作用下为结构提供刚度或阻尼，从而减少结构的梁柱尺寸，达到最优的设计方案。

（1）我们对墙板式阻尼器进行了多次的试验，结果表明：墙板式阻尼器性能非常稳定，为设计师提供有力的技术支撑。在多次试验的基础上，总结了常规产品的目录。在保证产品性能的基础上，产品的初始刚度选择范围广（150～1500kN/mm^2），参数灵活，选择空间大；

（2）根据我们总结的墙板式阻尼器的适用范围，在该范围内，墙板式阻尼器可以解决刚度不足、扭转变形大等技术难题；

（3）墙板式阻尼器可以根据设计师的需要，控制产品何时屈服，当设计师需要小震为结构提供附加阻尼时，可以控制墙板式阻尼器在小震下屈服，同理，可以控制墙板式阻尼器在中、大震时屈服；

（4）墙板式阻尼器占用空间小（完成面外观厚度范围为 80～170mm），因此可以同时满足结构专业和建筑专业的要求；

（5）以实际案例阐述采用墙板式阻尼器后，建筑的各项指标均满足设计规范的要求。

参考文献

[1]　徐艳红，李爱群．抛物线外形软钢阻尼器试验研究[J]．建筑结构学报，2011，32(12)：202-209.

[2]　章从俊，李爱群，赵福令．软钢支撑耗能器的研制和有限元分析[J]．工程抗震与加固改造，2008，30(3)：10-14.

[3]　吴斌，欧进萍．软钢屈服耗能器的疲劳性能和设计准则[J]．世界地震工程，1996，12(4)：8-14.

[4]　张文元，李姝颖，李东伟．菱形开洞软钢阻尼器及其在结构减震中的模拟分析[J]．世界地震工程，2007，23(1)：151-155.

[5]　Wadal Akira，Huang Yi-Hua，Iwata Mamoru. Passive damping technology for buildings in Japan[J]. Progress in

Structural Engineering Materials，2000，2(3)：335-350.
[6] Chan RWK，Albermani Fairs. Experimental study of steel slit damper for passive energy dissipation[J]. Engineering Structures，2008，30(4)：1025-1035.
[7] 中华人民共和国国家标准. 建筑抗震设计规范 GB 50010—2010[S]. 北京：中国建筑工业出版社，2010.
[8] 孙飞飞，贺曼斐，李国强，等．开缝钢板墙等效交叉支撑模型[J]. 同济大学学报(自然科学版)，2011，39(5)：625-630.

腐蚀环境下既有钢结构抗力退化与时变可靠度研究现状

罗立胜[1]，罗永峰[2]

（1. 海南大学土木建筑工程学院，海口　570228；2. 同济大学建筑工程系，上海　200092）

摘　要　本文针对腐蚀环境下既有钢结构抗力退化与时变可靠度的研究现状，综合分析了目前国内外具有代表性和学术价值的研究成果。最后，在归纳总结目前研究成果的基础上，并结合完善我国规范体系的需要，列出了该领域亟待解决、且具有较高学术价值和实际工程意义的热点课题，从而为进一步的研究奠定基础。

关键词　腐蚀环境；既有钢结构；抗力退化；时变可靠度

1　引言

随着我国改革开放的持续推进和经济的稳定增长，特别是材料科学、计算与设计方法、制作与安装技术、施工技术的发展，钢结构在我国应用越来越广。目前钢结构已经广泛应用于高层和超高层房屋、多层房屋、单层轻型房屋、体育场馆、大跨度会展中心、城市桥梁和大跨度公路桥梁、粮仓以及海上石油平台等。然而，钢结构在大力推广的同时，也有其不可忽视的缺点，普通钢材的抗腐蚀性能极差，许多长期处于腐蚀环境（海洋大气环境和工业大气环境）下的大型钢结构工程，如沿海城市钢结构建筑、桥梁、大型工业建筑、电视塔、高压输电塔、海上采油设施等，近些年来出现了不同程度的锈蚀问题，导致钢结构的抗力退化，进而引起钢结构的可靠度降低。根据中国工业和自然环境调查项目组 2002 年调查结果显示，在我国由腐蚀造成的直接经济损失约为 2300 亿元，间接经济损失为 5000～6000 亿元，相当于我国国民生产总值的 5%，其中大气腐蚀所造成的损失约占全部腐蚀的一半，而碳钢和普通低合金钢的大气腐蚀又占大气腐蚀总损失的一半以上。处于大气腐蚀环境中的钢结构，即使其表面做过防腐措施，也不可避免的存在各种程度的锈蚀（图 1 和图 2）。

图 1　工业大气环境下的既有钢结构

图 2　工业大气环境下的锈蚀构件

处于腐蚀环境下的既有钢结构会存在不同程度地缺陷损伤，如锈蚀引起的钢结构有效截面削弱，锈蚀引起的钢材力学性能参数降低，锈蚀产生的“锈坑”可能诱发钢结构的脆性破坏，上述缺陷损伤会导致钢结构构件的承载能力下降，降低既有钢构件的安全性，严重时甚至导致工程事故。1996 年，武钢焦化厂钢结构某皮带通廊由于长时间腐蚀而导致最后倒塌；2000 年 4 月，湖南耒阳电厂大型储煤库空间结构在使用 5 年后由于环境腐蚀原因发生倒塌事故；2004 年，莱芜公司某炼钢厂房由于锈蚀导致承载力下降进而引起倒塌；2004 年，陕西重型机器厂铸钢车间由于锈蚀发生倒塌事故，等等。

为确定处于腐蚀环境中的既有钢结构是否安全可靠，就需要对既有钢结构进行检测并对其可靠性进行科学的评定，进而依据评定结果进行合理必要的维修和加固，以提高既有钢结构的安全性和延长结构寿命。然而，目前我国对钢结构的研究主要集中在拟建结构设计理论和设计方法的研究，关于既有钢结构抗力退化和可靠性评定的研究尚处于起步阶段，尚未形成完整的理论体系。因此，开展处于腐蚀环境中的既有钢结构在服役过程中的抗力退化和可靠性评定方法研究，具有重要的理论意义和工程实用价值。本文针对目前该领域的研究现状，介绍部分具有价值的科研成果，最后列出目前该领域亟待解决的热点课题。

2 腐蚀环境下既有钢结构抗力退化与时变可靠度研究现状

对腐蚀环境下既有钢结构抗力退化与时变可靠度的研究，主要包括锈蚀钢构件受力性能研究、既有结构抗力退化模型研究和既有结构时变可靠度研究。

2.1 锈蚀钢构件受力性能研究

目前，对锈蚀钢材的研究主要集中在钢材腐蚀机理研究、锈蚀量表征方法研究 、锈蚀钢材力学性能参数时变规律研究，对锈蚀构件受力性能的研究开展较晚，且研究较少。

日本学者 Yamamoto 采用人工打孔方式模拟自然锈坑，获得一批具有不同锈坑深度和不同锈坑分布模式的工字形钢柱试件，通过试验和理论分析得到了锈蚀参数与锈蚀工字形钢柱受压承载力之间的关系；文献［4］通过试验方法研究了腹板存在锈坑的工字形梁受弯承载力，试验结果表明腹板锈坑对极限承载力的降低程度等于或略小于均匀锈蚀对其极限承载力的影响，因此，腹板锈蚀后的平均有效厚度可作为验算极限承载力的重要参数。In-Tae Kim 研究了腹板局部锈蚀对工字型钢受剪稳定承载力的影响，试验结果表明，腹板锈蚀试件破坏时其失稳区域明显大于未锈蚀构件，且其受剪稳定承载力下降幅度较大。S. Saad-Eldeen 通过试验研究了船体结构中的严重锈蚀箱形梁受弯承载力和抗弯刚度，结合有限元分析结果，建议通过修正应力应变曲线来考虑锈蚀对箱形梁抗弯刚度和极限承载力的影响。Zeinoddini 采用人工打孔方式模拟钢管柱的表面锈蚀，并通过试验研究了钢管柱在单轴循环荷载作用下的棘轮效应，试验结果表明，钢管表面的锈蚀损伤对钢管承载力的降低明显。Katalin Oszvald 通过人工机械方式削弱等肢角钢梁的局部面积来模拟构件的锈蚀，通过试验方式并结合有限元模拟计算，研究分析了锈蚀区域、锈蚀深度和锈蚀面积对等肢角钢受压极限承载力和失稳模式的影响。

西安建筑科技大学徐善华课题组从 2009 年起，较为系统地研究了锈蚀钢结构构件受力性能，并取得了部分成果。白烨从实际钢结构工程中获取 8 组锈蚀材性试验试件，通过力学拉伸试验研究分析了锈蚀程度、锈蚀类型对钢材抗拉强度、弹性模量、伸长率等材料力学性能的影响，并通过 7 组槽钢梁受弯试验，研究分析了锈蚀参数与承载能力之间的规律关系。潘典书通过 12 个拉伸试件拉伸试验和 6 根锈蚀 H 型钢梁受弯承载性能试验，研究分析锈蚀参数对钢材屈服强度、极限强度、屈强比、伸长率等力学性能的影响，分析了锈蚀 H 型钢梁受弯性能退化规律。赵婷婷基于随机场理论，通过分析 4 组锈蚀试件的锈坑数据，构建了锈蚀 H 型钢剖面的随机场模型，并建立了锈蚀钢结构受弯构件的刚度及稳定性验算模型。同济大学的史炜洲通过室内盐雾加速腐蚀的方法获得了有涂装和无涂装锈蚀试件，基于钢材力学性能试验数据，获得了锈蚀钢材屈服强度、极限强度和伸长率下降与其失重率之间的关系。通过三组锈蚀 H 型钢试件试验，研究了锈蚀对其承载力和刚度的影响关系，并建议既有钢构件验算模型应考虑考虑腐蚀造成的构件截面削弱和材料力学性能降低。

分析上述研究可知，目前对锈蚀构件受力性能的研究，主要研究具体腐蚀环境下锈蚀参数与构件受力性能之间的关系，尚未考虑结构服役环境、服役时间、钢材种类和防锈措施等因素的影响，且目前尚无腐蚀环境下既有钢结构抗力统计方面的研究，尚待进一步研究。

2.2 既有结构抗力退化模型研究

对于恶劣环境下的既有钢结构，宜考虑抗力随时间的衰减，采用抗力退化模型描述。抗力退化模型可采用随机过程的各阶矩近似地描述，而且所考虑阶数越多、越完整，对抗力退化模型描述越精确。结构抗力随时间的变化是多维非平稳、非齐次随机过程，其影响因素众多且作用机制复杂，以目前对钢结构抗力退化机制的研究水平和基础统计数据量，要完整反映这些因素并建立精确抗力退化模型是很困难的，因此，通常引入合理的假定来简化模型。目前，常用的抗力时变简化模型主要有：

（1）将抗力简化为随时间变化的衰减函数，即仅考虑抗力的一阶矩，不考虑抗力的二阶矩。该模型由于容易建立而被广泛用于描述混凝土结构构件的抗力退化过程，文献［14］也采用该模型描述既有钢结构的抗力退化过程。

（2）将抗力简化为考虑各时点抗力相关性的独立增量随机过程，该模型考虑因素全面，能较精确的描述抗力的退化过程。

（3）将抗力直接转化为各阶段的随机变量。

上述三种模型中，独立增量模型最接近实际情形，独立增量模型应满足下列三种基本条件：

（1）均值函数为时间的单调递减函数。虽然结构抗力总体上呈现衰减趋势，特别是对于恶劣环境中的结构；

（2）方差函数为时间的单调递增函数。在结构的内外环境中，抗力影响因素随着时间的推移，抗力的随机性不断增强，使得结构抗力的方差随时间而逐渐增大；

（3）自相关系数为时段长度和时段起点的单调递减函数。时间间隔越大或时段越长，抗力之间的联系则越弱，而当时段长度保持不变时，时段起点越远，抗力间的联系则因变异性的增强而减弱。这些都使得抗力的自相关系数成为时段长度和时段起点的单调递减函数。

在工程结构领域，通常将每一时刻的抗力作为研究对象，通常假定其仍满足对数正态分布，但未给出具有明确数学定义的随机过程，而且研究主要集中在混凝土结构和桥梁结构领域，在既有钢结构。抗力退化模型选择问题本质上是退化建模问题，而退化建模问题在工业产品及国防领域等领域研究较早，在上述领域中通常将每一时刻的退化量作为研究对象，且取得了部分研究成果。常用的退化模型包括：退化轨迹模型、退化量分布模型、累积损伤模型、Gamma 过程模型及 Wiener 过程模型等，其中 Gamma 随机过程与 Wiener 过程模型史常用的随机过程模型。Gamma 过程是具有独立、非负增量的随机工程，可用于描述严格单调的随机退化过程的模型。

2.3 既有结构时变可靠度研究

结构可靠性是指结构在规定的时间内、规定的条件下完成预定功能的能力。“规定的时间”一般是指拟建结构的结构设计使用年限，目前世界上大多数国家结构的设计使用年限均为 50 年，对既有结构而言，“规定的时间”是指目标使用年限。“规定的条件”对拟建结构而言，是指正常设计、正常施工、正常使用条件，不考虑人为错误或过失因素；对既有结构而言，“规定的条件”是指正常维护、正常管理，不考虑使用过程中的人为错误或过失、偶然荷载及偶然灾害导致的抗力折减。结构可靠性的数量指标通常用概率表示，称为结构可靠度。传统可靠度仅考虑荷载的时变特性，而不考虑抗力的时变特性，是一种“半随机”方法。传统可靠度的求解方法有一次二阶矩、高次高阶矩法、蒙特卡罗模拟法和响应面法。处于腐蚀环境中的钢结构抗力随着时间逐渐降低，故对既有钢结构进行可靠度分析与评估时，应采用可考虑抗力时变特性的时变可靠度方法。

由于处于腐蚀环境中的钢结构构件抗力是随时间变化的，这时钢结构构件的极限状态功能函数可表达为随机过程的函数：

$$Z(t)=R(t)-S(t) \tag{1}$$

式中 $R(t)$ 与 $S(t)$——分别为结构构件抗力与荷载效应随机过程。

构件的失效概率可表达为：

$$P_f(T)=1-P_s(T)=P\{R(t_i)<R(t_i),\ t_i\in[0,T]\} \tag{2}$$

实际工程中，结构所承受的荷载种类较多而且荷载组成复杂，结构可靠度分析时，一般将结构所承受的荷载分为永久荷载和可变荷载两种。设构件的永久荷载效应为 G，可变荷载效应为 $Q(t)$，则在基本组合下结构某一状态的功能函数为：

$$Z(t)=R(t)-G-Q(t) \tag{3}$$

则公式（2）可转换为：

$$\begin{aligned}P_f(T)&=P\{R(t_i)-G-Q(t_i)<0,\ t_i\in[0,T]\}\\&=P\{\min[R(t)-G-Q(t)]<0,\ t\in[0,T]\}\end{aligned} \tag{4}$$

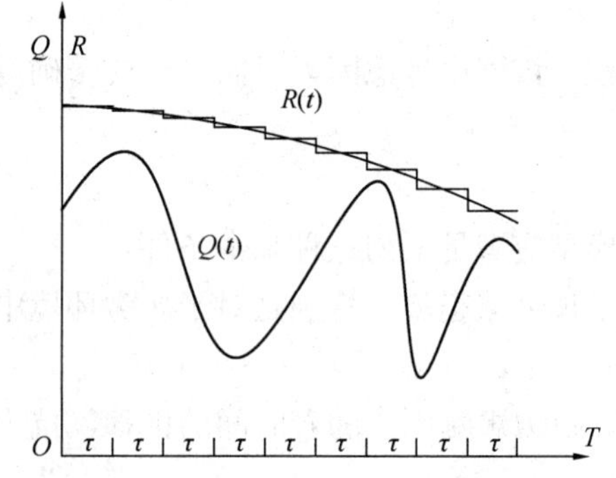

图 3 抗力与可变荷载效应的等时段离散

将使用年限 T 等分为 n 个时段，则时段长度 $\tau=T/n$。将可变荷载效应 $Q(t)$ 和抗力随机过程 $R(t)$ 离散为 n 个随机变量 $Q(t_i)$ 和 $R(t_i)$，如图 3 所示。其中，$R(t_i)$ 取为 $\tau_i=\left(i-\frac{1}{2}\right)\tau$ 时的抗力值，$Q(t_i)$ 取为 τ 内荷载效应最大值。由此，公式（4）可表达为：

$$\begin{aligned}P_f(T)&=P\{R(t_i)-G-Q(t_i)<0,\ t_i\in[0,\ T]\}\\&=P\{\bigcup_{i=1}^{n}[R(t_i)-G-Q(t_i)]<0,\ t\in[0,T]\}\end{aligned} \tag{5}$$

公式（5）相当于等时段 τ 的 n 个串联系统可靠度问题。可变荷载采用平稳二项随机过程，即 $Q(t_i)$ 之间是相互独立的，而 $R(t_i)$ 之间是相关的，此时公式（5）变为：

$$\begin{aligned}P_f(T)&=1-P\{\bigcap_{i=1}^{n}[R_i-G-Q_i\geqslant 0]\}\\&=1-P\{\bigcap_{i=1}^{n}[Q_i\leqslant R_i-G]\}\\&=1-P\{\bigcap_{i=1}^{n}[Q_i\leqslant r_i-g|R_1=r_1,R_2=r_2,\cdots,R_n=r_n,G=g]\}\times\\&\quad P\{R_1=r_1,R_2=r_2,\cdots,R_n=r_n,G=g\}\\&=1-\int_0^{+\infty}\int_0^{+\infty}\cdots\int_0^{+\infty}\prod_{i=1}^{n}F_{Q\tau}(r_i-g)f_{R_1,R_2,\cdots R_n}(r_1,r_2,\cdots r_n)\times f_G(g)\mathrm{d}r_1\mathrm{d}r_2\cdots\mathrm{d}r_n\mathrm{d}g\end{aligned} \tag{6}$$

式（6）中，$f_{R_1,R_2,\cdots R_n}(r_1,r_2,\cdots r_n)$ 为 $R_1,R_2,\cdots R_n$ 的联合概率密度函数，$f_G(g)$ 为 G 的概率密度函数，$F_{Q\tau}(\cdot)$ 为 Q_i 的概率分布函数。

公式（6）是高维积分问题，尚需知道 $R_1,R_2,\cdots R_n$ 的联合分布概率密度，一般很难求解，需要进行转换和近似计算。公式（6）可转换为串联系统体系的失效概率求解问题，串联体系可靠度的计算方法可分为两类：区间估计法和点估计法。区间估计法是利用概率论的基本原理划定结构体系失效概率的上下限；点估计法是求出失效概率的具体值。下面简要介绍这几种方法。

（1）区间估计法。

1967 年，文献［25］提出串联体系失效概率的宽界限公式为：

$$\max_i P_{ji}\leqslant P_{fs}\leqslant 1-\prod_{i=1}^{n}(1-P_{fi}) \tag{7}$$

式中 P_{ji}——串联体系的失效概率；

P_{fi}——串联体系中第 i 个失效模式的失效概率；

n——失效模式的个数。

宽界限公式只考虑了单个失效模式的失效概率而没有考虑失效模式间的相关性，一般情况下，上下限较宽，只适合于粗略估计结构体系的失效概率。为解决上述问题，文献［26］和文献［27］在公式（7）基础上提出了窄界限公式。但由于窄界限公式需要数值积分，限制了其应用。文献［28］指出，当结构体系的失效模式或失效模式间的线性相关数较大时，窄界限法的上下限会明显变宽，此时很难获得结构体系失效概率的准确估算值。

（2）点估计法。

目前，常用的点估计法包括三种：蒙特卡罗法、直接积分法和近似数值计算法。

1）蒙特卡罗法。蒙特卡罗法回避了结构体系可靠度计算中的数学计算困难，计算方法简单，精度高，其缺点是计算工作量大。

2）直接积分法。公式（6）本质上是高维积分问题，其计算可转化为串联系统的可靠度计算。当各个模式间的相关系数相等时，可求得可靠度的精确解，当各个模式间的相关系数不相等时，只能求得近似解。

3）近似数值计算方法。由于精确计算方法在数学计算上存在困难，因而许多研究者将其研究焦点转移到近似数值计算上。近似数值计算方法是指经过适当的处理，将复杂的高维积分问题转化为简单求解问题。由于失效模式间相关系数的复杂性，使得体系可靠度失效概率的计算变得特别困难，为此，许多体系可靠度的近似计算方法将突破点放在对相关系数的近似处理上。文献［30］提出一种概率网络估算方法，该方法原理如下：先将失效模式按照失效模式之间的紧密程度划分为若干组，并从每组中挑选出最大失效概率的失效模式作为改组代表失效模式，然后假定各代表失效模式之间相互独立，进而估算结构体系的整体失效概率。文献［31］将多维正态分布的累积分布函数通过 Taylor 展开为关于相关系数的级数，其展开级数虽然是高维正态积分问题，但此时相关系数相等，从而可以用一维积分代替。该方法在确定展开点时，需要进行多次积分运算，计算工作量巨大。为克服上述缺点，文献［32］通过对相关系数进行二元 Taylor 级数展开，考虑其二阶项，进而降低了计算工作量，并提高了计算精确度。文献［33］以条件概率为基础，提出了一种用于解决高维正态积分的 FOMN 方法，该方法可应用于串联体系的失效概率计算。文献［34］基于当量平面的概念，建立了结构体系可靠度计算的当量平面法。文献［35］建立了一种可用于计算串联体系失效概率的快速半数值积分方法，该方法将结构体系的失效概率近似为按指数规律变化的序列，将失效概率的计算降低到四阶联合概率之内，从而降低了计算工作量，但当结构失效模式的数目较大且相关性较强时，计算精度较差。近似数值计算方法本质上是以体系失效概率的积分表达式为基础，而结构功能函数可看为复杂随机变量，故可利用功能函数的各阶矩来近似求解失效概率，这种方法即为矩法。文献［36］利用蒙特卡罗方法求解功能函数的各阶矩，并将功能函数近似为 Lamda 分布，从而求解体系的失效概率，该方法计算工作量巨大。文献［37］通过求解非线性方程，利用功能函数某几个点处的函数值表征功能函数的各阶矩。文献［38］在标准正态空间利用几个点处的函数值来估计功能函数的各阶矩，但该法不需要求解非线性方程，克服了文献［37］的缺点。

目前，对时变可靠度的研究主要针对的是拟建结构。与拟建结构不同，既有结构可通过实测获得荷载和抗力的信息，故既有结构时变可靠度并不能直接照搬拟建结构时变可靠度计算方法，而目前对既有结构在目标使用年限内的时变可靠度的研究较少。本文建议可基于贝叶斯理论充分利用有效检测信息，建立既有结构的时变可靠度计算方法。

3 研究展望

归纳总结目前的研究文献并结合实际应用价值，本文认为今后应加强以下几个方面的研究：

（1）开展腐蚀环境下可考虑多因素的钢材锈蚀参数模型的研究。钢材的锈蚀参数可分为钢材几何参数和钢材力学性能参数，影响既有钢结构锈蚀的因素主要有：结构服役环境、服役时间、钢材种类和防锈措施。通过试验研究，建立合理的钢材锈蚀参数模型，为进一步的抗力统计研究奠定基础。

（2）建立合理的既有钢结构构件抗力退化模型。借鉴参考其他研究领域退化建模的研究成果并结合既有钢结构的特点，构建合理的既有钢结构抗力退化随机过程模型。

（3）建立既有结构时变可靠度计算方法。基于贝叶斯统计理论和串联可靠度计算方法，在既有结构荷载模型和抗力退化模型的研究基础上，建立既有结构时变可靠度计算方法。

参考文献

[1] 柯伟．中国工业与自然环境腐蚀调查的进展[J]. 腐蚀与防护，2004，25(1)：1-8.

[2] 中国工程院．我国环境腐蚀问题调查[R]. 北京，中国工程院，2002：2.

[3] Tatsuro Nakai，Hisao Matsushita，Norio Yamamoto. Effect of Pitting Corrosion on Local Strength of Hold Frames of Bulk Carriers[J]. Marine Structures，2004(17)：612-641.

[4] Tat Suro Nakai，Hisao Matsushita，Norio Yamamoto. Effect of Pitting Corrosion on Strength of Web Plates Subjected to Patch Loading[J]. Thin Walled Structures，2006(44)：10-19.

[5] In-Tae Kim，Myoung-Jin Lee，Jin-Hee Ahn，Shigenobu Kainuma. Experimental evaluation of shear buckling behaviors and strength of Locally corroded web[J]. Journal of Constructional Steel Research，2013，83：75-89.

[6] S. Saad-Eldeen，Y. Garbatov，C. Guedes Soares. Strength assessment of a severely corroded box girder subjected to bending moment[J]. Journal of Constructional Steel Research，2014，92：90-102.

[7] M. Zeinoddini，M. Peykanua，M. Varshosaz b，M. Ezzati a，S. J. Zakavi. Ratcheting behavior of corroded steel tubes under uniaxial cycling：An experimental investigation[J]. Journal of Constructional Steel Research，2015，113：234-246.

[8] Katalin Oszvald，Pál Tomka，László Dunai. The remaining load-bearing capacity of corroded steel angle compression members[J]. Journal of Constructional Steel Research，2016，120：188-198.

[9] 白烨．锈蚀槽钢受弯性能试验研究与理论分析[D]. 西安：西安建筑科技大学，2009.

[10] 潘典书．锈蚀钢结构构件受弯承载性能研究[D]. 西安：西安建筑科技大学，2009.

[11] 赵婷婷．腐蚀钢结构受弯构件刚度及稳定性退化模型分析[D]. 西安：西安建筑科技大学硕士学位论文，2010.

[12] 史炜洲．钢材腐蚀对住宅钢结构性能影响的研究与评估[D]. 上海：同济大学硕士学位论文，2009.

[13] 史炜洲，童乐为，陈以一，李自刚，沈凯．腐蚀对钢材和钢梁受力性能影响的试验研究[J]. 建筑结构学报，2012，33(7)：53-60.

[14] 陈昌海．建筑钢结构抗力性能的时间影响因素分析及时变可靠性评价[D]. 重庆：重庆大学硕士学位论文，2007.

[15] Animesh Dey，Sankaran Mahadevan. Reliability Estimation with Time-Variant Loads and Resistances. Journal of Structural Engineering，ASCE，2000(126)：612-620.

[16] 姚继涛，赵国藩，浦聿修．拟建结构和现有结构的抗力概率模型[J]. 建筑科学，2005，21(3)：13-15.

[17] 姚继涛，刘金华，吴增良．既有结构抗力的随机过程概率模型[J]. 西安建筑科技大学学报(自然科学版)，2008，40(4)：445-449.

[18] 赵国藩，金伟良，贡金鑫．结构可靠度理论[M]. 北京：中国建筑工业出版社，2000.

[19] 王小林．基于非线性 Wiener 过程的产品退化建模与剩余寿命预测研究[D]. 长沙：国防科学技术大学博士学位论文．

[20] Nicolai R P，Frenk J B G，Dekker R．Modeling and optimizing imperfect maintenance of coatings on steel structures [J]. Structural Safety，2009，31(3)：234-244.

[21] 李国强，黄宏伟，吴迅，刘沈如．工程结构荷载与可靠度设计原理[M]. 北京：中国建筑工业出版社，2005.

[22] 李国强，李继华．二阶矩矩阵法关于随机向量的结构可靠度计算[J]. 重庆建筑工程学院学报，1987(1)：56-67.

[23] 李云贵，赵国藩．结构可靠性的四阶矩分析方法[J]. 大连理工大学学报，1992，32(4)：455-459.

[24] 李桂青，李秋胜．工程结构时变可靠性理论及其应用[M]. 北京：科学出版社，2001.

[25] Cornell C A. Bounds on the reliability of structuralsystems[J]. Journal of Structural Division，ASCE，1967，93 (st1).

[26] Kounias E G. Bounds for the probability of a union with applications [J]. Annuals of Mathematical Statistics，1968，39(6)：2154-2158.
[27] Ditlevsen O. Nallow reliability bounds for structural system [J]. Journal of Structural Mechanics，1979，7(4)：453-472.
[28] 张小庆．结构体系可靠度分析方法研究[D]. 大连：大连理工大学博士学位论文，2003.
[29] Thoft-Christensen P，Sorensen J，D. Reliability of structural systems with corrected elements. Applied Mathematical Modeling，1982，6：171-178.
[30] Ang H-s，Ma H F. On the reliability of structural systems. Proceedings of International Conference on Structural Safety and Reliability，Trondheim，1981.
[31] Ditlevsen O. Taylor expansion of series system reliability [J]. Journal of Engineering Mechanics，1984.
[32] 贡金鑫，赵国藩．串联结构体系可靠度的二元泰勒级数展开[J]. 计算力学学报，1997，14(1)：78-84.
[33] Hohenbichler M，Rackwitz R. First-order concepts in system reliability [J]. Structural Safety，1983，1：177-188.
[34] 贡金鑫．结构体系可靠度计算的逐步当量平面法，水工结构理论与实践[C]. 大连：大连海运学院出版社，1993：97-104.
[35] 姚继涛，赵国藩，蒲聿修．结构体系失效概率的快速半数值积分方法，中国土木工程学会桥梁及结构工程学会结构可靠度委员会工程结构可靠性第四届全国学术交流会议论文集[C]. 北京：地震出版社，1996.
[36] Gigoriu M. Approximate analysis of complex reliability problems[J]. Structural Safety，1983，Vol. 1：277-288.
[37] Hong HP. Point-estimate moment-based reliability analysis[J]. Civil Engineering System，1996，Vol. 13：281-294.
[38] Yan-Gang Zhao，Tetsuro Ono. Moment methods for Structural reliability[J]. Structural Safety，2001，Vol. 23：47-75.

800m 超大跨穹顶结构体系探讨

冯 远[1]，武 岳[2]，向新岸[1]，张恒飞[1]

（1. 中国建筑西南设计研究院有限公司，成都 610042；
2. 哈尔滨工业大学土木工程学院，哈尔滨 150090）

摘 要 本文首先对城市穹顶的概念进行探讨，明确一些可能的建造需求，介绍了一些曾经提出的城市穹顶方案。然后，以在北方寒冷地区建造一 800m 超大跨城市穹顶为工程背景，对双层网壳结构、巨型网格结构、索杆加强网格结构、索穹顶以及索承网壳-双层网壳组合结构等结构方案进行选型研究，对比分析了结构刚度、稳定承载力和经济性等指标，总结了各方案 800m 尺度结构性能特点，并进行了解释。最后，总结归纳了超大跨穹顶选型的设计建议。

关键词 城市穹顶；800m 超大跨；结构选型；结构稳定

建筑功能的日益多样化，要求建筑物能够提供更大的使用空间。纵观空间结构发展历史，获取更大的建筑结构跨度，一直是建筑结构工程师的不懈追求。自公元 125 年的古罗马万神庙（砖混结构穹顶，跨度 43.5m）到现代 1957 年的小罗马体育宫（钢筋混凝土肋形球壳，跨度 60m），在如此漫长的历史进程中，受制于建筑材料、结构体系以及计算理论水平，建筑结构跨越能力的提高非常缓慢。近三十年来，随着新材料、新工艺、新技术、新结构形式不断涌现，在相对成熟的结构分析理论支撑下，目前世界范围内 150m 以上的大跨度建筑已不在少数，300m 以上也有若干成功案例：图 1 为 1999 年建成的英国伦敦“千年穹顶”，采用塔桅支承的悬索结构体系，上覆轻质膜材，结构直径达到 320m；图 2 为 1993 年建成的日本福冈穹顶，是全球跨度最大的网壳结构，也是日本第一座超大型可开合屋盖结构，结构跨度达 222m，整个结构由 3 片网壳组成，体现了人们对改善结构内部环境的追求。

图 1 英国伦敦“千年穹顶”

图 2 日本福冈穹顶

当前空间结构跨度已达 300m 量级，未来空间结构的跨度是多少？其需求又在哪里？

在自然条件极为恶劣的地区，如极地、沙漠，甚至外星球等，人们希望利用跨度巨大的空间结构来营造适合人类居住的区域小环境；由于环境污染、气候变化等原因，越来越多的城市遭受空气污染以及飓风、热浪等极端自然灾害的侵袭，城市居民渴望保护城市居住环境；全球资源日益枯竭，低碳环保成为迫切要求，研究表明，城市穹顶能减少大量城市热能消耗。基于以上分析可见，人工改善自然环境，营造更为宜居节能的区域小环境逐渐成为一种现实需求。日本巴组铁工所对此曾有一段经典论述：21世纪是为人类创造舒适、清洁、节能的新型城市的时代，具有现代设备与人工智能功能的封闭式城市环境，将为人类提供与自然相协调的理想生活环境。如此可见，建造千米级城市穹顶，营造宜居节能的区域小环境正逐渐成为未来结构工程师的全新挑战。

本文将简要介绍国外已有的著名城市穹顶方案，并以在北方寒冷地区建造一800m超大跨城市穹顶为工程背景，研究了其可行的结构方案，包括双层网壳结构、巨型网格结构、索承网壳结构、索杆加强网格结构、索穹顶以及索承网壳-双层网壳组合结构等结构方案，对比分析了结构最大变形、稳定承载力和用钢量等指标，给出其中优选结构方案，总结归纳了超大跨城市穹顶结构选型的概念性设计建议。

1 国外城市穹顶方案

自20世纪60年代以来，来自美国、欧洲与日本等发达国家和地区的学者对超大跨度城市穹顶方案展开研究，提出了一些概念性的设计方案。

1968年，美国建筑结构工程师Fuller与建筑师Shoji Sadao合作提出著名的“曼哈顿穹顶计划”（图3），拟建造一个直径3200m，高度1600m的短程线型超级城市穹顶，以覆盖东河与哈德森河之间繁华的曼哈顿岛21到64街区。

同一时期，德国建筑结构工程师Frei Otto提出“北极之城”（图4）的超大跨穹顶方案，用一个直径2000m的充气膜结构覆盖北极部分区域，以改变常驻北极科研工作者的工作环境。北极之城的设想得到了国际上许多同行的响应，迄今方案仍处于探讨中。

图3 曼哈顿穹顶

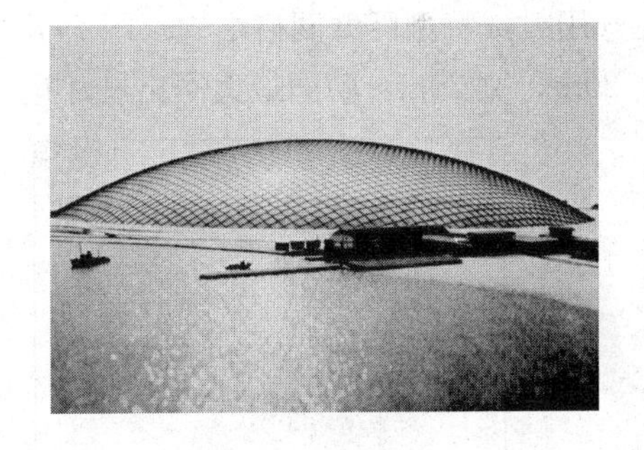

图4 北极之城

为抵御飓风和热浪袭击，美国工程师提出在休斯敦上空修建一座跨度1600m、高度450m的城市穹顶，设计要求能够抵御5级飓风，结构形式借鉴英国伊甸园工程。2009年探索频道曾推出纪录片，专题介绍休斯敦穹顶方案进展。

美国索膜结构设计安装公司Span Systems提出适用于超大跨城市穹顶的Spantheon结构体系，并申请国际专利（Patent 2006/136867）与美国专利（Patent 7726087）。该体系由若干巨大拱桁架汇交于城市穹顶中心，形成巨大的支承骨架，拱桁架之间大范围区域由轻型张拉索膜结构覆盖。

此外，俄罗斯、日本等国家工程师也对超大跨城市穹顶提出了展望。俄罗斯某公司2010年提出要在西伯利亚一处直径1200m的废弃矿坑上建造一座可容纳1万人的立体城市社区；日本巴组铁工所曾提出1000m的城市穹顶蓝图，体现工作、居住、娱乐一体化的未来理想城市。

可见，发达国家和地区已经对千米级城市穹顶方案开展研究，我国在该领域尚处空白。

2 800m超大跨度穹顶结构选型

2.1 设计条件

图5为超大跨城市穹顶建筑效果图，除特殊说明外，结构跨度800m，矢高200m，采用封闭式屋盖结构。方案选型阶段考虑了构件自重、节点自重、附加面恒载、活荷载、温度作用以及风荷载等荷载作

图5　超大跨城市穹顶建筑效果图

用，并对上述荷载进行组合。刚性构件选用Q420B圆钢管，截面设计根据《钢结构设计规范》与《空间网格结构技术规程》等相关规定控制其应力比与长细比，考虑构件整体稳定系数影响，应力比控制为0.8；拉索采用1670MPa高强度拉索，拉索最大内力值控制为破断强度的0.5倍。

结构性能评价指标包括强度、刚度、稳定性与经济性，其中强度条件是方案比选前提，通过方案设计阶段控制构件应力比保证；刚度指标指结构在恒荷载与其他活荷载标准值组合作用下的最大挠度值；稳定性指标指结构稳定承载力安全系数，包括弹塑性稳定安全系数与弹性稳定安全系数，前者兼顾几何非线性与材料非线性，更能反映结构真实受力状态，因此以控制前者为主；经济性指标指构件与节点材料用量，以投影面积用钢量来表征。因此，主要通过结构刚度、稳定性与经济性等指标评价结构性能优劣。

2.2　方案简介

双层网壳结构兼具杆系结构与薄壳结构的优势，构件以轴向受力为主，结构以薄膜应力为主，力学性能优异，在空间结构体系中有较强的跨越能力。为保证结构良好的空间受力性能，选用K6型角锥体系球面网壳（图6），结构厚度10m，径向分割数取40，采用下弦固定铰支座支承。

巨型网格结构是由立体桁架代替单根杆件获得，是一种新型网格结构形式，结构主次分明，受力合理。本文选用凯威特型巨型网格结构（图7），主结构环向分割数为6，径向分割数为4，三角形主肋桁架尺寸高20m，宽20m，肋间最大网格尺寸达100m。

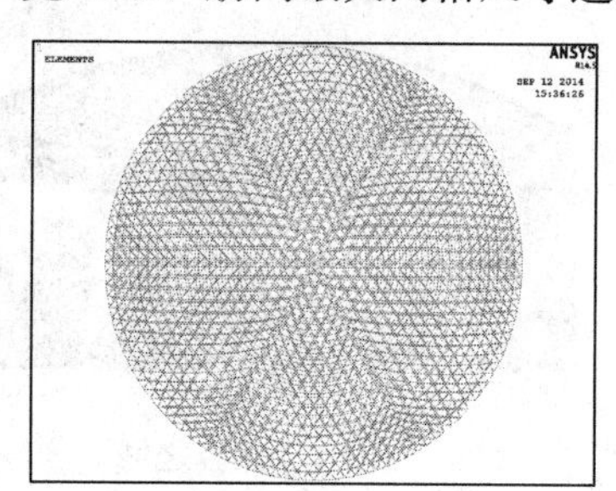

图6　双层网壳结构示意图

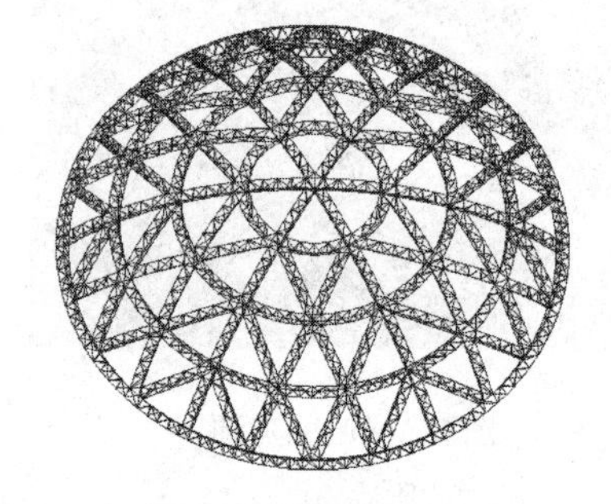

图7　巨型网格结构

索杆加强网格结构主要应用于大跨度采光顶结构中，用纤细的拉索代替粗大的刚性构件，具有良好的通透性，是一种新型的空间结构形式（图8）。

索穹顶结构由连续的拉索以及间断的压杆组成，是一种高效的全张力结构体系。Levy型索穹顶脊索为葵花型布置，索网平面内刚度较大，不容易产生失稳，本文采用Levy型。索杆布置如图9所示，结构径向设置3道环索，环索水平间距100m，结构矢高80m，结构中心未设置内拉环。

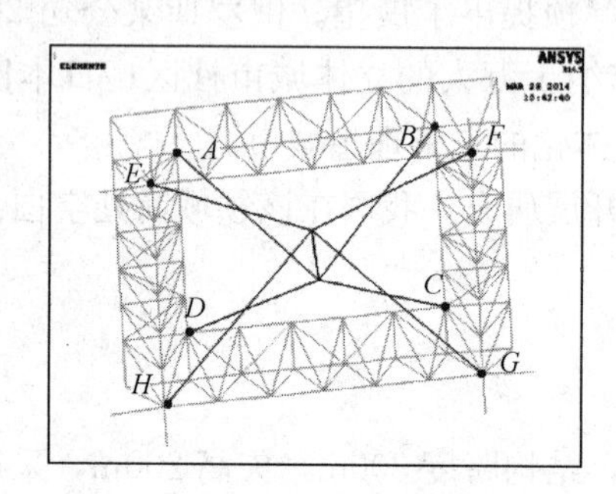

图8　索杆加强网格结构基本单元

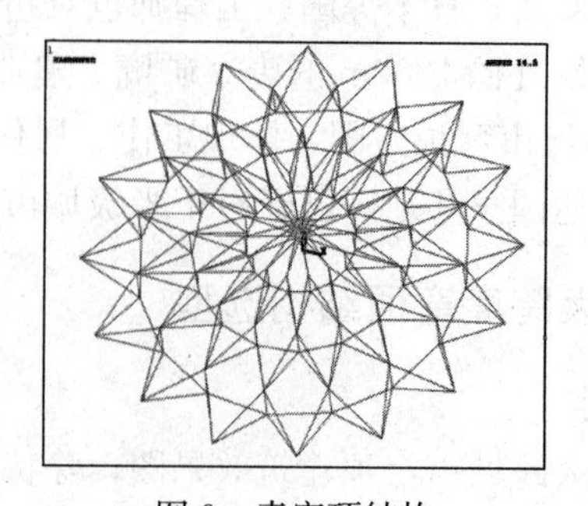

图9　索穹顶结构

上部索承单层网壳与下部双层网壳组合结构是在满足建筑空间使用功能及美观条件下，能够充分发挥各自优势的一种结构形式。上部为壳体的稳定敏感区，采用带索杆结构以增加稳定性，且将稀疏的索杆代替双层网壳的下弦杆件，可提供一个简洁、通透的建筑空间；穹顶下部区域以受轴压力为主，双层网壳轴压刚度大，受力均匀，具有很高的承载力。结构中心部分采用K6型索承单层网壳结构，外圈部分采用厚度10m的双层网壳结构（图10）。

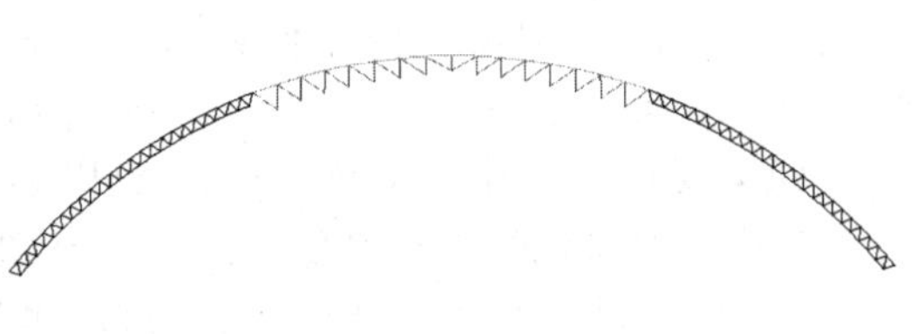

图10　组合结构剖面图

2.3　方案性能对比

表1给出了不同结构方案经济技术指标，对比分析发现：双层网壳结构经济性与受力性能均较好，但构件数量多，结构通透性差；与双层网壳相比，巨型网格结构经济性与受力性能均有所下降，支座数量较少，支座处理难度较大，但由于采用大尺度分格，结构方案通透性好；索杆加强网格结构经济性能较好，结构受力性能较差，同样存在支座处理难度较大的问题；索穹顶结构极限承载力由拉索强度控制，尽管用钢量（主要为拉索用量）较少，但拉索内力、支座反力、索截面均较巨大，在现有的张拉施工技术条件下难以实现；与双层网壳相比，索承单层网壳-双层网壳组合结构通透性得到改善，结构经济性能与受力性能均较好。

综合对比认为，双层网壳结构、巨型网格结构以及索承单层网壳－双层网壳组合结构相对较优。

结构方案性能汇总　　**表1**

方案类别	挠跨比	弹性稳定安全系数		弹塑性稳定安全系数		用钢量（kg/m²）
		理想	缺陷	理想	缺陷	
双层网壳	1/1621	11.3	9.5	3.1	2.2	191.6
巨型网格结构	1/1419	8.5	8.2	2.3	2.1	278.9
索杆加强网格结构	1/1606	4.9	4.1	2.0	1.4	214.8
索穹顶	—	—	—	6.5	3.7	124.3
索承单层网壳-双层网壳组合	—	—	—	2.7	2.6	222.2

3　结论与展望

经方案初步比选，给出超大跨穹顶结构几点概念性设计建议：1）选用合理高效结构体系，使结构以薄膜应力为主，减少弯矩作用，提高结构承载效率；2）适当增加网格尺寸，以适应结构的超大跨度；3）选用大范围抽空的巨型网格结构，以避免网格过密导致结构通透性不足；4）采用完全刚性或以刚性为主并在适当部位辅以柔性结构的组合结构体系，即根据结构不同部位的受力特点采用不同的结构形式；5）采用装配式构造，以便于构件运输与施工安装。

超大跨城市穹顶结构研究是集现代材料技术、现代计算分析技术和现代建造技术为一体的系统工程，涉及范围广，未知因素多，以上研究工作与所得结论尚有一定的局限性，希望能为业界同仁未来研究提供借鉴，共同推动我国空间结构发展。

参考文献

[1]　季天健，Adrain B. 武岳，孙晓颖，李强译．感知结构概念[M]．北京：高等教育出版社，2009.

[2]　沈世钊，徐崇宝．悬索结构设计[M]．北京：中国建筑工业出版社，2005.

[3]　张毅刚，薛素铎．大跨空间结构[M]．北京：机械工业出版社，2005.

[4]　沈世钊，陈昕．网壳结构稳定性[M]．北京：科学出版社，1998.

[5] 曹正罡．网壳结构弹塑性稳定性能研究[D]．哈尔滨：哈尔滨工业大学，2007.
[6] 李欣，武岳．索撑网壳——一种新型空间结构形式[J]．空间结构，2007，13(2)：17-21.
[7] 冯远，夏循，等．常州体育馆会展中心结构设计[J]．建筑结构，2010，40(9)：35-40.
[8] 向新岸．张拉索膜结构的理论研究及其在上海世博轴中的应用[D]．杭州：浙江大学，2010.
[9] 葛家琪，王树，等．2008奥运会羽毛球馆新型弦支穹顶预应力大跨度钢结构设计研究[J]．建筑结构学报，2007，28(6)：10-21.

圆钢管混凝土柱、叠合柱与楼面梁连接时加劲板设计选型探讨

黄　刚

（中建三局，武汉　430064）

摘　要　超高层建筑的外框结构中经常会出现圆钢管混凝土柱、圆钢管混凝土叠合柱结构，框架梁与上述柱连接时，钢管需设置加劲板。对于钢管混凝土柱，当与圆管柱刚接的外框梁为钢梁时，该选用管内水平加劲环板，还是选用管外加劲环板，需根据圆管柱截面和钢梁宽度等合理选用；钢管混凝土柱与混凝土梁连接，混凝土梁纵筋采用穿孔贯通时，加劲板通常设置为外环板形式，因混凝土梁抗剪能力较弱，外环加劲板可以起到增强抗剪承载力的作用；对于钢管混凝土叠合柱，何时选用内弧形环板加劲或外弧形板加劲，何时选用水平环形加劲板，需根据钢管柱截面、混凝土梁连接形式等合理选用。

关键词　圆钢管混凝土柱；圆钢管混凝土叠合柱；混凝土梁；钢梁；外环加劲肋；水平加劲板

1　研究背景

随着经济社会发展，超高层建筑日益增多，其中不乏采用钢管混凝土结构和钢管混凝土叠合柱结构的超高层建筑，通常与钢管混凝土叠合柱相连的框架梁为混凝土梁，与钢管混凝土柱相连的为混凝土梁或钢梁，当混凝土梁纵筋贯穿圆管柱，或者用连接板与圆管柱焊接连接时，又或者钢梁与钢管柱刚接时，均需在圆管柱上设置加劲板。那么通常有哪几种加劲板设置方式，各种情况下加劲板设置的利弊以及如何在工程实际中合理选择加劲板设置方案，从而既能保证建筑结构安全，又能节约材料等加工、施工成本，是值得我们研究的课题。

2　研究内容

2.1　圆钢管混凝土柱-钢梁连接

以最常见的圆钢管混凝土柱为例，钢管内灌混凝土，钢管外壁与钢梁可直接焊接，加劲板的布置分为两种形式：筒内水平加劲环板、筒外水平加劲环板。

（1）筒内水平加劲环板（图 1）

优点：圆管柱内圈面积较小，节约材料；因加劲板位于筒内，需浇筑混凝土，所以不需要涂油漆和做防火涂料的处理，可以节约成本和工时。

缺点：加劲板焊接需在圆管柱内完成，因考虑施焊空间要求，对圆管柱直径有要求；同时因在筒内焊接，操作和视线受限，焊接质量较难控制；圆管柱外圈没有钢梁牛腿钢板的区域需考虑楼板支承部件。

钢柱管径较大、钢梁与钢柱直接连接的接触面没有相互重叠，且钢梁翼缘板能够基本覆盖钢柱外围一周的情况下，优先

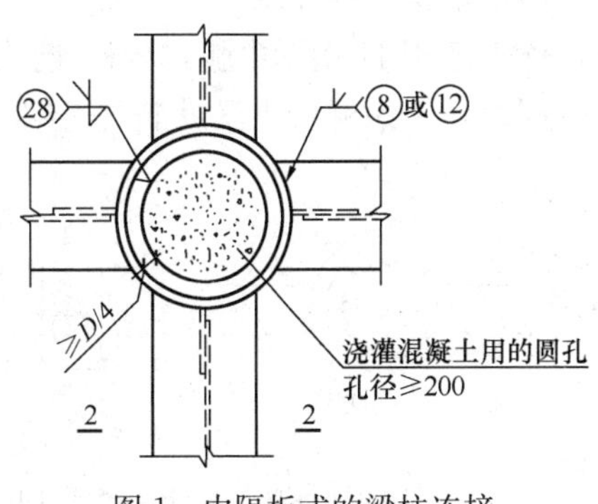

图 1　内隔板式的梁柱连接

选用上述加劲板设置形式。

(2) 筒外水平加劲环板（图 2、图 3）

以下仅以直边形环板示意，也可采用圆弧形环板。

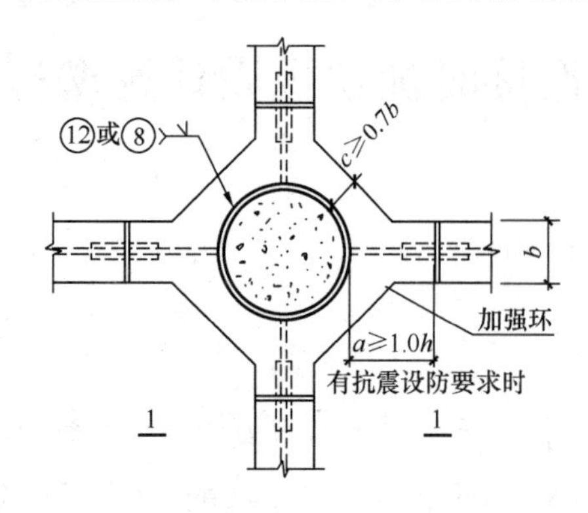

图 2 直边形环板梁柱连接（中柱）

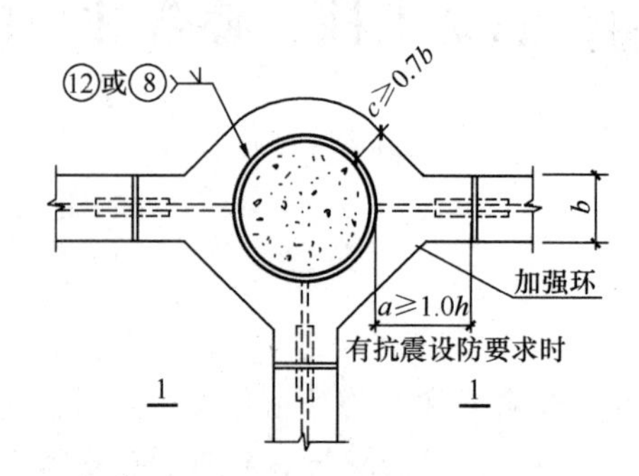

图 3 直边形环板梁柱连接（边柱）

优点：1）钢梁与钢柱连接过度平缓，避免刚度突变和应力集中。

2）参照《多、高层民用建筑钢结构节点构造详图》-01（04）SG519，当为 8 度设防Ⅲ、Ⅳ类场地和 9 度设防时，柱与钢梁的刚接宜采用将塑性铰外移的骨性连接。考虑到上述情况，设计成外环板加劲，方便将梁柱对接节点控制在要求范围内。

3）圆管柱一周的楼板铺设，可以直接设置在加劲环板上，不需另设支承。

4）钢梁之间外圈加强环起到一定隅撑的作用。

缺点：加劲板设置在圆管柱外围，材料用量较大；工厂加工此异型多边形环板损耗较大；加劲板位于圆管柱外侧，除锈、防腐防火涂装等均需考虑，相对增加一定造价。

钢柱管径较小内部空间不易施焊时，钢梁与钢柱直接连接的接触面相互重叠时，或者需要考虑外圈加强环板作为楼板支承部件和起到增强钢梁受压翼缘抗屈曲稳定性作用时，优先选用上述加劲板设置形式。

2.2 圆钢管混凝土柱－混凝土梁连接

根据建筑设计要求，混凝土梁与钢管混凝土柱相交节点设计，分为两种情况，一种是梁与柱直接相交；另一种是在梁与柱相交位置设置柱外环梁（图 4）。

(1) 对于第一种情况，为增强梁柱节点抗剪承载力，往往需要设置抗剪部件。

1）当剪力较大且钢管截面较大时，可采用承重销形式节点，参见《钢管混凝土结构构造》06SG524-P13，承重销部件本身起到加劲板作用，无需另设钢管柱加劲板。

2）另外，可以采用在混凝土梁端与柱连接处焊接 H 型钢牛腿形式，此时需在钢管柱内部设置水平加劲板，一般与牛腿上下翼缘板对齐布置，如图 5 所示。

因承重销结构复杂，工厂加工焊接困难且对混凝土浇筑有影响，一般不建议采用。故当条件允许时，优先选用 H 型钢牛腿式梁柱连接。

同时，考虑混凝土梁纵筋贯通钢管柱，存在钢管柱壁开穿筋孔的情况，需要对开孔部位钢管壁进行

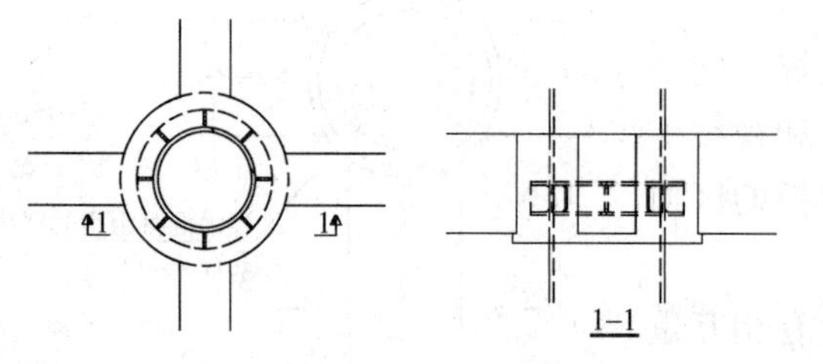

图 4 外环加劲肋式梁柱连接

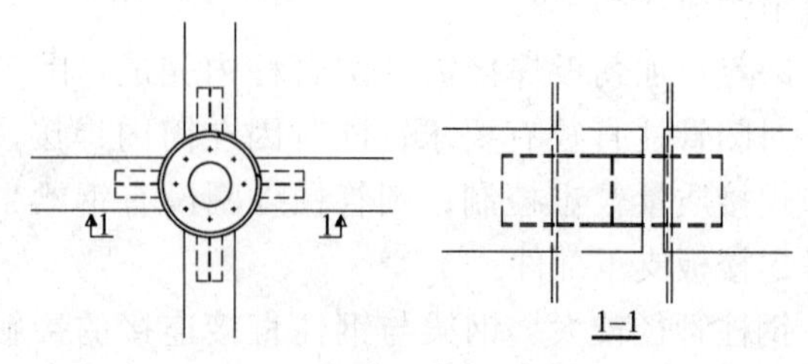

图 5 H 型钢牛腿式梁柱连接

补强，通常设置环形内衬管补强，如图 6 所示。因此上述管内设置的水平加劲板在竖向位置需考虑与内衬管碰撞，适当上下调整。

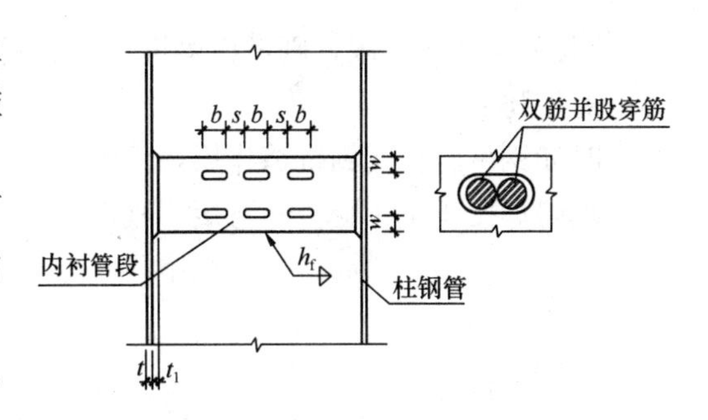

图 6　钢管柱穿筋孔内衬管补强

（2）对于第二种情况，柱外环梁的存在，一方面可以起到抗剪作用，另一方面可以作为混凝土梁纵筋受力部件抵抗弯矩。

1）当剪力较小时，在环梁配筋设置中增加抗剪环，可无需另设钢板加劲肋，如图 7 所示。

2）当剪力较大时，在混凝土环梁中设置外环加劲钢板，此时钢管柱内部通常无需再设置水平加劲板，如图 8 所示。

此时若建筑构造允许，环梁的宽度大小应使混凝土梁纵筋能够锚固（见图 8 中 2-2 剖面）。

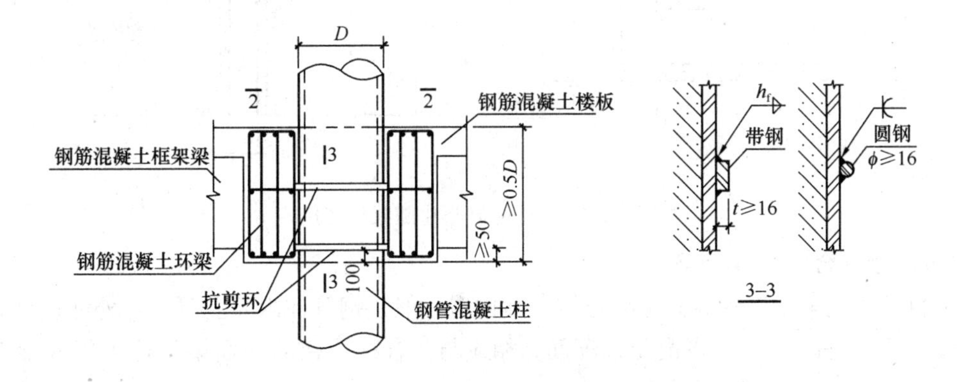

图 7　环梁-抗剪环梁柱连接

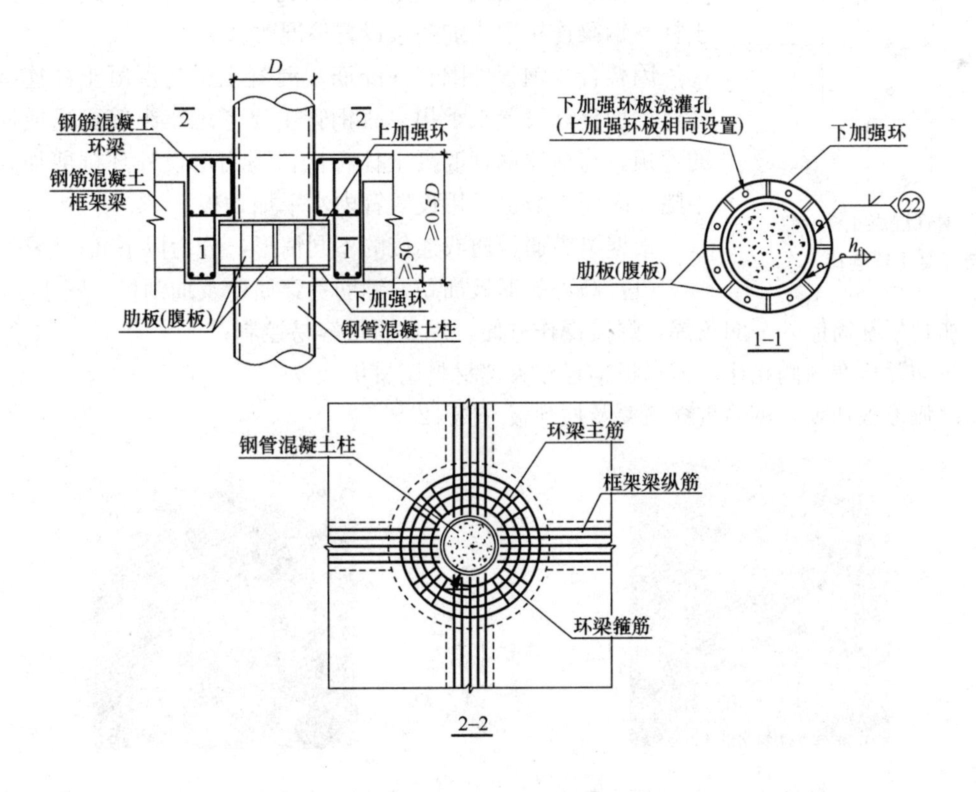

图 8　环梁-环形牛腿梁柱连接

3）若环梁宽度受限，则考虑梁钢筋贯通钢管柱（图 9），同时将外环加劲钢板宽度相应减小，增加梁端抗剪牛腿。

此时如钢牛腿仅起到抗剪作用，钢管柱已经存在外环加劲肋，可不设置管内水平加劲板；如需要将部分梁纵筋焊接于钢牛腿传递弯矩，则需考虑钢管柱内部增加水平加劲板。

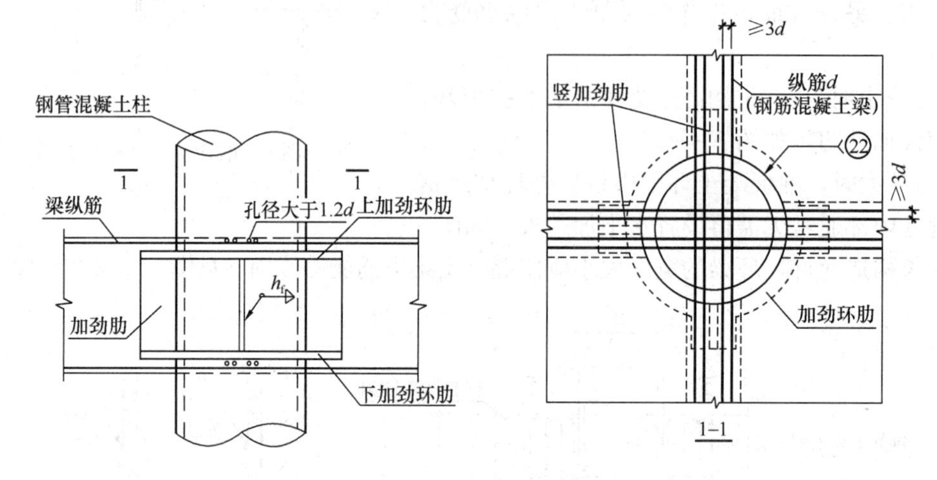

图 9　纵筋贯通式-环形牛腿梁柱连接

2.3　圆钢管混凝土叠合柱-混凝土梁

超高层项目外框柱采用钢管混凝土叠合柱，其构造一般是钢管柱内灌混凝土，外部包裹混凝土并按混凝土柱配筋，相应与叠合柱连接的楼面梁往往采用混凝土梁。如图 10 所示。

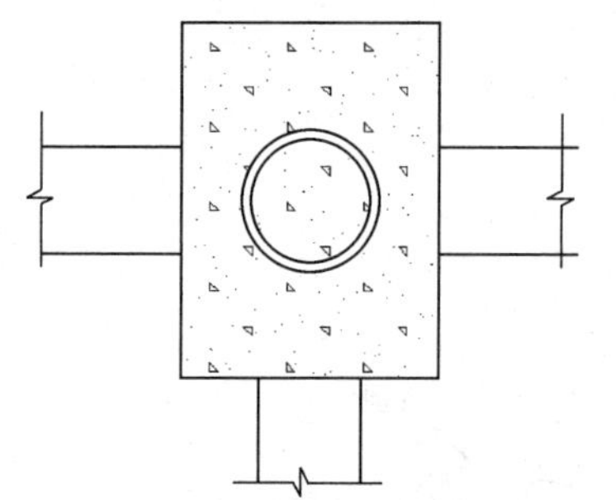

图 10　钢管混凝土叠合柱与混凝土梁连接

当楼面梁采用钢梁或劲性梁结构时，其连接形式与前述钢管混凝土柱与钢梁连接形式加劲板设置情况类似。

因叠合柱钢管外圈有柱配筋，混凝土梁与混凝土柱连接的剪力可通过增加箍筋设置来承担。故钢管主要考虑梁纵筋贯通或连接时传递的弯矩，与前述钢管混凝土柱相比，不用增设外环抗剪加劲肋或抗剪牛腿，因而一般也不用设置管内水平加劲板。

根据梁纵筋贯通或连接的不同情形，分为以下几种情况：

（1）筒外弧形板加劲，钢筋贯穿筒壁及加劲板（图 11）。

优点：加劲板在筒体外一圈角焊，焊接操作方便，焊接质量容易控制；

缺点：与加劲板在内侧相比，弧形板半径较大，材料用量更大。

（2）筒内弧形板加劲，钢筋贯穿筒壁及加劲板（图 12）。

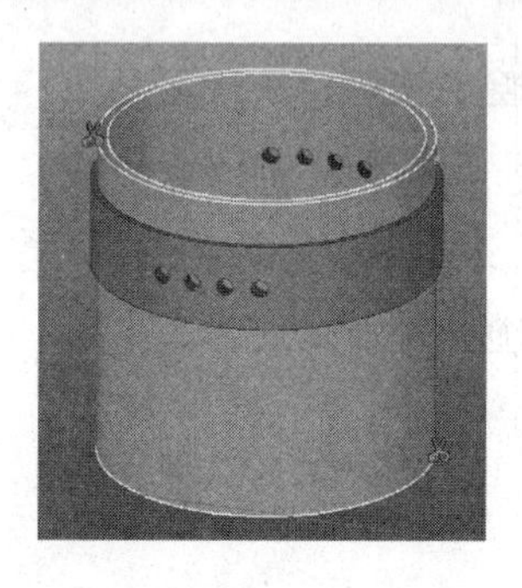

图 11　筒外弧形加劲板三维图示意

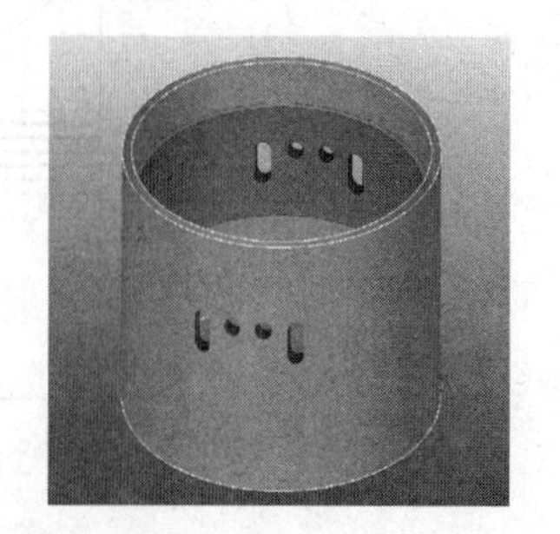

图 12　筒内弧形加劲板三维图示意

优点：与加劲板在外侧相比，弧形板半径较小，材料用量更小。

缺点：加劲板焊接需在圆管柱内完成，因考虑施焊空间要求，对圆管柱直径有要求；同时因在筒内焊接，操作和视线受限，焊接质量较难控制。

（3）当混凝土梁与柱三向相交时，梁顶筋或底筋与另一个方向的梁顶筋或底筋若均采用穿孔贯穿，钢筋会相撞，此时一个方向的梁钢筋与钢管柱采用连接板搭接，对应连接板需设置水平加劲环板（图 13）。

因钢管外需焊接连接板，对应钢筋穿孔的弧形加劲板需设置在钢管内侧，同时，水平加劲环板为避开弧形加劲板，需上下调整位置，设置原则为能够避开弧形加劲板，尽量与钢筋连接板对齐。

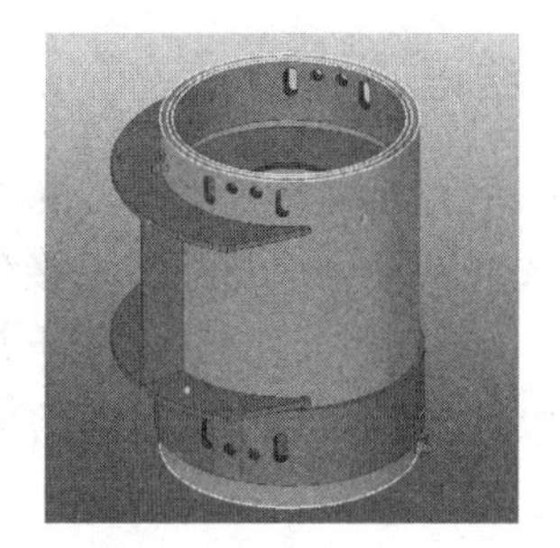

图 13 内外弧形板、内外环板加劲三维图示意

3 工程应用

3.1 圆钢管混凝土叠合柱

（1）综合上述对比分析，对于超高层建筑而言，在外框柱、外框梁设计方案选型时，若能在圆钢管混凝土柱和圆钢管混凝土叠合柱之间选择，在建筑高度等满足叠合柱结构的最大适用高度时，如表 1 所示（参见《钢管混凝土叠合柱结构技术规程》CECS 188—2005，P11，表 5.1.6），建议优先考虑叠合柱外框柱一混凝土外框梁结构，可有效减少抗剪键及加劲板的设置，降低工程造价。

叠合柱结构的最大适用高度（单位：m） **表 1**

结构类型	非抗震设计	抗震设防烈度			
		6 度	7 度	8 度	9 度
框架	70	60	55	45	25
框架-剪力墙	170	160	140	120	50
部分框支剪力墙	150	140	120	100	不应采用
框架-核心筒	220	210	180	140	70
筒中筒	300	280	230	170	80

（2）当圆钢管截面较小时，宜采用管外弧形加劲板。

（3）当圆钢管截面较大，宜优先考虑减少弧形板用料，采用管内弧形加劲板。

（4）当管外需焊接连接板时，同时有钢筋穿孔，需设置管内弧形加劲板，同时设置管内水平环板，为避开弧形加劲板，水平环板适当调整上下位置。

3.2 圆钢管混凝土柱

若在结构选型时，不适用叠合柱结构，需采用钢管混凝土柱时：

（1）楼面梁采用钢梁时

1）当圆钢管截面较大，直接连接的钢梁翼缘板平缓的情况下，宜采用管内水平环板加劲。

2）当不宜采用管内水平环板加劲时，应根据工程实际情况采用合适的管外环板加劲。

（2）楼面梁采用混凝土梁时

1）当钢管混凝土柱外允许设置环梁时，一般采用管外环形加劲板，提高抗剪承载力；兼具抗剪牛腿作用，且可以兼顾梁纵筋弯矩传递，不必贯穿钢管柱。

2）若建筑要求，柱外环梁宽度有限时，则考虑设置钢牛腿、外环加劲肋结合承担剪力，梁纵筋贯通传递弯矩。

3）当建筑不宜设置柱外环梁时，或考虑梁纵筋与钢牛腿连接传递弯矩时，则设置梁端钢牛腿抗剪键，采用管内水平加劲环板。

4 结语

钢管混凝土柱和钢管混凝土叠合柱结构中，加劲板的设置大量存在，根据本文分析探讨，在设计方案选型阶段合理选择，能够有效减少节点设计中钢材用量。

对于选定后的结构设计方案，针对钢管混凝土柱和钢管混凝土叠合柱与框架梁连接的节点设计，也可以结合本文分析探讨的结论选择经济合理的加劲板节点方案，能保证建筑结构安全的同时，又能有效降低施工难度和造价。

参考文献

[1] 钢管混凝土结构构造 06SG 524[S]. 北京：中国计划出版社，2006.
[2] 钢管混凝土结构技术规程 CECS 28—2012[S]. 北京：中国计划出版社，2012.
[3] 钢管混凝土叠合柱结构技术规程 CECS 188—2005[S]. 北京：中国计划出版社，2005.

屈曲约束支撑在某加固改造工程中的应用

张彦红，崔学宇，孙晓彦

（北京清华同衡规划设计研究院，北京　100085）

摘　要　北京某商住项目需改造为养老公寓，由于建筑功能的改变，导致使用荷载的增加，以及抗震相关规范的更新，经计算分析，原结构不满足现行抗震规范要求，需进行抗震加固。考虑到本项目施工工期紧张、外立面不可破坏等特点，采用了屈曲约束支撑（BRB）加固技术，屈曲约束支撑具有工艺简单，抗震性能好，施工快，经济性好等特点。本文通过对屈曲约束支撑在加固改造工程中弹性和弹塑性阶段的设计及施工方面的介绍说明，阐述了其结构布置特点、抗震性能及设计流程，对此类工程具有现实指导意义。

关键词　屈曲约束支撑；结构加固；抗震性能

1　工程概况

拟加固改造的工程位于北京市昌平区。原有建筑分为三个区，地下均为一层，其中一、三区为五层普通住宅（钢筋混凝土剪力墙结构），二区为三层配套商业（钢筋混凝土框架结构）。现改造为养老公寓，其中二区需要在楼面上增设走廊夹层、游泳池夹层（游泳池、泵房设备等）。新增走廊夹层平面图如图1所示，新增游泳池夹层的平面如图2所示。新增游泳池的重量约为1800kN；新增设备区楼面的恒荷载为5.5kN/m²、活荷载为8.0kN/m²；新增走廊楼面的恒荷载为5.5kN/m²、活荷载为3.5kN/m²。

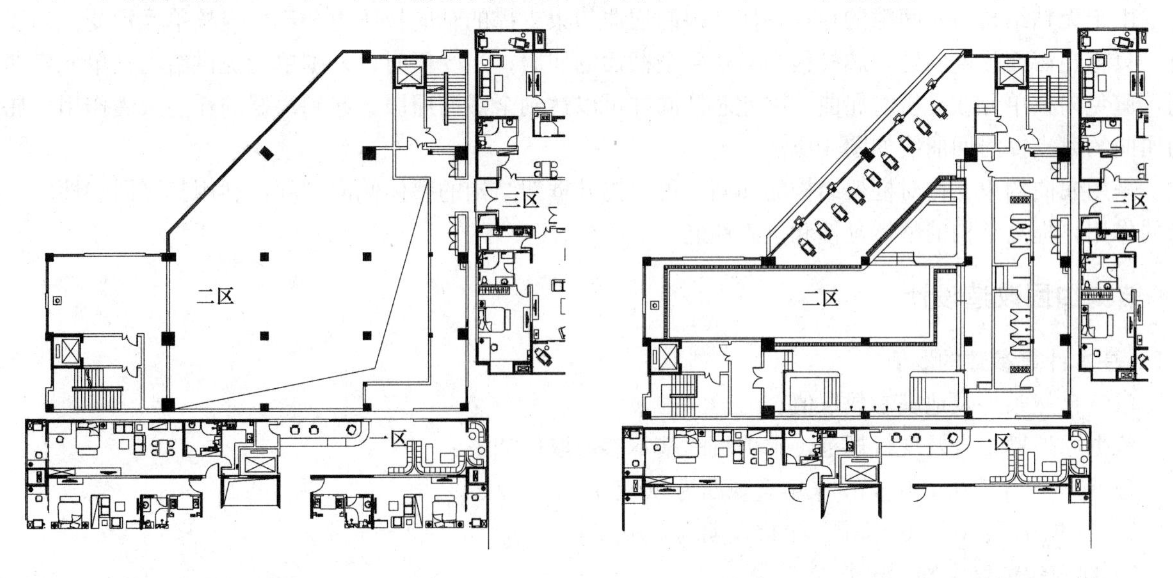

图1　新增走廊夹层平面图　　　　图2　新增游泳池夹层平面图

原结构按照《建筑抗震设计规范》GB 50011—2001设计，2010年结构竣工。近期进行改造，增加了游泳池等设备荷载后，按照《建筑抗震设计规范》GB 50011—2010验算，原结构的抗震性能及正常使用的承载能力均不满足现行规范的要求。若采用增加柱截面的方式，柱截面尺寸会增大较多，对建筑功能和立面影响较大。若采用增加剪力墙的方式，工程量较大，施工难度较高，工期上也难以保证。而采用屈曲约束支撑的方式进行加固改造是更为合理可靠的方案。

2 屈曲约束支撑技术概述

2.1 屈曲约束支撑的基本构成

屈曲约束支撑由核心单元、外围约束单元、滑动机制单元三部分构成。核心单元又称芯材，由低屈服点钢板制成，是主受力构件，主要承担轴向拉压力，核心单元常见截面形式有一字形、十字形、工字形、T 形等；外围约束单元即侧向支撑单元，一般由矩形（圆形）钢管填充混凝土或横隔板构成，主要为核心单元提供侧向约束，防止其整体或局部屈曲。滑动机制单元又称脱层单元，多由无粘结材料制作而成，其作用是为核心单元和外围约束单元之间提供滑动界面，防止因两者之间产生摩擦力而造成核心单元轴向力增加，使支撑受拉与受压力学性能近似。屈曲约束支撑的基本构造如图 3 所示。

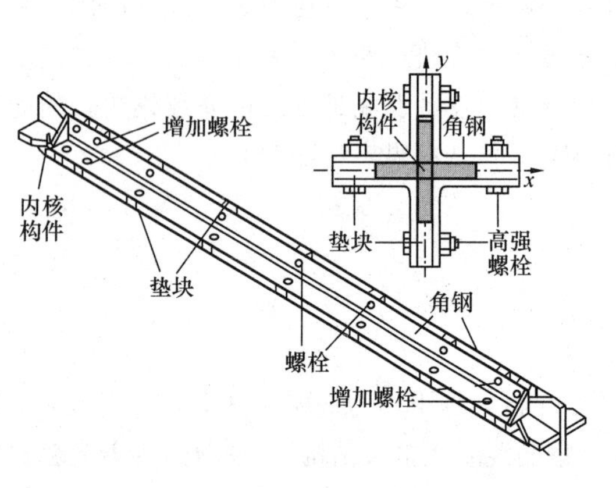

图 3 屈曲约束支撑基本构造

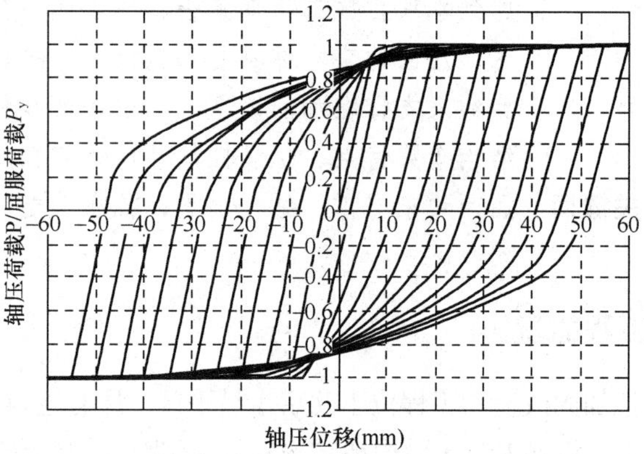

图 4 屈曲约束支撑滞回曲线

2.2 屈曲约束支撑的工作原理

由于无粘结材料和间隙的存在，使得限制屈曲约束支撑的轴向拉压力全部由内核单元承受。当受拉时，只存在截面强度问题，芯杆很容易达到全截面的屈服；当受压时，外围单元提供给内核单元弯曲限制，避免内核单元在受压时屈曲，因此芯杆同样可以达到全截面屈服，起到很好的耗能减震作用。屈曲的屈曲约束支撑滞回曲线如图 4 所示。

采用屈曲约束支撑对框架结构的加固，可以提升框架结构的整体侧向刚度，利用其滞回特性起到耗能的作用，提高结构的整体延性和抗震性能。

3 结构加固改造设计

3.1 基本计算参数的取值

（1）自然条件及地震参数取值

依据原地勘报告及现行规范，本项目的基本参数取值如下：

1）基本风压：0.45Kn/m^2（年重现期为 50 年）。

2）基本雪压：0.40Kn/m^2（年重现期为 50 年）。

3）地面粗糙度类别：B 类。

4）场地类别：Ⅲ类。

5）地震作用：抗震设防烈度：8 度；基本地震加速度：0.20g；地震分组：第一组。

6）特征周期：0.45s。

7）结构重要性系数：1.0。

（2）结构阻尼比取值

根据《建筑抗震设计规范》GB 50011—2010 的附录 G“钢支撑一混凝土框架和钢框架-钢筋混凝土核心筒结构房屋抗震设计要求”：钢支撑-混凝土框架结构在抗震计算时，结构的阻尼比不应大于 0.045，也可按混凝土框架部分和钢支撑部分在结构总变形能所占的比例折算为等效阻尼比。因此对于常规的承载型屈曲约束支撑，结构的阻尼比应取 0.045。

3.2 计算模型

电算采用中国建筑科学研究院编制的 PKPM 系列结构软件。

在 pmcad 建模时，屈曲约束支撑与定义普通钢支撑方法类似，按照“斜杆”进行定义。选取截面类型 7“箱型截面”（不要采用截面类型 1“实心矩形截面”，会导致计算异常）。截面定义为正方形，边长取为等效截面面积的平方根，壁厚取为截面四个方向的厚度取比宽度和高度的一半略小的数值，即箱型截面留出一个 1mm×1mm 的小空心，其对支撑刚度等方面的影响可以忽略不计。材料类别选择钢材。

结构荷载的取值根据改造后结构保持一致，在满足建筑要求的前提下，建筑装饰材料尽量选用密度较小的轻质材料，最大限度地降低结构自重。改造后的结构整体计算模型如图 5 所示。

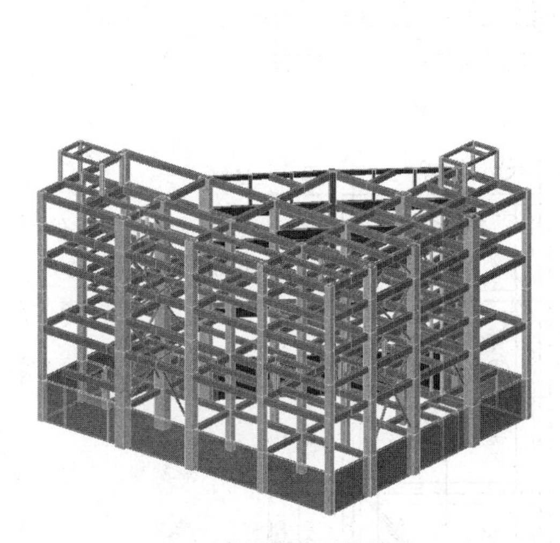

图 5　结构整体计算模型

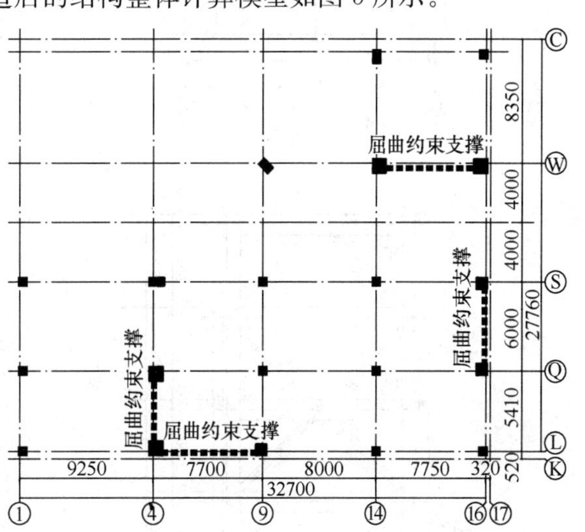

图 6　屈曲约束支撑平面布置图

由于原建筑外墙及楼梯均不能拆除，支撑的布置不能按常规那样布置在建筑的周边角部位置，靠近外墙处的梁柱加固就比较难处理，增加支撑后仅个别外围柱通过室内单侧增加截面即可满足，屈曲约束支撑平面布置图如图 6 所示，屈曲约束支撑立面布置图如图 7 所示。

3.3 计算分析结果

通过原结构不进行加固的计算结果与增加屈曲约束支撑加固后的计算结果进行分析。

（1）结构的自振周期及周期比如表 1 所示。

结构的自振周期及周期比　　**表 1**

振型号	原结构不加固			增加屈曲约束支撑		
	周期（s）	平动系数（X+Y）	扭转系数	周期（s）	平动系数（X+Y）	扭转系数
1	0.8693	0.88（0.70+0.18）	0.12	0.4532	0.87（0.50+0.38）	0.13
2	0.8242	1.00（0.21+0.79）	0.00	0.4366	0.94（0.32+0.62）	0.06
3	0.7765	0.13（0.09+0.04）	0.87	0.3607	0.20（0.19+0.01）	0.80

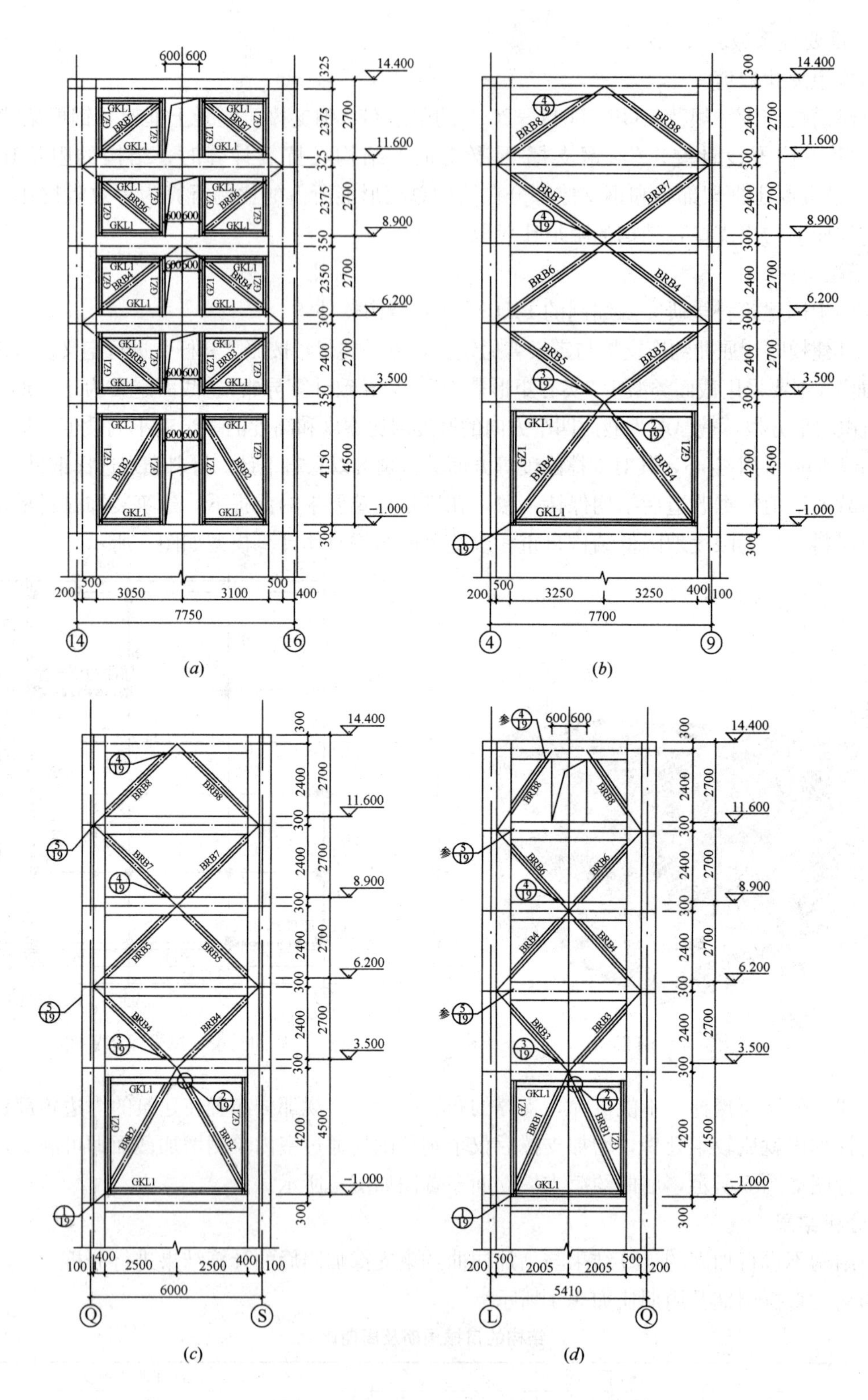

图 7　屈曲约束支撑立面布置图

(*a*) W 轴；(*b*) L 轴；(*c*) 16 轴；(*d*) 4 轴

由于增加了屈曲约束支撑，结构的整体刚度提高，周期明显变小。

未加固前，原结构的平动第一周期与扭转第一周期之比 0.7765/0.08693＝0.893，较为接近 0.90 的规范限值。在增加屈曲约束支撑之后，平动第一周期与扭转第一周期之比 0.3607/0.4532＝0.796，小于 0.90 的规范限值。说明结构具备了较强的抗扭刚度，在地震作用下的扭转效应不明显。

（2）结构的弹性层间位移角及位移比如表 2 所示。

结构的弹性层间位移角及位移比 **表 2**

	X 向位移角	Y 向位移角	X 向位移比	Y 向位移比
原结构不加固	1/404	1/462	1.21	1.17
增加屈曲约束支撑	1/952	1/1000	1.28	1.18

根据《建筑抗震设计规范》GB 50011—2010 的附录 G“钢支撑-混凝土框架和钢框架-钢筋混凝土核心筒结构房屋抗震设计要求”：钢支撑-混凝土框架结构在抗震计算时，钢支撑-混凝土框架的层间位移限值，宜按框架和框架-抗震墙结构进行线性内插。不能仅按框架结构的位移角的限值 1/550 来判定结构的抗侧刚度满足规范要求。本项目框架支撑结构位移比限值如表 3 所示。

框架支撑结构位移比限值 **表 3**

框架结构	框架支撑结构中支撑所占倾覆力矩	框架-抗震墙结构
0	65%	100%
层间位移角	层间位移角	层间位移角
550	713	800

结构在多遇地震作用下（考虑双向地震），X 方向的最大层间位移角为 1/952，Y 方向的最大层间位移角为 1/1000，均满足钢筋混凝土框架支撑结构弹性层间位移角限值 1/713 的要求。

（3）加固后的结构振型图

增加屈曲约束支撑后的结构的第 1 振型、第 2 振型基本为平动，第 3 振型为扭转。振型图如图 8 所示。

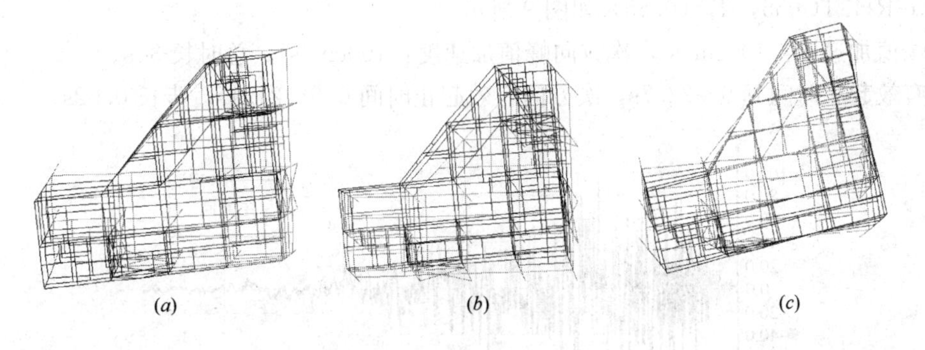

图 8　增加屈曲约束支撑的振型图

(*a*) 第 1 振型；(*b*) 第 2 振型；(*c*) 第 3 振型

（4）底层地震倾覆力矩及柱底剪力

原结构不加固与增加屈曲约束支撑在规定水平力下框架柱及支撑在底层地震倾覆力矩及柱底剪力如表 4 所示。

框架柱及支撑的倾覆力矩及柱底剪力 **表 4**

项目名称	方向	原结构不加固	增加屈曲约束支撑	
		框架柱	框架柱	支撑
倾覆力矩（百分比）	X	35223.5 (100.00%)	18685.5 (34.75%)	35085.1 (65.25%)
	Y	37954.1 (100.00%)	24193.9 (39.98%)	36322.9 (60.02%)

续表

项目名称	方向	原结构不加固	增加屈曲约束支撑	
		框架柱	框架柱	支撑
柱底剪力（百分比）	*X*	3016.4 (100.00%)	1822.5 (41.52%)	2566.5 (58.48%)
	Y	3232.1 (100.00%)	2241.0 (44.37%)	2810.1 (55.63%)

增加的屈曲约束支撑承担了55%～65%的底层地震倾覆力矩和剪力，属于强支撑的框撑结构，支撑起到了主要的抗震作用。

原结构的框架部分承担了35%～45%的地震作用，经分析核对，大部分原构件尺寸和配筋都能满足设计要求，无需进行大范围的抗震加固，仅少量框架柱在底层需要加固，使用功能改变范围内的梁需加固。

4 弹塑性分析结果

4.1 地震波的选择

罕遇地震下的弹塑性时程分析采用了1条人工波和2条天然波，主要计算参数如下：主方向最大峰值加速度：$A_{maxX}=400$ (cm/s^2)，次方向最大峰值加速度：$A_{maxY}=340$ (cm/s^2)，不考虑竖向地震作用。结构阻尼比为0.06。计算最大时长为50s，计算最小步长为0.005s。

（1）人工波

ArtWave-RH3TG055，T_g（0.55）如图9所示。

主方向峰值加速度：100cm/s^2，次方向峰值加速度：100cm/s^2，总时长30s。

主方向有效起止时间0.9～22.7s，次方向有效起止时间0.8～21.1s，步长0.02s。

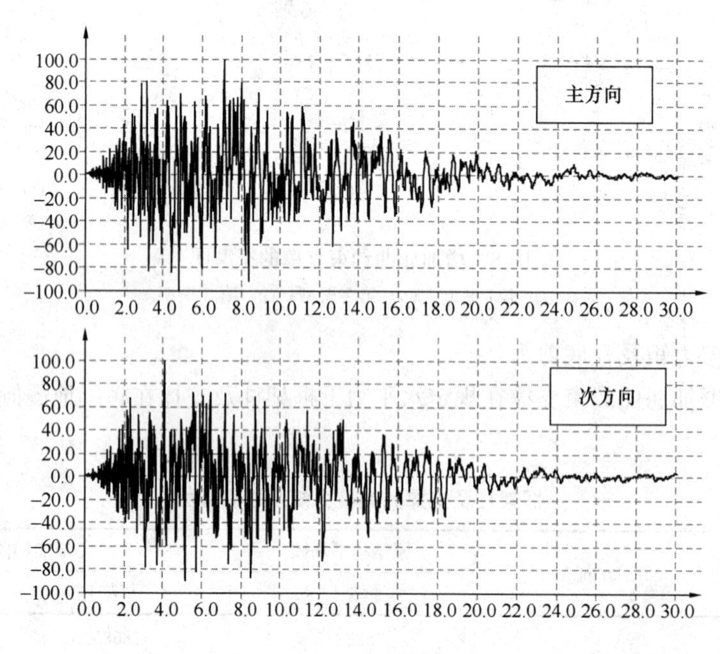

图9 ArtWave-RH3TG055

（2）天然波

1）Chi-Chi，Taiwan-06 _ NO _ 3292，T_g（0.58）如图10所示。

主方向峰值加速度：38cm/s^2，次方向峰值加速度：51cm/s^2，总时长50s。
主方向有效起止时间3.5～36.3s，次方向有效起止时间11～30.8s，步长0.005s。

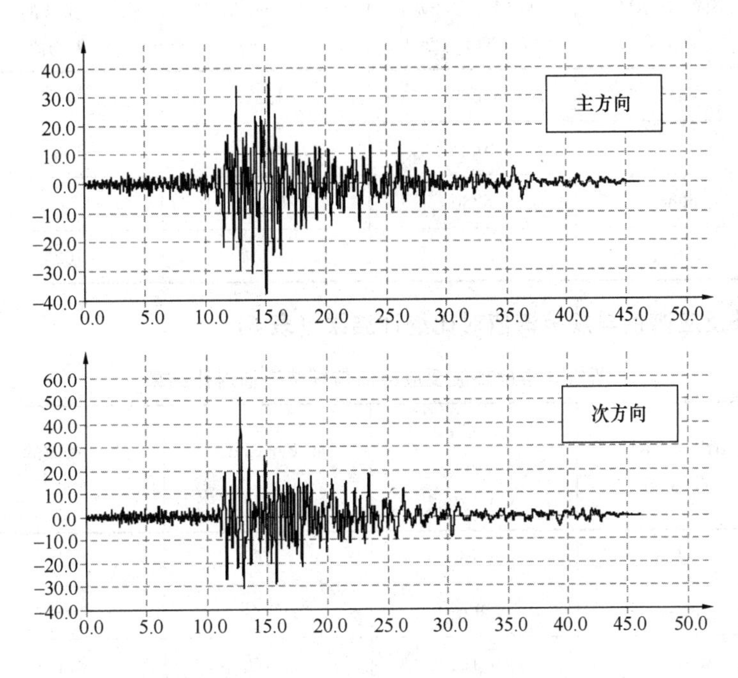

图10　Chi-Chi，Taiwan-06 _ NO _ 3292

2）San Fernando _ NO _ 57，T_g（0.55）如图11所示。
主方向峰值加速度：238cm/s^2，次方向峰值加速度：324cm/s^2，总时长30s。
主方向有效起止时间0.3～22.6s，次方向有效起止时间0.4～19.9s，步长0.01s。

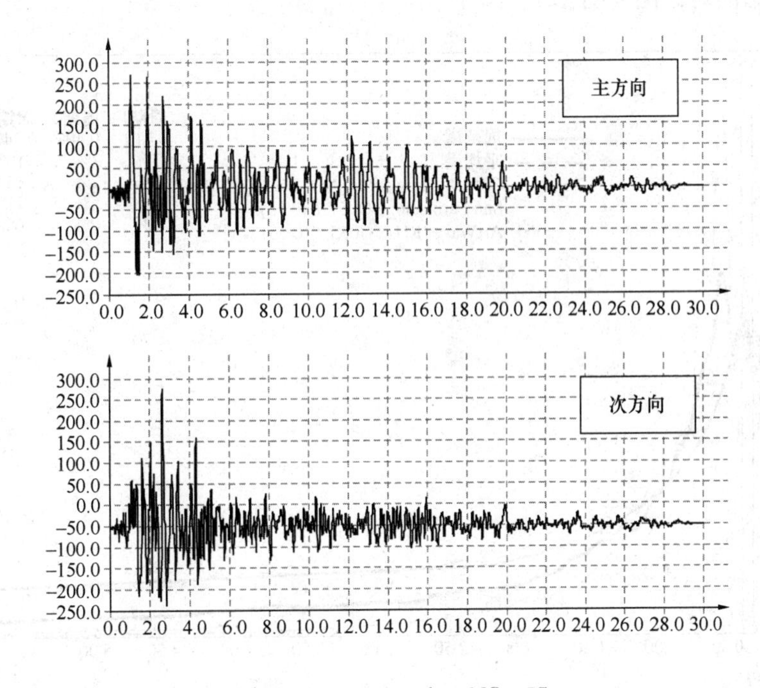

图11　San Fernando _ NO _ 57

4.2 所选 3 条地震波与反应谱法基底剪力统计比较（表 5）

所选 3 条地震波与反应谱法基底剪力对比 表 5

地震波名称	ArtWave-RH 3TG055	Chi-Chi，Taiwan-06 _ NO _ 3292	San Fernando _ NO _ 57	3 条波的平均值	振型分解反应谱法
X 向剪力（kN）	4441	4889	4624	4637	4532
与反应谱法比值	97%	107%	102%	102%	100%
Y 向剪力（kN）	5088	5280	5186	5184	5070
与反应谱法比值	100%	104%	102%	102%	100%

4.3 所选 3 条地震波反应谱值与规范谱值对比统计结果（表 6）

所选 3 条地震波反应谱值与规范谱值对比结果 表 6

地震波名称	ArtWave-RH 3TG055	Chi-Chi，Taiwan-06 _ NO _ 3292	San Fernando _ NO _ 57	3 条波的平均值	振型分解反应谱法
第一周期谱值	0.163	0.163	0.162	0.163	0.160
与反应谱法比值	99%	99%	99%	101%	100%
第二周期谱值	0.158	0.161	0.166	0.162	0.160
与反应谱法比值	99%	100%	96%	101%	100%
第三周期谱值	0.148	0.136	0.139	0.141	0.160
与反应谱法比值	93%	86%	87%	89%	100%

4.4 规范谱与反应谱的对比图（图 12）

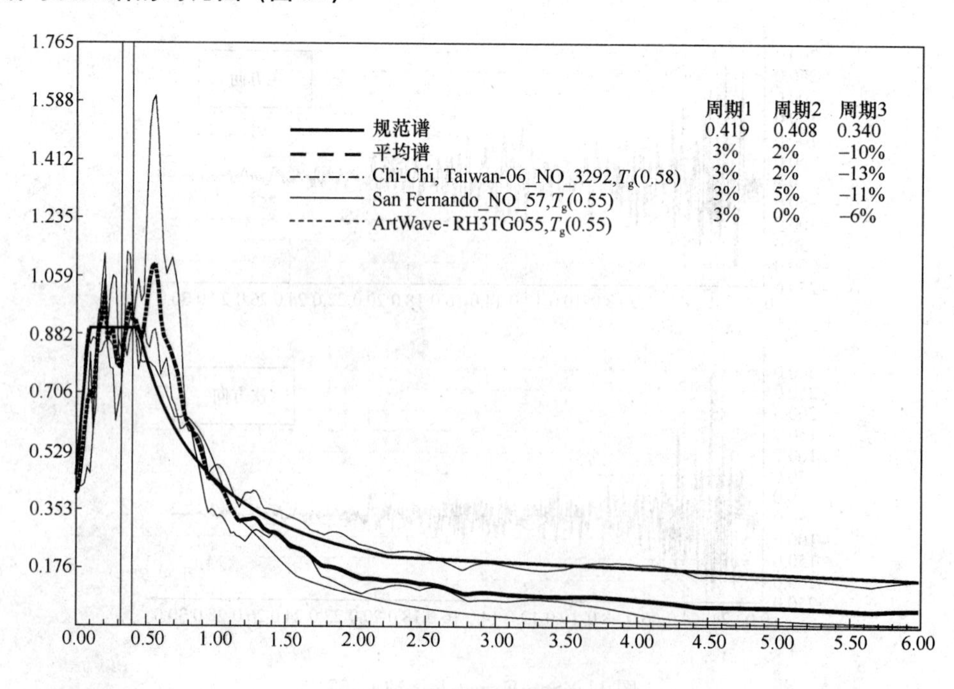

图 12 反应谱与时程波对比图

4.5 位移、位移角、剪力、弯矩曲线图（图 13～图 16）

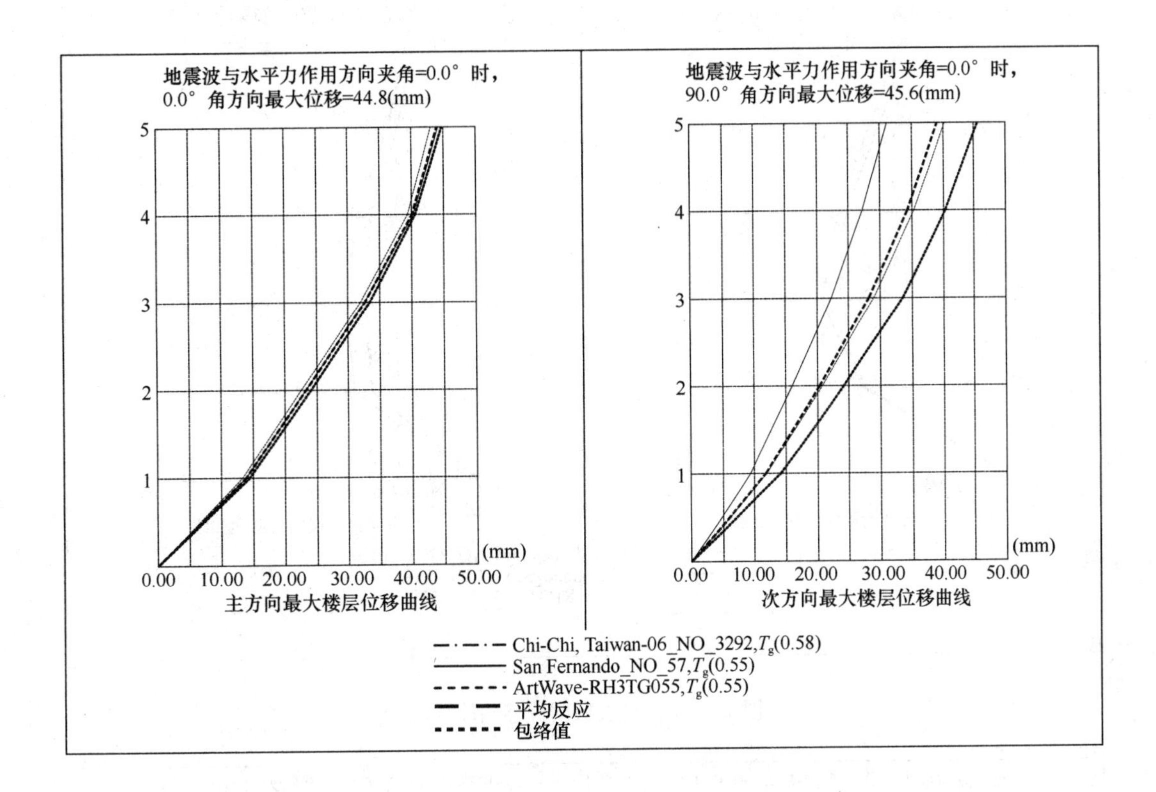

图 13　X 向最大楼层位移曲线图

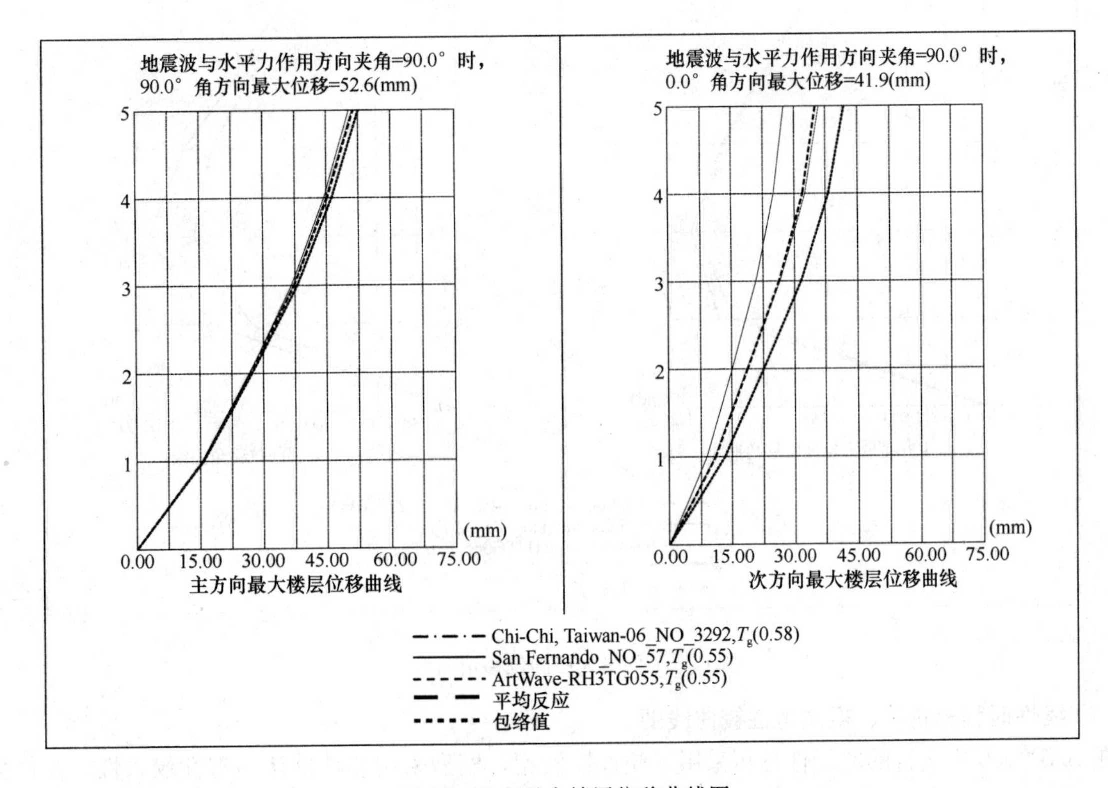

图 14　Y 向最大楼层位移曲线图

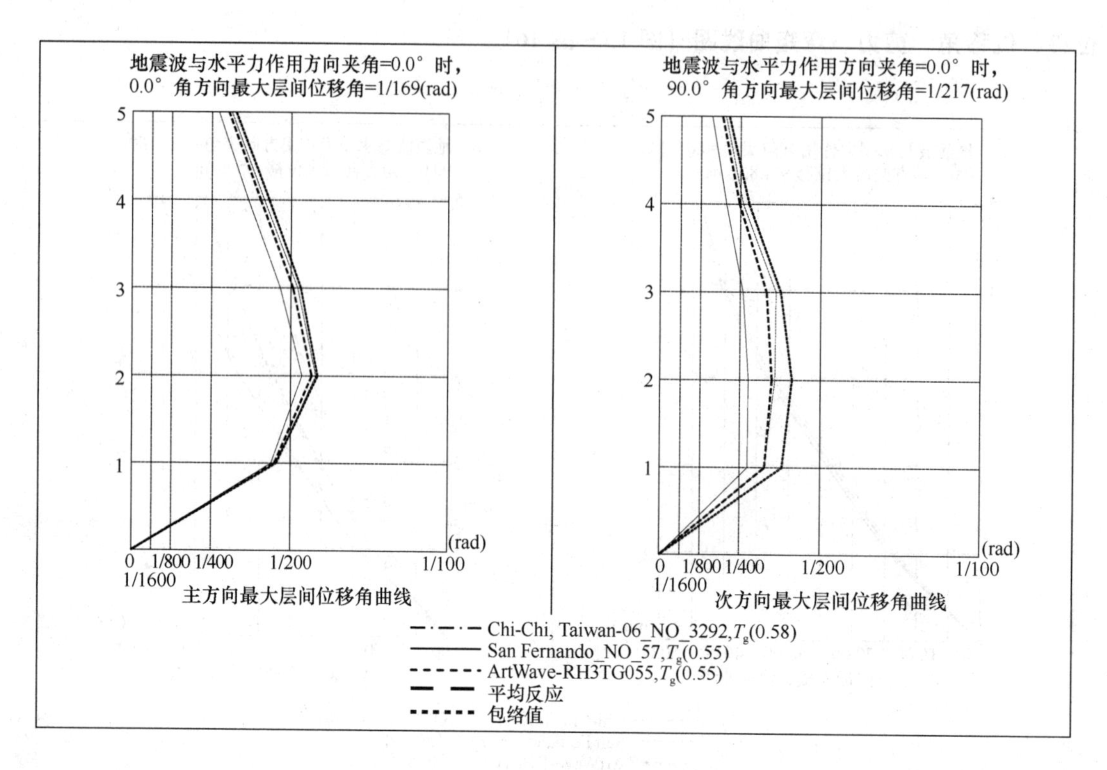

图 15　X 向最大层间位移角曲线图

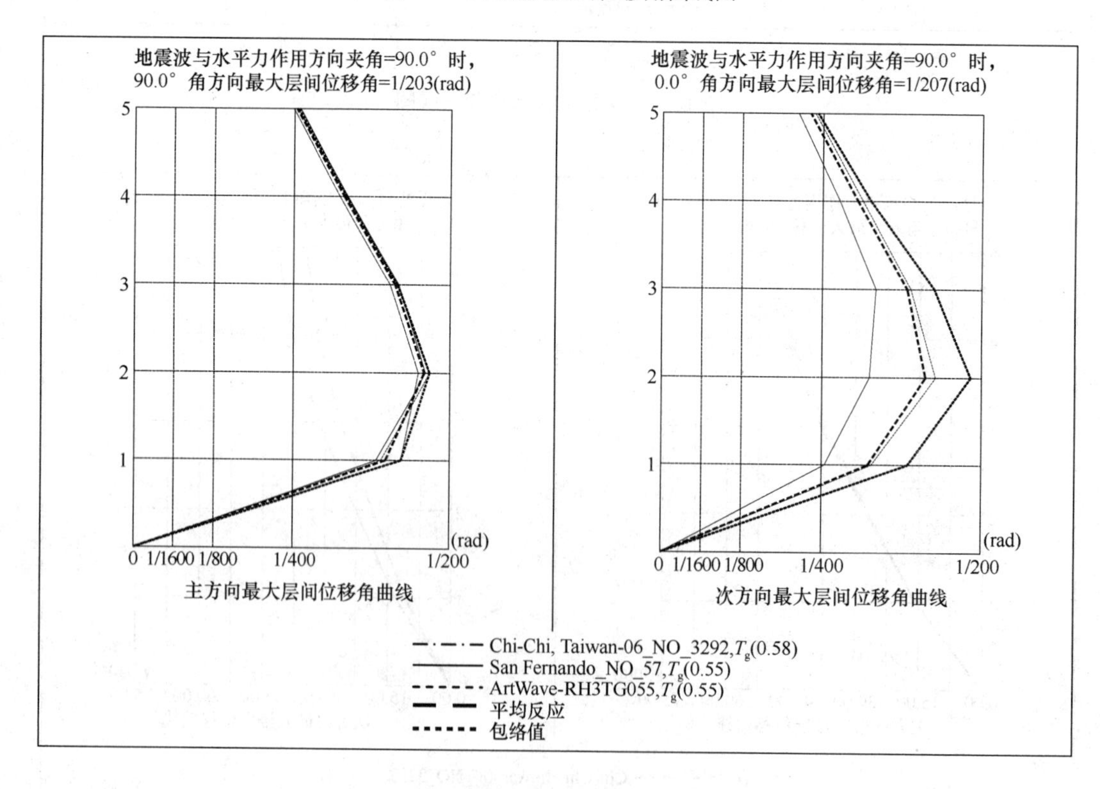

图 16　Y 向最大层间位移角曲线图

4.6　非线性时程分析柱、梁端塑性铰曲线图

在 SAP2000 中进行的非线性分析采用了塑性铰模型，模型采用软件默认的塑性铰属性。在框架梁两端分别定义了 M3 和 V2 塑性铰，在框架柱两端定义了 P-M2-M3 塑性铰，铰的类型均为“变形控制”。屈曲约束支撑采用 Plastic(Wen)连接单元进行模拟，此单元具有与支撑类似的滞回性能，能够较

为准确的模拟带支撑结构在地震作用下的承载能力和耗能特性。进行非线性时程分析后，典型柱端和两端的塑性铰曲线形式如图 17、图 18 所示。

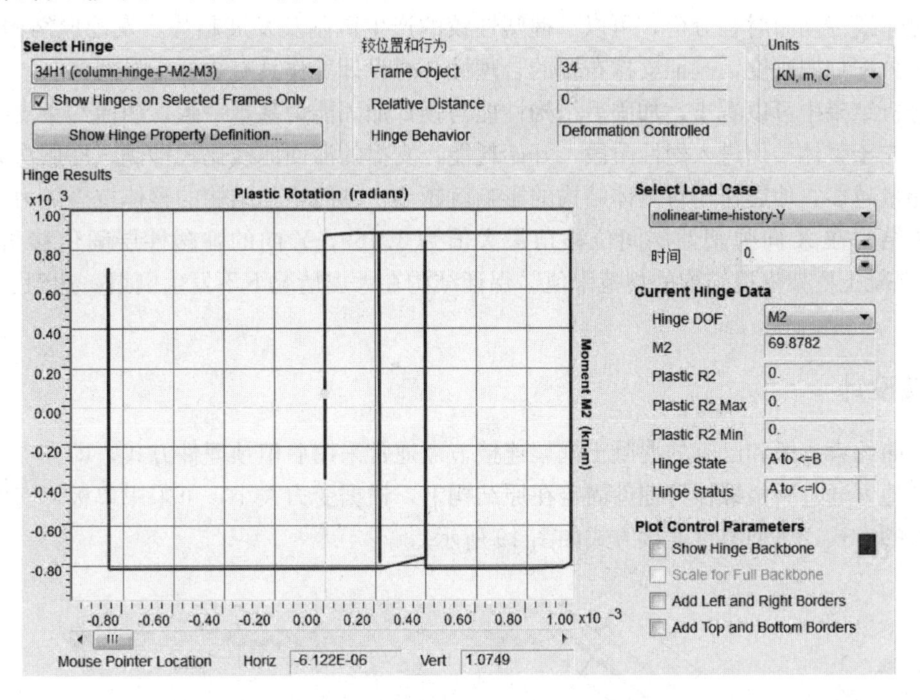

图 17 非线性时程分析柱端塑性铰曲线图

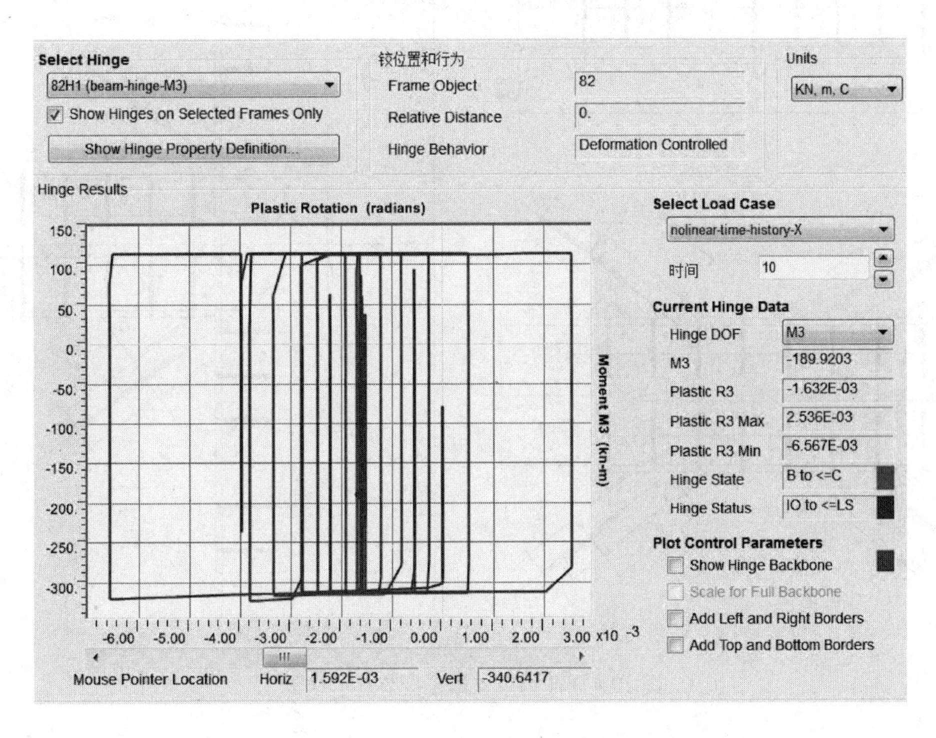

图 18 非线性时程分析梁端塑性铰曲线图

4.7 结果分析

（1）1 条人工波和 2 条天然波的时程曲线在 X、Y 方向计算得所得的结构底部剪力都不小于振型分解反应谱法计算结果的 65%，也不大于 135%。3 条地震波在 X、Y 方向计算所得的结构底部剪力的平均值不小于振型分解反应谱法计算结果的 80%，也不大于 120%。3 条地震波时程曲线的平均地震影响系数曲线与振型分解反应谱法所采用的地震影响系数曲线在统计意义上基本相符，所选地震波均能满足现行规范的相关规定。

（2）通过非线性动力时程分析，可以掌握塑性铰的产生机制及发展趋势，发现原结构的薄弱部位，按照塑性目标分配加固刚度，验证支撑布置的合理性，对设计工作具有重要指导意义。

（3）从分析结果中可以看出，加固后结构性能与预计加固能力基本一致，屈曲约束支撑作为抗震的第一道防线，先于整体结构进入塑性阶段，开始耗能，支撑的滞回曲线比较饱满、屈服次数越多，表明支撑吸收的能量越多，地震作用对主体结构的影响就越小，越能增强结构的整体抗震能力。

（4）整体结构在 X 向弹塑性层间位移角最大值为 1/169，Y 向的弹塑性层间位移角最大值为 1/207，均满足混凝土框架支撑结构的规范限值。保证结构在大震情况下不发生倒塌，达到了“大震不倒”的设计原则。

5 节点连接设计

传统的屈曲约束支撑和已有的混凝土框架连接节点通常采用后植预埋件方式，即在支撑端部和混凝土框架连接的地方通过后植螺栓将埋件固定在原结构上，根据受力大小，可采用单板，三面包钢板，甚至四面包钢板的方式，典型节点连接方式如图 19 所示。

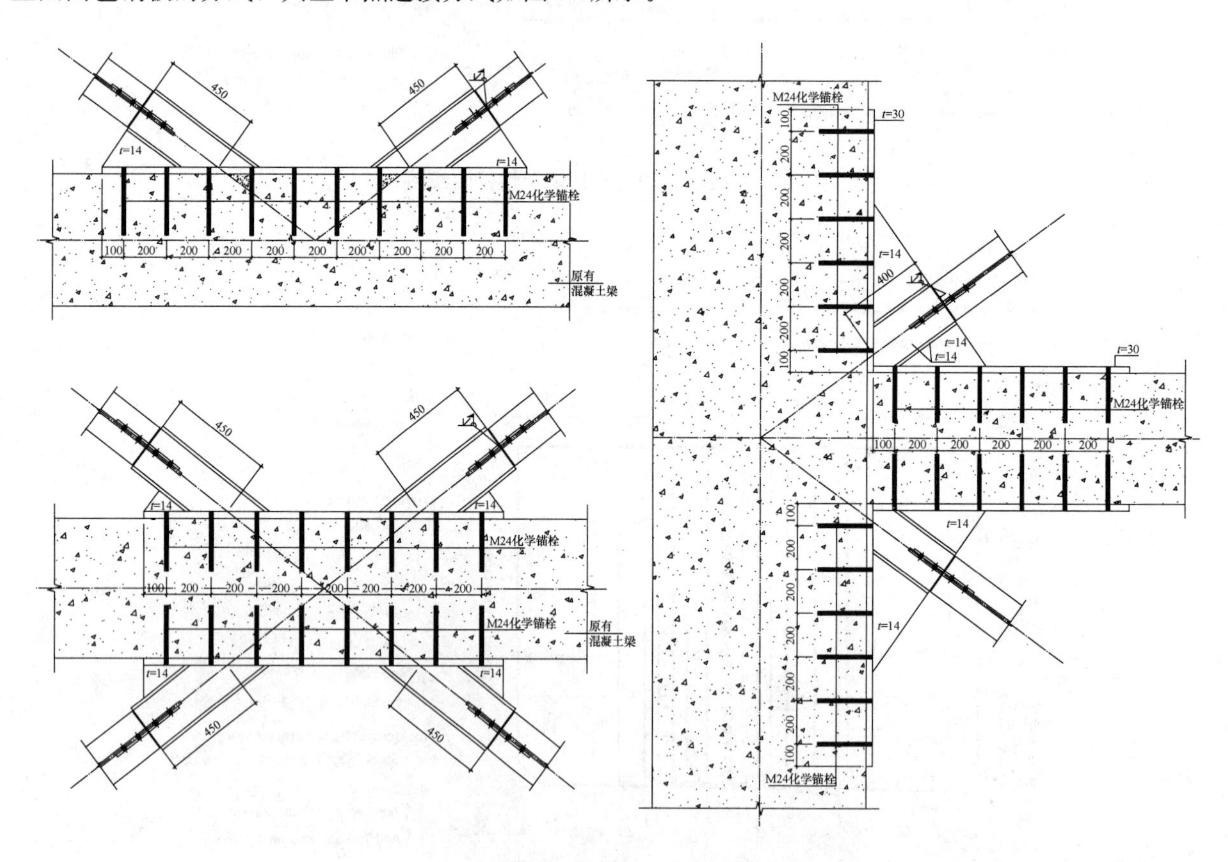

图 19 屈曲约束支撑连接节点示意图

6 安装、检验

6.1 施工步骤

施工前准备→施工前检查→垂直运输→水平运输→误差消除→起吊→临时固定→校正→最终固定。

6.2 进场检验

产品选购时，屈曲约束支撑制造商应对产品进行力学性能试验，并提供相关的检验报告。屈曲约束支撑部件应具备稳定的、可重复的滞回性能，要求一次 1/300，1/200，1/150，1/100 支撑长度的拉伸和压缩往复各三次变形下，支撑要有稳定饱满的滞回曲线，屈曲约束支撑的主要设计指标误差和衰减量不应超过 15％。

产品进场时，检验人员要认真阅读其说明书和产品检验报告，对其中所述的性能要认真核对。外观通过目视来检查，看其是否有损伤、生锈等不正常的现象，对不符合要求的防屈曲支撑一律进行修正或返厂处理。

6.3 安装顺序

应遵循“先节点后构件、先柱后梁、先螺栓后焊接、先框架后支撑”的原则。当原有框架，尤其是连接屈曲约束支撑的结构构件和节点强度不足时，应先对主体结构进行加固。当采用外贴式或内嵌式加固技术措施时，应先安装附加框架在安装屈曲约束支撑。

6.4 施工检查

施工阶段的检查的目的是控制工程质量，保证屈曲约束支撑安全有效的工作。支撑安装时通过目视的方法，检查其安装精度是否在标准值以内，螺栓是否有松弛脱落现象、外观是否有受损等情况出现。检查支撑与建筑物的位置关系，确保支撑在移动范围内没有障碍物，保证其在地震作用下能正常工作。

6.5 竣工检查

竣工时对防屈曲耗能的外观和建筑的位置关系这两项进行目视检查。

7 结语

随着屈曲约束支撑在国内的多年使用，屈曲约束支撑在抗震加固改造中的使用也会越来越多，其优秀的自身稳定性和良好的滞回性能，保证其在受压过程中不会出现屈曲失稳，起到了结构保险丝的功效。

(1) 通过对增加屈曲约束支撑的整体结构分析，使用屈曲约束支撑后框架结构的抗震性能大幅提升，支撑作为抗震的第一道防线，承担了大部分的底层地震倾覆力矩和剪力，达到了多道防线、多重防护的设计理念。

(2) 弹性状态下屈曲约束支撑提供了结构的整体抗侧刚度，框架结构的整体抗侧刚度提升明显，针对侧向刚度较弱，弹性层间位移角不满足规范要求的结构，增加屈曲约束支撑后可使其满足规范要求。

(3) 弹塑性状态下屈曲约束支撑能够率先进入屈服耗能阶段，在地震下先于框架受力，保护了主体结构，增加框架结构的抗震性能和安全储备。

(4) 采用屈曲约束支撑加固技术比增大柱截面或增加剪力墙等传统方式大大降低了混凝土的作业量，减少了原有构件的加固工程量，因而能简化了工流程，降低施工难度，节省工期，有效较少了工程造价。有利于满足绿色建筑设计的理念，顺应了建设节约型社会的趋势。

参考文献

[1] 中华人民共和国国家标准. 钢结构设计规范 GB 50017—2003[S]. 北京：中国建筑工业出版社，2003.
[2] 中华人民共和国国家标准. 建筑抗震设计规范 GB 50011—2010[S]. 北京：中国建筑工业出版社，2010.
[3] 中华人民共和国国家标准. 建筑消能减震技术规程 JGJ 297—2013[S]. 北京：中国建筑工业出版社，2013.
[4] 中华人民共和国国家标准. 混凝土结构加固设计规范 GB 50367—2013[S]. 北京：中国建筑工业出版社，2013.
[5] 中华人民共和国国家标准. 建筑抗震加固技术规程 JGJ 116—2009[S]. 北京：中国建筑工业出版社，2009.
[6] 郭彦林，刘建彬，蔡益燕，邓科. 结构的耗能减震与防屈曲支撑[J]. 建筑结构，2005，35(8)：18-23.

钢结构建筑用关节轴承设计与计算的研究

贾尚瑞，刘中华

（浙江精工钢结构集团有限公司，绍兴 312030）

摘 要 从钢结构建筑用关节轴承节点的工作原理、关节轴承类型和材质的选择、关节轴承节点的设计计算以及关节轴承的安装设计四个方面，详细介绍了建筑用关节轴承设计与计算的关键要点，可为建筑用关节轴承节点的设计计算提供借鉴和参考。

关键词 关节轴承；工作原理；节点设计；安装

在钢结构建筑中，节点在整体结构中起到连接构件和传递荷载的作用，其重要性不言而喻。随着各种新型结构体系的不断涌现，结构的连接形式日益多样化，要求有些节点需具备空间转动和传力的特性。传统的销轴式铰接节点只能实现单方向转动，对于受力复杂的空间结构体系，往往需要两个方向甚至多个方向的自由转动；而关节轴承以其优良的承载性能和可以实现多方向转动的性能，从机械行业逐渐被应用到建筑行业上。由于建筑上节点受力、环境特点与机械行业有较大差别，因而建筑用关节轴承的设计和计算也存在部分差距。

建筑用关节轴承主要有三种：向心关节轴承、角接触关节轴承、推力关节轴承。目前绝大多数建筑用关节轴承均为向心关节轴承，其他两种关节轴承只有在建筑结构的特殊节点处才会用到；本文仅以向心关节轴承进行研究。

1 关节轴承的工作原理

关节轴承是一种球面滑动轴承，主要是由一个外球面内圈和一个内球面外圈组成。因为关节轴承的球形滑动接触面大，允许的倾斜角大，且多数关节轴承采用了特殊的工艺处理，如表面磷化、镀铬、滑动面衬里及镶垫等，因此具有承受较大载荷与抗冲击的能力，并且具有良好的抗腐蚀、耐磨损、自调心和润滑好等特点。关节轴承能承受较大的负荷，根据其不同的类型和结构，可以承受径向负荷、轴向负荷或径向、轴向同时存在的联合负荷。关节轴承一般用于速度较低的摆动运动（即角运动），由于滑动表面为球面形，亦可在一定角度范围内作倾斜运动（即调心运动），在支承轴与轴壳孔不同心度较大时，仍能正常工作。

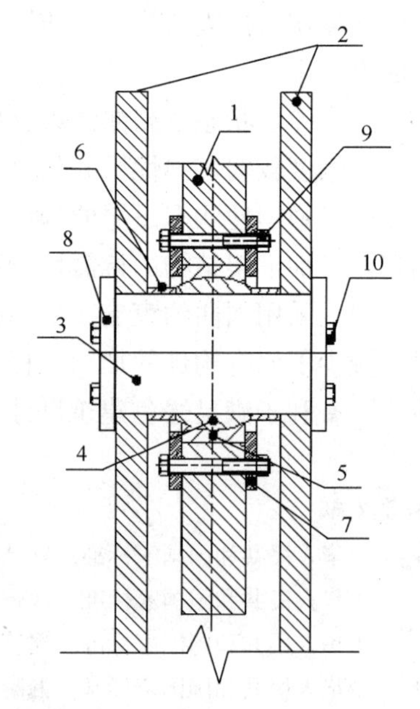

图1 向心关节轴承组装节点图
1—中耳板；2—外耳板；3—销轴；4—轴承内圈；5—轴承外圈；6—轴承定位套；7—轴承压盖；8—销轴盖板；9—固定轴承压盖板螺栓；10—固定销轴盖板螺栓

如图1所示为建筑用向心关节轴承组装节点图。本文所述的关节轴承仅为轴承内圈4和轴承外圈5组成的摩擦副。

图1中中耳板1与结构连接，外耳板2与支座连接。结构传递给中耳板的力有水平力（轴向力）、竖向力（径向力），以及转角。各力的传力路径如下：

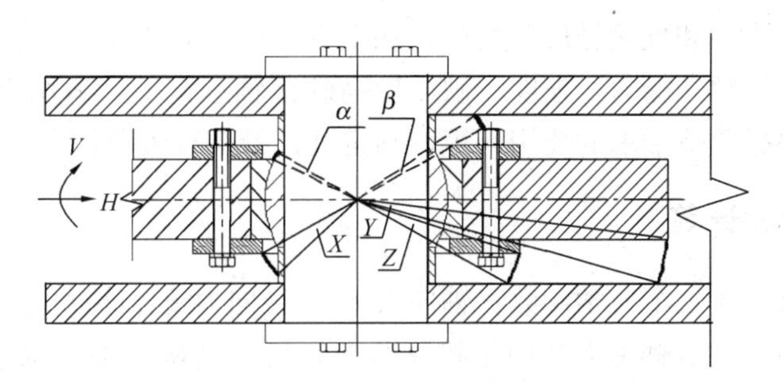

图 2 向心关节轴承转角释放示意图

径向力的传递路径：

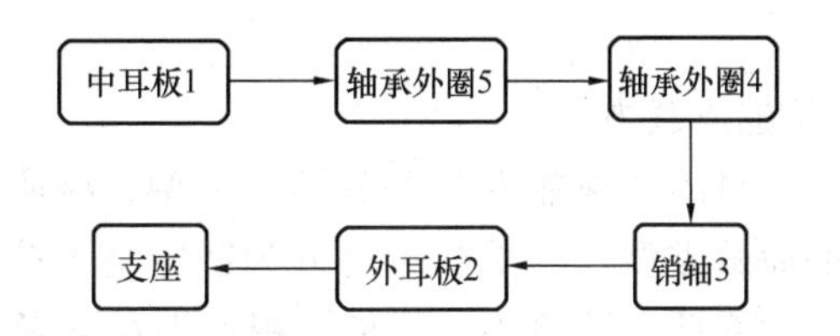

轴向力的传递路径：

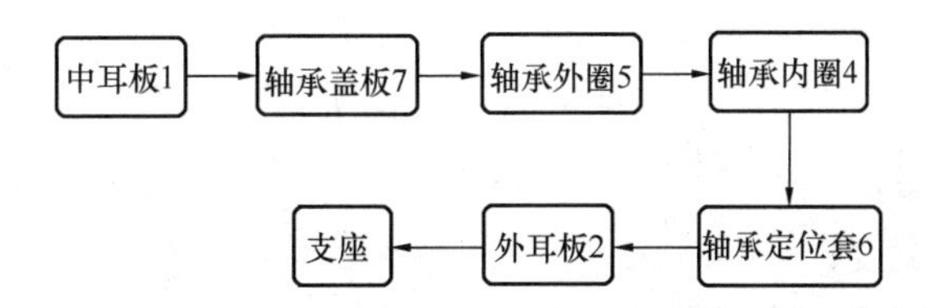

关节轴承转角的释放：如图 2 中所示，垂直于纸面方向的转角（即 H 方向），通过轴承内圈 4 与轴承外圈 5 之间的转动实现转角的释放；该方向如果没有结构干涉，可以实现任意转角的释放。图 2 中竖直方向的转角（即 V 方向），也是通过轴承内圈 4 与轴承外圈 5 之间的转动实现转角的释放，但该方向转角大小主要受到图中 α 和 β 角大小的限制，其 V 方向最大转角通常为 min（α，β），一般其值可达 $3°\sim15°$。同时也需复核 X、Y、Z 转角的大小不得超过 min（α，β）。

2 关节轴承的选用

2.1 关节轴承类型的选择

向心关节轴承有两种类型：润滑型关节轴承和自润滑型关节轴承。润滑型关节轴承一般需不定期给关节轴承添加润滑剂，润滑槽和润滑孔一般位于外圈中间部位，或者位于内圈与销轴连接表面中心处；由于建筑上关节轴承结构节点的特点，在其安装完成后，两处都无法添加润滑剂。自润滑型关节轴承是在关节轴承内圈和外圈之间增加一层滑移材料，如 PTFE 复合材料、PTFE 编织物、PTFE 塑料等，可以减小关节轴承内外圈相对转动时的摩擦系数，工作中不需维护。

自润滑型关节轴承存在价格较高（比润滑性关节轴承高 20%左右）、加工工期较长，同时其承载力也相对较小的问题，根据以往建筑用关节轴承情况，考虑到建筑上关节轴承转动频率和幅度均很小，其内部润滑油挥发比较慢，同时即使在无润滑油的情况下，因其低频率和幅度较小的转动，润滑性关节轴承也能满足其使用要求。故而在设计无特殊要求的情况下，建议采用润滑性关节轴承，以节约成本，缩短加工工期。

2.2 关节轴承材质的选择

关节轴承一般由轴承钢经热处理后精密加工而成，常用轴承钢种类主要有高碳铬轴承钢、不锈钢轴承钢、渗碳轴承钢、高温轴承钢和中碳轴承钢。建筑中常用的轴承钢主要为前两种，对比两种材质，高碳铬轴承钢具有良好的耐磨性和抗接触疲劳性能，加工性能较好，价格也较便宜，但抗腐蚀性能较差；不锈轴承钢，具有较强的抗锈蚀能力，强度、硬度较高碳铬轴承钢低，适用于低负荷、低转速的轴承，但价格较高。建筑上可根据关节轴承的使用环境，确定其选择何种关节轴承材质。

3 关节轴承节点的设计计算

建筑用关节轴承节点包含三个力学参数：轴向力 F_x、径向力 F_t、转角 α，如图 3 所示。

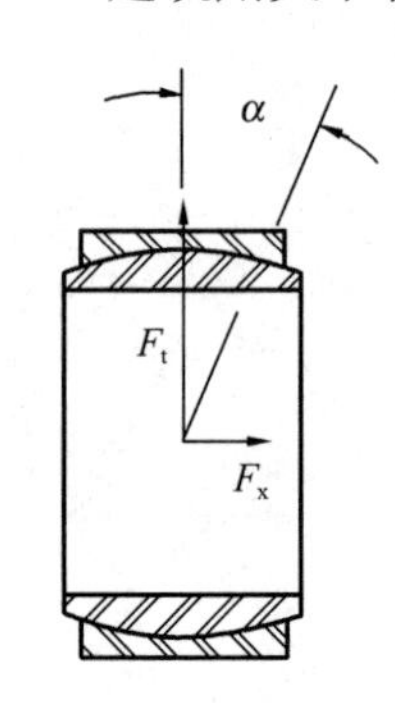

图 3 关节轴承力学参数示意图

由于关节轴承大多用于机械行业，机械结构中关节轴承的受力状态相对比较简单，但用于建筑中的关节轴承受力状态相对比较复杂，可能出现的受力状态比较多，节点中除关节轴承外其他配件的设计，往往未能考虑到建筑特性所可能产生的特殊工作状态；对于按机械结构常规的构造措施进行配件的设计并不能满足建筑特殊要求。

3.1 关节轴承的承载力

关节轴承本身的承载能力与关节轴承类型、材质以及尺寸、游隙等有关。根据关节轴承受的荷载类型，其承载力可分为额定动载荷和额定静载荷；建筑上用关节轴承因其运动频率低，转角小，可将其视作静荷载考虑。《关节轴承　额定静载荷》JB/T 8567—2010 中规定，向心关节轴承径向额定静载荷在基本游隙下计算公式如下：

$$F_r = f_s \cdot C \cdot d_k$$

式中　f_s——额定静载荷模量；

C——关节轴承外圈宽度；

d_k——关节轴承内外圈滑动球面直径。

其中 f_s取值与轴承材料、结构形式、径向游隙等因素有关，可根据表 1 为进行取值。

向心关节轴承的 f_s值（N/mm^2）　　**表 1**

滑动球面直径范围（mm）	f_s			
	摩擦副材料			
	钢/钢	钢/铜	钢/PTFE 织物	钢/PTFE 复合物
$5<d_k\leqslant100$	425	125	242	225
$100<d_k\leqslant200$	428	126	244	226
$200<d_k\leqslant300$	430	130	246	228
$300<d_k\leqslant400$	430	130	250	230
$400<d_k\leqslant500$	435	130	261	231
$500<d_k\leqslant700$	454	130	268	232
$700<d_k\leqslant1000$	468	130	278	233
$1000<d_k\leqslant1200$	475	130	284	—

当关节轴承承受径向和轴向联合静荷载时，其径向当量额定静荷载为：

$$F'_r = X_s \cdot F_r$$

式中　系数 X_s与 F_a/F_v有关，其取值见表 2；

F_a——轴向荷载；

F_v——径向荷载。

X_s取值表 **表 2**

F_a/F_v	0	0.1	0.2	0.3	0.4
X_s	1.00	1.30	1.70	2.45	3.50

建筑用关节轴承，因考虑到安装精度及焊接收缩等影响，一般内外圈游隙组是选择比基本组游隙较大的游隙组，按照上述公式计算的关节轴承额定静载荷应进行相应的折减，折减系数可取0.8。

3.2 构造螺栓的设计计算

关节轴承节点上共有两处构造螺栓：固定轴承压盖板螺栓9和固定销轴盖板螺栓10，两处螺栓均布于一个圆上。为保证节点盖板受力均匀，构造上轴承压盖板螺栓不宜少于6颗，销轴盖板螺栓不宜少于3颗。

轴承压盖板螺栓通过轴承压盖将中耳板和轴承外圈固定在一起，使其在承受轴向力时，中耳板将轴向力传递给A侧轴承压盖（设中耳板两侧轴承压盖为A、B两侧），A侧轴承压盖通过螺栓将轴向力传递给B侧轴承压盖，然后B侧轴承压盖将轴向力传递给轴承外圈。可见，在轴承压盖板螺栓设计时（承压型高强度螺栓），其承载力不得小于轴向设计荷载；同时，考虑到关节轴承控制转角α，螺栓承载力应能满足：

$$n \cdot N_t^b \cdot \cos\alpha \geqslant F_x$$

其中单颗螺栓承载力：

$$N_t^b = \frac{\pi d_e^2}{4} f_t^b$$

式中 n——轴承压盖板上螺栓数量；

d_e——螺栓螺杆的有效截面直径；

f_t^b——螺栓抗拉强度设计值。

与轴承压盖板螺栓类似，销轴压盖板螺栓将销轴压盖与销轴固定在一起，在轴向力荷载通过轴承定位套传递到A侧外耳板时（设两块外耳板位置分别为A侧、B侧），通过变形协调，A侧外耳板通过销轴压盖和销轴将一部分轴向力传递到B侧外耳板。若销轴压盖与外耳板之间有间隙，A侧外耳板只有在轴向力作用下变形到与销轴压盖接触，才能将部分轴向力荷载传递到B侧外耳板上，故为了使两侧外耳板受力均匀，设计时销轴的长度一般比两侧外耳板外边缘的间距小1～2mm，以便通过销轴压盖板螺栓（承压型高强度螺栓）将销轴压盖与外耳板无间隙相连，同时是还存在一定的预紧力。销轴压盖板螺栓的计算同轴承压盖板螺栓，但无需考虑转角。

3.3 盖板的设计计算

在轴向力作用下，轴承压盖板和销轴盖板的受力相似，轴承压盖板（销轴盖板）在距离螺栓L_2（L_1）处为其与轴承外圈（外耳板）之间接触压力的合力位置，即接触宽度的中心点，如图4所示。盖板受力最不利位置为螺栓孔直径截面处，该截面处受有弯矩和剪力，其厚度需满足以下条件：

$$\tau = \frac{F_x S}{It} = 1.5 \times \bar{\tau} = 1.5 \times \frac{F_x}{A_e} \leqslant f_v$$

$$\sigma = \frac{M}{W} = \frac{F_x \cdot L_i}{W} \leqslant f$$

$$\sqrt{\sigma^2 + 3\tau^2} \leqslant 1.1 f$$

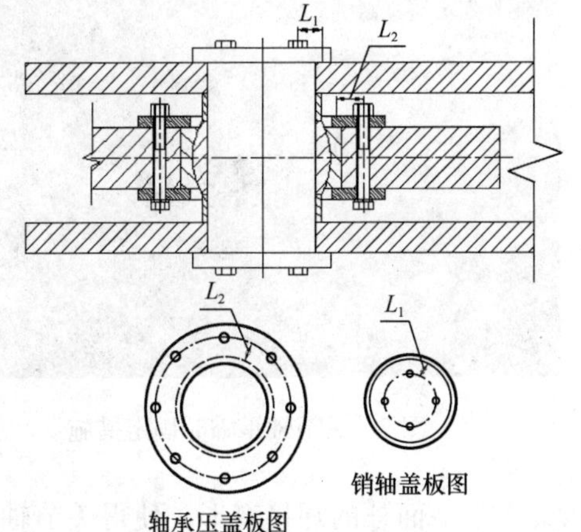

图4 盖板强度计算示意图

设螺栓孔直径为d，螺栓群处直径为D，盖板厚度为t，螺栓数量为n，则：

$$A_e=(\pi D-nd)\cdot t$$

$$W=\frac{bh^2}{6}=\frac{(\pi D-nd)\cdot t^2}{6}$$

3.4 销轴耳板的设计计算

销轴耳板的设计计算与常规的销轴节点相同，这方面的节点设计计算已比较成熟，这里不再赘述。但在中耳板设计时，需注意其上开设的螺栓孔位置宜避开中耳板承载力验算的危险截面，避免螺栓孔削弱中耳板的强度。

4 关节轴承的安装设计

因为关节轴承工作精度要求较高，其外部与中耳板、内部与销轴之间间隙很小，不大于 0.5mm；故而为了便于安装，销轴和中耳板孔的端面宜有一个 10°～20°的引导角，使得轴承和销轴比较容易装入，且不会因为轴承的倾斜而损坏了安装表面，如图 5 所示。

关节轴承安装时需用卡板或圆形套筒顶住关节轴承外圈，然后用通过推动卡板或套筒均匀的将关节轴承安装于耳板上，不可用锤直接敲打关节轴承，如图 6 所示。

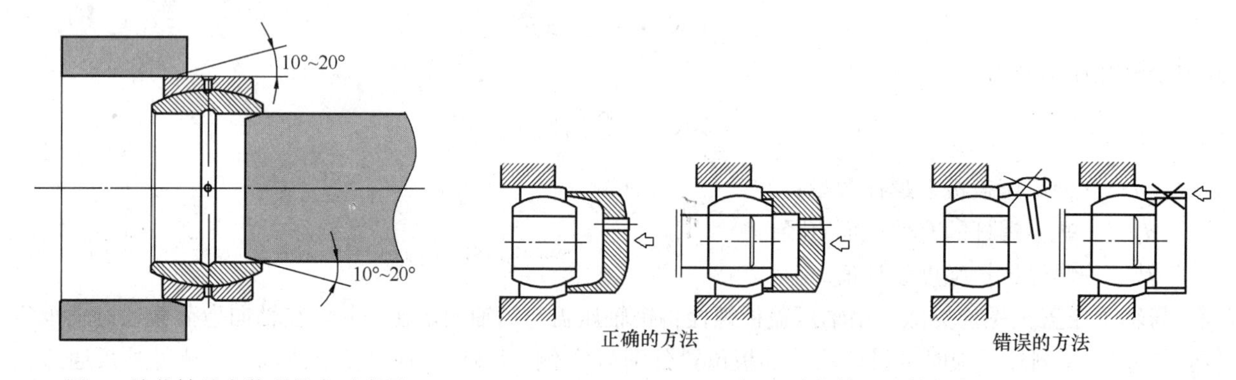

图 5 关节轴承安装引导角示意图

图 6 关节轴承安装方法

关节轴承很多情况下在工厂组装，然后运输到工地现场与结构构件进行焊接，在工厂组装后，需采用临固定措施，防止运输和吊装过程中关节轴承的超旋转而破坏，同时也便于现场安装，安装完成后在撤除临时固定措施，如图 7 所示。

图 7 关节轴承临时固定措施

由于关节轴承节点的高精度性，在其安装过程中首先需要将关节轴承组装完成后与一端构件焊接在一起，最后再将另一端剩余外耳板（或中耳板），焊接到预埋件或者已安装构件上。由于关节轴承内部组成部件上间隙很小，对于水平方向放置的关节轴承，其一端已与固定结构连接，而另一端与固定埋板或固定构件焊接时会产生焊接收缩，当板厚较大焊接收缩超过轴承内部间隙时，会使得关节轴承受荷增加，设计该类关节轴承节点时，宜采用螺栓连接节点或增大关节轴承设计承载力。对于竖向放置关节轴承节点，在最后安装焊接时，其上部一般为自由端，没有焊接收缩应力的影响，但若最后为两块外耳板与埋板焊接，由于焊接的影响，外耳板可能会产生平面外的焊接变形，使得关节轴承轴向力增加，在设计时宜采用一块封板首先与双耳板焊接完成后，再组装关节轴承，最后仅为封板与预埋件的焊接，从而避免增加关节轴承轴向受力。

5 结语

本文通过建筑用关节轴承节点的工作原理、关节轴承类型和材质的选择、关节轴承节点的设计计算以及关节轴承的安装设计四个方面，详细介绍了建筑用关节轴承设计与计算的关键要点，可为建筑上关节轴承节点的设计与计算提供借鉴与参考。

参考文献

[1] 中华人民共和国国家标准. 关节轴承分类 GB/T 304.1—2002[S]. 北京：中国标准出版社，2003.
[2] 中华人民共和国国家标准. 关节轴承-向心关节轴承 GB/T 9163—2001[S]. 北京：中国标准出版社，2002.
[3] 中华人民共和国机械行业标准. 关节轴承　额定静载荷 JB/T 8567—2010[S]. 北京：中华人民共和国工业和信息化部，2010.
[4] 中华人民共和国国家标准. 钢结构设计规范 GB 50017—2003[S]. 北京：中国建筑工业出版社，2003.
[5] 王帅. 向心关节轴承球铰接点的受力性能研究[D]. 上海：同济大学土木工程学院，2008.
[6] 李星荣，魏才昂，丁峙崐等. 钢结构连接节点设计手册[M]. 北京：中国建筑工业出版社，2005.

焊接机器人在建筑钢结构制造中的应用

刘春波，贺明玄

（宝钢钢构有限公司，上海 201999）

摘 要 本文通过分析建筑钢结构构件结构形式复杂多样、小批量、无重复构件、焊接接头形式多样、零部件、装配控制精度不高等特点，对焊接机器人应用提出快速编程满足多样结构形式、要有丰富强大的焊接工艺数据库、对零件、装配偏差具有高适应性等具体要求。现有焊接机器人已经具备成熟的接触传感和电弧跟踪功能，具有离线编程软件，可实现厚板坡口焊接，已经具备在建筑钢结构构件实现自动焊接的技术基础。通过对焊接机器人系统的设备选型、硬件配置、快速编程软件开发以及焊接工艺数据库的积累，实现了建筑钢结构构件机器人自动焊接。经综合对比分析，机器人焊接相比人工焊接具有效率更高、质量更稳定等优势，具备全面推广的技术条件。

关键词 建筑钢结构；焊接机器人；制造

1 前言

随着德国“工业 4.0”及《中国制造 2025》的热议，智能制造在钢结构的应用也逐渐成为钢结构行业技术发展的必然趋势。工信部曾指出，《中国制造 2025》和德国“工业 4.0”一样，都是基于信息技术和先进制造业的结合、互联网＋先进制造业，来带动整个新一轮制造业发展；不同的地方主要是两国工业发展的阶段不同——德国基本上实现了“3.0”，中国还有很大差距，甚至有的企业还要补“2.0”到“3.0”这一课。而建筑钢结构领域就属于需要补课的行业。

工业机器人作为自动化生产的延伸和智能化制造的基础，已经在制造业各领域推广应用。

汽车制造行业对机器人的应用自 20 世纪 70 年代初开始，1970 年首次采用点焊机器人，9 年后弧焊机器人开始在汽车生产线推广使用。纵观中国工业机器人市场，汽车行业仍然是工业机器人的主要消费市场，据国际机器人联合会统计，2014 年在华销售的工业机器人有 38％运用在汽车行业，数量达 21106 台。

在焊接结构部件占整个机器重量 50％～70％的工程机械产品中，通过使用弧焊机器人，确保整个焊接过程的稳定性与焊接质量，降低工人的工作强度，优化工作环境。特别是近几年工程机械制造行业焊接机器人技术的迅速全面推广，以及部分先进企业打算通过 PCS 系统及 MES 系统的引入研究，全面推进工程机械制造的智能化。由于工程机械在厚板焊接及结构形式与钢结构有一定的相似性，非常值得我们借鉴学习。

在同属钢结构产品的桥梁钢结构领域，焊接机器人的发展也已经非常成熟。举世瞩目的港珠澳大桥制造中，其 U 肋板单元和横隔板单元大量使用焊接机器人，焊缝一次探伤合格率达到 99.89％。

焊接机器人在建筑钢结构安装施工的现场焊接中，也有诸多尝试和应用。北京石油化工学院自 2000 年完成国家 863 项目“球罐智能焊接机器人研究”，在国内外率先研制成全位置行走智能焊接机器人，其中无导轨的球罐焊接机器人与管道焊接机器人能直接在球罐、管道等工件表面爬行，实现光电实时跟踪多层多道全位置焊接。同时研制出激光跟踪全位置焊接机器人，并成功应用于国家体育场“奥运鸟巢工程”的建设施工中。上海机施公司在上海中心大厦项目钢结构施工中，采用焊接机器人完成了22F伸臂桁架斜腹杆、66F伸臂桁架上弦杆以及阻尼器质量箱焊接，在相同位置和条件下与手工焊接方法相比较，具有明显的优势。

2 建筑钢结构构件焊接的特点和要求

2.1 建筑钢结构产品的特点

虽然工程机械部件和建筑钢结构构件同为厚板坡口焊接，桥梁钢结构的U肋板单元也属于典型的钢结构形式，但对于建筑钢结构制造的机器人焊接来说，还是有建筑钢结构自身的特点。

（1）小批量、无重复构件

建筑钢结构相对汽车制造、工程机械行业，最大的特点就是没有批量，或者相同构件数量很少且所占比例很小。

（2）结构形式复杂多样

建筑结构形式的多样导致钢结构产品结构类型也是五花八门，除了典型的异形钢结构外，常见钢结构的构件类型基本可分为柱、梁、支撑、桁架等，每种构件的主体截面一般又可归纳为H型钢、箱形、十字、圆管等多种形式。

（3）焊接接头形式多样

由于建筑钢结构钢板厚度范围较大，再结合搭接、角接、对接等焊接接头形式，可形成薄板的单道角焊缝到厚板的多层多道坡口熔透焊缝等各种焊接要求。

（4）零部件、装配控制精度不高

目前建筑钢结构零部件下料以火焰和等离子切割为主，部件组装和构件总体装配以画线定位和人工装配为主，基本没有复杂精准的工装胎架。由于传统钢结构制造基本以手工装配、焊接为主，对零部件的下料切割精度和装配偏差、装配间隙要求不高，在标准允许公差范围内即可。

2.2 对机器人焊接的要求

基于上述特点，建筑钢结构产品制造对机器人焊接应用具有特定的要求：

（1）快速编程满足多样结构形式

建筑钢结构小批量无重复构件的特点要求焊接机器人在做焊前准备工作的时间要短，即焊接编程与设备焊接实施时间的比值要尽量小。虽然几乎所有焊接机器人都具有离线编程的功能，可避免占用设备工作时间，但从焊接效率和人工成本的角度分析，也不允许编程时间过长。这就要求开发一种快速、高效的智能编程系统。

（2）要有丰富强大的焊接工艺数据库

焊接机器人的工作主程序为焊枪空间行走轨迹，同时在行走轨迹上还需附加电流、电压、枪姿、摆动等焊接工艺参数；为满足快速编程的要求，需要提前储备丰富的焊接工艺数据库。由于钢板厚度范围大、接头形式多样，再加上母材材质、焊材类型等影响因素，一个可满足大部分建筑钢结构焊接要求的机器人焊接工艺数据库的规模是惊人的。

（3）对零件、装配偏差具有高适应性

钢结构装配的主要偏差体现在：零部件切割边缘平直度和角度精度不高、装配定位和间隙偏差较大，焊缝的位置和宽窄一致性不高，并且在焊接过程中，先焊接的焊缝产生的变形会作用在构件上，使后焊接的焊缝偏离组对时的位置，为了保证焊接质量，要求机器人能够在焊接时自动找正焊缝的起始位置和正确的方向。

3 焊接机器人应用的技术基础

在桥梁、工程机械等行业的结构件焊接中，因为存在工件尺寸、板厚较大，焊接坡口加工、工件组对精度较差的问题，为了取得良好的焊接效果，需要机器人具有相当于人类的视觉、触觉等传感跟踪功能——即跟踪纠偏功能。焊接机器人系统通过接触传感器、电弧传感器以及激光跟踪传感器等设备，可实现焊接起始点寻位和焊缝跟踪等功能（图1）。

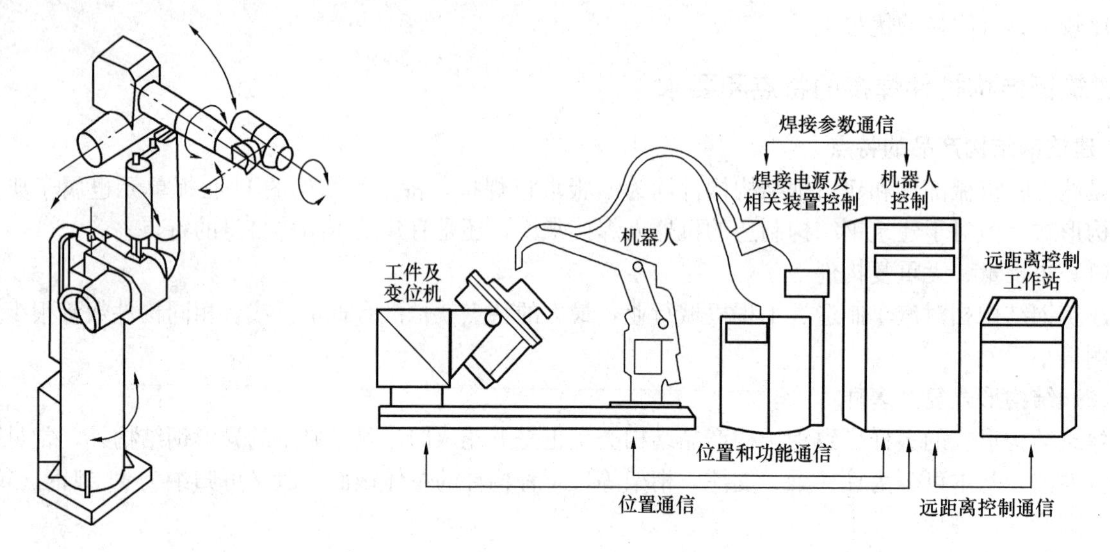

图1　典型6轴工业机器人及焊接机器人系统

3.1　接触传感功能

接触传感功能是开始点传感、3方向传感、焊接长传感、圆弧传感、根隙传感、多点传感等的集合。机器人通过焊丝端部（或焊枪喷嘴）传感电压，检测焊接工件偏差、坡口尺度，记忆工件或焊缝位置，通过这些功能的组合应用，可以使焊接过程不受由于工件的加工、组对拼焊和焊接装夹定位带来的误差的影响，自动寻找焊缝起始位置并识别焊缝情况，补偿焊缝偏移、变形、长度及坡口宽度变化，保证机器人能够顺利地焊接。其原理见图2，接触传感功能主要应用于焊缝起始点寻位和坡口寻位。

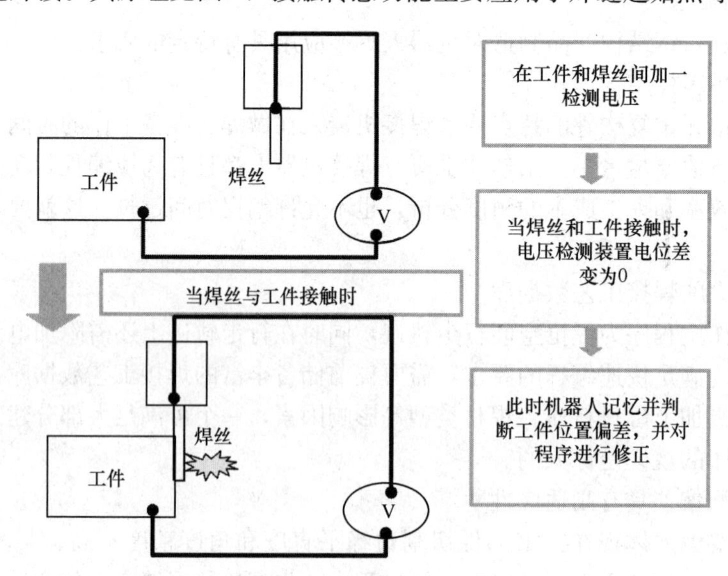

图2　接触传感功能示意

（1）焊缝起始点寻位

焊缝起始点寻位通过对工件表面进行三方向传感（图3），以此方法感知实际构件焊缝待焊位置，通过程序计算得出实际位置和示教时构件待焊表面位置的偏移量，然后把偏移量加入编程时的焊接位置，找到正确的焊接位置，纠正装配、组对、焊接产生的焊接位置偏差，达到保证焊接质量的目的。

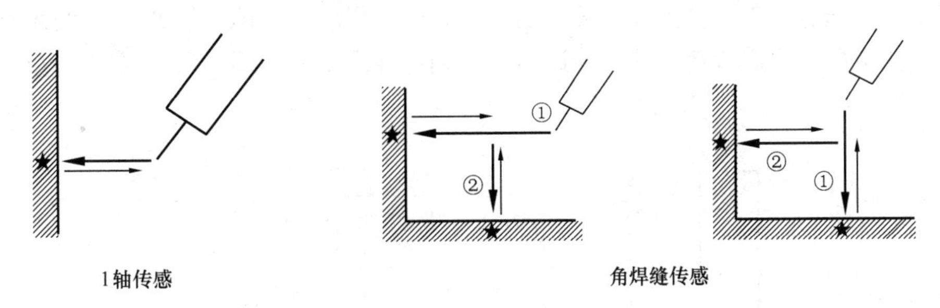

图3 焊缝起始点寻位

（2）坡口传感和坡口寻位传感

通过焊丝（或焊枪喷嘴）的接触式传感，可快速方便地寻找到焊缝坡口的具体位置，并可对坡口的宽度、深度进行自动检测，同时可计算出坡口角度，提供给焊接程序进行判断和调整（图4）。

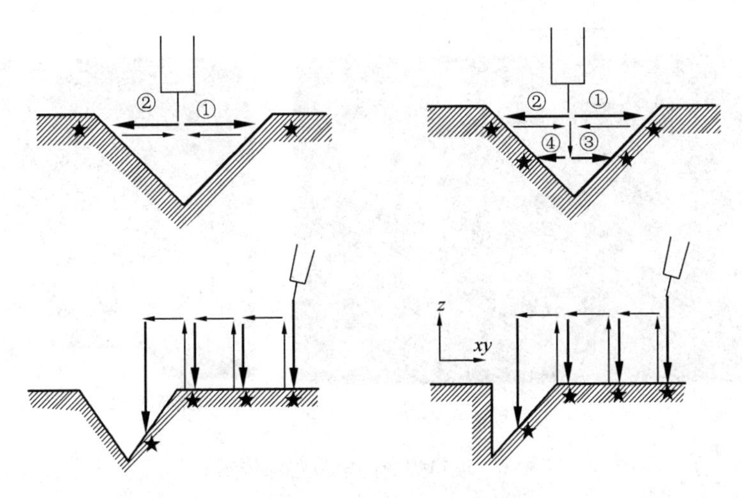

图4 坡口传感和坡口寻位传感

3.2 电弧跟踪功能

电弧跟踪功能是在焊接中进行摆动焊接的同时，根据焊接电流反馈值的变化，寻找焊接线的中心，实时修正焊接工件的偏差，自动检测焊接线的位置，追踪位置偏移的功能。尤其在多层多道焊接过程中，利用第一层焊接时获取的工件变化信息，经过控制系统整理计算，将结果直接作用于第二层以后的焊接中。电弧跟踪分为有焊接线跟踪（左右方向跟踪和上下方向跟踪）和坡口宽度跟踪。

（1）焊接线跟踪

起始点的位置确定后，焊接方向的正确性还需要使用电弧跟踪功能保证。电弧跟踪是指在焊接过程中，焊接机器人系统通过软件对焊接电压、电流的变化实时监控，分析计算出电弧长度的变化，从而通过软件调整机器人的姿态纠正焊缝的偏移，从而实现焊缝位置跟踪（图5）。

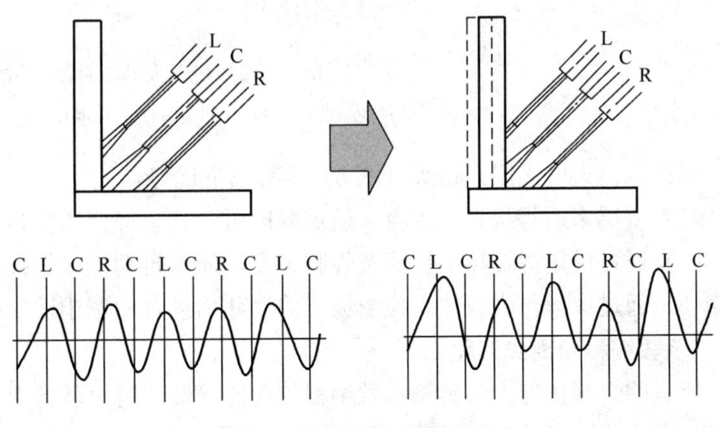

图5 角焊缝的电弧跟踪传感

（2）坡口宽度跟踪

弧焊机器人系统在焊前检测整

条焊缝上的多个点，通过软件计算出焊缝坡口的宽度，进而得出整条焊缝的坡口宽度变化情况，在焊接过程中通过焊接摆动幅度和焊接速度的自动调整，得到焊缝高度和成型一致的焊缝，达到提高焊接质量的目的（图 6）。

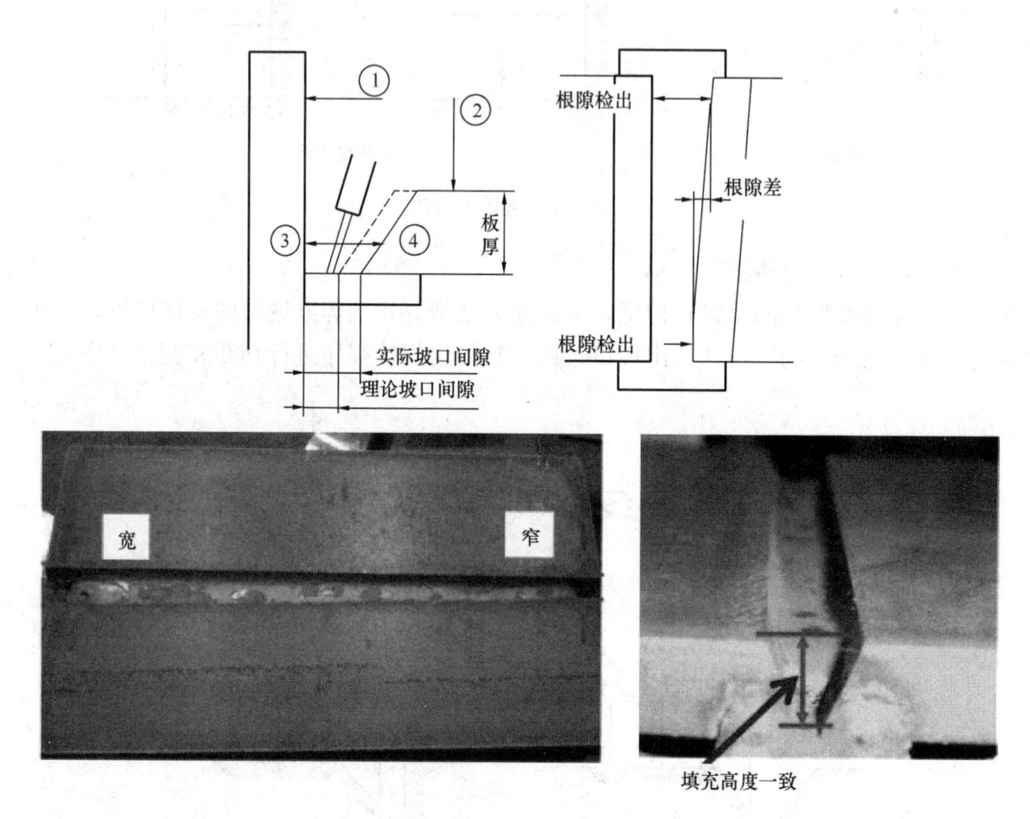

图 6　坡口焊缝的电弧跟踪传感

3.3　可进行厚板多层多道及坡口焊缝焊接

现有焊接机器人具备方便的多层多道焊功能，能详细设定各焊道的规范，这在建筑钢结构的中厚板坡口焊接中尤为重要（图 7）。

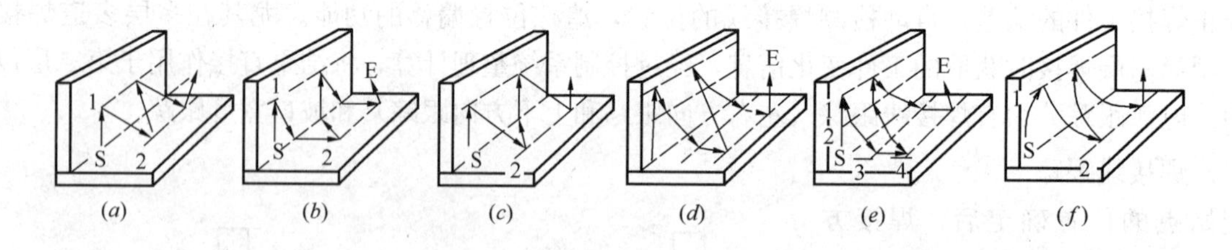

图 7　弧焊机器人的 6 种摆动方式

(a) 直线单摆；(b) L 形；(c) 三角形；(d) U 形；(e) 台形；(f) 高速圆弧摆动

焊接机器人的多层多道焊（图 8）具有以下优势：

(1) 多层多道焊接只需示教一道焊缝即可，其余焊接道次自动生成；

(2) 通过设定焊接接头型式及焊脚长度，能够自动生成焊接条件；

(3) 通过焊丝作为载体，检测坡口的尺寸信息自动调用适应的数据库。

3.4　示教编程和离线编程

所有的焊接机器人都具备示教编程的功能，即通过示教盒引导焊枪到起始点，然后确定位置、运动方式（直线或圆弧插补）、摆动方式、焊枪姿态以及各种焊接参数，同时还可通过示教盒确定周边设备

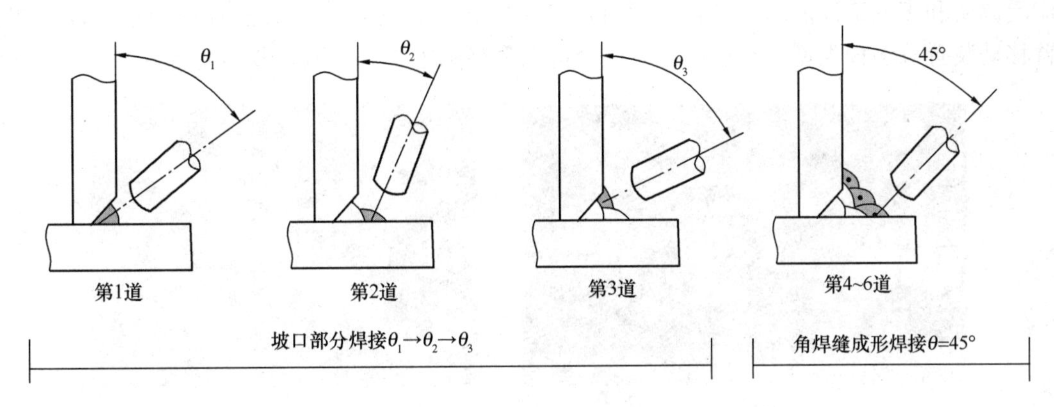

图 8　坡口多层多道焊

的运动速度等。焊接工艺操作包括引弧、熄弧、填充弧坑等，亦通过示教盒给定（图 9）。示教完毕后即可生产焊接程序。

对结构复杂、形状各异、体积较大的结构件焊缝，尤其是一些多品种小批量、单品种无批量的焊接结构件生产，在线示教必然会花费大量时间，降低设备的使用率，同时增加操作人员的劳动强度，在线示教的方式更是直接制约了焊接机器人的应用，钢结构行业就是如此。

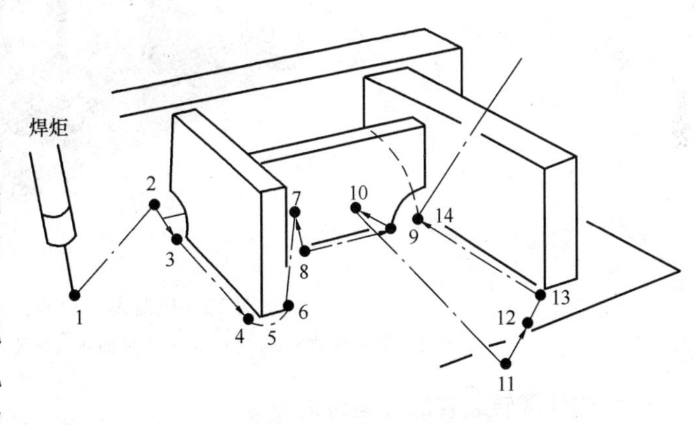

图 9　示教编程示意图

离线编程技术借助于三维模型软件，把现实工作机器人系统完整地复制到计算机中，再将 SolidWorks 或 ProE 等软件生成的构件模型导入到计算机中的机器人场景，即可在离线模拟的环境中对工件进行编程，从而使机器人进行焊接程序编制时，可以完全在计算机上独立完成，不需要机器人设备本身参与。现场示教编辑的程序可以读入离线编程软件作为基础程序进行复制、平移等，可大大缩短焊接编程准备时间，提高机器人利用率。

4　建筑钢结构制造中的应用

基于上述功能和特点，焊接机器人已经具备了对建筑钢结构构件结构形式特点、装配精度现状以及厚板坡口焊接要求的技术基础。近几年国内钢结构企业在焊接机器人的应用方面做了大量研究试验工作，但在建筑钢结构制作中的研究相对较少，宝钢钢构在生产车间率先引进焊接机器人系统，开创建筑钢结构制造中焊接机器人应用的先河。

4.1　研究目标和需要解决的问题

（1）通过研究，形成一套可满足建筑钢结构常规构件进行机器人自动焊接的系统装置，具体应包括一个较大的构件装载平台、快捷方便的上下工件装置、构件翻身变位装置、实现构件全部焊缝焊接的移动滑轨装置；

（2）开发非标准建筑钢结构机器人焊接的快速编程技术，智能快速编程软件，提高编程效率；

（3）形成完备的焊接机器人工艺参数数据库；

（4）协调机器人焊接精度与常规零部件装配偏差的矛盾。

4.2　方案形成和设备选型

（1）机器人移动装置方案选择

在广泛调研和多方论证的基础上，先后讨论了龙门轨道移动式、倒L型地面轨道移动装置、梁上轨道悬臂移动装置等多种类型。经过综合对比分析，最终确定梁上轨道悬臂移动装置的方案。

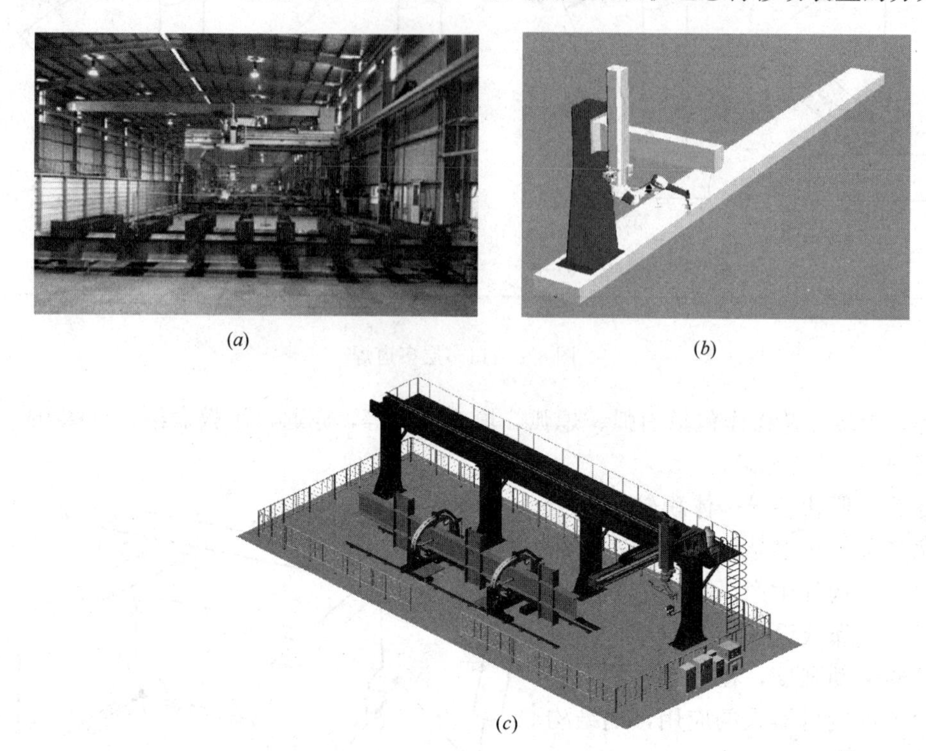

图10 机器人移动装置方案选择

(a) 龙门轨道移动装置；(b) 倒L型地面轨道移动装置；(c) 梁上轨道悬臂移动装置

(2) 构件翻转装置的方案讨论

根据建筑钢结构构件的结构形式特点，对常规构件主体截面形式、长度、重量及牛腿等附件长度进行大量的统计分析，提出技术需求参数如下：

1) 构件主体类型：H型梁，柱、BOX（箱形柱）、十字柱（本体及本体上的各类附件板）；

2) 构件截面尺寸：截面高度250～1000mm；

3) 构件长度范围：3500～12000mm；

4) 构件重量：≤20t。

初步选择方案包括：普通胎架放置＋人工翻转、L型90°翻转装置、笼式变位机连续翻转装置等。

不同翻转机构技术性能对比分析见表1，最终选用笼式变位机连续翻转装置，并同时布置两个工位，在一个进行焊接作业时，另一个可进行上下工件装卸，提高效率和焊接机器人利用率。

不同翻转机构技术性能对比分析 **表1**

类型	工作情况	优点	缺点
普通胎架放置＋人工翻转	普通固定胎架，构件翻身时由人工和车间内桥式起重机联合完成	成本低 设备简单 装载方便	效率低，无法实现全自动焊接
L型90°翻转装置	构件搁置在胎架上，每面焊接完成后，翻转装置以N×90°翻转，实现全位置焊接	价格中等 可实现连续自动焊接 装载方便	无法与机器人控制系统同步联动
笼式变位机连续翻转	构件装载在笼式变位机内，可实现360°连续旋转	可与机器人控制系统联动 满足连续自动焊接要求	价格相对较高 系统相对复杂 装载时间略长

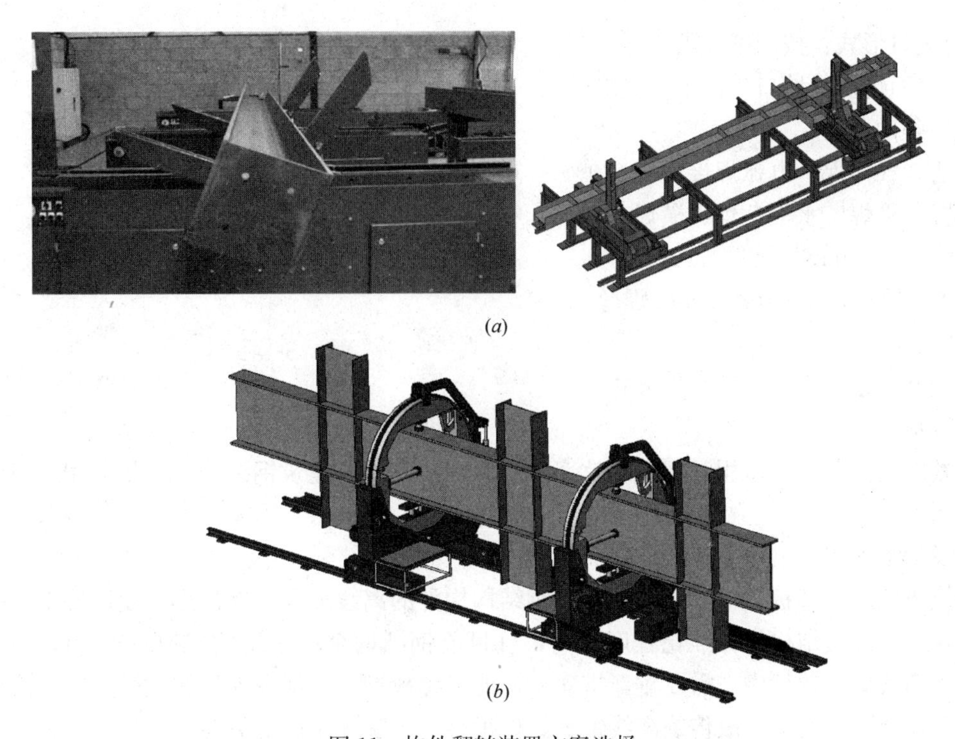

(*a*)

(*b*)

图 11　构件翻转装置方案选择

（*a*）L 型 90°翻转装置；（*b*）笼式变位机连续翻转装置

4.3　系统组成及工作原理

（1）系统组成

经过上述论证研究，最终确定建筑钢结构焊接机器人系统由 1 台（或 2 台）弧焊机器人（倒置）、1 台焊接电源 UC500、2 台 1 轴笼式变位机以及 1 套 3 轴移动装置组成（图 12）。

图 12　焊接机器人设备组成

1—弧焊机器人；2—焊接电源；3—1 轴笼式变位机；4—3 轴移动滑轨装置

2 台单轴笼式变位机形成双工位，A 工位焊接时 B 工位可同步进行工件的安装，互不干扰；同时笼式变位机可进行 360°旋转，在保证安全的情况下件免去工件翻身的动作，无需等待行车，大幅提高效率。

（2）适用构件范围

1）适用对象：H 型梁、柱，BOX（箱形柱）、十字柱（本体及本体上的各类附件板）。

2）工件规格：柱身截面尺寸 250～1000mm（牛腿最大长度 800mm）；

长度 3.5～12m（3.5m 以下的工件需要使用“转换夹具”）；

最大重量 ：20t；

最大外形尺寸（含牛腿）：2600mm×2600mm×12000mm。

3）组对情况：定位焊点位置基本固定，焊点焊角高小于 3mm。如大于 3mm，将会影响焊缝外观成型。组对间隙应小于 2mm，当间隙大于 2mm 时应该手工补焊，补焊焊缝均匀。

4）焊缝坡口形式：按图纸要求。

5）坡口表面情况：坡口表面平整光滑。

（3）焊接条件

焊接方法：气体保护电弧焊接　Ar(80%)+CO_2(20%)或100%CO_2气体。

焊接位置：平焊、水平角焊、横焊、立焊。

焊丝规格：ϕ1.2mm。

焊丝干伸长度：22mm（ϕ1.2mm焊丝）。

4.4　编程方式

本焊接机器人系统支持三种编程方式：

（1）在线示教编程

在线示教编程由于设备占用时间长、效率低等原因，不能在建筑钢结构中大量应用，只能作为现场调整补充应用。

（2）离线示教编程

通过传统离线示教编程软件，可实现所有钢结构构件的离线编程，满足焊接使用要求，但由于建筑钢结构种类众多，焊接结构件标准化程度不高，且目前钢结构企业采用的CAD软件生成的三维模型，不能直接导入离线编程软件中，需要重新搭建构件的三维模型，将耗费大量的建模及在离线编程软件中编辑机器人动作轨迹的时间，故传统离线编程软件很难满足实际生产的需要。

（3）智能化快速编程软件

为解决上述问题，特开发了智能化快速离线编程软件，快速编程系统采用参数驱动，类似于搭积木的方式构建被焊工件模型，把H型钢、箱形柱、十字柱定义成工件主体，把筋板、牛腿、组合牛腿等定义成模块，通过输入工件主体的尺寸参数、模块的尺寸参数、数量、在工件主体上的安装位置的参数，自动生成工件的二维模型、能被离线示教软件识别的三维模型、机器人焊接的实行程序，同时根据输入的尺寸信息，自动选择相应焊缝的焊接数据库（图13）。自动生成的机器人程序能在离线系统中进行程序验证。

智能化快速编程软件的应用，大大提高了建筑钢结构构件焊接编程的时间，缩短了编程时间和焊接时间比值，为建筑钢结构焊接机器人的推广应用奠定重要技术基础。

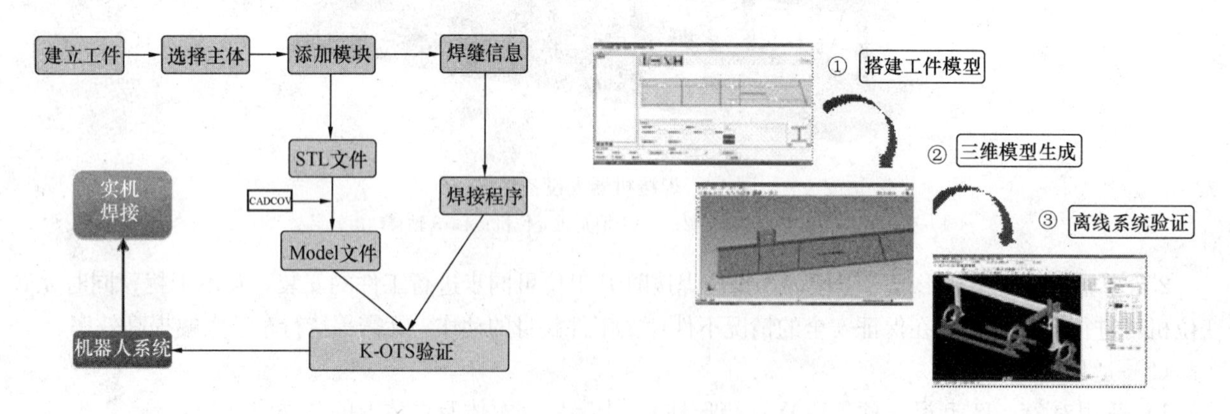

图13　智能快速编程流程

4.5　建筑钢结构焊接工艺参数数据库

为达到快速编程的效果，必须事先储备建筑钢结构焊接工艺数据库。钢结构焊接工艺数据库是为各种焊缝形式而设定的焊接参数及工艺，可以根据工件焊缝形式，直接调用数据库数据，可以自动生成焊接工艺表，并直接在焊接程序中应用；也可根据自身工艺需求对此工艺表进行修改，从而达到理想的焊接效果。

机器人焊接工艺参数数据库的积累是个庞大的工程，角焊缝的焊接数据量相对较少，仅需按不同焊角尺寸，依次排列整理即可；坡口焊缝由于板厚、坡口角度、间隙等参数的变化，需要试验的类型数量比较多（表2）。

焊接工艺数据库试验准备 **表2**

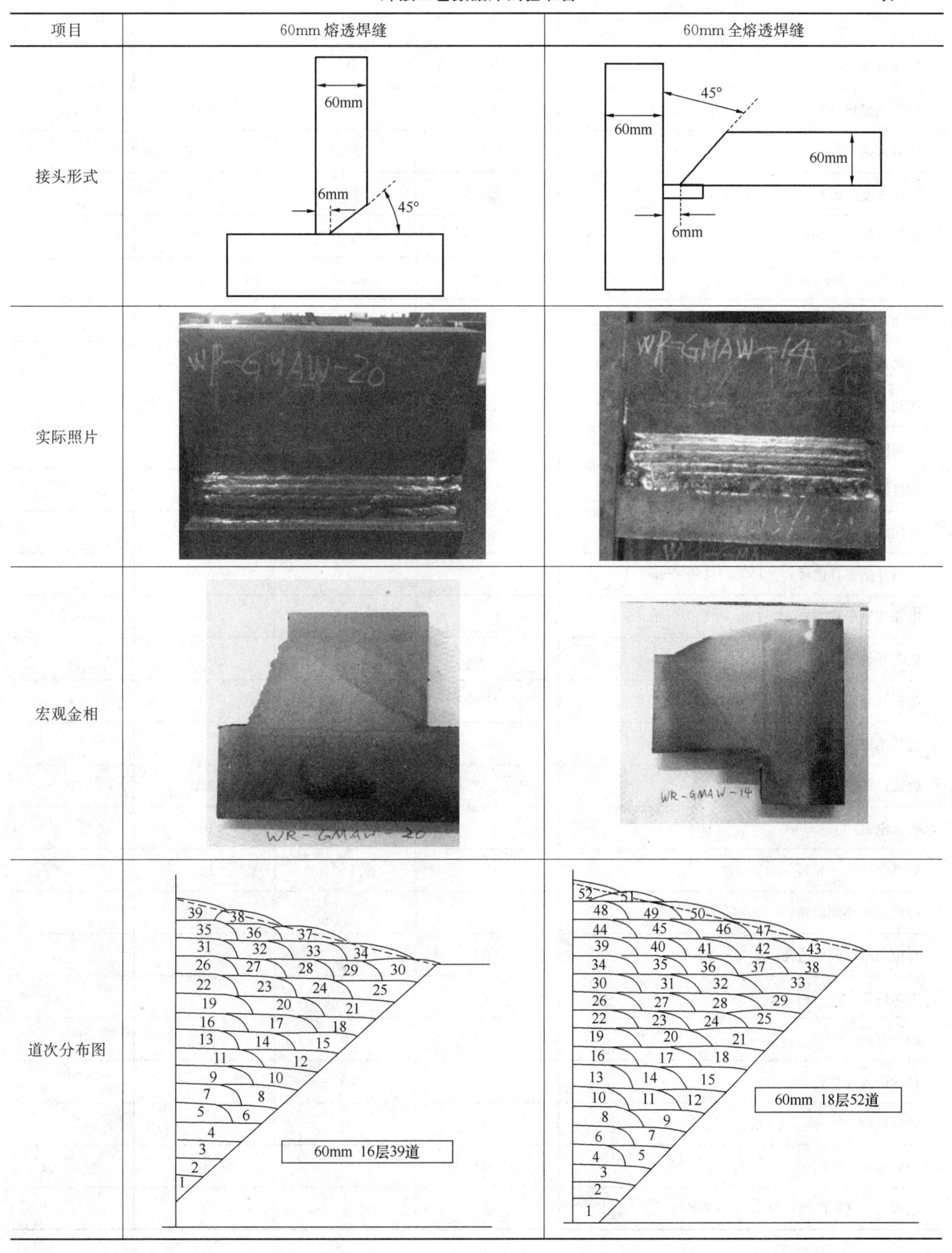

项目	60mm熔透焊缝	60mm全熔透焊缝
接头形式		
实际照片		
宏观金相		
道次分布图		

典型的机器人焊接工艺参数数据结构见表3。

数据库结构及参数表　　表3

参数 \ 层数	1	2	3	4
每层焊道数	1	2	3	
焊丝直径（mm）	ϕ1.2	ϕ1.2	ϕ1.2	
预热、层热（℃）	N/A	N/A	N/A	
清渣（是/否）	N/A	N/A	N/A	
焊接速度：0.1～350.0cm/min	45.0	36.0	33.0	
焊接电压（一元）：80%～120%	100	100	100	
焊接电流：0～500A	300	320	320	
摆动基准面：0～2	1	0	0	
摆动振幅：0～30mm	3.0	5.0	7.0	
摆动次数：1～300次/min	120	50	50	
摆动停止时间：0.0～3.0s	0.0	0.2	0.2	
焊接线平移左右：−150.0～150.0mm	0.0	3.0	4.0	
焊接线平移上下：−150.0～150.0mm	0.0	6.0	10.0	
电弧开始平移前后：−150.0～150.0mm	0.0	0.0	0.0	
电弧开始平移左右：−150.0～150.0mm	0.0	3.0	4.0	
电弧开始平移上下：−150.0～150.0mm	0.0	6.0	10.0	
起弧开始：−999～999mm	0	0	0	
起弧结束：−999～999mm	0	0	0	
收弧处理时间：0.0～99.9s	2.0	3.0	3.0	
收弧电流：0～500A	160	160	160	
收弧电压（一元）：80%～120%	100	100	100	
焊枪角平移倾斜角：−90°～90°	0	0	0	
焊枪角平移前后进角：−90°～90°	0	0	0	
电弧传感：0—0FF，1—ON	1	0	0	
脚长方向：0—立，1—下	0	0	0	
目标位置变更量：0～99	0	0	0	
跟踪精度：0—高，1—低	0	0	0	
传感水平：0～10	0	0	0	
电弧：0—OFF，1—ON，2—OFF+	1	1	1	

4.6 综合应用

通过焊接机器人设备选型和系统配置、快速编程软件的开放应用以及一定数量的焊接工艺数据库的积累，即完成了实现建筑钢结构构件机器人焊接的全部硬件、软件及数据的全部准备工作，可以实现工程项目的规模推广应用（图14）。

图14 建筑钢结构焊接机器人系统全貌

结合建筑钢结构结构特点，初步选定一根主体为H型钢的梁构件，进行机器人焊接的综合验证以及和人工焊接的对比分析（图15）。

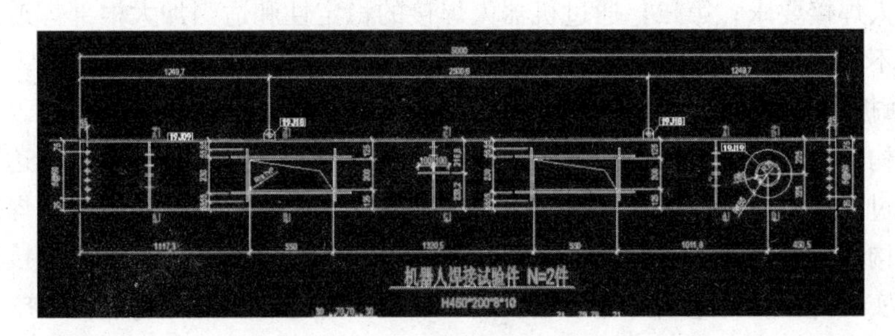

图15 综合验证构件图

1）焊缝外观质量（图16）

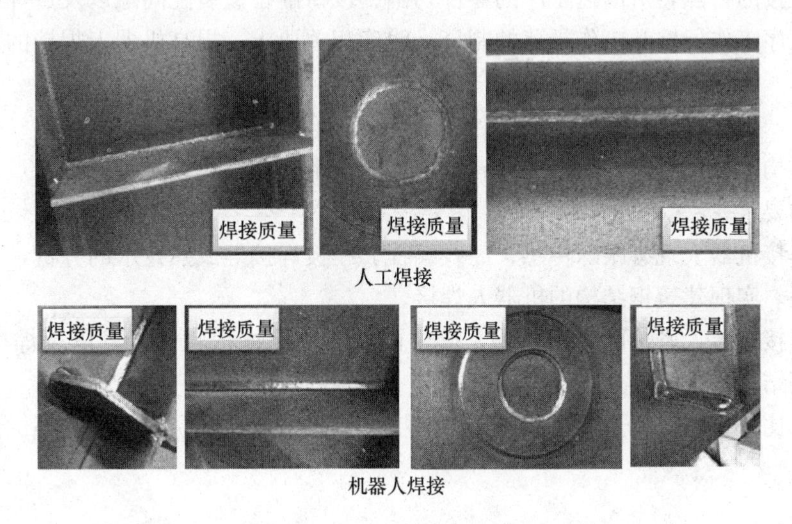

图16 焊缝外观对比

2）工作时间

综合考虑焊接机器人编程和焊接操作全部时间，与人工焊接基本相当；若不计算离线编程时间，仅对比现场焊接时间，由于机器人系统可实现变位机连续翻转、可适当加快焊接速度等优点，机器人焊接明显优于人工焊接。

5 存在的问题及今后研究方向

经过由于焊接机器人在建筑钢结构构件的焊接应用刚刚起步，肯定还存在很多问题，下一步研究开发需要解决以下问题：

5.1 完善优化智能编程软件

虽然现有快速编程软件可以基本实现快速焊接编程的需要，但还仅限于常见规格本体的线性构件。对建筑钢结构常见的异形结构，还需要进一步提高从模型到机器人焊接程序的智能化程度，包括构件模型的焊缝识别技术、焊枪行走路径的自动优化生成、焊接数据信息的自动匹配以及相关信息的自动传递接口等集成开发。

5.2 解决厚板坡口焊缝根部焊道焊接质量

建筑钢结构构件在工厂加工过程中，对坡口熔透焊缝较少采用背面加垫板形式，主要以反面碳弧气刨清根为主。由于碳弧气刨人工操作的不稳定性，造成反面第一道机器人焊接焊缝根部质量不宜保证。

解决方案是：第一，可通过机器人加持碳弧气刨或机械清根工具（自动换枪）实现均匀稳定清根坡口质量，满足机器人焊接要求；第二，通过机器人焊接的稳定性和适当加大根部焊道焊接规范，提高熔透深度，实现焊缝不清根焊接的可行性。

5.3 狭小空间和薄板包角焊接问题

由于建筑钢结构构件结构形式特点，势必存在部分狭小空间，焊接机器人无法达到或无法形成良好的焊接枪姿，需通过变位机、工装以及焊接机器人关节的改进，进一步扩大机器人焊接的可达性。

根据建筑钢结构焊接规范要求，钢板端部焊缝需要进行包角绕焊。由于现有焊接机器人空间运行动作的限制，还无法实现薄板端部包角焊缝的连续进行，需要通过双机对称焊接等措施来进一步提高包角焊缝成型和质量。

5.4 进一步完善机器人焊接相关工序工作规范

由于机器人焊接的特点，对前道工序的零件切割、坡口准备、装配间隙以及点焊成型都有较敏感的要求。通过前道工序工作标准和工作规范的制订，明确相关要求，提高机器人焊接的效率和质量。

6 总结

（1）建筑钢结构构件具有构件类型多样、结构形式复杂、小批量无重复件等特点，对实现机器人自动焊接提出更高的要求。

（2）通过对焊接机器人现有跟踪传感、离线编程、厚板焊接等成熟技术的分析，可以逐步解决建筑钢结构焊接的难题，实现建筑钢结构的机器人焊接。

（3）通过对焊接机器人系统的设备选型、硬件配置、快速编程软件开发以及焊接工艺数据库的积累，实现了建筑钢结构构件机器人自动焊接。

（4）经综合对比分析，机器人焊接相比人工焊接具有效率更高、质量更稳定等优势，具备全面推广的技术条件。

参考文献

[1] 吕同升. 汽车工业用弧焊机器人的现状[J]. 电焊机. 1990(6).

[2] 于永初．机器人推动汽车智能制造[J]．汽车工艺师．2015(10)．
[3] 李震田．工程机械典型接头的弧焊机器人焊接技术[J]．中国机械．2015(6)．
[4] 李玉河，吴晓健，吴国祥．工程机械智能化制造 PCS 系统研究[J]．建筑机械．2015(10)．
[5] 车平．港珠澳大桥机械化、自动化焊接与切割技术的应用[J]．金属加工，2015(22)．
[6] 蒋力培，薛龙，邹勇，张卫义．钢结构全位置焊接机器人的研究与应用[J]．电焊机，2007(8)．

AESS 涂装的关键施工技术

肖　瑾，魏国春，赵淑荣，汪少华

（上海宝冶集团有限公司，上海　200941）

摘　要　本文通过建筑用外露钢结构涂装标准（AESS）在游乐园工程中的应用，探索了从环境要求、除锈粗糙度、表面处理、色差控制、构件保护等的外露钢结构涂装施工方法并改进提升，形成了 AESS 应用的关键施工技术。

关键词　关键施工技术；外露钢结构；AESS；涂装标准；粗糙度；表面处理；色差

1　项目概况

上海某游乐场项目使用了大量的建筑外露钢结构（英文全称：Architecturally Exposed Structure Steel，以下简称 AESS），涉及各类空间网架、管桁架、窄体箱形、圆管柱、小截面 BH 及竖向节点等多种结构或构件类型；主要使用了 ϕ168、ϕ100、□200×100、□100×50、□400×100×10 等材料规格，其中外露钢结构总量超过 1.5 万件 1000t。涉及六种不同的油漆系统，最厚的漆膜厚度达到 2750μm；是整个项目中 AESS 钢结构子项最多、结构形式最复杂、油漆系统最多、体量最大的工程。

2　AESS 及业主的要求

2.1　AESS 含义

AESS（Architecturally Exposed Structure Steel，建筑用外露钢结构）是指在满足建筑钢结构的要求下，进一步提高钢结构制作公差和外观的要求，使钢结构本身及钢结构连接处等细节部位达到外露可视的结构形式，这是一种新型的设计趋势和理念。本项目中所有暴露于游客视线范围内的钢结构均属于 AESS，表明设计师特别愿意展示给游客的钢结构工艺品。

2.2　AESS 及业主方对油漆施工的要求

结合 AESS 和项目技术规格书相关条款对油漆施工的要求总结如下：

（1）除锈等级高：SSPC-SP10 或 Sa2.5 近白金属级喷砂清理，粗糙度 40～50μm。

（2）清洁无尘：涉及构件表面、施工环境、施工设备，贯穿所有工序。

（3）完好无损：在整个制作、油漆、吊运过程中，不允许构件有一丝损伤或变形。

（4）光滑无瑕疵：AESS 要求焊缝连接处需要与其他部位形成光滑整体，经过涂装后的构件需要光滑平整，色漆和清漆无瑕疵，同时应与色板一致。

（5）施工过程中指标参数要求更精准：喷砂清洁后到进行油漆的时限、油漆混配比例和使用时间、喷涂的压力、喷涂的道数、喷涂距离、喷涂时的环境温度、油漆的干燥时间等参数都很严苛。

2.3　油漆配套系统

本项目中几个典型油漆配套如表 1 所示。

典型的油漆系统　　表 1

体系	系统 1		系统 2		系统 3	
	油漆名称	厚度（μm）	油漆名称	厚度（μm）	油漆名称	厚度（μm）
底漆	环氧富锌底漆	60	环氧富锌底漆	60	环氧封闭底漆	75
防火涂料	超薄型防火涂料	490	超薄型防火涂料	2490	—	
封闭层	环氧封闭底漆	50	环氧封闭底漆	50	—	
填充层	专用腻子		专用腻子		专用腻子	
封闭层	环氧封闭底漆	50	环氧封闭底漆	50	环氧封闭底漆	75
色漆	聚氨酯面漆	50	聚氨酯面漆	50	聚氨酯面漆	50
清漆	聚氨酯面漆	50	聚氨酯面漆	50	聚氨酯面漆	50
小计		750		2750		250

这些油漆配套中由于道数多，最短的涂装时间需要 10 天，最长的需要 40 天。

3　关键施工技术

3.1　施工工艺流程（图 1）

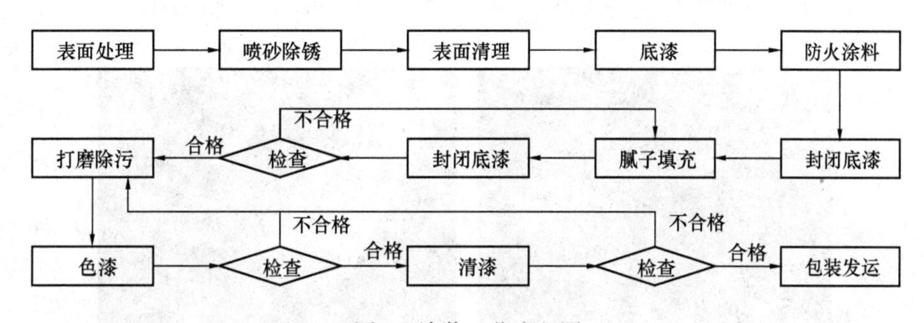

图 1　涂装工艺流程图

3.2　喷砂除锈粗糙度控制技术

SP-10 (Sa2.5)常规要求粗糙度控制在 40～75μm，一般情况下，抛丸机的粗糙度均在 100μm 左右，而本项目要求的粗糙度仅为 40～50μm，要获得“良好的涂装基底”，只能使用非金属磨料进行喷砂处理。由于粗糙度要求和构件死角多的限制，无法使用高效的除锈设备——抛丸机；即使常规的手工冲砂工艺会造成粗糙度超标，无法达到“良好的涂装基底”的要求。

对钢材表面处理、砂粒的直径、砂粒的混配比例、空气压力、冲砂距离和停留时间等方面的工艺参数试验和改进，使用抛光片对坚固的氧化皮进行抛光打磨，通过比选确定非金属磨料的粒径及其比例，喷涂使用的压力不得超过 0.65MPa，喷砂过程中离构件表面不得小于 30cm，匀速前进不能停留。形成喷砂除锈粗糙度控制技术，达到 AESSS 规范要求（常规与标准喷砂效果见图 2）。

3.3　清洁无尘控制技术

对重钢生产厂而言，作业环境达到清洁无尘要求很难，虽然工厂有油漆活动房、清洁环境、喷涂设备、详细的工序检查控制点，但仍然无法满足 AESS 的严苛要求，喷涂后表面成型也达不到要求。要满足要求须严格规范工序操作并对环境条件进行改善。

（1）规范工序控制技术

喷砂前施工技术：需要使用除油剂对构件表面进行清油处理，对需要用铲刀的，清除后再用布蘸除油剂擦拭（图 3）。

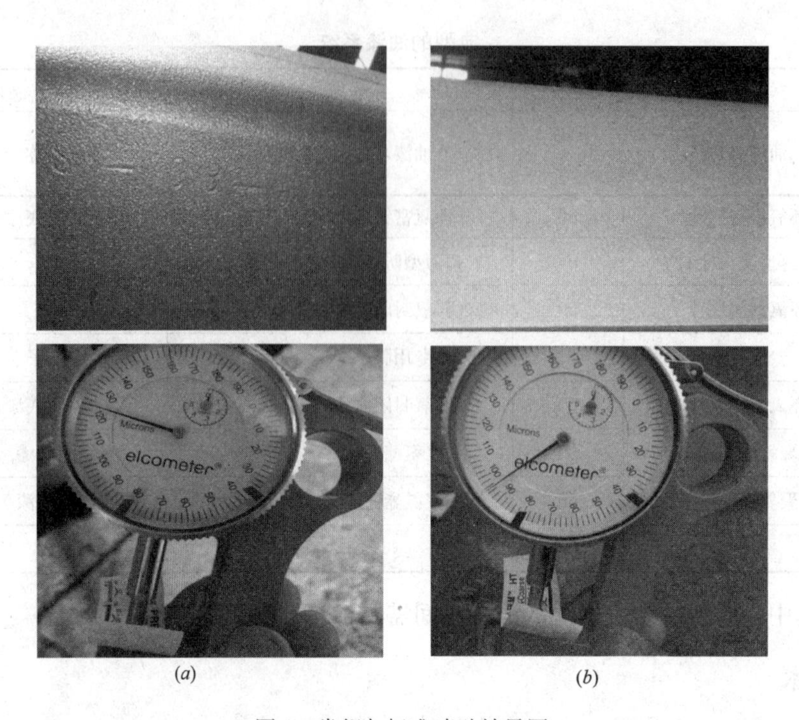

(a) (b)

图 2 常规与标准喷砂效果图

(a) 抛丸机喷砂效果，粗糙度 74μm；(b) 改进后手工冲砂效果，粗糙度 45μm

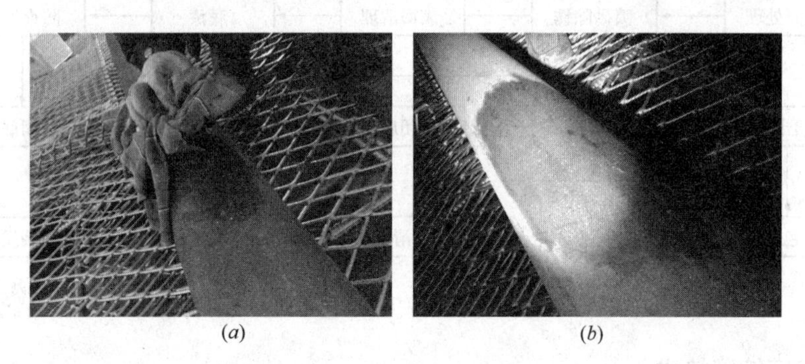

(a) (b)

图 3 规范工序除油典型图片

(a) 吹灰；(b) 擦洗

油漆前的施工技术：每道油漆施工前工件表面需均用压缩空气吹灰后再用无纺布或干净的棉布蘸清洁剂擦拭工件表面，并立即用粘尘布除尘；定期清洗喷涂设备，每次使用完毕需要用稀释剂清洗压力罐、管线、喷枪，每周必须对喷枪进行拆解清洗（规范工序控制技术如图 4 所示）。

（2）环境改善技术

在喷涂期间必须有持续的干净空气循环、地面无灰尘或浮渣、构件漆雾不污染。

对油漆房加装负压式风机和过滤棉并设置专用行人入口，制作油漆胎架并用彩条布包裹；高压水冲洗地面；部分场地铺设地板革；增加真空吸尘器、自吸高压水泵等日常清扫工具；调整喷漆操作程序：先清地面后关门，再启负压风机环境除尘，构件表面进行除尘后喷，喷涂完毕后需保持风机开启门关闭，防止外部灰尘污染，直到油漆表干后方可关闭风机（图 5）。

3.4 构件油漆面“零”破损技术

AESS 在整个制作、吊运、涂装、运输及安装过程中要求确保构件完好无损，不能产生变形、损坏及划痕，构件油漆表面不允许打钢印使得构件追踪难；油漆漆膜厚度超厚，涂装周期长，且可能造成整个构件重新喷涂，工期、质量、成本都无法控制。构件形式多样环节多，需采取不同的措施。

图 4　规范工序典型图片

(a) 吹灰；(b) 擦洗；(c) 清洁；(d) 除尘

图 5　环境改善示例图

(a) 制作高胎架并包裹、清洁场地；(b) 加装风机、顺序喷涂、关闭门

(1) 构件号追踪，对于圆管采用扁钢打上钢印点焊在内部；对于有孔的构件采用挂牌的方式，对于有底板且是非 AESS 构件，可以打在柱底板厚度方向，这样既可以保证油漆施工后容易找到构件号，又可以确保油漆时不增加额外的工作量。

(2) 制作涂装支撑胎架和悬挂胎架：小型构件串架在胎架上，亦或用钩子悬挂在胎架上；弧形构件置于胎架上，且支撑固定两侧牛腿（图 6）。

(3) 完全包装技术：综合成本和构件保护等因素，构件第一层包裹薄膜塑料防止雨水渗透，第二层包裹 ERP 膜防止碰伤，第三层包裹毛毡防止构件破损；对于与车板和构件接触部位需要加厚，包裹捆扎好（图 7）。

3.5　确保构件手感"如婴儿皮肤般光滑无瑕疵"技术

AESS 要的效果：构件浑然一体，游客对其作为艺术品欣赏；构件目测表面无任何瑕疵，构件手感光滑，如"婴儿皮肤般光滑无瑕疵"。

采用触摸和目测的两种检查方式，确保连接位置圆滑过渡、平面整体视觉效果都好。这要求检查员及油漆工有很高的技术和审美观。

(1) 构件需要有良好的基底，包括表面外观"缺陷"的修补，焊缝位置的光滑过渡（图 8）。

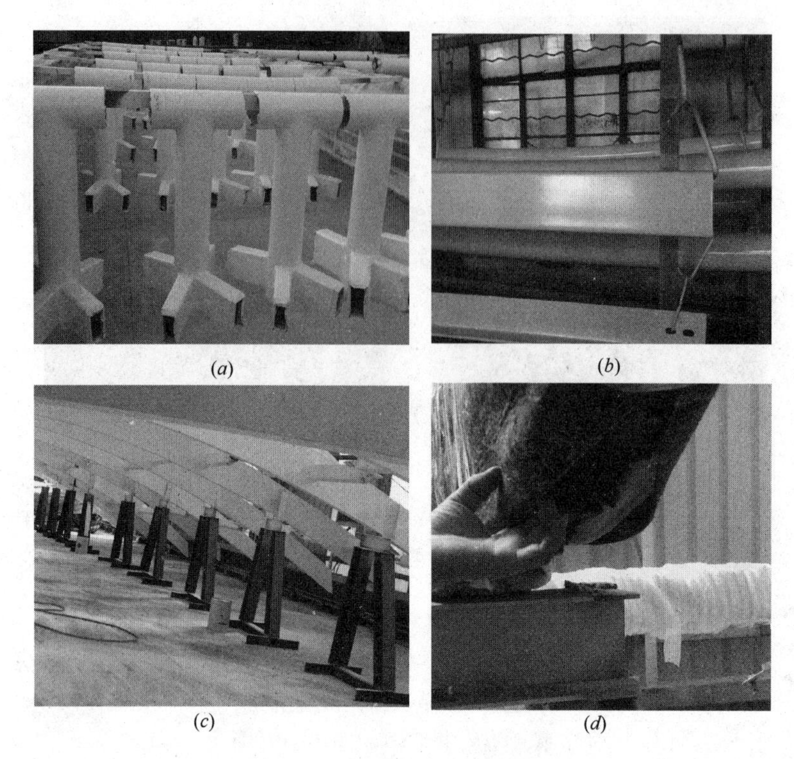

图6 防破损典型措施图

(a) 串架在胎架上的竖向节点；(b) 吊挂圆管、方管；

(c) 特制的弧形肋胎架；(d) 防碰伤挡板

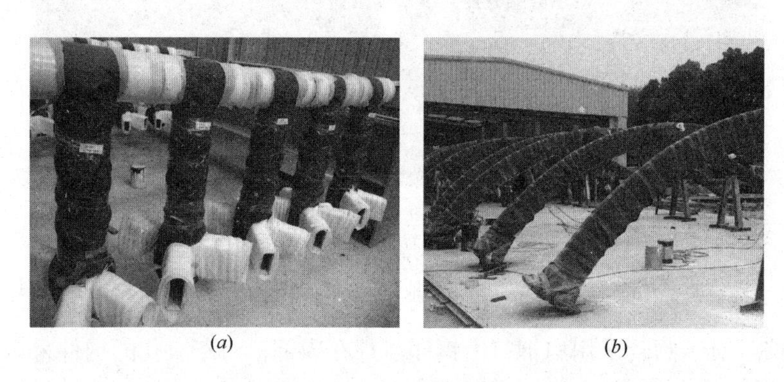

图7 典型包装保护图

(a) 典型竖向节点包装；(b) 典型弧形肋包装

图8 经打磨的美观焊缝图

（2）观感缺陷检测及控制技术：有些钢材本身“缺陷”虽不超标，但是感官都不合格，如圆管的椭圆度、构件表面不平等，可以通过漆膜厚度或使用专用腻子进行修补。即使用砂轮机和磨光机打磨后表面虽然已经很光滑，但视觉上还是“坑坑洼洼”达不到要求。通过以下几个方面完善观感缺陷的检测和控制：更换合适的工具，包括气动手掌式干磨机、平板打磨机、自制腻子刮板等；提高操作人员技术和审美水平，对参与项目的人进行分类培训，如刮腻子、打磨、检查；合理使用砂纸的型号；增加涂层厚度、采用碳粉辅助查找表面不平部位、打磨完毕触摸检查后再雾喷一道封闭漆通过光线查找缺陷（图 9）。

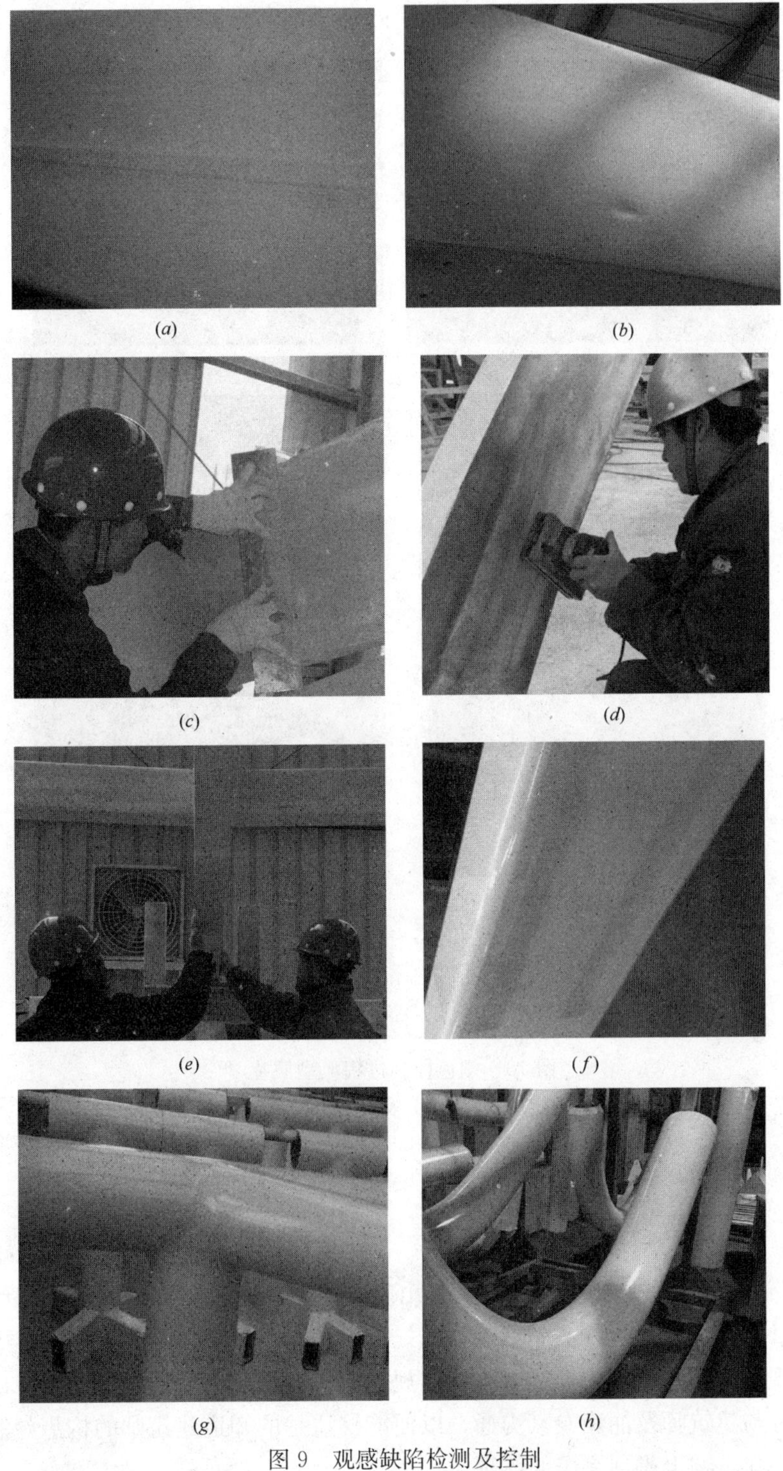

(*a*) (*b*) (*c*) (*d*) (*e*) (*f*) (*g*) (*h*)

图 9　观感缺陷检测及控制

（*a*）钢材轧制“缺陷”；（*b*）构件制作“缺陷”；（*c*）自制腻子刮板；（*d*）涂碳粉辅助，用平板机打磨；（*e*）油漆专家触摸检查；（*f*）雾喷封闭漆找缺陷；（*g*）通过验收的竖向节点；（*h*）通过验收的小半径弯管

(3) 颜色色差控制技术：聚氨酯面漆为达到光鲜的效果加入了珍珠粉或金属粉。但是这种油漆对施工温度、喷涂的层次、喷涂的时间间隔及喷涂的方法要求相当苛刻，稍有不慎就会“喷花”或颜色变暗。通过不断探索改进形成如下颜色色差控制的施工技术：①珍珠漆分为底色层和面色层，底色层施工喷 3 道，时间间隔 5～10min；面色层含有珍珠粉需要喷 7 道保证珍珠粉均匀，时间间隔 5～10min，既可以加快干燥时间又可以保证油漆色泽。②金属漆施工前必须用清洁剂将基层擦拭干净，温度必须不能高于 30°，采用“两干一湿”三道成型喷涂方法，每道时间间隔 15～20min，喷涂的压力需要稳定在 0.4MPa 并且枪嘴出气量开至 2 圈，此种方式喷涂后的色泽基本能够与色板一致（图 10）。

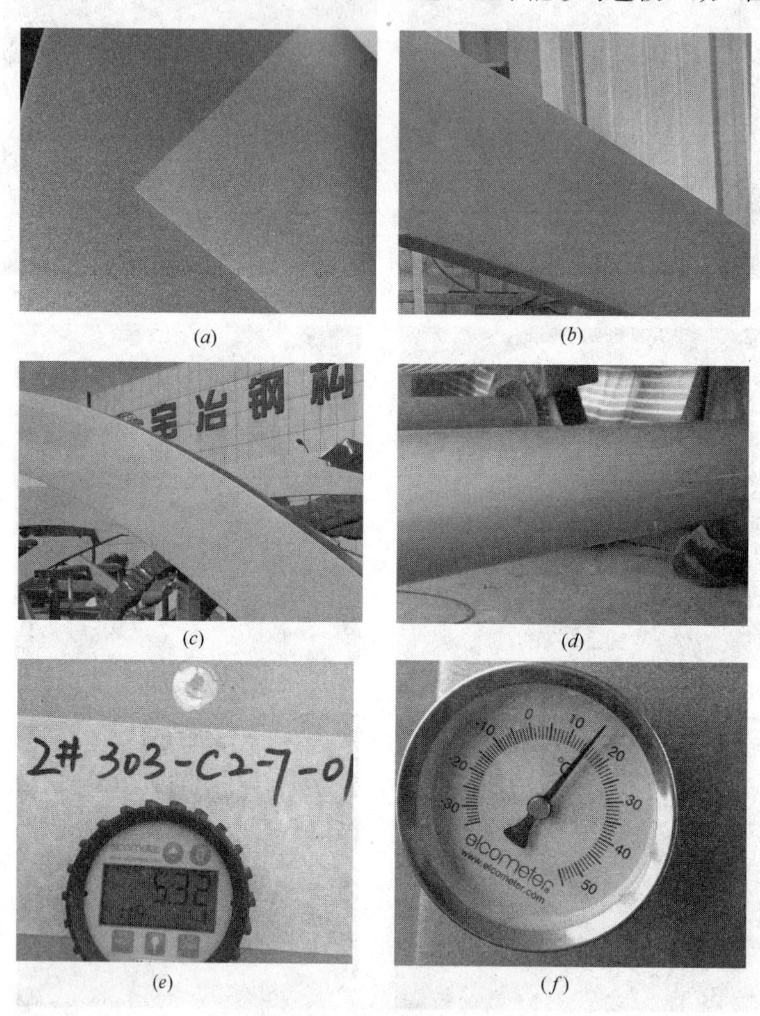

(*a*) (*b*) (*c*) (*d*) (*e*) (*f*)

图 10　颜色控制过程典型照片

(*a*) 颜色变深；(*b*) 颜色变花；(*c*) 验收合格照片；(*d*) 验收合格照片；
(*e*) 拉拔试验；(*f*) 表面温度控制

4　总结

(1) 运用“AESS 应用的关键施工技术”生产出来的国内最高级别的高端钢结构产品满足了该游乐场的设计及业主要求。

(2) 目前国内现有的钢结构相关标准（或实施规范）无法满足 AESS 标准所要求的独特级别，因而在项目实施前应充分与建筑师及油漆专家沟通，以便能够清楚的知道建筑师的构想，制作一个符合要求的样品。使其构想在建筑物上得到完美的体现。

(3) AESS 对油漆的要求远远高于常规的钢结构，将带来成本几倍到十几倍的增长。

(4) AESS对构件表面要求很高，所以从原材料采购、加工制作阶段就要进行严格的控制，而在喷砂阶段的粗糙度控制也成为关键点，否则将造成大量的修补工作，甚至造成构件的报废。

(5) 观感缺陷控检测及制技术满足油漆表面光滑要求

(6) 油漆施工中，应确保环境及施工参数符合要求，并应严格执行。

参考文献

[1] 中国钢结构协会. 建筑钢结构施工手册[M]. 北京：中国计划出版社，2002.

[2] AESS Supplement. Modern Steel Construction. 2003.

[3] 中华人民共和国国家标准. 涂覆涂料前钢材表面处理 表面处理方法 磨料喷射清理 GB/T 18839.2—2002[S]. 北京：中国标准出版社，2004.

[4] 中华人民共和国国家标准. 涂覆涂料前钢材表面处理 表面处理方法 手工和动力工具清理 GB/T 18839.3—2002[S]. 北京：中国标准出版社，2004.

夹芯板在不同荷载下统一公式的研究

查晓雄，周雪清

（哈尔滨工业大学深圳研究生院，深圳　518055）

摘　要　夹芯板用作建筑屋面或建筑墙面，会受到均布荷载、跨中集中荷载、轴压的单独作用或轴压与均布荷载或跨中集中荷载共同作用。文中将以能量法为基础，推导在上述荷载作用下的极限状态。通过能量法表达式并通过取势能驻值，得到各种荷载情况下的挠度表达式。通过对所得出的表达式进行分析，将所得出的表达式与规程或著作相比较，得出统一表达式。并将所得到的表达式与 ANSYS 运用 shell91 单元模拟的结果相比较。

关键词　夹芯板；能量法；ANSYS Shell 91 单元

随着夹芯板的广泛应用，很多企业开始了解到其潜力所在，相应的规程也逐步完成。但对于夹芯板受组合荷载作用的情况研究还不充分，尤其是常见的压弯荷载的情况，而对于单独受横向荷载与同时受轴压与横向荷载之间的联系研究并不充分。大量用于建筑屋面或墙面的金属面和非金属夹芯板，通常会受到轴压、均布荷载或集中荷载单独作用或轴压与均布荷载或集中荷载共同作用的情况。文中将以能量法为基础，推导以上几种情况下的临界荷载以及挠度表达式，并给出面板应力达到屈服强度时所对应的轴压荷载值。

1　夹芯板受压弯荷载共同作用时的理论研究

1.1　能量法表达式

下面将给出夹芯板的在荷载作用下及应力应变关于变形的表达式，这是能量法分析的基础。

图 1 给出了夹芯板微段，面板材料相同且厚度为 t，芯材厚度为 c，且为反平面芯材（对于夹芯板抗弯刚度贡献较小且剪力沿芯材厚度方向为常数），在受荷载后夹芯段在发生方向的位移 之前以及之后的对比。$abcde$ 表示未变形前垂直于该微段中线的一条直线，在发生位移之后，假若没有剪应变发生，该直线将会在旋转 $\mathrm{d}w/\mathrm{d}x$ 的角度后到达 $a'b'c'd'e'$ 的位置，而线段 $a'b'c'd'e'$ 将继续垂直于该夹芯段发生位移后的中线，这与一般弯曲理论是一致的。

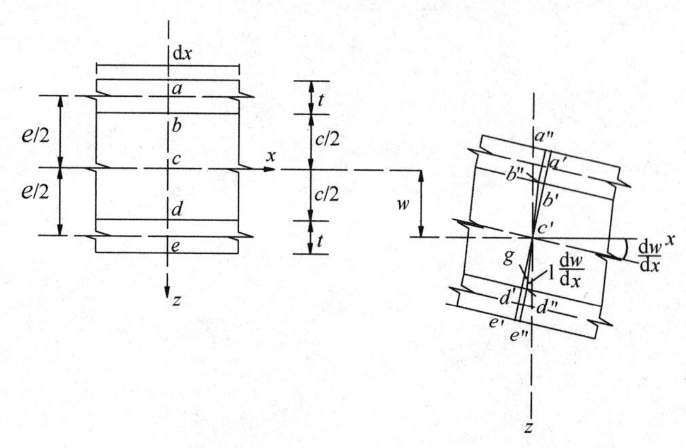

图 1　夹芯板受荷载后截面变形图示

假若芯材存在剪切应变 γ，线段 $abcde$ 将在发生位移后到达位置 $a''b''c''d''e''$，而其中 $\angle d'c'd''=\gamma$，而线段 $a''b''$ 和 $d''e''$ 平行于 $a'b'c'd'e'$，因为面板的剪应变是忽略的。

在图 1 中截面位置处 $a''b''c''d''e''$ 在 x 方向的位移 u 表示如下：

芯材 $b''d''$：

$$u=-\lambda z\frac{\mathrm{d}w}{\mathrm{d}x},\ -\frac{c}{2}\leqslant z\leqslant\frac{c}{2}\tag{1}$$

下面板 $d''e''$：

$$u=-\lambda\frac{c}{2}\frac{\mathrm{d}w}{\mathrm{d}x}-\left(z-\frac{c}{2}\right)\frac{\mathrm{d}w}{\mathrm{d}x}=-\left[\frac{c}{2}(\lambda-1)+z\right]\frac{\mathrm{d}w}{\mathrm{d}x},\ \frac{c}{2}\leqslant z\leqslant\frac{h}{2} \tag{2}$$

上面板 $a''b''$：

$$u=-\left[\frac{c}{2}(1-\lambda)+z\right]\frac{\mathrm{d}w}{\mathrm{d}x},\ -\frac{c}{2}\leqslant z\leqslant-\frac{h}{2} \tag{3}$$

下面板中面：

$$z=\frac{t+c}{2},\ u=-\frac{1}{2}(c\lambda+t)\frac{\mathrm{d}w}{\mathrm{d}x} \tag{4}$$

上面板中面：

$$z=-\frac{t+c}{2},\ u=\frac{1}{2}(c\lambda+t)\frac{\mathrm{d}w}{\mathrm{d}x} \tag{5}$$

式中　w——z 方向的位移。

夹芯板不同部分的应变表达式可以通过对相应的位移 u 微分而得到。

xz 平面的芯材剪应变 γ 为：

$$\gamma=\frac{\mathrm{d}u}{\mathrm{d}z}+\frac{\mathrm{d}w}{\mathrm{d}x} \tag{6}$$

将式（1）代入式（6）得到：

$$\gamma=(1-\lambda)\frac{\mathrm{d}w}{\mathrm{d}x} \tag{7}$$

下面板的薄膜应变，该 ε 为面板中面处应变，由式（2）得到：

$$\varepsilon=\frac{\mathrm{d}u}{\mathrm{d}x}=-\frac{1}{2}(c\lambda+t)\frac{\mathrm{d}^2w}{\mathrm{d}w^2} \tag{8}$$

上面板的薄膜应变，相类似，上面板的中面处应变由式（3）得到：

$$\varepsilon=\frac{1}{2}(c\lambda+t)\frac{\mathrm{d}^2w}{\mathrm{d}w^2} \tag{9}$$

由式（2）、式（4）得出下面板中面任意 z 位置处 x 方向上的位移为：

$$-\left[\frac{c}{2}(\lambda-1)+z\right]\frac{\mathrm{d}w}{\mathrm{d}x}+\frac{1}{2}(c\lambda+t)\frac{\mathrm{d}w}{\mathrm{d}x}=-\left(z-\frac{c}{2}-\frac{t}{2}\right)\frac{\mathrm{d}w}{\mathrm{d}x} \tag{10}$$

由此得出下面板对应的局部弯曲应变为：

$$\varepsilon=-\left(z-\frac{c}{2}-\frac{t}{2}\right)\frac{\mathrm{d}^2w}{\mathrm{d}x^2},\ \frac{c}{2}\leqslant z\leqslant\frac{h}{2} \tag{11}$$

类似的，上面板的局部弯曲应变可得出为：

$$\varepsilon=-\left(z+\frac{c}{2}+\frac{t}{2}\right)\frac{\mathrm{d}^2w}{\mathrm{d}x^2},\ -\frac{h}{2}\leqslant z\leqslant-\frac{c}{2} \tag{12}$$

上述等式中 λ 与 x 是不相关的，因此沿夹芯板长度方向其值保持为常数。

通过以上对面板以及芯材应变的分析，可以得出面板以及芯材的应变能。

面板的应变能为：

$$U=\frac{E}{2}\int_v\varepsilon^2\mathrm{d}v \tag{13}$$

芯材剪切应变能为：

$$U=\frac{G}{2}\int_v\gamma^2\mathrm{d}v \tag{14}$$

将芯材应变表达式（7）代入式（14）并在 y、z 方向积分，得到芯材剪切应变能为：

$$U=\frac{G}{2}bc\int_0^L(1-\lambda)^2\left(\frac{\mathrm{d}w}{\mathrm{d}x}\right)^2\mathrm{d}x \tag{15}$$

将面板薄膜应变表达式（8）、（9）分别代入式（13）并在 y、z 方向积分得到上、下面板薄膜应变能均为：

$$U=\frac{Ebt}{8}\int_0^L (c\lambda+t)^2\left(\frac{\mathrm{d}^2 w}{\mathrm{d}x^2}\right)^2\mathrm{d}x \tag{16}$$

将面板弯曲应变表达式（11）代入应变能表达式（13）中，并在 y、z 方向积分，得到下面板的局部弯曲应变能为：

$$U=\frac{Ebt^3}{24}\int_0^L\left(\frac{\mathrm{d}w}{\mathrm{d}x}\right)^2\mathrm{d}x \tag{17}$$

上面板的局部弯曲应变能也可以得到同样的表达式。

由夹芯板受均布荷载以及端部轴压，轴力在 x 方向上所做的功为：

$$V_1=-\frac{P}{2}\int_0^L\left(\frac{\mathrm{d}w}{\mathrm{d}x}\right)^2\mathrm{d}x \tag{18}$$

由横向均布荷载做引起的整段梁上的势能变化为 V_1，其表达式为：

$$V_2=-\int_0^L w\cdot q\mathrm{d}x \tag{19}$$

为满足在轴向压力以及横向荷载的变形和两端铰接的边界条件，假设产生的变形为：

$$w=a_1\sin\frac{\pi x}{L} \tag{20}$$

1.2 均布荷载与轴压共同作用时的能量法分析

在两种荷载共同作用下的系统总能量为 $U+V$，代入 w 表达式最终得到系统总能量表达式为：

$$\begin{aligned}U+V=\int_0^L\Big[&\frac{Gbc}{2}(1-\lambda)^2\left(\frac{\mathrm{d}w}{\mathrm{d}x}\right)^2\\&+\frac{Ebt}{4}(c\lambda+t)^2\left(\frac{\mathrm{d}^2w}{\mathrm{d}x^2}\right)^2\\&+\frac{Ebt^3}{12}\left(\frac{\mathrm{d}^2w}{\mathrm{d}x^2}\right)^2-\frac{P}{2}\left(\frac{\mathrm{d}w}{\mathrm{d}x}\right)^2-w\cdot q\Big]\mathrm{d}x\end{aligned} \tag{21}$$

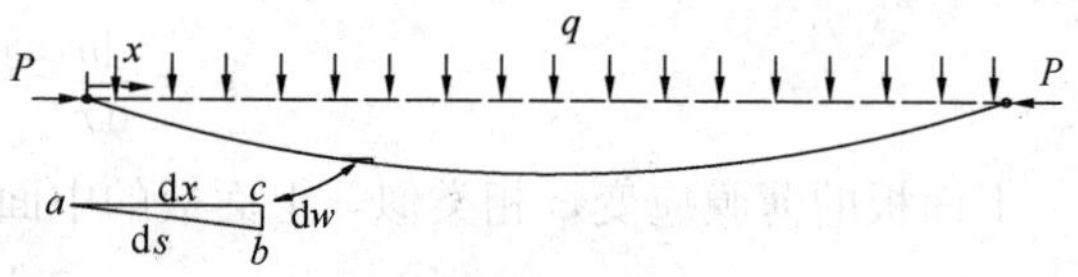

图 2 微段轴向变形示意图

将式（20）代入（21）并简化最终得到：

$$U+V=a_1^2\frac{\pi^2}{L^2}\frac{L}{2}\left[\frac{Gbc}{2}(1-\lambda)^2+\frac{Ebt}{4}(c\lambda+t)^2+\frac{Ebt^3}{12}\frac{\pi^2}{L^2}-\frac{P}{2}\right]-2qa_1\frac{L}{\pi} \tag{22}$$

系统总能量 $U+V$ 的表达式为系数 a_1 以及 λ 的函数，系统能量守恒，则表达式（22）对系数 a_1 以及 λ 求导取为 0。即：

$$\frac{\partial}{\partial a_1}(U+V)=\frac{\partial}{\partial\lambda}(U+V)=0 \tag{23}$$

$$\lambda=\frac{2GL^2-Et^2\pi^2}{2GL^2+Et\pi^2c} \tag{24}$$

$$\frac{\partial}{\partial a_1}(U+V)=\frac{a_1\pi^2}{L}\left[\frac{1}{2}Gbc(1-\lambda)^2+\frac{Ebt(c\lambda+t)^2\pi^2}{4L^2}+\frac{Ebt^3\pi^2}{12L^2}-\frac{P}{2}\right]-\frac{2qL}{\pi}=0 \tag{25}$$

将式（24）的 λ 值代入并将式（25）化简得到：

$$\frac{\partial}{\partial a_1}(U+V)=\frac{a_1\pi^2}{L}\left[\frac{Gbe^2Et\pi^2}{4GL^2+2Et\pi^2c}+\frac{Ebt^3\pi^2}{12L^2}-\frac{P}{2}\right]-\frac{2qL}{\pi}=0 \tag{26}$$

下面将对式（26）进行讨论分析。

（1）当只有轴力 P 单独作用而无横向均布荷载 q 时，上式右边为 0，若 a_1 为 0，则夹芯板保持平直且不会发生失稳。若是括号中项为 0，在此种情况下，P 为临界荷载，在此荷载作用下，夹芯板失稳，a_1 才能不为 0。此种情况下：

$$P_{cr}=P_E\left(\frac{1+\frac{P_{Ef}}{P_c}-\frac{P_{Ef}}{P_c}\frac{P_{Ef}}{P_E}}{1+\frac{P_E}{P_c}-\frac{P_{Ef}}{P_c}}\right)\tag{27}$$

$$P_E=\frac{\pi^2EI}{L^2},\ P_{Ef}=\frac{\pi^2EI_f}{L^2}\ P_c=AG=\frac{be^2}{c}G\tag{28}$$

式中　P_E——夹芯板在忽略芯材剪切变形时的欧拉荷载；

P_{Ef}——表示夹芯板两面板作为独立构件失稳时的欧拉荷载的和；

P_c——剪切失稳荷载，在数值上等于剪切刚度 AG。

（2）当作用横向荷载 q 而无端部轴向荷载作用时，式（26）中 $P=0$，得到：

$$a_1=\frac{8q}{\pi^5}\frac{L^4}{Ebe^2t}\bigg/\left(\frac{1}{1+Et\pi^2c/(2GL^2)}+\frac{t^2}{3e^2}\right)\tag{29}$$

对于薄面板夹芯板的情况，即 $t/e\to0$ 时，式（29）化为：

$$a_1=\frac{8q}{\pi^5}\frac{L^4}{Ebe^2t}\bigg/\left(\frac{1}{1+Et\pi^2c/(2GL^2)}\right)=\frac{4qL^4}{\pi^5EI}+\frac{4qL^2}{\pi^3GA}\tag{30}$$

而对于此处要考虑面板自身抗弯刚度的厚面板夹芯板，在均布荷载作用下的厚面板简支夹芯板，要考虑 t/e 项时，式（29）得到为（令式（30）中挠度 a_1 为 a_{1b}）：

$$a_1=a_{1b}\cdot\left[1-\frac{EI_f}{E(I-I_f)/(1+Et\pi^2c/(2GL^2))+EI_f}\right]\tag{31}$$

（3）当横向荷载与轴向荷载共同作用时，式（26）可简化为：

$$a_1=\frac{4qL^2}{\pi^3}\frac{1}{P_{cr}}\frac{1}{1-P/P_{cr}}=\left(\frac{4qL^4}{\pi^5EI}+\frac{4qL^2}{\pi^3GA}\right)\frac{1}{1-P/P_{cr}}\tag{32}$$

对比在端部有无轴向荷载和均布荷载作用下的系数 a_1 表达式，可以发现，在端部有轴向荷载作用时，乘以了放大系数 $1/(1-P/P_{cr})$。从系数 a_1 表达式可以看出，当端部轴向荷载 P 趋向于 P_{cr}，a_1 将趋于无穷大。

在均布荷载与轴压的共同作用下，由式（32）的跨中挠度可以得到在考虑二阶效应之后跨中位置处的弯矩表达式为：

$$M_{max}=\frac{1}{8}qL^2+Pa_1=\frac{1}{8}qL^2+\frac{4qL^2}{\pi^3}\frac{P}{P_{cr}}\frac{1}{1-P/P_{cr}}\approx\frac{1}{8}qL^2\frac{1}{1-P/P_{cr}}\tag{33}$$

而跨中位置处面板应力为：

$$\sigma=\frac{M_{max}}{I}\cdot\frac{c+t}{2}\pm\frac{P}{2bt}\tag{34}$$

由式（33）以及式（34）可以看出，当 $P\to P_{cr}$ 时，面板中面应力值可能超过面板的屈服强度，而此时，虽然没有达到临界荷载，但面板已经不能继续承受更大的荷载，因此还必须计算出面板应力到达屈服强度时所对应的轴压荷载。

令面板屈服强度为 σ_y，$P_y=2tb\sigma_y$。在均布荷载单独作用下跨中位置处弯矩值 $M_0=ql^2/8$，此时面板中面应力设为 σ_0，由式（34）及式（33）可以得到为：

$$\sigma_y=\sigma_0\cdot\frac{1}{1-P/P_{cr}}+\frac{P}{2bt}\tag{35}$$

解式（35）并化简最终得到：

$$P=\frac{1}{2}\left[P_y+P_{cr}-\sqrt{(P_y-P_{cr})^2+8\sigma_0tbP_{cr}}\right]\tag{36}$$

因此夹芯板在轴压与均布荷载共同作用下施加的轴压荷载应小于由式（36）所得出的荷载。

1.3　跨中集中荷载与轴压共同作用时的能量法分析

基于同样的理论推导，可以得出在跨中集中荷载 F 与端部轴向荷载共同作用于简支夹芯板时的总势能表达式，如图 3 所示。在此两种荷载作用下的系统总能量为$U+V$，代入式（20）的w表达式最终得到为：

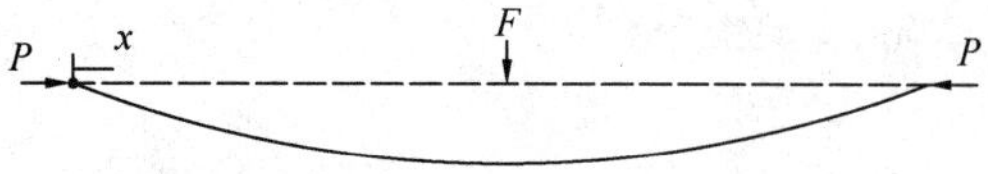

图 3　夹芯板在轴压与跨中集中荷载作用下

$$
\begin{aligned}
U+V= & \int_0^L\Big[\frac{Gbc}{2}(1-\lambda)^2\Big(a_1\frac{\pi}{L}\cos\frac{\pi x}{L}\Big)^2 \\
& +\frac{Ebt}{4}(c\lambda+t)^2\Big(-a_1\frac{\pi^2}{L^2}\cos\frac{\pi x}{L}\Big)^2 \\
& +\frac{Ebt^3}{12}\Big(-a_1\frac{\pi^2}{L^2}\cos\frac{\pi x}{L}\Big)^2 \\
& -\frac{P}{2}\Big(a_1\frac{\pi}{L}\cos\frac{\pi x}{L}\Big)^2\Big]\mathrm{d}x-Fa_1
\end{aligned}
\tag{37}
$$

将等式简化得到：

$$
U+V=a_1^2\frac{\pi^2}{L^2}\frac{L}{2}\Big[\frac{Gbc}{2}(1-\lambda)^2+\frac{Ebt}{4}(c\lambda+t)^2+\frac{Ebt^3}{12}\frac{\pi^2}{L^2}-\frac{P}{2}\Big]-Fa_1 \tag{38}
$$

系统总能量$U+V$的表达式为系数a_1及λ的函数，系统能量守恒，将式（38）对系数a_1以及λ求导并取 0 值，即：

$$
\frac{\partial}{\partial a_1}(U+V)=\frac{\partial}{\partial \lambda}(U+V)=0 \tag{39}
$$

求解式（39）得到：

$$
\lambda=\frac{2GL^2-Et^2\pi^2}{2GL^2+Et\pi^2c} \tag{40}
$$

$$
\frac{\partial}{\partial a_1}(U+V)=\frac{a_1\pi^2}{L}\Big[\frac{1}{2}Gbc\ (1-\lambda)^2+\frac{Ebt\ (c\lambda+t)^2\pi^2}{4L^2}+\frac{Ebt^3\pi^2}{12L^2}-\frac{P}{2}\Big]-F=0 \tag{41}
$$

将式（40）中λ的值代入式（41）并将上述化简得到：

$$
\frac{\partial}{\partial a_1}(U+V)=\frac{a_1\pi^2}{L}\Big[\frac{Gbd^2Et\pi^2}{4GL^2+2Et\pi^2c}+\frac{Ebt^3\pi^2}{12L^2}-\frac{P}{2}\Big]-F=0 \tag{42}
$$

下面将对所得出的表达式进行分析：

（1）当只受端部轴向荷载P作用而无跨中集中荷载F时，上式右边为 0。若a_1为 0，则夹芯板保持平直不会发生失稳；或括号中项为 0，在此种情况下，可得出临界荷载，在此荷载作用下，夹芯板失稳，a_1不为 0。得出P_{cr}与式（27）相同的表达式。

（2）当只受跨中集中荷载F而无端部轴向荷载P作用时，式（42）得到：

$$
a_1=\frac{4F}{\pi^4}\frac{L^3}{Ebe^2t}\Big/\Big(\frac{1}{1+Et\pi^2c/(2GL^2)}+\frac{t^2}{3e^2}\Big) \tag{43}
$$

对于薄面板夹芯板的情况，即$t/e\rightarrow 0$时，式（43）化为：

$$
a_1=\frac{8q}{\pi^5}\frac{L^4}{Ebe^2t}\Big/\Big(\frac{1}{1+Et\pi^2c/(2GL^2)}\Big)=\frac{4F}{\pi^4}\frac{L^3}{Ebe^2t}\Big(1+\frac{Et\pi^2c}{2GL^2}\Big) \tag{44}
$$

薄面板情况下，夹芯板刚度$I=be^2t/2$，得到跨中挠度为：

$$
a_1=\frac{4F}{\pi^4}\frac{L^3}{Ebe^2t}\Big(1+\frac{Et\pi^2c}{2GL^2}\Big)=\frac{2FL^3}{\pi^4EI}+\frac{2FL}{\pi^2Gbe^2/c}=\frac{2FL^3}{\pi^4EI}+\frac{2FL}{\pi^2GA} \tag{45}
$$

对于要考虑面板自身抗弯刚度的厚面板夹芯板，与均布荷载的情况分析是类似的。

（3）当跨中集中荷载F与轴向荷载P共同作用时，式（42）最终可得：

$$
a_1=\frac{2FL}{\pi^2}\Big/(P_{cr}-P)=\frac{2FL}{\pi^2}\frac{1}{P_{cr}}\frac{1}{1-P/P_{cr}} \tag{46}
$$

对比在端部有无轴向荷载和横向荷载作用下的系数a_1表达式，可以发现，在有轴向荷载作用时，乘以了放大系数$1/(1-P/P_{cr})$。从系数a_1表达式（46）可以看出，当端部轴向荷载P趋向于P_{cr}，a_1将趋于无穷大。

在跨中集中荷载与轴力的共同作用下，由式（46）得跨中位置处的弯矩为：

$$M_{\max}=\frac{1}{8}qL^2+Pa_1=\frac{1}{4}FL+\frac{2FL}{\pi^2}\frac{P}{P_{cr}}\frac{1}{1-P/P_{cr}}\approx\frac{1}{4}FL\frac{1}{1-P/P_{cr}} \tag{47}$$

跨中位置处面板应力可由式（35）得出。

令面板屈服强度为 σ_y，对应 $P_y=2tb\sigma_y$，在跨中集中荷载单独作用下跨中位置处 $M_0=FL/4$，此时面板中面应力设为 σ_0，由式（35）及（47）可以得到为：

$$\sigma_y=\sigma_0\cdot\frac{1}{1-P/P_{cr}}+\frac{P}{2bt} \tag{48}$$

解式（48）并化简面板达到材料屈服时的轴向荷载为：

$$P=\frac{1}{2}[P_y+P_{cr}-\sqrt{(P_y-P_{cr})^2+8\sigma_0 tbP_{cr}}] \tag{49}$$

因此夹芯板在轴压与均布荷载共同作用下施加的轴压荷载应小于由式（49）所得的荷载。

2 统一公式的研究

（1）在《金属面绝热夹芯板技术规程》中，若夹芯板面板很薄为平表面或浅压型表面，忽略面板自身的抗弯刚度。得到均布荷载作用下夹芯板的跨中挠度公式为：

$$w=\frac{5}{384}\frac{qL^4}{B_S}(1+k_q)(1-\delta) \tag{50}$$

$$k_q=3.2k=\frac{9.6B_S}{L^2GA} \tag{51}$$

$$d=\frac{B_{f1}+B_{f2}}{B_{f1}+B_{f2}+\dfrac{B_S}{1+k_q}} \tag{52}$$

$$B_{f1}=E_{f1}I_{f1},B_{f2}=E_{f2}I_{f2} \tag{53}$$

式中 E_{f1}、E_{f2}——上、下面板弹性模量；

A_{f1}、A_{f2}——上、下面板截面面积；

I_{f1}、I_{f1}——上、下面板对各自中性轴的惯性矩；

B_{f1}、B_{f2}——上、下面板对自身抗弯刚度。

对比压弯分析中当作用均布荷载 q 而无端部轴向荷载作用时，对于薄面板夹芯板的情况，即时，得出的挠度挠度公式为式（29）。

对比式（29）和式（50），弯曲变形部分的差异只有 0.3%，而剪切变形部分的差异只有 3%。所以由上两式所得出的结果差异是十分小的。而对于要此处考虑面板自身抗弯刚度的厚面板夹芯板，在均布荷载作用下的厚面板简支夹芯板，即要考虑 t/e 项时，得出的挠度公式为式（31），与《金属面绝热夹芯板技术规程》中均布荷载简支深压型面板夹芯板挠度公式（31）相对比，式（50）中：

$$\frac{Et\pi^2c}{2GL^2}=\frac{Et\pi^2e^2b}{2GL^2e^2b/c}=\frac{9.8E(I-I_f)}{GA} \tag{54}$$

式（54）与深压型夹芯板挠度计算公式（51）中 k_q 相差很小，它们之间的差距可以忽略。式（54）中 $\dfrac{EI_f}{[E(I-I_f)/(1+k_q)+EI_f]}$ 与简支深压型面板挠度公式（50）中的系数 δ 是一样的。即上述所得公式与简支深压型面板夹芯板挠度公式是一样的，而在有轴向荷载作用下，乘以了放大效应系数 $1/(1-P/P_{cr})$。

因此得到受轴向荷载以及均布荷载共同作用下的简支夹芯板挠度公式统一为：

$$w=\frac{5}{384}\frac{qL^4}{B_S(1-P/P_{cr})}(1+k_q)(1-\delta) \tag{55}$$

当无端部轴向荷载时，$P=0$ 为均布荷载简支夹芯屋面板的情况。$\delta=0$ 对应为薄面板夹芯板的情况。

(2) 在国内的夹芯板相关规程中，对于跨中集中荷载作用下简支夹芯板的挠度问题，并没有相关的条文给出，而在《建筑用绝热夹芯板结构》中对于跨中集中荷载得出的公式为：

$$w=\frac{1}{48}\frac{FL^4}{B_S}(1+k_q)(1-\delta) \tag{56}$$

$$k_q=\frac{8B_S}{L^2GA} \tag{57}$$

$$w=\frac{1}{48}\frac{FL^4}{B_S}(1+k_q) \tag{58}$$

式 (58) 对应为金属面板浅压型夹芯板跨中集中荷载挠度公式。

在压弯分析中当夹芯板只受跨中集中荷载 F 而无端部轴向荷载 P 作用时得到的薄面板挠度表达式 (45) 与式 (58) 对比，两者所得出的结果相差很小。而在轴压与跨中集中荷载共同作用下，屈曲荷载与纯轴压情况下的屈曲荷载是相同的，而跨中挠度则需要乘以由于轴压所引起的挠度放大系数。

因此得到受轴向荷载以及跨中集中荷载共同作用下的简支夹芯板挠度公式统一为：

$$a_1=\frac{1}{48}\frac{FL^4}{B_S(1-P/P_{cr})}(1+k_p)(1-\delta) \tag{59}$$

当无端部轴向荷载时 $P=0$ 为简支夹芯板受跨中集中荷载的情况。$\delta=0$ 对应为薄面板夹芯板的情况。

3 ANSYS 有限元分析

3.1 有限元模型介绍

随着有限元软件的发展，工程上的绝大多数问题都可以使用有限元软件进行模拟，而对于夹层结构的处理不同软件也会有各自不同的方法，如 NASTRAN 等著名的大型通用软件对这类问题的处理方法大多是采用三维实体元来模拟夹层结构，而它的缺点是计算量大。对夹芯板进行有限元模拟时，必须要考虑芯材的剪切变形，然而对于一些核心较弱的夹芯板，在单元考虑横向剪切刚度时，面板的剪切刚度可能起主导作用，甚至是面板很薄的时候。此时需要对比分析解或使用全三维有限元模型。在 ANSYS 单元库中，shell 91 以及 shell 99 单元均可以模拟夹层结构，但 shell 91 有模拟夹芯板的选项。文中将选取 ANSYS shell 91 单元进行夹芯板模拟，shell 91 为 8 节点非线性壳单元，适用于模拟多层壳结构或厚夹芯结构，各节点有六个自由度，单元模型如图 4 所示。通过对八节点以及各层铺设方向、各层厚度等进行定义确定单元属性及形状。而为了保持应力的连续性，该单元需保留中间节点。采用 ANSYS shell 91 单元进行夹芯板模拟时，打开 [KEYOPT (9)=1]，单元采用所谓的夹芯板功能选项并假定：芯材承担所有剪力，面板很薄不承受剪力。上下面板层承受弯曲力矩，而由于芯材较弱而不考虑芯材的抗弯刚度。打开 [KEYOPT (5)=1] 命令选项可以获得中面最精确的结果。

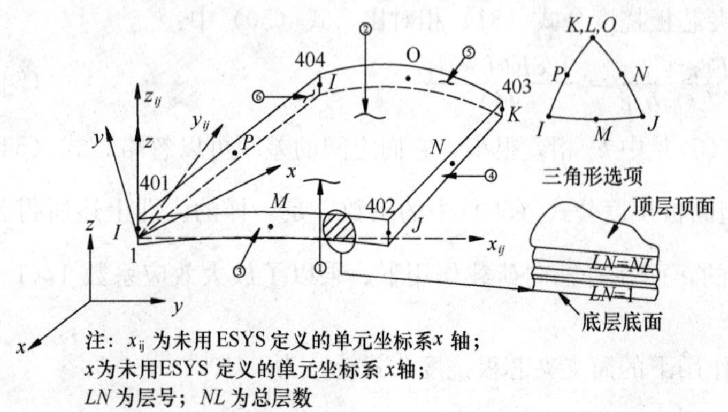

图 4　shell91 单元几何模型

当采用夹芯选项时，其限制条件如下：1) 芯材厚度与总厚度比宜大于 5/6，且必须大于 5/7；2) 面板弹性模量与芯材弹性模量之比宜大于 100 且必须大于 4。另外，宜小于 10000 且必须小于 1000000；3) 对曲壳，曲率半径与总厚度之比宜大于 10 且必须大于 8。

3.2 算例及结果分析

对轴压与三种横向荷载共同作用情况下的夹芯板做模拟分析。面板为钢材，弹

性模量 $E=206000$MPa，芯材采用聚氨酯泡沫，弹性模量 $E_c=5.389$MPa，泊松比为 0.25。

图 5、图 6 为夹芯板在轴压与两种横向荷载共同作用下的挠度分析。

图 5、图 6 所示情况为上下面板 0.6mm 的钢材，芯材厚度 80mm，采用跨度为所示 8 种情况。使用 ANSYS shell 91 单元模拟，壳单元两端受 80N/mm 的线荷载，总轴向荷载为线荷载乘以夹芯板宽度 1000mm，并受两种横向荷载作用。图 5 为轴压与 0.001N/mm^{2}的均布荷载；图 6 为轴压与跨中集中荷载情况，集中荷载大小为 1000N，均布在跨中位置 41 个节点上。

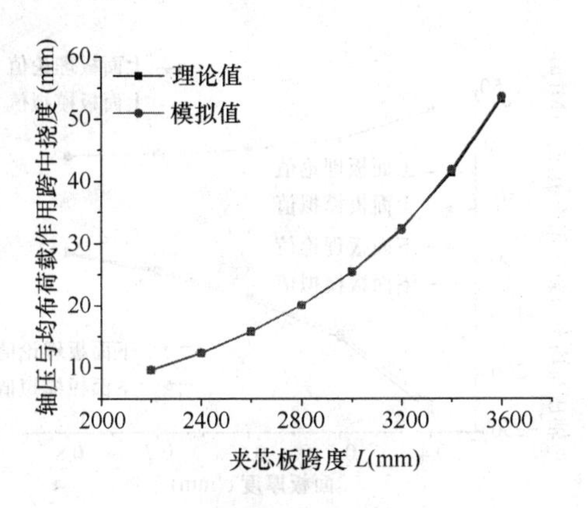

图 5　轴压与均布荷载作用跨度—跨中挠度

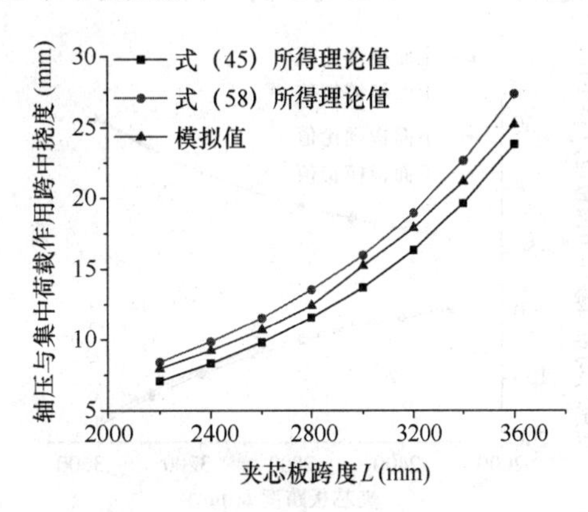

图 6　轴压与集中荷载作用跨度—跨中挠度

从图 5、图 6 两图可以看出，理论值与模拟值吻合较好，尤其是轴压与均布荷载或端部力矩的情况，且跨度对于挠度的影响较大。而对于轴压与跨中集中荷载（图 6）所示情况，由式（45）所得理论值与模拟值稍微更加接近，差距都在 10%以内，而式（58）所得理论值与模拟值的最大差距在 2200mm 处，模拟值比理论值大 12%，一般比模拟值小，因此对于工程使用上，式（58）偏于安全。而在下面的分析中集中荷载情况使用式（58），而两公式之间的差距也控制在 20%以内，对于差距较大的原因从理论分析中所假定的挠度形状可以知道，在集中荷载作用下使用正弦曲线来近似所产生的变形会产生较大误差。

图 7：芯材 80mm，跨度为 3000mm；图 8：面板 0.6mm，跨度 3000mm；各变量如图中所示。荷载情况与图 5、图 6 对应。分析两图可知，在面板厚度从 0.4mm 到 0.8mm 时，轴压与均布荷载下跨中挠度理论值为 39.6mm 到 20.7mm；轴压与跨中集中荷载下跨中挠度理论值为 24.4mm 到 13.2mm。而芯材从 70mm 到 120mm 时，轴压与均布荷载下跨中挠度理论值为 45.5mm 到 9.0mm；轴压与跨中集中荷载下跨中挠度理论值为 28.4mm 到 5.7mm。因此，改变夹芯板芯材厚度能有效降低它在轴压与横向荷载共同作用下的跨中挠度。这与夹芯板受横向荷载单独作用的情况是类似的。而改变面板厚度也能提高夹芯板的性能，但不如改变芯材厚度所带来的影响大。

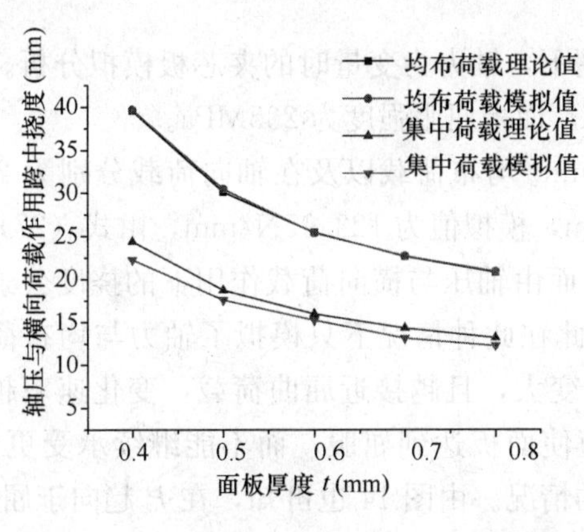

图 7　轴压与横向荷载作用面板—跨中挠度

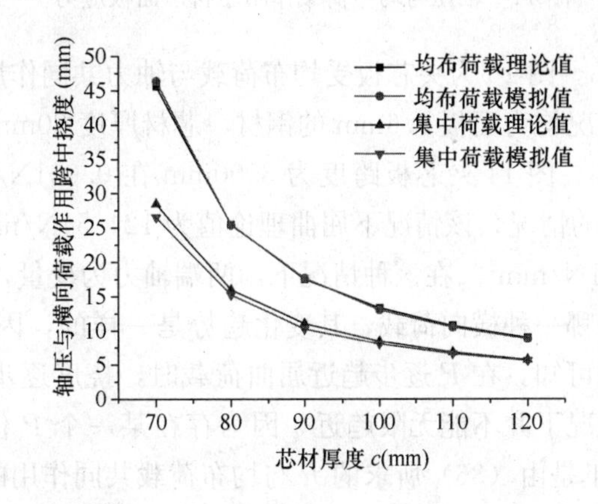

图 8　轴压与横向荷载作用芯材—跨中挠度

图 9、图 10、图 11 为夹芯板在轴压与均布荷载作用下的各参数应力分析。两端受 80N/mm 的轴压荷载以及 0.001N/mm^2 的均布荷载。图 9：面板 0.6mm，芯材 80mm；图 10：跨度 3000mm，芯材 80mm；图 11：面板 0.6mm，跨度 3000mm；各变量如图中所示。

图 12 为夹芯板在轴压与跨中集中荷载作用下的情况。跨度 3000mm，芯材 80mm，两端受 80N/mm 的轴压荷载及大小为 1000N 跨中线集中荷载。由于模拟所表现的结果较为类似，因此对于轴压与集中荷载只进行了一种参数变量的分析。

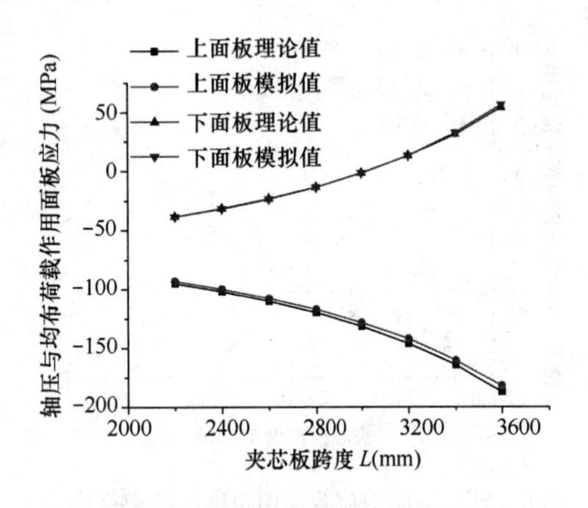

图 9 轴压与均布荷载作用跨度—面板应力

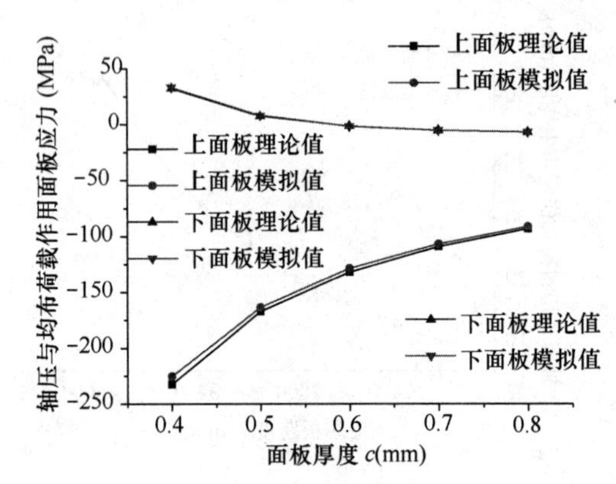

图 10 轴压与均布荷载作用面板—面板应力

在轴压与横向荷载共同作用下，夹芯板面板主要大多数为压应力情况，且改变面板厚度对夹芯板应力变化很大，这可以从应力理论公式（34）中可以看出。轴向荷载较大时，面板主要呈现为压应力，而改变面板厚度直接影响到轴压荷载引起的应力。

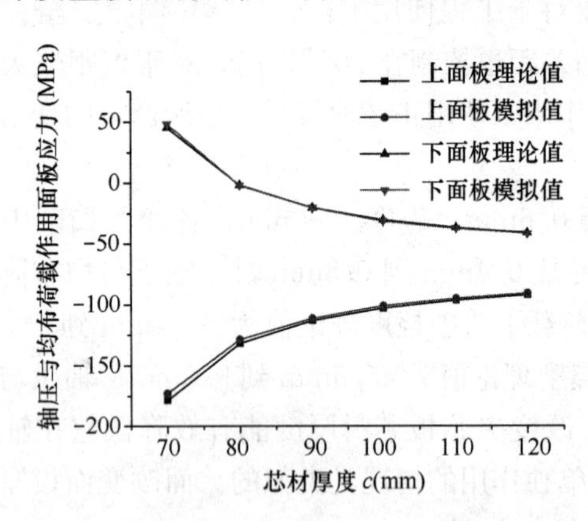

图 11 轴压与均布荷载作用芯材—面板应力

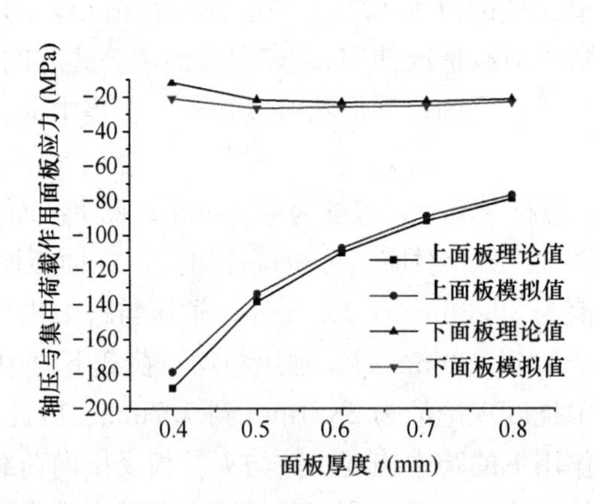

图 12 轴压与集中荷载作用面板—面板应力

图 13～图 16 为夹芯板受均布荷载与轴力共同作用下，轴力为变量时的夹芯板模拟分析。所示对应夹芯板情况均为面板 0.6mm 的钢材，芯材厚度 80mm，面板屈服强度为 235MPa。

图 13、图 14 夹芯板跨度为 3000mm 在 0.001N/mm^2 均布荷载以及在轴向荷载分别为 20～110N/mm 时的的情况，该情况下屈曲理论值为 124.54N/mm，模拟值为 123.95N/mm，由式（27）所求的 P 为 104.91N/mm^2。在该种情况下，两端轴力为变量，而由轴压与横向荷载作用下的挠度公式可知，无论轴压与哪一种横向荷载，其变化趋势是一样的，因此在此种情况下只模拟了轴力与均布荷载共同作用。由图可知，在 P 逐步趋近屈曲荷载时，挠度逐步变大，且越接近屈曲荷载，变化速率越大。但是在此种情况下并不能无限趋近，因为存在某一个 P 值使面板达到屈服，而不能继续承受更大的荷载。而图 15 正是由（36）所求的 P 与均布荷载共同作用的情况。由图 14 也可知，在 P 趋向于屈曲荷载时，由弯矩所产生的面板应力提高很快，这与理论公式是一致的。

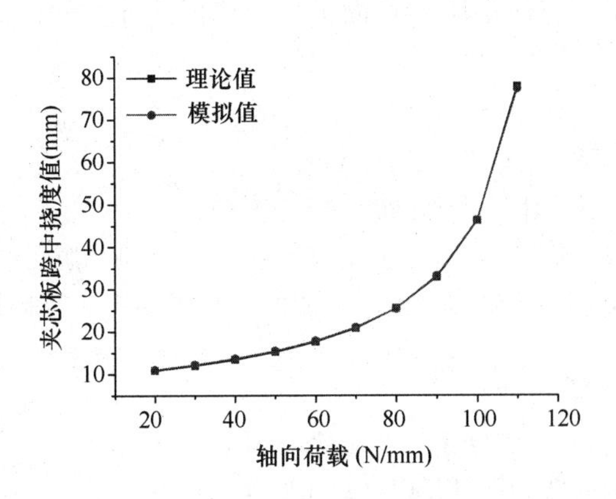

图 13　轴压与均布荷载作用轴压—跨中挠度

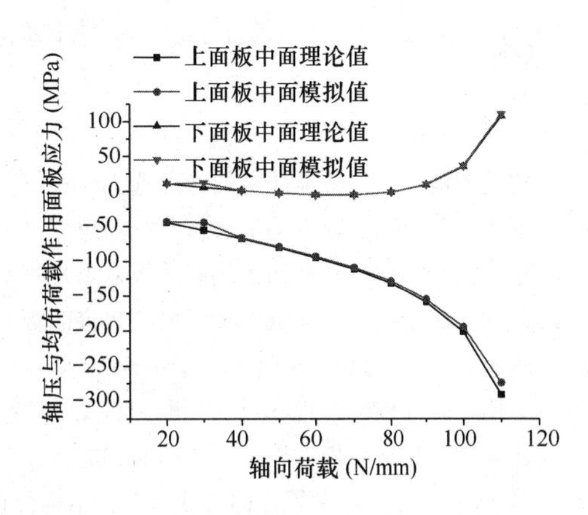

图 14　轴压与均布荷载作用轴压—面板应力

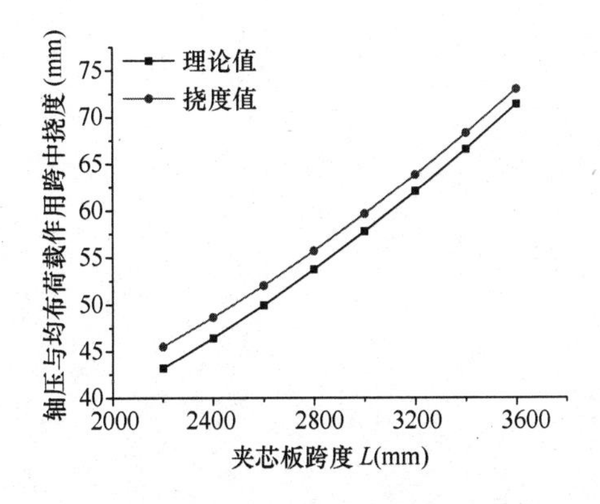

图 15　轴压与均布荷载作用跨度—面板应力

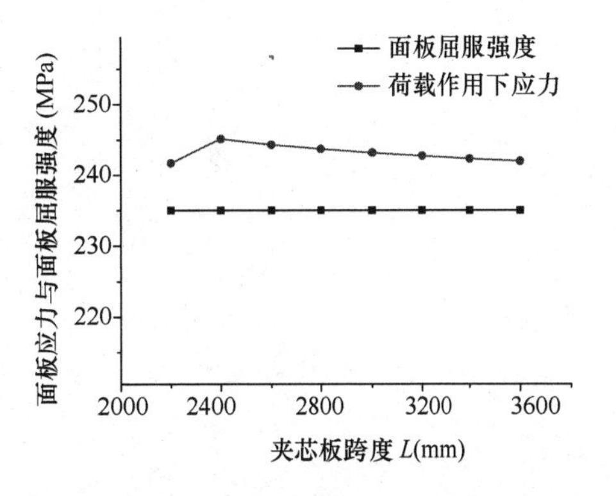

图 16　轴压与均布荷载作用跨度—面板应力

图 15 为在 0.001N/mm²的均布荷载与由式（36）所求的轴向荷载共同作用下的跨中挠度情况。在所求轴向荷载 P 与 0.001N/mm²的均布荷载共同作用下，跨中挠度理论值与模拟值相差很小，差距均在 5%以内。图 16 为与图 15 相同情况下所对应的面板最大压应力模拟值和面板屈服强度的比较。在该情况下 P 接近屈曲荷载，面板中面应力达到屈服强度，在所求 P 与跨中集中荷载或端部力矩情况下趋势是类似的，因此只给出了轴力与均布荷载共同作用下的变化情形。由图可知此种情况下使用挠度公式模拟值与理论值也吻合较好。图 16 所示情况下出现的最大面板压应力为 245.14MPa，只比面板屈服强度大 5.14%。因此模拟与理论所得结果吻合较好。

4　结论

在轴压与横向荷载共同作用下的夹芯板理论分析与有限元模拟中，可以知道：

（1）所得的理论结果与模拟结果吻合都较好，在轴压与两种不同情况下的横向荷载的共同作用下对于各参数的分析，所表现出来的趋势是一致的，只是各参数对两种情况下的影响略有不同。

（2）轴压与跨中集中荷载作用情况由式（58）所模拟的结果便于安全。

（3）面板厚度与芯材厚度对夹芯板性能的影响来说，提高芯材厚度能较为明显的降低夹芯板在受压弯荷载作用下的跨中挠度。且对于在上面所模拟的金属夹芯板情况而言，改变芯材厚度比改变面板厚度更能提高夹芯板屈曲荷载。但提高面板厚度能有效降低面板压应力。这与夹芯板在单独受横向荷载作用下不同的。

（4）在轴向荷载为变量的情况下，跨中挠度变化较大，且越接近夹芯板屈曲荷载变化越剧烈。使用面板达到屈服强度所对应的轴压荷载 P 进行模拟时，所得的挠度与应力模拟值与理论值吻合较好。

（5）所得统一公式（55）、（58）可适用于建筑屋面与建筑墙面且面板为金属面或非金属面的情况。

参考文献

[1] 王庆一. 建筑节能—中国节能战略的必然选择(下)[J]. 节能与环保，2004：6-9.
[2] 吴蓉，熊耀清. 关于我国新形势下建筑节能的思考[J]. 国外建材科技，2006(06)：89-92.
[3] 中国工程建设协会标准．金属面绝热夹芯板技术规程 CECS 411：2015[S]. 北京：中国建筑工业出版社，2015.
[4] 中华人民共和国国家标准．建筑用金属面绝热夹芯板 GB/T 23932—2009[S]. 北京：中国建筑工业出版社，2009.
[5] Allen. Analysis and design of structural sandwich panels. 1969.
[6] 查杰斯. 结构稳定性理论原理[M]. 兰州：甘肃人民出版社，1982.
[7] 查晓雄. 建筑用绝热夹芯板结构——金属面和非金属面[M]. 北京：科学出版社，2011.
[8] 石建军，等. Shell91 单元在复合材料蜂窝夹层结构分析中的应用，FIBER COMPOSITES.
[9] 王新敏，李义强. ANSYS结构分析单元与应用[M]. 北京：人民交通出版社，2011.
[10] 王新敏. ANSYS工程结构数值分析[M]. 北京：人民交通出版社，2007.

大跨度立体钢管桁架结构设计、施工与应用

丁宸汀

（大连理工大学土木工程学院，大连　116024）

摘　要　钢管桁架结构是国内很多大跨度建筑常用的结构形式，其特点主要有简洁美观、构造简单、用钢量少、抗弯刚度大，与类似结构如网架、网壳或角钢平面桁架相比有不可比拟的优点。其设计，施工方法相比其他类似结构也有独特之处。本文讲述了钢管桁架结构特点以及设计、施工的方法和注意事项，并对一些实际工程进行了分析。

关键词　钢管桁架；大跨度；相贯线；吊装；翻转

1　引言

钢管桁架分为平面桁架和立体桁架，是一种刚性结构。其基本杆件有上弦杆、腹杆和下弦杆，横截面为三角形或四边形的桁架又称为立体桁架。钢管桁架用钢管可以是圆管，也可用矩形管（图 1），其形状可以按照建筑专业的需要设置，可以是直线形，也可为曲线（图 2）。

图 1　直线三角形立体桁架

图 2　弧形三角形立体桁架

对于平面桁架，为保证其上下弦杆的平面外稳定，须设置必要的上下弦纵向连系杆件，以减小其平面外的计算长度，这种做法会影响建筑美观，此类型结构多应用于大跨度工业建筑。

立体桁架为目前常用的大跨度钢结构的一种类型，常采用三角形、四边形截面形式。由于其侧向具有一定的刚度，可以减少或不设置侧向连系构件，使得屋面下空间简洁整齐，广泛应用于机场航展楼、火车站、展览中心和体育场馆等建筑，如合肥新桥国际机场航站楼部分采用了倒三角形截面的立体桁架结构，上弦杆为矩形管，下弦杆和腹杆为圆管（图 1）。

与网架结构相比，钢管桁架结构不需要使用节点球，弦杆一般为一根贯通的杆，腹杆直接焊接到弦杆上。钢管桁架可满足各种不同建筑形式的要求，尤其是构筑圆拱和任意曲线形状比网架结构更有优势。在结构平面长宽比较大时，钢管桁架结构与网架结构相比具有其独特的优越性和实用性，结构用钢量也较经济。与传统的开口截面（H 型钢和工字钢）钢桁架相比，钢管桁架结构截面材料绕中和轴较

均匀分布，使截面同时具有良好的抗压和抗弯扭承载能力及较大刚度，一般不用节点板，构造简单。

钢管桁架结构整体性能好，扭转刚度大且外表美观，制作、安装、翻身、起吊都比较容易，具有结构轻、刚度好、节省钢材，并能充分发挥材料强度等优点，尤其是在由长细比控制的压杆及支撑系统中采用更为经济。

2 设计理论和方法

钢管桁架结构采用有限元软件进行建模分析，目前常用的软件有 Midas-gen、Sap2000 以及 Ansys 等。通常情况下假定钢管桁架的杆件为梁或杆单元，若结构下部有混凝土结构，则宜与其作整体分析。钢管材料常用的有 Q235 和 Q345，设计实际工程时应初选并优化杆件截面，选择合适的尺寸和边界条件，施加荷载进行分析计算和设计。

2.1 桁架尺寸的选取

立体桁架高度可取跨度的 1/12～1/16；桁架的弦杆和腹杆及两腹杆之间的夹角不小于 30°，当立体桁架的跨度较大时，可选择起拱，起拱值不大于立体桁架跨度的 1/300。

2.2 结构设计和计算方法

大跨钢管桁架为刚性结构，一般不会发生几何非线性大变形，设计桁架大多数的结构计算软件和有限元分析软件都可以进行计算分析。在设计时要注意弦杆和腹杆的管径大小关系以及腹杆的倾斜角度以方便拼装时焊接。一般尽量设计为同一节点的腹杆与弦杆相贯，而腹杆与腹杆在节点处有间隙，不相贯(见后文图 9)，此种节点称为间隙型节点。如果节点上的杆件太多，腹杆与腹杆在节点处必须相贯时，设计时要充分考虑到施工时焊接的顺序问题，此种类型的节点称为搭接型节点。

(1) 结构整体分析

这是所有的结构设计都要进行的一步，在结构计算软件中输入整个建筑结构的模型，如果桁架为曲线形，则将其分解成相互连接的若干直线型单元拟合建模。输入多种荷载工况进行计算分析。

当考虑了桁架自重时，桁架的每个杆件都是压弯或拉弯构件，不再是二力杆。当桁架所受的所有外荷载都作用在结点上时，桁架的受力以轴力为主，弯矩与之相比要小很多。设计桁架时要避免外荷载不直接作用在结点上的情况。

(2) 节点有限元分析

钢管桁架的节点为容易破坏的部分，一般要对关键节点做有限元分析，必要时要同时考虑材料非线性和几何非线性。

(3) 节点的连接形式

钢管桁架的杆件分为主管和支管，一般对支管做相贯线切割后直接焊接在主管上。平面圆钢管节点一般有三种类型，见图 3。立体圆钢管节点一般有两种类型，见图 4。

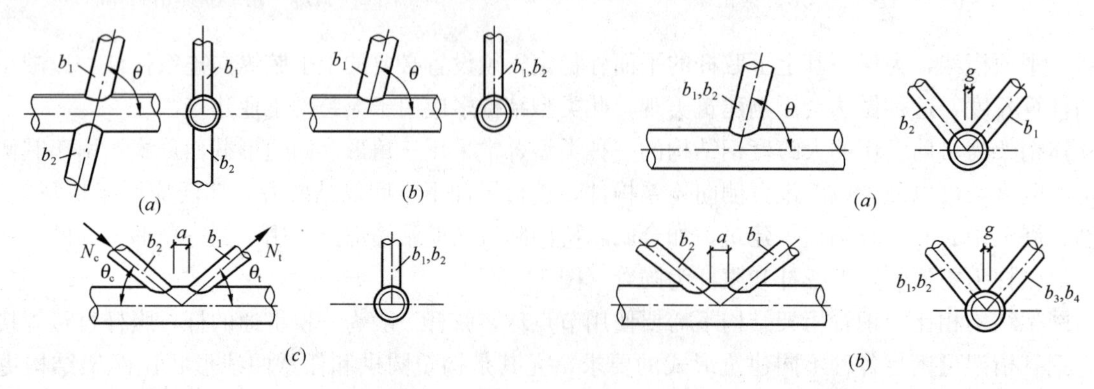

图 3 平面圆钢管节点

(a) X 型节点；(b) T 型或 Y 型节点；(c) K 型节点

图 4 立体圆钢管节点

(a) TT 型节点；(b) KK 型节点

平面矩形管节点一般有四种类型，见图5。

（4）节点的破坏形式

钢管桁架节点主要有6种破坏形式：①主管壁因冲切或剪切而破坏；②主管壁因受拉屈服或受压局部失稳而破坏；③与支管相连的主管壁因形成塑性铰而失效；④支管与主管之间的连接焊缝破坏；⑤受压支管管壁局部屈曲；⑥有间隙的K，N型节点中，主管在间隙处被剪坏或丧失轴向承载力而破坏。

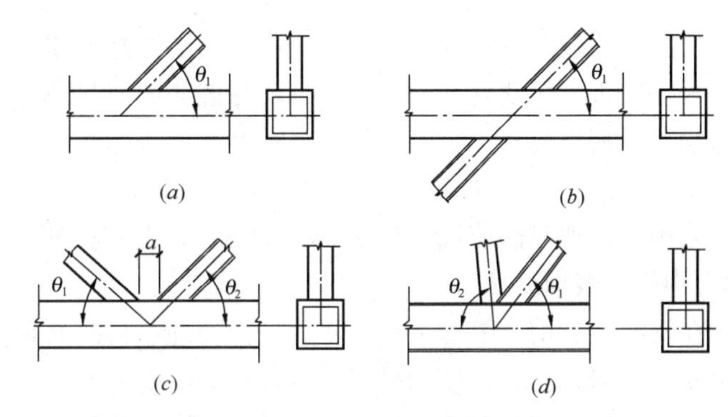

图5　平面矩形管节点

(*a*) T型或Y型节点；(*b*) X型节点；(*c*) K、N型节点，有间隙；(*d*) K、N型节点，有搭接

3　施工中的关键问题

桁架制作安装的特点如下：

①节点形式多，应制定合理的焊接工艺进行焊接，避免出现隐蔽焊缝无法施焊的情况。②桁架跨度大，多为高空作业，一般有整体吊装和高空散装等方式安装，难度较大。③钢管下料，按相贯曲线切割，开坡口，应在专用数控机床（图6）上完成。④焊接位置包括平、立、横、仰全位置焊接，焊接走向和焊条倾斜角不断改变，焊接难度很大。

3.1　相贯线切割

为了使桁架的支管能够拼接在主管上，一般要对支管管口做相贯线切割。

（1）杆件切割长度的确定

杆件的切割长度与实际长度不同，受到焊接收缩等因素的影响。通过试验事先确定各种规格的杆件预留的焊接收缩量，在计算杆件的钢管长度时计入预留的焊接收缩量。切割时预留焊接收缩量、机器加工预留量等余量。焊接收缩量的预留值根据以往制作经验和焊接工艺评定试验进行确定。

图6　数控相贯线切割机

图7　切割完的管口

焊接变形收缩是一个比较复杂的问题，对接焊缝的收缩变形与对接焊缝的坡口形式、对接间隙、焊接线的能量、钢板的厚度和焊缝的横截面等因素有关。坡口大，对接间隙大，焊缝截面积大，焊接能量也大，则变形也大。

（2）相贯线数控切割程序的编程与切割工艺

管件的切割使用数控相贯线切割机，需要输入的信息有：相贯的管与管相交的角度、各管的厚度，管中心间长度和偏心量。输入后机器可自动算出相管线形状的各参数。

（3）切割相贯线管口的检验

切割完后应对管口（图 7）进行检验，方法为通过计算机把相贯线的展开图按 1∶1 绘制成检验用的样板，样板上标明管件的编号，打印在透明的塑料薄膜上。检验时将样板根据“上、下、左、右”线标志紧贴在相贯线管口，以检验吻合程度。

（4）管件切割精度

采用数控切割能使偏差控制在±1.0mm，能够保证桁架的制作质量和尺寸精度。

3.2 构件的表面处理

在钢材涂装前，要对钢材的表面进行处理，目的有两个，一是除去钢材表面的污垢、油脂、铁锈、氧化皮、焊渣，二是保证钢材表面有合适的粗糙度。

钢材表面合适的粗糙度有利于漆膜保护性能的提高。但是粗糙度太大或太小都是不利于漆膜的保护性能，当粗糙度太大，在漆膜用量一定时，不容易控制漆膜厚度使其均匀。

钢材表面的除锈可按多种方法分类：按除锈顺序可分为一次除锈和二次除锈；按工艺阶段可分为车间原材料预处理、分段除锈、整体除锈；按除锈方式可分为喷射除锈、动力工具除锈、手工敲铲除镑和酸洗等方法。

3.3 管桁架的现场拼装

管桁架的拼装指的是将多个钢管连接成桁架的过程，一般在建筑施工现场的地面进行，对于不同的桁架，拼装可选用不同的方位，如倒三角形的桁架，可以倒卧拼装，拼装时可以将两个上弦杆放在地上，下弦杆在上方，以保证其稳定。有些桁架也可横卧拼装（上弦杆在右侧，下弦杆在左侧)，在吊装时再将其翻转至正确的角度。拼装桁架时一般需要胎架。

拼装的过程如下：

桁架杆件运输至现场-胎架的制作-胎架尺寸检查-桁架弦杆的定位-桁架腹杆的拼装-尺寸检查-桁架的焊接-局部的除锈涂装，之后就可以进行起吊安装。

胎架的设计和布置根据桁架的分段情况和分段点的位置来确定，设计时要考虑桁架分段处的上下弦杆的接口及腹杆的拼装，在断开面中间设置空挡，以留出焊接空间。

3.4 钢管桁架的安装

在桁架拼装完之后可以将其安装至指定位置，安装的操作顺序为：

轴线复测-钢结构桁架的吊装与校正-桁架支座处的焊接-水平系杆的焊接-屋面檩条的安装-屋面系统安装。

(1) 吊装验算

吊装使用一台或多台履带吊或汽车吊进行吊装施工。吊装点的选择是重点。不同位置、不同数量的吊装点选择，对吊装单元内杆件的受力及变形可能有较大的影响，因此确定吊装单元的吊装点对结构的安全至关重要，吊装点的选择要尽量让桁架起吊后的受力状态和正常工作的受力状态接近。选取吊点和吊装方法后，要对吊装工况下的内力和变形做验算，一般将管桁架 CAD 模型导入 MIDAS 或 SAP2000 等软件进行验算。

(2) 桁架的脱胎翻转

桁架起吊后通常要做翻转工作，使其转到安装需要的角度。一般采用多根钢丝绳吊起桁架离开胎架至地面，通过变换各钢丝绳的拉力使桁架翻转，在翻转的过程中，可能需要多次改变吊点，翻转完成后起吊升空。翻转过程要尽量让桁架各杆的内力变化更小，防止内力重分布导致变形。设计翻转过程时需要用 MIDAS 等软件作内力和变形验算。

4 工程实例

4.1 合肥新桥国际机场航站楼

合肥新桥国际机场 2013 年竣工通航，其航站楼长 860m，宽 161m，建筑面积约 12 万 m^2。航站楼地上 3 层（局部 4 层），局部地下一层，鸟瞰图见图 8。

图 8　合肥新桥国际机场航站楼

航站楼下部采用钢筋混凝土框架，上部采用钢管桁架，两侧通过转换节点转换为箱形截面柱直接落地或固结于下部结构中。工程使用的主桁架，上弦杆为两根矩形管，与屋面次桁架相连，以保证面外稳定性，下弦杆为一根圆管，型号 P299×16。腹杆是直径比弦杆小的圆管，型号 P168×10 和 P159×8（图 10）。

节点均为间隙性节点，即主管（弦杆）和支管（腹杆）在节点处相贯，但各支管之间不相贯（图 9），以降低焊接难度。

桁架的两端与箱形截面梁连接，连接处的转换节点见图 10，为一种新型连接节点，转换节点处受力情况复杂，但屋顶中部的桁架部分的构件仍然以受轴向力为主。图 11 为带转换节点的航站楼内视图。

图 9　桁架拼装节点构造

图 10　转换节点

图 11　航站楼空侧内视图

4.2 北京理工大学体育文化综合馆

北京理工大学体育文化综合馆（图 12），是 2008 年奥运会排球预赛馆，总建筑面积约 21900m²，建筑高度 28.5m，共设有固定座位 3700 个，活动座位 1300 个。工程于 2006 年 7 月通过验收并投入使用。

图 12 北京理工大学体育文化综合馆

体育馆主体地上 1 层，局部 3 层，地下 1 层，为钢筋混凝土框架-剪力墙结构。屋盖为双曲抛物面形，投影面积约 6200m²，平面近似椭圆状，采用两个近似落地的空间曲线拱架作为主要承重结构（图 13），拱架之间用立体桁架联系，拱架下悬挂倒三角形立体次桁架（图 14），其端部支承于建筑周边的钢筋混凝土环梁上，配以支撑体系形成体系独特的空间结构形式。圆弧拱桁架与下部钢筋混凝土平台连接采用万向转动铰接支座，曲线屋面桁架中部两点悬吊在两道圆弧拱桁架下，两端采用滑动支座铰接在周边钢筋混凝土梁上。主拱跨 87.3m，拱高 22.3m，拱脚下部为钢筋混凝土墩。

屋盖上部设置两道跨度为 87.3m 的露天桁架。工程采用了与垂直面旋转 25°的圆弧线作为拱轴，拱轴面与水平面夹角为 65°，既满足了建筑要求，又使得结构拱架有足够的矢高，受力比较合理，制作安装方便。

图 13 施工中的主桁架（拱）和下方的悬挂倒三角形立体次桁架

图 14 次桁架端部

4.3 广州新白云国际机场航站楼

广州新白云国际机场是国家重点工程，首期建设规模为年旅客吞吐量 2500 万人次，航站楼首期工程的建筑面积约 350000m²。航站楼建筑群由伸缩缝自然分成四部分：主楼、东西共二幢连接楼、东西共四条指廊、东西共四条高架连廊。

航站楼钢屋盖面积 160000m²（图 15），全部采用相贯焊接的圆管及方管圆弧形钢桁架结构，是中国目前规模较大的空心管结构工程，其中 16～37m 高的三角形变截面（三管梭形钢格构）人字形柱、12m 及 14m 跨度的屋面箱形压型钢板是首次在国内应用。设计中还采用了多种形式的相贯节点（图 16），包括圆管正偏心的间隙接头及方管的搭接接头。

图 15　广州新白云国际机场航站楼内视图

图 16　多杆连接的复杂相贯节点

5　未来的发展趋势

立体钢管桁架结构以其独特的造型优势在越来越多的工程中得以应用。但相对于网格结构中的网壳结构及网架结构，目前关于立体钢管桁架结构的研究还相对匮乏，没有形成系统性的方法。空间钢管桁架结构的发展空间还很广泛。将来会有更多的机场航站楼、火车站、展览馆、体育馆等建筑选择管桁架。

相贯节点是管桁架的薄弱部位，目前对相贯节点的研究还比较少，有学者提出在计算整体结构时，把相贯节点当作铰接点或刚节点都不能够得到准确的结果，随着相关研究的增多，将来会有更系统的管桁架的计算方法，会有更精确的计算方法来处理相贯节点。相贯节点焊接以及加强的方法也会更成熟。

相贯线切割曾经是制约钢管桁架发展的重要因素，随着数控相贯线自动切割技术的继续发展，将来会有更多的大跨空间结构使用钢管桁架。

将来会有更多的钢管桁架与其他形式结构的混合结构，如悬索与管桁架的组合。已经有学者提出了预应力钢桁架的想法，将索穿过曲线形圆管桁架下弦杆内部，施加预拉力，使索对桁架有支托力。北京九华山庄运动中心采用了更为实用的想法，索的两端锚固在两边的柱顶，中间穿进桁架的下弦杆内部再穿出，形成了两边是斜拉索，中间的索穿过桁架内部并对桁架有支托作用的结构。除此之外，还有很多的新兴混合结构如混凝土-管桁架混合结构等，这些结构将来会有更多的建筑采用。

参考文献

[1]　沈祖炎，等. 钢结构学[M]. 北京：中国建筑工业出版社，2005.

[2]　戚豹，等. 管桁架结构设计与施工[M]. 北京：中国建筑工业出版社，2012.

[3]　杨扬，完海鹰，高鹏，等. 合肥新桥机场航站楼钢结构拼装桁架段施工仿真分析[J]. 合肥工业大学学报(自然科学版)，2011，34(10)：1524-1527.

[4]　丁大益，郑岩，马冬霞，等. 合肥新桥国际机场航站楼结构设计[J]. 西安建筑科技大学学报(自然科学版). 2013，45(1)：18-30，57.

[5]　丁大益，王元清，刘莉媛，等. 合肥新桥国际机场航站楼转换节点受力性能试验研究[J]. 建筑结构学报，2011，32(12)：108-107.

[6]　张英，邵庆良，丁大益，等. 北京理工大学体育文化综合馆钢屋盖结构设计[J]. 建筑结构，2008，38(11)：92-97.

[7]　李桢章，梁志，李凯平，等. 广州新白云国际机场航站楼钢结构设计[J]. 建筑结构学报，2002，23(5)：78-83.

[8]　秦文，陈小才. 空间钢管桁架结构的发展及应用[J]. 科学之友，2011(5)6-7.

[9]　丁大益，刘威，夏新，等. 北京九华山庄运动中心结构选型与分析[J]. 建筑结构，2006，36(S)：135-137，155.

大跨度门式管桁架结构的设计与分析

沈万玉，田朋飞，张炳顺，张煊铭

（安徽富煌钢构股份有限公司，巢湖　238076）

摘　要　阜阳国际会展中心为阜阳市重点工程，建筑面积为1.6万m^2，由展示区和会议办公区组成，展示区为单层，采用了大跨度门式管桁架结构，并存在高低跨。会议办公区为二层，采用了钢框架结构，一层为纯框架，二层为抽柱大柱网屋面，管桁架和框架屋面通过刚性支撑进行连接，形成整体建筑结构体系。本文针对该工程结构特点，重点阐述了大跨度门式管桁架结构的体系设计、结构的设计与分析，以及关键节点的设计与构造。由于该结构体系在国内类似建筑中较为罕见，设计经验可为以后类似工程提供借鉴意义。

关键词　大跨度；门式管桁架结构；抽柱；大柱网；关键节点；构造

1　引言

随着我国经济的发展和科学技术的不断进步，大跨度空间管桁架结构以其优越的力学性能在体育场馆、会展中心、影剧院、大型商场、航站楼及车站等建筑中得到了广泛的应用，从设计到加工制作与现场安装已经积累了大量的理论基础和工程实践经验。近年来，国内各地所建成的大型公共建筑中，出现诸多使用功能方面的一些问题，例如，体育场馆利用率不高等现象，提醒了设计师在今后的设计中，重点会考虑大空间与小空间合理设计的概念，从而会出现大量的大跨度空间结构与小空间的框架结构相结合，尤其存在较多建筑造型的情况下，整体屋面的设计会是结构师重点研究的方向，其中包括：抗震设计、防连续倒塌设计、整体屋面支撑系统的设计等。

本文结合阜阳国际会展中心项目，对大跨度门式管桁架结构＋抽柱大柱网框架结构的整体设计进行简要阐述，通过数值模拟分析方法，合理优化了建筑结构体系的布置，从加工制作和施工两方面考虑，对关键节点进行了合理设计与构造，使得结构分析模型的计算结果与实际结构成形后受力状态一致，达到了大跨度门式管桁架结构与抽柱大柱网框架结构整体受力与变形统一协调的良好效果。

2　工程概况

阜阳国际会展中心位于阜阳市经济开发区示范园内，主体结构采用全钢结构，建筑面积为1.6万m^2，建筑高度为20m，最大跨度为80.5m，长度为215m，会展中心大屋面为高低跨屋面，整体外观体现炫酷型跑车，建筑效果如图1所示。中间区域为展示大厅，采用大跨度空间管桁架结构，两端为行政办公与会议室，一层层高7.5m，采用钢框架结构，二层屋顶为建筑大屋面，采用了抽柱大柱网框架结构。屋面板采用铝镁锰保温板，建筑前沿采用玻璃幕墙，墙面为加气混凝土砌块。大屋面设置建筑造型，包括椭圆采光带、条形采光带和通气窗，屋面排水方式为有组织排水。

阜阳国际会展中心建筑平面分区介绍，如图2所示，①、②、③区为一层，采用了大跨度门式管桁架结构，建筑使用功能为会展展示大厅，④区为二层，采用了钢框架结构，一层为展示厅，二层采用了抽柱大柱网框架结构，其屋面为建筑大屋面，建筑功能为办公室和大空间会议室。①区与②区交接处设

图 1　工程效果图

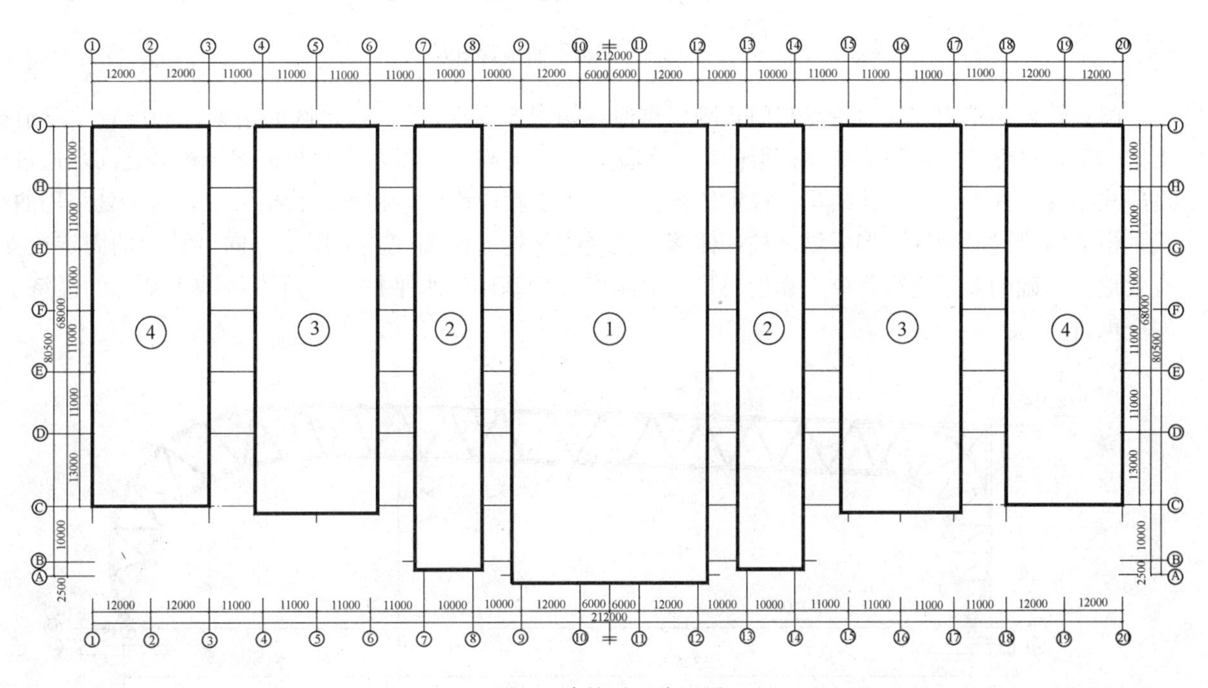

图 2　建筑平面分区图

置高低屋面，标高相差 2m，②区与③区交接处设置同样高低屋面，③区与④区屋面标高相同。

3　结构体系

依据建筑功能的分区要求和整体建筑大屋面造型特点，①、②、③区跨度分别为 80.5m、78m、68m，均采用大跨度门式管桁架结构（落地梁-柱一体式结构），达到了室内无柱的建筑要求，④区一层柱网为 11m×12m，采用纯框架，二层柱网为 11m×24m，采用抽柱大柱网框架结构，同时，该层即为建筑大屋面。屋面设置贯通式支撑系统，同时，柱间设置支撑，如图 3 所示，在①、②、③区高低跨处，屋面同样设置了贯通式支撑，在③区和④区的交接处也设置了贯通式的刚性支撑，其目的使得大屋面结构形成具有一定刚度的整体屋面，以提高整体结构的抗震性能，使得不同跨度、不同高度、不同结构类型的复杂结构，在模态分析时能够协调响应，从而达到结构受力合理，而且降低用钢量，实现经济可行。

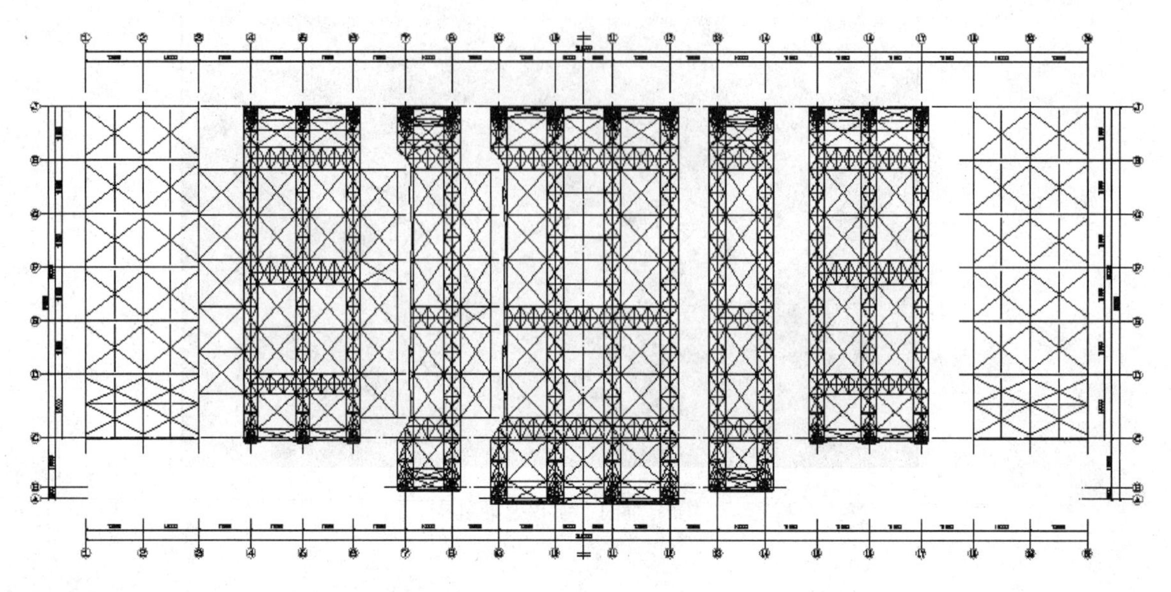

图 3　结构平面布置图

门式管桁架结构其受力特点与门式刚架类似，如图 3、图 4 所示，每区的桁架之间设置了三道横向支撑桁架，可保证每区组成空间桁架的稳定单元，每区的高低跨以及桁架与框架结构区之间，通过设置贯通式刚性支撑，使得整体结构为稳定体系。在该项工程应用中，在每榀管桁架中，跨端处采用曲线形式，桁架由梁过渡为柱，形成梁一柱一体落地式受力结构，两端柱脚采用了单向可转动的固定铰支座，有效地将基础的弯矩进行释放，靠桁架自身的刚度减少基础的水平推力，可直接减少基础的经济造价，安全可行。

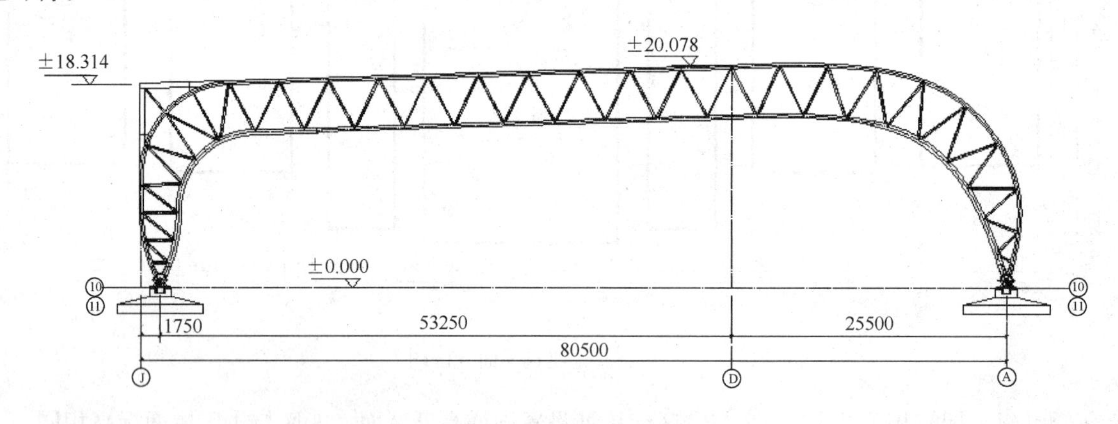

图 4　门式桁架立面图

4　结构的设计

（1）荷载条件

50 年一遇基本风压：0.45kN/m^2；地震烈度：7（0.10g）；风压高度变化系数：1.30；阻尼比：0.035；风载体型系数：＋0.8/－1.4/－0.5；场地特征周期：0.45；风压调整系数：1.05；设计地震分组：第一组；影响系数最大值：0.08；场地类别：Ⅲ类。

（2）结构分析

对整体结构取一半进行整体分析，即选择 1 区整体，一边的 2、3 区及相应的框架夹层部分作为整体分析，分析目的为整体结构在主要由地震与风载参与作用下，各结构体系之间的变形协调性。以保证上部围护结构及后部墙体，在正常使用条件下能够达到安全可靠，及在承载能力条件下满足小震不坏、中震可修、大震不倒的抗震原则。模型采用3D3S软件进行整体分析（该项目同时采用Midas软件进行了全部模型的整体复核，另一面的框架部分也参与计算分析，两种计算结果相近，且均符合规范要求），如图5～图7所示。

计算结果如下：

1）管桁架结构所有构件应力比（包括强轴与弱轴方向的整体稳定性计算）控制在0.8以内，钢管混凝土框架结构构件应力比控制在0.93以内。

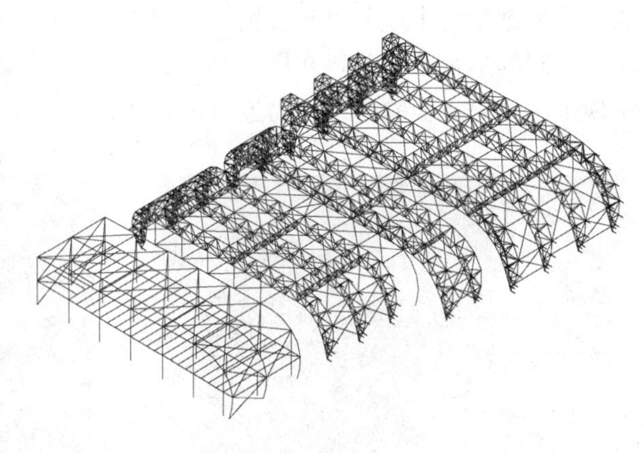

图5　计算模型

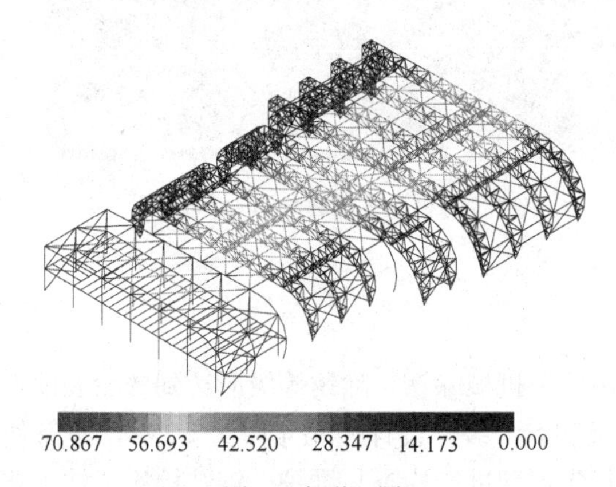

图6　变形云图

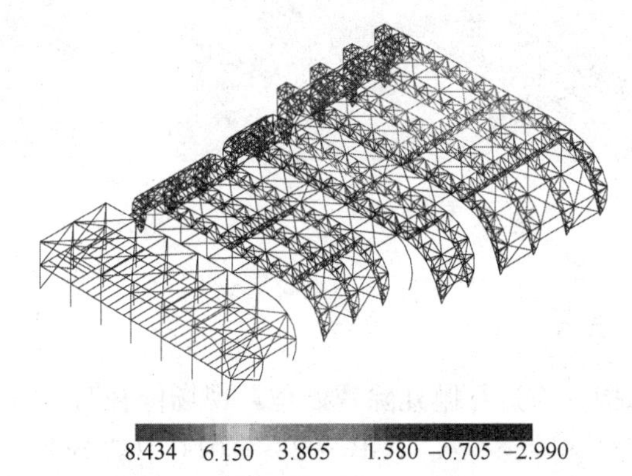

图7　应力云图

2）在各荷载组合工况作用下：

1区管桁架最大挠度为99.5mm，挠跨比99.5/80500＝1/809<1/500；

2区管桁架最大挠度为80.3mm，挠跨比80.3/78000＝1/971<1/500；

3区管桁架最大挠度为62.6mm，挠跨比62.6/68000＝1/1086<1/500；

4区框架二层主梁竖向最大挠度为17.5mm，挠跨比17.5/12000＝1/686<1/400；

4区框架二层次梁竖向最大挠度为47.5mm，挠跨比47.5/12000＝1/253<1/250；

4区框架屋面主梁竖向最大挠度为53.8mm，挠跨比53.8/24000＝1/446<1/400。

3）在相同风载参与组合工况作用下：

1区管桁架跨度方向最大水平位移为18.5mm，垂直跨度方向最大水平位移8.5mm；

2区管桁架跨度方向最大水平位移为17.5mm，垂直跨度方向最大水平位移5.5mm；

3区管桁架跨度方向最大水平位移为17.5mm，垂直跨度方向最大水平位移4.5mm；

4区框架跨度方向最大水平位移为15.5mm，垂直跨度方向最大水平位移4.0mm。

4）在相同地震参与组合工况作用下：

1区管桁架跨度方向最大水平位移为11.5mm；垂直跨度方向最大水平位移6.5mm；

2区管桁架跨度方向最大水平位移为9.5mm；垂直跨度方向最大水平位移4.5mm；

3区管桁架跨度方向最大水平位移为7.5mm；垂直跨度方向最大水平位移3.5mm；

4区框架跨度方向最大水平位移为6.5mm；垂直跨度方向最大水平位移3.2mm。

5　节点的设计与构造

大跨度门式管桁架结构体系的柱脚设计，是该工程的重点设计内容，采用了可单向转动的固定铰支座，通过大型销轴将半球节点与管桁架连接，有效地将柱脚弯矩进行释放，减少了弯矩传递的力臂，大大减少了基础的造价。同时，在屋面高低跨处，通过设置桁架内部球节点，将屋面支撑系统有效地贯通，实现了高度跨屋面的刚性传力连接，有效地提高了建筑结构抗震能力。见图 8、图 9。

图 8　柱脚节点

图 9　高低跨支撑转换节点

6　防腐与涂装

钢结构构件应进行抛丸除锈处理，现场修补时可采用手工机械除锈，除锈等级应达到《涂装前钢材表面锈蚀等级和除锈等级》GB 8923—2011 中的 Sa2.5 级和 St3 级。设计使用年限为 50 年，建筑使用期间，由外界因素导致钢构件表面涂层损坏或脱落，应每年定期进行检查与维护。钢结构涂装技术要求如表 1 所示。

钢结构涂装技术参数　　　　**表 1**

序号	涂装要求	设计值	备注
1	表面净化处理	无油、干燥	GB 11373—89
2	抛丸喷砂除锈	Sa2.5 / St3	GB 8923—2011
3	表面粗糙度	Rz40—70μm	GB 11373—89
4	环氧富锌底漆	80μm（4×20）	高压无气喷涂
5	环氧云铁中间漆	40μm（2×20）	高压无气喷涂
6	氯化橡胶漆	80μm（4×20）	高压无气喷涂

7　结论

（1）大跨度门式管桁架梁—柱一体式结构，其柱脚采用单向转动的固定铰支座，可有效的释放柱顶向基础传递的弯矩，将弯矩转化为柱底剪力，可有效地降低基础造价，受力安全可靠，经济效果好。

（2）大跨度管桁架结构屋面系统通过刚性支撑系统与钢框架结构屋面系统进行连接，在钢框架屋面内同样设置刚性支撑，可有效提高抗震能力。

（3）在高低跨屋面系统中，采用管桁架上下弦内部设置球节点，形成内桁架，可使得高度跨处的受力与传力有效过渡，使得屋面整体支撑系统贯通与连续，符合计算模型假定。

参考文献
[1] 中华人民共和国行业标准. 空间网格结构技术规程 JGJ 7—2010[S]. 北京：中国建筑工业出版社，2011.
[2] 中华人民共和国国家标准. 钢结构设计规范 GB 50017—2003[S]. 北京：中国建筑工业出版社，2003.
[3] 中华人民共和国国家标准. 建筑结构荷载规范 GB 50009—2012[S]. 北京：中国建筑工业出版社，2012.
[4] 中华人民共和国国家标准. 建筑地基基础设计规范 GB 50017—2011[S]. 北京：中国建筑工业出版社，2012.
[5] 中华人民共和国国家标准. 涂装前钢材表面锈蚀等级和除锈等级 GB 8923—2011[S]. 北京：中国标准出版社，2011.

浅谈大面积、不规则、分块刚性较弱的钢结构建筑外罩系统的施工方案

王　欢，杜立平，骆科锜，邹　峰，路伟伟

（江苏沪宁钢机股份有限公司，宜兴　214231）

摘　要　介绍了现代建筑中近几年较为流行的混凝土主体结构体系外加钢结构外罩体系设计，其中钢结构外罩体系的施工思路，分析了外罩钢结构体系的特点、安装思路以及基本施工方式。总结出合理的吊装方案及其优点。

关键词　钢结构外罩；分块安装思路；临时支撑体系；大面积双层网架；大面积单层网架

1　双层钢结构网架外罩的施工方案

最近几年新建的大型场馆、会展等土建结构体系外加钢结构外罩体系类建筑，外罩均采用轻、薄、大、少特点的钢结构体系。其中轻是指该类钢结构外罩采用的杆件截面较小，节省用钢量；薄是指杆件组成的钢网架尺寸薄，有的甚至为单片杆件交汇体系，没有构成多层或者双层网架；大是指此类网架面积相当大，除了屋面水平方向外，建筑四周立面也被覆盖，并且与屋面平滑过渡，没有明显的分界线；少是指网架外罩与混凝土支撑点较少，屋面部位采用立柱、树杈柱等节点支撑，立面部位采用少量的铰点支撑，铰点与屋面网架共同作用，使立面网架处于平衡悬挂受拉的状态。

此类结构由于外形复杂，分片刚度较小等不利特点，在施工中编制有效的安装方案非常重要。本文举例说明此类钢结构体系采用的施工方案。

1.1　结构概况

某工程中心总建筑面积 77600.17m^2，整个建筑结构为正方形分布，结构边长为 156.68m，建筑高度 47.13m。建筑主体功能结构为框架建筑结构，在主体结构的外侧，为了建筑造型的美观效果，设计布置了“天圆地方”的外纱结构（图 1）。

本工程结构主要包括两大结构，主体建筑结构和装饰性外纱钢结构两大部分，主体建筑结构为建筑结构功能性用房，分为地下二层，地上四层，建筑高度 41m，南北翼楼为框剪结构和框架支撑结构。

外纱钢结构环绕于主体建筑结构周边，整体为“天圆地方”的建筑造型理念，外纱钢结构与主体结构之间主要通过下部支座和顶部外纱支撑结构进行连接。其结构采用外三角形，内六边形蜂窝状网格结构（图 2）。

外纱支座分布外纱网架结构两对角布置，外纱支座为整个外纱网架结构的主要承重支撑结构，其支座底部通过埋件与基础承台固定。外纱上部支撑结构主要承担外纱网架结构的侧向承重要求，通过屋面埋件与混凝土建筑固定。

1.2　安装方案

本工程外纱结构分区分为 A、B、C、D 四个分区，A 区与 C 区、B 区与 D 区分别为旋转对称结构，根据结构分区特点，我们将施工分区划分与结构分区一致（图 3）。

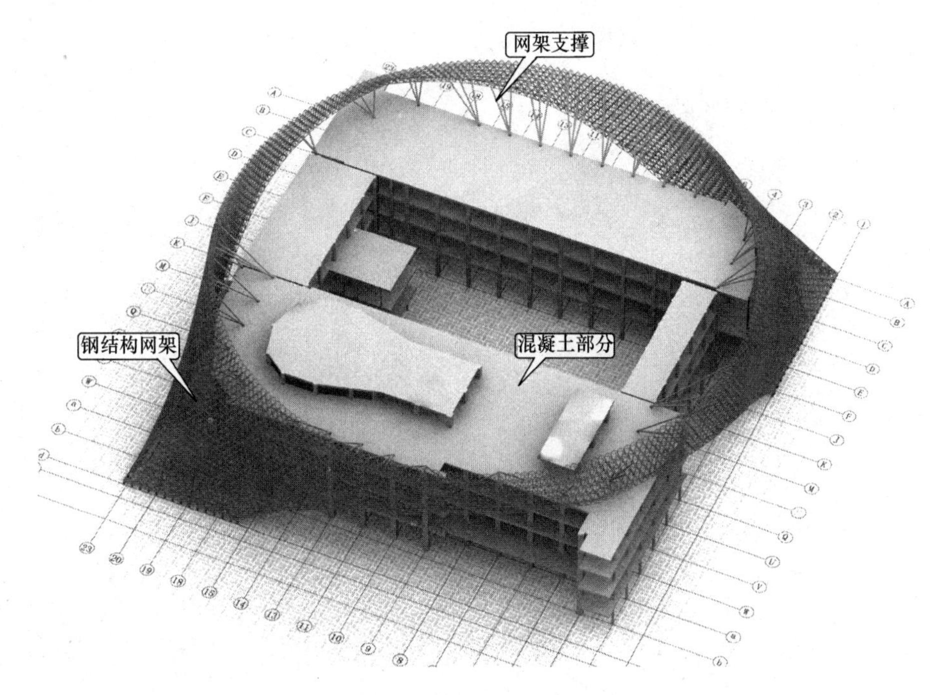

图 1　结构概况示意图

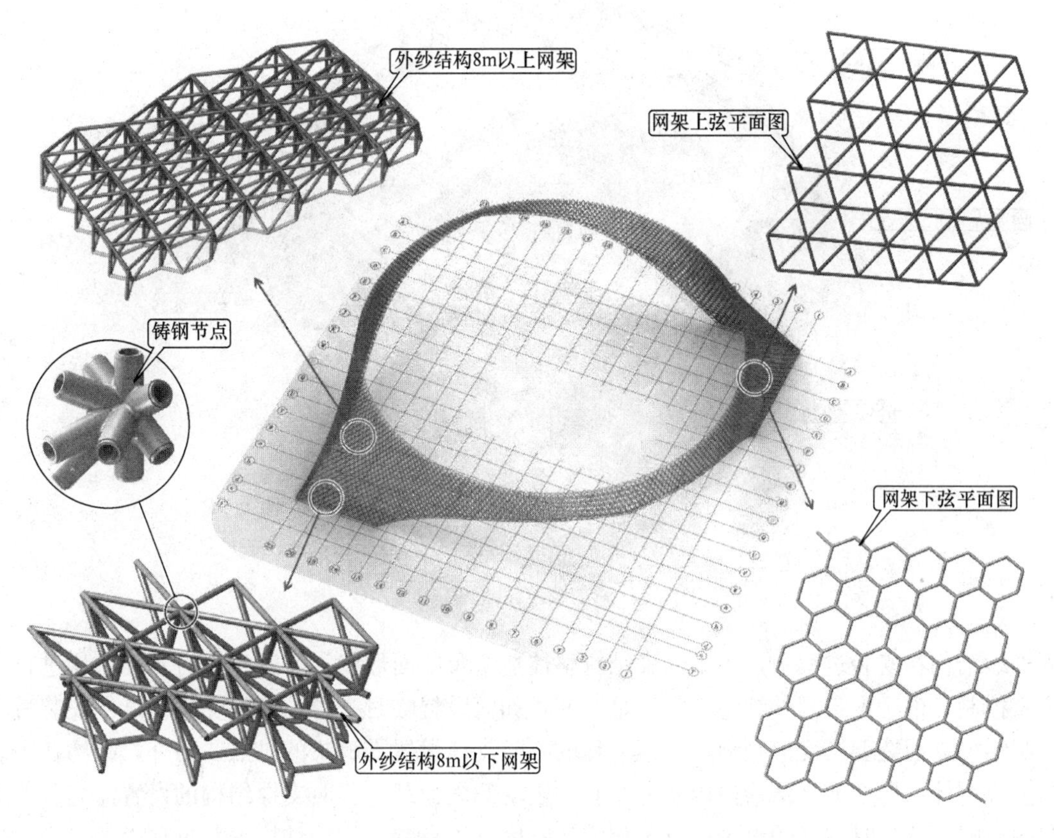

图 2　构件特点示意图

拟对本工程采用工厂散件发运、现场地面拼装成分块、分块吊装的方法。先从 A、B 区落地处自角部向两边、自下而上的顺序进行。A、B 区施工完成后按同样的顺序进行 C、D 区的施工。最终在两个角部进行合拢。具体如图 4 所示。

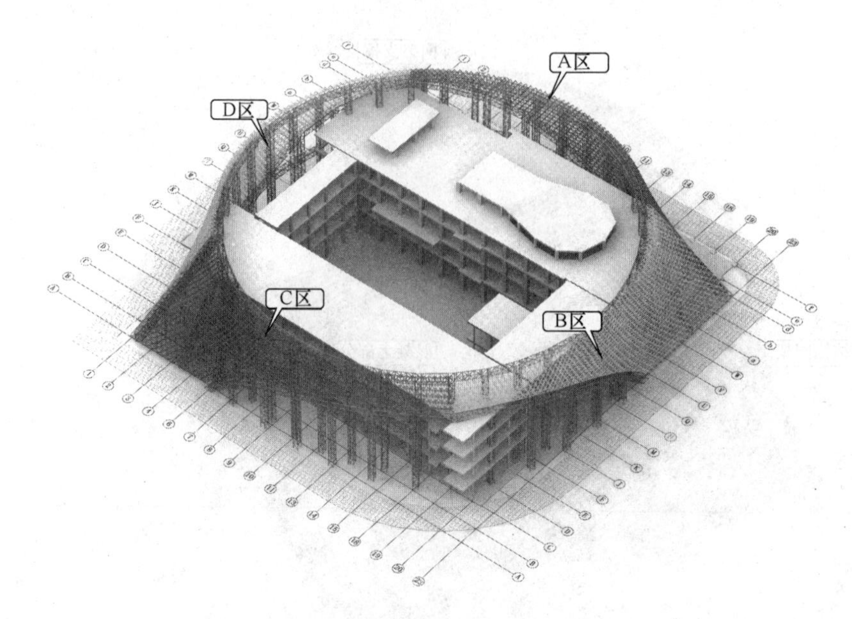

图 3　结构分区示意图

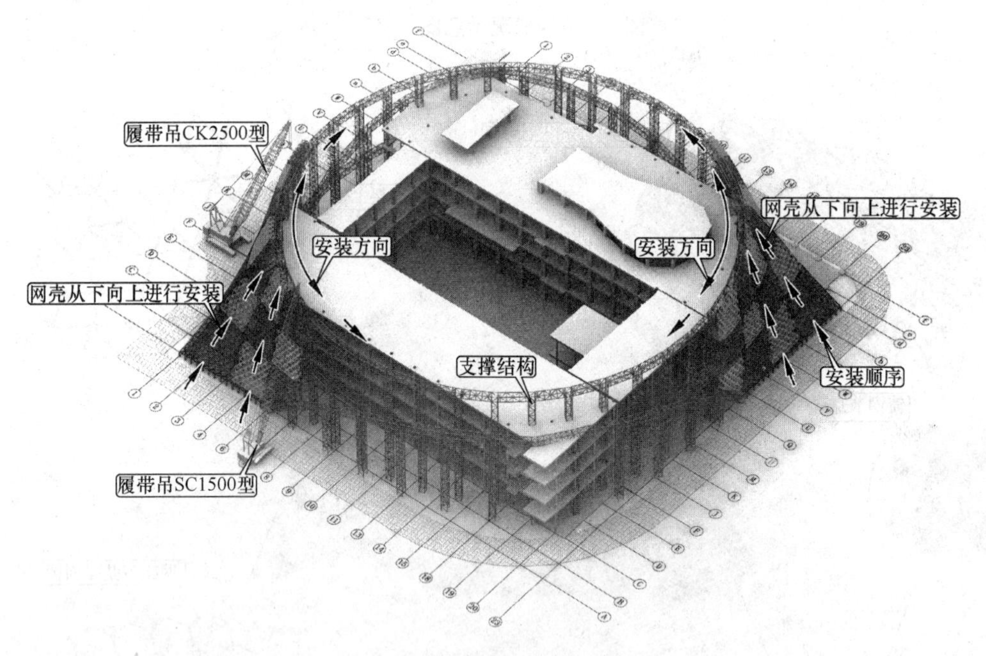

图 4　施工顺序示意图

本工程外纱结构在安装过程中，为了保证结构整体造型及曲面形状，需通过临时支撑结构进行结构的安装定位及控制。由于本工程外纱结构整体呈立面，如何设置临时支撑，确保支撑在结构安装过程中能够充分控制结构立面造型及变形趋势，是本工程的临时支撑设置需解决的难点。另外，结构在安装过程中，结构形成整体结构之前，结构向内侧分布有一定的侧向荷载，临时支撑结构的设置需充分考虑结构侧向荷载的影响，故临时支撑的设置应具备相应的刚度，以有利于控制结构安装过程中的变形。根据本工程的结构特点，外纱钢网架结构临时支撑设置的总体形势如图 5 所示。

整体施工流程见图 6～图 9。

1.3　施工过程计算分析

本工程钢结构采用分块安装，为保证分块在吊装过程中的应力、变形满足规范要求，对典型分块的

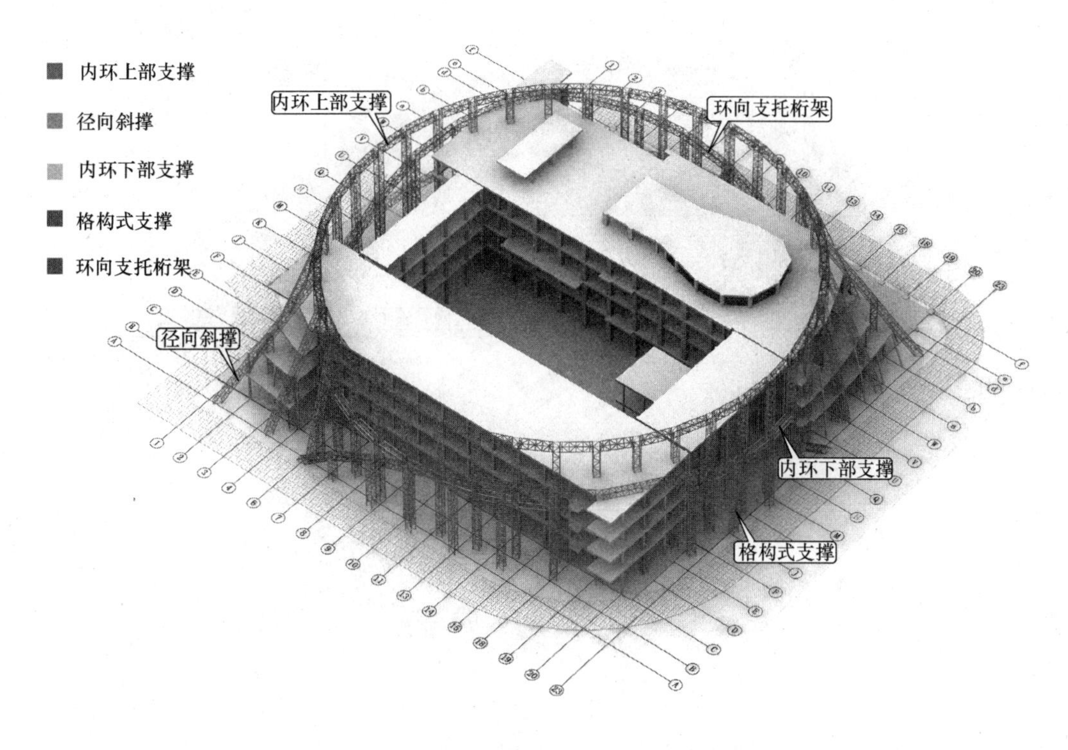

图 5　支撑架设示意图

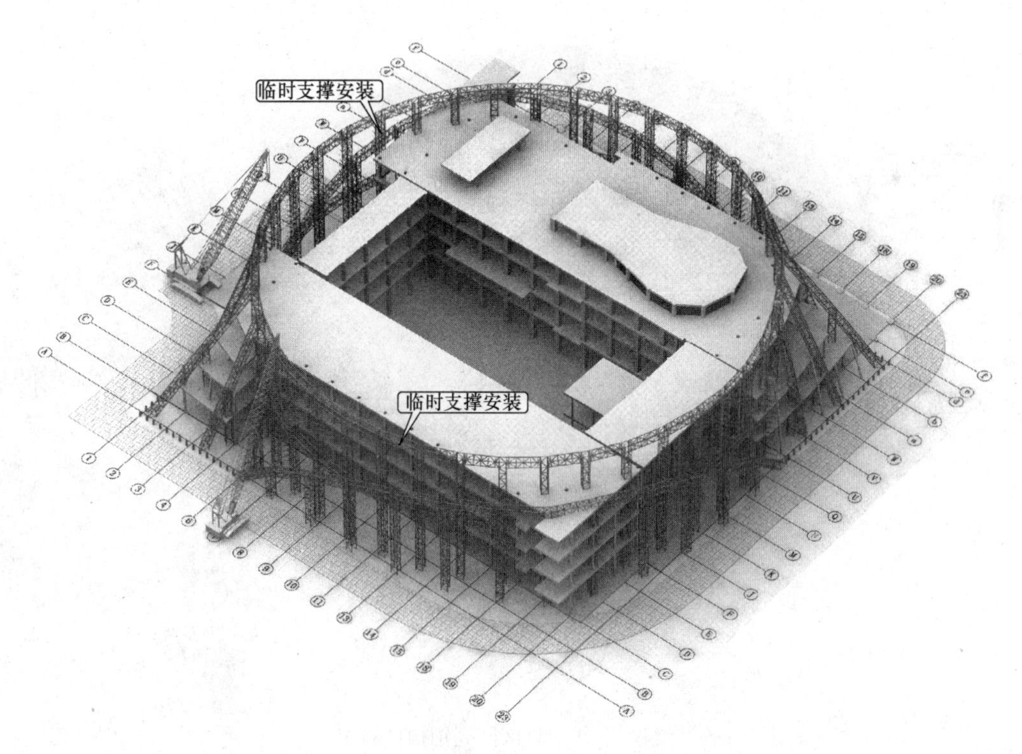

图 6　安装流程一：临时支撑的安装

吊装采用有限元软件 MIDAS800 进行了计算分析，计算中考虑吊装动力系数 1.2，钢丝绳直径为 30mm，吊装示意及计算结果如图 10、图 11 所示。

外纱钢结构为新型空间网格结构，从开工到竣工的整个过程中，会受到许多确定性或者非确定性因素的影响，包括设计计算、材料性能、施工方法、施工荷载、温度荷载、基础不均匀沉降等。这些因素

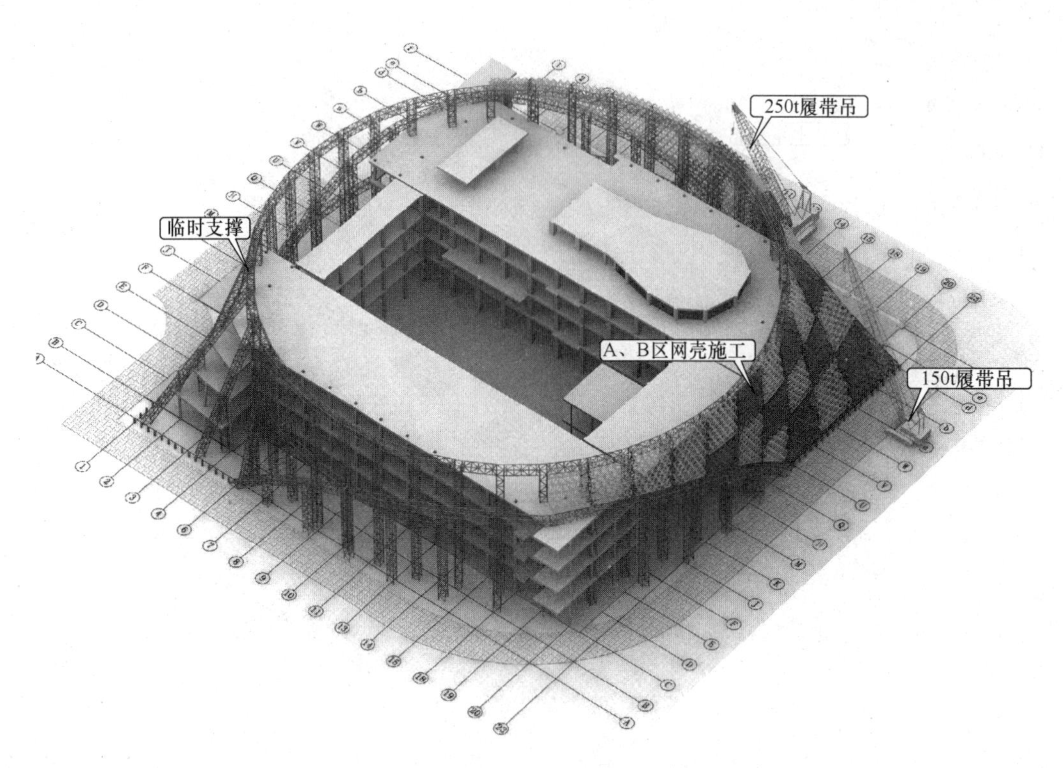

图 7　安装流程二：A、B 区网壳钢构件施工

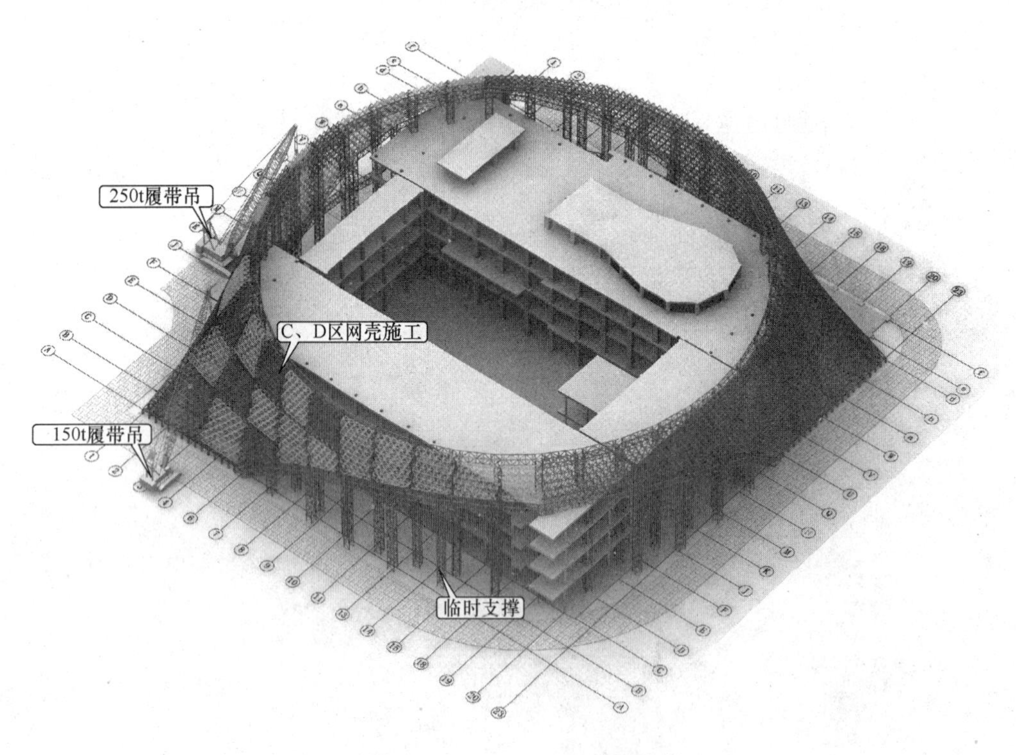

图 8　安装流程三：C、D 区网壳钢构件施工

都或多或少导致结构实际状态和理想状态之间的差异。施工中如何全面评价这些因素的影响，对施工状态进行预测（P）、实施（D）、监测（C）、调整（A），对实现设计目标是至关重要的。

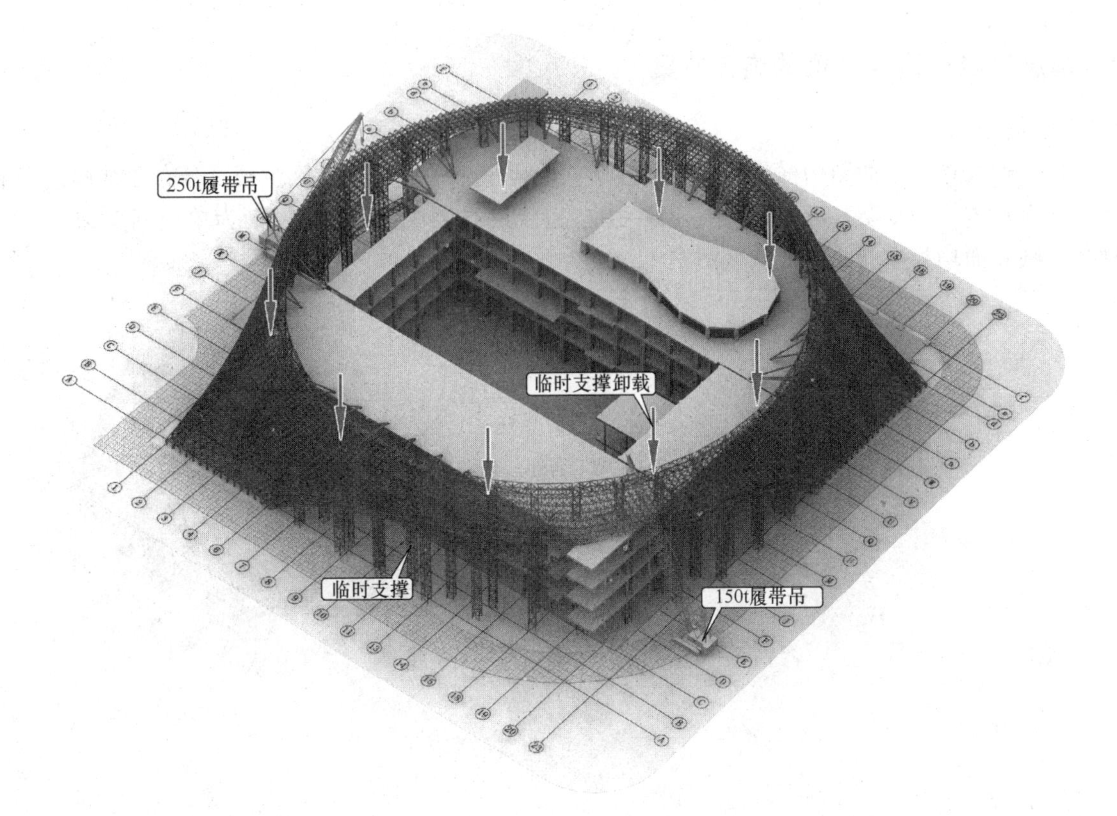

图 9　安装流程四：安装完成，结构卸载

图 10　吊装受力分析示意图

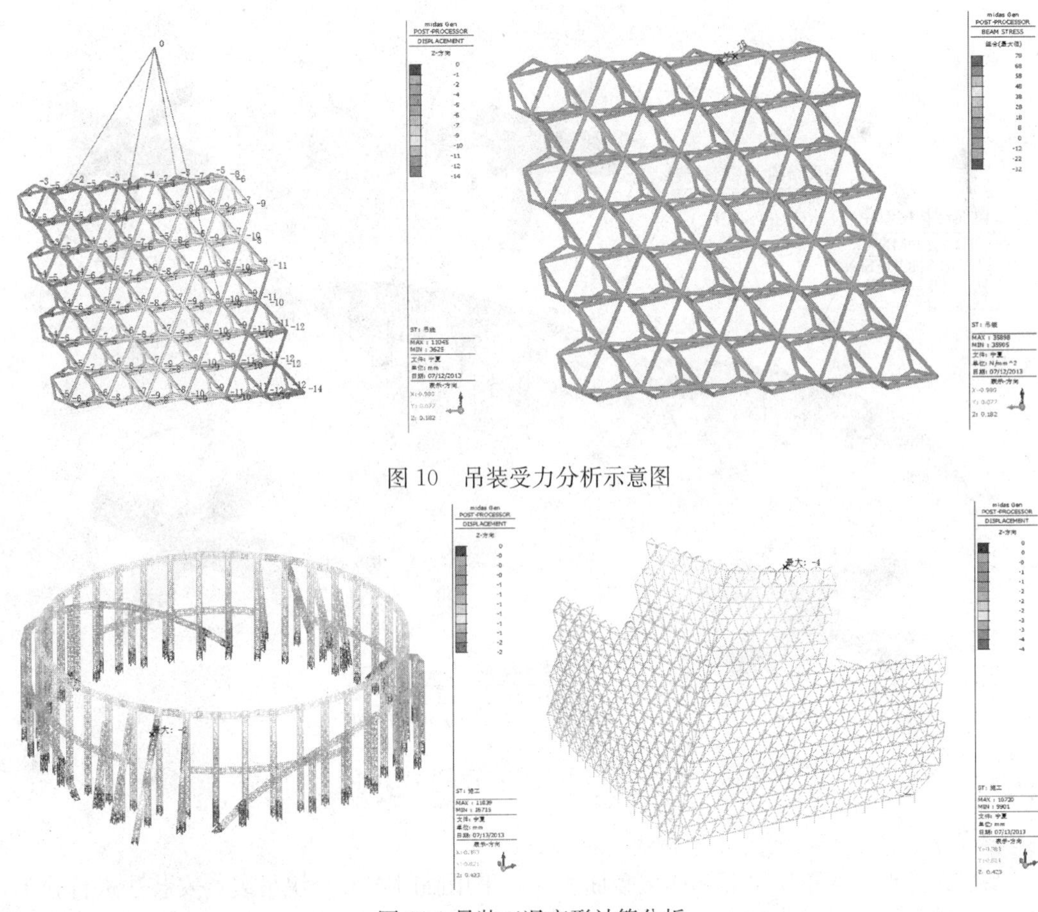

图 11　吊装工况变形计算分析

2 单层钢结构网架外罩的施工方案

2.1 结构概况

某工程大鸟形屋面结构横贯结构全部区域，覆盖整个中庭、南北区主楼，分布在结构楼层上方。大鸟形屋面整体造型复杂，形似一只展翅欲飞的“大鸟”（图 12）。整个屋面为单层网壳结构，空间线性复杂，网壳面均为空间曲面形状（图 13）。

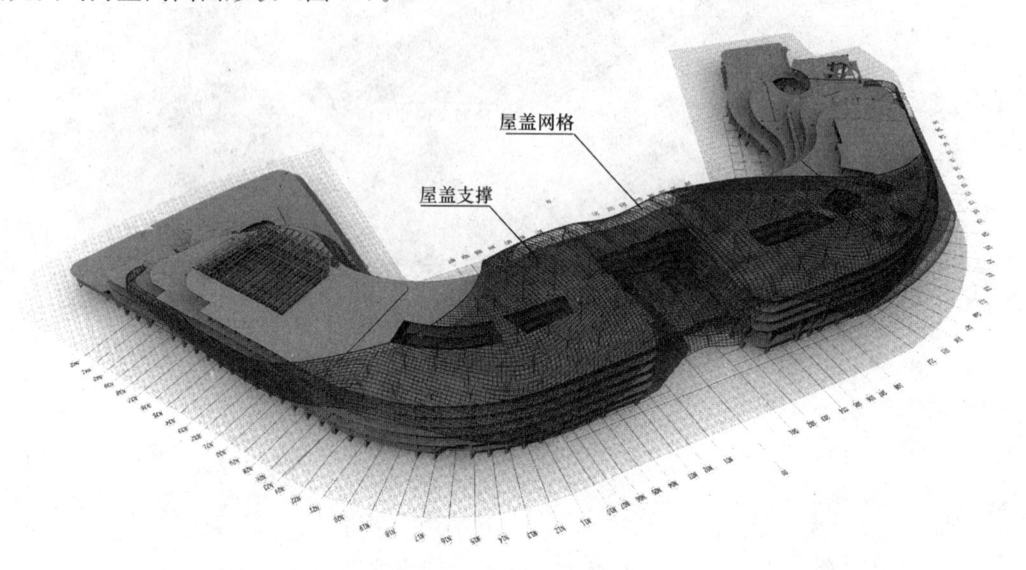

图 12 结构概况示意图

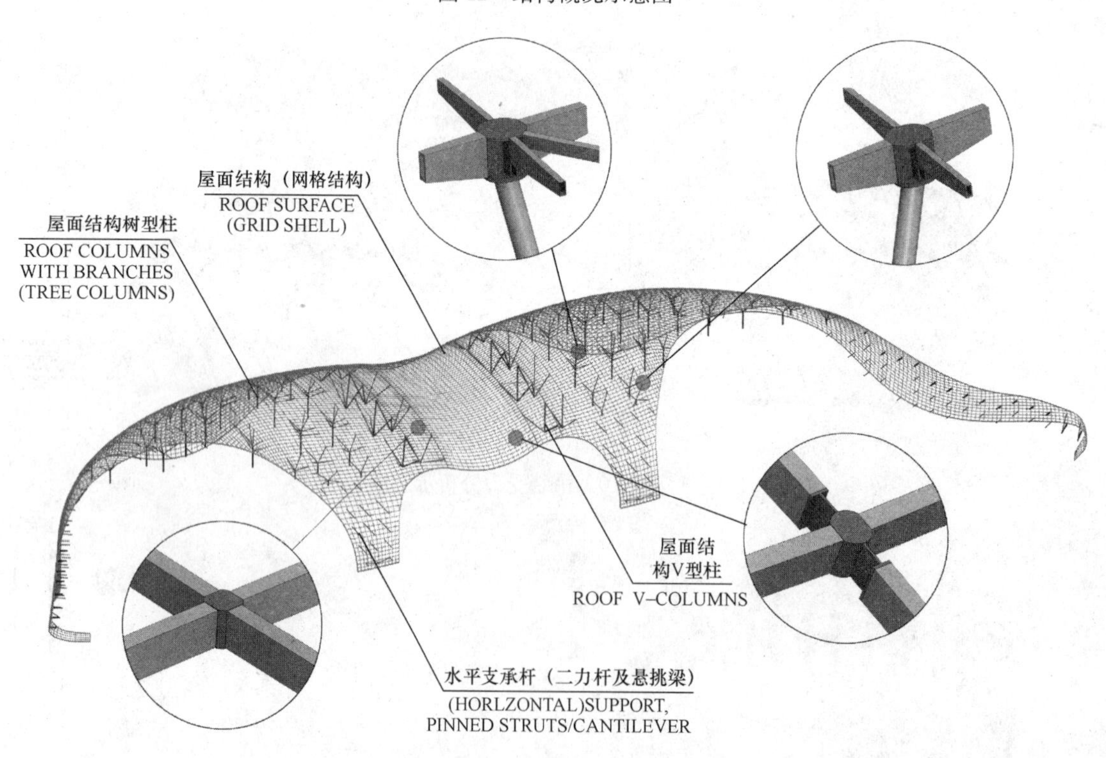

图 13 构件特点示意图

2.2 安装方案

本工程大鸟形屋面单层网壳结构覆盖面积大，采用临时支架分块吊装、安装法进行施工，安装临时支架用量相对较少，结构布置灵活，施工拼装与高空吊装可穿插同步进行。见图 14、图 15。

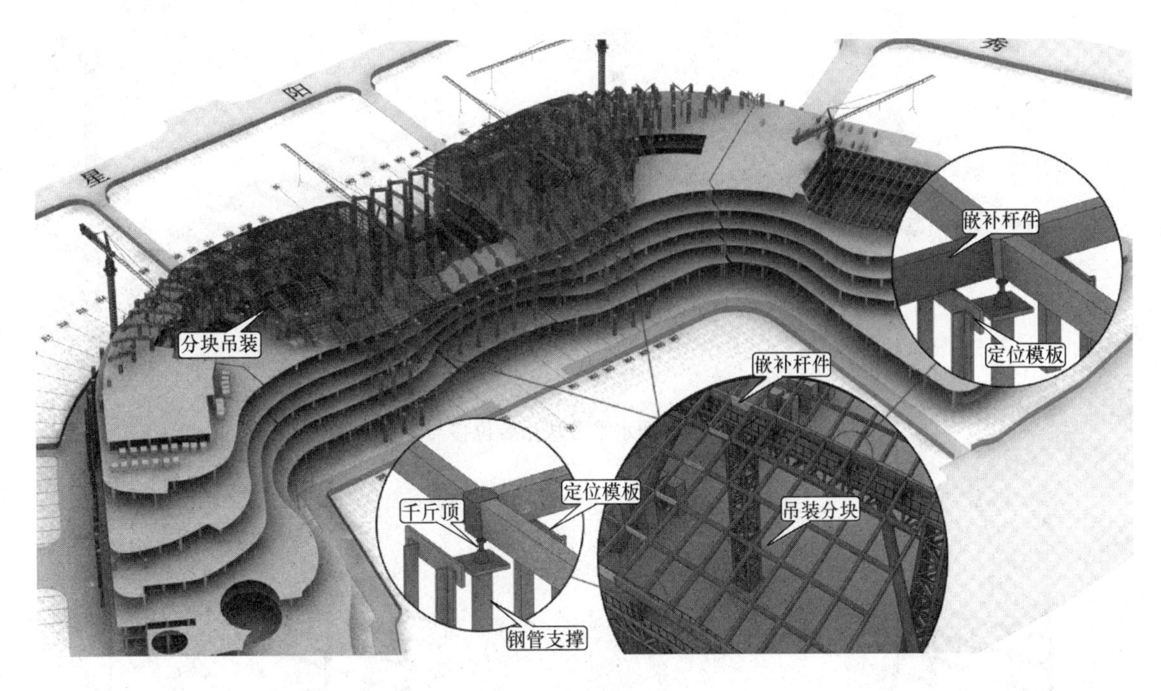

图 14　安装方案意图

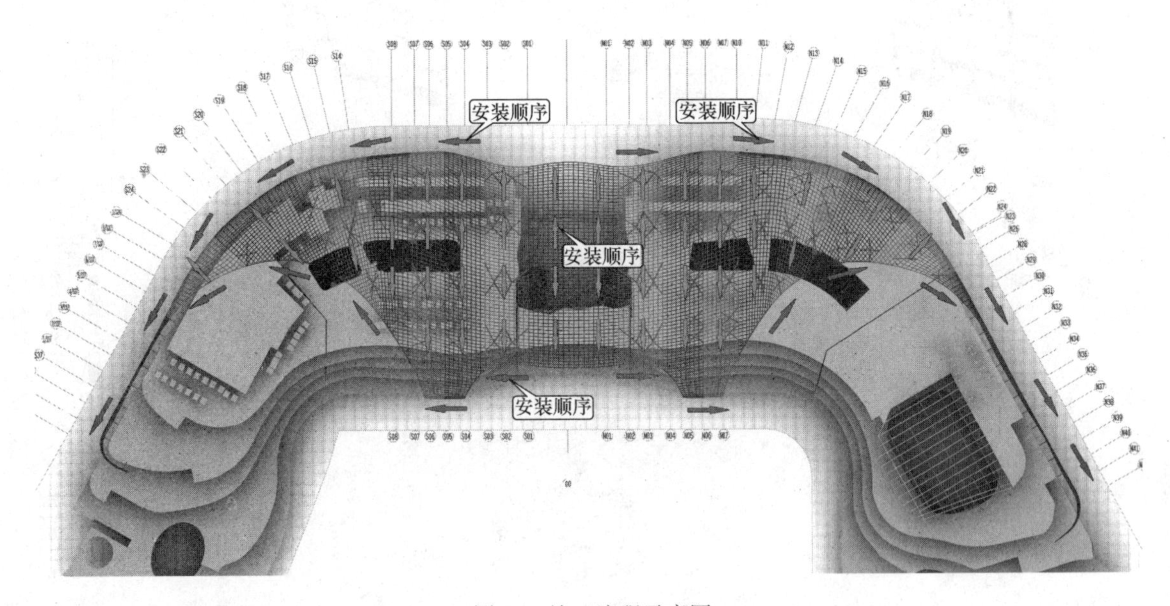

图 15　施工流程示意图

2.3　施工过程计算分析

本工程构件采用塔吊或者履带吊进行分段吊装，根据《钢结构工程施工规范》GB 50755—2012 条文 4.2.7 的要求，“对吊装状态的构件或结构单元，宜进行强度、稳定性和变形验算，动力系数宜取 1.1～1.4”。采用有限元软件 MIDAS/Gen2013 对典型分段的吊装进行了验算，选取的典型构件为大鸟屋面网壳分块，验算时吊装系数为 1.2。经验算，在吊装过程中，大鸟屋面网壳分块一整体位移为 14.9mm，吊索位移为 4.5mm，则大鸟屋面网壳分块一绝对变形为 10.4mm，大鸟屋面网壳分块一最大组合应力为 30.0N/mm^2<310N/mm^2；见图 16～图 19。

大鸟屋面网壳分块二整体位移为 4.4mm，吊索位移为 3.8mm，则大鸟屋面网壳分块二绝对变形为 0.6mm，大鸟屋面网壳分块二最大组合应力为 12.4/mm^2<310N/mm^2。

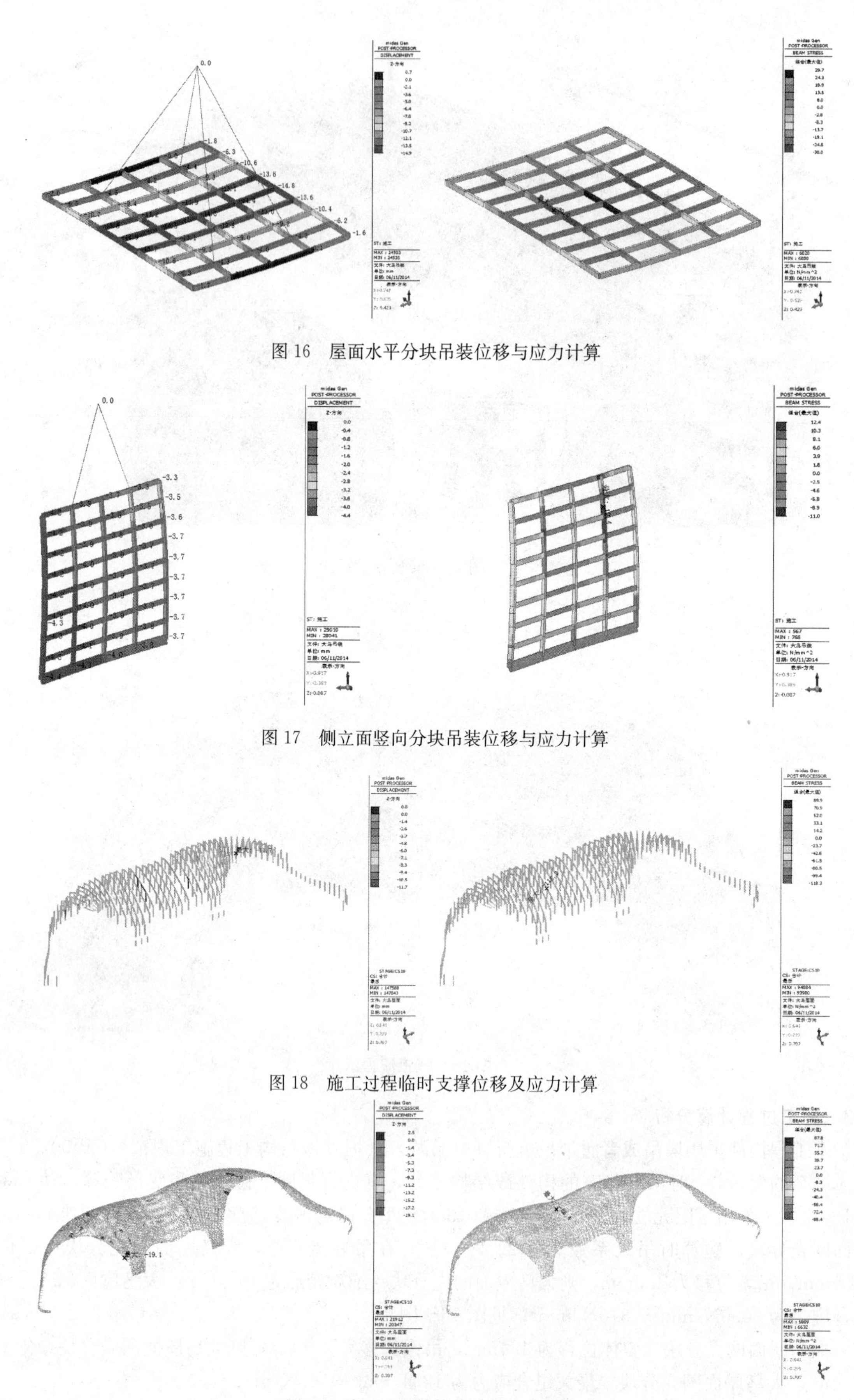

图 16　屋面水平分块吊装位移与应力计算

图 17　侧立面竖向分块吊装位移与应力计算

图 18　施工过程临时支撑位移及应力计算

图 19　施工过程结构位移及应力计算

3 结语

通过以上案例分析，钢网架外壳结构体系的主要施工方案采用分块、分区域吊装为主，根据不同的杆件规格和网架刚度，计算合理分块，在原有混凝土结构上布置必要的支撑体系，形成安全可靠稳定的施工过程，有效地解决了屋面等水平位置的网架安装问题。立面的网架施工可以通过利用网架构件本身的强度以及与混凝土结构的有效附着，由下至上分块安装。此类方案的优点是：屋面网壳结构在地面以分块形式进行拼装，拼装质量易于控制，拼装和安装可分步进行，安装工效快，施工周期短；采用支架结构搭设临时支撑结构，支架用量相对较少，工装材料用量少，且搭设周期短；网壳分块吊装，临时支架设计可结合结构形式、施工条件等合理设计，布置灵活，对相关专业配合施工影响程度低。

参考文献

[1] 中华人民共和国国家标准. 建筑抗震设计规范 GB 50011—2010[S]. 北京：中国建筑工业出版社，2010.
[2] 中华人民共和国国家标准. 钢结构设计规范 GB 50017—2003[S]. 北京：中国计划出版社，2003.
[3] 中华人民共和国国家标准. 钢结构工程施工质量验收规范 GB 50205—2001[S]. 北京：中国计划出版社，2002.

南京禄口机场中央大厅钢结构深化设计技术

徐　纲，邹　峰，朱树成，张　伟

（江苏沪宁钢机股份有限公司，宜兴　214231）

摘　要　深化设计工作是工程设计与工程施工的桥梁，需要准确无误地将设计图转化为直接供施工用的制造安装图纸。同时，深化设计还将按照规范规定及安全、经济的原则，从节点构造、构件的结构布置、材质的控制等方面对设计进行合理优化，使设计更加完善。本文结合现场施工条件和大跨度结构的特点，阐述了南京禄口机场中央大厅的结构特点及深化设计方法。

关键词　机场；中央大厅；钢结构；深化设计

1　工程概况

南京禄口国际机场二期工程T2航站楼采用“两层式”旅客流程，国内国际旅客分离，出发到达旅客上下分层，出发层在上，到达层在下。T2航站楼南面为机场空侧机坪区，北面通过陆侧道路、高架与航站楼到、发层衔接，并通过空中廊桥与北端的社会车辆停车楼连接，西侧通过交通中心建筑综合体与现有T1航站楼连接，主要建设内容包括新建T2航站楼、交通中心、停车场。T2航站楼分为主楼和东西两侧指廊构成，总长约1200m，宽约170m，建筑总面积为23.4万m^2。

航站楼主楼面宽约315m，进深约120m，指廊长约1200m，宽度38m，设有登机桥固定端32套。航站楼与交通中心及车库之间设连廊。

T2航站楼建筑结构由主楼大厅S4～S6及两侧S1～S3指廊、S7～S8连廊组成。主楼大厅平面为弧形的四层建筑，内部为一至三层为钢筋混凝土建筑，四层为钢结构夹层建筑。大厅屋面为弧形钢桁架结构。两个指廊为两层钢筋混凝土结构，屋面为弧形钢桁架结构。见图1、图2。

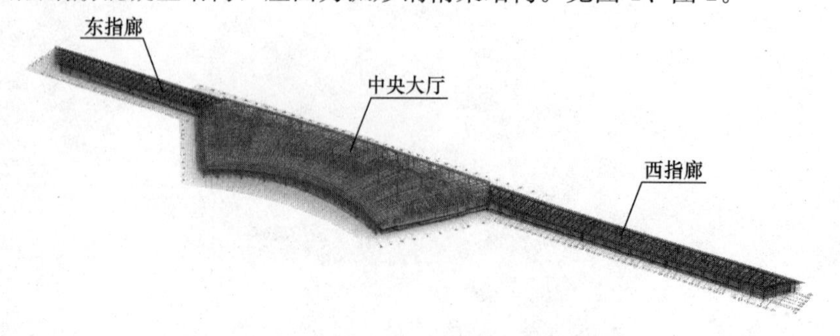

图1　钢结构工程整体轴测示意图

航站楼屋盖钢结构主楼和指廊之间设置抗震缝脱开，其中主楼部分接近于扇形（图3），纵向最大长度471m，横向最大宽度约188m，屋盖结构采用曲面空间网格结构体系，波峰部位为双层网格，最厚处上下弦杆间距离4m，最大跨度78m。波谷部位配合建筑采光天窗采用单层结构。悬挑部位和后部两侧局部采用网架以适应建筑厚度较薄的要求，最大悬挑尺寸23.5m。支撑屋盖的结构柱竖向承重柱室外

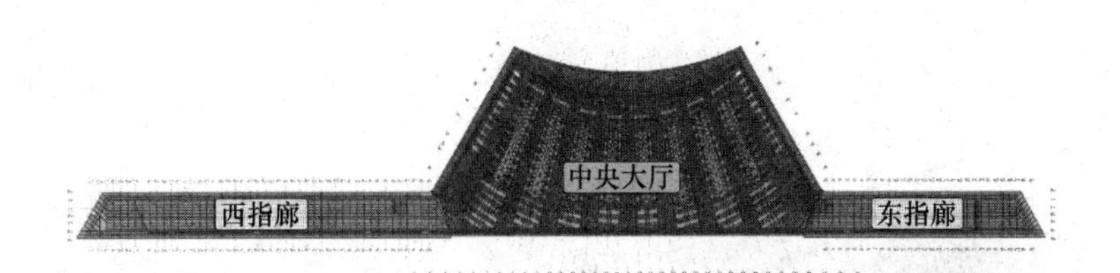

图 2　钢结构工程平面图

部分采用变截面 Y 形钢管混凝土柱，室内部分采用变截面锥形钢管混凝土柱，柱上端与屋盖结构铰接。由于屋盖结构较长，纵向两端各两根锥形柱顶采用滑动支座以释放温度应力。

Y 形柱上端截面 ϕ1165～1583×60，下段为钢管混凝土，截面为 ϕ1760～2342×60，中间分叉处采用铸钢节点过渡；室内锥形柱上端截面 ϕ1300～1400×60，渐变为底部的 ϕ1625～2100×80，周边柱为等截面 ϕ1000～1200×30～40；屋盖主桁架弦杆 ϕ800×45～ϕ203×12，腹杆 ϕ89×5～ϕ480×25；天窗单层部位暴露杆件为不规则四边形截面。

大厅屋盖结构包括支撑系统、屋盖系统以及立面幕墙系统，如图 3 所示。

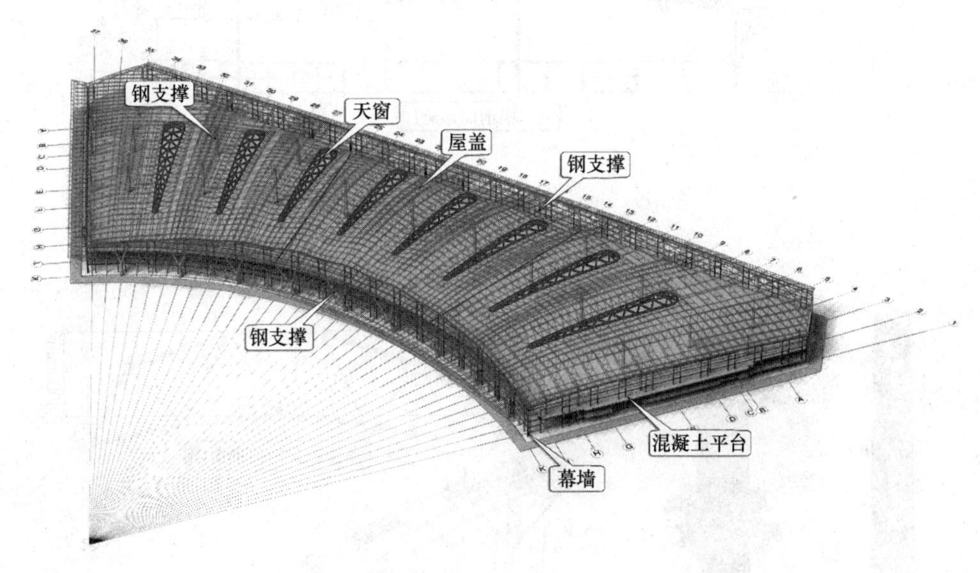

图 3　主楼

（1）结构特点分析

钢结构结构形式为复合型三角桁架组合而成，且整体形状上呈弧形。主体采用空间曲线管结构。大厅部分由主桁架、块状屋架、次桁架和天窗支撑构件组成，中央大厅结构由 9 榀复合型三角桁架结构组成，ZHJ1～ZHJ6 径向布置，ZHJ7 环向布置；ZHJ1～ZHJ5 为 9 管梯形空间桁架，ZHJ6 为 5 管梯形空间桁架，ZHJ7 位于北侧入口门厅上方，桁架支撑体系主要包括“V”字形树杈支撑、钢管柱混凝土柱等（图 4）。在大厅沿陆侧端设置了一系列梭形钢斜柱。

（2）构件特点分析

航站楼大厅支撑体系主要采用钢管柱，钢管柱最大直径达 2342mm，最大板厚达 80mm，同时单根钢管柱最大重量达 65t。另外大厅屋盖主桁架截面形式较为复杂，桁架采用九管组合三角形桁架，其中上弦 4 根，下弦 5 根，主桁架投影长度最大达到约 210m，长度超长，且节点、构件重量重，最大一榀桁架重量达到 480t。见图 5。

（3）节点特点分析

航站楼大厅支撑体系主要采用钢管柱，屋面采用钢管桁架结构。本工程其节点主要包括钢管柱柱脚节点、钢管柱对接、钢管柱与牛腿之间的节点以及锥形钢管柱与铸钢件之间的连接节点。对于屋面结构体系主要采用钢管相贯节点、钢管与铸钢件之间的节点以及屋面天窗的节点，同时还有幕墙节点等。见图6。

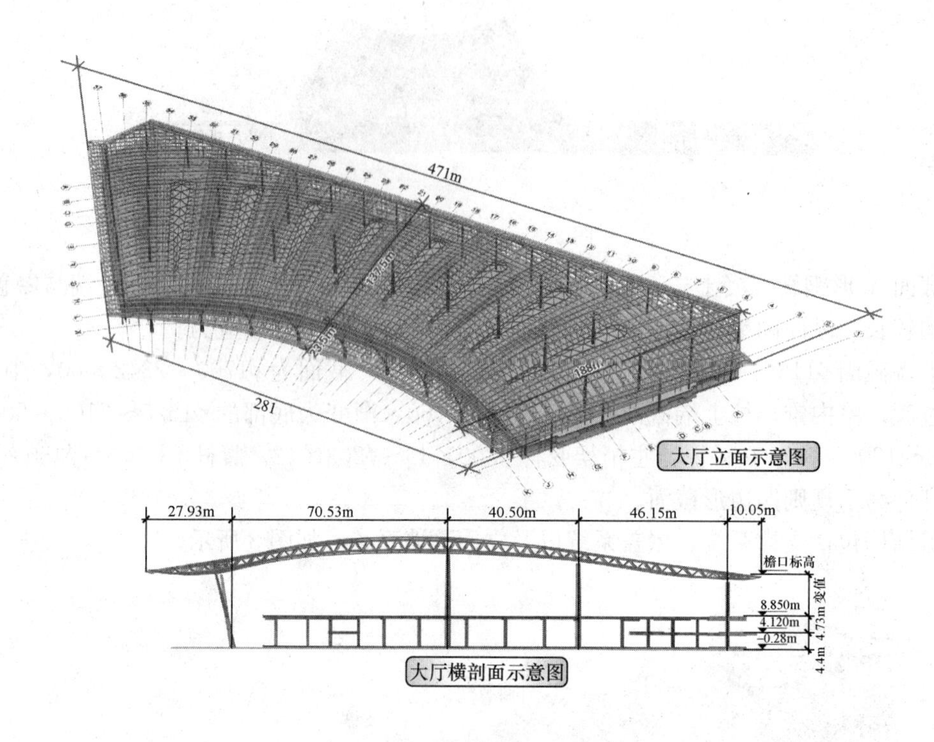

图4　中央大厅结构

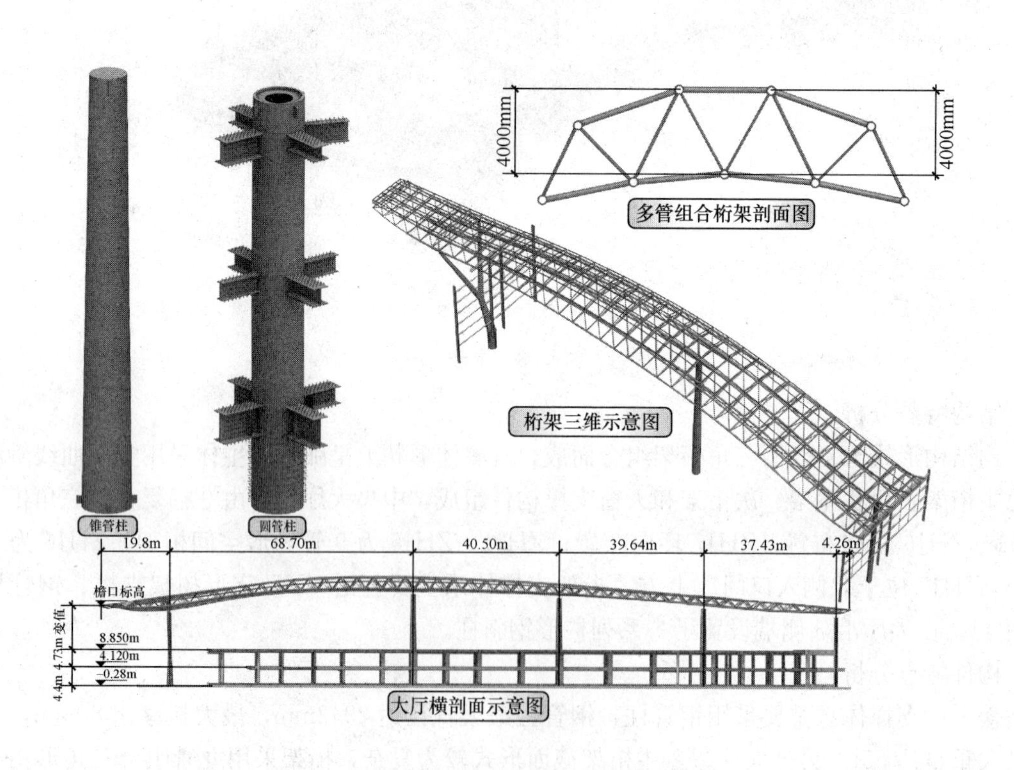

图5　航站楼大厅支撑体系

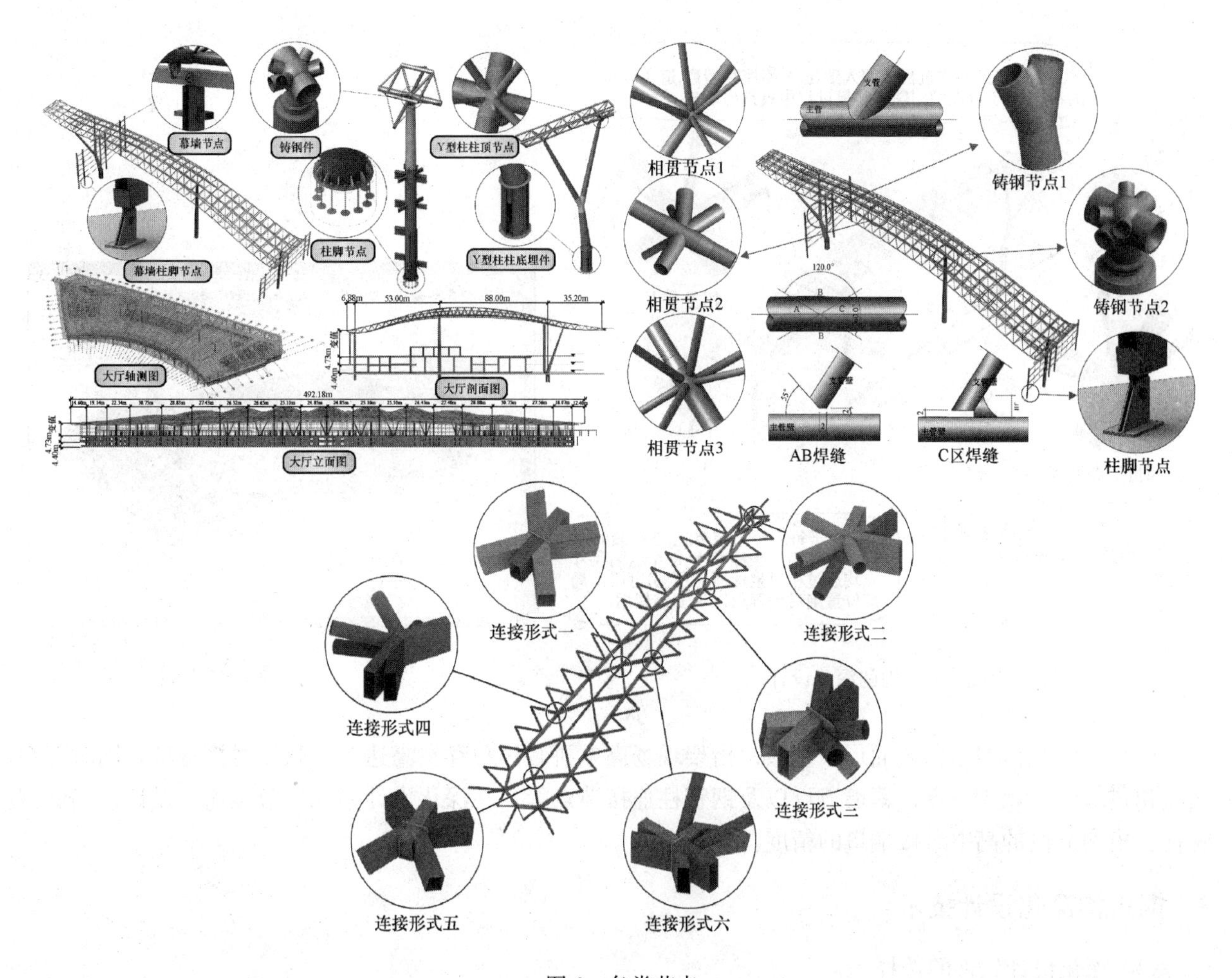

图 6　各类节点

2　深化设计重点、难点分析及解决措施

(1) 本工程桁架结构形式多样，桁架截面形式复杂，且桁架布置上呈空间曲线形式，存在大量的弯曲钢管和部分双曲杆件，如何在深化设计过程优化空间定位形式，以便于保证现场施工、安装的定位精度是本工程深化设计中的重点。

在深化过程中对构件节点和截面进行参数化设置，生成适合本工程的一些自定义参数化节点和参数化截面，以便提高效率和提高模型的准确性。其次，在模型的建立过程中深入细化，严格控制精度，避免误差的存在，对于存在的问题在建模的过程中就提出解决。在深化设计中必须综合考虑弯曲杆件的冷弯控制点并保持其加工精度，保证现场安装的质量。见图 7。

(2) 本工程钢桁架的结构跨度大，重量重，对桁架吊装单元的划分难度大，既要考虑吊重和吊装工艺，又要考虑结构体系的受力状态。

(3) 本工程大厅桁架的陆侧端桁架最大悬挑达 24m，结构最大跨度达 78m，结构的变形是悬臂结构或大跨度结构需要特别重视的问题，在结构自重作用下，如果结构的变形过大，会影响到整个结构的外形、构件的几何尺寸和受力。因此深化设计过程中如何充分考虑结构预拱变形问题是重点。

结构反变形后，结构的定位坐标、杆件的几何尺寸均有变化。通过结构整体变形计算分析及施工过程中变形计算分析，根据计算结构判断结构是否需要反变形，在桁架深化建模时采用设计计算好的预起拱值进行，工厂按照深化设计好的预起拱后的构件长度进行加工。

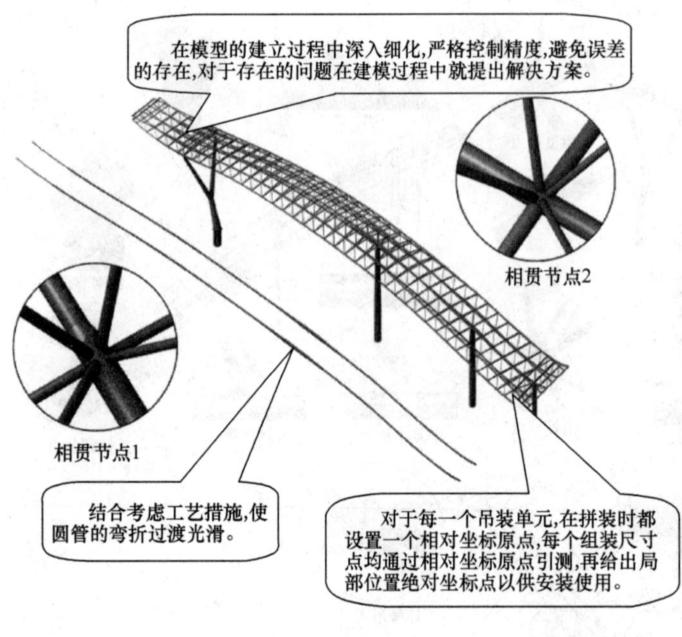

图7 结构的深化设计

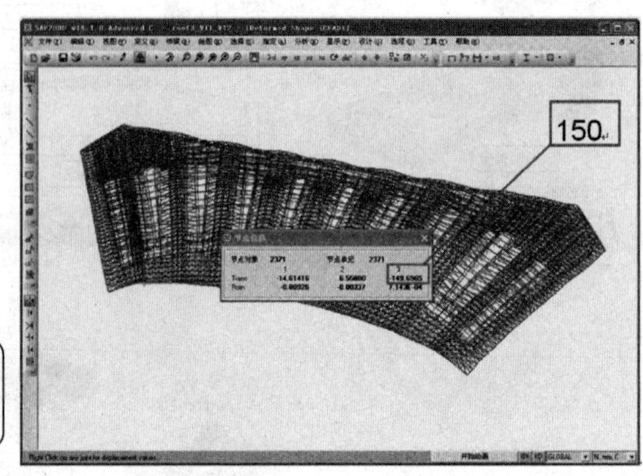

图8 结构变形计算分析

(4) 本工程桁架结构截面形式复杂，桁架现场高空拼装过程存在高达8个弦杆对接端口，同时存在大量相贯节点、铸钢节点、幕墙节点以及钢管柱连接节点等，在深化设计中优化节点连接设计，确保钢管柱、桁架分段的高空对接端口的精度。

3 钢结构深化设计技术

(1) 深化设计软件的选择

目前在空间钢管结构的深化设计中，最为广泛应用的还是AutoCAD，少量的使用Xsteel。针对本工程特点选择AutoCAD作为本工程深化设计的主要应用软件，理由见表1。

深化设计软件功能及优缺点 **表1**

项目	本工程特点	Xsteel的特点	AutoCAD的特点
三维建模	空间钢管结构，空间关系比较复杂，建模主要靠设计定位坐标点	对于空间钢管结构，即使采用Xsteel建模，最快捷的办法也是在AutoCAD中将线模处理完导入，在本工程建模中Xsteel无优势可言	可利用辅助开发的程序将坐标点快速转化成模型
绘制详图	不规则钢管桁架，组装定位尺寸主要靠相对坐标点定位，安装定位尺寸主要靠绝对坐标点定位	Xsteel的绝对优势在于出规则的构件时的自动化，材料表自动生成功能，对于本工程Xsteel出图的自动化程度大大降低。自主性较差	通过辅助开发的程序可实现出图的半自动化，材料表也可利用辅助开发程序比较快速生成。出图时自主性很高
为后续工作提供的便利	钢管相贯非常多，钢管相贯线的切割是本工程重点工序	与相贯线切割程序配合较差，需导入AutoCAD处理，处理工作繁多	可将最终节点处理完成模型直接导入相贯线切割程序进行相贯线切割，为后续工作提供了极大的便利

(2) 深化设计软件的应用（图9、图10）

(3) 深化设计总体流程（图11、图12）

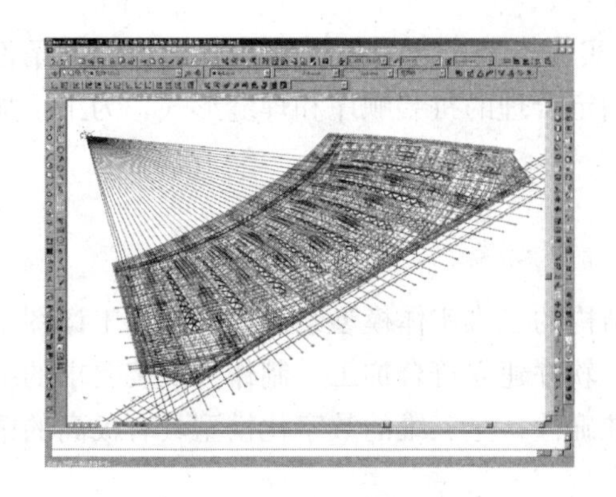

图 9　AutoCAD 工作环境

结构布置　结构绘制　扩展绘图　钢结构计算　幕墙结构　字符工具　层与显示　辅助绘图1　辅助绘图2

INT　DIM　ZL　DT　DI　U

BL　CL　CZ　Xh　JM

TrueTable

输出到Excel

输出到文件

输入Excel表格

输入文件

更新CAD表格

工具

表格样式

设置

图 10　开发的辅助程序

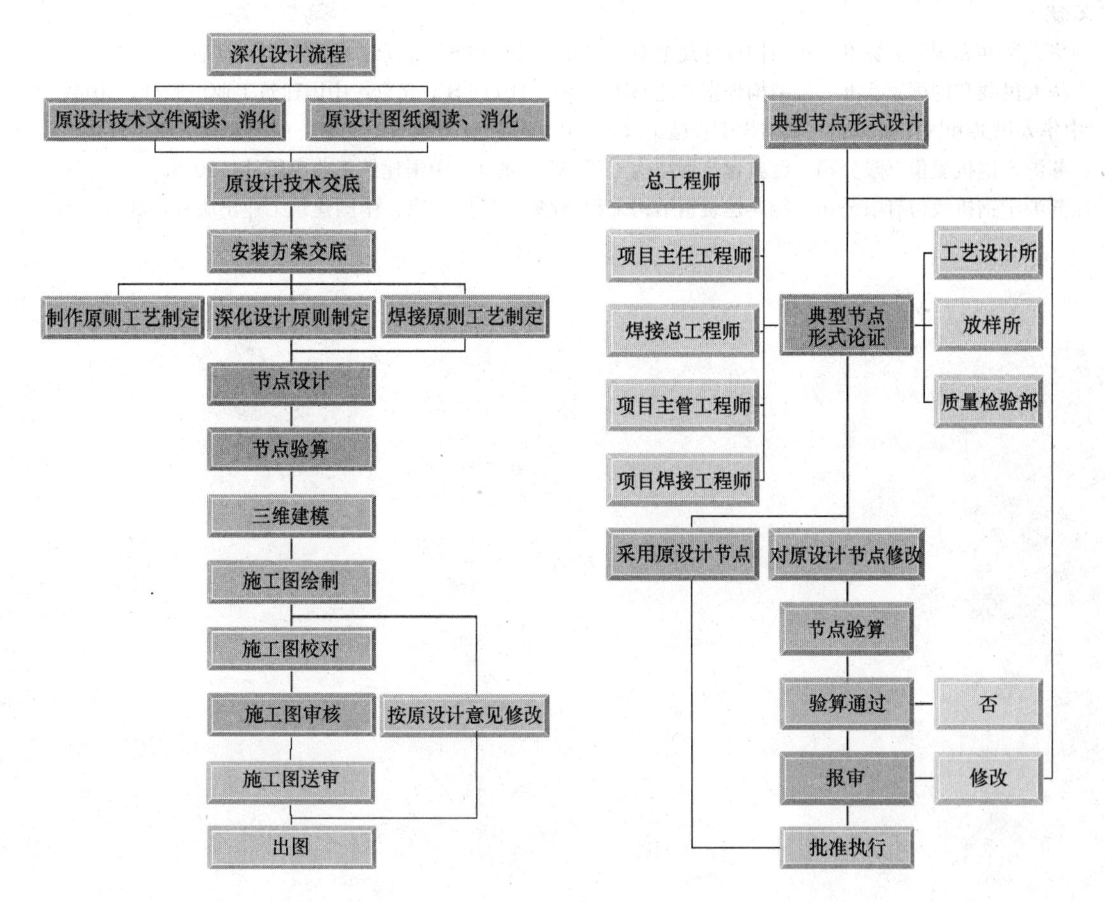

图 11　深化设计流程　　　　图 12　典型节点设计流程

（4）深化设计方法

由于桁架具有结构形式新颖、跨度大、弯管杆件截面大等特点，给加工制作及安装带来很大难度。因此，在深化设计中，充分结合工厂制作、运输、现场安装条件和安装方案等，采用经济、合理、科学的生产加工工艺和拼装顺序以及连接部位的焊缝形式尤为重要。

首先根据设计院提供的设计图纸，并结合桁架跨度、结构形式等因素确定桁架的预起拱值。由于桁架预起拱值较大且弦杆呈圆弧线布置，所以采用工厂制作预变形来处理，从而达到实际安装后结构合理、满足设计要求。

根据桁架预起拱后各节点的实际空间坐标建立 1∶1 的桁架三维模型，用圆弧线精确模拟弧形钢管，使各不同半径弧形钢管相交点圆滑过渡，满足建筑要求。然后利用开发的辅助程序可以沿轴线生成整体结构的实体模型，再结合施工图、加工工艺等建立1∶1节点实体模型，之后根据施工方案、运输条件等因素对杆件进行合理分段和编号，对每个节点进行分析，确定合理的拼装顺序和焊缝形式，为工厂加工制作和现场安装提供详细的图纸和说明。

4 结语

对于复杂的三维网架钢结构的深化设计问题，通过建立结构的三维实体模型绘制构件的加工详图是唯一正确的解决方案，具有准确、精确与快速的特点和优点。软件建立符合加工、制作与安装要求的结构三维实体模型，所有详图根据该模型绘制，以确保详图的准确性；全三维的数字化模型具有极高的精度，可保证详图的精确度。

参考文献

[1] 中华人民共和国国家标准. 钢结构设计规范 GB 50017—2003 [S]. 北京：中国计划出版社，2003.
[2] 中华人民共和国国家标准. 钢结构焊接规范 GB 50661—2011 [S]. 北京：中国建筑工业出版社，2011.
[3] 中华人民共和国国家标准. 钢结构工程施工规范 GB 50755—2012 [S]. 北京：中国建筑工业出版社，2012.
[4] 江苏沪宁钢机股份有限公司. 经典建筑钢结构工程[M]. 北京：中国建筑工业出版社，2008.
[5] 江苏沪宁钢机股份有限公司. 经典建筑钢结构工程(续集)[M]. 北京：中国建筑工业出版社，2012.

三

钢结构住宅

矩形钢管混凝土柱及其房屋建筑钢结构研究进展

陈志华，蒋宝奇，杜颜胜，周　婷

（天津大学建筑工程学院，天津　300072）

摘　要　本文以柱、节点和异形柱体系及房屋建筑钢结构工程实例四个方面为主线，综述了矩形钢管混凝土柱的研究及在房屋建筑钢结构中的应用。介绍了目前常用的三种矩形钢管混凝土柱的理论体系：拟钢理论，统一理论和叠加理论；简要介绍了国内常用的四种矩形钢管混凝土一钢梁节点构造，详细阐述了新型隔板贯通节点的发展；介绍了异形柱分类、异形柱结构体系，并总结了天津大学所提出的方钢管混凝土组合异形柱相关的研究进展及实际工程应用。

关键词　组合结构；矩形钢管；柱；节点；异形柱；房屋建筑钢结构

1　引言

近年来，钢管混凝土柱凭借其抗压承载力高，抗侧刚度好以及截面尺寸小等优点，使得越来越多的住宅结构体系采用钢管混凝土组合框架结构形式，在提高结构本身安全可靠度的同时扩大了建筑的使用面积。目前最常用的钢管混凝土组合框架结构形式有：钢管混凝土柱—钢梁组合框架、钢管混凝土柱—钢筋混凝土梁组合框架、钢管混凝土柱—型钢混凝土梁组合框架，这几种框架体系都已经应用到不同的实际工程中，并已取得良好的经济效益和建筑效果。

天津大学自1993年来开始从事钢管混凝土柱等组合结构的研究，主要涉及钢管混凝土框架、矩形钢管混凝土柱、方钢管混凝土柱、方钢管混凝土组合异形柱及相关力学性能、抗震性能、节点形式等方面研究，以下将对方钢管混凝土柱、方钢管混凝土组合异形柱及节点形式的研究进行简要介绍。

2　矩形钢管混凝土柱

矩形截面钢管混凝土是在焊接方矩管、冷弯成型方矩管、型钢拼接型方钢管或挤压成型方矩管中灌入混凝土，使钢材和混凝土共同作用，从而提高整体承载能力。矩形钢管混凝土（CFRT）除具有圆形钢管混凝土的强度高、质量轻、塑性好、耐疲劳、耐冲击等优越的力学性能外，还具有节点形式简单、建筑布局灵活、截面惯矩大、稳定性能好、施工方便、防火措施简便等优点。使其在国内外多、高层钢结构住宅及高层、超高层建筑结构中已得到越来越广泛的应用。相较于圆钢管混凝土柱，矩形钢管对混凝土约束作用不强，混凝土受到的约束不均匀（图1、图2），并且对于矩形钢管混凝土柱其截面长宽的不同使得外部钢管对核心混凝土的侧向约束机制更加复杂化，但矩形钢管混凝土柱的节点构造简单、施工方便、经济效果好，将其应用于住宅建筑符合人们传统审美习惯，而且还易于建筑后期装修。

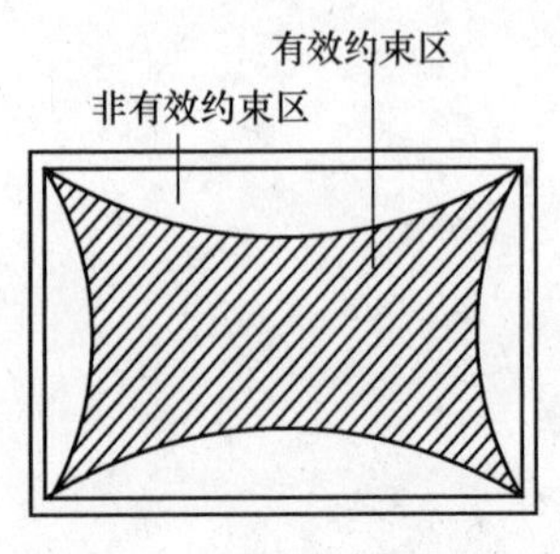

图1　钢管混凝土组成

各国钢管混凝土相关规范中大部分都介绍了矩形钢管混凝土柱的计算方法，其中比较有代表性的有 EC4（2004）、AISC360-10、ACI218-05、AIJ

(2008) 等。我国从20世纪70年代末开始着手钢管混凝土柱的相关研究，并取得了丰硕的成果，其中《战时军港抢修早强型组合结构技术规程》GJB 4142—2000、《天津市钢结构住宅设计规程》DB29—57—2003、《矩形钢管混凝土结构技术规程》CECS 159：2004、《钢管混凝土结构技术规程》DBJ 13—51—2010等具有一定代表性，我国于2014年出台了《钢管混凝土结构技术规范》GB 50936—2014，对矩形钢管混凝土结构设计具有指导意义。

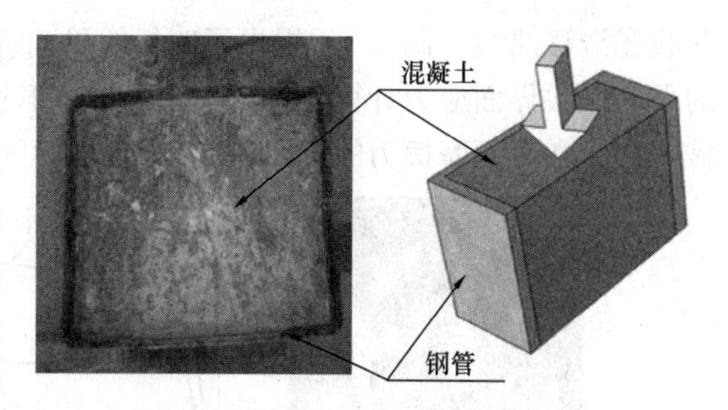

图2 矩形钢管混凝土约束示意图

基于对以上规范的归纳总结，目前适用于矩形钢管混凝土柱的计算理论主要包括以下三种：

(1) 拟钢理论：拟钢理论主要基于钢结构规范的矩形钢管混凝土计算理论，将混凝土折算成钢，再按照钢结构规范进行设计。美国LRFD99规程和我国的CECS 159：2004均采用此理论，核心思想是在不改变构件横截面积的条件下，将内部混凝土的强度及其对钢管的填充支撑作用等效为钢管屈服强度和弹性模量的提高，以此换算得到等效钢管的承载力。

(2) 统一理论：统一理论主要基于哈尔滨工业大学和福州大学等研究成果，其代表规范有GJB 4142—2000。统一理论是在大量的试验基础上，用数学方法分析汇总数据找出试验影响因素与承载力之间关系，突出优点是数值精确、结果可靠，但推导公式过于复杂，不便于指导实际设计。

(3) 叠加理论：叠加理论是由天津大学提出的，该理论分别单独考虑混凝土和钢管的承载力，忽略两者之间的粘结作用，将两者叠加作为钢管混凝土柱的整体承载力。对于受压弯荷载共同作用的钢管混凝土柱（图3），叠加理论计算公式中仅考虑混凝土承担压力，钢管承担弯矩，将容许弯矩—轴力曲线叠加起来，作为容许承载力曲线。在日本AIJ97和DBJ29—57—2003规范中采用该种计算理论。

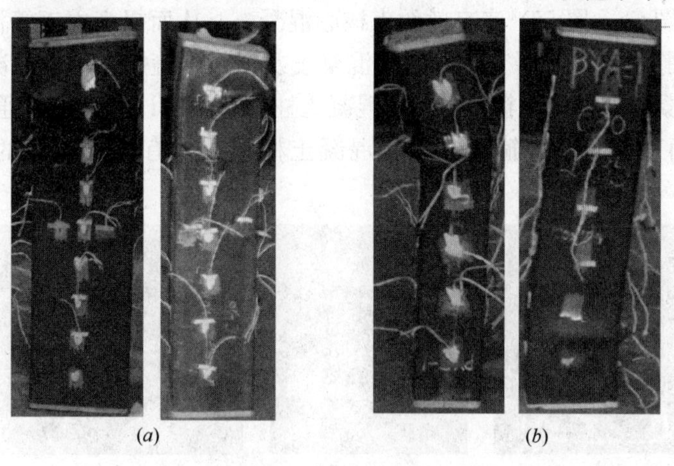

图3 矩形钢管混凝土试验压弯破坏模式图

(*a*) 单向受弯；(*b*) 双向受弯

国内外对于矩形钢管混凝土柱的受力性能进行了大量的研究，并得出矩形钢管混凝土柱典型的轴压及偏压试验破坏模式，即为钢管屈曲以及内部混凝土压碎。天津大学陈志华、杜颜胜等为了研究不同规范计算矩形钢管混凝土的差异性，搜集了国内外矩形钢管混凝土文献中的276组轴压短柱试验数据，分别用ACI (2005)，GJB 4142—2000和CECS 159：2004计算试验构件的承载力，结果见表1。结果表明基于统一理论的GJB 4142—2000计算结果偏大，高估了矩形钢管混凝土的承载力，基于拟钢理论的CECS 159：2004和叠加理论的DB29—57—2003计算结果相同，而ACI (2005) 由于考虑了混凝土的折减，计算最准确。

此外，天津大学还完成了18个推出试验和6个反复推出试验，如图4 (*a*) 所示。得到三种类型的荷载—滑移曲线（图 4b），提出了四折线界面应力—滑移模型（图 4c）。首次提出了矩形钢管混凝土柱的平均极限界面应力计算公式，并明确了矩形钢管混凝土柱的界面承载力三个组成部分化学胶结力、机械咬合力和界面摩擦力的相对比率分别为：8%，38%和 54%。

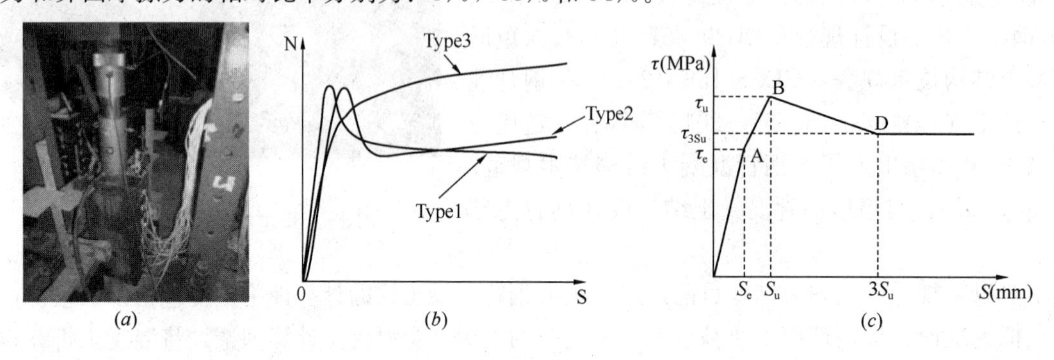

(a)　(b)　(c)

图 4　推出试验

（a）装置图；（b）荷载—滑移曲线；（c）四折线模型

轴心受压短柱公式值（N_u）与试验值（N_t）的比较　**表 1**

N_u/N_t	平均值	标准差	最大值	最小值
ACI（2005）	0.934	0.116	1.554	0.739
GJB 4142—2000	1.015	0.100	1.393	0.763
CECS 159：2004	0.903	0.133	1.210	0.723
DB 29—57—2003	0.903	0.133	1.210	0.723

天津大学郑亮为了充分发挥方钢管混凝土柱中核心混凝土抗压强度和塑性变形能力，在方钢管混凝土柱中配置螺旋箍筋（图 5a、图 5b）来有效约束核心混凝土，从而提高方钢管混凝土柱的承载力和塑性变形的能力。通过试验（图 5c）研究了方钢管混凝土及配螺旋箍筋方钢管混凝土柱的力学性能和破坏模式，以及方钢管混凝土及配螺旋箍筋方钢管混凝土柱承载力的计算方法。通过试验研究结果表明：相对方钢管混凝土柱而言，配螺旋箍筋方钢管混凝土柱承载力有较大程度的提高，最大提高幅度为 41%。

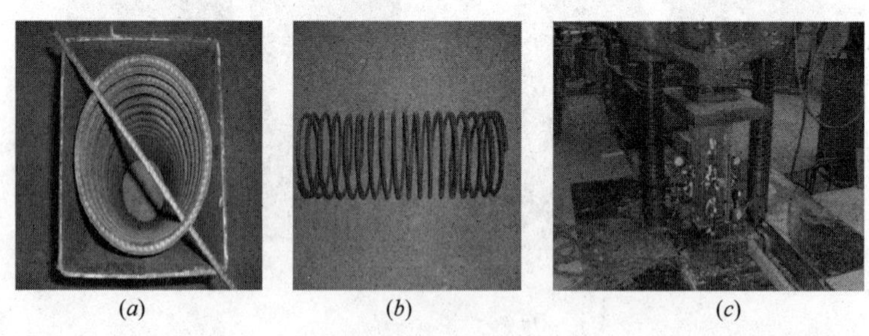
(a)　(b)　(c)

图 5　配螺旋箍筋柱试验

（a）方钢管；（b）螺旋箍筋；（c）配螺旋箍筋方钢管混凝土柱试验

3　矩形钢管混凝土柱—钢梁节点研究

节点是整体结构组成的重要部分，是构件之间协同工作的桥梁。国内外学者围绕节点的构造形式、性能以及设计计算方法进行了大量研究。欧美国家多采用 H 型钢柱，节点大多采用端板式节点；日本建筑钢结构的主要结构形式为箱型截面柱和 H 型钢梁组成的框架体系。下面主要介绍我国相关规程推荐的节点形式以及天津大学基于隔板贯通节点提出的新型隔板贯通连接方式。

（1）规程推荐节点形式

我国《矩形钢管混凝土结构技术规程》CECS 159：2004 推荐了四种节点连接形式。带短梁内隔板式连接、外伸内隔板式连接、外隔板式连接和内隔板式连接，如图 6～图 9 所示。

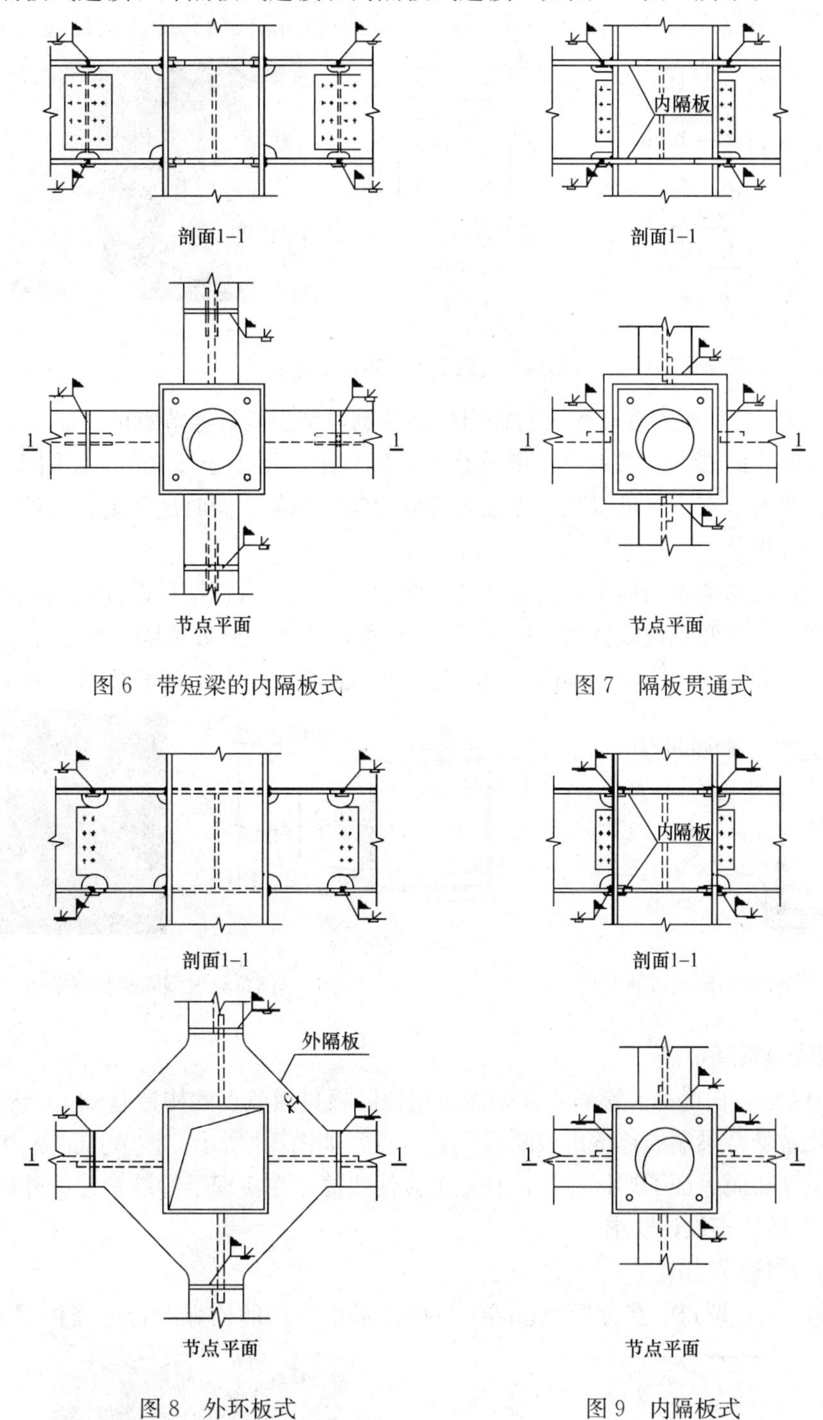

图 6　带短梁的内隔板式

图 7　隔板贯通式

图 8　外环板式

图 9　内隔板式

(2) 隔板贯通节点

根据矩形钢管混凝土柱、隔板与钢梁的连接方式不同，隔板贯通节点常用连接形式主要包括带悬臂梁段型、焊接型、栓焊混合型、加强侧板型等，天津大学基于对以上各种形式的隔板贯通节点优缺点分析及工程实际应用情况，提出了以下几种新型隔板贯通节点：

1) 倒角型隔板贯通节点

2004 年至 2007 年，李黎明在总结现有隔板贯通节点形式的基础上，提出了倒角型隔板贯通节点，即在与梁翼缘连接的外伸隔板处采用圆弧进行过渡的构造措施，如图10所示。并在建立节点非线性有限元模型分析的基础上，进行了隔板静力拉伸试验。试验结果表明，当连接梁翼缘外伸隔板处的圆弧过渡半径为25mm时，节点应力分布较为均匀，可以有效地减小隔板与翼缘连接处应力集中现象。

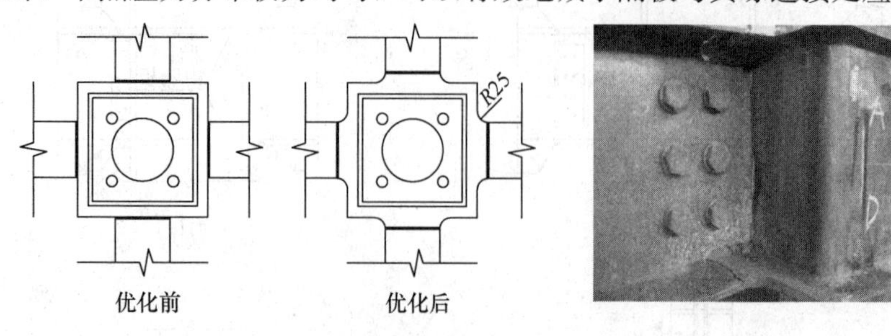

图10 圆弧倒角型隔板贯通节点

2007年到2009年，苗纪奎等在李黎明提出的圆弧倒角型隔板贯通节点的基础上，将梁翼缘与隔板的坡口对接焊缝自圆弧的端点向梁翼缘一侧偏移，且偏移距离不小于20mm，如图11所示。经过改进的圆弧倒角型隔板贯通节点不仅可以减小连接处的应力集中现象，同时还实现了梁端塑性铰的外移，从而避免节点端部破坏现象。

苗纪奎等在改进后的圆弧倒角型隔板贯通节点基础上，结合《钢结构设计规范》中对节点构造要求的规定，提出了将隔板从两侧做成坡度不大于1∶4斜角，即倒角放坡型隔板贯通节点，如图12所示。这种构造形式在减小连接处的应力集中的同时，还能克服隔板尺寸较大墙板安装困难问题。

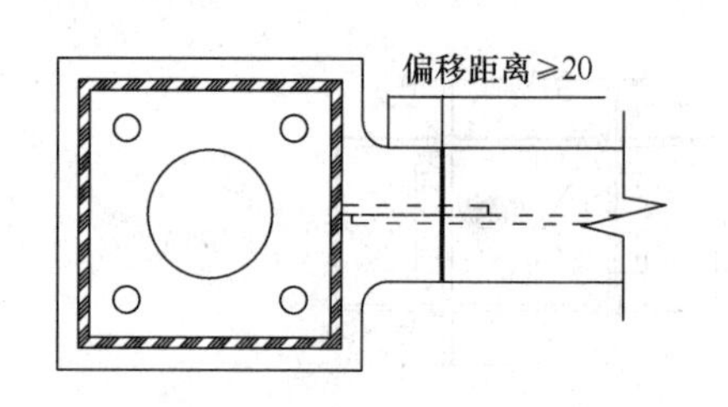

图11 改进型圆弧倒角隔板贯通节点

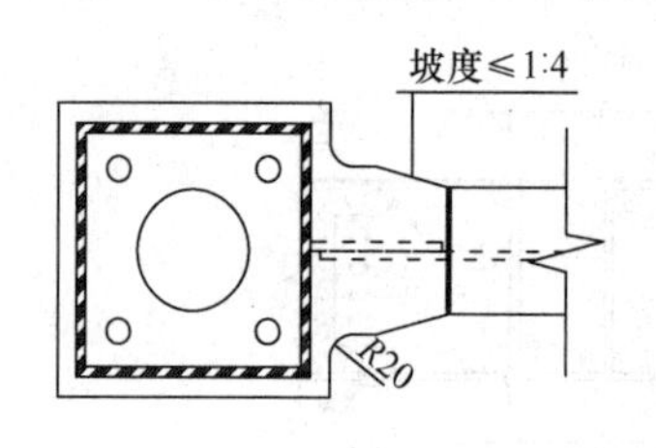

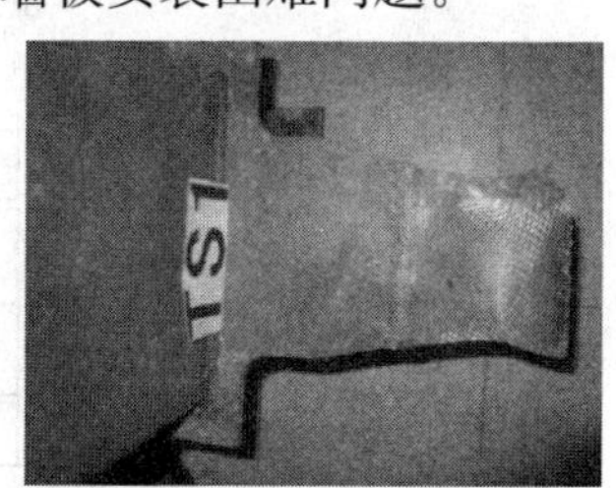

图12 倒角放坡型隔板贯通节点

2）长挑出型隔板贯通节点

2009年至2014年，白晶晶、秦颖等在带悬臂梁段隔板贯通节点的构造基础上，提出采用较长的外伸隔板和连接板代替悬臂梁端的长挑出型隔板贯通节点，如图13所示。该节点的优点在于减少了现场焊接工作和用钢量，从而保证了焊接质量，且施工方便快捷，在实现了梁端塑性铰外移的同时，仍满足“强节点，弱构件”的抗震设计要求。

3）全螺栓隔板贯通节点

2012年至2014年，罗松等在分析和总结了目前工程中使用的栓焊混合型隔板贯通节点的基础上，

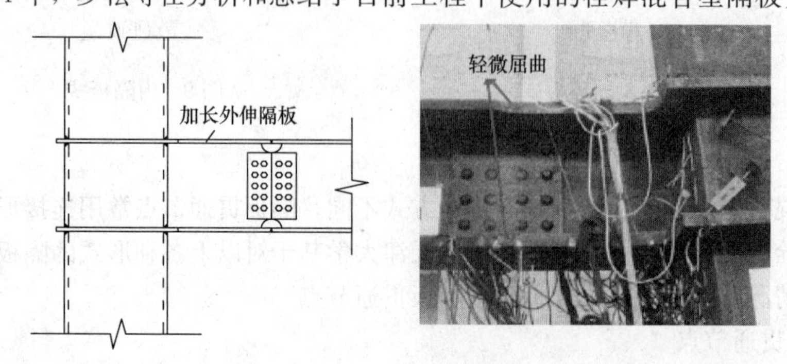

图13 长挑出型隔板贯通节点

针对现场焊接质量不高、节点破坏多发生在焊缝处的普遍问题，提出了全螺栓隔板贯通节点，即梁与柱、隔板的全部使用高强螺栓进行连接，如图 14、图 15 所示。这种构造形式的优点是避免了现场的焊接、施工方便。同时，由于隔板外伸长度较长、刚度大，钢梁的破坏先于节点的破坏，满足了“强节点，弱构件”的抗震设防要求。

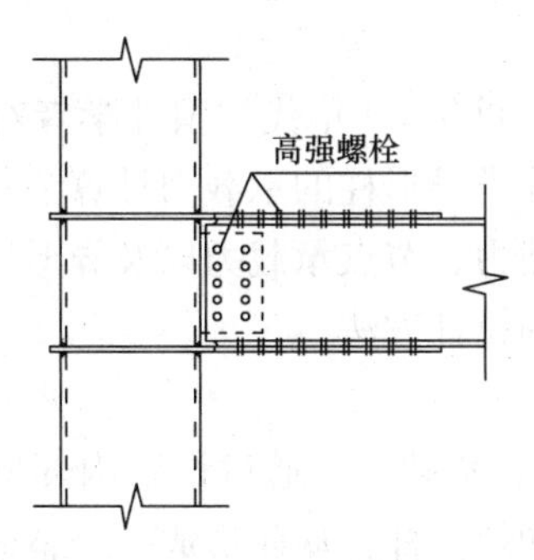

图 14　全螺栓隔板贯通节点

图 15　全螺栓连接节点效果图

4）下栓上焊隔板贯通节点

2015 年至今，黄俊等在全螺栓隔板贯通节点的基础上，用焊接代替梁上翼缘与上隔板的螺栓连接，即采用下栓上焊混合连接，如图 16 所示，下翼缘通过与下隔板高强螺栓连接，现场安装就位快，可明显缩短工期，促进装配化进程；上隔板与上翼缘采用现场一道焊缝焊接，降低全螺栓连接因为柱倾斜或者不对中带来的就位困难的问题，上隔板与上翼缘的上表面标高统一便于屋面楼板安装，实现了施工方便的目的，且不需设置过多的连接板，构造简单，传力明确；同时，由于采用了贯通隔板节点，可实现梁端塑性铰外移的要求，使钢梁的破坏先于节点的破坏，保证了节点的安全，达到了“强节点，弱构件”的抗震设防要求。

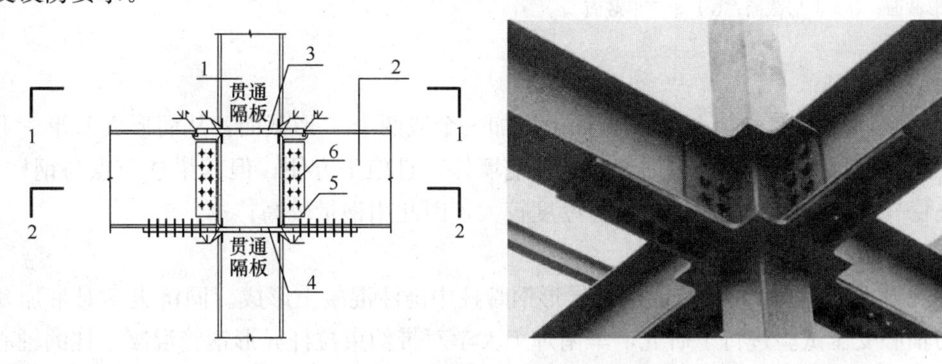

图 16　下栓上焊隔板贯通节点

目前，隔板贯通节点已经被用于中新生态城第一中学教学楼、天津图书馆、天津梅江会展中心、中新生态城公安大楼等多个工程项目，如图 17 所示，取得良好的经济和社会效益。

(*a*)

(*b*)

图 17　工程应用

(*a*) 中新生态城第一中学教学楼；(*b*) 天津图书馆

4 异形柱研究

目前国内外异形柱结构主要有钢筋混凝土异形柱、型钢混凝土异形柱、钢异形柱与钢管混凝土异形柱，其中钢管混凝土异形柱又包括异形钢管混凝土柱和钢管混凝土组合异形柱。

（1）钢筋混凝土异形柱

国外对于钢筋混凝土异形柱（图18）的研究工作始于20世纪80年代，国外学者对钢筋混凝土异形柱在轴压和偏压试验条件的力学性能进行了研究，给出了此类异形柱的承载力计算公式。随后，国内学者在国外研究的基础上，针对钢筋混凝土异形柱的截面承载力、节点承载力以及异形柱框架的抗震性能等进行了大量试验研究，并提出了用于钢筋混凝土异形柱的设计方法。

（2）钢骨混凝土异形柱

钢骨混凝土异形柱（图19）是在钢筋混凝土异形柱的形式基础上，通过设置内部型钢代替原有钢筋而组成。国内一些研究者提出在各单肢型钢之间设置水平和斜向杆，从而形成一个整体型钢桁架，然后外包混凝土，称为桁架式型钢混凝土异形柱。钢筋混凝土异形柱与钢骨混凝土异形柱都存在抗裂性能较弱的问题。

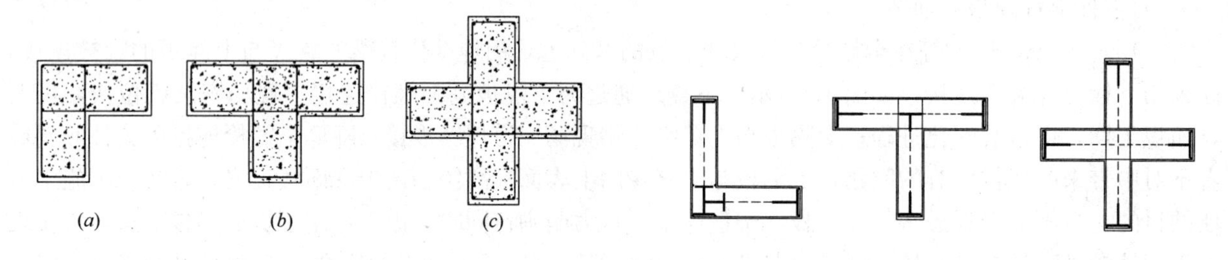

图18 钢筋混凝土异形柱

(a) L形截面；(b) T形截面；(c) 十字形截面

图19 钢骨混凝土异形柱

（3）钢异形柱

钢异形柱（图20）是在一个H形钢截面上增加一个或两个T形截面，从而形成L形、T形或十字形柱。型钢异型钢柱优点在于可以灵活分布于住宅墙体，且施工方便；但其梁柱节点与钢柱形心偏离，易发生局部失稳。为了防止局部失稳，钢材厚度较大，因此用钢量较高。

（4）异形钢管混凝土柱

异形钢管混凝土柱（图21），是通过在异形钢管柱中浇注混凝土形成。同济大学对带加劲肋异形钢管混凝土柱的轴心受压试验进行了研究，华南理工大学对带约束拉杆异形钢管混凝土柱的轴心受压试验进行了研究等。试验结果表明，异形钢管混凝土柱与钢筋混凝土异形柱相比，有更高的承载能力。

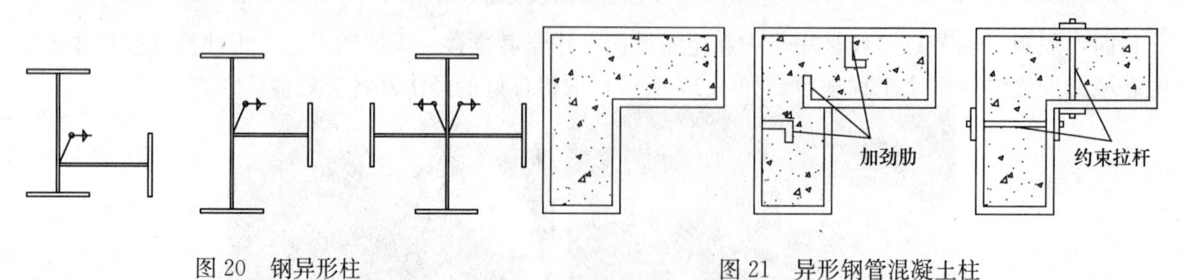

图20 钢异形柱

图21 异形钢管混凝土柱

（5）方钢管混凝土组合异形柱

方钢管混凝土组合异形柱（图22）结构体系是由天津大学提出的，其构造与优势在研究意义中已经阐述，该结构经过十余年的研究与应用，已经列入《轻型钢结构住宅技术规程》JGJ 209—2010、《天津市钢结构住宅设计规程》DB 29—57—2003。研究成果比较完善，主要包括：

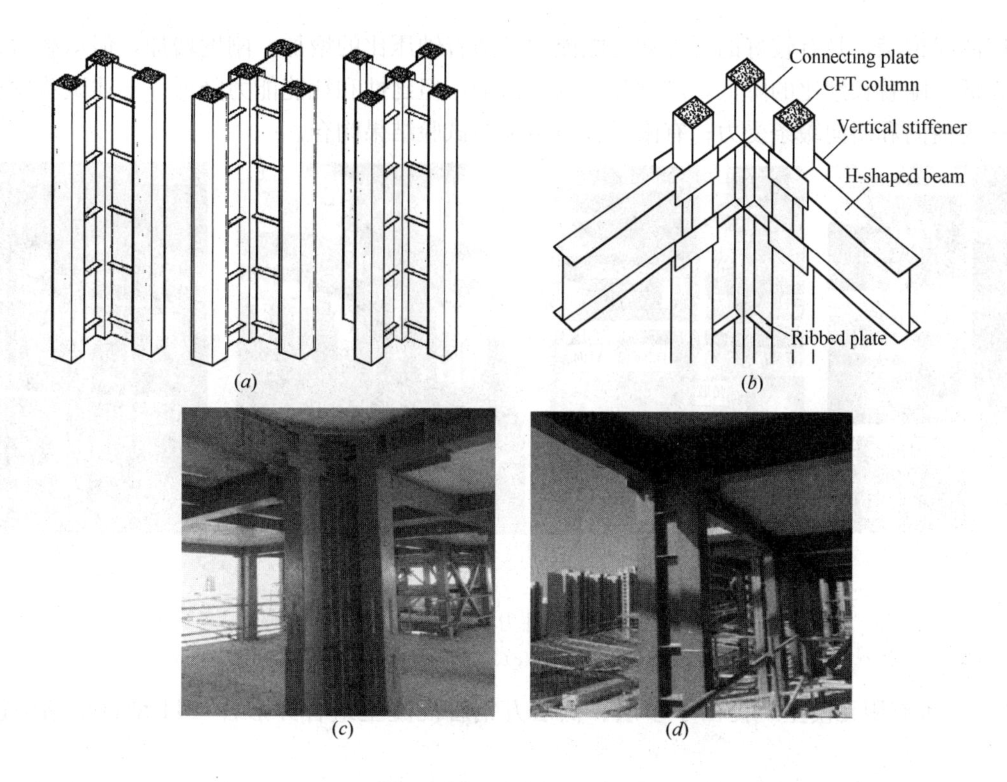

图 22　方钢管混凝土组合异形柱

(*a*) 方钢管混凝土组合异形柱三维结构示意图；(*b*) 外肋环板节点三维结构示意图；
(*c*) 方钢管混凝土组合异形柱工程应用；(*d*) 方钢管混凝土组合异形柱工程应用

1) 提出了三种方钢管混凝土组合异形柱结构构造形式并进行对比分析

主要探讨了方钢管混凝土组合异形柱—H 型钢梁结构体系的构造形式，提出了三种柱子构造形式和一种节点形式：直接装配式和间接装配式钢管混凝土组合异形柱构造形式和制作方法、开孔钢板连接式方钢管混凝土组合异形柱构造形式，比较发现开孔钢板连接的方钢管混凝土组合异形柱为较优形式；提出了方钢管混凝土组合异形柱外肋环板节点构造形式。

2) 完成了 6 根焊接缀条连接形式的方钢管混凝土组合异形柱的轴压试验研究与理论分析

采用叠加理论计算公式，设计了方钢管混凝土组合异形柱轴心受压试验。采用 ANSYS 对三个短柱试件和三个长柱试件的轴心受压试验进行数值模拟计算。进行了 LCFT 短柱试件、TCFT 短柱试件、XCFT 短柱试件的轴心受压试验，得到了构件的破坏形态和荷载位移曲线，验证了叠加计算理论与有限元模型的正确性。进行了三个长柱试件的轴心受压试验，通过对试验结果的分析，得到了构件的破坏形态和荷载位移曲线，验证了叠加计算理论与有限元模型的正确性。

3) 完成了 7 根钢板连接形式的方钢管混凝土组合异形柱轴压、压弯、拟静力试验以及 3 榀框架拟静力试验

进行了 2 根组合异形柱的轴压试验和有限元模拟（图 23*a*），发现填充混凝土后极限承载力提高 21%；开孔钢板和加劲肋作为连接形式能够很好的保证单肢柱协同工作；填充混凝土的试件连接板可以简化为横向和斜向缀条进行计算。进行了 2 种加载角度的方钢管混凝土组合异形柱压弯试验与有限元模拟（图 23*b*），得到以下结论：试验装置能够实现预想的受力模式；两个试件的极限承载能力基本相同，极限承载力由单肢极限承载力控制。进行了两根 L 形钢板连接式方钢管混凝土组合异形柱长柱双向压弯试验和有限元模拟（图 23*c*），得到以下结论：以整体稳定控制的极限承载力计算公式得到的计算值与实验值吻合更好，说明构件易发生整体破坏。为了确定方钢管混凝土组合异形柱的抗震性能，进行了 3 个方钢管混凝土组合异形柱拟静力试验和有限元模拟（图 23*d*），得到以下结论：方钢管混凝土组合

异形柱滞回曲线饱满，具有较好的延性和耗能能力，随着轴压比的增加，刚度增加，但承载力、延性和耗能能力降低；随着长细比的降低，刚度和承载力增加，但延性和耗能能力降低。上述试验发现：连接板可以简化为横向和斜向缀条受力；有限元分析结果与试验结果吻合。

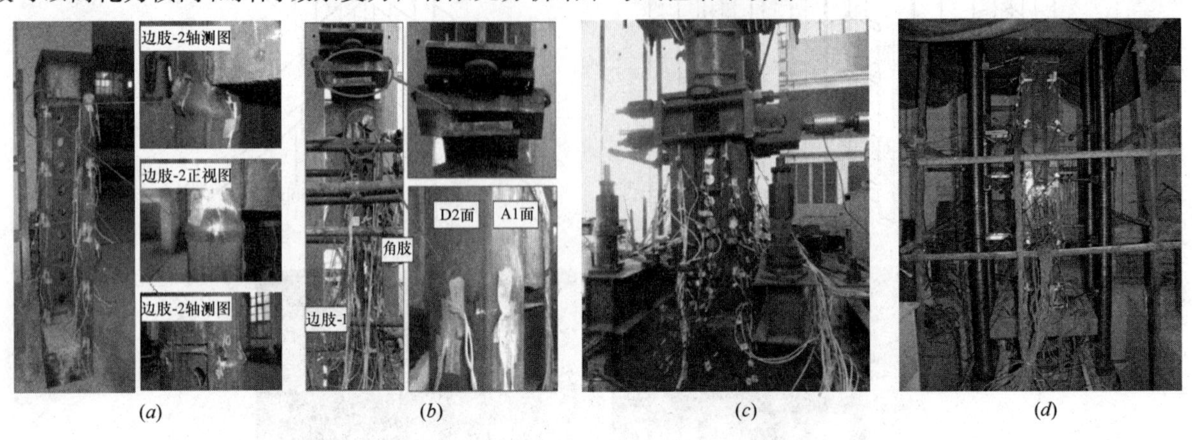

图 23 单柱力学性能试验

(*a*) 轴压试验；(*b*) 压弯试验；(*c*) 双向压弯试验；(*d*) 拟静力试验

4) 建立三维有限元模型，提出了多层、低层方钢管混凝土组合异形柱－H 型钢梁结构设计分析方法

提出了方钢管混凝土组合异形柱—H 型钢梁结构体系的设计方法和细部构造，利用 MIDAS 软件进行了结构体系的静力分析、自振特性分析、弹性时程分析和推覆分析，发现方钢管混凝土组合异形柱结构体系适合用于低层结构或以剪切变形为主的结构，低层具有较好的抗震性能，能够抵御罕遇地震。

5 工程实例

目前，方钢管混凝土柱已经在实际工程中逐渐被应用，本节主要介绍方钢管混凝土螺旋箍筋柱和方钢管混凝土组合异形柱在实际工程中的应用。

(1) 天津市生态城公安大楼

配螺旋箍筋方钢管混凝土柱已经应用在天津市生态城公安大楼该实际工程中，公安大楼总建筑面积 24580m²，地上五层，地下一层，用方钢管混凝土柱—H 型钢梁框架结构，屋盖及楼盖均采用钢筋桁架楼承板现浇混凝土楼板，采用柱下独立承台基础。该项目工程由中建八局承建，其效果图如图 24 所示。

图 24 天津市生态城公安大楼

(*a*) 正面；(*b*) 侧面

(2) 汶川县映秀镇渔子溪村震后重建工程

汶川县映秀镇渔子溪村的震后重建住宅工程其结构体系为方钢管混凝土异形柱与 H 型钢梁结构体系，节点采用外肋环板节点（图 25*a*）。迁建村庄用地约 120 亩，共 241 户，分 10 个户型，每户面积 90～150m²。建筑设计融合了川西与藏羌民居特色，平顶采用藏羌风格，而坡顶则以川西风格为主（图

25*b*)。

方钢管混凝土组合异形柱结构体系在多遇地震和罕遇地震下均有较好的抗震性能，而且作为一种绿色建筑形式，在地震多发区和村镇地区都有着较好的应用前景。

(*a*)

(*b*)

图 25　汶川县映秀镇渔子溪村震后重建工程

(*a*) 方钢管混凝土组合异形柱与外肋环板节点；(*b*) 建成效果图

(3) 河北省保定市易水岚庭小区

结合已有方钢管混凝土组合异形柱－H 型钢梁框架结构实际工程的相关经验，河北省保定市易水岚庭小区 A-2、A-10 号住宅采用的是方钢管混凝土组合异形柱—H 型钢梁加支撑的结构体系，增加了整体结构的抗侧刚度；节点采用的是隔板贯通节点，有效的提高了结构的抗震性能，并且缩短了施工工期，节省了大量钢材，降低了整体建设工程的造价，取得了良好的经济效益，该体系适合用于多、高层结构。具体可见图 26。

(*a*)　(*b*)

图 26　河北省保定市易水岚庭小区

(*a*) 易水岚庭小区效果图；(*b*) 易水岚庭小区

(4) 北京市顺义区庄子营别墅钢结构住宅工程

北京庄子营别墅钢结构住宅工程位于北京市顺义区，为 2 层别墅，建筑面积约 310m^2 (图 27)。主体结构采用方钢管混凝土组合异形柱—H 型钢梁体系，异形柱与梁连接采用外肋环板节点，单柱与梁连接采用隔板贯通节点，围护采用轻质砌块，楼板与屋面板采用现浇钢筋混凝土板。本工程项目具有抗震性能好，建筑空间大，结构重量轻等优良的建筑结构性能，以及机械化装配施工效率高等优点。自竣工验收以来，安全可靠，使用效果很好。

图 27　北京市顺义区庄子营别墅钢结构住宅工程

(5) 沧州市福康家园住宅项目

沧州市福康家园住宅项目，由天津大学建筑设计研究院进行设计，大元投资集团房地产开发有限公司进行施工建设，是全国第一个采用钢管混凝土组合异形柱技术的高层钢结构住宅小区，建筑高度最高达 76.4m。项目位于河北省沧州市，东侧紧邻城市主干道永安大道。规划设计总建筑面积为 136289.57m^2，其中地上建筑面积为 117953.04m^2，地下建筑面积为：25129.81m^2。

该工程分为1～8共8栋住宅楼，2个独立商业以及1个住宅楼中商业等若干个单体。其中1、2、4号楼采用矩形钢管混凝土组合异形柱框架—剪力墙体系（图28*a*），3、5、6、7、8号楼采用矩形钢管混凝土组合异形柱框架—支撑体系（图28*b*）。

(*a*)

(*b*)

图28　异形柱框架体系

(*a*)异形柱框架—剪力墙体系；(*b*)异形柱框架—支撑体系

6　总结

近年来，随着针对矩形钢管混凝土构件及结构体系的研究不断深入，矩形钢管混凝土结构的应用也日益广泛。本文从矩形钢管混凝土柱理论、梁柱节点构造和异形柱体系研究及相关工程实例四个方面，系统总结了天津大学在矩形钢管混凝土住宅结构方面的研究成果和最新进展，并结合具体的工程实例对矩形钢管混凝土及房屋建筑钢结构的应用进行了详细介绍。相信随着矩形钢管混凝土柱计算理论的不断完善，节点构造的日益优化以及新型结构体系的逐步建立，矩形钢管混凝土结构在房屋建筑中的应用也会越来越广泛，持续创造良好的经济效益和社会效益。

参考文献

[1] 韩林海，陶忠，王文达．现代组合结构和混合结构—试验、理论和方法[M]．北京：科学出版社．2009.

[2] 王元清，曹宇龙，丁大益，等．国家金融信息大厦钢结构关键节点试验承载力有限元分析[J]．天津大学学报，2014，47：118-122.

[3] 周良，尹越，王秀芬．天津周大福金融中心超高层混合结构竖向变形分析及补偿措施[J]．天津大学学报，2014，47：96-101.

[4] Eurocode 4，EN 1994-1-1 Design of composite steel and concrete structures，Part 1.1. General rules and rules for buildings[S]. British Standards Institution. 2004.

[5] ANSI/AISC 360-10. Specification for Structural Steel Buildings[S]. Chicago，USA：American Institute of Steel Construction (AISC). 2010.

[6] ACI 318-05. Building code requirements for structural concrete and commentary[S]. Farmington Hills (MI)，American Concrete Institute，Detroit，USA. 2005.

[7] AIJ. Recommendations for Design and Construction of Concrete Filled Steel Tubular Structures[S]. Architectural Institute of Japan (AIJ)，Tokyo，Japan. 2008.

[8] 中华人民共和国军用标准. 战时军港抢修早强型组合结构技术规程 GJB 4142—2000[S]. 2001.

[9] 天津市地方标准. 天津市钢结构住宅设计规程 DB 29—57—2003[S].

[10] 中国工程建设标准化协会标准. 矩形钢管混凝土结构技术规程 CECS 159：2004[S]．北京：中国计划出版社，2004.

[11] 钢管混凝土结构技术规程 DBJ/T 13—51—2010[S].

[12] 中华人民共和国国家标准. 钢管混凝土结构技术规范 GB 50936—2014[S]. 北京：中国建筑工业出版社，2014.

[13] Han L-H. Tests on stub columns of concrete-filled RHS sections[J]. Journal of Constructional Steel Research,

2002, 58: 355-372.

[14] Shakir-KhalilH, and Mouli M. Further Tests on Concrete - Filled Rectangular Hollow-Section Columns[J]. Structural Engineer, 1990, 68(20): 405-413.

[15] Sakino K, Nakahara H, Morino S, Nishiyama I. Behavior of Centrally Loaded Concrete-Filled Steel-Tube Short Columns[J]. Journal of Structural Engineering, 2004, 130: 180-188.

[16] Liu D, Gho W-M. Axial load behaviour of high-strength rectangular concrete-filled steel tubular stub columns[J]. Thin-Walled Structures, 2005, 43(8): 1131-1142.

[17] Sumei Z, Lanhui G, Zaili Y, Yuyin W. Experimental research on high strength concrete-filled SHS stub columns subjected to axial compressive load[J]. Journal of Harbin Institute of Technology, 2004, 36(12): 1610-1614.

[18] Uy B. Strength of short concrete filled high strength steel box columns[J]. Journal of Constructional Steel Research, 2001, 57: 113-134.

[19] Uy B. Strength of concrete filled steel box columns Incorporating local buckling[J]. Journal of Structural Engineering, 2000, 126: 341-352.

[20] Liu D, Gho W-M, Yuan J. Ultimate capacity of high-strength rectangular concrete-filled steel hollow section stub columns[J]. Journal of Constructional Steel Research, 2003, 59(12): 1499-1515.

[21] Liu D. Tests on high-strength rectangular concrete-filled steel hollow section stub columns[J]. Journal of Constructional Steel Research, 2005, 61(7): 902-911.

[22] Han L-H, Zhao X-L, Tao Z. Tests and mechanics model for concrete-filled SHS stub columns, columns and beam-columns[J]. Steel and Composite Structures, 2001, 1(1): 51-74.

[23] Schneider S P. Axially Loaded Concrete - Filled Steel Tubes[J]. Journal of Structural Engineering, 1998, 124: 1125-1138.

[24] Yao G. Research on behavior of concrete-filled steel tubes subjected to complicated loading status[D]. Fuzhou: Fuzhou University, 2006: 27-56.

[25] Tao Z, Han L-H, Wang Z-B. Experimental behaviour of stiffened concrete-filled thin-walled hollow steel structural (HSS) stub columns[J]. Journal of Constructional Steel Research, 2005, 61(7): 962-983.

[26] Tao Z, Han L-H, Wang D-Y. Strength and ductility of stiffened thin-walled hollow steel structural stub columns filled with concrete[J]. Thin-Walled Structures, 2008, 46(10): 1113-1128.

[27] Chen C-C, Ko J-W, Huang G-L, Chang Y-M. Local buckling and concrete confinement of concrete-filled box columns under axial load[J]. Journal of Constructional Steel Research, 2012, 78: 8-21.

[28] Lam D, Williams C A. Experimental study on concrete filled square hollow sections[J]. Steel and Composite Structures, 2004, 4: 95-112.

[29] Xiushu Qu, Zhihua Chen, Guojun Sun. Experimental study of rectangular CFST columns subjected to eccentric loading[J]. Thin-Walled Structures, 2013, 64: 83-93.

[30] 陈志华，杜颜胜，吴辽，等．矩形钢管混凝土结构研究综述[J]．建筑结构，2015，45(16)：40-46.

[31] 郑亮．配螺旋箍筋柱方钢管混凝土柱计算方法及试验研究[D]．天津：天津大学，2013.

[32] 中国工程建设标准化协会标准．矩形钢管混凝土结构技术规程 CECS 159：2004[S].

[33] 李黎明．方矩管混凝土柱计算理论分析及隔板贯通式节点研究[D]，天津：天津大学，2004.

[34] 李黎明，陈志华，李宁．隔板贯通式梁柱节点抗震性能试验研究[J]．地震工程与工程振动，2007，27(1)：46-53.

[35] 苗纪奎．方矩管混凝土柱-钢梁隔板贯通节点性能研究[D]．天津：天津大学，2008.

[36] 苗纪奎，陈志华，姜忻良，等．方钢管混凝土柱—钢梁节点静力受拉性能研究[J]．山东建筑大学学报，2008，23(4)：287-292.

[37] 姜忻良，苗纪奎，陈志华．方钢管混凝土柱-钢梁隔板贯通节点抗震性能试验[J]．天津大学学报，2009，42(3)：194-200.

[38] 苗纪奎，姜忻良，陈志华．方钢管混凝土柱隔板贯通节点静力拉伸试验[J]．天津大学学报，2009，42(3)：208-213.

[39] 苗纪奎，陈志华，姜忻良．方钢管混凝土柱-钢梁节点承载力试验研究[J]．建筑结构学报，2009，29(6)：63-68.

[40] 陈志华，苗纪奎，赵莉华，等．方钢管混凝土柱-H 型钢梁节点研究[J]．建筑结构，2007，37(1)：50-56.

[41] 白晶晶．方钢管混凝土柱-H 型钢梁隔板贯通节点抗震性能研究[D]．天津大学，2012.

[42] Qin Y, Chen Z, Yang Q, Shang K. Experimental seismic behavior of through-diaphragm connections to concrete-filled rectangular steel tubular columns[J]. Journal of Constructional Steel Research, 2014, 93, 32-43.

[43] QinY, Chen Z, Wang X, Zhou T. Seismic behavior of through-diaphragm connections between cfrt columns and steel beams-experimental study[J]. Advanced Steel Construction, 2014, 10(3), 351-371.

[44] Qin Y, Chen Z and Wang X. Elastoplastic behavior of through-diaphragm connections to concrete-filled rectangular steel tubular columns[J]. Journal of Constructional Steel Research, 2014, 93, 88-96.

[45] 罗松．方钢管混凝土柱-H 型钢梁全螺栓连接隔板贯通节点抗震性能研究[D]. 天津：天津大学，2013.

[46] Ramamurthy L N, Hafeez K T A. L-shaped column design for biaxial eccentricity[J]. Journal of Structural Engineering, 1983, 109(8): 1903-1917.

[47] Mallikarjuna, Mahadevappa P. Computer aided analysis of reinforced concrete columns subjected to axial compression and bending-II: T-shaped sections[J]. Computers and Structures, 1994, 53(6), 1317-1356.

[48] Dundar C, Tokgoz S, Tanrikulu A K, Baran T. Behaviour of reinforced and concrete-encased composite columns subjected to biaxial bending and axial load[J]. Building and Environment, 2008, 43(6), 1109-1120.

[49] Demagh K, Chabil H, Hamzaoui L. Analysis of reinforced concrete columns subjected to biaxial loads[A]. Proceedings of the International Conference on Concrete for Transportation Infrastructure[C]. Dundee, 2005, 433-440.

[50] 赵艳静．钢筋混凝土异形柱结构体系理论与试验研究[D]. 天津：天津大学，2004.

[51] 王铁成，林海，康谷贻．钢筋混凝土异形柱框架试验及静力弹塑性分析[J]. 钢结构，2006，39(12)：1457-1464.

[52] 中华人民共和国行业标准. 混凝土异形柱结构技术规程 JGJ 149—2006[S]. 北京：中国建筑工业出版社，2006.

[53] 王依群，刘中吉．二级抗震等级异形柱框架结构抗震性能评价[J]. 天津大学学报，2008，41(2)：209-214.

[54] 陈宗平，薛建阳，赵鸿铁．低周反复荷载作用下型钢混凝土异形柱的抗剪承载力分析[J]. 土木工程学报，2007，40(7)：30-36.

[55] 栗增欣，郭成喜．轴心受压 L 形柱的有限元非线性分析[J]. 钢结构，2008，23(5)：11-13.

[56] 王明贵，张莉若，谭世友．钢异形柱弯扭相关屈曲研究[J]. 钢结构，2006，21(4)：35-37.

[57] 沈祖炎，陈之毅．矩形钢管混凝土结构设计施工中的若干问题[A]. 第三届海峡两岸及香港钢及金属结构技术研讨会[C]. 上海，2001：18-28.

[58] 黎志军，蔡健．带约束拉杆异形钢管混凝土柱力学性能的试验研究[J]. 工程力学增刊，2001：124-129.

[59] 陈志华，李振宇，荣彬，等．十字形截面方钢管混凝土组合异形柱轴压承载力试验[J]. 天津大学学报，2006，39(11)：1275-1282.

[60] 陈志华，荣彬．L 形方钢管混凝土组合异形柱的轴压稳定性研究[J]. 建筑结构，2009，39(6)：39-42.

[61] 荣彬，陈志华，周婷．L 形方钢管混凝土组合异形短柱的轴压强度研究[J]. 工业建筑，2009，39(11)：104-107.

[62] Zhihua Chen, Rong Bin, ApostolosFafitis. Axial Compression Stability Of A Crisscross Section Column Composed Of Concrete-Filled Square Steel Tubes[J]. Journal of Mechanics of Materials And Structures, 2009, 4(10): 1787-1799.

[63] Zhihua Chen, Ting Zhou, Xiaodun Wang. Application of Special Shaped Column Composed of Concrete-filled Steel Tubes[J]. Advanced Materials Research, 2011, 163-167: 196-199.

[64] Ting Zhou, Zhihua Chen, Hongbo Liu. Nonlinear finite element analysis of concrete-filled steel tubular column[A]. 2011 International Conference on Electric Technology and Civil Engineering, ICETCE 2011 - Proceedings[C]. 2011: 2396-2399.

[65] Ting Zhou, Zhihua Chen and Hongbo Liu. Seismic Behavior of Special Shaped Column Composed of Concrete Filled Steel Tubes[J]. Journal of constructional steel research. 2012, 75: 131-141.

[66] 周婷，陈志华．方钢管混凝土组合异形柱抗震性能有限元分析[J]. 哈尔滨工业大学学报，2011，43：29-32.

[67] 周婷，陈志华，刘红波，等．汶川县映秀镇方钢管混凝土异形柱结构抗震性能研究[A]. 振动与冲击，2012，31(4)：145-150.

[68] 王文达，韩林海．钢管混凝土框架结构力学性能非线性有限元分析[J]. 建筑结构学报，2008，29(6)：75-83.

[69] 荣彬．方钢管混凝土组合异形柱的理论分析与试验研究[D]. 天津：天津大学，2008.

[70] 周婷．方钢管混凝土组合异形柱结构力学性能与工程应用研究[D]. 天津：天津大学，2012.

一种新型工业化住宅结构体系
——钢管束组合剪力墙结构体系

付　波，李文斌

（杭萧钢构股份有限公司，杭州　310003）

摘　要　介绍了一种新型工业化住宅结构体系——钢管束组合剪力墙结构体系，主要从该体系的构造特点、构件抗震性能和耐火性能、墙梁节点性能、构件制作及施工等方面进行阐述。该体系具有墙体承载力高、延性好、施工方便等优点，符合住宅产业化的发展方向，在多高层住宅建筑中具有广阔的应用前景。

关键词　工业化住宅；新型结构体系；组合剪力墙；抗震性能；耐火极限

自改革开放以来，我国建筑行业呈现迅猛发展的态势，取得了举世瞩目的成就。然而值得注意的是，传统建筑业的现场施工作业量很大，劳动生产率较低，资源消耗很大，不能满足可持续发展的要求。为减少环境污染，降低资源消耗，提高建设效率，必须对传统建筑业进行改造，实行建筑工业化。当前，建筑行业工业化的最集中体现是建筑住宅的产业化。住宅产业化的模式符合绿色建筑及节能减排的指导方针，是我国建筑业发展的主要趋势。

目前在我国推进住宅产业化的一种思路是发展装配式混凝土结构。装配式混凝土建筑的主体结构部分或全部采用预制混凝土构件装配而成，比传统结构施工速度快、质量水平高，但装配式混凝土结构具有生产成本较高、施工难度较大、质量难以保证的缺点。与混凝土建筑不同，钢结构建筑的主要构件天然具有工厂加工、现场装配化施工的特点，是工业化程度较高的绿色建筑产品。在建筑领域推进钢材的利用，还有助于化解我国严重过剩的钢材产能，有利于国家的长期可持续发展。提高钢结构住宅在住宅建筑中的比例，为我国住宅产业化提供了一条新的道路。

国内的钢结构建筑体系中，结构体系多采用钢支撑－框架体系、钢框架-混凝土核心筒体系、钢框架－钢板剪力墙体系等。从构件的制作、施工等方面来看，钢结构建筑的整体工业化程度仍有待提高。为推进我国住宅产业化的发展，本文介绍一种新型工业化住宅结构体系　钢管束组合剪力墙结构体系。该体系结合现有住宅体系的各种优点，采用钢结构形成剪力墙，既具有剪力墙结构中墙体随建筑功能要求布置灵活的长处，又充分发挥钢结构制作工业化程度高、施工速度快的特点，具有广阔的应用前景。

1　钢管束组合剪力墙结构体系简介

1.1　主要构件

钢管束组合剪力墙结构体系（图1）主要由以下构件所组成：

（1）钢管束组合剪力墙：由多个U形钢管并排连接在一起形成钢管束，内部浇筑混凝土形成墙体，主要作为承重构件和抗侧力构件。根据设计需要，可将U

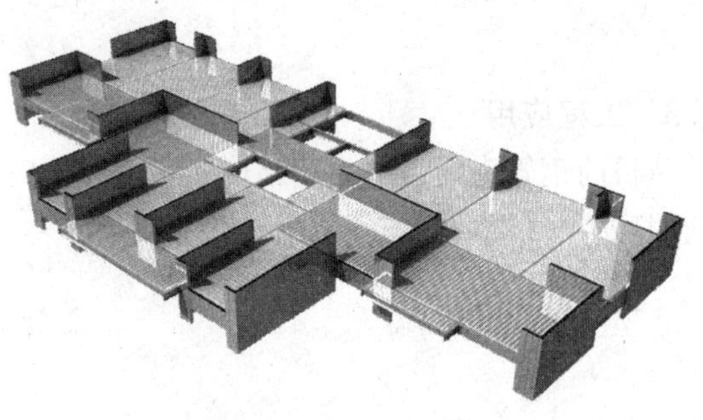

图1　钢管束组合剪力墙结构体系示意

形钢管组合成一字形、L 形、T 形等多种截面形式（图 2）。

（2）钢梁采用箱形梁或 H 型钢梁：箱形梁可采用焊接箱形或冷弯成型的高频焊接钢管，H 型钢梁可采用热轧或高频焊接钢梁。

（3）楼板可选用现浇楼板、钢筋桁架楼承板、装配式钢筋桁架楼承板。

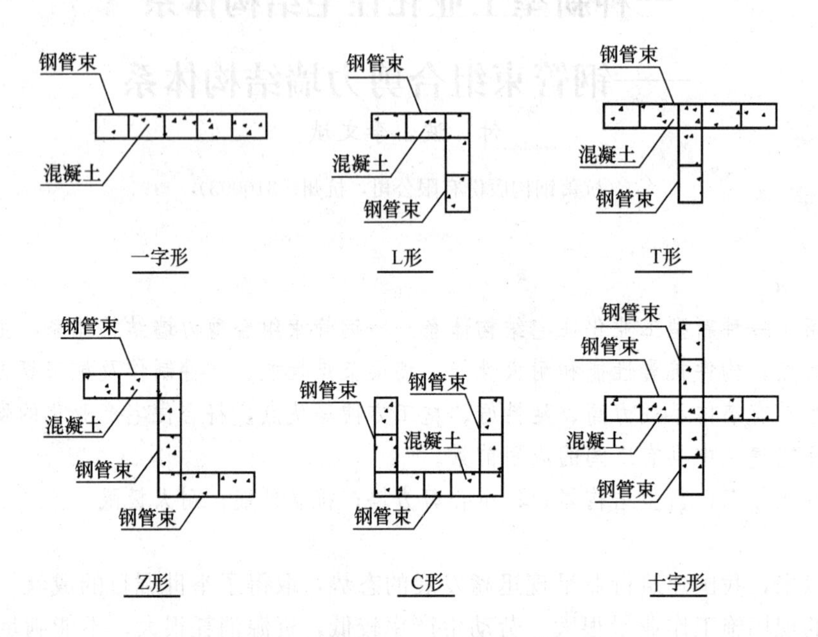

图 2 钢管束组合剪力墙截面类型

1.2 典型节点

钢管束组合剪力墙在平面内与钢梁间可采用刚性连接或铰接连接，在平面外与钢梁间均采用铰接连接。刚接节点形式和铰接节点形式分别如图 3 和图 4 所示。

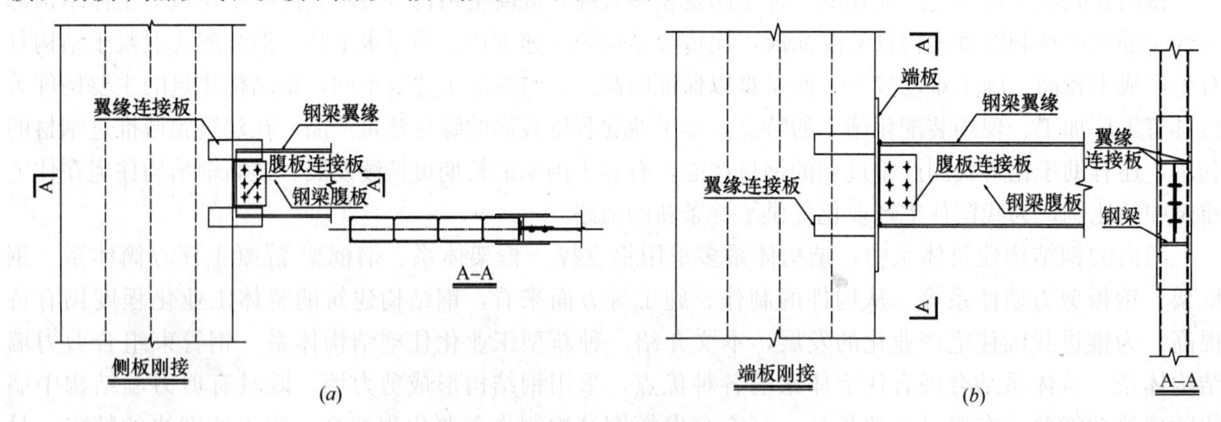

图 3 墙梁刚接节点形式

(*a*) 侧板刚接；(*b*) 端板刚接

1.3 工程应用

目前钢管束组合剪力墙结构体系已成功应用于杭萧钢构研发试验大楼和杭州萧山钱江世纪城人才专项用房 11 号楼，如图 5 所示。

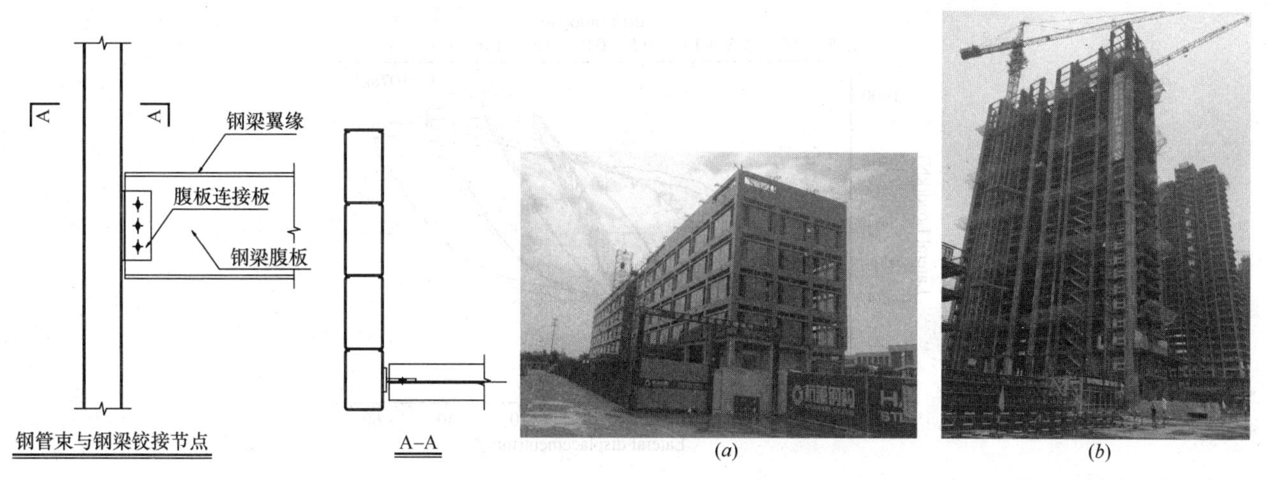

图 4　墙梁铰接节点形式

图 5　钢管束组合剪力墙结构体系的工程实践
(a) 杭萧钢构研发试验大楼；
(b) 杭州萧山钱江世纪城人才专项用房 11 号楼

2　钢管束组合剪力墙构件的抗震性能

2.1　试件信息

为研究钢管束组合剪力墙构件的抗震性能，对 12 个 1∶1 的足尺试件（图 6）进行了拟静力试验。试件设计考虑了截面形式，墙体截面高度，钢板厚度，剪跨比，轴压比，有无栓钉等参数，各试件的具体参数如表 1 所示。

2.2　试验结果

试件的典型破坏形态如图 7 所示，主要表现为试件底部的钢管束壁板发生局部屈曲，墙体端部钢板被拉裂。试件的滞回曲线如图 8 所示，从图上可知试件承载力高，曲线非常饱满，耗能能力强。

图 6　抗震性能试件

(a)

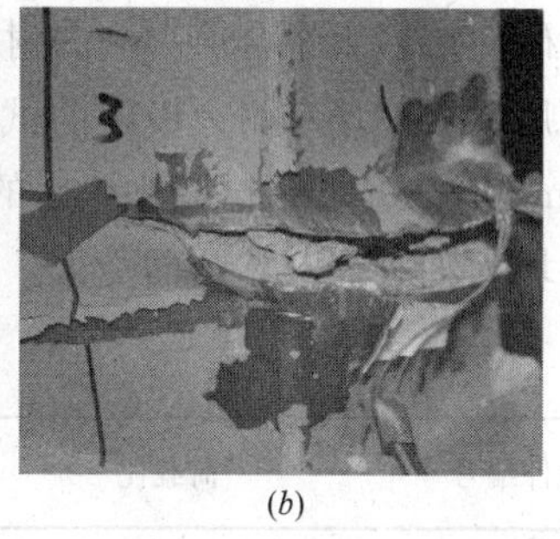

(b)

图 7　典型破坏形态
(a) 钢板屈曲；(b) 墙体端部钢板拉裂

各试件的屈服位移角平均值约为 1/167，破坏位移角平均值可达 1/44，位移延性系数介于 2.05～4.20，平均值约为 3.23，表明试件从屈服到破坏经历了较长的变形过程，试件的变形能力很好。

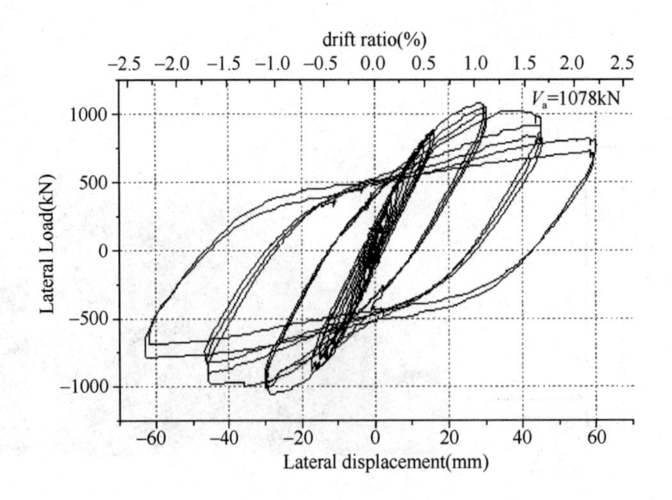

图 8 滞回曲线

墙体抗震性能试件参数 **表 1**

试件编号	墙体厚度(mm)	一字形：墙高×墙长(mm×mm) T形：墙高×翼缘长×腹板长(mm×mm×mm)	剪跨比	钢板厚度(mm)	钢管束规格	栓钉	轴压比	轴压力(kN)
YZQ-1	130	2700×1324	2.19	4	50，60	无	0.3	2001.37
YZQ-2	130	2700×1324	2.19	4	50，60	无	0.6	4002.74
YZQ-3	130	2700×1444	2	4	50	无	0.4	2174.54
YZQ-4	130	2700×1444	2	4	50	无	0.6	4349.08
YZQ-5	130	2700×1444	2	4	50	端部布置	0.6	4349.08
YZQ-6	130	2700×1484	1.95	5+3	50	无	0.6	4464.52
YZQ-7	130	2600×1924	1.51	4	50	无	0.6	5734.42
TXQ-1	130	2600×770×1250	—	4	50	无	0.6	5636.29
TXQ-2	130	2600×770×1250	—	4	50	腹板端部布置一个钢管束	0.6	5636.29
TXQ-3	130	2600×770×1294	—	5+3	50	无	0.6	5763.28
TXQ-4	130	2600×770×2050	—	4	50	无	0.6	7945.18
TXQ-5	130	2600×770×2050	—	4	50	腹板端部布置两个钢管束	0.6	7945.18

3 钢管束组合剪力墙构件的耐火性能

3.1 试件信息

为研究钢管束组合剪力墙的耐火性能，共设计了 8 个不同防火保护构造的试件，进行 ISO-834 标准火灾作用下温度场和耐火极限的试验研究。试件的钢板厚度为 4mm，试件高度为 2900mm，截面尺寸为 130mm×600mm。试验中考虑的参数主要有荷载比和防火保护层厚度及构造，具体如表 2 所示。所有试件均为轴心加载，两面受火。

墙体耐火性能试件参数 **表 2**

试件编号	荷载比	荷载（kN）	防火保护构造	
			内墙	外墙
S1	0.30	1560	无	无
S2	0.45	2320	无	无
S3	0.45	2320	无	无
S4	0.30	1560	30mm 水泥砂浆	30mm 水泥砂浆
S5	0.45	2320	40mm 加气混凝土	40mm 加气混凝土
S6	0.45	2320	50mm 水泥砂浆	50mm 水泥砂浆
S7	0.45	2320	40mm 加气混凝土	40mm 岩棉板
S8	0.45	2320	40mm 水泥砂浆	40mm 岩棉板

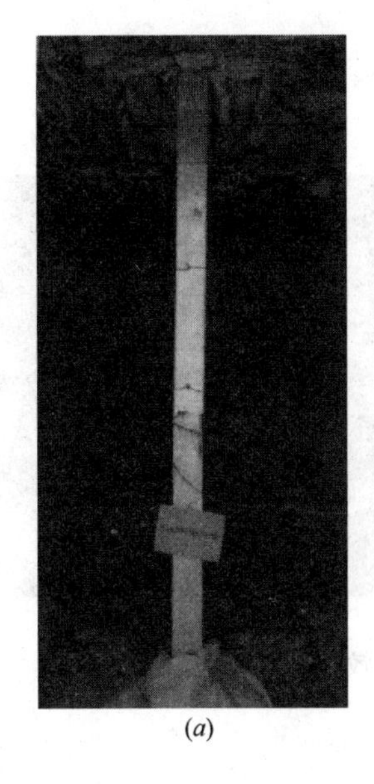
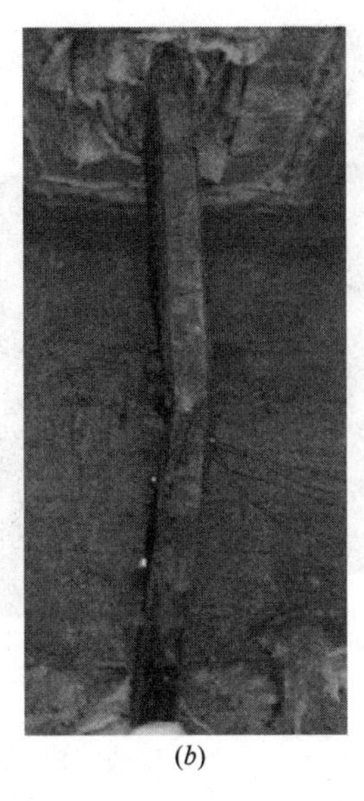

(*a*) (*b*)

图 9　试验前后试件整体形态对比

(*a*) 试验前；(*b*) 试验后

3.2　试验结果

试验前后的试件整体形态对比如图 9 所示，试验后的试件整体性基本保持完好，破坏形态主要为跨中的面外挠曲破坏，另外在变形较大处可观察到局部的波纹状鼓曲，焊缝未撕裂。

试验结果表明有无采用防火保护措施对试件的耐火极限影响非常明显。无防火保护的试件耐火极限只有 0.7～1h，拟采用的各种防火保护措施均能有效的提高钢管束组合剪力墙的抗火性能，有防火保护试件的耐火极限均在 3h 以上，满足规范要求。

4　钢管束组合剪力墙的墙梁节点性能

4.1　试件信息

为研究钢管束组合剪力墙的墙梁节点性能，对两种墙梁刚接节点进行了低周往复荷载试验，对墙梁铰接节点进行了静力加载试验。节点试件的墙体尺寸与墙体试验的 YZQ-1 相同，钢梁截面尺寸为 H380×130×6×14，刚接节点试件的钢梁外伸长度为 1690mm，铰接节点试件的钢梁跨度为 2370mm。刚接节点试件包括了 1 个侧板节点试件和 3 个端板节点试件，其中端板节点试件考虑了端板厚度和钢梁翼缘对接焊缝处有无贴板加强的影响。铰接节点试件为 2 个相同试件。加载时先对墙体施加轴压力，然后再对钢梁进行加载。当进行刚接节点试验时对钢梁外伸端部施加往复荷载（图 10*a*），进行铰接节点试验时对钢梁跨中施加单调荷载（图 10*b*）。

(*a*) (*b*)

图 10　墙梁节点试验试件

(*a*) 刚接节点试件；(*b*) 铰接节点试件

4.2　试验结果

侧板节点试件的破坏形态表现为侧板端部与梁翼缘连接处出现裂缝，且该裂缝扩展到梁腹板区域，另外梁腹板还出现了明显屈曲（图 11*a*）。端板节点试件的破坏形态表现为梁翼缘和端板连接处的焊缝破坏（图 11*b*），梁翼缘贴板加强的试件性能要更好。铰接节点试件在整个加载过程中，节点区的墙体钢板仅有轻微鼓曲，试验最终结果是梁腹板出现严重屈曲先发生破坏，节点处连接板和墙体钢管束壁板均未出现破坏（图 12）。

侧板节点和贴板加强后的端板节点，滞回曲线均呈现为饱满的梭形（图 13），两种节点均有较好的耗能性能。相同轴压比下，侧板节点在承载力、耗能及延性方面略优于端板节点。铰接节点的荷载位移曲线如图 14 所示，两个试件的曲线基本重合，且曲线下降段均较为平缓。

侧板刚接节点和铰接节点失效方式均为梁破坏，满足强墙弱梁、强节点弱构件要求。端板刚接节点贴板加强后性能有明显改善，保证焊缝质量之后也能满足设计要求。

(*a*)

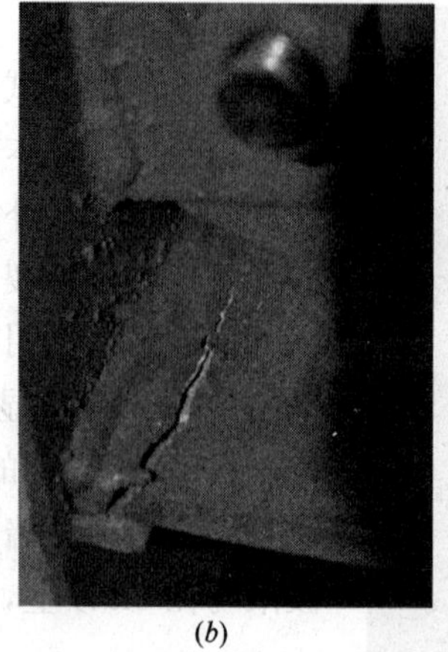

(*b*)

图 11　刚接节点破坏形态

（*a*）侧板节点破坏形态；（*b*）端板节点破坏形态

图 12　铰接节点破坏形态

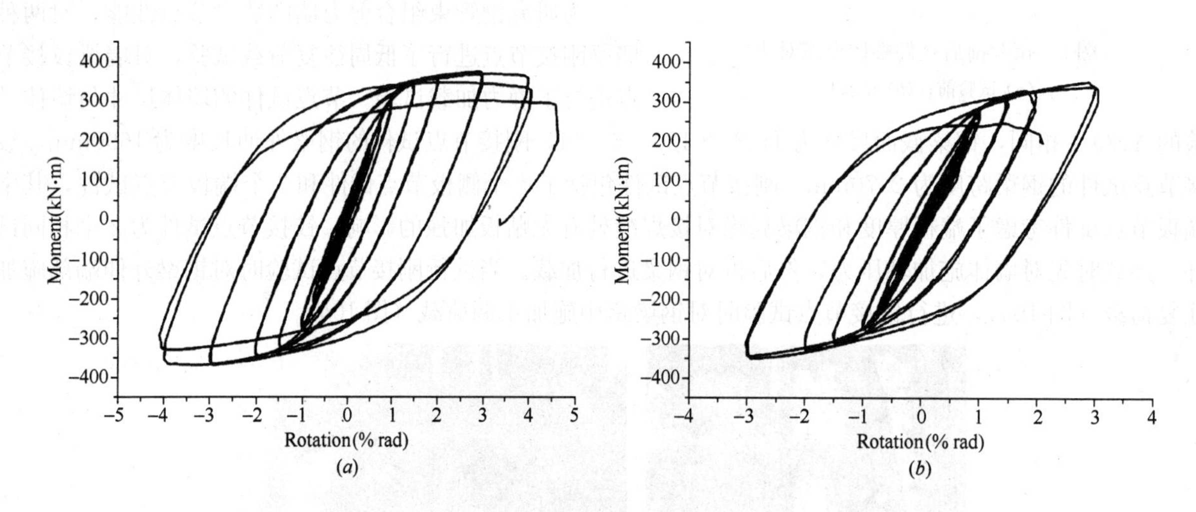

图 13　刚接节点滞回曲线

（*a*）侧板节点滞回曲线；（*b*）端板节点滞回曲线

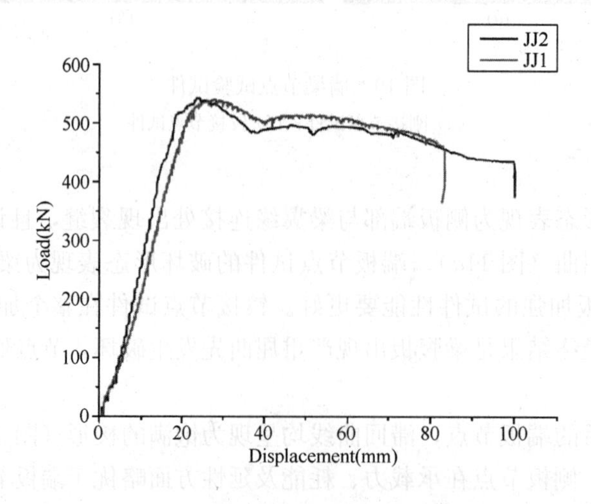

图 14　铰接节点荷载位移曲线

5 钢管束组合剪力墙的制作和施工

5.1 钢管束构件的制作

钢管束构件可按 9m 一段进行制作，其加工顺序为：

（1）下料：按照图纸要求的墙体厚度和单个 U 钢管长度确定开板宽度，以及构件的总长度，将整块板下料成多个条形板；

（2）弯折：采用专用的弯折设备，将条形板弯折成 U 形；

（3）机器人组焊：采用机器人自动焊接设备，逐个将 U 形钢管焊接在一起，形成钢管束构件；

（4）镀锌：将构件按热浸镀锌工艺，完成镀锌工作；

（5）端部处理：根据图纸要求，处理钢管束构件的端部，并增加连接钢板。

5.2 钢管束构件的现场安装和混凝土浇筑

将钢管束构件运到现场分段进行安装，各段钢管束之间通过水平焊缝进行连接。由于每段钢管束的高度约为普通住宅层高的 3 倍，因此大大加快了主体结构的安装速度。当钢管束构件较大时，为了满足运输需求，可先采用分块的方式进行安装，再现场焊接竖向焊缝将分块的钢管束构件连接成整个墙体。

管内混凝土宜采用自密实混凝土。各段钢管内没有横隔板的阻挡，仅有楼板钢筋的阻挡，通过灌注试验表明混凝土的浇灌很容易，管内混凝土密实度很好，混凝土强度能够满足设计要求。

6 结语

本文对钢管束组合剪力墙结构体系及相关的试验情况进行了介绍。该体系的优点在于：

（1）钢管束组合剪力墙可随建筑功能布局变化调整墙体的位置，建筑适应性好，室内无凸梁凸柱出现。在相同承载力和刚度情况下，墙厚要比混凝土剪力墙薄。

（2）钢管束组合剪力墙具有良好的承载力、抗侧刚度、延性、耗能能力，是一种抗震性能优越的剪力墙。在经过简单的防火保护之后，耐火极限很容易满足 3 小时的要求。墙梁节点的性能良好，能够满足强节点弱构件要求。

（3）钢管束构件在制作加工方面工业化程度更高，在施工安装方面可进一步减少人工、提高工业化水平，符合当前住宅产业化的发展方向。

参考文献

[1] 张希黔，康明，黄乐鹏，等．对我国建筑工业化现状的了解和建议[J]．施工技术，2015，(4)：5-13.

[2] 吴伟东，苟华平，周琪，等．住宅产业化发展面临的问题及对策研究[J]．建筑经济，2015，36(2)：14-17.

[3] 戴超辰，徐霞，张莉，等．我国装配式混凝土建筑发展的 SWOT 分析[J]．建筑经济，2015，36(2)：10-13.

[4] 丁子文，赵国兴，肖志斌．几种新型剪力墙结构工业化住宅体系[J]．工业建筑(增刊)，2015：1343-1345.

[5] 天津大学建筑工程学院．钢管束组合剪力墙试验报告[R]．天津：天津大学建筑工程学院，2015.

[6] 清华大学土木工程系．钢管束组合构件耐火极限试验研究[R]．北京：清华大学土木工程系，2015.

[7] 中华人民共和国国家标准．建筑设计防火规范 GB 50016—2014[S]．北京：中国计划出版社，2014.

[8] 天津大学建筑工程学院．钢管束组合结构剪力墙节点试验报告[R]．天津：天津大学建筑工程学院，2015.

CCA 板岩棉保温装饰一体化板的开发与应用

李文斌，应姗姗，刘 节

（杭萧钢构股份有限公司，杭州 310000）

摘 要 建筑能耗是中国能源消耗的大户，目前建筑节能最有效的方法之一就是实行外墙节能保温技术，本文介绍了一种保温装饰一体化板——CCA 板岩棉复合墙板的构造特点和开发过程。保温装饰一体化板兼顾保温与装饰功能，对推动建筑节能发展具有重要意义。

关键词 建筑节能；保温装饰；复合墙板

面对着全球环境恶化、资源枯竭、气候变暖、生态破坏等一系列严峻的问题，建筑节能已成为了 21 世纪全球建筑事业发展的一个重点和热点。在我国，目前已有的 400 亿 m^2 城乡建筑中，高能耗建筑高达 99%；同时新建房屋建筑中 95%以上仍为高能耗建筑，而我国资源占有量不到世界平均水平的 20%，单位建筑面积能耗却是气候相近发达国家的 3～5 倍，因此要改变我国紧张的能源局势，缓解能源供求压力，建筑节能显得尤为重要。

西方发达国家早在 20 世纪 40 年代，苏联、东欧早在 20 世纪 60 年代，均完成了对建筑围护结构材料的改造，形成了各种轻质、高强、节能的保温建筑材料。我国自 1988 年在哈尔滨召开第一届全国墙体材料革新与建筑节能会议以来，大量的节能材料及其节能结构纷纷涌现。建筑结构中的外墙体，作为建筑结构内外空间的隔断，是建筑运转能耗损失最大的部位，因此改进建筑外围护结构将成为解决建筑保温节能技术问题的突破口。

作为建筑节能的重要组成部分，建筑外围护结构保温节能随着国家相关节能标准的提高，也逐渐由建筑围护结构材料自保温发展到外墙外保温。外墙外保温体系也逐渐由现场多道施工过渡到保温装饰一体化。建筑节能系统中的保温装饰一体化是指将岩棉、EPS、XPS、酚醛泡沫或无机发泡材料等保温材料与多种造型、多种颜色的无机预涂装饰板材或金属装饰板材复合。复合保温板材完全在工厂中实现流水化制作，使保温节能功能与装饰功能一体化，达到产品的预制化、标准化、生产工厂化、施工装配化的目的。保温装饰一体化体系能克服当前其他外墙外保温节能系统的施工效率低下、易开裂、装饰性差、使用寿命短等缺点，是一种综合性价比优越的外墙外保温体系，必将成为我国建筑节能行业的发展趋势。

1 保温装饰一体化板及保温系统的介绍

1.1 保温装饰一体化板及保温系统的构成

保温装饰一体化板（图 1）是由带饰面层的面板和保温层组成，在工厂预制完成。面板选用高密度压蒸无石棉纤维素纤维水泥平板（简称 CCA 板），保温材料选用密度为 120kg/m^3的岩棉板，通过聚氨酯胶粘剂复合而成。保温层可根据实际需要选择聚苯乙烯挤塑板（XPS）、聚苯乙烯模塑板（EPS）、聚氨酯硬质发泡板或轻质无机保温板等，面板可选用天然石材、铝塑复合板、

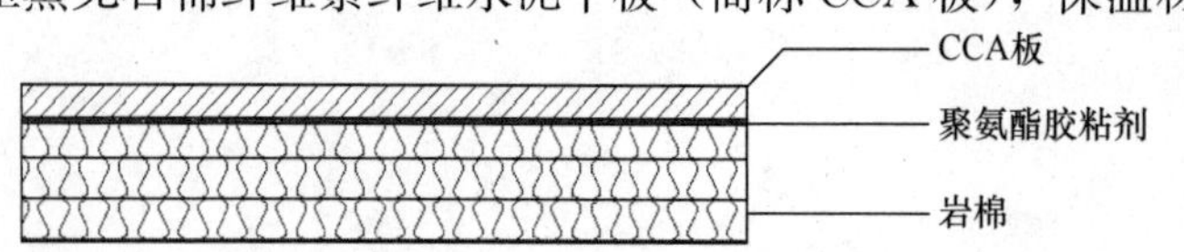

图 1 保温装饰一体化板结构示意图

金属板等，饰面层可采用真石漆、外墙弹性涂料或氟碳涂料。

保温装饰一体化系统（图 2）是由保温装饰一体化板、密封胶、连接件、紧固件、填缝材料等组成。采用点挂方式将导热系数小、保温隔热性能优良的 CCA 板岩棉保温装饰一体化板通过连接件与建筑物墙体进行固定，可增加墙体的保温隔热效果，提高居住的舒适性。

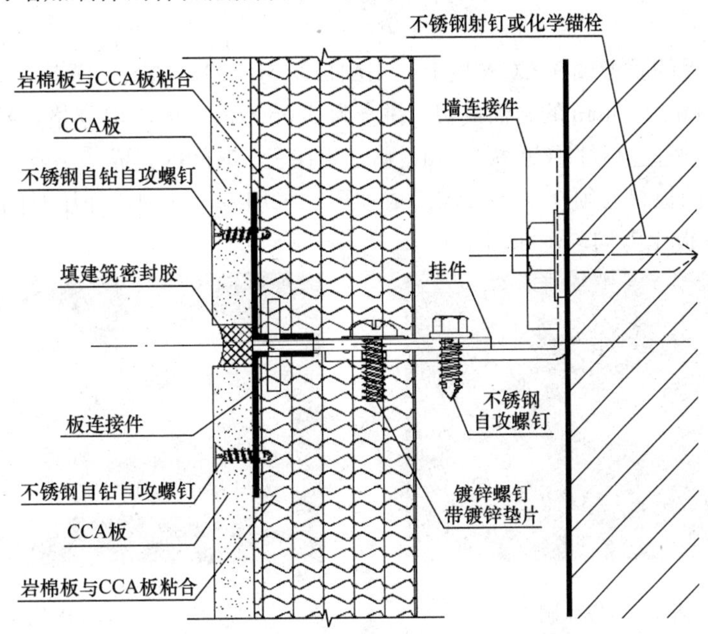

图 2　保温装饰系统结构示意图

1.2　保温装饰一体化板及保温系统的技术特点

（1）施工现场湿作业少，对周围环境干扰小。保温装饰一体化板为工厂预制板材，采用配套的连接构件和点挂方式进行安装固定，省去了安装龙骨或粘贴的工序，施工工序少，安装工期短，提高效率，节约成本，并有效控制因施工对周围环境造成的噪音、污染等各种影响。

（2）保温装饰一体化系统饰面层可采用真石漆、外墙弹性涂料、氟碳涂料等作为饰面，提供色彩丰富效果逼真的饰面方案，设计多样化，可根据建筑风格进行定制，为建筑外观展现出更多元的个性。

（3）采用岩棉作为保温材料，防火性能好，吸声隔热效果显著；采用 CCA 板作为面板，板面平整度高、轻质高强、力学性能优良。

（4）保温装饰一体化成品板不仅适用于新建工业和民用建筑，而且在旧房节能改造的施工中也显现出方便快捷的优势。

2　试验

2.1　聚氨酯胶粘合 CCA 板与岩棉试验

（1）试验目的

为了测试使用聚氨酯胶粘合 CCA 板与岩棉的复合能力，采用外观质量检查和剥离破坏试验，研究 CCA 板岩棉保温装饰一体化板的外观质量、破坏位置及破坏形态。

（2）试验材料

试验试件共有二组，每组试件包括 CCA 板、岩棉板和聚氨酯胶。CCA 板为 10mm 厚高密度板；岩棉板的密度为 120kg/m^3；粘合剂为有行鲨鱼品牌的聚氨酯胶。

（3）试件制备

试件的制备流程为准备、配胶、涂刷、贴合、固化等。

1）准备：清洁高密度CCA板拼接面表面的灰尘、污染物等，确保粘合剂有良好的浸润性并充分接触。

2）配胶：粘合剂主剂A与固化剂B的混合比例为100：25（重量比），并充分搅拌均匀。根据胶的有效操作使用时间控制每次的混合胶量，每次调配的胶液控制在15min内用完。在使用胶水的过程中，所有器具不得与水接触。

3）涂刷：将混合后的胶液倒在CCA板上，用刮板均匀涂刷，如图3所示。

4）贴合：将600mm×900mm的岩棉裁切、拼合为620mm×620mm的规格，然后居中粘贴在610mm×610mm的CCA板上，每边超过CCA板5mm。贴合要在表干时间内完成，一般在20min以内。

5）固化：粘合好的板材必须在45min内完成加压，采用冷压处理，加压时间为3～4h，压力为8～12kg/m²，并确保每块板压力均匀，如图4所示。

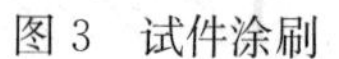

图3　试件涂刷

图4　试件固化

（4）试验内容

1）外观质量的检查。

在光照明亮的条件下，距试件1.0m处对其进行目测检查，记录观察到的缺陷。

2）剥离破坏性试验。

紧捏住岩棉的一端，以成90°角拉扯剥离岩棉，以检验聚氨酯胶的粘结情况。

（5）试验结果

CCA板与岩棉板粘结平整牢固，不存在脱落情况；岩棉板表面平整，无掉边、掉角、裂纹等缺陷，且岩棉板不存在松散的问题。在拉扯过程中，断裂处在岩棉板内，出现层层撕裂现象，且CCA板与岩棉未出现剥离现象。因此，采用聚氨酯胶粘合CCA板与岩棉，复合试样满足共同工作的要求。

2.2　多点支承的CCA板承载力试验

（1）试验目的

采用在CCA板背面施加砝码来模拟负风压的荷载条件，研究三种尺寸下CCA板的破坏位置、破坏形态和极限承载能力。

（2）试验材料

试验的主要材料有：10mm厚度的高密度CCA板、100mm×50mm×0.6mm的U形龙骨、100mm×50mm×2.0mm的U形龙骨、3.5mm×40mm的自攻螺钉。材料清单如表1所示。

多点支承的CCA板承载力试验材料表　　表1

序号	项　目	尺　寸	数量
1	10mm厚度的高密度CCA板	610mm×610mm（A1组）	4块
2		610mm×810mm（A2组）	4块
3		610mm×1060mm（A3组）	3块
4	100×50×0.6mm U形龙骨	1010mm长	8根
5	100×50×2.0mm U形龙骨	1210mm长	21根
6	自攻螺钉	40mm×3.5mm	116粒

(3) 加载方案

加载示意图如图 5～图 7 所示。A1 组试件采用四点支承，A2 和 A3 组试件采用六点支承。

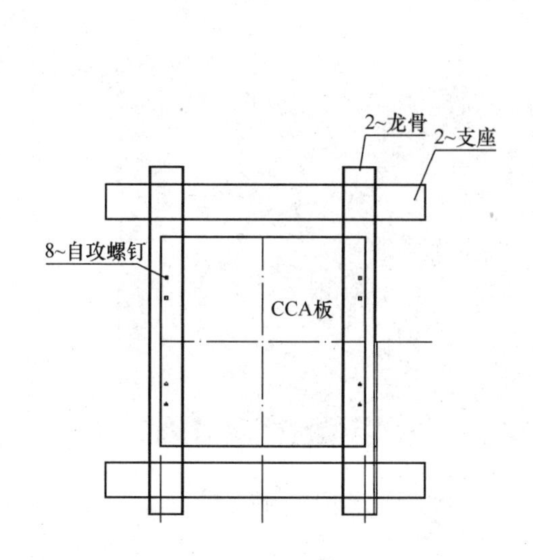

图 5　A1 组试件加载示意图

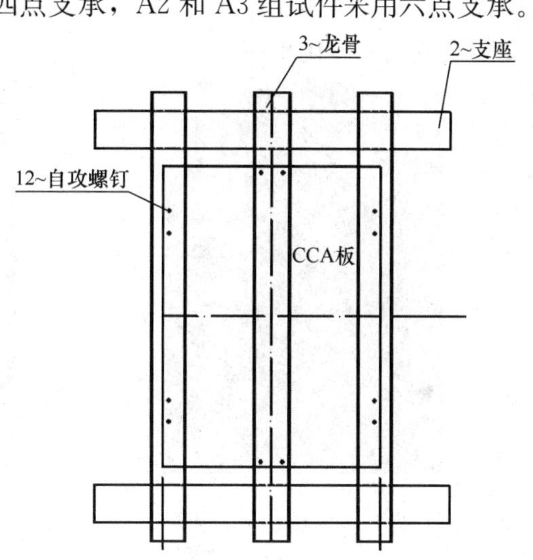

图　6 A2 组试件加载示意图

试验采用分级加载方式。A1 组试件，每级荷载为 25kg，加至 100kg 后每级荷载改为 10kg；A2 组试件，每级荷载为 25kg，加至 200kg 后每级荷载改为 10kg；A3 组试件，每级荷载为 25kg，加至 100kg 后每级荷载改为 10kg。每级荷载间隔 2～4min，最后两级荷载间隔 5～10min。加载装置如图 8、图 9 所示。

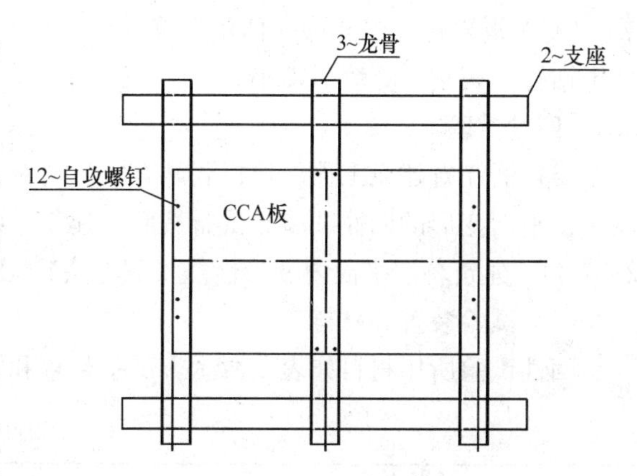

图 7　A3 组试件加载示意图

(4) 试验结果

1) A1 组试件 CCA 板发生破坏时的最小荷载为 140kg；A2 组试件 CCA 板发生破坏时的最小荷载为 500kg；A3 组试件 CCA 板发生破坏时的最小荷载为 375kg。

2) 按照板最小承载力计算，A1 组试件 CCA 板的安全系数为 1.0；A2 组试件 CCA 板的安全系数为 2.7；A3 组试件 CCA 板的安全系数为 1.54。

图 8　加载装置平面图

图 9　加载装置立面图

2.3　施工小试

(1) 试验目的

为确定 CCA 板岩棉保温装饰一体化板的施工流程、安装工艺，发现施工过程中的难点及提出相应的解决办法，进行施工小试。

(2) 施工流程

购置材料、材料加工及运输→墙面清理→基准线测设→复核基准线→测量放线→搭设移动脚手架→钻孔→埋钢锚栓→安装墙体连接件、挂件及板连接件→安装CCA板→密封→清扫→全面综合检查。安装过程及安装完成的一体化板如图10、图11所示。

图10　一体化板安装

图11　安装完成的一体化板

(3) 试验结论

CCA板岩棉保温装饰一体化板重量轻，易于搬运，方便施工；构造简单，操作简单，施工速度快；易于钻孔、切割，环境污染小。

2.4　四性试验

委托浙江省建设工程质量检测站有限公司对CCA板岩棉保温装饰一体化板进行了气密、水密、抗风压、平面变形的四性试验。试验按照《建筑幕墙气密、水密、抗风压性能检测方法》GB/T 15227—2007和《建筑幕墙平面内变形性能检测方法》GB/T 18250—2000进行。

(1) 试验装置和材料

四性试验所用材料如表2所示。试验装置和安装完成的试件如图12、图13所示。

四性试验材料表　　**表2**

序号	名　称	规　格	数量	材　质	备注
1	自攻螺钉	CTEKS12-14×30HWFS	500		标准
2	自攻螺钉	CTEKS12-14×45HWFS	500		标迪
3	方管	180×180×5		Q345B	天津市源泰工贸
4	角钢	100×80×6		Q235B	济南黄河特钢
5	CCA板	12×600×800	40	纤维水泥板	高密度板
6	岩棉板	40×610×810	40	玄武岩	
7	密封胶	500ml/支	60	826幕墙工程耐候胶	浙江新安化工集团
8	墙连接件		240	Q235B	
9	挂件		240	Q235B	
10	板连接件		300	Q235B	
11	螺钉	M6×15	240		
12	封边板	16×1220×2440		细木工板	
13	射钉	M8			螺纹射钉
14	射钉弹				红弹

(2) 试验结果

1) 气密性能：10Pa下，整体部分单位面积渗透量正压为0.39$m^3/(m^2 \cdot h)$；

2) 水密性能：固定部分保持未发生渗漏的最高压力为1500Pa；

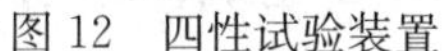

图 12　四性试验装置

图 13　安装完成的试件

3）抗风压性能：主要受力杆件抗风压强度值为：正压 6000Pa，负压 6000Pa；

4）平面位移性能：$\gamma=1/150$。

结果显示，CCA 板岩棉保温装饰一体化板各项性能均满足相关标准要求。

3　结语

CCA 板岩棉保温装饰一体化板具有许多突出的优势，如可在工厂预制，规格尺寸工整，生产过程易实现机械化、自动化，从而提高劳动生产率；板材只需运到施工现场点挂安装即可，缩短施工周期，兼顾保温与装饰作用等。目前国内外保温隔热材料正朝着高效、节能、轻薄、防水、装饰一体化方向发展，同时兼有装饰与节能作用的 CCA 板岩棉保温装饰一体板具有广阔的市场前景，必将得到广泛推广和应用。

参考文献

[1]　甘璐．保温装饰一体化成品板研究及施工应用[J]．江西建材，2014，(24)：126-127.

[2]　罗淑湘，孙桂芳，李俊领，等．防火型建筑外墙保温装饰一体化技术开发与应用[J]．科技创新导报，2011(4) 62-63.

[3]　汪俊波，王树敏，沙广宁，等．保温装饰一体板发展现状及趋势[J]．住宅科技，2012，(8)：39-40.

[4]　左庆峰．墙体保温材料的新锐——外墙外保温装饰板[J]．建筑节能，2010，38(3)：55-56.

德坤DSC建筑体系在棚户区改造工程中的应用案例

宋传新，曾春元

（新疆德坤实业集团有限公司，乌鲁木齐　830021）

1　钢结构镶嵌复合保温板绿色节能建筑体系（简称“DSC建筑体系”）

DSC装配式建筑体系中以钢结构为承重结构，竖向构件主要为矩形钢管，水平构件为H型钢楼板，有三种形式：现浇钢筋混凝土楼板、钢筋桁架楼板、预应力混凝土叠合楼板，部品部件为工厂预制化生产、现场施工装配化为生产方式，以设计标准化、构件部品化、装配式安装、管理信息化为特征，能够整合设计、生产、施工等整个产业链，实现建筑产品节能、环保、全生命周期价值最大化的可持续发展的新型建筑体系。

2　DSC建筑体系的意义

首先，DSC建筑体系的结构是钢结构，钢结构部品全部都可以实现工厂生产、现场装配，将钢材应用于建筑主材能够有效缓解我国钢铁产能过剩的现状，也符合国家产业政策的。发达国家的钢结构住宅普及率可达到40%～50%，而我国现阶段只能达到3%，因此其具有极大的发展空间。

其次，DSC建筑体系的围护结构是由德坤研发的具有自主知识产权的DK板，通过一定的组合方式作为墙体与主体钢结构相连接而形成德坤房屋的围护体系。所用DK板的生产原料均为工业废料，通过科学配方由工厂生产成DK板材（可定尺生产），到现场按要求组合成墙体，实现了工厂生产、现场安装。DSC建筑体系的装修可以通过集成的方式，通过社会化的生产方式，由德坤根据业主要求采用订单生产，装修的部品部件在现场安装完成。更进一步地提高了该建筑体系的工业化程度。

DSC建筑体系已应用于一些实际工程，例如新疆德坤东风区棚户区改造项目中的6号楼，该工程单栋建筑面积为14446.64m^2，地上22层建筑高度为66.420m。建筑结构形式为钢框架支撑结构，设计使用年限为50年，抗震设防烈度为8度。防火设计的建筑分类为一类；其耐火等级为地上一级。主体结构柱为矩形钢管混凝土，钢材强度等级为Q345B。钢管壁板厚8～20mm；钢柱尺寸为350mm×350mm～400mm×400mm，梁为热轧H型钢梁，其尺寸为HN250mm×125mm×6mm×9mm～HM488mm×300mm×11mm×18mm。墙体工程中，外墙采用DK-F120（复合保温板120mm厚），镶嵌式安装，再有60mm厚ET板作外保温，室内用细工板（石膏板或CCA板）收面。目前该工程主体及围护墙体已基本完工。

德坤复合保温板基材的干燥收缩、抗冻性和导热系数见表1。施工现场图片见图1、图2，外墙构造见图3。

德坤复合保温板基材的干燥收缩、抗冻性和导热系数　　表1

干燥收缩	标准法	mm/m	≤0.40
	快速法		≤0.50
抗冻性	质量损失（%）		≤0.30
	冻后强度损失（%）		≤7.0

续表

软化系数	≥0.80
轻质混凝土导热系数（干态）（W/m·K）	≤0.47
发泡混凝土导热系数（干态）（W/m·K）	≤0.19
岩棉导热系数（干态）（W/m·K）	≤0.042

图 1　主体结构施工现场

图 2　室内细工板包覆梁柱及墙面后

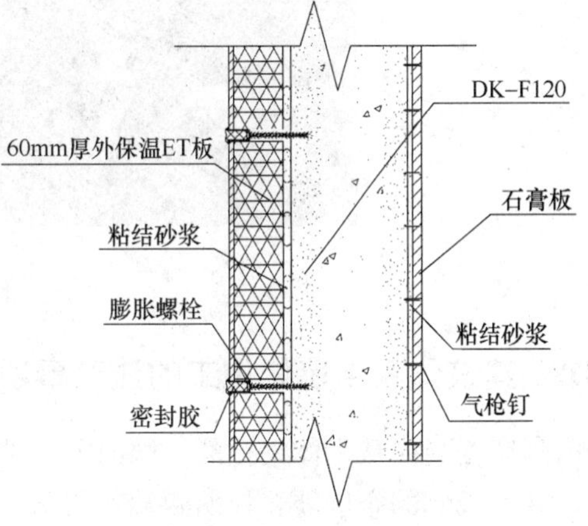

图 3　外墙构造大样

3　DSC 建筑体系中的钢结构加工与安装

（1）钢结构的锈蚀问题。有很多技术人员对该问题不能引起足够重视，总觉得钢结构只要能保证构件的尺寸及定位尺寸的准确就好。其实锈蚀会严重影响钢结构建筑的寿命长短和结构安全。

首先除锈应按设计文件要求进行，当设计文件未作规定时宜选用喷砂或抛丸除锈方法，并应达到不低于Sa2.5级除锈等级。除锈后的钢材表面经检查合格后，应在4h内进行防锈涂装，涂装后4h内不得淋雨。涂装时的环境温度宜在5～38℃，相对湿度不宜大于85%。钢柱与钢梁间的连接多采用高强度螺栓摩擦型连接，所以要求摩擦面不得涂装但安装前依旧应保证摩擦面无锈。待安装完毕后再做补涂。

（2）钢构件的螺栓孔应采用钻成孔，严禁烧孔或现场气割扩孔。这首先要求钢构件加工的精确性。要求用比螺栓公称直径大0.3mm的试孔器检查时，通过率应为100%。按上述检查不能通过的孔应补焊后重新钻孔或扩钻，但扩孔后的孔径不得大于原设计孔径2.0mm（图4），严禁野蛮开孔及漏上螺栓。

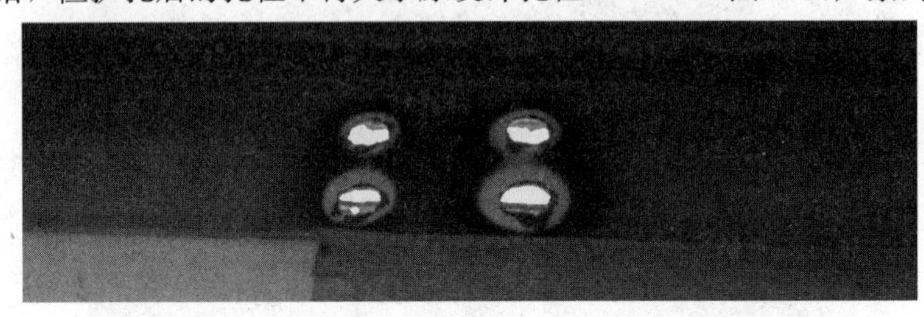

图4 扩孔

（3）为保证各构件的定位准确，首先柱的定位轴线应从地面控制线直接上引，不得从下层柱轴线上引。其次钢结构安装时应先形成稳定的空间单元，然后再向外扩展，并应及时消除误差。

（4）为便于检查和控制螺栓紧固质量，建议设计时最好使用扭剪型高强度螺栓，其检查方法相较于大六角头螺栓而言十分简便，只要目测尾部梅花头拧断即为合格。

（5）有安装电梯需求的住宅应提前确定电梯的型号及各项规格尺寸，以便于结构设计师对电梯轨道固定梁提前进行设计，避免主体完工后不必要的改动及变更。

（6）刚接梁柱连接上下翼缘通常采用现场焊接，连接也是非常容易出现问题的地方，该部位若出现漏焊或者夹渣等焊缝质量问题，而不能传递弯矩导致刚接节点变为铰接节点，将严重威胁工程质量，此类问题应予以杜绝。

图5 节点处焊接

4 DSC建筑体系中墙体施工的注意事项

内隔墙安装应从主体钢柱的一端向另一端顺序安装，有门窗洞口时宜从洞口向两侧安装；先安装定位板，并在板侧的企口处、板的两端均匀满刮粘接材料；顺序安装墙板时，应将板侧榫槽对准另一板的榫头，对接缝隙内填满的粘接材料应挤压密实，并应将挤出的粘接剂刮平。板上下与主体结构应采用U形钢卡连接。在用水房间设有止水台的顶面应设置与U形钢卡对应的预埋件。室内外H型钢梁及矩形钢管均应在刷完防火涂料后将空腔部分采用隔声材料填实并用细工板包覆隔声。

外墙板安装应注意：设计时尽可能不在外墙体内设置管线。其次，需要采用粘锚结合的方法固定外侧ET板或保温板时应选用外侧有较厚水泥基材料的板材且粘贴前应认真清理及湿润外墙板上的浮灰。钻孔时严禁冲击成孔。

设备控制柜、配电箱尽可能设置在双层墙体上，穿线管应尽量利用圆孔板的孔洞。

5 结论

（1）要建立稳定的产业工人队伍，加大对钢结构人才的培养来提高产业工人的职业技术素养，从而保证钢结构工程的质量。

（2）加大钢结构加工企业的设备投入，提高其工作效率及钢构件的加工精度，为钢结构住宅提供优质构件。

（3）加深第三方监理人员及政府相关部门的管理人员对钢结构住宅知识的认知程度，以利于钢结构住宅的推广。

一种模块化建筑体系在建筑中的应用

田　磊，宋新利，胡文悌，文明刚

（河南天丰钢结构建设有限公司，新乡　453000）

摘　要　在国外，模块化箱式房屋的应用范围很广泛，相对来说，国内该房屋体系的应用较少，主要用于工地现场等临时用房。但在目前低碳环保、节能减排的社会发展需要下，模块化箱式房屋以其“绿色环保、施工快捷、方便移动、适应性强”等诸多优点，已经越来越多地被我们熟知并应用到实际项目当中。本文结合工程实际和计算分析，阐述了模块化箱式房屋的实用性。

关键词　模块化箱式房屋；绿色环保；实用性

1　概述

随着中国国民经济发展和人口城市化进程加快，近几年来，我国房屋建设持续空前发展，人民对生活与居住建筑的条件与质量要求越来越高。钢结构建筑体系的标准化、模数化、集成化、装配化备受建筑界的关注。但是对于一些面临着建造效率低、经济条件差以及建筑成本较高的地区来说，模块化箱式房屋建造体系，为部分建筑物的建造提供了更多的可能性。这种建造体系在高层建筑中虽有待进一步研究，但是在低层建筑体系中，可以成为解决部分建筑的最佳方案。

2　模块化箱式房屋的发展

在国外，模块化箱式房屋广泛应用于酒店、公寓、办公室、过渡性住房、酒吧、购物中心、学校等领域（图 1、图 2）。在 2009 年的美国《商业周刊》中，将模块化集装箱式房屋和立体打印机、无线互联网、高能充电电池、电动汽车等被并称为改变我们未来 10 年生活方式的 20 项重要发明。

图 1　英国盒子公园

图 2　俄罗斯索契冬奥会集装箱式酒店

国外酒店业者认为：“在繁忙时期，我们可以利用模块化箱式房屋快速建造一个星级酒店，满足客户接待需求”。这意味着：模块化箱式酒店有望引发一场“住宿业革命”。

在国内，原来大家所认知的集装箱建筑，就是把回收集装箱或新集装箱作为一种建筑组件，应用到各种类型的建筑中去，就是使用集装箱建造房屋。但是它的保温隔热、隔声、采光处理、色彩、造型等诸多方面，是远远达不到人群日益增长的高居住质量的要求。

天丰模块化箱式房屋采用集装箱模数设计、工厂化生产的集装箱式房屋。这是以箱体为基本单元，可灵活组合使用，这是将钢结构技术和集装箱元素有机的结合了起来，通过树立节能环保、快捷高效的建筑产业化理念，使房屋进入了一个系列化开发、模块化生产、配套化供应、可库存和多次周转使用的定型产品领域。

图3　集装箱房屋

图4　天丰模块化箱式房屋—展厅

图5　天丰模块化箱式房屋—贵安科技示范楼

3　天丰模块化箱式房屋

天丰模块化箱式房屋是一种可移动式、模块化的，适用于文化旅游、创意餐饮和创新商办、度假酒店等行业的突破性产品。

3.1　天丰模块化箱式房屋单体的组成

天丰模块化箱式房屋单体的组成包括结构主体的顶框、底框、角柱、节能墙体、门窗配件、电路配置、给水排水配置等，见图6～图9。

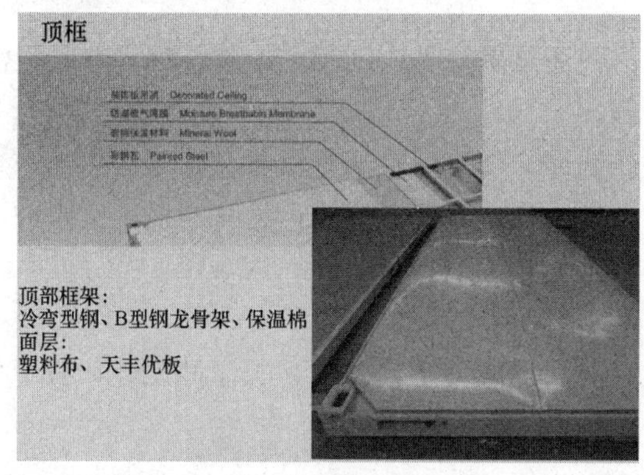

图6　箱式房屋的顶框

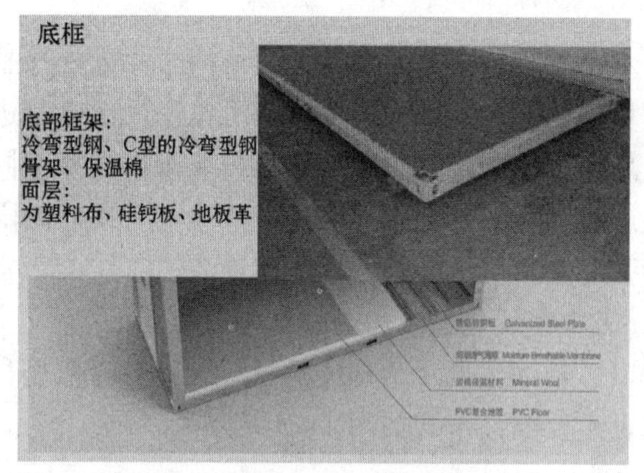

图7　箱式房屋的底框

图8　箱式房屋的角柱

图9　箱式房屋的其他配置系统

3.2 天丰模块化箱式房屋的模块组成

天丰模块化箱式房屋的模块组成包括基本单元、楼梯单元、阳台单元、卫浴单元、走廊单元、屋顶造型等模块，既相互独立又能统一协调搭配（图 10）。

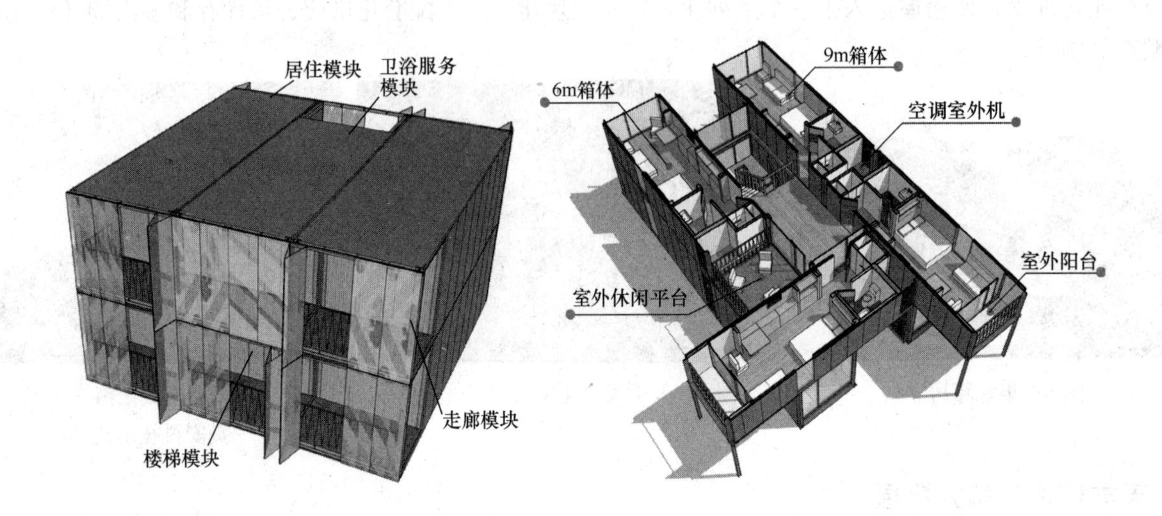

图 10 箱式房屋的单元模块组成

每个单元模块的电路系统均通过外接防爆插头由室外总线向室内电路进行供电，室内电路通过安装在顶板的配电箱进行控制，所有线路均可暗装于箱体单元墙体内部。

室内电路的灯具、开关、插座均在工厂内设计并完成安装，安装位置均为调研用户所需的最佳位置。

水路系统集成于卫浴单元模块内，无论外接整体卫浴，还是单箱私人定制，均能匹配，并且卫浴单元模块内的通风、照明、冲洗都可以采用微电脑进行控制。

单元模块的墙体材料根据客户要求可选择不同的轻质墙体，可采用轻钢龙骨非金属面板隔墙、金属面夹芯板隔墙或其他轻质隔墙，隔墙具有良好的隔声、防火、气密和保温性能，足够的抵抗室内冲击荷载的强度，且能够装修，不影响设备、管线的正常工作。

3.3 天丰模块化箱式房屋的结构性能

（1）箱体主要承重构件的设计材料为冷弯型材，主要截面形式为薄壁型钢、国标型钢等，易于采购加工，主要断面形式如图 11 所示。

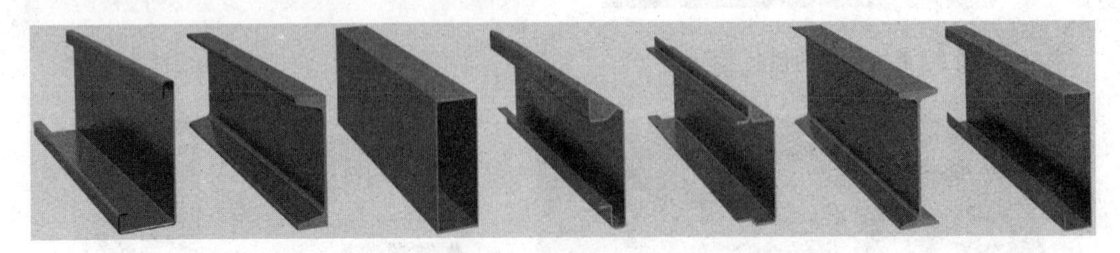

图 11 箱式房屋的主要型钢截面图

（2）箱体结构受力分析：

天丰模块化箱式房屋的结构构件采用标准型钢、薄壁型钢等各种截面，顶框和底框工厂成型，角柱通过螺栓和顶、底框连接，最终形成单体框架。主体构件及连接采用 sap2000 和 ansys 两种有限元软件进行设计分析和对比，确保构件和连接的可靠度。见图 12、图 13 和表 1。

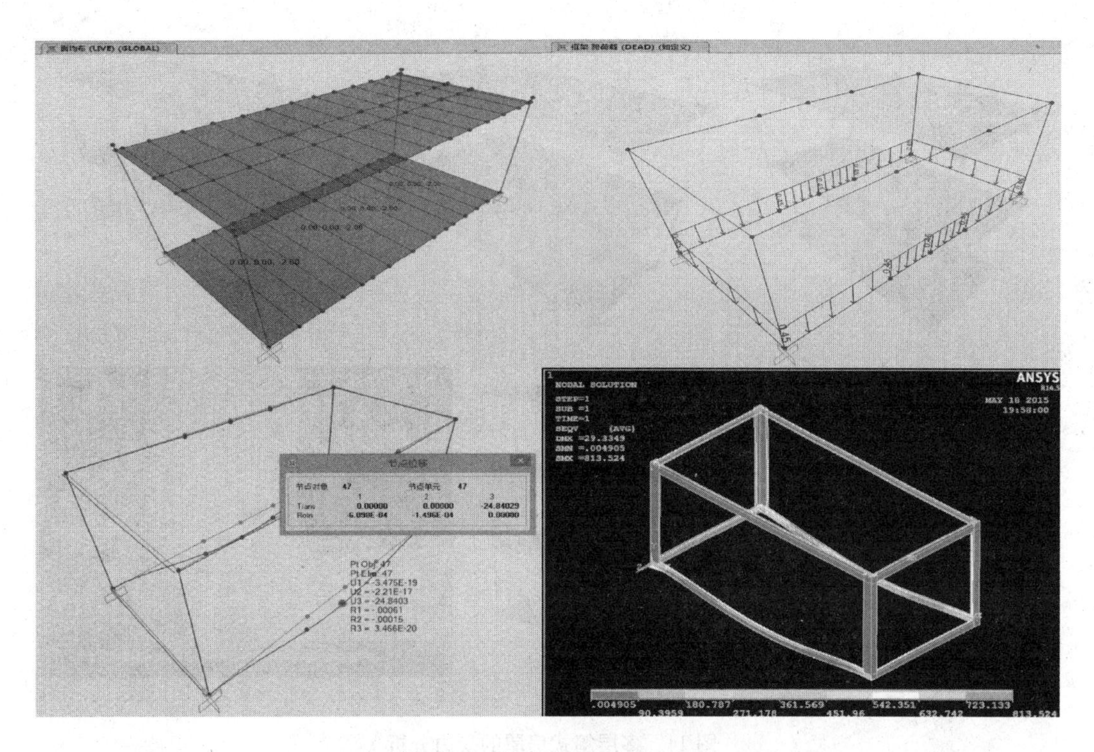

图 12 单层箱式房屋的受力分析

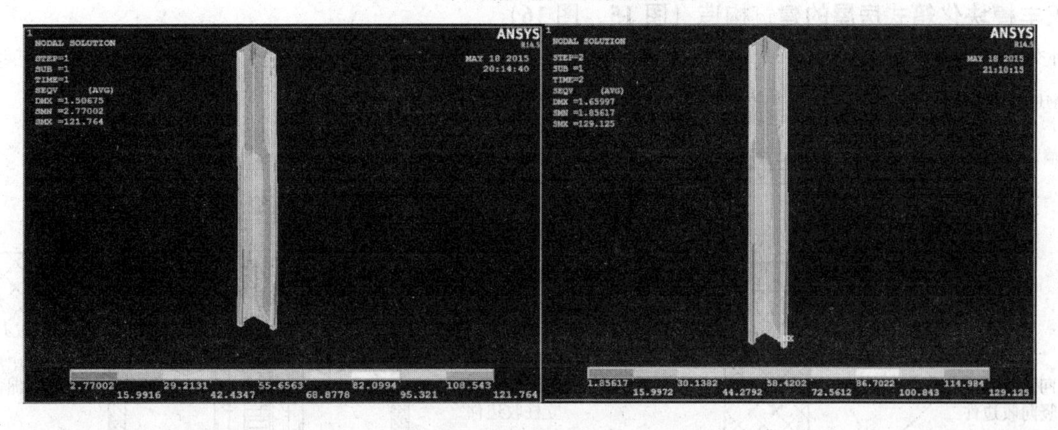

图 13 角柱线性和非线性分析对比

底梁的受力结果图表 **表 1**

Frame	Station	V2	M3	S1	S2	S3	S4	S5	MaxS
Text	m	kN	kN·m	N/mm²	N/mm²	N/mm²	N/mm²	N/mm²	N/mm²
49	0	−11.66	−14.92	354.0	297.8	−200.4	−338.3	201.9	354.0
49	0.25675	−11.48	−11.95	283.6	238.5	−160.5	−271.0	161.7	283.6
49	0.5135	−11.31	−9.03	214.1	180.1	−121.2	−204.6	122.1	214.1
49	0.5135	−11.24	−9.03	214.1	180.1	−121.2	−204.6	122.1	214.1
49	0.9205	−10.96	−4.51	107.0	90.0	−60.5	−102.2	61.0	107.0
49	0.9205	−10.89	−4.51	107.0	90.0	−60.5	102.2	61.0	107.0

多层厢房的极限受力分析采用 ANSYS 进行，总单元数为 152612 个，考虑几何材料非线性。多层模拟近似采用在柱顶施加集中荷载来考虑。每层单柱传递到下一层的荷载为 20kN。顶底框架有次梁处均采用 Y 向约束考虑，底部线约束，相当于柱脚刚接。见图 14。

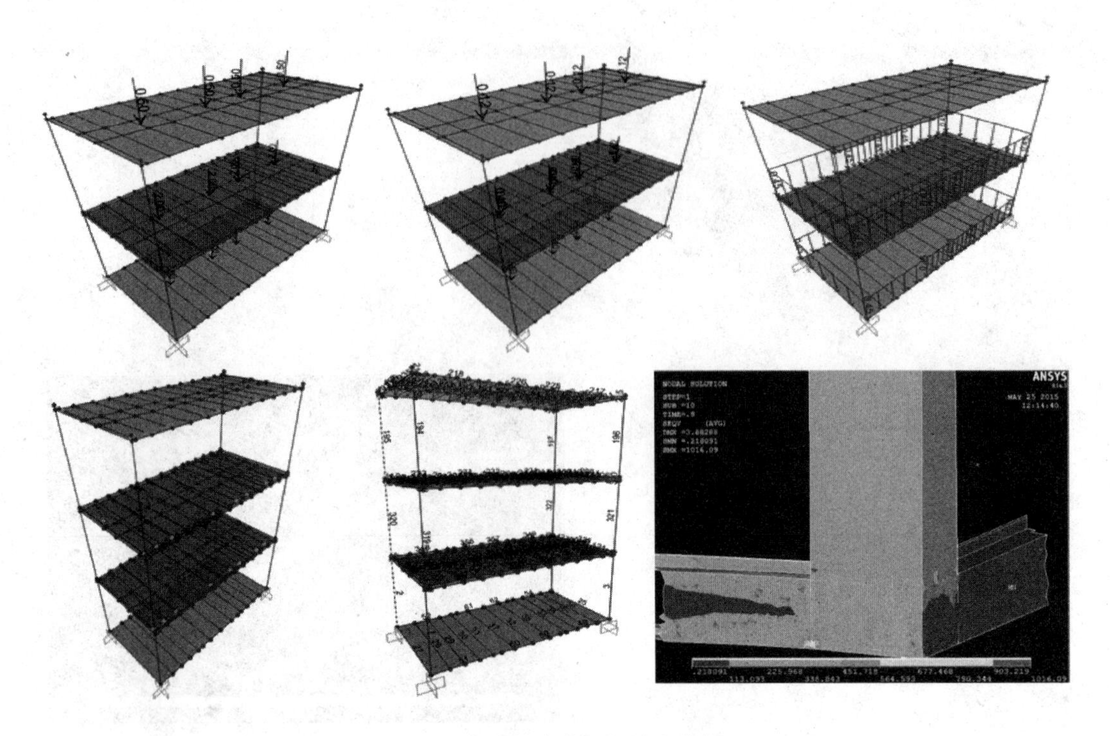

图 14　多层箱式房屋的受力分析

3.4　天丰模块化箱式房屋的建筑构造（图 15、图 16）

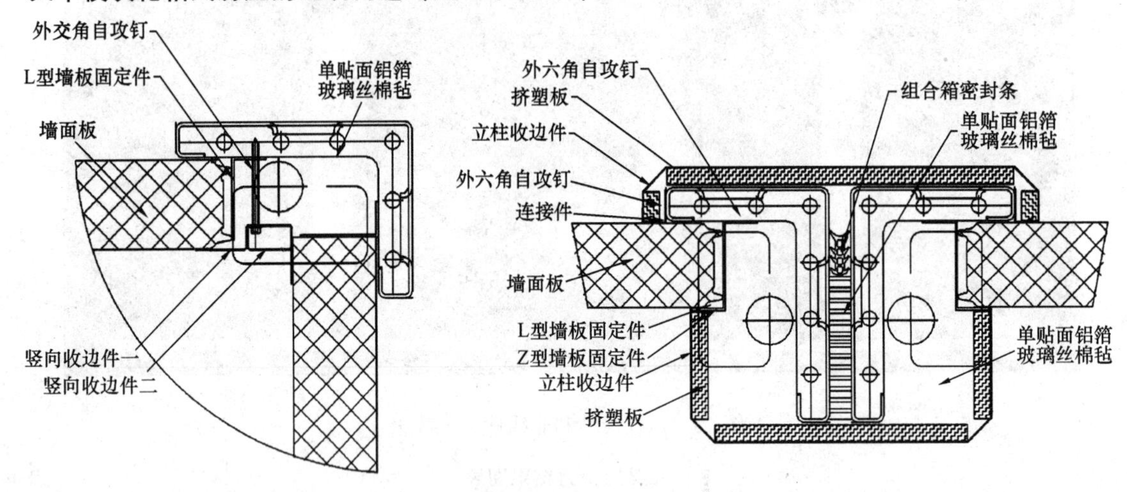

图 15　箱式房屋的角柱、拼装柱构造

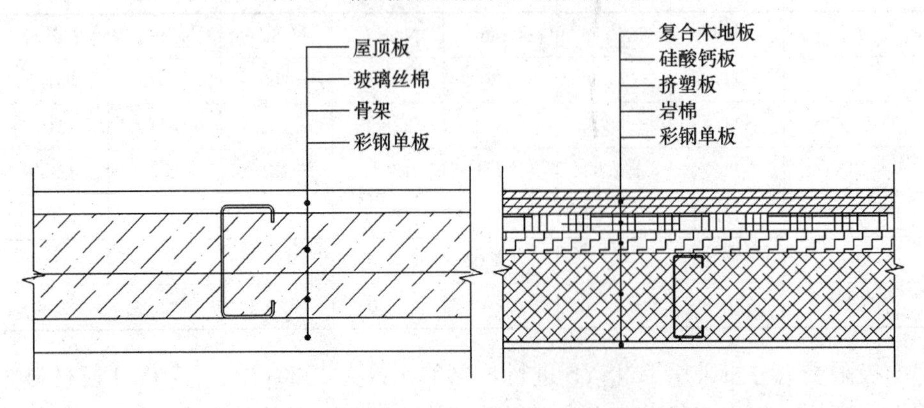

图 16　箱式房屋的顶面、底面建筑构造

3.5 天丰模块化箱式房屋的特点与优点

（1）标准化、集成化、装配化：把现场的施工作业转移到工厂完成，现场主要以单箱吊装、多箱拼装为主，工序简单，无湿作业，施工速度快；

（2）绿色环保、低碳节能：施工速度快且现场干净整洁，与传统建筑比，减少99%的建筑垃圾，减少能源消耗90%以上，减少建筑时间90%以上，减少人力成本80%以上；

（3）以人为本、安全施工，现场高空作业次数少，安全隐患大大降低；

（4）标准但不单调，模块虽然定尺，但造型可以错落搭配调整，能够根据不同地区、不同客户进行设计，充分满足不同市场的需求；

（5）轻质高强，轻质降低结构成本的同时，具有较强的抗震性能，抗风性能；

（6）给水排水系统、供电系统在墙体内集成化，废弃物少，不污染环境；

（7）防火性能好：不燃材料，耐火极限符合国家标准；

（8）增加使用面积：比传统墙体薄，增加房屋使用面积7%；

（9）若干单体组成小组团，灵活性强，占地面积适中。

4 天丰模块化箱式房屋应用实例

4.1 工程概况

某旅游景点项目，能满足接待约100位游客的居住、餐饮、娱乐需求的建筑群，包含综合楼、独栋别墅与联排标准间（图17）。

综合楼要求：一楼为餐饮区：包括餐饮（分大堂和包间）、厨房，员工宿舍。合计约600m²。其中大包厢两个，小包厢四个，散台六个；员工宿舍7个标箱，带卫生间。

二楼为娱乐健身区：包括健身房、乒乓球室、spa馆、茶室、K歌房、儿童娱乐、棋牌室等休闲娱乐空间。要求动静分区。

独栋别墅要求：可居住3户人以上，10～12人，有公共交流、活动空间，套间带阳台。

联排标准间要求：每间房27m²，卫生间面积4m²以上。

图17 项目规划鸟瞰图

4.2 标准模块配置

我们以标准客房为例进行的模块配置介绍：

以3m宽6m长的居住模块、楼梯模块以及2.1m宽6m长的走廊模块，对整体方案进行了配置，将3个居住模块进行拼装，将中间的一个模块作为两边客房的卫生间，卫生间面积超过5m²，而且保证干湿分离，并且在中间模块两卫生间留出空隙，对两边的客房做隔声处理，通过对标准客房模块的配置，满足了客户的最终需求。见图18～图21。

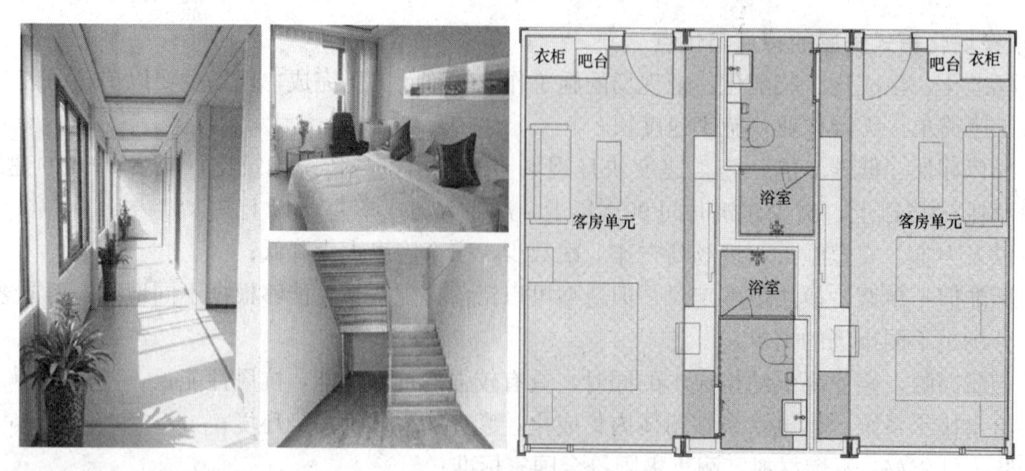

图 18　标准客房模块配置

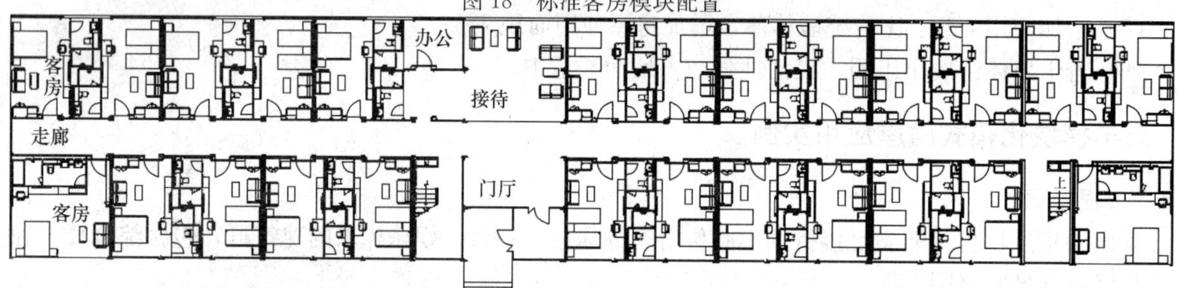

图 19　标准客房完成后的实际布局

图 20　标准客房完成后的外部效果

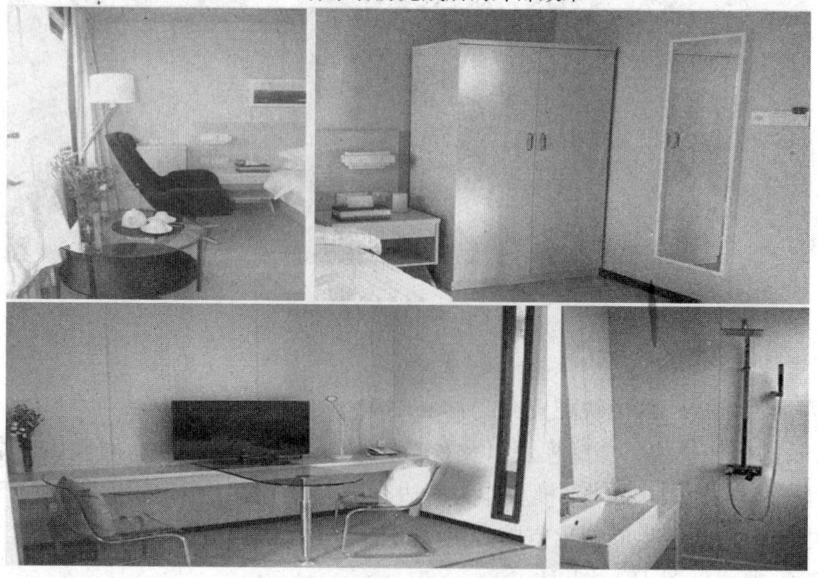

图 21　标准客房完成后的室内效果

5 结语

围绕低碳环保、绿色节能的社会发展需要，紧跟可持续发展的时代步伐，用模块化箱式房屋体系建造房屋，形成新的建筑体系的理念，这是建筑的另一种风格、另一种风景，这也是建筑领域拓展的另一种思路、另一种见解。模块化建筑将会是一种更安全高效的建筑方式，是建筑领域在成熟和新兴市场中寻求低碳节能与经济效益相互补的一剂良方，会被越来越多的行业和领域应用。

参考文献

[1] 中华人民共和国国家标准. 钢结构设计规范 GB 50017—2003[S]. 北京：中国计划出版社，2003.

[2] 中华人民共和国行业标准. 轻型钢结构住宅技术规程 JGJ 209—2010[S]. 北京：中国建筑工业出版社，2010.

[3] 中国工程建设标准化协会标准. 钢结构住宅设计规范 CECS 261：2009[S]. 北京：中国计划出版社，2009.

[4] 中华人民共和国国家标准. 建筑用金属面绝热夹芯板 GB/T 23932—2009[S]. 北京：中国标准出版社，2009.

集装箱式房屋的发展及趋势

赵军勇，金胜财

（北京诚栋国际营地集成房屋股份有限公司，北京　101100）

摘　要　本文详细介绍了集装箱式房屋的特点、分类、应用及发展趋势分析。

关键词　集装箱式房屋；发展

1　集装箱式房屋的定义

1.1　集装箱式房屋的定义

定义：集装箱式房屋（也叫箱式房屋）由提前预制好的六面体（四面墙体、顶面、地面）结构组成，其外观呈箱体形状，一些箱式房屋是由旧集装箱改造而成，或是在定制集装箱的基础上进行内部装饰而成，因此把这些箱体结构的房屋叫集装箱式房屋（或箱式房屋）。

集装箱式房屋的工厂化预制程度非常高，每个箱体在出厂时一般是独立的一个模块，在具体建造时其组合过程有点像搭积木，搭建非常灵活高效，同时因他自身模块化的特点而具有非常好的重复使用性能。

1.2　集装箱式房屋产品的特点

集装箱式房屋的设计环节具有集成化、标准化、模块化的特点，制造环节具有标准化生产、流水线作业的特点，施工环节有点像搭积木工作。

（1）设计环节：房屋的设计环节具有集成化、标准化、模块化的特点。

（2）制造环节：具有标准化生产、流水线作业的特点，可进行大规模生产和现代化管理。

（3）施工环节：出厂（或现场组装）后每个房屋单元成为一个整体模块，可以整体吊装、移动，房屋出厂时配套设施可提前预装好，运到现场即可使用，基本无现场作业。

（4）集装箱式房屋产品尺寸规格化、模数化，房屋材料符合相应标准，零部件具有通用性和互换性。其房屋的综合使用性能（如保温、密封、舒适性等）较一般的活动房屋产品有非常明显的提高。

（5）集装箱式房屋一般可以整体吊装或运输，易于拆迁，组装和拆卸几乎不产生建筑垃圾，品质良好的产品可周转重复使用几十次，或可作为永久建筑使用。

（6）一般采用轻钢箱体结构（或木结构）的形式，集装箱式房屋产品采用的材料一般可回收重复使用，符合国家循环经济政策，属绿色建筑。

1.3　集装箱式房屋的分类

近几年集装箱式房屋的应用越来越广泛，根据其产品特点，可以把集装箱式房屋分为拆装式箱式房屋、整体式箱式房屋两类，下面逐一介绍。

（1）拆装式箱式房屋

1）拆装式箱式房屋特点

① 房屋的长、宽、高具有固定的尺寸模数，房屋可分解成若干种标准化部件和零件，在长途运输时可利用房屋自身的部件打包成扁平包装而便于装运，与整体运输相比大幅减少了其运输成本，在现场通过简单组装即可变成集装箱式模块。

② 设计一般考虑把房屋可分解成若干可组合的主要部件，一般可以多次重复使用，非常适合作为租赁产品应用。

2）拆装式箱式房屋的代表产品

北京诚栋国际营地集成房屋股份有限公司的拆装式箱式房屋产品（图1）属于组合式箱式房屋的代表产品。

(*a*) (*b*) (*c*) (*d*) (*e*) (*f*) (*g*) (*h*) (*i*) (*j*)

图1　拆装式箱式房屋

国内这种产品的常用规格有两种：

长×宽×高：6055mm×2435mm×2896mm。

长×宽×高：6055mm×2990mm×2896mm。

拆装式箱式房屋在库存或长途运输时把房体分解成屋面、地面、板材等模块（图 1*f*），这样可大大节省库存面积和运输体积，一般四个箱式标准模块的包装堆叠起来与 20 尺标准集装箱的尺寸是一致的（图 1*g*），这为长途运输（尤其是海运）带来了极大的便利，可大幅降低箱体的运输成本，运到使用现场后经过简单组装就可变成整体箱。

拆装式箱式房屋采用模块化设计，房屋单元可自由组合成各种平面和立体空间，设计扩展性很好，在箱式单元模块之间在水平方向（纵向、横向）可以联栋，还可以层叠成二层或三层（如图 1*h*～图 1*j*）。拆装式箱式房屋是目前集装箱式房屋产品领域里的主流产品，在全世界范围内得到广泛的应用。

（2）整体式箱式房屋

整体式箱式房屋一般采用固定式箱式结构体系，房屋的整体强度非常好，移动性能突出，房屋出厂时一般在室内已预装好电气、上下水、家具等设施，运达现场即可投入使用。

集装箱改造房屋（图 2）是比较常见的整体式箱式房屋，房屋外围护结构采用集装箱体，部分此类房屋是用旧集装箱货柜改造装修而成的，也有一部分是在定制集装箱的基础上进行进一步改装而成。

图 2　集装箱改造房屋

目前集装箱改造房屋主要应用于石油勘探等房屋移动较频繁的野外作业现场，在采矿、采油等自然条件较恶劣的环境中也得到较多应用。

另外，目前集装箱改造房屋正逐步应用在一些民用领域，如集装箱酒店、旅游度假项目、学校建筑等方面开始得到应用，在国内外不少具有创意的集装箱建筑在吸引着大众的眼球。

图 3 为天津北塘集装箱海鲜街，该海鲜街占地面积为 6 万 m^2，建筑面积达 1.6 万 m^2，由主副两条商业街、31 个集装箱餐厅组成，这 31 个集装箱餐厅是由 500 多个废旧集装箱拼接而成。

图 4 为上海多利农庄，这栋集装箱建筑由国际建筑设计事务所 playze（由一位瑞士设计师、一位德

图 3　天津北塘集装箱海鲜街

国设计师和一位中国设计师共同创办）设计完成，建筑总面积 1060m²，共使用了 78 个集装箱，将门厅、接待、办公、VIP 和食品包装等功能整合在一起。建筑采用集装箱建设，集装箱的不规则布置模式适应各种需求并创造丰富空间，设计和建造过程植入的各项环保措施使项目成为了一座真正的具有可持续性的集装箱建筑。

图 4　上海多利农庄

图 5 为 BOXPARK shoreditch 盒子公园，该项目由 60 个标准型号的集装箱组成，这些集装箱创造了低成本的“箱式店铺”。每一个集装箱租赁给选定的品牌，这个活跃的区域包括超过 40 家零售商店、咖啡馆、餐厅和画廊。

图 5　BOXPARK shoreditch 盒子公园

图 6 为名叫“香箱乡祈福村”的酒店，处在起伏的绿色丘陵中，由 35 个大型二手集装箱改成的酒

(a)

(b)

图 6　香箱乡祈福村酒店

店式房屋错落而置，其中环境优雅，绿草成茵。内部环境以木质的新中式室内和家具设计为主，结构结合集装箱的特点进行简单改造。

2 集装箱式房屋行业发展情况

2.1 集装箱式房屋在发达国家的应用情况

经过几十年的发展，集装箱式房屋产品在欧洲、北美与日本市场发展规模以及行业集中度都已达到较高水平。日本形成以大和租赁、NAGAWA公司为代表的集装箱式房屋企业。在欧美形成以法国ALGECO、德国ALHO等代表厂商。他们向全世界各地提供各种类型的集装箱式房屋与空间出租。这些国家的集装箱式房屋产品的租赁业务发达，且高集成度、高舒适度的箱式移动房屋占主导地位。

目前国际上集装箱式房屋应用成熟、范围较广的国家有：日本、法国、美国、德国、加拿大、意大利等国家。在这些地区集装箱式房屋不仅应用在工程施工、野外作业等领域，在民用领域的应用也很普遍，而且其比重在一直增加。

在美国，移动式房屋是汽车后面流动的家。美国流行一种可以拖在汽车后面行走的移动式房屋。它实际上是一个流动的居室，一个可以移动的家。这房屋看起来很简单，有一个长方形的拖车车身做成，长度为17m左右，宽度为3～5m。虽然体积不大，但是里面却根据不同的要求分隔成卧室、起居室、浴室和厨房等。可谓“麻雀虽小，五脏俱全”。

目前，发达国家集装箱式房屋的发展正在向两个方面转变：一是随着房屋制造的工业化，集装箱式房屋已由临时性建筑向永久性建筑发展；二是由于集装箱式房屋主要生产国如日本、美国和法国等国家的城市化进程已经结束，大规模建设高潮期已过，集装箱式房屋的应用范围由临建市场向公共建筑、商业、旅游、工业等领域拓展。办公楼、商店、学校、幼儿园、疗养院、医院、度假村、汽车旅馆以及民用住宅等领域越来越多地采用集装箱式房屋。

2.2 集装箱式房屋在发达国家的行业业态

集装箱式房屋的运输半径一般在300km以内，由于受运输半径限制，必须有足够的分支机构才能确保其租赁业务快速运转。法国ALGECO在欧洲9个国家有89个分支机构，7家生产基地，超过1600名员工。庞大的资金规模、技术力量、销售网络、运输系统是确保公司正常运作与竞争的有力武器。

国外集装箱式房屋除了用于建设行业的工地的临时用房外，还包括商业设施、工业设施；用于公用建筑的学校、幼儿园、疗养院、医院等；用于旅游业的旅游别墅、汽车旅馆、酒店、餐厅；也有应用于传统建筑业的民用住宅等。

欧美、日本等发达国家的集装箱式房屋市场目前非常发达、成熟，他们的集装箱式房屋市场发展过程都具有共同的特点：

（1）集成房屋市场一开始从简易的拆装式（拼装式）房屋为主，随着经济的发展逐步过渡到集装箱式房屋产品为主导的市场；

（2）集装箱式房屋市场业态开始以销售模式为主，随着市场的成熟，逐步过渡到租赁模式为主导的市场。

（3）集装箱式房屋产品开始主要应用于建设、资源开采、应急设施等领域，随着产品及市场的成熟，经济的发展，逐步拓展到其他民用领域，随着市场的成熟，民用领域的应用占主导。

（4）随着产品及市场的成熟，集成房屋企业多往集成住宅、移动式住宅领域拓展业务。

2.3 集装箱式房屋在国内的应用情况

目前国内经济正保持着稳定高速发展，虽然这两年建设行业增长有所放缓但整个国家还是一片大工地，城市基础建设、民用建筑工程和工业建筑工程量庞大，是世界上最繁荣的建筑市场。目前国内的主要集成房屋产品还是简易的拆装式集成房屋产品，不过近几年集装箱式房屋的发展迅速，已经占有一定的市场份额，目前的集成房屋产品主要应用于建设领域的临时办公和生活建筑，约占全部市场容量的

80%～90%。同时广泛应用于铁路、公路、水利、石油、采矿业、军事领域的办公用房、生活用房、指挥用房、仓库等临时建筑。

2.4 国内主要的集装箱式房屋生产厂家

单是北京周边地区就有100家左右的集成房屋企业。北京地区的集成房屋行业发展较早、较成熟，在全国比较有代表性，但是行业内的大部分企业规模都较小，规模较大的企业只有3～4家。目前国内的集成房屋产品主要是标准化产品，市场上的标准化产品的份额目前已占主导地位，市场上的多半厂家生产或销售集装箱式房屋，不过其质量参差不齐。在全国范围内有400～500家企业在经营集成房屋业务，其中年营业额超过1亿元的企业目前有5～6家。

国内目前规模较大、产品较规范的专业化集成房屋企业有常熟雅致模块化建筑有限公司、北京诚栋国际营地集成房屋股份有限公司，这两家企业经营的产品均以标准化产品为主。

常熟雅致模块化建筑有限公司位于江苏省常熟市东南开发区，主要生产特种集装箱和拆装式集装箱式房屋产品，常熟雅致模块化建筑有限公于属于雅致股份的子公司，综合实力较强。

北京诚栋国际营地集成房屋股份有限公司的前身为北京市木材厂活动房屋分厂，从1965年起从事集成（活动）房屋产品的研制和经营，是国内最早开展集成房屋业务的公司，于1998年正式改制更名为北京新艺活动房屋有限公司，2015年更名为北京诚栋国际营地集成房屋股份有限公司。北京诚栋国际营地集成房屋股份有限公司一直专注于集成房屋产品的开发与销售，目前拥有国内最完善的集成房屋产品线，具有较强的整体技术实力，公司产品以标准化集成房屋产品为主。2013年诚栋营地公司做出重大战略决策，与世界上最大的集装箱式模块房生产与租赁企业Algeco Scotsman强强联手，共同出资组建合资子公司安捷诚栋国际集成房屋（北京）有限公司，其主要业务为面向国际、国内市场的箱式房租赁与销售。双方合作开发的拆装式集装箱式房屋产品在国内处于领先水平，在国际上也属于一流产品，广受国内用户与全球各地用户的欢迎。

3 国内集装箱式房屋行业发展趋势分析

近几年随着经济的发展，集装箱式房屋产品以其卓越的灵活性和良好的舒适性逐渐被国内众多用户认可，在工程建设领域正快速得到普及，并逐步开始应用于旅游景区度假村、学校、商业等领域，其综合优势在逐步得到使用者的认可。

下面简单分析一下集装箱式房屋产品在国内的发展趋势：

3.1 往标准化方向发展

改革开放以来，我国经济高速发展，大规模的城市化建设持续进行，造成了对房屋建筑物的需求大幅度增加。在大量的永久性建筑物、构筑物及水、电、路、桥设施等的建设及使用过程中，都需要大量的临时性建筑与其配套；目前，国内对临时用房需求最大的市场是建设工地的临时建筑，用于工人住宿、办公室、食堂等。我国的工程领域长期保持了旺盛的市场需求，预计这个过程还将持续较长时间。

目前集装箱式房屋产品最主要的应用领域为工程临建，一般的工程周期都比较短，为了降低临建的使用成本，很多企业开始考虑采用临时租赁方式以满足其临建需要，不少企业考虑将采购的临建设施重复周转使用。集装箱式房屋因其自身的特点具有卓越的周转重复使用性能，质量良好的集装箱式房屋产品可重复使用几十次，这带来房屋一次周转使用成本的大幅降低。这些特点要求集装箱式房屋产品生产企业将其产品尽可能设计成标准化的、模块化的、可重复利用的形式，这会推动集装箱式房屋产品进一步往标准化方向发展，市场业态进一步往租赁模式发展，这将更加符合国家可持续发展绿色循环经济政策。

3.2 往舒适化、高端化方向发展

随着设计、制造水平的提高，集装箱式房屋的综合使用性能将逐渐得到改善，集装箱式房屋的使用理念在逐渐得到社会的认可。目前在发达国家集装箱式房屋产品得到了广泛的应用，经过几十年的发

展，其产品的性能与永久建筑的性能日益趋同，一些高端集装箱式房屋的综合性能甚至超过传统的固定建筑。随着经济的持续发展和消费能力的提升，用户对集装箱式房屋的使用性能要求将会逐步提升，舒适性良好的高品质的集装箱式房屋产品的市场需求将会逐步增加，占到集装箱式房屋产品市场的一定份额。

3.3 应用领域逐渐从建设领域往民用领域发展

目前在国内集装箱式房屋产品主要应用于建设业临建用房领域，在其他行业与民用领域应用方面有较大缺口。集装箱式房屋产品较传统建筑相比具有独特的灵活性和环保性，在临设需求领域具有特殊优势，未来随着社会对集装箱式房屋产品的进一步认同，其产品在民用领域将会得到越来越多的应用。

集装箱式房屋与传统的砖混结构房屋相比，一般的砖混结构房屋的墙体厚度多为370 mm，而集装箱式房屋在同等条件下小于传统建筑的一半，集装箱式房屋的得房率比传统的砖混结构房屋大的多。砖混结构房屋需要大量使用黏土，破坏生态减少了耕地，如拆除的话会产生大量的建筑垃圾不易处理。集装箱式房屋所用的建材大部分可回收利用降解，是绿色环保的房屋产品。因此，集装箱式房屋的应用和发展将是长期的趋势，将会改变传统意义上的建筑模式，使得人类的居住成本变得更小，居住环境变得更好，更能在环境保护上作出贡献。高端集装箱式房屋产品因采用更加合理的房屋构造设计，采用性能优异的集成材料，其保温性能、抗震性能等综合使用性能较传统建筑有着明显的提升，建造工期不到传统建筑建造周期的十分之一，具有明显的时间成本优势，具有很好的发展潜力，随着社会经济的发展和国家可持续发展战略的完善落实，集装箱式房屋产品民用化的趋势会越来越明显。

四

钢结构工程施工

天津周大福金融中心交叉扭柱加工制作技术

张菊花，胡海国，卢利杰，张　琳，汤俊其，蒋　斌

（江苏沪宁钢机股份有限公司，宜兴　214231）

摘　要　本文介绍了天津周大福金融中心交叉扭柱的结构特点、构件加工制作的全过程，着重阐述了交叉扭柱加工制作的难点、重点以及解决这些难点、重点所采取的工艺措施及相应的技术方案，并对其中无法加工或不合理的节点进行分解优化，在不影响结构的情况下保证了整体的结构外形。其中的一些关键技术点在类似结构中也可参照使用，更好地为钢结构工程建设提供技术基础。

关键词　交叉；扭柱；焊缝过渡；分步散装

1　工程概况

天津周大福金融中心大厦的基座是一个四方形的造型，随着塔楼的升高，形体渐细，高耸入云，塔楼的印象因观赏位置和灯光条件的不同而改变。夜晚，华灯初上，塔楼顶部犹如夜空中的明珠，散发出璀璨光芒。这一综合性的国际现代商业项目落成后将成为天津国际化地标群中的重要组成部分，成为一颗“北方之钻”。该中心是一座以甲级写字楼为主，集五星级酒店及豪华公寓设施于一身的地标性建筑，见图1。

图1　天津周大福金融中心三维效果图

本工程塔楼最大高度530m，由4层地下室、5层裙楼和100层塔楼组成；塔楼采用“钢筋混凝土核心筒＋钢框架”结构体系，核心筒最大高度471m，此为塔冠部分，主要由外框钢柱延伸形成，核心筒顶至95层设置钢桁架转换，高度为10m。本工程除塔冠钢桁架外还设有3个桁架层，分别设在50层～51层，71层～73层和88层～89层，其余位置均为楼层钢梁连接，见图2。

2　交叉扭柱的结构特点

交叉扭柱位于结构的16～21层，单节有8根交叉扭柱，为结构的主要节点，更是整体结构的主要受力件，起到承上启下的作用。

2.1　结构形式

本交叉扭柱不同于广州珠江新城西塔的X节点柱，本交叉扭柱无中间拉结板。

交叉扭柱由四个直径不同的空间圆管相交于一点，圆管之间通过弯扭弧形板进行连接组合而成；为

保证构件的吊装和运输，沿整体构件的近似中轴位置进行分段，单件构件外形尺寸达 3000×4500×15000mm，分段后构件端口一端为异形椭圆形状，另一端为双圆管形状，板厚达 40mm。整体轴测图如图 3 所示。

2.2 重点及难点分析

（1）弯扭圆管的加工。交叉扭柱节点为四个空间圆管交叉而成，每个单根圆管即为弯扭圆管，是重点和难点。

（2）交叉节点弯扭连接板件的加工。节点中间部位连接四个空间圆管的板为弯扭板，该构件既要同时连接两侧圆管，还需保证上下端口的对接质量，其加工精度要求极高。

（3）交叉扭柱中间对接端口精度的控制。交叉扭柱上下节对接位置为不规则椭圆接口；制作时既要保证单件半圆管零件的直径和椭圆度，同时又要保证中间弯扭连接板件与两侧圆管的连接精度，如何有效地保证此接口的精度是该节点质量保证的要点。见图 4。

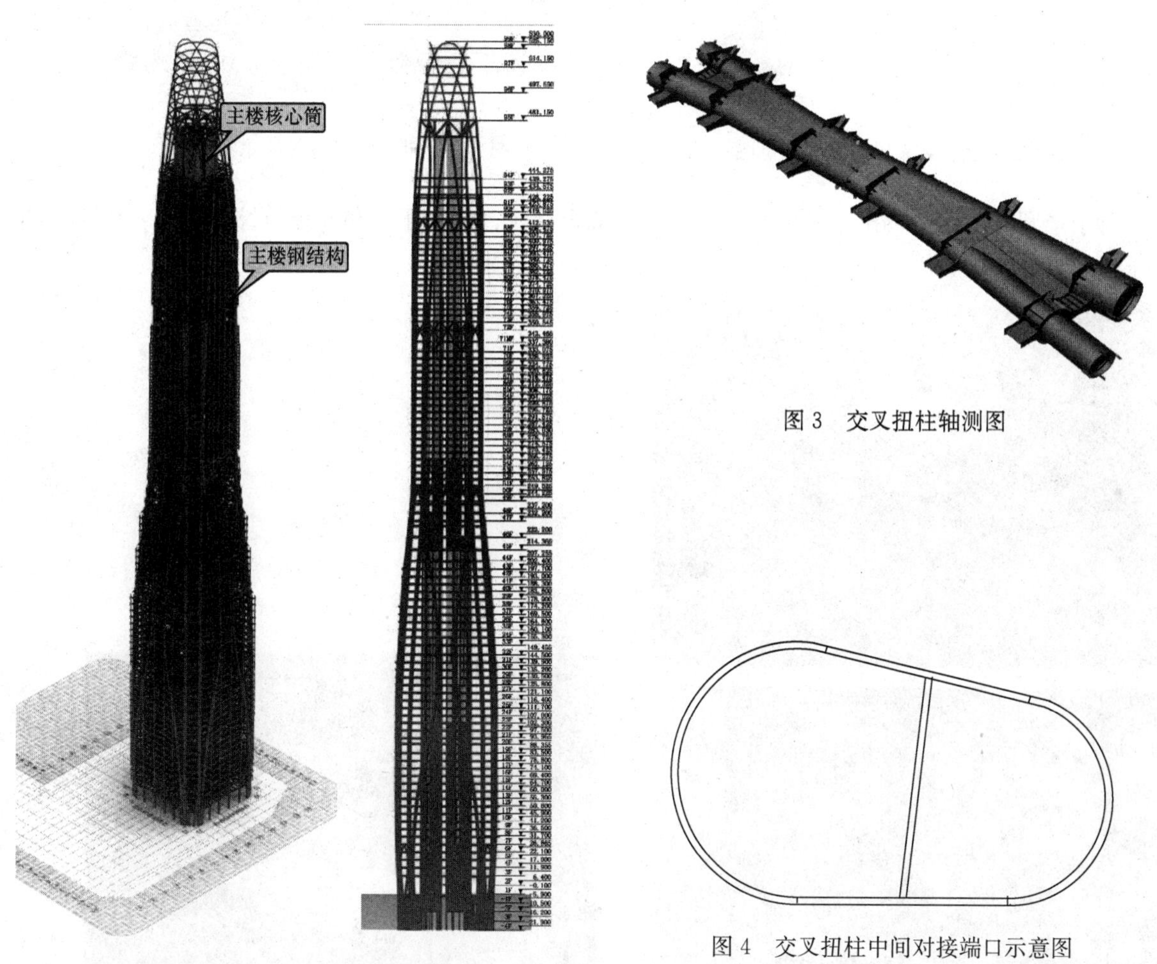

图 3　交叉扭柱轴测图

图 4　交叉扭柱中间对接端口示意图

图 2　塔楼钢结构三维示意图及立面图

（4）弯扭板件与两侧半圆管能否有效过渡连接决定了此构件的加工外形能否符合建筑外形的要求，是构件加工的难点和重点。

（5）装焊质量的保证。交叉扭柱节点主体焊缝形式较多，且内部的纵向板件与横隔板纵横交叉，焊接要求均为全熔透；隔板的装配定位，焊接变形及质量如何控制是制作的难点。

3　交叉扭柱的加工技术要点

我们在加工制造时，经过研究确立由外到内、层层分解的逆向分析和正向组装的思路，逐步解决各个加工难点，保证了构件的加工质量，满足了施工工期的要求见图 5。

(1) 对于扭柱中间弯扭圆管部分，采用以直代曲的方案，即采用多个分段半圆管按照一定的角度弧顺对接，既保证了结构的外形又满足了设计的结构受力需要；见图 6。

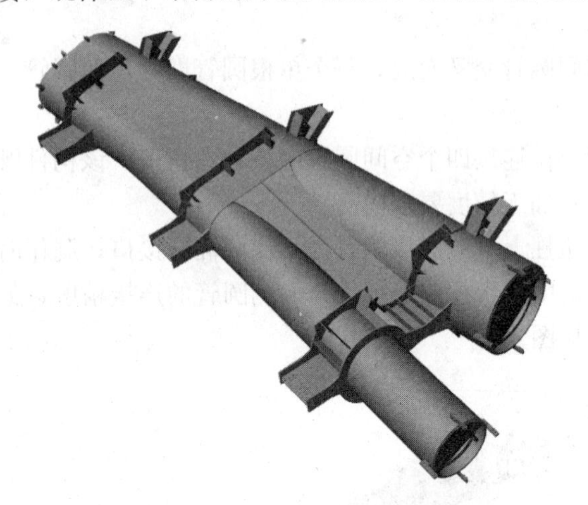

图 5　单节交叉扭柱轴测示意图

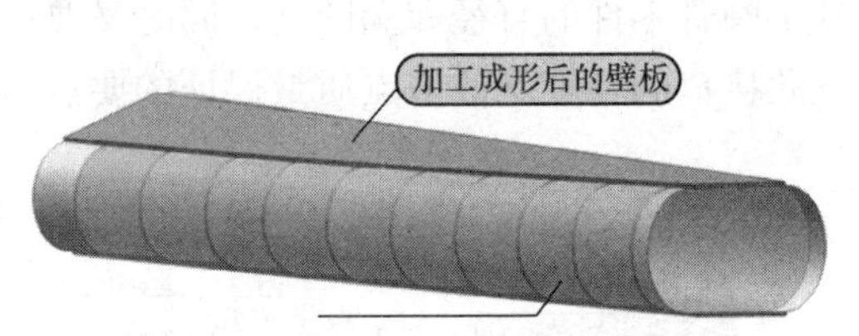

图 6　弯扭圆管以直代曲示意图

(2) 对于半圆管中间的弯扭连接板件，采用整体拟合制作，用油压机和卷板机综合加工：即卷板机粗卷油压机精整，同时利用样箱进行成型精度检测；见图 7、图 8。

图 7　弯扭板加工示意图

图 8　弯扭板样箱检测

(3) 交叉扭柱中间部位的连接端口精度控制是本构件加工制作的一个技术难点；半圆管的加工精度、弯扭板件的加工精度以及两者的装焊连接等都决定了此对接端口的最后成型质量；为此，在半圆管加工及弯扭板加工时均采用专制样板和样箱进行检测，装焊时采用装焊样板进行组装检测。

另外制作过程中结合类似焊接经验，通过加放焊前收缩余量进行焊接收缩的控制（图 9）；同时不规则椭圆端口采用专用样板进行检测装配质量及精度。

(4) 为保证连接板和两侧管柱的有效连接，满足建筑外形要求，制作时通过有效的坡口连接和焊接过渡保证了构件的整体外形弧顺；坡口采用V形垫板焊坡口形式，避免单V形式的焊接不容易过渡和双面坡口容易存在板边差的现象。见图10。

(5) 对内部纵横交错的隔板，制作时采用分段分步组装的方式进行逐步组装、整体焊接的方式进行装焊；具体为先装配纵向劲板，对横隔板根据其具体位置采用二拼一或三拼一的形式进行下料，拼接焊缝采用垫板焊坡口形式；车间安装时采用散装法，安装完成后先焊接横隔板自身拼接焊缝，后焊接横版与柱本体之间的角接焊缝；这样可保证隔板的顺利装焊又减小了焊接变形。见图11。

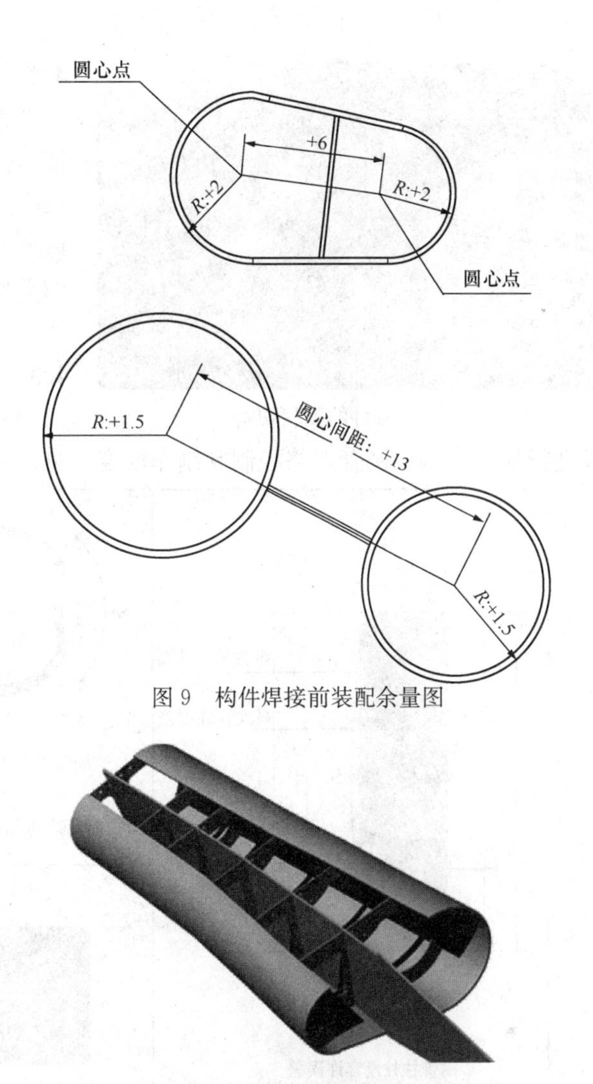

图9 构件焊接前装配余量图

图10 弯扭连接板件与两侧圆管连接效果图

图11 内部隔板示意图

4 交叉扭柱保证措施

4.1 钢板矫平

对于本工程中10～100mm厚的钢板，我们采用专用的七辊矫平机进行矫平，并对二次下料后的零件再次进行矫平，确保每个零件不平整度达到每平方米小于1mm的要求。见图12、图13。

图12 钢板检测

图13 钢板二次矫正

图 14　零件的下料切割

4.2　零件的放样、下料

本交叉扭柱节点复杂，且板件多为异形零件，为保证零件下料质量，制订专项放样、下料方案，将工艺要求中的收缩余量及变形控制量等因素融合进零件板的具体尺寸和外形，并进行电脑放样、排版；然后根据板件的类型和板厚分别采用火焰数控切割或等离子切割。见图 14。

4.3　圆管板件的加工

采用卷板机和油压机结合的方式进行加工，用专用样板进行加工检测；圆管严格控制其制作精度。见图 15。

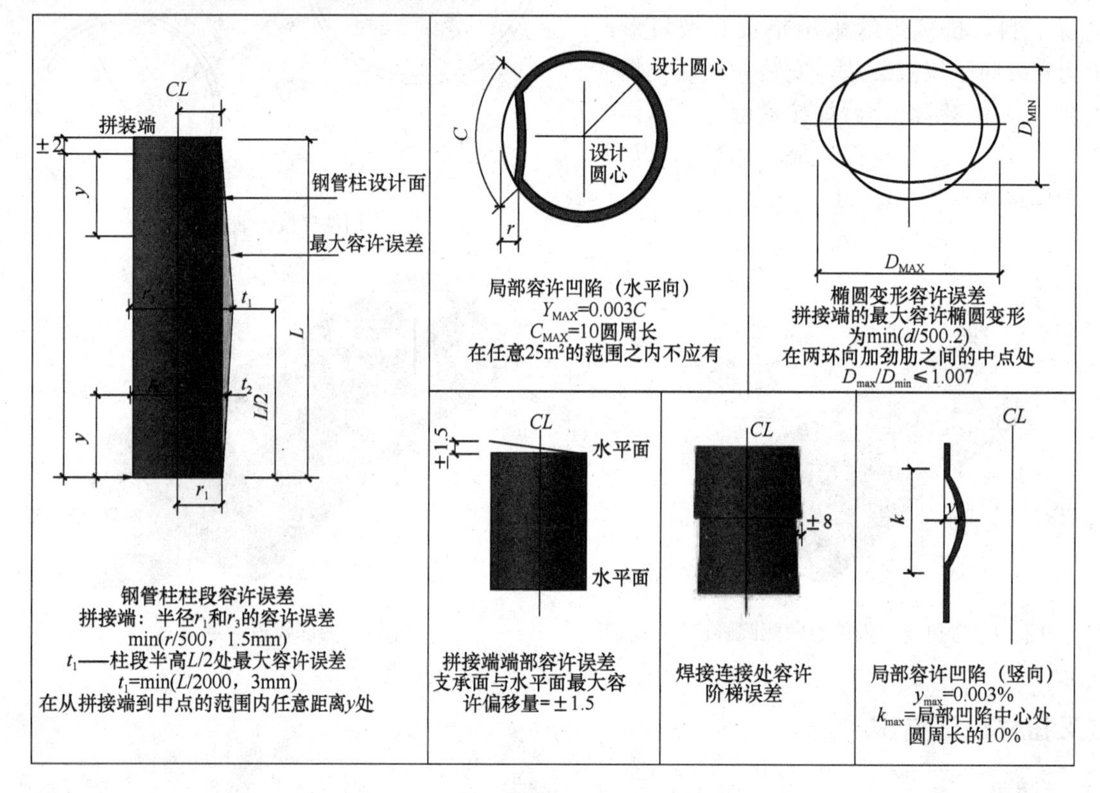

图 15　圆管控制精度

4.4　构件的制作与焊接

根据本交叉扭柱结构形式，分析汇总后对构件制定精细的专项装焊步骤；本体采用一次定位制作避免多次定位带来的积累误差影响构件的整体制作精度；另外因截面较大且为异形结构，端口必须进行整体的端面机加工，余量划设时根据外侧附件的数量整体考虑后续焊接带来的收缩影响，端铣合格后在专用胎架上再一次性定位装焊外侧附件。

构件制作精度的好坏，焊接是非常重要的一个环节；针对本结构特点，制定专用合理的焊接顺序和焊接方法；通过焊接试验，制定有效的焊接工艺措施进行避免和控制中厚板焊接出现的一些常见问题。提高焊缝的焊接质量和熔透焊缝的一次成功率。

4.5　测量、验收、标记

对于制作完成的构件进行自检、互检和专职质检员检测，专职质检员联合监理进行最后的完整性检测验收；同时将验收合格后的构件数据返回电脑进行电脑拟合检测，保证构件的质量满足规范要求。

对于验收合格的构件还需进行现场对接对合线进行敲制，并将构件的定位中心线进行标示，用以方便现场的定位安装，保证整体建筑的结构质量和进度。

5 工厂加工实况

工厂加工实况见图16～图19。

图16 本体及纵向分腔板定位

图17 横隔板组装定位

图18 弯扭连接盖板组装定位

图19 交叉扭柱整体完整性验收

6 结语

结合天津周大福金融中心交叉扭柱的结构特点，制定合理的施工工艺，经过研究确立由外到内、层层分解的逆向分析和正向组装的总体思路，逐步解决各个加工难点，保证了构件的加工质量和工期。

参考文献

[1] 中华人民共和国国家标准．钢结构工程施工质量验收规范 GB 50205—2001[S]. 北京：中国计划出版社，2002.

[2] 中华人民共和国行业标准．建筑钢结构焊接技术规程 JGJ 81—2002[S]. 北京：中国建筑工业出版社，2003.

[3] 中国钢结构协会．建筑钢结构施工手册[M]. 北京：中国计划出版社，2002.

双向弯曲钢板的加工制作研究与应用

胡海国，张菊花，李庆斌，张　琳，吴　云，杭　峰

（江苏沪宁钢机股份有限公司，宜兴　214231）

摘　要　本文介绍了双向弯曲钢板的结构特点、板件加工制作的全过程，着重阐述了此类板件的加工制作思路及其加工制作过程中形成的新技术、新工艺、新方法。

关键词　双向弯曲；模具；样箱；质量控制

1　工程概况

庐山东林寺大佛位于江西省九江市星子县温泉镇，本工程为大佛外部的宝盖。大佛外部宝盖净高80m，顶部标高为＋86.55m。

东林大佛宝盖采用外蒙钢板双曲拱形结构方案，其中以钢结构双曲拱架为主结构，上部近似三角锥体的顶盖部分为次结构。双曲拱架主结构由前后各一组组合柱形成主拱架，中间竖向双曲拱为次拱架，横向间距约2m均匀布置连杆（共83榀），拱架之间布置三向斜腹杆。双曲拱内外层间距约1.6m，并在双曲拱的内外层面内布置了斜向系杆，底部布置较密，至上部逐步稀疏。

在钢结构拱架最外侧面，铺放6㎜厚焊肋钢板壳，其周边与拱架的杆焊牢形成板壳。

2　双面弯曲板的加工技术分析

双面弯曲板主要位于宝盖的外侧面，其钢板厚度为6mm，由于该类构件施工质量好坏，直接影响到本工程主体的建筑造型，因此对该类构件的制作工艺的研讨显得尤为重要。所以加工制作难度非常大，必须按特殊构件进行重点分析并制订相应可行的加工工艺来保证其制作精度要求，双面弯曲板的三维轴测示意图如图1所示。

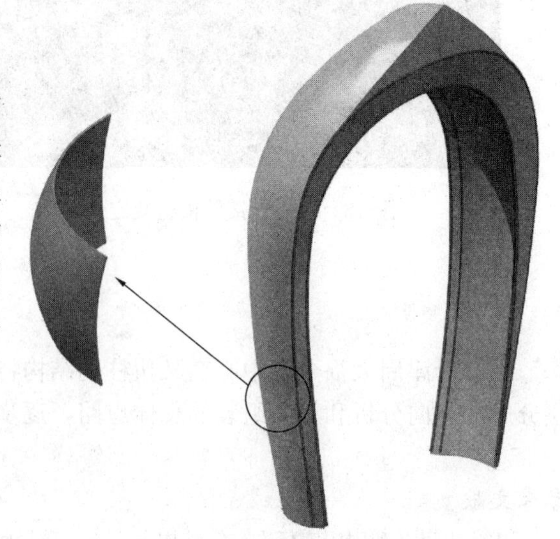

图1　双面弯曲板三维轴测示意图

3　双面弯曲板的加工成型

3.1　双面弯曲板的展开放样和下料要求

双面弯曲板为空间弯扭形状，且弯扭曲率比较大，为控制放样下料精度，壁板的展开尤其重要，工程中，壁板展开采用计算机精确放样，我单位与上海同济大学在3D3S基础上共同开发的空间任意扭曲构件自动生成软件可较好地满足扭曲壁板的展开，该软件只要根据扭曲构件的空间坐标，定出弯扭构件的四条棱线，再输入壁厚，就可自动生成扭曲实体模型，从而可以得到壁板上的任意空间坐标，让程序进行自动对壁板的展开，并同时可以生成内部的加劲肋安装位置线，这样就可根据展开的线型数据，然后将壁板切割数据输入数控切割机进行壁板的下料切割。如图2所示。

3.2 弯扭壁板的加工成形和成形检测

（1）为了成形加工方便，将壁板分成二块进行分别成形加工，壁板分段加工前，必须在壁板上画出加工成形压制线和组装的法向控制线、成形加工后的检测基准线，加工压制线根据壁板端面线形角度，平行于端面线形每隔 100mm 设置，加工压制线必须保证正确，壁板加工成形后这条检测基准线应该自然成为一直线。

图 2 壁板下料切割

（2）壁板的成形加工。

壁板成形加工应优先采用油压机进行冷压加工成形，壁板加工时，应选择压模适当的圆角，以免壁板表面出现明显的压痕，然后按壁板上的压制成形加工线进行对壁板的成形压制，压制时，应从一端向另一端逐步进行，并用角度样板进行测量，以免压制过大，以此方法重复进行对壁板的压制，直至达到成形加工要求，壁板成形后如图 3 所示。

（3）壁板加工成形过程及成形后的检测。

壁板加工成形过程和完成成形后必须进行严格的检测，检查壁板的成形加工是否能达到设计图纸要求的加工精度和满足组装要求，但是，由于壁板加工成形后，其外形为一空间扭曲体，用一般的检测方法已完全不能满足检测要求，为此，必须根据壁板的成形过程特点，制订一套检测方法简单、可操作性强的检测方案来进行对壁板成形后的外形检测，根据类似工程经验，采用以下检测方案来进行壁板的成形过程和成开形后的检测。

1）壁板压制成形过程的检测方法

检测方法如图 4 所示。

加工成形过程按下列方法与要求进行检验，将加工好的壁板平稳地放置于地面上，四边垫实不得有明显的晃动状。

将专用三角检验样板直立于壁板指定位置，并通过夹具与壁板进行固定，专用三角样板根据放样数据进行精确制作，样板上 a、b、c、d、e、f 各点与壁板上成形加工前所画法向控制线与成形后的检测基准线的交点必须吻合。

此时三角样板上的检测点应达到下列要求：

样板上放样时设置的 A、B、C、D、E、F 各点应位于同一直线上，偏差≤3mm；

样板上 G、H、I、J、K、L 面（边）应位于同一

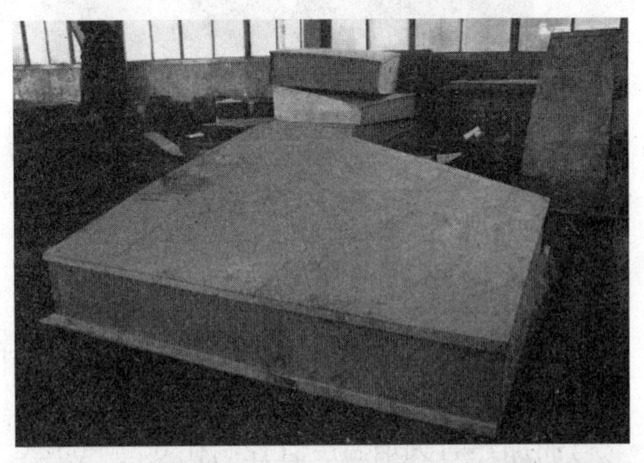

图 3 壁板加工成形图

图 4 壁板加工过程的检测方法示意图

平面上，偏差≤3mm；

样板下表面应与板材密贴，偏差≤2mm；

纵向板边弯曲弧度光顺、无凸变。

若达不到以上精度要求，应再次进行压制加工，进行调整。

2）壁板压制成形后的检测方法

由于用三角样板对空间扭曲板的检测方法仅能体现对加工过程中的宏观控制，是为了加工过程的快速简单化而采用的一种最有效方法，但是却不能从根本上保证壁板的实际加工精度要求，为此，为了保证弯扭构件在组装时能较好的保证组装精度，壁板在组装前还必须进行一次详细的检测，检测采用专用样箱进行全面检测，样箱根据壁板的实际扭曲线形进行1：1的制作，将壁板的扭曲面真实地以三维形式表示出来，检测时只要将样箱放在加工后的壁板上，定位扭曲壁板的外形边线进行检查，样箱表面各点与壁板的间隙应控制在2mm以内，否则应进行再次加工，壁板余量根据样箱外形尺寸进行修割，如图5所示。

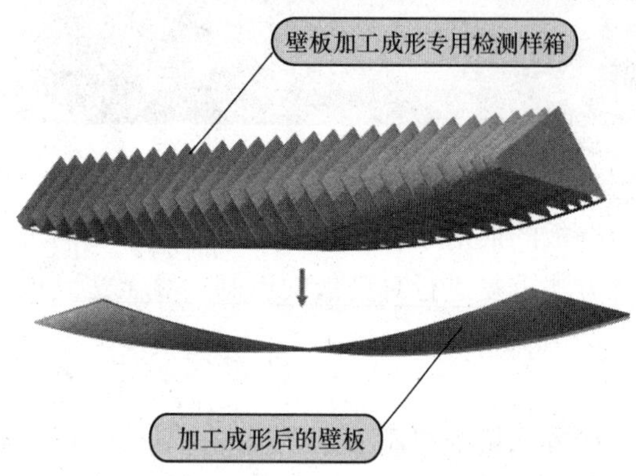

图5　壁板加工成形后的检测示意图

（4）壁板加工校正成形工艺要求。

对于用样箱检测后发现加工成形精度不满足组装要求的壁板，必须重新进行校正加工，首先采用油压机局部精确控制，以便能精确地保证壁板的加工精度。如图6、图7所示。

图6　油压机精整示意图

图7　精整合格的板件

对于不能采用油压机局部精确控制的局部较正问题需采用火工热加工校正成形。

壁板火焰加热弯曲的工艺要点：

弯曲加热时火焰温度宜控制在600～650℃。

弯曲加热时，不得用水进行急冷。

弯曲加热时，壁板每次加热区域火焰烘烤部位不宜靠得太近，应至少间隔100～200mm，且前后加热不得在同一部位进行。火焰加热采用局部烤火圈的方法进行，火圈直径不得大于60mm，但不得小于20mm。

壁板每次加热后，应在空气中自由冷却，并在壁板上以一定的间隔时间均匀施加外力，让壁板缓慢成型。

4　现场拼装效果图

加工成型合格后的双向弯曲钢板，现场进行整体顺序组装，现场安装效果图如图8所示。

图8 现场实际安装效果图

5 结论

实践证明我公司针对东林大佛宝盖工程研究开发的双向弯曲钢板的加工技术及模具成型技术是可行的、成功的，保证了工程质量，缩短了工期，节约了成本，得到了设计、业主和监理单位的好评。

这项钢结构制作安装新技术、新工艺为今后类似新型板件结构的加工提供了技术支撑，积累了经验。

参考文献

[1] 中华人民共和国国家标准．钢结构工程施工质量验收规范 GB 50205—2001[S]．北京：中国计划出版社，2002.
[2] 中华人民共和国行业标准．建筑钢结构焊接技术规程 JGJ 81—2002[S]．北京：中国建筑工业出版社，2003.
[3] 中国钢结构协会．建筑钢结构施工手册[M]．北京：中国计划出版社，2002.

超高层塔冠钢结构施工关键技术

张希博，邵新宇，陈晓冬，侯家骐，白沫源

（中建钢构有限公司，深圳　518000）

摘　要　本文以沈阳市府恒隆广场、深圳平安金融中心、武汉中心等多个国内顶尖级超高层项目塔冠施工为依托，对超高层塔冠钢结构施工所面临的挑战进行了深入分析，从塔冠安装的总体思路、塔冠施工过程模拟分析、临时支撑胎架的安装和卸载、塔冠顶部大型塔吊的分级拆除、塔冠影响区域的后装以及塔冠施工各阶段交叉作业的应对办法等多方面进行了总结归纳，为以后的超高层塔冠钢结构施工提供了有价值的可借鉴资料。

关键词　超高层；塔冠钢结构；施工模拟；临时支撑

1　前言

随着超高层建筑的快速发展，国内各大城市新建超高层的高度普遍都达到300m以上。高层建筑的顶部，对高层建筑具有特殊的造型和功能意义，并直接影响整个高层建筑的设计，尤其针对300m以上的超高层建筑，顶部建筑设计对超高层建筑的整体形象能起着画龙点睛的作用，并能让其在高楼林立的建筑群中脱颖而出。

在当前结构技术和计算机技术的帮助之下，建筑师开始打破对超高层建筑顶部的传统界定，将建筑顶部造型和建筑楼身形体进行一体化设计，通过扭曲、斜切、错位等一系列手法，创造出具有颠覆性的充满动态的高层建筑顶部设计（图1～图4）。现在建筑顶部结构多采用塔式造型，且多大胆采用悬挑、悬挂、倾斜、镂空等技术复杂的结构形式，与此同时，奇特的造型设计为塔冠结构的施工带来了一系列前所未有的挑战。

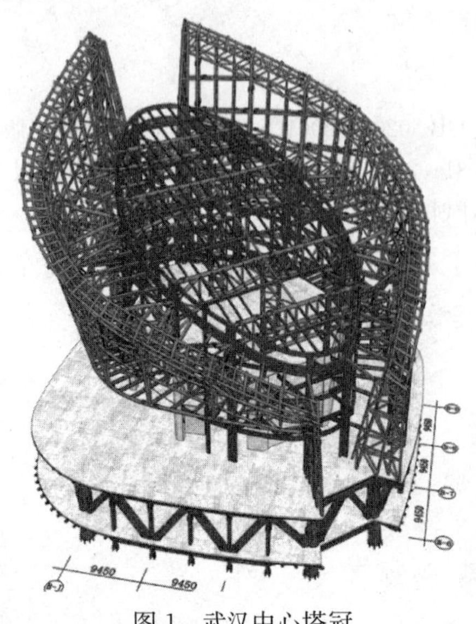

图1　武汉中心塔冠

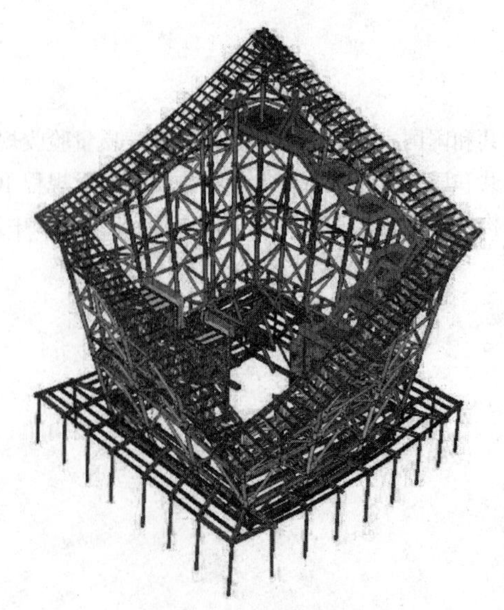

图2　沈阳恒隆塔冠

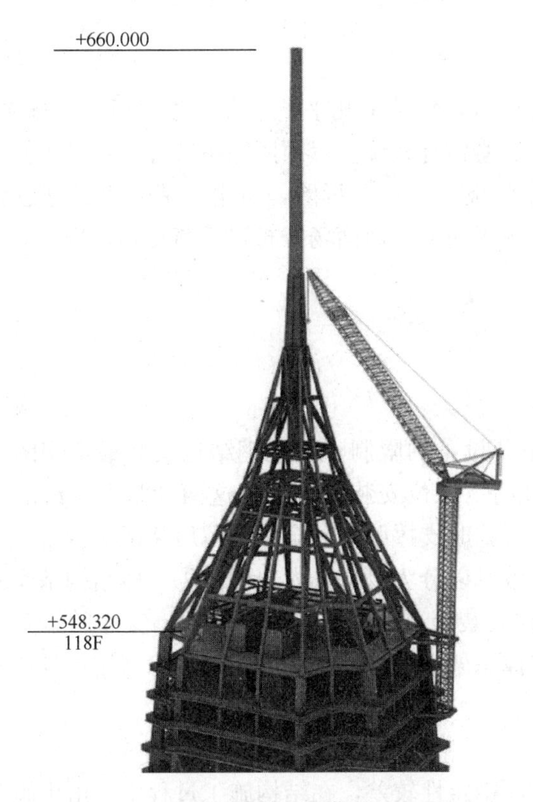

图 3　深圳平安塔冠

图 4　天津周大福塔冠

2　超高层塔冠结构施工所面临的挑战

（1）百米高空安装，方案科学合理性要求高

在几百米的高空，经常要面临采用一些非常规的技术方法进行塔冠结构的安装，对施工方案的可行性、安全性以及科学性合理性都提出了较高的要求，一般情况下，需要借助计算机进行施工阶段模拟分析。

（2）作业空间狭小，安全风险较大

超高层建筑顶部面积减小，核心筒墙体逐渐收缩，直至完全取消，简单规则的框架核心筒结构逐渐过渡为造型奇特的塔冠结构。尤其是塔冠的最高点常常设计成尖状，作业空间有限，有较大的安全风险。

（3）结构传力复杂、施工过程中稳定性相对较差

塔冠多为空间结构，造型奇特，结构复杂，且经常运用悬挑、悬挂、倾斜、镂空等技术复杂的结构形式。此类结构传力复杂，安装过程稳定性较差，在为形成整体结构之前，通常都需采取一些临时措施，如临时支撑胎架、临时连系梁、临时连接节点等。

（4）过程伴随大型塔吊分批拆除

塔冠施工阶段相对主体施工阶段作业内容减少，大型塔吊设备面临分批拆除。因此在塔冠安装的全过程中，将伴随着多次的塔吊移位、安装和拆除。塔吊安拆与塔冠结构安装穿插进行。由于大型塔吊分批拆除在塔冠整个安装工期当中占比较大，外加塔冠结构以及功能本身的复杂性，因此应统筹好塔吊安拆与塔冠安装的衔接关系，确保施工的连贯性，同时降低风险。

（5）常存在后装区域

由于塔吊等起重设备以及安装措施的影响，塔冠施工过程中常会存在局部区域需要后装的情况，形成后装区域，会对结构的整体性形成缺口，需要对施工过程结构的稳定性进行验算复核，必要的情况下

采取临时加固措施。

（6）塔冠区域各专业集中，交叉作业多

塔冠顶层部位一般作为整个办公楼的设备设施核心区域，集结了几乎整个办公楼的所有设施系统，如幕墙系统、冷却塔系统、擦窗机系统、卫星通信系统、避雷针系统、屋顶照明系统等，各系统间相互关联、交叉作业。与此同时，工程进入收尾阶段，土建模板体系也将拆除，机电、消防等设施逐渐跟进，室内装饰装修大面积展开，中、低区玻璃幕墙逐渐施工完成，地面场区布置重新规划，堆场大幅压缩。因此，与各专业之间做好施工协调尤为重要。

3 超高层塔冠结构施工关键技术

3.1 塔冠安装的总体思路

由于受到塔冠施工作业面狭小以及主体结构已有吊装设备的限制，塔冠钢结构安装最常用的方法有：散件高空原位安装成地面拼装整体或局部单元组件高空原位安装两种。在这两种基本方法的基础上，灵活采用顶升、提升、滑移等方法，并根据需要设置临时支撑胎架，合理预留后装区域。

按照塔冠结构的一般组成，塔冠结构的安装顺序大致可以分为以下 5 大步骤：①主体结构基座安装（如核心筒预埋钢柱安装、预埋件安装、主体结构顶节柱安装等）→②塔冠底部框架＋支撑胎架安装→③上部复杂空间结构安装→④后装区域补装→⑤临时支撑胎架卸载＋临时加固结构拆除（注：具体安装顺序根据实际情况调整）。

3.2 塔冠施工过程模拟分析

塔冠结构一般造型奇特，传力复杂，在形成整体之前稳定性较差，在结构施工过程中，由于施工方法和施工顺序不同会对结构的内力和变形产生较大影响，因此在确定施工方案的之前须进行施工阶段模拟分析，根据施工阶段模拟分析的结果，确定合理的施工顺序及施工方法，采取一定的临时施工措施，如临时支撑等。确保施工方案的可行性，避免施工所带来的结构安全隐患。

对于塔冠与主体结构之间的边界条件假定，可参考原设计或与原设计单位共同确定；对于钢构件分段安装就位后与已安装构件之间采用连接板临时固定，分析中按“铰接”考虑，当分段之间焊接完毕后，按“刚接”考虑（在模拟分析程序中通过激活和钝化杆端约束条件予以实现）；对于临时支承胎架，在初步模拟过程中，采用单向铰支座进行模拟，在复核验算过程时，可将支撑胎架以及胎架下方的主体结构纳入塔冠结构的一部分，整体建模，然后进行整体分析。

3.3 塔冠临时支撑胎架的设置

塔冠结构在形成整体之前局部缺少足够的约束会产生变形，需设置临时支撑胎架。为保证支撑胎架传力途径的可靠性，应尽量使胎架底座支撑在下方的主体结构上（如钢梁或者墙肢上），对于不能直接落于主结构上的胎架支点，应通过增设转换构件将荷载进行传递。

武汉中心塔冠结构的临时支撑胎架（图 5、图 6），塔冠钢结构总高度 41.96m，整体以西南-东北对角线为中轴，对称分布，侧视呈 30°倾角，最大跨度达 52.6m，外框悬挑桁架最大向外挑 13.5m。根据外框 87 层钢梁布置与塔冠外围竖向桁架的平面投影关系，同时考虑胎架受力传递途径的可靠性，使胎架底座尽量支撑在钢梁上，布置外围悬挑桁架临时支撑见图 5；根据核心筒 89 层混凝土梁布置和内胆主桁架分段位置，以此布置内胆主桁架临时支撑。

沈阳恒隆项目塔冠结构的临时支撑胎架（图 7、图 8），塔冠结构高度为 47.07m，总重量约 1500t，由核心筒 67 夹层（L67M）开始抱箍向上延伸，L67M 层内侧固定于核心筒之上，外侧整体悬空，外挑最大尺寸约 7.5m。其外箍于核心筒的塔冠本体由从核心筒 67 夹层悬挑出来的 8 根箱形框架梁支撑，箱形框架梁与核心筒内预埋的劲型钢柱东西为刚接，南北为铰接。在开始施工阶段，外侧缺少支撑约束，结构无法自成稳定体系。施工过程中，在塔冠底部框架节点正下方设置支撑胎架，且对胎架底部 L67 层钢梁进行了加固，直到底部三层框架安装焊接完成，塔冠形成稳定的结构体系，随后对支撑胎架进行

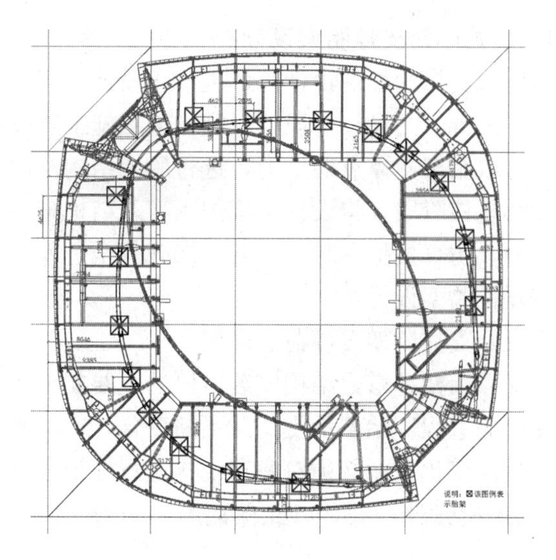

图 5 武汉中心项目塔冠临时支撑胎架布置图

图 6 武汉中心项目塔冠临时支撑胎架效果图

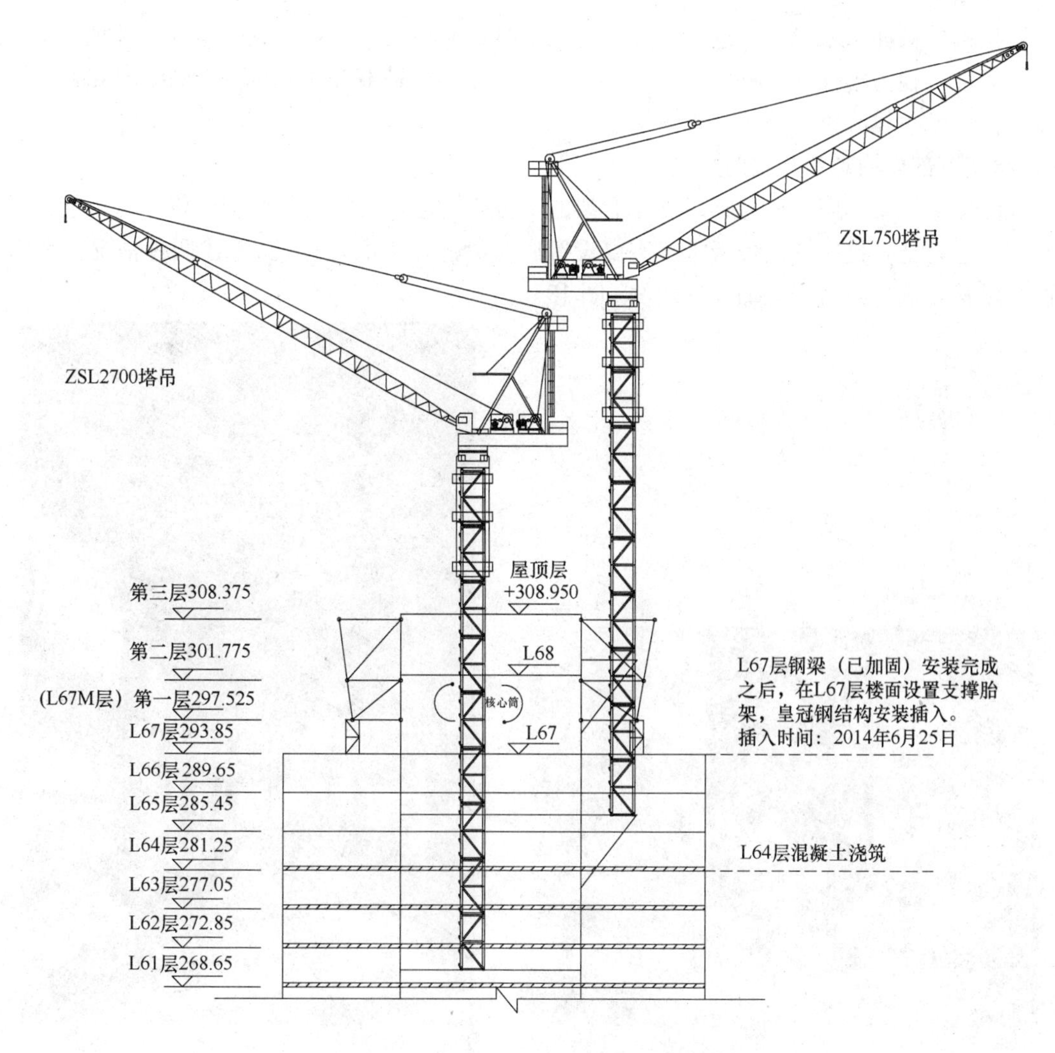

图 7 沈阳恒隆项目塔冠临时支撑胎架布置图

卸载，卸载完成后，结构荷载全部由自身承受。全过程经施工模拟和现场实时监测，结构受力和变形符合设计要求。

图 8　沈阳恒隆项目塔冠临时支撑胎架设置照片

3.4　塔冠临时支撑胎架设计

塔冠支撑胎架的设计总体上按“设计”与“复核”两阶段进行：①设计阶段，对结构进行施工阶段模拟验算，提取胎架支撑点的反力，进行胎架结构及截面的设计。②复核阶段，将设计完成的胎架及结构整体导入计算模型，仿真模拟安装、提升、卸载等全过程验算，进一步复核胎架设计。

（1）支撑胎架设计荷载确定

支撑胎架是塔冠结构安装阶段的主要支承系统，随着安装的进程，胎架承受荷载不断变化，亦即其荷载是一个阶段变化量，必须对塔冠结构进行施工全过程的模拟分析，提取各施工阶段的最不利荷载（包络），作为胎架设计荷载，以此保证胎架的力学性能指标满足全过程施工的需要。

（2）支撑胎架力学等效

由于胎架构件截面尚未确定，进行设计荷载确定时，需将胎架等效为铰支座（该处理方法，忽略了胎架自身的柔性，视为刚性体，将导致胎架的设计荷载比实际荷载略大，偏于安全），待胎架设计完成后与整体结构进行总体分析，精确验算胎架设计的可行性。

3.5　支撑胎架下部结构验算与临时加固

与一般的支撑胎架不同，塔冠临时支撑胎架的下方是塔楼顶层楼板，胎架的作用点可能作用在钢梁或者墙肢上，也可能直接在顶层楼板上（需要设置底座梁进行力的传递）。上述两种情况，都需要对下部结构进行验算，确定是否进行加固（图 9、图 10）。

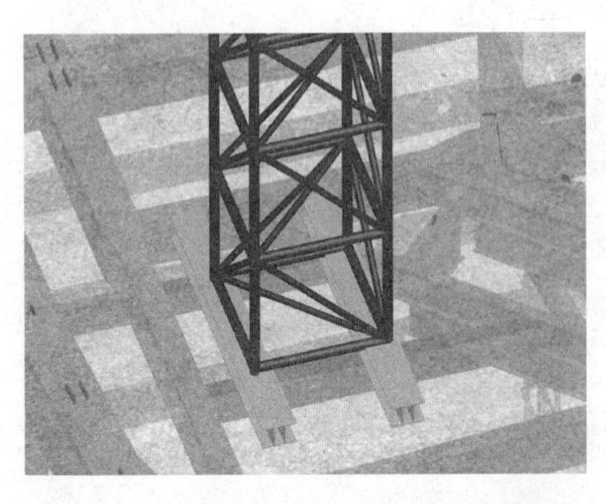

图 9　胎架底部增设底座梁和加固钢梁示意图

图 10　胎架下部结构大面积加固工程实例

常用的验算方法有两种：一种是提取施工模拟中支撑胎架的最不利反力，施加在下部结构上进行验算；另一种是整体建模分析，即将下部结构和支撑胎架一同模拟分析进行验算。

3.6 塔冠支撑胎架卸载与拆除

（1）卸载的方法

塔冠结构的胎架卸载需要根据施工模拟分析的结果进行同步卸载或按顺序有组织卸载即可。

（2）卸载的合理时间

塔冠结构的支撑胎架的卸载时段具体需根据实际工程的施工模拟分析情况以及结构特点确定。

以沈阳恒隆项目塔冠支撑胎架卸载为例，在施工过程模拟分析过程发现，当完成皇冠底部3层框架安装之后，结构形成稳定体系，且模拟支座最大反力约660kN；当完成皇冠第10层之后，模拟支座最大反力超过2000kN。考虑到如果皇冠安装完成之后再进行卸载，则会导致L67层楼面需进行大量的加固，因此，本工程胎架卸载选择在底部3层框架安装焊接完成形成整体之后进行。通过模拟分析和后来的现场实测，发现临时支撑提前卸载后位移变化很小，完全满足设计要求（图11）。

图11 胎架拆除前和拆除后

（3）支撑胎架的拆除

作业要点：

1）胎架结构的拆除应从上而下逐层进行，当有条件时宜采用起重设备按标准节吊运至地面后分解；也可以在塔冠顶部直接分解，然后通过施工电梯运至地面。

2）连系支撑应随同支承单元逐层拆除。

3）拆除作业时，严禁乱拆、乱卸、乱堆放，并及时归类整理。拆卸的桁架与构配件等应及时检查、整修与保养，并应按品种、规格分别存放。

3.7 塔吊影响区域的后装与临时加固

塔冠结构一般为空间整体结构，原来布置于核心筒的塔吊难免会从塔冠结构中穿过，因此一般都会有一部分塔吊影响区域需要后装。以沈阳恒隆项目塔冠安装为例，由于塔吊的位置正好影响到一根钢柱的安装，因此造成了一个平面尺寸长约27m，宽约7m的缺口，缺口深度最大位置达31m，因此，必须对缺口两侧的结构采取临时拉接措施，以防止其变形。根据施工过程模拟分析结果显示，缺位两侧区域的结构最大变形最大达到34mm。

3.8 交叉作业与施工协调

（1）与外框顶层楼板施工的交叉作业

超高层建筑钢结构施工一般会领先外框楼板施工数层，但外框顶层楼板常常是塔冠结构安装的前提，因此需协调土建专业提前施工外框顶层楼板，以便为塔冠临时支撑胎架安装、零星构件堆放提供作业面。

（2）与顶模或者爬模体系拆除的交叉作业

超高层建筑核心筒剪力墙施工采用顶模体系或爬模体系，核心筒剪力墙封顶后模板体系面临拆除，塔冠结构靠近核心筒的部分需待爬模体系拆除完成后才可安装，因此存在交叉作业。爬模体系拆除期间，在条件允许的情况下，可提前插入支撑胎架和外围塔冠结构的安装，以尽量缩短两者之间的技术间歇时间。

（3）与擦窗机系统安装的交叉作业

一般为了加快工程整体进度，塔冠顶部擦窗机系统会在塔冠钢结构安装后期开始提前插入安装，擦窗机系统的安装一般包括擦窗机支撑架的安装、擦窗机轨道安装以及擦窗机设备安装三部分。一方面需考虑塔冠安装作业面的合理移交顺序，另一方面，需控制好塔冠施工阶段擦窗机附加荷载对结构稳定性及变形的影响，并根据实际情况提出控制措施。

（4）与幕墙施工的交叉作业

塔冠安装后期，幕墙施工可能会提前插入，一方面需确保上下交叉作业安全，另一方面，需与幕墙施工单位做好工序协调，防止塔冠防火涂料成品受到幕墙连接件施工的破坏。

（5）与屋顶冷却塔施工的交叉作业

一些超高层会在屋面设置大型冷却塔系统，屋面常常作为塔冠施工阶段钢构件临时堆放、中转和维修的场地，至关重要，冷却塔的施工会与塔冠安装共用屋顶作业面，因此应提前做好相关工序以及作业面的协调。除此之外，针对上下作业面存在交叉的情况，应协调机电专业做好成品保护和防火。

4 结语

本文以沈阳市府恒隆广场、深圳平安金融中心、武汉中心等多个国内超高层项目塔冠施工为例，对超高层塔冠钢结构施工进行了分析，从安装的总体思路、施工过程模拟分析、临时支撑胎架的安装和卸载、起重设备影响区域的后装以及塔冠施工各阶段交叉作业的应对办法等多方面进行了总结归纳，为以后的超高层塔冠钢结构施工提供了可借鉴经验。

参考文献

[1] 段海，汪晓阳，张希博，柳超，彭湃．350m塔楼顶部皇冠钢结构施工过程模拟分析[J]．钢结构，2015，30(10)：74-78.

[2] 段海，汪晓阳，张希博．超高层建筑伸臂桁架“延迟连接”技术在沈阳恒隆广场主塔楼施工中的应用[J]．工业建筑，2014，44(11)：141-144.

[3] 汪晓阳，张希博，尹慧婷．超高层钢结构建筑桁架层下连次柱施工技术[J]．钢结构，2014，29(6)：61-64.

[4] 段海，汪晓阳，米裕，杨振，方伟健．沈阳市府恒隆广场皇冠施工测量三维网格空间定位技术[J]．钢结构，2014，29(10)：67-70.

[5] 朱治远．基于结构概念的高层建筑顶部造型研究[D]．合肥工业大学，2010.

[6] 江阳，石永久，王元清，等．大型钢结构施工过程模拟与分析综述[J]．工业建筑，2005增刊，234-249.

[7] 李磊．上海中心大厦上部钢结构安装施工技术[J]．上海建设科技，2012，2(1)：47-51.

[8] 郝际平，田黎敏，郑江．深圳大运会中心体育场施工过程模拟分析[J]．施工技术．2010，39(8)：52-54.

[9] 孔莉莉，李虹梅，顾樯国．上海金融中心办公楼皇冠钢结构施工技术[J]．建筑机械化，2003，24(4)：31-34.

[10] 中华人民共和国国家标准．钢结构工程施工规范 GB 50755—2012 [S]．北京：中国建筑工业出版社，2012.

大跨度张弦桁架结构施工技术研究与应用

肖　畅，冯　辉

（中建三局第一建设工程有限责任公司，武汉　430040）

摘　要　以南京水利科学研究院深水航道试验厅项目为例，详细介绍了大跨度张弦桁架钢屋盖结构施工方法，创造性地解决了大跨度张弦桁架钢屋盖结构安装的难题。此施工方法对结构跨度大或大型起重设备无法进入施工区域，或采用其他施工方法经济性不佳、对工期影响较大的张弦桁架钢屋盖结构更为适用。

关键词　大跨度；张弦桁架；滑移施工

1　前言

随着社会科技进步，空间结构蓬勃发展，跨度越来越大，结构越来越复杂，对于安装施工提出的技术要求也越来越高。传统原位吊装施工工艺对场地要求较高，且需要多次对支撑胎架进行移位，造成工期及设备的浪费。因此，需要研发创新工艺解决此类问题。

2　工程概况

由中建三局第一建设工程有限责任公司承建的南科院深水航道试验厅项目，总建筑面积24546.4m^2，建筑高度为24.98m。平面尺寸为121.6 m×201.2m，钢屋盖由18榀横向张弦梁桁架及9榀纵向连系桁架组成，用钢量约2400t。其中主桁架高3.0m，支座跨度119.8m，结构形式为倒三角圆管桁架，钢屋盖张弦桁架两端支承于下部混凝土结构，结构形式左右对称，刚度均匀，中间不设柱，下设预应力拉索，为大跨度张弦桁架结构，并刷新了安徽省大跨度结构的纪录。整体结构三维空间示意图和主桁架空间视图如图1和图2所示。

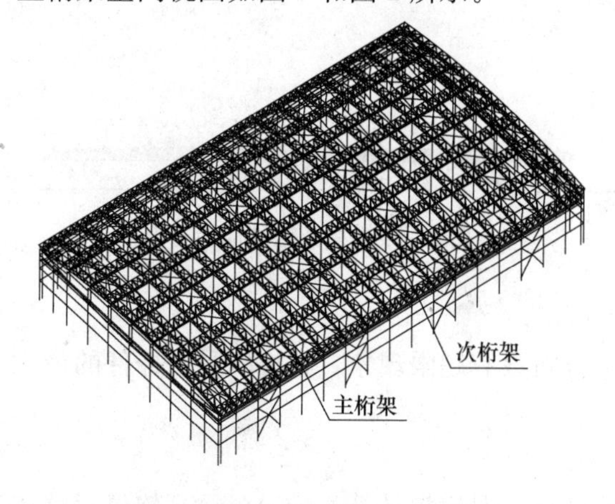

图1　整体结构三维空间示意图

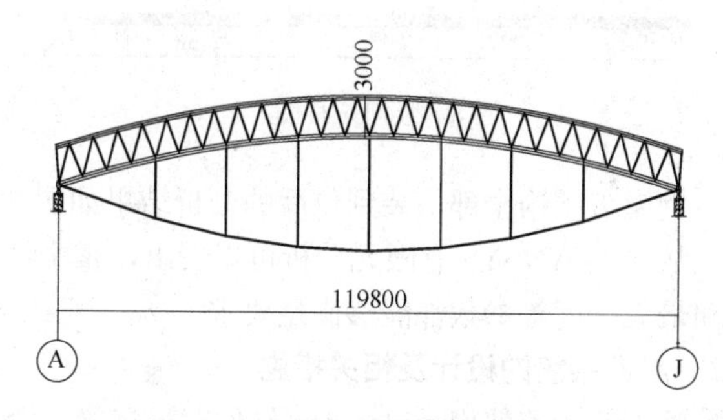

图2　主桁架空间视图

为了解决场地和工期方面的困难，项目部成立课题小组，经过反复研究对比，并参考一些类似工程的施工方案，且由于使用原位吊装工艺会对屋盖下部输水廊道结构造成破坏，故采用累积滑移施工技术进行屋盖大跨度结构的施工，创造性地解决了大跨度张弦桁架吊装的难题。本工程建成后将成为国家级重点水利试验室，其科研成果将服务和应用于三峡工程等全国重点水利项目的科学研究。

3 工艺原理

本工程安装总体思路概括为：地面整体拼装、高空分段吊装、单元累积滑移。根据结构模拟计算结果选择滑移钢梁和支撑体系，滑移钢梁与混凝土柱之间采用预埋件连接，在滑移梁上通长设置滑移轨道，在桁架支座下方设置滑靴。首先安装前两榀主桁架及次桁架，拉索张拉完毕后使其形成稳定单元，利用液压顶推器向前顶推滑移一个行程。安装下一榀主桁架和次桁架，拉索张拉完成后使其再次形成稳定单元，然后继续滑移，直至全部钢桁架累积顶推滑移完毕，最后通过千斤顶完成结构卸载，桁架结构安装完毕。

4 施工工艺操作要点

4.1 ANSYS 有限元分析

本工程采用 ANSYS 12.0 软件进行有限元分析计算，计算模型中桁架弦杆采用 BEAM188 梁单元，腹杆采用 BEAM44 梁单元，并释放梁端约束，采用生死单元法模拟整个张拉与滑移施工过程。考虑到滑移是个动态的过程，动力放大系数选取 1.2，且不考虑施工过程中风荷载的影响。滑移单元一端支点与滑移钢梁间按铰接进行考虑，将三向位移进行约束，另一端释放跨向水平约束。按原设计图纸中杆件的截面、材质输入（材质均为 Q345B）。通过计算分析，复核桁架弦杆最大应力、最大挠度、腹杆最大应力等参数是否满足要求。

通过计算，确定桁架最大挠度发生所在阶段以及最大挠度值，桁架弦杆、腹杆的最大应力值。现选取第 1 榀桁架为范例，得到钢屋盖结构 2 至 3 轴线的详细计算结果如图 3～图 5 所示。

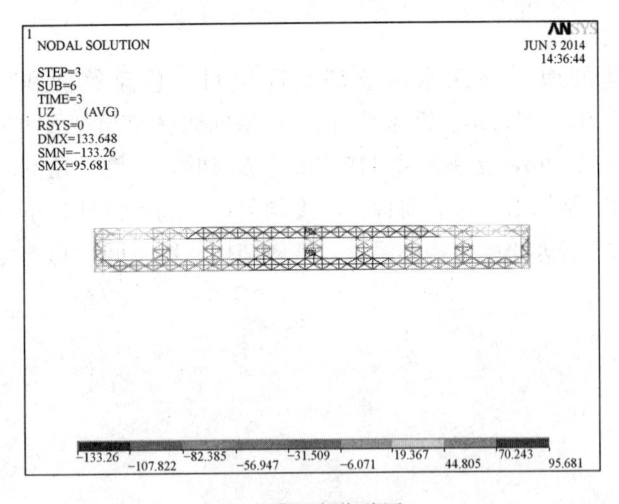

图 3 竖向位移图

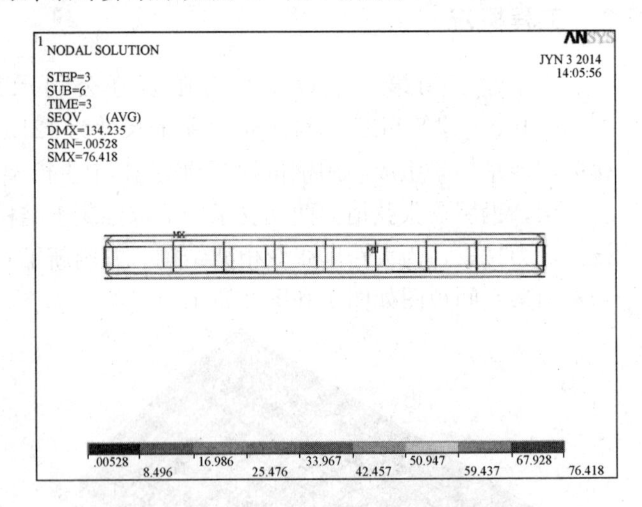

图 4 主次桁架弦杆应力云图

钢屋盖结构全部吊装到位后的分析结果如图 6～图 8 所示。

从以上 ANSYS 有限元分析可以看出，整个结构受力分析没有超限现象，其相应受力杆件的最大应力和最大挠度等参数都能够满足要求。

4.2 滑道系统的设计及相关措施

施工开始前使用 midas gen 软件对滑移梁、滑移轨道进行工况模拟计算，用 ANSYS 软件对整体液压同步顶推滑移过程中的非均衡性变形进行验算。

按照计算分析结果，需要设置滑道系统结构。滑道结构在钢结构滑移单元累积滑移过程中，起到承重、导向和横向限制支座水平位移的作用。

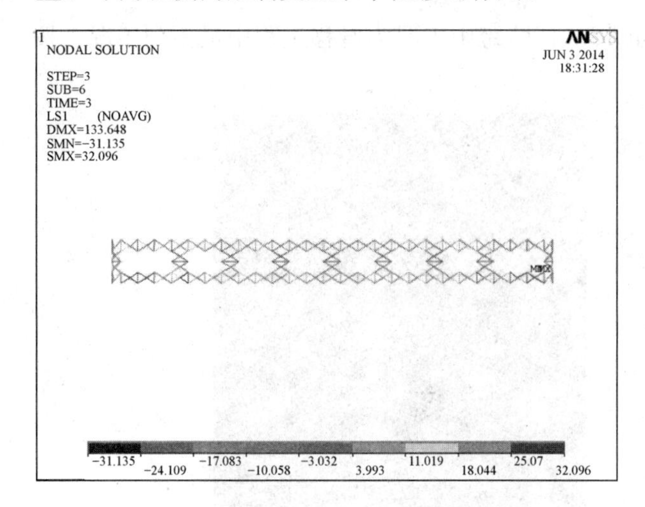

图 5 腹杆轴向应力云图

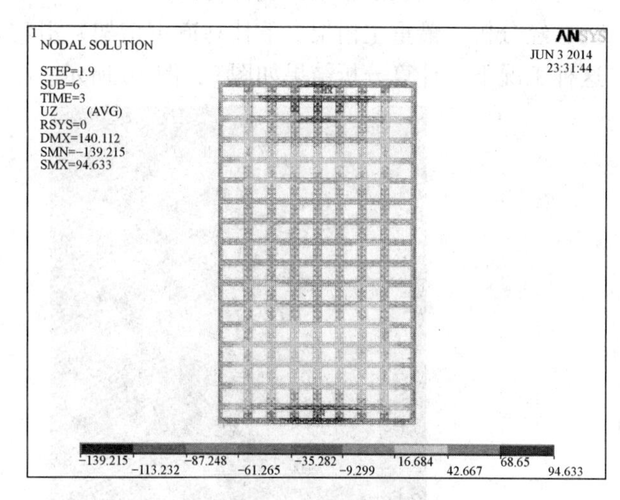

图 6 竖向位移图

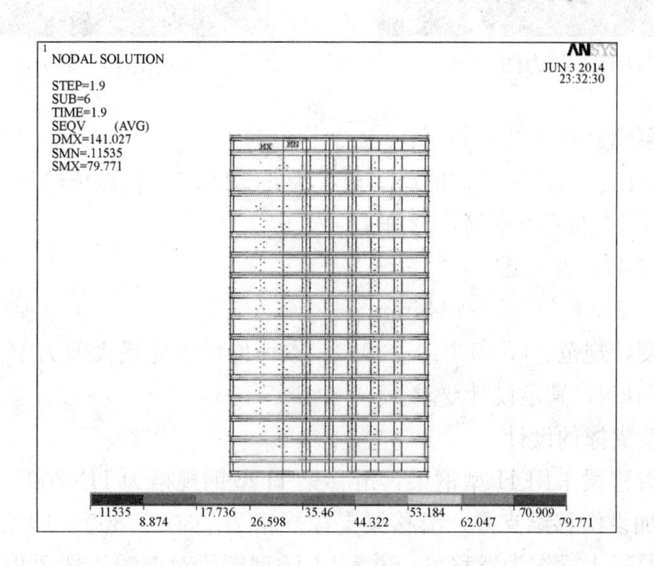

图 7 主次桁架弦杆应力云图

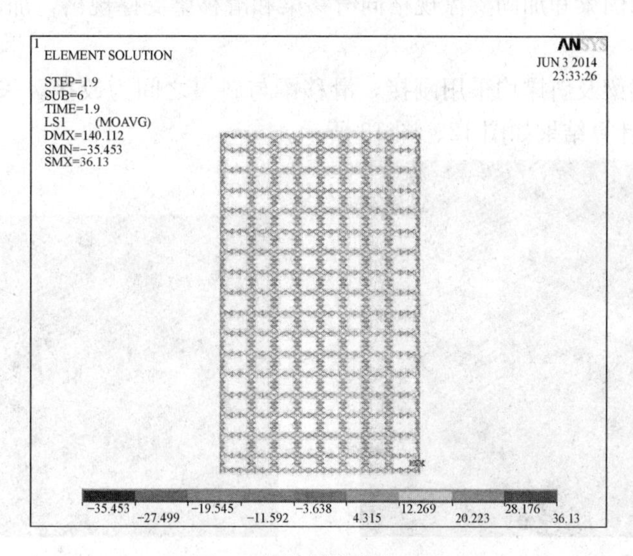

图 8 腹杆轴向应力云图

（1）设计安装滑移梁预埋件的设计

经分析，最重主桁架（下挂马道主桁架）滑移至12m柱跨跨中工况为滑移过程中最不利工况。按这种工况下，计算分析结果如图9、图10所示。

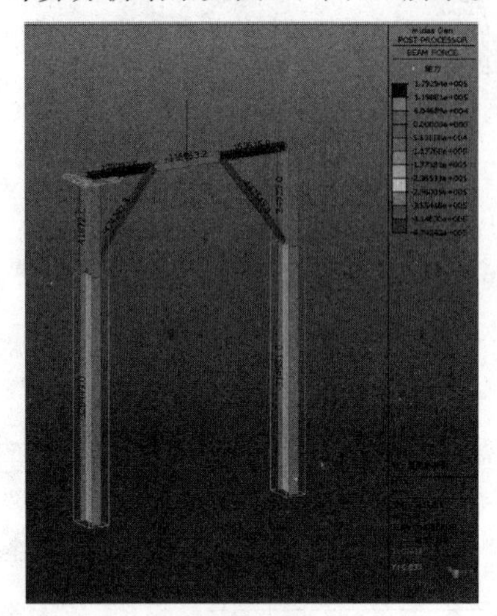

图9　轴力图

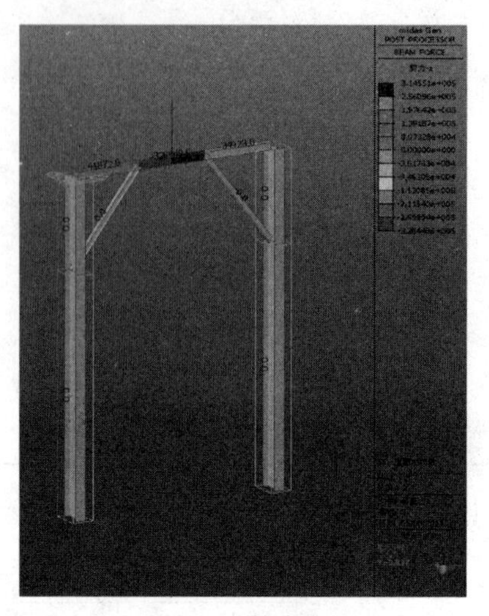

图10　剪力图

根据《钢结构设计原理》计算结果如下：

由轴力图和剪力图看出：横梁传给柱的剪力最大为41.87kN，斜撑传给柱子的最大轴力为474kN。

故设计：锚筋为直径14的三级钢筋，12根；

埋件承受最大剪力按474kN考虑；

锚杆总面积$A_s=12\times3.14\times7\times7=1846\text{mm}^2$；

根据《混凝土结构设计规范》GB 50010—2010，本埋件可承受最大剪力$V=A_s\times f_y=1846\times300=553896\text{N}=553.8\text{kN}>474\text{kN}$，满足设计要求。

（2）滑移梁及滑移梁支撑的设计

在无柱间支撑处，滑移梁采用H型钢梁，滑移梁H型钢规格为HN700×300×13×24热轧型钢，材质Q345B，滑移梁下加设滑移梁支撑，滑移梁支撑规格为□300×300×10方管，材质为Q235B。有柱间支撑位置处，利用混凝土梁作为滑移梁，并利用H型钢梁对混凝土梁采取加固措施，同时H型钢加固梁下设加固支撑，加固梁和加固支撑规格同滑移梁和滑移梁支撑规格，加固钢梁与混凝土梁接触缝隙处采用灌浆进行密实。

型钢混凝土柱与滑移梁及斜撑均采用刚接，滑移梁与斜撑之间为铰接。采用midas gen软件计算，计算模型如图11所示，计算结果如图12、图13所示。

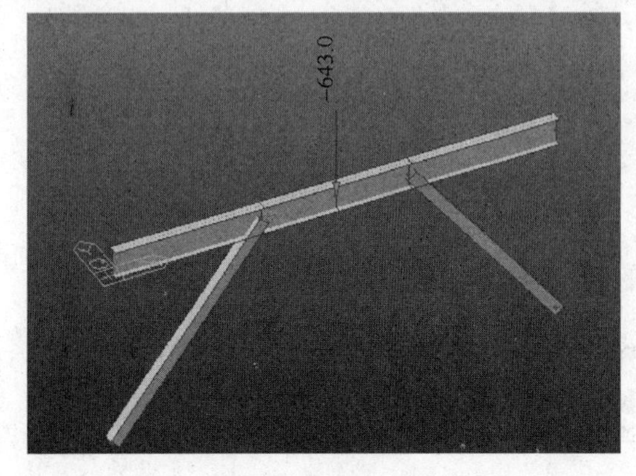

图11　计算模型图

图12　应力图

经计算，由图 12、图 13 可知，最大应力比为 0.468，最大位移为 2.3mm，滑移梁设计满足要求。

（3）滑移轨道的设计

滑移轨道设置于滑移梁上，根据规范《铁路用热轧钢轨》GB 2585—2007，滑移轨道选用 43kg 热轧钢轨，通长布设。滑移轨道与滑移梁间采用压板压紧固定，每间隔 500mm 设置一组压板，轨道压板顶部与轨道上表面间距不小于 90mm。H 型钢滑移梁与轨道压板直接焊接，混凝土梁轨道梁上设置预埋件，轨道压板与预埋件焊接。如图 14 所示。

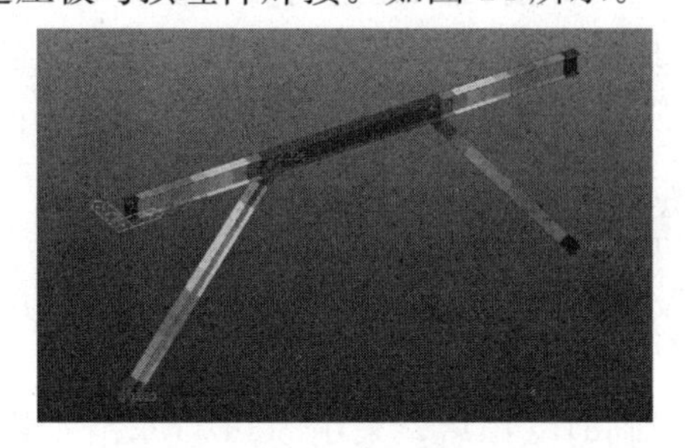

图 13　位移图

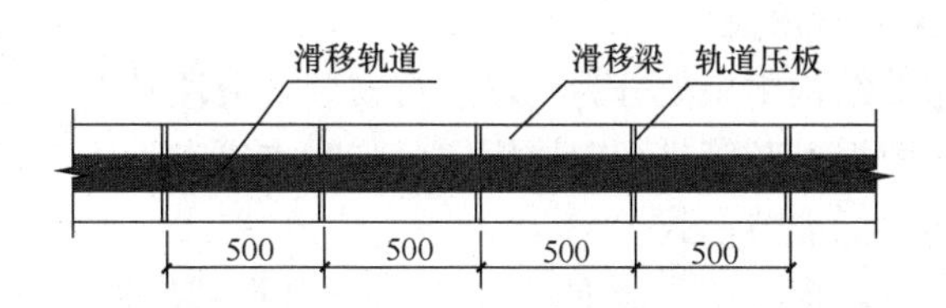

图 14　轨道、轨道压板与滑移梁连接图

（4）滑靴的设计

在桁架支座下架设 50mm 厚钢板作为滑靴，桁架支座与滑靴利用角焊缝连接，在桁架固定支座端的钢垫板下、滑移轨道的两侧设置滑移挡块。如图 15 所示。

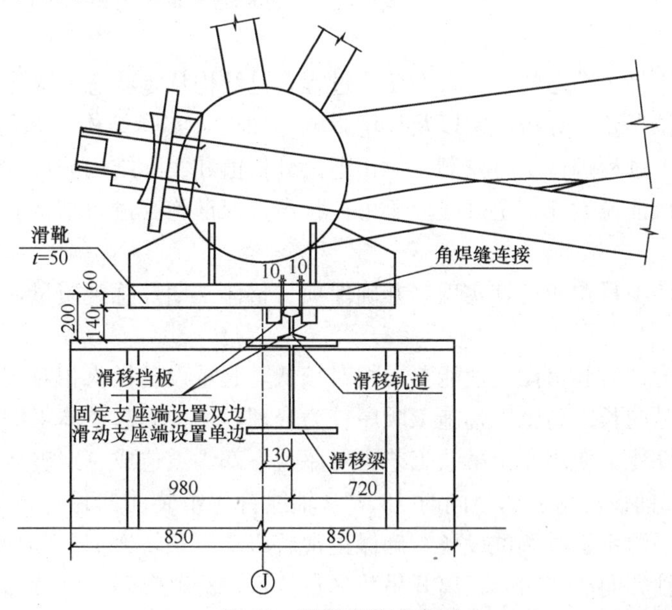

图 15　滑靴安装示意图

4.3　滑移顶推点的设计

采用液压爬行器顶推构件滑移，在爬行器的支座位置需对应设置专用的顶推点，顶推点的设计必须同时考虑滑移轨道的形式和钢屋盖的结构形式，使其能有效地传递水平摩擦力。

本工程采用直接在原结构支座球节点处焊接耳板作为顶推点。液压爬行器与顶推点采用连接耳板＋销轴连接，如图 16 所示，这种连接方式方便拆装。

图 16　滑移顶推点设计示意图

4.4 桁架地面整体拼装

根据现场实际情况，在拼装场地按照地样法 1：1 比例放样，设置桁架拼装胎架，采用卧拼方式拼装，使用 3 台 25t 汽车吊作为拼装起重设备。

拼装时遵循“先主弦杆后斜（直）腹杆”的原则进行，杆件按编号对号入座进行精确定位，节点定位时必须按杆件出厂时标记的中心线及相贯口节点坐标进行拼装。按照《钢结构工程施工规范》GB 50755—2012 要求，待桁架所有杆件安装后，提交检查验收，焊前必须先进行整体测量验收，会同质检、监理进行拼装的测量，合格后方可施焊。焊后自检、打磨、校正，合格后交 UT 检测及监理验收。过程中用钢尺和全站仪，测量每个空间控制点位的坐标并随时调整。

4.5 桁架分段吊装

钢屋盖结构主桁架分为三段进行安装，分段长度约 40m。在合拢位置下方搭设临时支撑，临时支撑对桁架的两根上弦管进行支撑固定。临时支撑布设于 18 及 19 轴线上，每轴线上各计 4 件，共计 8 件，采用格构式标准节形式。

经计算，桁架单段最重 29t，故在安装滑移轨道，搭设临时支撑后，采用 300t 汽车吊安装 18 轴线处桁架固定支座分段，然后安装 18 轴线处主桁架中间段再安装滑动支座段，其余主桁架和次桁架按照以上顺序采用 1 台 100t 履带吊在 19 轴线处安装桁架各分段。

4.6 张弦桁架张拉

本工程拉索选用 OVM 系列 PES7-163 型号拉索，拉索张拉主要采用单榀张弦桁架两端同步张拉，主桁架安装完成后进行拉索张拉，同批次拉索张拉时应按逐级施加拉力的原则进行，张拉完成后方可安装相应次桁架。

拉索预张力施工过程是个动态的结构状态变化过程，是结构从零状态向成形初始态转变的过程。由于拉索制作、安装和张拉误差、分析误差以及环境影响等原因，实际结构状态与分析模型是有差异的。因此，在拉索预应力施工过程进行实时监测，对比理论分析值和实际结构响应的差异，及时掌握各关键施工阶段的结构状态，保证拉索施工全过程处于可控状态，保证施工过程结构安全。

4.7 桁架累积滑移

经过对比分析，为使项目功能良好实现，并确保项目整体工期及感观质量，确定选用累积滑移工艺进行钢屋盖结构施工。

累积滑移工艺优势为：对起重设备性能要求相对较低，起重设备投入相对较少，吊装程序简单；累积滑移工艺适合建筑物纵向长距离施工，施工顺序较为合理，不会引起整体工期拖延；本工程其自身意义着重于屋盖下部沟道性能，使用原位吊装工艺会对屋盖下部沟道造成一定破坏。

首先在 A、J 轴通长铺设滑移通道，同时 18、19 轴线首先组装前两榀主桁架及其间次结构，并安装好液压爬行器，连接泵源系统，调试设备，确保正常后启动 2 条轨道上的爬行器，两条轨道上方的爬行器同步顶推滑移向 2 轴方向滑移 12m，离开吊装平台位置，滑移暂停，继续在吊装平台位置吊装下一榀桁架及其与前部桁架间的次结构，与前端结构连成一体，继续顶推向 2 轴方向滑移，如图 17 所示。按照以上步骤，继续同步累积滑移，直至最后一榀桁架安装到位，拆除液压爬行器、吊装平台等临时措施，滑移安装完成，如图 18 所示。

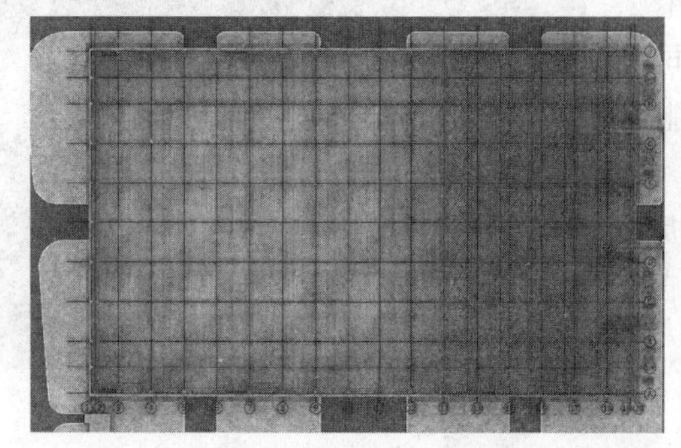

图 17 滑移施工示意图

图 18 大跨度张弦桁架累积滑移到位

4.8 张弦桁架结构就位固定

累积滑移就位后，根据《钢结构工程施工质量验收规范》GB 50205—2001 相关要求复核主次桁架、水平支撑等定位尺寸（尺寸偏差满足设计及规范要求），进行卸载，拆除滑移轨道及临时固定措施。

5 小结

该工程采用液压同步顶推累积滑移技术，计算机辅助建模模拟施工，有效解决了大跨度结构高空安装施工难题；通过采用同步控制系统，保证了两端支座滑移的同步性，保障了桁架滑移的可靠性和安全性；桁架的拼装工作在地面工装胎架上进行，有效减少高空作业量，降低施工风险和劳动强度；桁架采用场外整体拼装，高空分段吊装，对场内其他结构施工不造成影响，可实现同步施工，以节约工期；同时减少吊装支撑胎架投入数量和拆卸周转次数，从而减少大型吊机台班使用量和措施材料的用量，达到了节能、环保的目的。本工程的成功实施为其他类似工程施工提供了借鉴范例，也将给钢结构施工领域带来积极参考价值。

参考文献

[1] 王富奎，雷通洲，彭三阳．某工程大跨度钢桁架滑移施工技术 [J]. 华北水利水电学院学报，2012，33(5)：43-46.

[2] 白雪，姚传勤，白蓉．大跨度钢桁架顶推滑移施工技术研究及应用 [J]. 四川建筑科学研究，2013，39(4)：387-340.

[3] 胡鸿志，廖雪颖，刘震华．大跨度钢桁架滑移施工技术 [J]. 建筑技术，2007，38(7)：514-517.

[4] 尚晓江等．ANSYS结构有限元高级分析方法与范例应用[M]. 北京：中国水利水电出版社，2005.

[5] 陈绍蕃．钢结构设计原理[M]. 北京：科学出版社，2005.

[6] 中华人民共和国国家标准．混凝土结构设计规范 GB 500010—2010 [S]. 北京：中国计划出版社，2010.

[7] 中华人民共和国国家标准．铁路用热轧钢轨 GB 2585—2007[S]. 北京：中国标准出版社，2007.

[8] 中华人民共和国国家标准．钢结构工程施工规范 GB 50755—2012[S]. 北京：中国建筑工业出版社，2012.

[9] 中华人民共和国国家标准．钢结构工程施工质量验收规范 GB 50205—2001 [S]. 北京：中国计划出版社，2001.

贵阳未来方舟 IMAX 影城空间结构的设计、深化、制作及安装

项　旭，程志敏，李国强

（浙江东南网架股份有限公司，杭州　311209）

摘　要　未来方舟 IMAX 影厅外立面为单层折面空间钢网格结构，由圆钢管主构件和矩形钢管次构件共同组成受力骨架体系；深化设计中结合加工工艺，通过圆管轴视图和牛腿轴测图来表示牛腿的角度和在圆管上的位置；斜钢柱就位时呈倾斜状态，需要搭设临时支撑胎架来保证其空间角度，支撑架顶部设置高度可调节装置，以满足斜钢柱安装就位时的调整需要。

关键词　钢外壳；斜柱；铸钢节点；圆管

1　工程概述

未来方舟 IMAX 国际电影城（图 1）总计面积 12000m²，设有 8 个影厅，共计座位数 1740 个。其中 7 号 IMAX 巨幕厅（图 2）位于地上 1 至 3 层，影厅面积 1428m²（宽 34m，进深 42m，高 22m）为国内面积最大 IMAX 影厅。影城地下部分为混凝土框架结构，地上部分 IMAX 影厅外立面为单层折面空间钢网格结构，由圆钢管主构件和矩形方管次构件共同组成受力骨架体系，内部主体结构采用钢框架结构体系，平面尺寸为 85m×70m，建筑总高度为 29.3m。

图 1　未来方舟 IMAX 影城效果图一

图 2　未来方舟 IMAX 影城效果图二

地上部分 IMAX 影厅钢结构部分主要由三大部分组成：

（1）巨幕影城钢外壳为单层折面空间网格结构体系，主杆件采用焊接圆钢管，次杆件为矩型钢管，主杆件相交节点及相应支座部位为铸钢件，外部围护设置玻璃幕墙，整体犹如一颗绚丽璀璨的钻石。

（2）巨幕影城内部为塔楼主体结构，主要由圆管钢柱、H 型钢梁和顶层桁架组合而成。主体结构地上为四层都为型钢楼层板结构，其中中心看台部位主要为 8 根 SRC 圆管钢柱与顶部四榀主桁架组合而成。

（3）巨幕影城屋顶为双曲面钢网架结构，采用正放四角锥网架形式，网架节点主要为螺栓球，局部

采用焊接球节点。网架结构通过钢柱顶部的支座同下部结构进行连接。

2　结构设计

该工程钻石形外壳设计由建筑效果确定。因其外形为不规则的三角形片状区块组合而成，故采用钢结构体系来满足其建筑效果。巨幕影城钢外壳由 ϕ500mm 的圆管主杆件（悬挑部分局部采用 ϕ600 的圆管）和矩形钢管次杆件组成。每一个网片结构由三根主圆管组成受力体系，内部 4 分点处设置 3 个方向交错的矩形钢管用来支撑外部玻璃幕墙。因主杆件直径基本为 500mm，等直径圆管相交时采用相贯节点焊缝难以保证刚性节点的可靠性，因此采用铸钢节点（图 3）连接各圆管。铸钢节点技术成熟，外形美观，且受力明确、直接、承载力大，即能够满足建筑追求的等截面杆件平滑过渡的效果，又能满足结构的安全可靠。但铸钢件重量远远大于相应钢管重量，导致造价较高，因此当只有斜柱与环梁两根圆管“十字”相交时，通过锥管（图 4）将环梁端口变为 ϕ400mm 后与斜柱相贯焊接。

图 3　铸钢节点

图 4　锥管过渡节点

巨幕影城屋顶钢结构原设计与外壳统一采用圆钢管主杆和矩形方钢管次杆件的单层网格结构体系，但深化设计时发现屋顶边缘的三角形片状体系与顶层楼层面的夹角很小，以至于矩形钢管次杆件和楼面钢梁同顶层外壳圆管主环梁相连时位置部分杆件重叠在一起，节点构造复杂，传力不明确，同时屋顶也无采光要求，与相关单位沟通后屋顶钢结构改为双曲面钢网架结构（图 5）。双曲面钢网架结构不但解决了上述钢外壳与内部钢梁相碰的问题，而且因网架支座直接布置在内部框架柱上，通过钢柱直接将力传给基础，减小了屋盖的侧向力对钢外壳地影响。双曲面钢网架结构还能减轻整个屋盖的重量，降低工程造价。

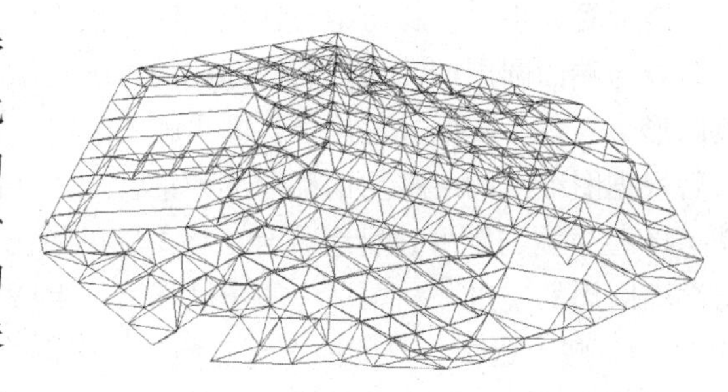
图 5　屋顶网架三维单线模型

3　深化设计

钢结构主要采用深化设计软件 Tekla Structures 和公司自编 AUTOCAD 详图设计程序进行深化设计。本工程为空间三维不规则结构，结构施工图纸很难将构件的空间关系表达清楚，后期外壳斜柱深化设计图纸上还需表达关键特征点坐标、三维轴测图和相贯焊缝相贯口数据，Tekla Structures 系统出图的图纸无法满足这些要求，所以外围单层网格结构体系采用了 CAD 建模（图 6），辅以 PIPE2002、Rhinoceros 4.0 和公司自编 AUTOCAD 详图设计程序等软件进行深化设计。通过三维建模后发现钢外壳的部分杆件和内部钢框架结构的梁、柱、楼梯等位置相碰，与建筑师沟

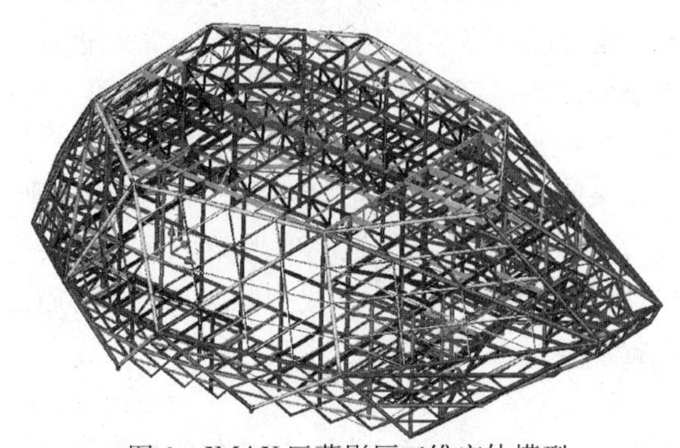
图 6　IMAX 巨幕影厅三维实体模型

通后，在不影响建筑功能前提下，对相碰处的杆件经过优化设计后解决此碰撞问题。

深化设计中难度最大的是钢外壳斜柱的表达，圆管斜柱上包含有矩形管、圆管和H型钢三种形式的牛腿，且牛腿空间角度、位置各不相同，平面详图无法表示清楚。深化设计中结合加工工艺，通过圆管轴视图和牛腿轴测图来表示牛腿的角度和在圆管上的位置，以方便车间的加工，然后建立局部坐标系，辅以三维视图来表达该构件各控制点的坐标，用于车间加工时检查校准。

4 加工制作

钢结构所有构件均在工厂加工成型，因此工厂内构件加工工艺决定了整个工程的施工质量。本工程加工质量重点是控制钢外壳斜钢柱（图7）和环梁的制作及牛腿组装定位。圆管牛腿处需设横隔板，由于钢管直径只有500mm，工人无法进入内部进行施焊，根据加工工艺要求在钢管柱牛腿上下各300mm增设分段点，先制作各分段钢管；然后进行横隔板的焊接，焊接时先进行内侧隔板焊接再进行外侧隔板焊接，最后将各分段钢柱依次从下到上进行等强对接，对接焊缝应严格按照工艺评定要求，焊接完成后进行矫正并探伤检验，合格后方可进行钢柱上下端面铣削加工；根据深化图纸完成各牛腿的本体焊接后将牛腿点焊到圆管柱身相应位置，通过三维局部坐标校准柱身及牛腿上各控制点的准确位置，检查无误后，再进行牛腿与柱身的相贯焊接，焊接完成后进行探伤检验，合格后方可进行下道工序加工。

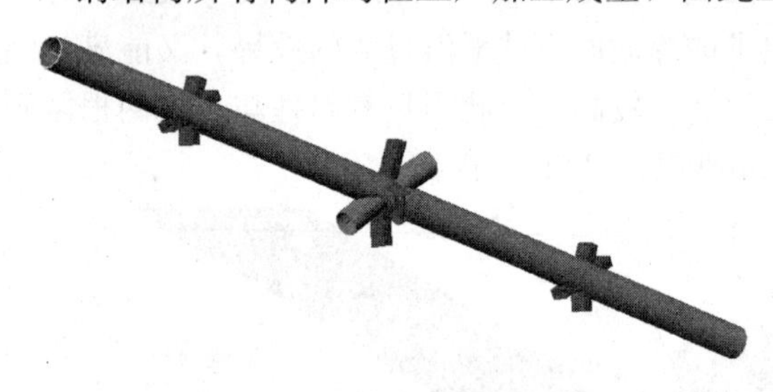

图7 外壳斜钢柱及牛腿实体模型

矩形管、钢管牛腿与钢管柱组装时，将牛腿的中心线沿钢柱长度方向投影到OXY平面，可以找到投影线与端面圆周的交点，利用标注的角度在钢柱的上下端面分别找到这个点；然后将两点连接在钢柱表面形成一条牛腿中心定位线，即牛腿安装时牛腿的中心线与该定位线相交且正向投影在该定位线上；最后根据图纸上的牛腿与钢柱端部和钢管柱表面间的距离准确确定牛腿与钢柱空间角度。

H型牛腿与钢管柱身组装时，将牛腿的翼缘边线沿钢柱长度方向影到OXY平面，可以找到投影线与端面圆周的交点，利用标注的角度在钢柱上找到上下翼缘与钢柱的四个交点；然后根据深化图纸所示的H型牛腿上远离柱身的四个端点与柱身上两个基准点之间的距离，通过拉直线确定牛腿位置（各端点与两个基准点形成三角形稳定体系，其空间位置可以唯一确定）。

5 现场安装

针对巨幕影城钢结构的特点，并结合以往类似工程的施工经验，制定了一个“先内后外，从下到上，步步紧跟”的现场安装方案。具体是先安装内部框架结构，再安装钢外壳主结构体系，最后安装钢外壳次结构。从柱脚开始从下往上施工，安装一段内部框架梁柱后，再安装相应分段的外壳钢斜柱，然后安装外壳环梁和内部框架与钢外壳之间的钢梁，最后安装钢外壳的次杆件，从而形成稳定结构体系，即完成了第一段内框外网格钢结构的安装，接下去按上述步骤再进行第二段钢结构的安装，紧跟进行一层楼层板的铺设，包括焊接楼承板支承板、铺设钢筋桁架楼承板、栓钉焊接和附加钢筋的绑扎等工序。混凝土施工在相应楼层所有钢结构安装、检查、验收合格后方可进行。

内框架钢结构包括钢桁架的安装采用常规汽车吊装方法保证构件准确安装。钢外壳因外形不规则、空间位置复杂，且杆件之间相互连接，根据这些特点制定了“两点吊装，设置临时胎架，高空原位拼装”的吊装施工方案。在施工过程中，结构的受力状况不同于正常使用情况下的受力状况，需要对施工过程进行严格的计算机仿真模拟技术验算（图8），为施工提供技术支持和保证。

5.1 斜钢柱的吊装措施

斜钢柱安装就位后是倾斜的，与水平方向有一定的夹角，为了安装就位方便快捷，斜钢柱在吊装就

图 8　计算机仿真模拟施工验算模型

位时应处于倾斜状态，倾斜的角度大致与就位后的倾斜角度保持一致。斜钢柱的吊装采用两点吊装（图9），在吊装过程中要保证斜钢柱的倾斜状态，需要在斜钢柱的一个吊点上挂设手拉葫芦，锁链绑扎在斜钢柱的一个吊点上，手拉葫芦的挂钩挂在吊装用钢丝绳的一端，通过调节手拉葫芦的钢锁链的长度，调整斜钢柱的倾斜角度，直至斜钢柱在吊装过程中的姿态与就位后的姿态一致。

斜向钢柱在吊装之前，提前在计算机上通过实体模型将钢柱重心计算精确，并实况模拟吊装吊点、钢丝绳布置等吊装工况，保证斜柱重心与塔吊吊点在同一垂直投影线上。

5.2　斜钢柱的支撑胎架设置

斜钢柱就位时呈倾斜状态，需要搭设临时支撑胎架（图 10）来保证其空间角度，支撑架顶部设置高度可调节装置，以满足斜钢柱安装就位时的调整需要。钢外壳斜柱在与内部框架连接之前整体是不稳定、不牢固的，需要通过支撑胎架来固定、传力，故胎架本身通过 midas 计算选取最不利的荷载工况进行分析验算（图 11），保证吊装过程安全。

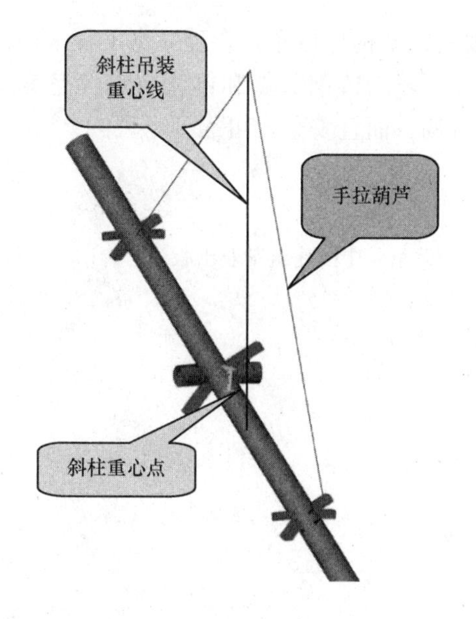

图 9　外壳斜钢柱模拟吊装

图 10　外壳斜钢柱支撑胎架设置

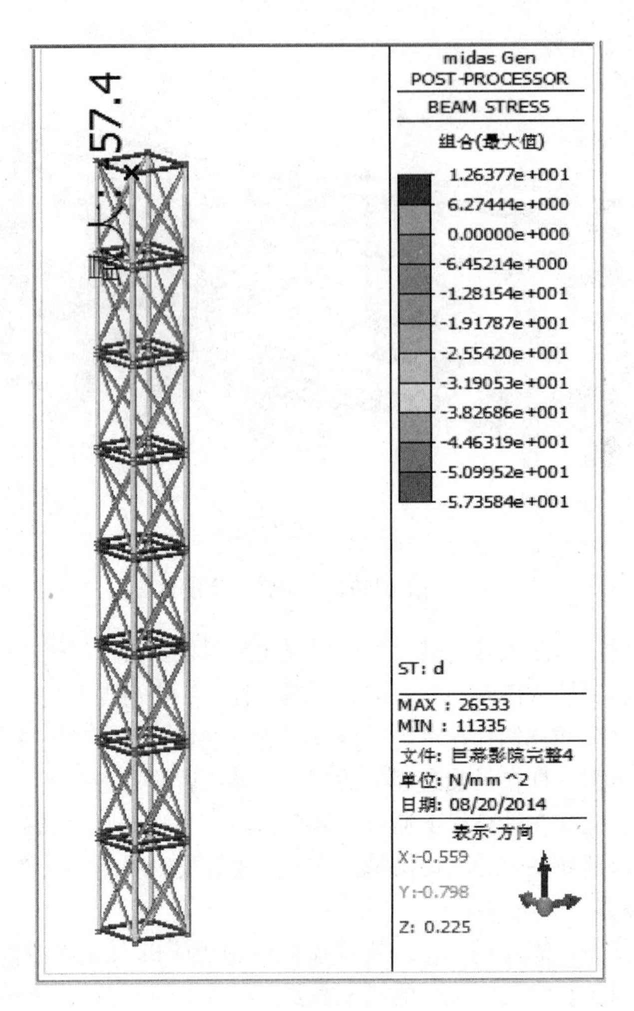

图 11　支撑胎架最大终合应力计算

6　结语

结构布置受建筑和艺术效果的限制，考虑多方面因素使得结构尽量布置合理，本工程采用框架、桁架、网架等多种形式，来满足空间钻石型的建筑形式。通过采用铸钢节点和锥管节点，完美地解决了“等管径”杆件的相贯问题，使得结构整体上不但美观、流畅，而且安全、可靠。

参考文献

[1]　郭满良，等．大型复杂钢结构建筑工程施工新技术与应用[M]．北京：中国建筑工业出版社，2012.

[2]　刘锡良，林彦．铸钢节点的工程应用与研究[J]．建筑钢结构进展，2004.

[3]　肖炽，等．空间结构设计与施工[M]．南京：东南大学出版社，1999.

腾讯滨海大厦大体量钢结构施工技术

苏　铠，张益民，雷志强，夏雷雷，洪兆林

（中国建筑第二工程局有限公司深圳分公司，深圳　518002）

摘　要　腾讯滨海大厦主要功能为研发、商业、食堂、文体活动设施，建成后将成为腾讯全球新总部。工程的三个钢结构连廊采用的超大型液压提升技术、应力应变监测技术、ANSYS有限元分析等技术，充分保证了施工质量与安全。

关键词　液压提升；悬臂斜拉法；提升应力应变监测；ANSYS有限元分析软件

1　工程概况

本项目分为南北两座塔楼，其中南塔楼50层，建筑高度244.10m，北塔楼39层，建筑高度194.85m，总建筑面积为34万m^2。南北塔之间设置有三道钢结构连体，最大为跨度51m，三道连体提升钢结构量为7500t，工程总用钢量5万t，最重构件为48t，最大板厚100mm，所用材质为Q345B、Q390GJ。

南、北塔结构体系为钢框架一核心筒结构，外框柱十字劲性钢骨混凝土柱，核心筒内有H钢骨柱，外框柱与核心筒采用H钢梁及钢桁架连接，塔楼每层设置有屈曲约束大斜撑，每层楼层水平混凝土结构施工采用钢筋桁架模板体系（图1）。

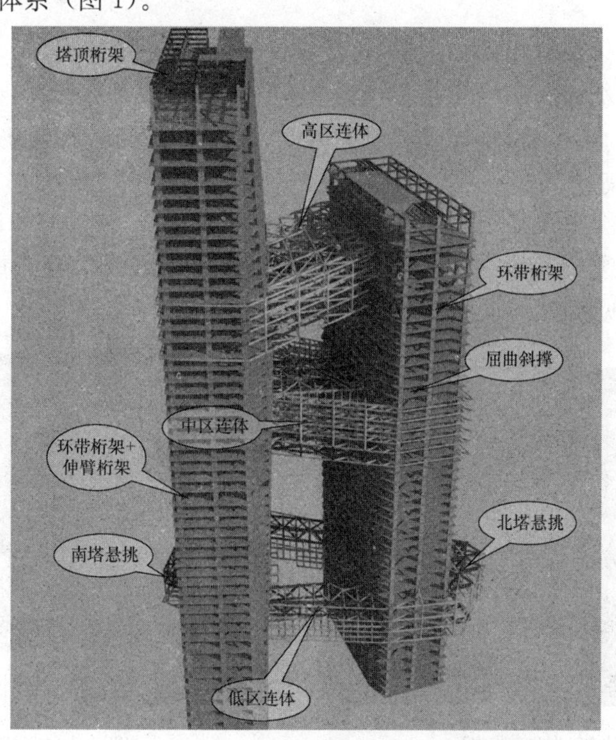

图1　塔楼钢结构连廊效果图

南北塔楼之间设置三道钢桁架连体，低区连体（3～6 层）、中区连体（21～26 层）、高区连体（34～38 层），连体结构形式为钢桁架+钢框架，由箱形、圆管、H 形钢构件组成。

2 工程重难点分析及对策（表 1）

工程重难点分析及对策 表 1

重难点	对　策
该工程高、中、低三道连体的外观尺寸异形，体量大。其中区连体最重连体重量达 3360 多吨。高区连体悬空高达 160 多米，3 道连廊地面拼装时垂直空间上互相遮挡，且地下室顶板荷载承载能力有限，连廊地面拼装受限，北塔低区悬挑达 30 多米，安装是难点	1. 结合本项目的特点，确定采用多点同步液压提升技术，连体底部大桁架为主受力结构，在每个大桁架两端设置液压提升设备。 2. 连体内侧的立面呈凸面状，高区连体两侧端部采用悬臂拼装法做出搁置液压千斤顶的悬挑结构。 3. 对拼装地面做出专项加固方案，进行地下室顶板钢筋加密和设置加强钢梁，在连体投影位置进行连体原位拼装，整体提升。 4. 北塔楼低区悬挑采用悬臂葫芦斜拉法进行安装，对桁架进行由上到下的逆序安装
连体、悬挑钢结构在拼装、提升、卸载等情况下的受力状况均与结构状态有较大差别，要求对各过程中各阶段进行结构的内力、稳定性等进行复核验算以确保整个安装过程的结构安全性	1. 采用有限元分析软件 MIDAS GEN 、SAP2000、ANSYS 进行计算。 2. 在拼装、提升、卸载等工作实施前，对各阶段在不同工况下的构件内力、吊装工况结构稳定性、位移、下挠值等进行仿真模拟计算，并确定控制值。 3. 提升同步进行监测工作，设置应力、应变的数据监测控制系统，设置数据报警。以确保结构安全

3 施工过程

3.1 连体提升施工

3.1.1 连体概况

本项目高、中、低连体采用液压整体提升方式进行整体安装。

高区连体钢结构位于结构的 34～38 层，顶标高+177.150m，其中，34～35 层由 8 榀桁架组成，其上 36～38 层均为框架结构，高区连体钢结构最大跨度约为 51m。提升范围为 34～35 层的桁架结构，提升重量约为 1521t，提升高度 155m。见图 2。

中区连体钢结构位于结构的 21～26 层，顶标高为+122.90m，其中，21 层和 22 层由 7 榀桁架组成，23～26 层之间为框架梁结构，中区连体钢结构最大跨度约为 50m；提升重量约为 3360t，提升高度 96m，分两次进行提升。见图 3。

图 2　高区连体钢结构示意图

图 3　中区连体钢结构示意图

低区连体钢结构位于结构的 3～6 层，由两个独立的连体结构组成，每个连体钢结构由 2 榀桁架及其下部的吊挂结构组成，最大跨度约为 51.25m。仅提升桁架层部分，提升重量约为 954t，提升高度 25m。见图 4。

以高区和中区连体提升为例说明本工程连体的提升施工工艺。

3.1.2 高区连体提升

（1）桁架起拱值的设置

由于高区提升体提升重量大，跨度大，直接拼装再提升会造成过大的下扰，故在桁架拼装时起拱，以保证提升完成后结构体的位形。

图 4　低区连体钢结构示意图

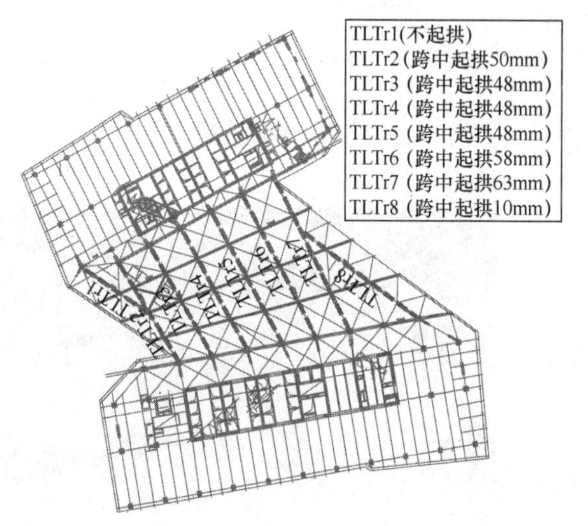

图 5　高区桁架起拱值

（2）拼装胎架

浇筑 1500×800×600 的混凝土墩台，以做连体拼装胎架之用。预埋垫块，以调节桁架高度。见图 6。

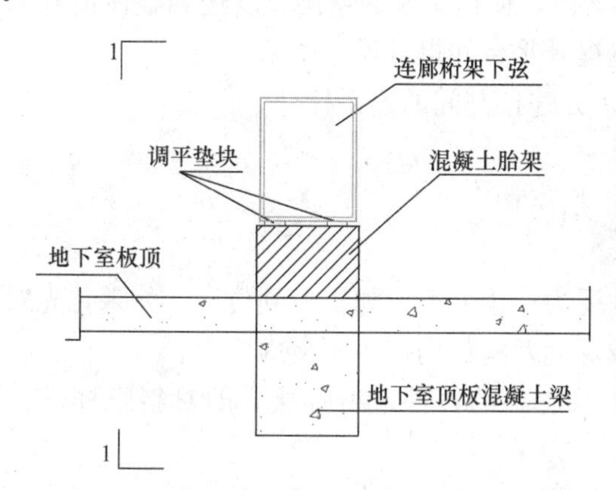

图 6　拼装胎架

（3）提升平台及吊点

高区连体设置了 13 个吊点，因两座塔楼在靠近连体侧为凸状型，中区连体位置跨度最为狭窄，为使高区连体提升结构能够顺利通过中间的狭窄的间隙，我们在高区连体两侧采用悬臂法安装部分钢桁架段，使桁架段的悬挑长度达到高区连体能够通过中区的狭窄区域。提升下吊点吊具设置在钢结构连体提升单元的顶层弦杆上，通过专用底锚和钢架线与提升上吊点的液压提升器连接。见图 7。

通过 Midas Gen 建模分析，得出提升平台最大反力标准值为 1501kN，根据计算结果，提升平台杆

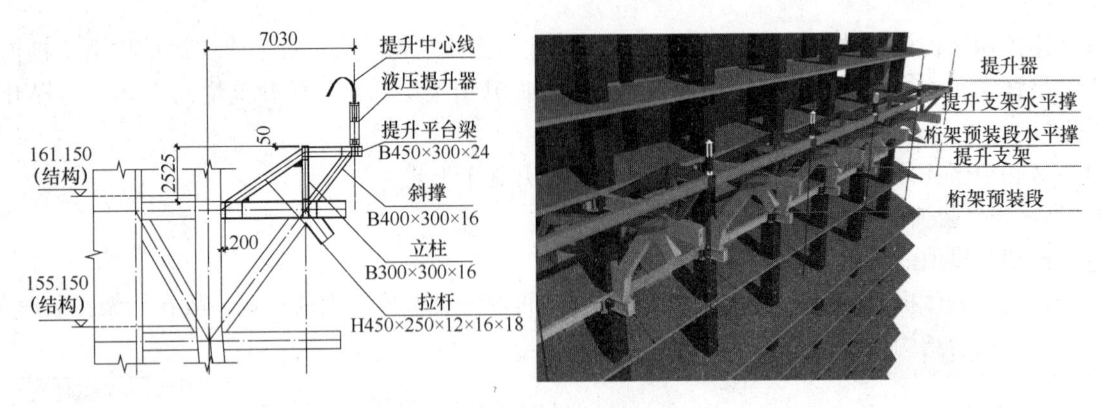

图 7　高区提升平台

件最大应力为 209MPa，满足设计要求。下吊点采用 ANSYS 有限元分析软件，经计算分析下吊点满足需求。见图 8、图 9。

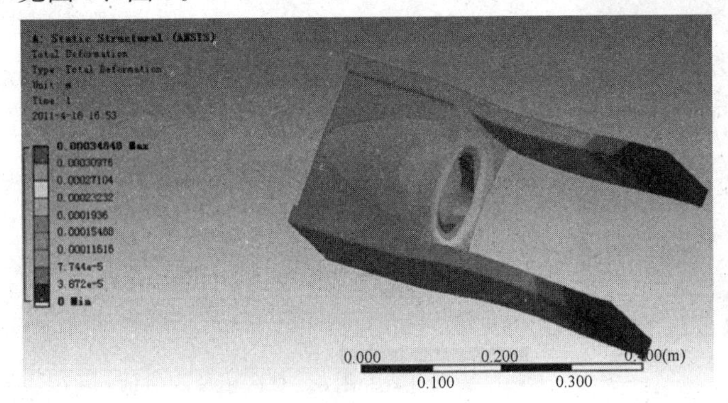

图 8　下吊点 ANSYS 分析

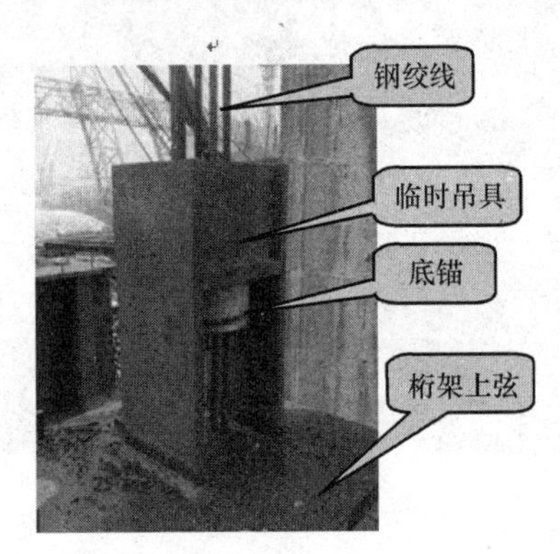

图 9　下吊点照片

（4）高区提升流程

第一步：在高区连体两侧采用悬臂法安装部分钢桁架段，使桁架段的悬挑长度达到整体提升结构能够顺利通过中间的狭窄的间隙，在悬挑钢桁架段上设置提升平台和提升器。

第二步：利用塔吊，拼装高区连体 34～45 层桁架，并连接其间的连系杆件。

第三步：提升高区连体桁架。

第四步：利用塔吊，依次安装高区连体 36、37、38 层结构。

（5）连体提升到位后的桁架连接部位的焊接顺序

由于连体钢桁架在提升状态下，提升点部位的杆件受力产生变形。如提升到位后，如果首先对提升点部位的杆件进行焊接，提升钢绞线放张后，必然造成焊缝及构件内产生不良内应力。

经分析，连体钢桁架提升到位后，首先，要对自由状态下的杆件进行焊接。即对斜腹杆进行连接焊接。

斜腹杆焊接连接后，提升点的钢绞线进行同时放张卸载。放张卸载为分级卸载。放张过程中，对对接焊接构件部位进行标记，并使用全站仪及其他辅助测量工具进行监测，以保证对接的准确无误。

调整上、下弦杆的焊接口，临时点焊。待整体调整达到设计要求后，每根杆件两侧的焊接口对称施焊。以利于消除焊接变形对构件产生的影响。进行连体钢桁架上、下弦杆的焊接固定。再依次进行次杆件的焊接。见图 11。

3.1.3　中区连体提升

高区和低区连廊提升时，将整个桁架及桁架间的水平杆件作为提升体，在地面拼装成整体，然后整体提升。

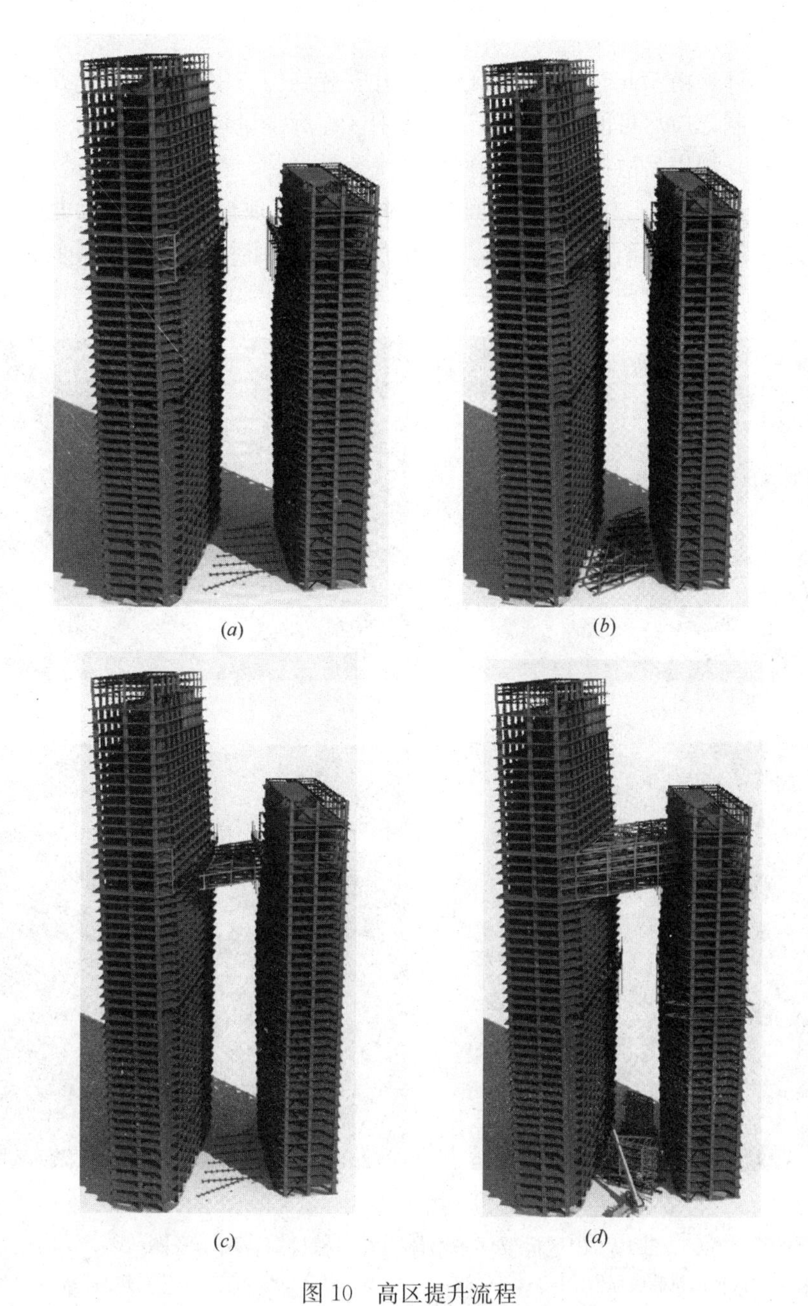

图 10　高区提升流程

（a）第一步；（b）第二步；（c）第三步；（d）第四步

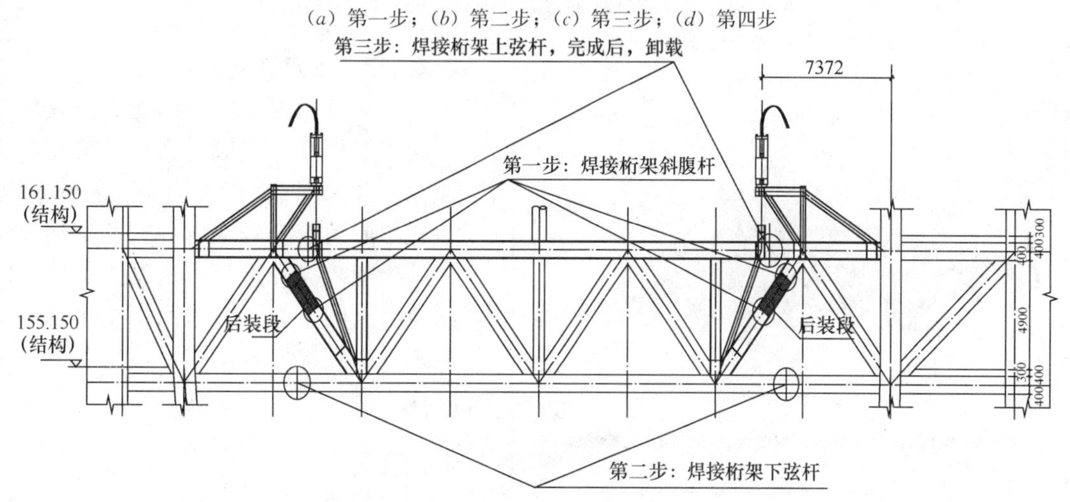

图 11　桁架对接后焊接顺序

对于中区连廊的提升，由于此时高区连廊已经提升安装到位，中区安装时塔吊吊绳将被高区连廊挡住，塔吊的使用受到限制，应尽可能减少散拼量，将中区连廊少量构件（此部分构件利用汽车吊拼装时位置受限，拼装难度大）用塔吊散拼，其余构件使用汽车吊吊装，整体提升的办法。

中区连廊提升重量达3200t，共5层，地面拼装时，地下室顶板荷载承载能力不足。故在地面拼装两层桁架体系，先提升一小段距离（200mm），并静置24h后在继续向上拼装剩余3层钢框架构件，拼装完成后再进行整体提升，共分两次进行提升。见图12。

图12　中区桁架体系整体提升与散拼结合法示意图

（*a*）第一步：中区地面拼装底部桁架体系；（*b*）第二步：提升离地200mm，24h后再拼装桁架上部框架构件；（*c*）第三步：正式提升到位；（*d*）第四步：剩余少量构件散拼

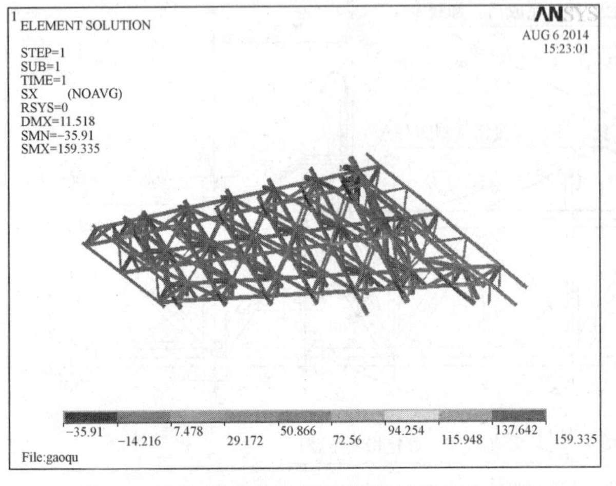

图13　连体提升单元提升装配过程应力云图

3.2　应力应变监测

在提升过程中，采用无线振弦应变采集系统对被提升体关键受力构件进行应力应变监测，并采用ANSYS有限元软件模拟分析，以找出应力应变较大部位。高区连体提升单元（桁架）提升过程分析结果如图13所示，从应力云图上看，各工况下应力集中区域发生均发生在提升点附近，同时提升点附近也是应力变化较大的区域。

4　结语

腾讯滨海大厦工程施工中所采用的超大

型液压提升技术、应力应变监测技术、悬臂葫芦斜拉法、ANSYS建模分析等技术，充分保证了施工质量与安全，连体最终卸载产生以及结构自重产生的结构跨中挠度控制在32mm内，焊接变形小，结构最终的安装偏差经实测实量，最终的偏差最大为9mm。

项目以本工程钢结构高质量的完成安装为契机找出一条解决类似工程施工难题的安装方法，为类似工程钢结构安装提供施工经验。

一种超大跨度筒形网壳的施工技术

李立武，孙超群，白延文，邢成功

（徐州中煤百甲重钢科技股份有限公司，徐州 221006）

摘 要 盘县电厂储煤仓，超大跨度筒形网壳结构，采用先起步单元安装，后续网架高空散装的施工方法。起步单元分A、B、C三段地面拼装，然后采用四台吊车分别先后吊装A、B段，按设计位置就位，再用四台吊车将C段吊起，先后与A、B段空中对接，卸载完毕后再用三台吊车站在网架一端进行散装小拼单元。

关键词 超大跨度；起步单元网壳；施工

1 前言

超大跨度储煤仓是为了保护堆取料机及露天存放的煤炭等物料，并减少其对周围环境污染而专门建造的一种特殊建筑物，它被广泛地应用在煤炭、电力、水泥、钢铁等行业。我们在施工实践中，探索总结出了采用分块地面拼装，然后空中对接的施工方法，该施工方法申报了发明专利和省级工法，经过实际使用，验证了它完全能够满足使用功能的要求。盘县电厂储煤仓网壳，采用分块对接的方法，保证了安全和质量，满足了业主对工程的要求。

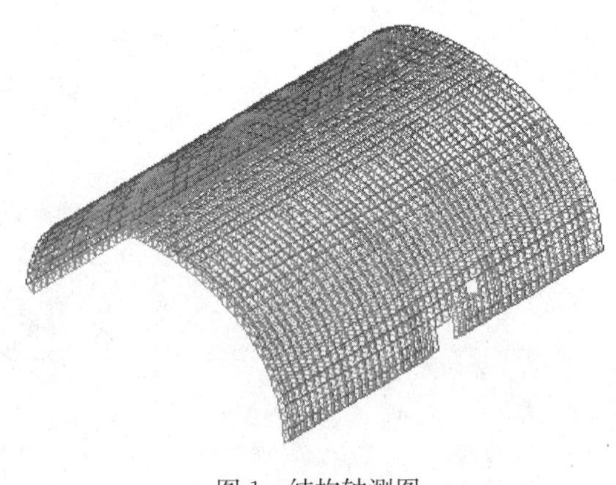

图1 结构轴测图

2 工程简介

盘县电厂网壳，筒形结构，螺栓球节点正放四角锥，下弦周边点支承，支座为双向支座，支承柱高度为4.5m，网壳矢高50.374m，网壳厚度3.5m，网壳跨度127m，长度为161m。见图1。

3 总体方案的选择

本工程为超大跨度，总体方案选择的正确与否，将直接关系着工程的施工质量，经过各种方案的比较，根据现场实际的场地情况，最后我们还是决定采用高空散装法。

4 施工区段的划分

本工程为改建工程，场地狭小、障碍物多、不能停产为该工程施工现场的突出特点，也是影响施工的主要环境因素。这些因素无法改变，为了不影响生产，经和业主商定，我们对该工程分区段施工，业主分区段生产，即我们先施工1～12轴A区段，业主在12～25轴B区段生产，然后我们再施工12～25轴B区段，业主在1～12轴A区段生产，材料也按照区段划分的施工顺序先后进场，分区段施工既能保证工程的顺利进行，也能满足业主正常生产的需要。见图2。

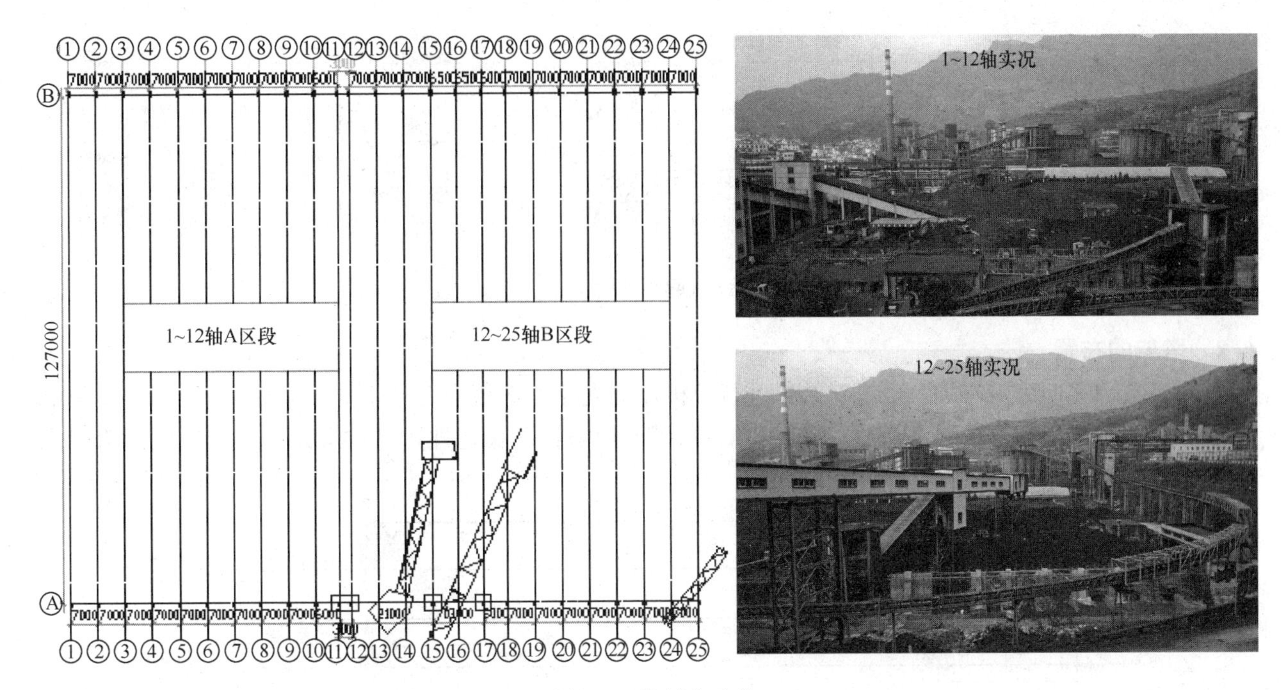

图 2　区段划分示意

5　起步单元施工方案的选择

总体方案决定采用高空散装法，但是高空散装是建立在稳定的起步单元之上的，所以起步单元的安装是本工程的核心内容，即将起步单元分为 A、B、C 三段，先将三段网架地面拼装，然后再将 A、B 段网架吊至设计位置，一端支承于支座，另一端支承于塔架，最后再将 C 段吊起进行空中对接，对接完毕进行小拼单元高空散装。见图 3。

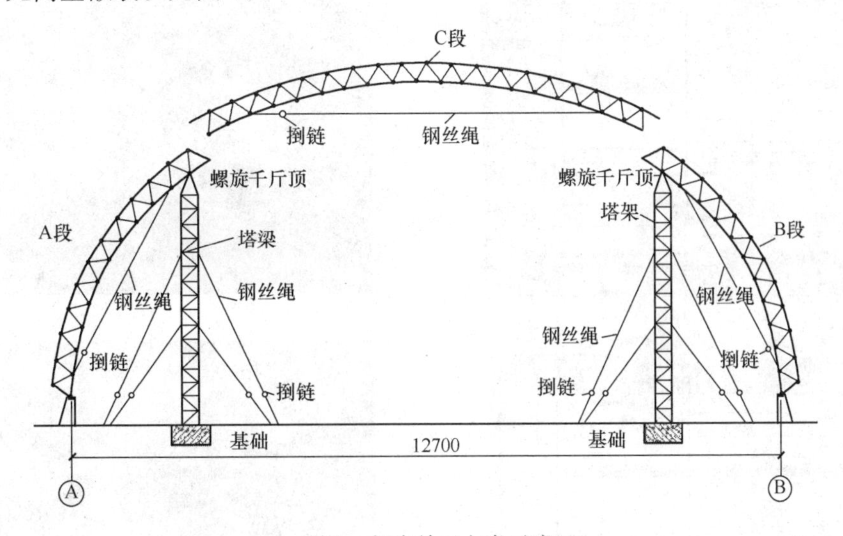

图 3　起步单元方案示意

6　起步单元的施工过程

6.1　起步单元的选择

根据以往类似工程的施工经验，结合本工程的场地情况，使用 MST 软件进行验算后，我们选择 7～10轴为起步单元，其宽度为上弦 5 个网格，下弦 6 个网格，长度为网架的跨度。见图 4。

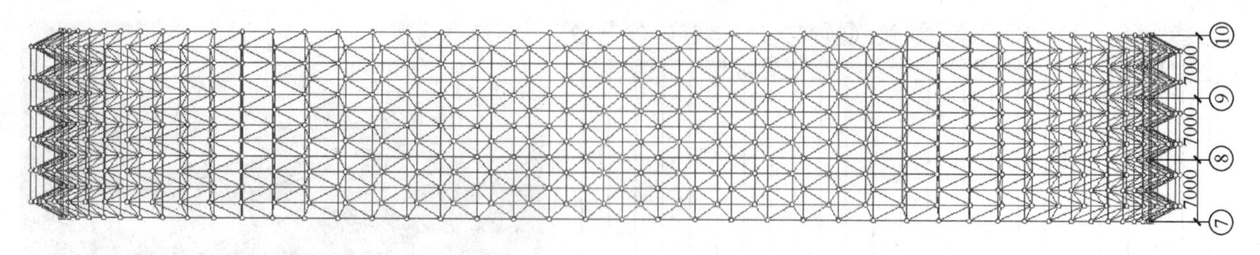

图4 起步单元示意

6.2 塔架的布置

网架结构立面为三心圆，经过对结构进行分析，把支撑点选择在7～8、9～10轴之间的第12个下弦球（从支座开始往上数），塔架高度约43m，为了增加塔架的稳定性，又在塔架的四周设置了双层揽风绳，塔架底部设计了独立基础。见图5。

图5 塔架基础布置示意

6.3 吊车的选择

起步单元分为A、B、C三段，其分段大小及拼装位置如图6所示，其中A、B段长度为48m，宽度为21m，重量约44t，吊装高度约46m，C段长度为78m，宽度为21m，重量约52t，吊装高度约52m。

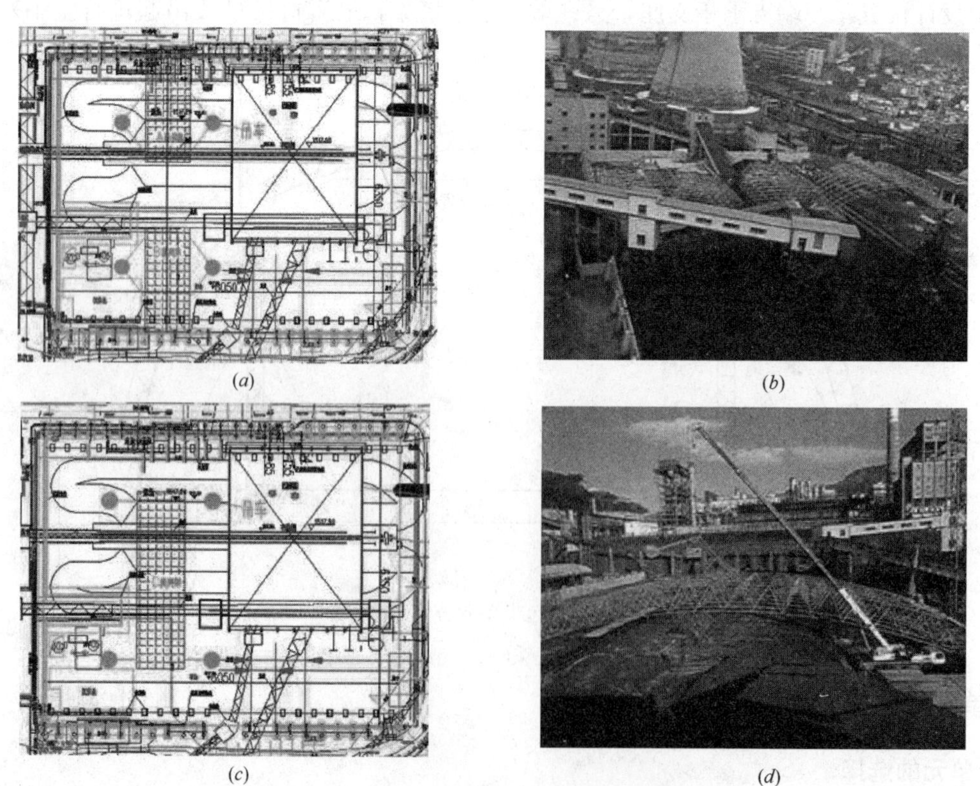

(a) (b)

(c) (d)

图6 起步单元分段大小及拼装位置

(a) A、B段平面拼装位置示意；(b) A、B段实际平面拼装位置；

(c) C段平面拼装位置示意；(d) C段实际平面拼装位置

根据A、B、C三段现场拼装位置，利用我们公司自己设计的吊车选择工具，选择起重吊装设备，对A、B段网架选用两台50t和两台180t四台吊车将其吊装到设计位置，对C段网架选用四台260t吊车将其吊装至设计位置。见图7。

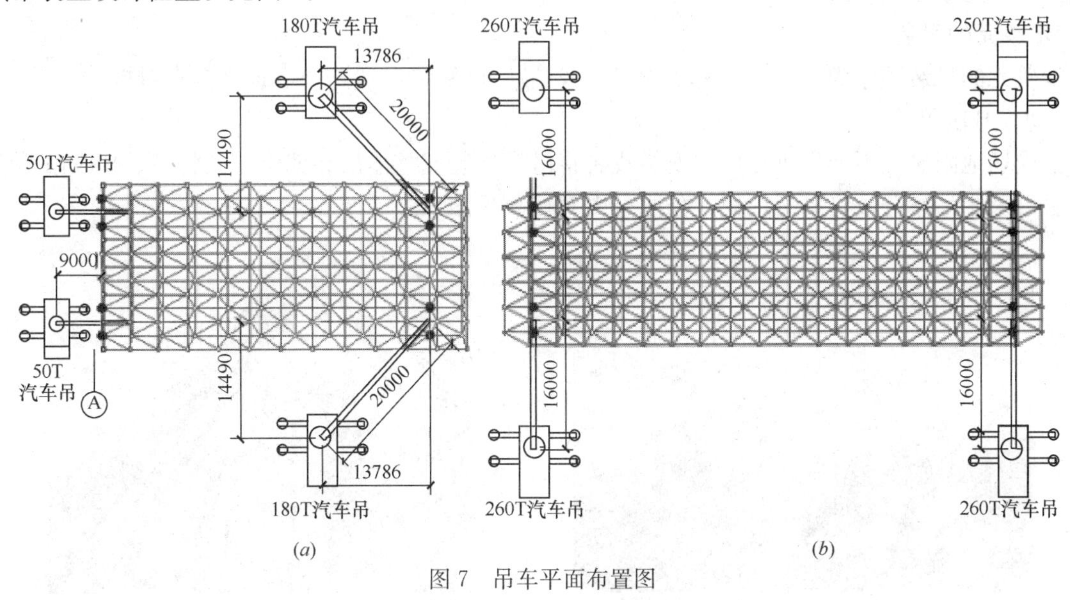

图7 吊车平面布置图

(*a*) A、B段吊车平面布置图；(*b*) C段吊车平面布置图

6.4 起步单元变形控制

A、B段网架拼装时，分别从支座端往另一端，先下弦再腹杆后上弦的顺序延续拼装，当拼装至长度的三分之二时，将A、B段支座端吊装放至基础顶部支撑面，然后继续拼装至设计尺寸。当A、B段分别拼装完毕，在底部下弦位置按照设计要求拉好钢丝绳，用倒链调节长度，用全站仪控制几何尺寸。见图8（*a*）、（*b*）。

图8 网架

(*a*) A段网架；(*b*) B段网架；(*c*) C段网架

C段网架拼装位置在煤堆上，C段的拼装顺序为从中间往两端进行，也就是先在煤堆上部拼出一小单元，然后再分别向A、B段网架延续拼装至设计尺寸，由于煤堆过高，张拉钢丝绳无法穿过，在吊装前进行张拉，用全站仪控制几何尺寸。见图8（*c*）。

6.5 起步单元的吊装

起步单元的吊装顺序为先B段，然后再A段，最后再吊装C段与A、B段空中对接。

（1）A、B段吊装

由于受场地限制，不能先进行塔架安装或者将塔架拼装成整体吊装就位，先将A、B段吊至设计位置，然后再采用吊车分段将塔架填充，分段空中对接。见图9。

(*a*) (*b*) (*c*) (*d*)

图9 A、B段吊装及空中对接

（*a*）B段吊装；（*b*）B段塔架空中对接；（*c*）A段吊装；（*d*）A段塔架空中对接

（2）C段吊装

由于中间煤堆的影响，C段的拉结钢丝绳在拼装过程中没能进行拉结，吊装前的首要工作就是先利用吊车将C段一端吊起，然后进行钢丝绳拉结，拉结完毕重新调整好吊点后，再进行C段的吊装工作（图10）。

（3）空中对接

本次对接杆件共50根，每侧25根，为了保证对接前的安装精度，专门采购了免棱镜全站仪，按照图纸设计尺寸及规范要求对起步单元尺寸及关键点位进行控制。

对接的顺序为先C段与A段，然后再C段与B段，C段与A段对接相对来说稍微容易点，因为C段的另一端可以活动，对接的难点在于C段与B段，为了保证C段与B段对接顺利，在B段又增加了两台吊车，保证了对接的顺利进行。见图11。

6.6 起步单元吊车卸载

起步单元空中对接共采用6台大吨位吊车，将6台吊车分为三组，吊装A段的两台为一组，吊装C

(a) (b)

图 10 C段吊装

(a) C段钢丝绳拉结；(b) C段吊装

C段与A段空中对接

C段与B段空中对接

图 11 C段与 A、B段对接

段靠近 A 段侧的两台为二组，吊装 C 段的另外两台为三组。卸载顺序为三组卸载一吨力→二组卸载一吨力→一组卸载一吨力→B 段底部千斤顶卸载 2cm→第一轮卸载结束暂停 15min 后开始第二轮卸载，按照第一轮的卸载方式每卸载完一次暂停 15min，直到所有吊车和千斤顶不在承受荷载，卸载完成。见图 12。

图 12 卸载完成

7 后续网架的安装

后续网架采用高空散装施工，为了加快施工进度，我们采用三台吊车，即 A、B、C 三段位置下分别配置一台，先由 7 轴往 1 轴方向，然后再由 12 轴往 25 轴方向。

由于 1～3 轴 C 段位置无法采用吊车进行小拼单元吊装，自制了小型吊具，满足了安装需要。见图 13、图 14。

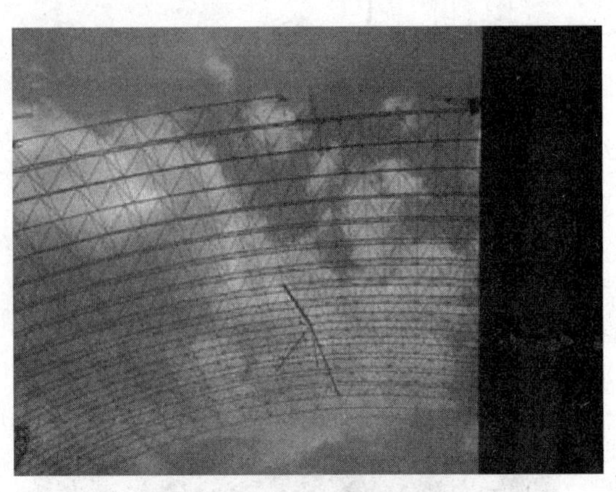

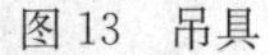

图 13　吊具

图 14　吊装小拼单元

A 轴交 12～15 轴有 21m 宽度的洞孔，没有支承，采用常规散装法，杆件超应力，为了保证顺利散装至 15 轴，用 MST 软件进行分析验算，通过采用在 13～14 轴之间增加一组塔架和在洞口位置增设临时支撑的方式解决了杆件超应力的问题，保证了散装的顺利进行。见图 15～图 17。

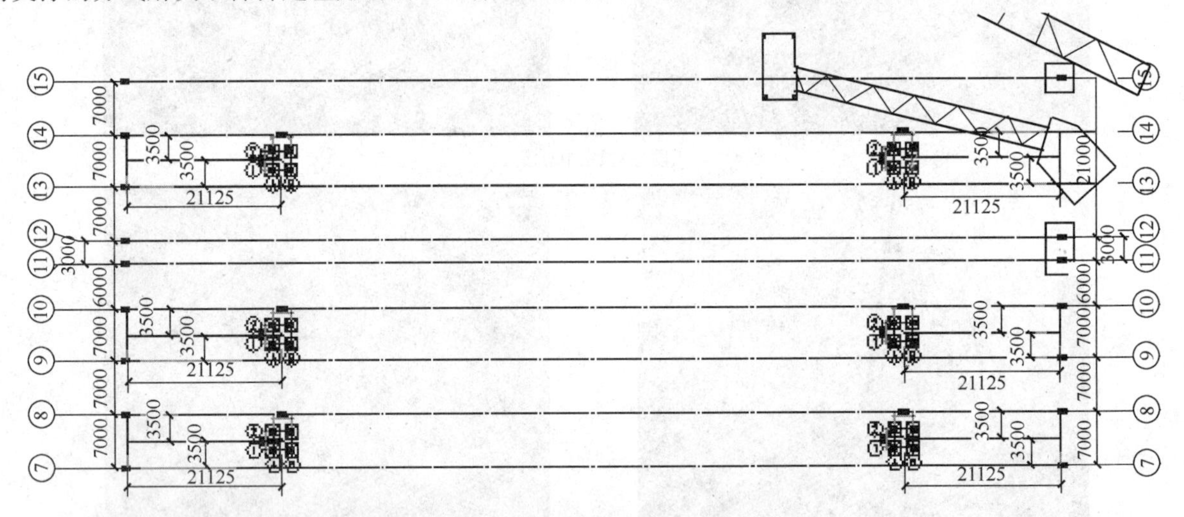

图 15　塔架基础布置

图 16　塔架支撑

图 17　临时支撑

8 屋面板安装

屋面板采用840型，排板图按照网架弧度将屋面分为23节，根据施工区段的划分，先施工A区段，然后施工B区段。屋面安装时A、B轴同时从底向顶进行，先安装首节板，然后安装二节板，以此类推往上安装至A区段完成，然后以同样的方法安装B区段。见图18、图19。

图18 首节板安装

图19 二节板安装

9 结语

工程从开工到完工历时6个月，并于2015年10月28日通过竣工验收（图20、图21）。工程保质保量的顺利完成，达到了业主的预期效果，取得了环保部门对业主的认可，也为我们挑战下一个超大跨度筒形网壳的施工积累了经验。

图20 工程施工前

图21 工程竣工后

参考文献

[1] 中华人民共和国国家标准．钢结构工程施工质量验收规范 GB 50205—2001[S]. 北京：中国计划出版社，2002.
[2] 中华人民共和国国家标准．钢结构工程施工规范 GB 50755—2012[S]. 北京：中国建筑工业出版社，2012.
[3] 中华人民共和国国家标准．建筑地基基础设计规范 GB 50007—2011[S]. 北京：中国建筑工业出版社，2011.
[4] 中华人民共和国国家标准．建筑结构荷载规范 GB 50009—2012[S]. 北京：中国建筑工业出版社，2012.
[5] 中华人民共和国国家标准．钢结构设计规范 GB 50017—2003[S]. 北京：中国计划出版社，2003.
[6] 中华人民共和国行业标准．空间网格结构技术规程 JGJ 7—2010[S]. 北京：中国建筑工业出版社，2010.

昆明滇池国际会展中心屋盖钢结构施工技术

王小宁[1]，李红波[2]，李林元[1]，杨国松[1]，朱树成[1]，支欢页[1]

（1. 江苏沪宁钢机股份有限公司，宜兴　214231；

2. 云南省城市建设投资集团有限公司工程技术管理中心，昆明　650200）

摘　要　昆明滇池国际会展中心下部由二层混凝土结构连成一个有机整体，上部分成13个独立的展馆，展馆钢结构屋盖坐落在第3层混凝土结构的排架上，为箱形张弦梁结构体系。针对工程结构特点和施工难点，介绍了大跨度张弦梁结构累积滑移的施工技术，模拟分析拉索初始张拉力的大小对结构滑移施工的影响，通过施工仿真模拟分析，确保屋盖结构施工安全可靠。

关键词　大跨度钢结构；张弦梁；滑移施工；张拉

1　工程概况

昆明滇池国际会展中心位于昆明官渡区福保半岛区域，建筑造型独特，建筑核心区域以“孔雀开屏、祥瑞春城”为设计理念，彰显出昆明城市特色文化与国际地标风范。项目作为旅游会展城市综合体，集会展、旅游、休闲、度假、商贸等功能为一体。项目总建筑面积约117万m^2，共23个室内展馆，含13个无柱展馆、10个有柱展馆。

图1　整体建筑效果

展馆置于3层混凝土楼面14m标高的混凝土平台之上，展馆屋盖分为张弦梁钢结构体系和金属屋面体系，展馆周边设置箱形弯扭杆件组成的弧面网格，其造型随空间变化而变化。如图1所示。

本工程展馆屋盖钢结构为张弦梁结构，单个展馆长度152.4m，跨度63m，由18榀张弦梁及其间主檩条、拉索构成。张弦梁由上部拱形组合截面钢梁和下部钢拉索及中部撑杆等部分组成；张弦梁主拱为变截面梁（日800～700×300×14×18），矢高7m，屋面系杆、檩条杆件等为箱型截面，钢索为规格ϕ56高钒索，除展馆两侧山墙位置主拱为刚接节点外，其余主拱拱脚设置滑动支座，展馆结构示意及节点如图2、图3所示。

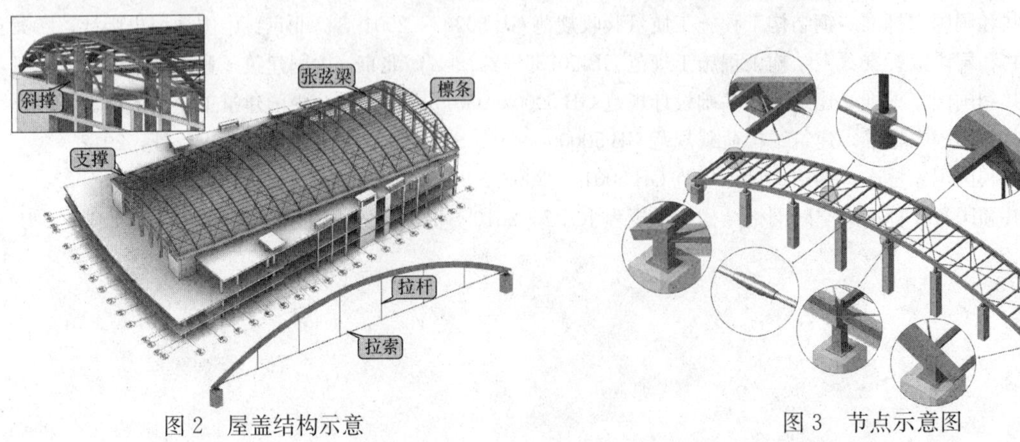

图2　屋盖结构示意

图3　节点示意图

2 安装方案概述

本工程屋盖钢结构位于14m平台混凝土结构上，展馆外侧为消防通道，部分展馆内楼面设计荷载无法满足吊装施工车辆行走及工作荷载需求，展馆纵向两侧无施工作业条件，因此采取馆内吊装及结构跨外吊装均难度较大。若采用塔吊分段安装、整体提升的安装方案，则由于张弦梁与檩条连接节点刚度无法满足提升受力要求，且结构安装影响塔吊的拆除，因此提升的施工方案也不能满足现场安装施工要求。

综合考虑，采取设置高空拼装胎架，主拱结构分段吊装、累积滑移的滑移安装方案。即在展馆一端设置滑移固定支架，利用履带吊和汽车吊，将屋盖张弦梁分段及檩条等构件吊装就位至固定支架，焊接完成、拉索初步张拉完成后，逐步累积滑移至安装位置。

为节约工期，提前提供部分工作面给金属屋面专业施工，当屋盖累积滑移安装完成一半（即九榀张弦梁）时，将该前九榀大滑移单元滑移至安装位置，就位后进行支座施工及拉索张拉施工，随后插入该部位金属屋面施工，滑移固定支架位置则继续进行后续9榀张弦梁的累积滑移施工。

根据屋盖结构安装方案思路，每个展馆屋盖结构共分成2个大滑移分区、17个滑移单元，滑移分段1～滑移分段9为滑移分区一，滑移分段11～16为滑移分区二，滑移分段10为嵌补段，滑移分段17为吊装分段，具体滑移单元划分如图4所示。

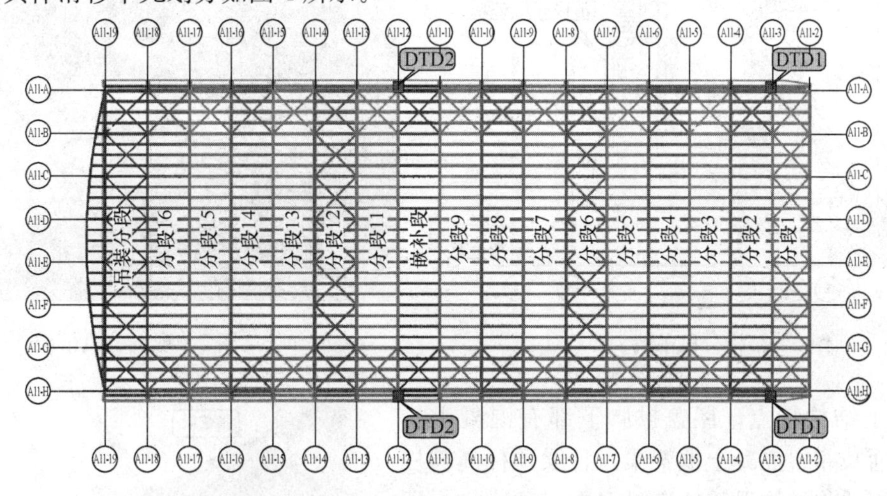

图4　滑移单元划分

施工流程：

(1) 在展馆内侧一端搭设拼装平台。在柱顶布置通长滑移轨道。

(2) 滑移分段1在拼装胎架区域进行拼装。

(3) 滑移分段1向前滑移出拼装胎架区域。

(4) 滑移分段2在拼装胎架区域与滑移分段1对接拼装。

(5) 滑移分段1、2一起滑移出拼装胎架区域。

(6) 滑移分段3在拼装胎架区域与滑移分段2对接拼装。

(7) 按照上述步骤累积滑移，将滑移分段1～9拼装成整体滑移单元。

(8) 将滑移分段1～9整体滑移至原设计位置，落架后进行拱架支座及拉索二级张拉。

(9) 按照上述步骤累积滑移，将滑移分段11～16累积滑移安装完成。

(10) 最后将分段10檩条构件嵌补安装及分段17吊装完成。

3 滑移施工方案

张弦梁跨度63m，矢高7m，采取工厂分段加工，现场高空对接的方案进行安装。综合考虑吊装机

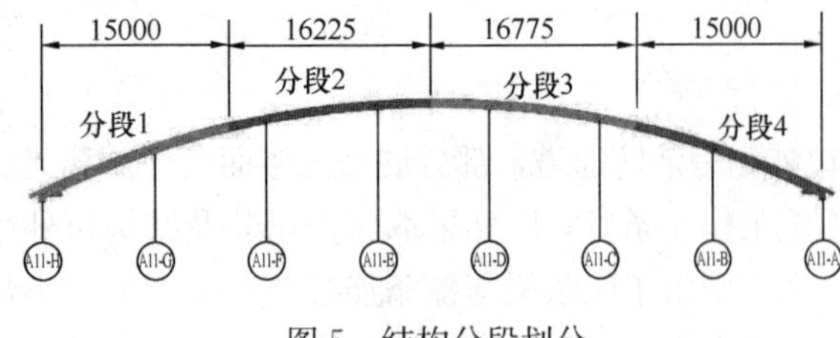

图5 结构分段划分

械起重性能及构件重量，张弦梁分四段进行高空对接安装，分段如图5所示。

展馆屋盖外侧消防通道可承载汽车吊进行施工作业，因此屋盖张弦梁分段及屋面主檩条箱型构件采用履带吊和汽车吊配合吊装，通过吊装模拟分析，第一榀张弦梁分段采用150t履带吊进行吊装，其余构件采用25t汽车吊，安装至滑移固定支架定位位置，如图6所示。

张弦梁采用分段吊装定位，定位位置设置滑移固定支架，支架为格构式框架结构，由主次钢管焊接而成。该固定支架位于三层混凝土结构楼面上，展馆一端，为了避开展馆山墙位置的混凝土梁及立柱，滑移固定支撑架需适当往馆内偏移，经模拟分析，该固定支撑架外排格构支撑中心距混凝土柱轴线1.5m，两列格构柱间距9m，支架侧立面如图6所示，现场安装实例如图7所示。

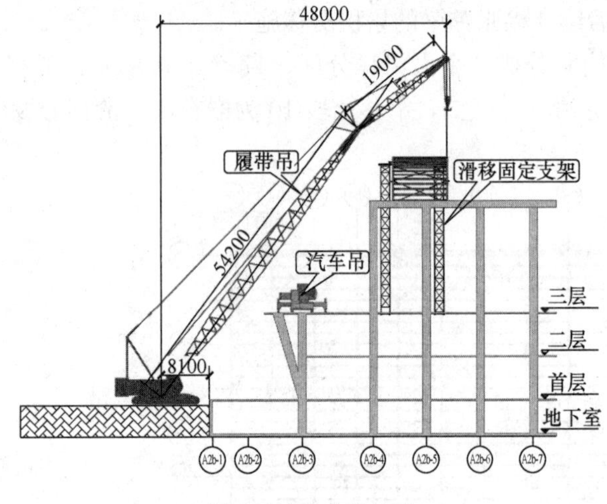

图6 结构分段吊装

图7 现场分段吊装

根据混凝土结构特点，屋盖拱脚下部有混凝土排架，排架顶部通长布置混凝土框架梁，且梁顶标高与柱顶标高一致，因此将结构滑移轨道设置在梁顶中心，即展馆纵向两端F、N轴线位置的混凝土排架梁柱顶布置两条滑移轨道，轨道从4轴到21轴通长布置，采用43kg级铁路用热轧钢轨。在混凝土梁顶中心间距1m设置埋件，利用卡板将钢轨与埋件进行固定。

每个屋盖通过两次累积滑移拼装完成整个屋盖安装，其中1～9分段为第一次滑移分段，总重约340t；11～16分段为第二次滑移分段，总重约230t；10分段为分段间嵌补，17分段构件吊装就位。通过计算，每组滑移分段设置一组滑移顶推点可满足滑移施工要求，顶推点设置在张弦梁主拱脚部，通过液压爬行器驱动结构滑移。为确保滑移过程中，屋盖结构不发生倾覆，其余张弦梁脚部两侧均设置被动滑靴，滑移顶推构造如图8所示。

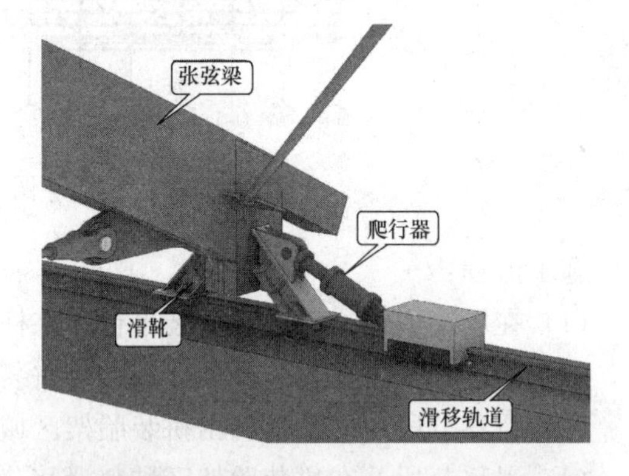

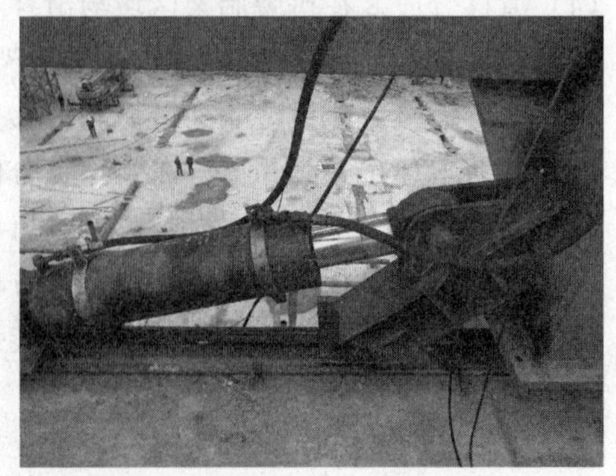

图8 滑移顶推构造

4 拉索张拉方案

每个展馆所包含的18榀拱架，除展馆两侧山墙位置拱架外，其余16榀均为张弦梁，即16榀拱架下弦各布置一根$\phi 56$的高钒拉索，长度60m，拉索端部与张弦梁铰接，拉索中间通过6根吊杆与张弦梁销轴铰接。

为达到设计要求的结构位形、结构内力、支座位置及受力，预应力的施加是一个关键工序，因此需要对施工全过程进行施工仿真计算并在施工中进行全过程施工监测。

作为屋盖结构的受力组件，拉索需进行预张拉方能参与结构受力。屋盖结构采用滑移安装的施工方案，因此在滑移前，必须对拉索进行张拉，且不能立即张拉至设计要求受力状态，需采取二次张拉方案。因此需仔细验算拉索初始张拉力多大时，既能有效保证结构滑移安全，结构又不会产生较大变形，且滑移变形需在二次张拉时能调整恢复，并使拉索最终张拉力满足设计要求。

拉索的安装和张拉施工穿插在钢结构的安装过程中，总体张拉施工流程为：

（1）张弦梁构件分段安装焊接完成后，安装拉索并进行初始张拉。

（2）累积滑移至安装位置并落架至埋件，调节一端拱脚定位位置，并与埋件焊接固定，另一端调整好平面安装位置后，限制平面外的位移。

（3）从大滑移分段中间向两端同步进行第二级张拉，每次同步张拉2根拉索。

（4）大滑移分段所有拉索第二级全部张拉完成后，满足设计受力及结构外形要求后，焊接拱脚支座，完成钢结构的安装。现场拉索张拉施工如图9所示。

图9　拉索张拉实景图

为确定初始张拉力的大小，通用有限元分析软件Midas/Gen，按照图纸建立屋盖结构的整体模型，构件规格、边界条件等和图纸一致，结构自重（1.1倍系数）由程序自动计算，采用施加初拉力的方法来达到施加预应力的目的，按照实际的张拉顺序对整个施工过程进行仿真模拟计算。计算荷载组合如表1所示。

荷载组合参数　　表1

计算目的	计算内容	荷载组合
控制变形 拉索初张拉 滑移阶段 结构安全校核	支座反力 位移 拉索轴力 屋盖结构应力	dead＋ds 1.35（dead＋ds）＋1.4live 1.35（dead＋ds）＋1.4wx

注：dead—屋盖自重；ds—索预紧力；live—油缸推力；wx—风载

通过改变拉索初加力的大小，模拟计算结构在滑移过程中的应力及变形情况、支座反力及支座位移变化情况。通过多种计算结论数据对比，当初始张拉力达到63%的设计张拉力，即310kN时，其结构变形、支座反力最小，结构变形及支座水平反力最大值如表2所示。模拟分析后，最终拉索初始张拉力及2级张拉力选择如表3所示。

张弦梁在初始张拉力下的变形及应力　　表2

初始张拉力	竖向变形	水平变形	结构应力	支座水平力
310kN	7mm	5mm	95MPa	18kN

拉索张拉力（kN）　　表3

拱架轴线号	初始张拉力	2级张拉力
内侧山墙拱	296	
第1榀拱	310	489

续表

拱架轴线号	初始张拉力	2级张拉力
第2榀拱	310	489
第3榀拱	310	490
第4榀拱	310	491
第5榀拱	310	490
第6榀拱	311	489
第7榀拱	310	485
第8榀拱	310	485
第9榀拱	310	489
第10榀拱	310	490
第11榀拱	311	491
第12榀拱	311	490
第13榀拱	311	489
第14榀拱	311	489
第15榀拱	310	490
第16榀拱	310	491

在钢索预应力张拉施工过程中，通过对结构变形和索力的变化进行监控，可及时发现理论计算值与实测值之间的差别，并及时对计算模型进行校正（如果这种差别由计算模拟的错误所致），从而保证施工模拟计算的正确性；保证预应力施工过程的安全和质量，并使最终完成后的预应力状态与设计要求相符。

（1）索力的监测：通过油压传感器进行实时监测。压力传感器安装在张拉液压千斤顶油泵上，在张拉过程中通过油压传感器随时监测拉索的预拉值，通过预拉值与模拟计算理论值进行比较，如果差别较大时停止张拉，找出原因并提出解决方案后再继续张拉。

（2）变形监测：采用全站仪测量张弦梁定位点在张拉过程中坐标变化情况进行监测。

在预应力钢索进行第1级张拉时，钢结构部分会随之变形。在预应力钢索张拉的过程中，结合施工仿真计算结果，对钢结构变形监测可以保证预应力施工安全、有效。考虑张弦梁跨度63m，分四段进行安装，分段对接位置均有定位坐标控制点，并粘贴了测量反光片，因此张拉过程中变形监测利用全站仪测量位于跨中的3个定位点竖向坐标变化情况，变化规律是否与模拟计算的理论变形相符。

5 结语

（1）昆明滇池国际会展中心展馆钢结构采用张弦梁结构体系，各展馆位于同一混凝土平台上，施工跨度大，安装难度大，根据各结构体系特点，选择累积滑移施工方案进行钢结构安装。

（2）针对结构特点，采取合理的结构吊装分段、支撑体系及滑移措施，保证了结构施工的经济性、准确性和安全性。

（3）本工程张弦梁拉索采用二级张拉施工工艺，模拟分析初张拉力的大小对结构滑移施工的影响，选择合理的初张拉力。为合理控制结构的位移和内力，施工过程中进行应力变形施工监控，确保结构施工的安全可靠。

参考文献

[1] 江苏沪宁钢机股份有限公司．昆明滇池国际会展中心屋盖钢结构施工组织设计[R]．昆明：2014.

[2] 中华人民共和国国家标准．钢结构设计规范 GB 50017—2003[S]．北京：中国计划出版社，2003.
[3] 中华人民共和国国家标准．建筑结构荷载规范 GB 50009—2012[S]．北京：中国建筑工业出版社，2012.
[4] 罗尧治，董石麟．索杆张力结构初始预应力分布计算[J]．建筑结构学报，2000，21(5)：59-64.
[5] 陈鲁．预应力钢结构张拉控制技术研究[D]．上海：同济大学，2009.
[6] 杨国松，吴文平，王小宁，等．成都双流国际机场 T2 航站楼钢结构滑移施工技术[J]．施工技术，2014，43(20)：54-57.

长沙梅溪湖国际文化艺术中心大剧场钢结构施工关键技术

唐香君，巫明杰，杨建明，葛　方

（江苏沪宁钢机股份有限公司，宜兴　214231）

摘　要　大剧场钢结构主要包括舞台钢结构、观众厅顶梁结构、电梯井结构、入口蜂窝梁结构、拱墙钢结构、屋面梁柱及楼层梁柱钢结构等结构体系，结构整体造型奇特，空间关系复杂，又由于结构周边为地下室结构，施工条件复杂，钢结构安装难度大。针对大剧场钢结构的特点及周边地下室结构特点，采取了吊车通道加固、结构分区焊接与卸载等关键技术，圆满解决了大剧场安装的技术难题，缩短了施工工期，节约了施工成本。

关键词　钢结构；大剧场；地下室结构；通道加固；蜂窝结构；分区焊接；分区卸载

1　工程概况

长沙梅溪湖国际文化艺术中心总建筑面积 12.6 万 m^2，包括大剧场和艺术馆两大主体功能厅，大剧场由 1800 座位的主演出厅和 500 座位的多功能小剧场组成，艺术馆由 12 个展厅组成。湖南省最大、国内领先、国际一流的文化艺术中心。

大剧场钢结构是大跨度多层空间结构，主要包括舞台钢结构、观众厅钢结构、电梯井结构、蜂窝结构、拱墙、屋面及楼层梁柱等结构体系，结构构件主要有箱形截面、H 形截面、钢管截面等形式，结构整体造型奇特，空间关系复杂，存在大量弯曲、弯扭构件。如图 1 所示。

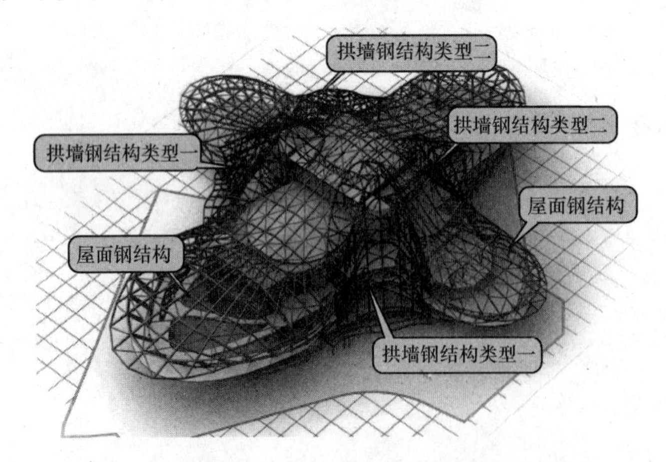

图 1　大剧场钢结构示意图

2　钢结构施工难点

2.1　现场施工条件

大剧场周边为大型地下室，钢结构施工时，履带吊无法直接到达就近位置进行吊装作业，需要采取措施对于通道进行加固处理。

2.2 钢结构安装作业半径大

钢结构吊装所需吊装设备作业半径较大，尤其是大剧场舞台钢桁架、艺术馆中庭钢结构等。安装高度达到52m多，安装难度大。

2.3 钢结构特殊结构安装难

前厅蜂窝结构东西方向长43m，南北方向长59m，最高处高11m，最大倾斜角度51°，由盆式支座、弯扭箱形杆件和铸钢节点组成，最大铸钢节点重量达83.6t。

2.4 屋面钢结构安装难度大

屋盖钢结构为径向BH型梁与BH环梁及钢管支撑交叉形成的曲线型空间结构，在每二榀桁架之间设置了钢管支撑。安装时极易产生平面外的变形，吊装难度极大。

3 大剧场钢结构施工方案的确定

大剧场钢结构根据“从里到外、从下到上”的原则进行安装，其中舞台桁架、五～八区拱墙结构、九区屋面结构分块或分片吊装，其余部位散件吊装。利用大剧场屋面的结构特点，将大剧场屋面进行分区焊接、分区卸载。大剧场屋面分区如图2所示。

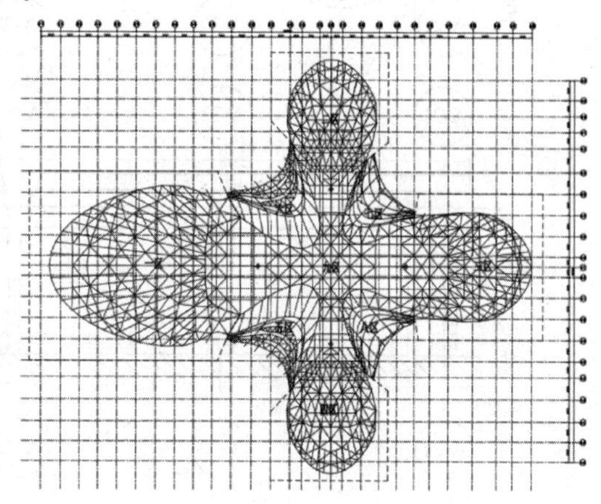

图2 大剧场屋面分区布置图

4 大剧场钢结构施工关键技术

4.1 吊车通道加固技术

根据地下室结构特点，利用混凝土框架柱梁，在（大剧场东南侧A-9轴～A-14轴/A-C轴～A-D轴以及A-21轴～A-25轴/A-F轴～A-G轴等轴线区域）混凝土框架柱梁顶面设重型路基板形成吊车通道。如图3所示。

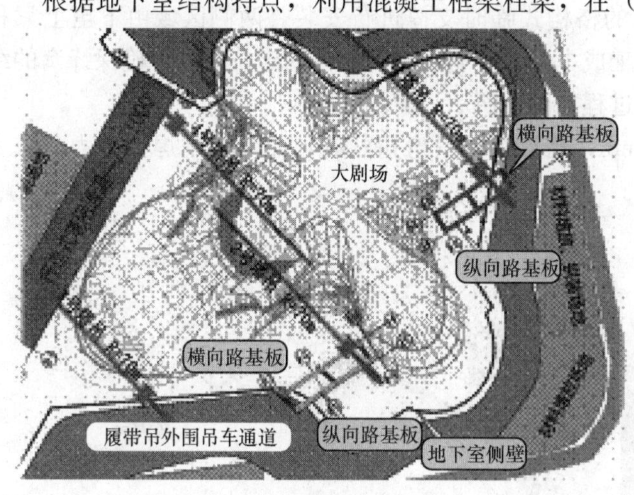

图3 大剧场吊车通道加固位置平面图

先在混凝土框架柱顶和混凝土框架梁面上铺设横向路基板，两者间采用木方进行软接触，避免直接压在楼板上，然后再在横向路基板上方搭设纵向重型路基板，形成吊车通道。由于横向路基板宽度为2m，而在其铺设区域下方混凝土柱为圆600mm或方800mm截面，有部分受力将由混凝土框架梁来承担，考虑到混凝土框架梁的受力要求，故对混凝土框架梁采用独立钢管柱进支撑行加固。并在大底板上独立钢管支撑位置预埋埋件，支撑钢管柱与埋件焊接固定。如图4所示。

4.2 前厅蜂窝结构安装技术

前厅蜂窝结构东西方向长43m，南北方向长59m，最高处高11m，最大倾斜角度51°，由盆式支座、弯扭箱形杆件和铸钢节点组成，是大剧场前厅的主入口。箱形杆件截面主要为：□1200×1200×45×45、□1100×700×45×45、□1100×1100×45×45、□500×1600×45×45、□3100×1300×45×45。蜂窝结构底部对称布置13个巨型盆式支座，蜂窝结构下弦11个铸钢节点，上弦6个铸钢节点，最大铸

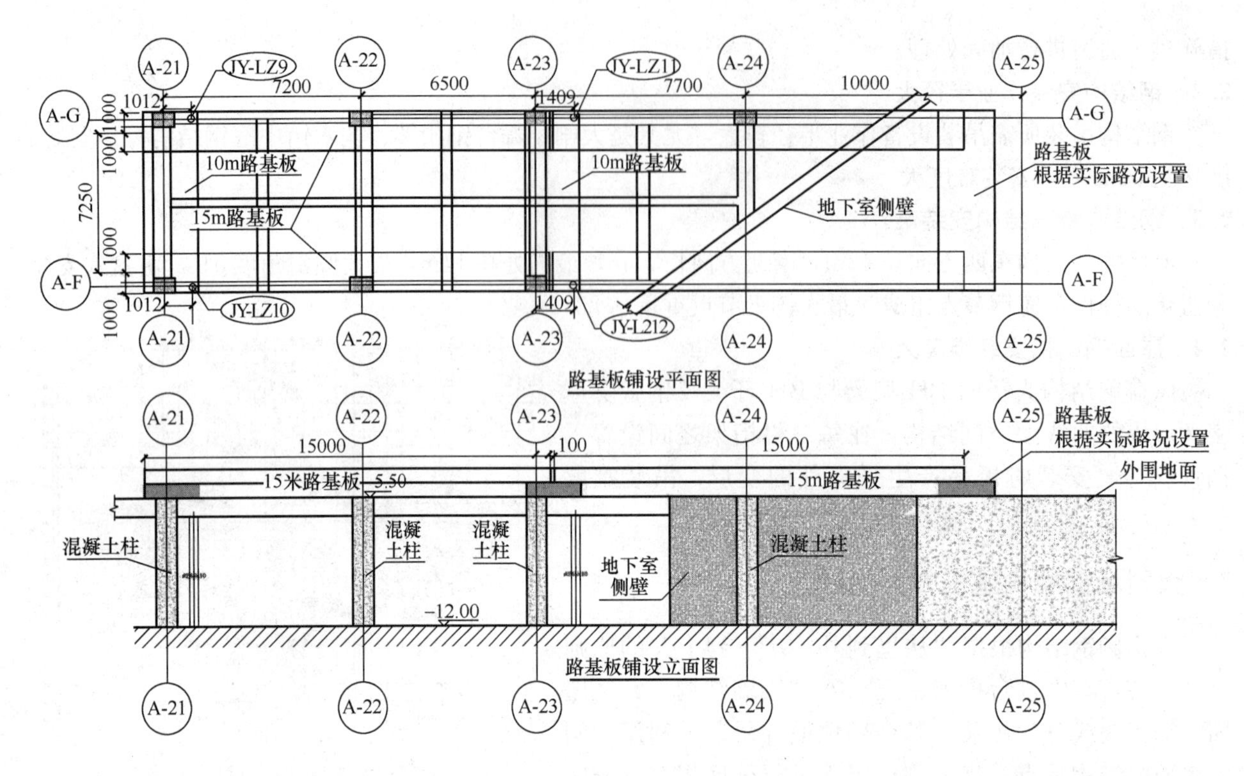

图 4　吊车通道加固示意图

钢节点重量达 83.6t。如图 5 所示。

前厅蜂窝结构的安装，采用 350t 履带吊（主臂 42m＋塔臂 54m 塔式超起工况）进行吊装。蜂窝结构两边呈叠加状态，中间部分连系梁为斜拉状态，因此，根据蜂窝杆件受力特点的不同，将整个蜂窝分为三个区域，中间区域设置横截面 2.5m×2.5m 的格构式临时支撑进行安装，两侧区域由下至上累积安装。这样有利于减少临时支撑的用量，降低施工成本，也有利于提高杆件的定位精度，确保蜂窝的结构安全和整体线型。吊装分区如图 6 所示，施工过程如图 7 所示。

蜂窝结构杆件材质为 Q390GJC，板厚达 45mm，箱形杆件呈弯扭状态，如何控制焊接应力、减少焊接变形是蜂窝结构安装的重点和难点。

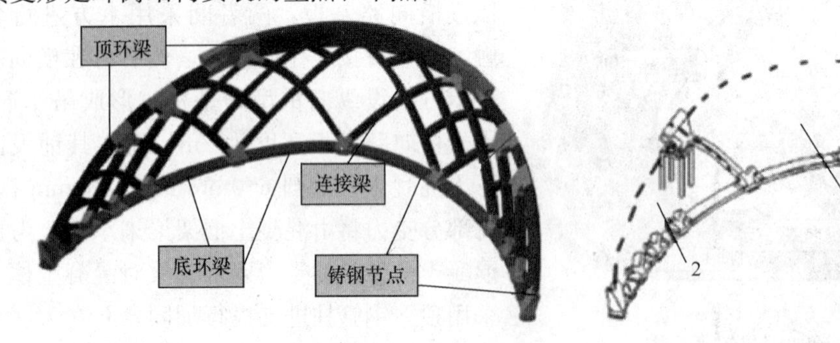

图 5　前厅蜂窝结构轴测图

图 6　蜂窝结构吊装分区示意图

将前厅蜂窝根据吊装分区划分为 3 个施焊区，每个施焊区先焊与铸钢节点相连的主杆件，框架稳定后焊次杆件，南北侧对称焊接，同一个接头对称焊接，同一根杆件两端不能同时焊接，严格控制层间温度。

结果证明此方案对控制杆件的焊接变形非常有效，整体轮廓变形非常小，结构整体线型顺滑、美观，很好地满足了建筑师的要求。

设置临时支撑　安装蜂窝钢结构底环梁

安装起始点　叠加安装区域施工

设置支撑区域安装　安装完成

图 7　前厅蜂窝结构施工过程

4.3　屋面分区焊接、分区卸载技术

大剧场东西长 202m，南北长 166m，跨度大，杆件多，焊接量大，因此钢结构的温度应力、合龙时的焊接残余应力、胎架拆除后的附加变形等因素对大剧场整体结构的影响大。如何降低温度应力、焊接参与应力对大剧场整体结构的影响非常重要。

利用大剧场几个分区之间互相影响小的特点，将大剧场通过共用边界切割成若干个相对独立的区块，分区焊接、分区卸载，共用边界的位置作为焊接合龙缝。如此，可以降低焊接应力对结构的影响，又可以加快施工的整体进度。如图 8 所示。

大剧场各个相对独立区域均拆除安装用胎架后，再进行合龙缝封闭。在一个方向上基本对称的合龙缝应错开封闭时间，以尽量减少焊接残余应力叠加。合龙缝封闭温度为+20℃（允许偏差为±5℃）。共用边界处设纵向可滑动节点，确保焊接收缩时有一定的变形余量，如图 9 所示。

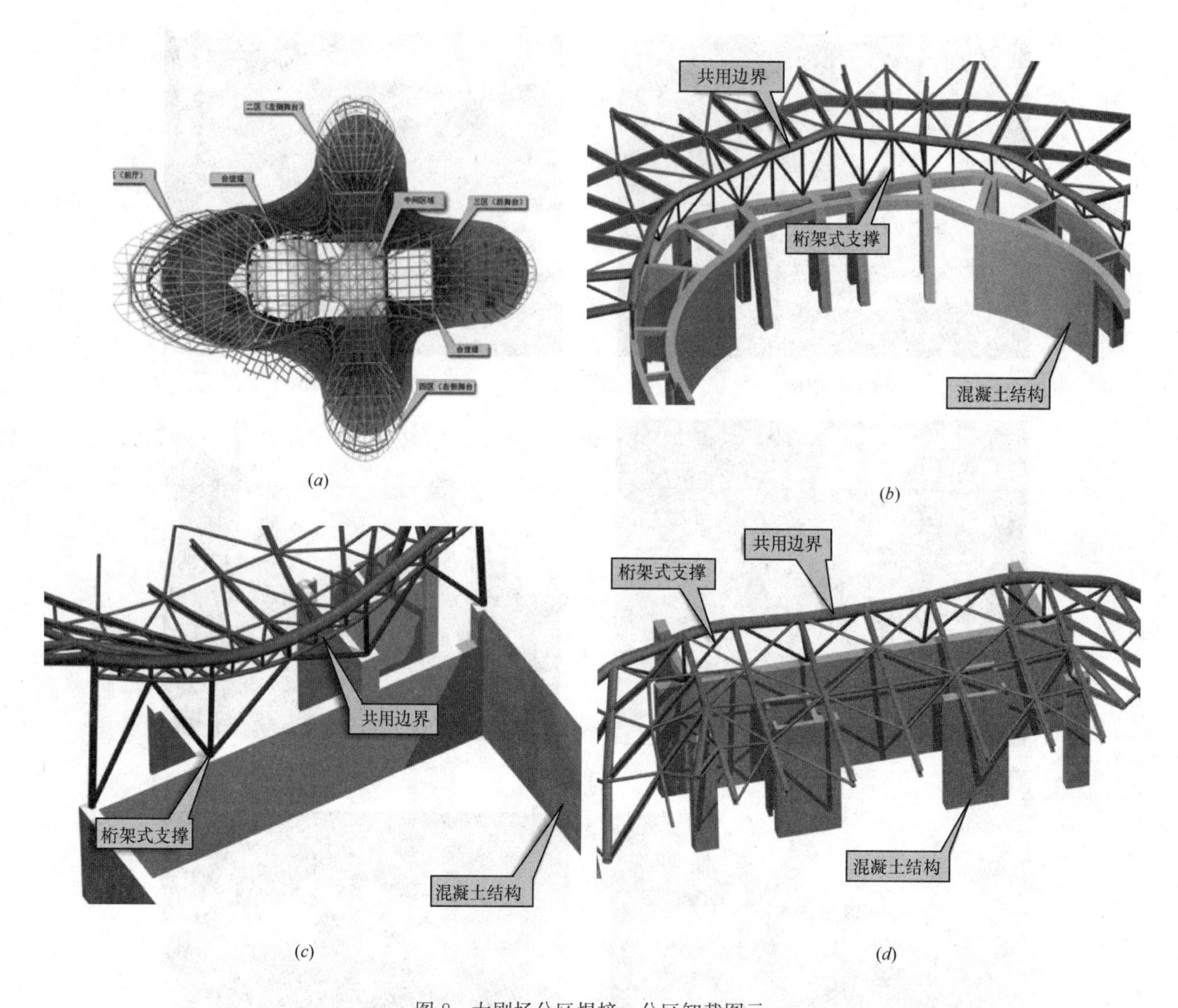

(*a*)　(*b*)

(*c*)　(*d*)

图 8　大剧场分区焊接、分区卸载图示

（*a*）大剧场合龙缝示意图；（*b*）一区与九区之间的共用边界；（*c*）二（四）区与九区的共用边界；（*d*）三区与九区的共用边界

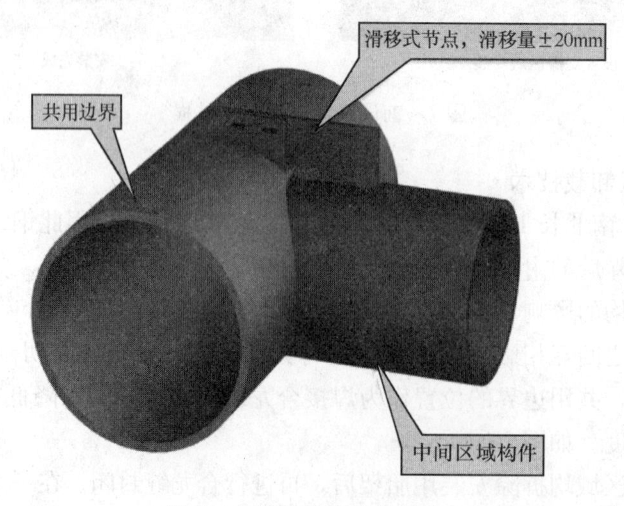

图 9　共用边界处可滑动节点

5 结语

长沙梅溪湖国际文化艺术中心大剧场钢结构结构形式复杂、构件形状各异，现场施工条件复杂，钢结构施工难度较大。针对施工环境条件，结合钢结构结构特点，采取了吊车通道加固、屋面分区焊接、分区卸载等关键施工技术，有效地解决了施工过程中的技术难题，大大缩短了施工工期，为幕墙专业尽早插入施工创造了条件，且节约了施工成本。

参考文献

[1] 唐香君，谷金省，曹云宝．枣庄市体育中心体育馆游泳馆钢结构施工关键技术[J]．施工技术，2016，45(2)：26-29.
[2] 中华人民共和国国家标准．钢结构工程施工验收规范 GB 50205—2001[S]．北京：中国计划出版社，2002.
[3] 沈祖炎．钢结构制作安装手册[M]．北京：中国建筑工业出版社，1998.
[4] 中华人民共和国国家标准．钢结构焊接规范 GB 50661—2011 [S]．北京：中国计划出版社，2002.
[5] 中华人民共和国国家标准．钢结构工程施工规范 GB 50755—2012[S]．北京：中国建筑工业出版社，2012.

中国国学中心主楼钢结构加工技术

宋元亮，潘　斌，李　辛，储　超

（江苏沪宁钢机股份有限公司，宜兴　214231）

摘　要　本工程属高层结构，外围面积较大，造型复杂，施工难度大。整个结构的体系为：以四个巨柱及其间的钢桁架、钢梁形成结构水平抗力的核心区；四个独立核心筒通过柱间偏心支撑形成四个偏心支撑钢框架；外框异形截面柱及柱间梁形成的空腹桁架包裹在外。形成相对独立的内外三层结构。

关键词　异形截面；桁架；制作安装精度

1　工程概况

本工程位于奥林匹克中心区域，北临规划六路，南临体育场北路，西临湖景东路，东临北辰东路，与国家体育场、国家游泳馆、玲珑塔等为邻，总建筑面积超过 8 万 m^2。地下二层，地上八层。整体结构按使用功能分为主楼、东西两侧裙房，总吨位为 1.26 万 t。

主楼结构由四根巨柱、钢桁架组成内部结构，四个核心筒、外立面造型和钢屋盖四部分体系组成。主体结构内部为 4 组 1.8m×1.8m 的箱形巨柱。巨柱之间由钢梁或钢桁架连接，巨柱内部楼板梁截面为蜂窝梁。四个核心筒结构基本相同，每个筒内有 6 根框架柱和框梁，梁柱节点设置有耗能节点，四个立面由下到上设有八字形支撑，内部有钢楼梯。外立面主要有拱肋造型、外框柱、空腹桁架，北侧出入口处有 7 根外框柱不落地，南侧出入口有 5 根外框柱不落地，东西两侧出入口处各有 3 根外框柱不落地。外框柱 26.73m 标高以下为斜柱，截面为菱形，在 38m 标高由铸钢件转换为方管截面。圆顶直径 52m，由半径 8.8m 环梁 NHL 分为内外两圈，外圈为 24 榀径向钢架，内圈上面为 24 根径向钢梁，下面为 24 根方管支撑和高帆索组成。建筑效果、整体平面图及钢结构封顶如图 1～图 3 所示。

图 1　中国国学中心效果图

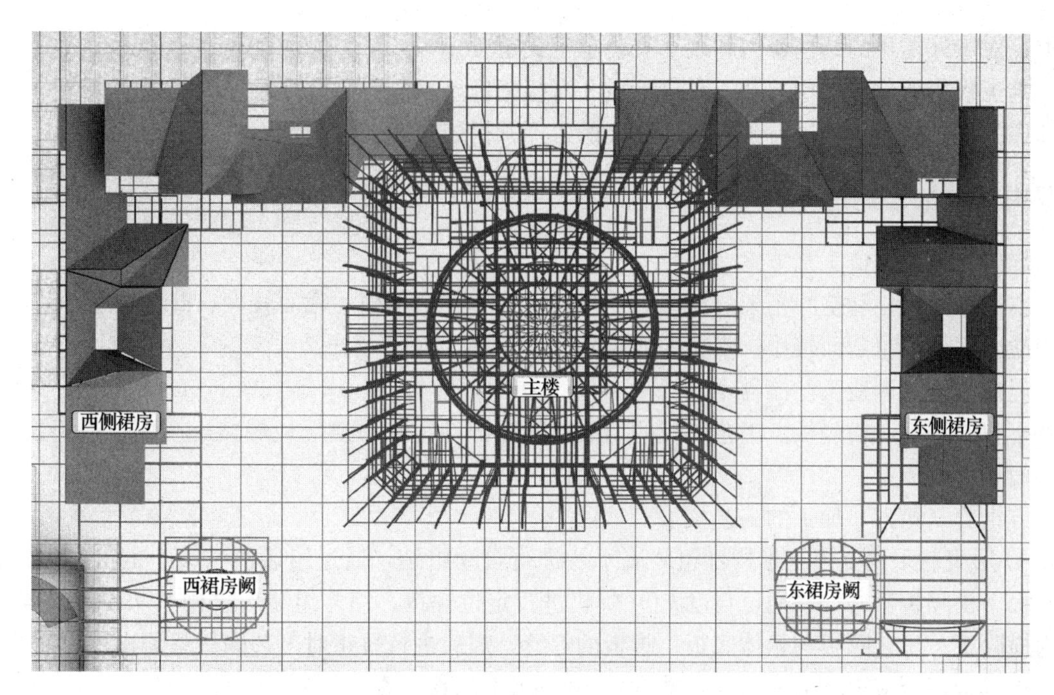

图 2　中国国学中心整体平面图

图 3　中国国学中心主楼钢结构封顶

2　加工制作的重点和难点

（1）因本工程自身的结构特点，造型复杂，空间控制点多，尤其是异形截面柱在 38m 标高以下的位置和造型拱肋。只有在深化设计的过程中充分考虑各方面的因素，选择合适的工艺方案才能保证构件的精度，以利于现场的安装。

（2）构件类型多，主要包括巨柱、箱形柱、劲性钢柱、钢梁、钢桁架、环桁架、钢楼梯、铸钢件、钢拉索、销轴、圆管桁架及空间管桁架。构件数量也特别多，多达近 15000 件，不论是在工厂制作还是现场安装，焊接量都特别巨大。

（3）拼制异形截面管和方钢管的工作量大，且截面种类多。本工程的主要特点就是精度要求高，不论是制作还是安装，控制精度是关键，重点是外框异形截面柱和空腹桁架，定位点均属于空间点，普通施工工艺很难定位。

（4）外框柱变截面处有 50 个铸钢件，精确测量对接，满足铸钢件与异形截面和方管截面的转换的精度要求，对于外框柱的结构受力和现场安装也至关重要。

(5) 本工程桁架部位结构复杂，其对接口和对接精度要求高，结合现场安装的精度和进度需要，将对桁架部位的杆件、节点等进行预拼装。桁架的工厂预拼装是本工程的重点。

3 外框构件的加工制造

(1) 焊接方钢管制造工艺方案

由于本工程外框柱和空腹桁架的截面为菱形，巨柱和其余钢框柱截面较大、壁厚较厚，采用四块板拼焊的制造方案，少量截面较小，市场上能买到成品型钢。

(2) 焊接方钢管制造工艺流程

零件下料、拼板→横隔板、工艺隔板的组装→腹板部件组装、横隔板焊接→上侧盖板组装→焊接、校正→端面加工→成型。

(3) 方钢管（箱形）加工的工艺要求

箱体U形组装采用专用箱形构件组装流水线进行自动组装，通过组装流水线上的液压油泵使箱体腹板与底板、横隔板紧密，并通过自动 CO_2 焊机进行定位焊接，箱体组装后采用 CO_2 气保护焊对称焊接箱体内横隔板、工艺隔板与箱体底板、腹板的焊缝，焊后进行矫正对工艺隔板只需进行三面角焊缝围焊即可，横隔板焊接应进行清根处理，并进行100%UT探伤检查。

箱体盖板的组装也采用专用箱形BOX组装流水线，通过流水线上的液压油泵对箱体盖板施压，使盖板与箱体腹板及箱体内的横隔板、工艺隔板相互紧贴。箱体打底焊接采用 CO_2 自动打底焊接，将组装好的箱体转入箱体打底焊接流水线，进行箱体纵缝自动对称打底焊接，打底高度不大于焊缝坡口高度的1/3，可较好地控制打底焊接质量和焊接变形。位于箱体端头500mm内加劲板退装垫板焊，其余无法四面焊的，三面垫板焊一面电渣焊。最后采用端面铣床对箱体两端面进行机加工。本工程外框柱为菱形截面并且进行折线造型，控制难度较大，组装设置示意如图4～图11所示，工厂内组装完成如图12、图13所示。

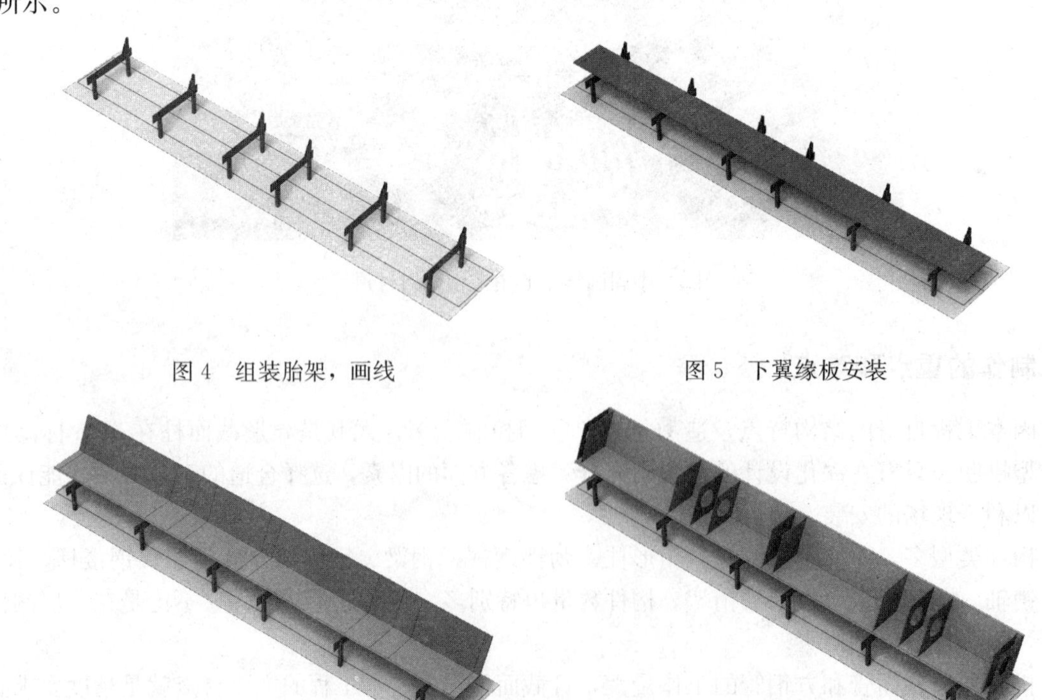

图4 组装胎架，画线

图5 下翼缘板安装

图6 一侧腹板安装，画出内隔板定位线

图7 内隔板组装

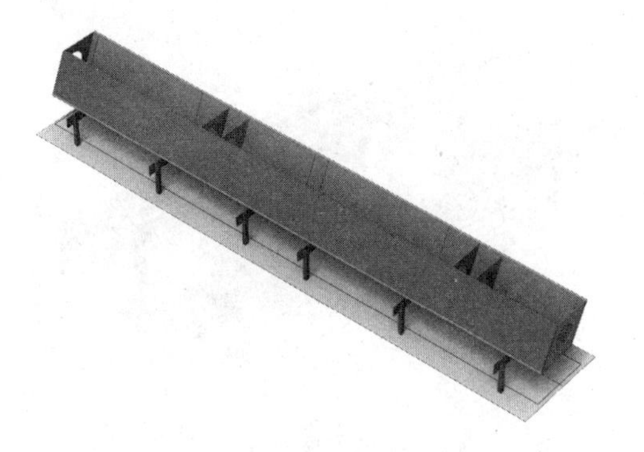
图 8　另一侧腹板的组装

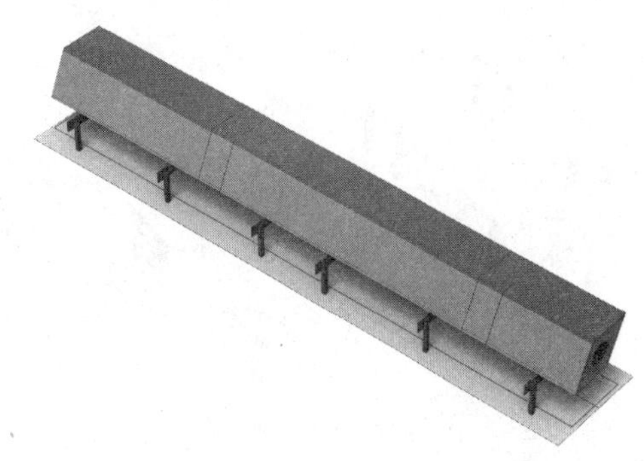
图 9　盖板组装及纵缝焊接

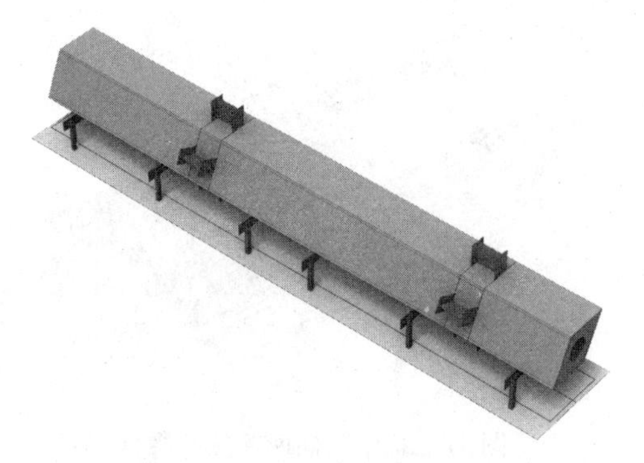
图 10　牛腿组装

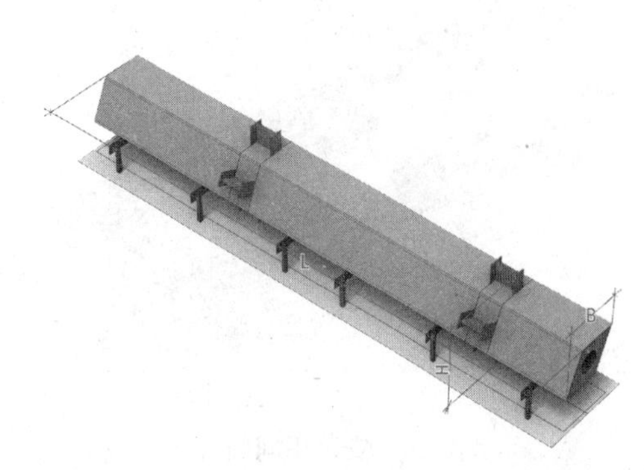
图 11　检查验收

图 12　车间内组装的外框柱

图 13　涂装完毕的外框柱

4　钢桁架的加工制作

（1）钢桁架的加工方案

为了保证现场提升桁架能够与巨柱的牛腿精准对接，桁架的制作精度就非常关键，零件下料的尺寸、焊接变形的控制以及预拼装的要求是要把控的要点。桁架本身较重，再加上现场的塔吊吊装能力有限，因此桁架需要分成多段制作，按照设计要求每榀桁架要按千分之一整体起拱，通常的圆弧起拱在制作中难度极大，根据以往的经验并与设计沟通后采用了折线起拱法，即桁架中间点起拱，因此桁架之间的水平和斜向支撑需考虑起拱的影响。

本工程钢桁架由 H 型弦杆及腹杆组成，钢桁架的组装流程如图 14～图 19 所示。

（2）钢桁架预拼装的内容及作用

工厂预拼装目的在于检验构件工厂加工能否保证现场拼装、安装的质量要求，确保下道工序的正常运转和安装质量达到规范、设计要求，能否满足现场一次拼装和吊装成功率，减少现场拼装和安装误差。

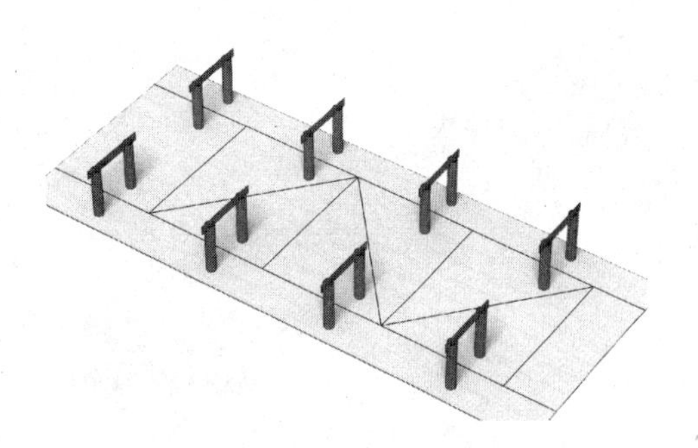

图 14　组装胎架，画线

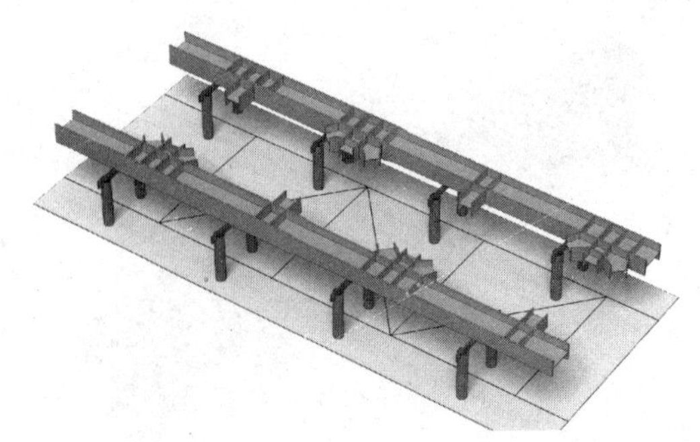

图 15　将弦杆吊至胎架上，进行定位

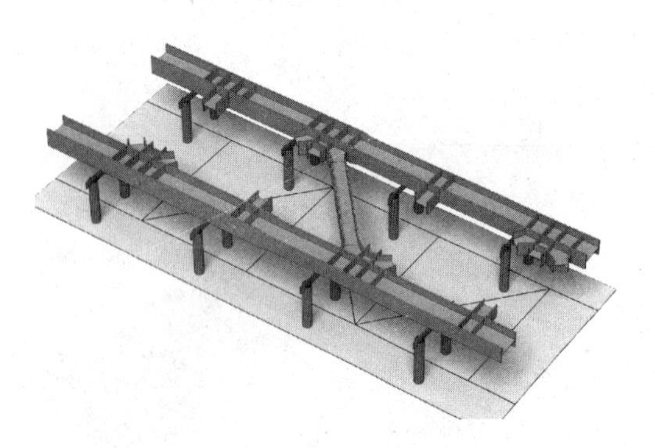

图 16　安装中间腹杆

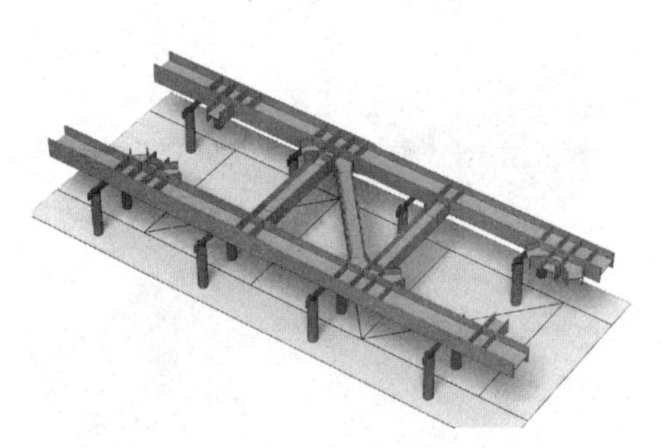

图 17　从中间向两侧安装腹杆

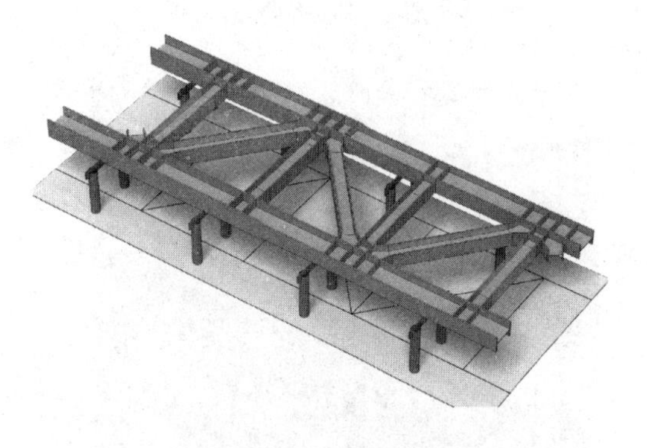

图 18　安装完成

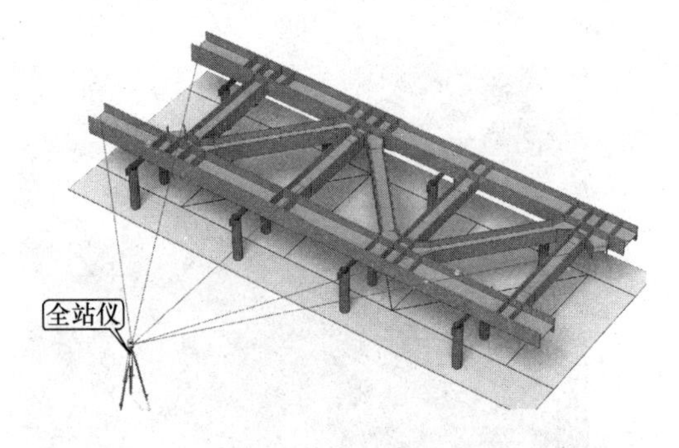

图 19　检查验收

本工程的桁架特点是由于吊重限制分为内外两层制作安装，桁架分段之间和桁架之间的支撑焊接均在高空焊接。由于安装精度要求高，为控制桁架由于工厂制作误差、工艺检验数据等误差，保证构件的安装空间位置，减小现场安装产生的积累误差，必须进行必要的工厂预拼装。以通过实样检验预拼装各部件的制作精度，修整构件部位的界面，定出构件的实际尺寸，复核构件各类标记。

根据本工程实际情况拟对以下结构进行构件工厂预拼装：①＋19.280m～＋22.78m 标高桁架 GHJ4；②位于 7 层标高桁架 ZHJ-1；③＋52.000m～＋56.500m 标高环桁架 HHJ 的 1/4 部分。

(3) 钢桁架预拼装总体方案

结合本工程结构特点，拟采用平面分段卧拼的方法进行工厂预拼装。根据拼装的实际最佳位置和构件拼装的最大外形尺寸，进行现场拼装场地的合理布置。

预装场地及胎架基础：为满足本工程构件工厂预拼装的需要，选用 50t/20m 跨龙门吊，长 120m 场地。拼装胎架以预先布置的 800mm 高 H 型钢作基础，用垫块在胎架上垫出准确标高。并进行测量，其标高允许偏差≤2mm。在整个预装场地垂直投影支座中心线、弦杆中心线、节段端面基准线，并作永久性印记（地面钢板上）。

预拼装方案：先在场地平台上根据图纸尺寸1∶1用卷尺放出预组装构件外轮廓线，划线后进行自检互检，然后提交专职检查员进行验收，合格后进行组装胎架模板的设置，应严格按平台上的模板设置位置线进行胎架模板的搭设，胎架的水平位置采用水准仪进行测量定位，其偏差应符合构件装配的精度要求，胎架模板必须保证有足够的刚度和强度，经QC、作业部门主管检查验收后报监理确认后才能使用。

相交节点及主杆件在预装就位前需按图纸划出几何线，以便正确定位。预装时先将两侧的钢柱在胎架就位，然后拼装柱间的桁架，最后拼装桁架与柱之间的腹杆，检测合格后安装定位耳板，报监理验收，填写测量记录。

预装后的允许偏差符合国家《钢结构工程施工质量验收规范》GB 50205—2001及设计要求的相关规定，并经监理以及安装单位确认后方可出厂。

桁架GHJ4预拼装工艺流程如图20～图25所示。

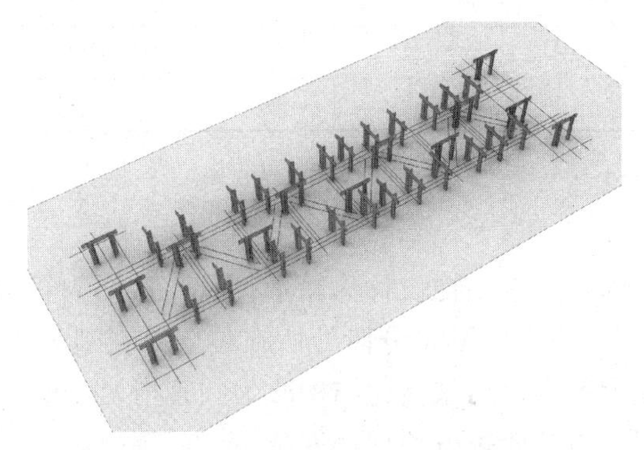

图20　预拼装平台画线，胎架搭设

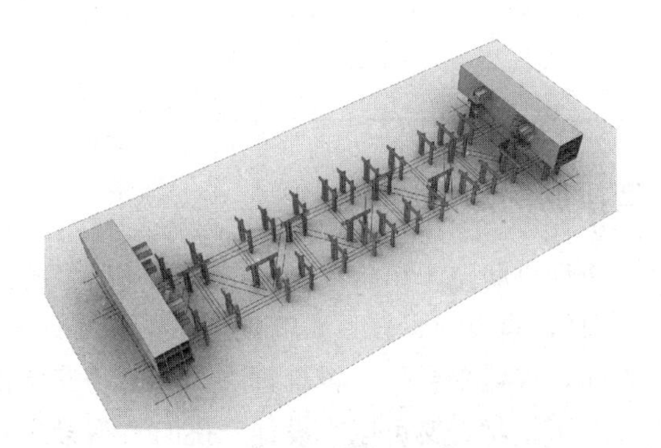

图21　桁架区钢柱的定位

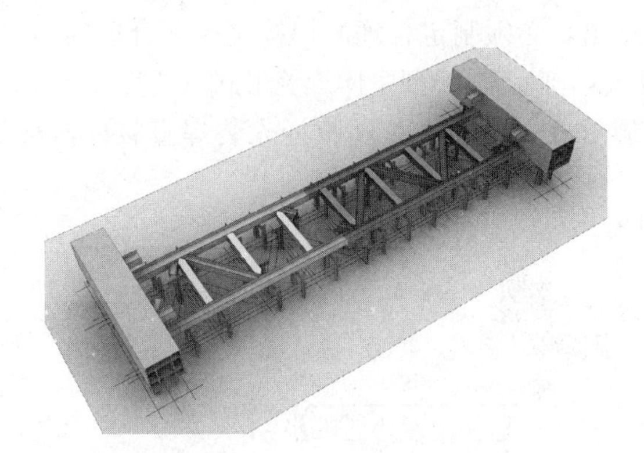

图22　内侧桁架的定位

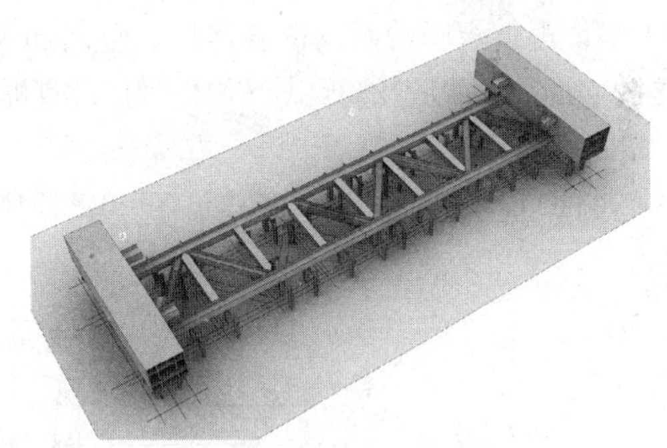

图23　内侧桁架间腹杆的预拼装

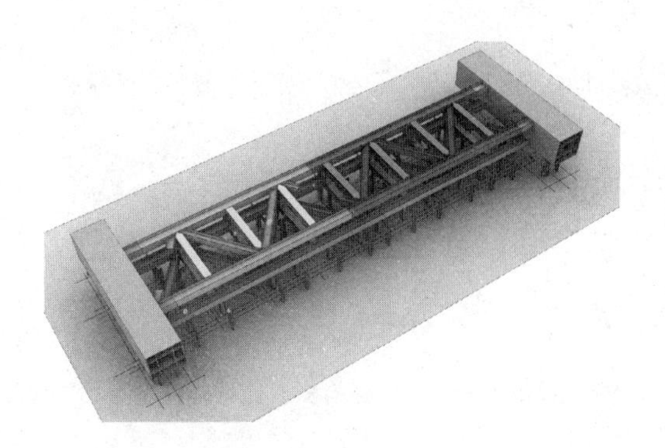

图24　外侧桁架的定位

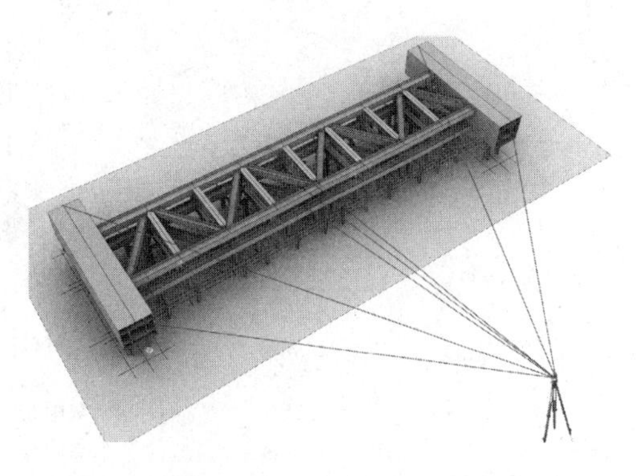

图25　各构件接口的测量

预拼装的测量验收：预拼装的质量好坏将直接影响高空分段拼装的质量，测量工作的质量是钢框架的高精度拼装的首要关键工作，测量验收应贯穿各工序的始末，对各工序的施工测量、跟踪检测全方位进行监测。

桁架预拼装的测量方法、测量内容如表 1 所示。

框架分段地面拼装控制尺寸表 **表 1**

序号	项目 \ 内容	控制尺寸（mm）	检验方法
1	拼装单元总长	±10	全站仪、钢卷尺
2	对角线	±5	全站仪、钢卷尺
3	各节点标高	±5	激光经纬仪、钢卷尺
4	节点处杆件轴线错位	3	线垂、钢尺
5	坡口间隙	±2	焊缝量规
6	单根杆件直线度	±3	粉线、钢尺

5 造型拱肋的加工制作

（1）造型拱肋位于结构最外缘，距离塔吊位置较远，原来结构设计为箱形钢管，截面为箱形 800×500×16×16，自身重量较重，需根据吊重在多处分段制作，尤其是分段处所在位置是在造型不断向外倾斜的方向，焊接平台的位置难解决，对现场安装较为不利；后来优化结构改为圆管桁架，重量大大减轻，既节约了钢材，又可以在设计悬挑的大钢梁之间不再分段，方便现场安装。

（2）组拼和焊接

难点是焊接空间狭小，从下面的典型节点可以看出，必须制定合理的焊接顺序和合理的焊接形式。先拼制 H 型，再装焊圆管及与圆管连接的竖向加劲板，圆管与 H 型主体焊缝形式（CP）为垫板焊；与圆管连接的竖向加劲板焊缝形式（PP）为 T 型焊缝形式，拱肋主弦间腹杆先装焊直腹杆，再装焊斜腹杆。

圆管间的焊缝为相贯焊焊缝形式见图 26，原则为：

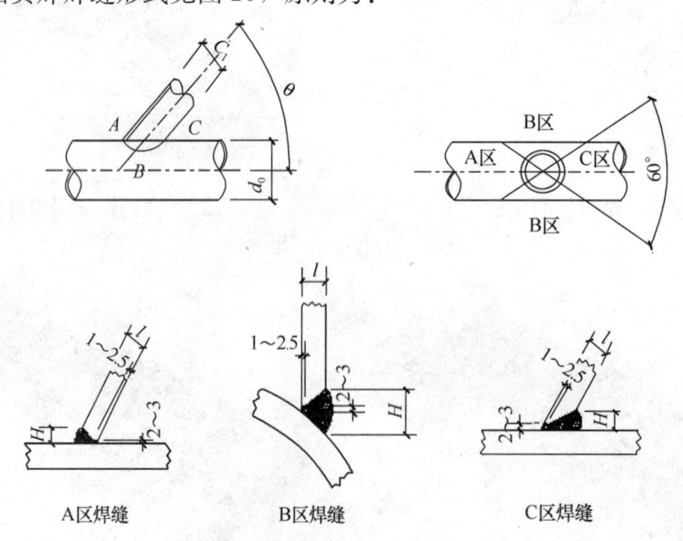

图 26 相贯焊焊缝形式示意

1）当支管壁厚＜6mm 时，采用全周角焊缝；

2）当支管壁厚≥6mm 时，所夹锐角 θ≥75°时，采用全周带坡口的全熔透焊缝，焊缝等级为一级；

3）当支管壁厚≥6mm 时，所夹锐角 θ<75°时，A，B 区采用带坡口全熔透焊缝，焊缝等级为一级，C 带当两面角小于 60°时，为部分熔透坡口焊缝，焊缝等级为三级，C 带当两面角大于等于 60°时，要求同 A、B 区，各区相接处坡口及焊缝应平滑过渡；

4）对全熔透和部分熔透焊缝，其有效焊缝高度 $h_e>1.15t$，且 $h_e<1.25t$；对角焊缝焊脚尺寸为 $1.5t$，t 为支管壁厚。

组拼完成后，按焊接工艺的要求进行焊接，板厚较薄，焊接量比较大，注意控制变形。主要典型节点如图 27、图 28 所示。工厂加工后的拱肋构件如图 29 所示。

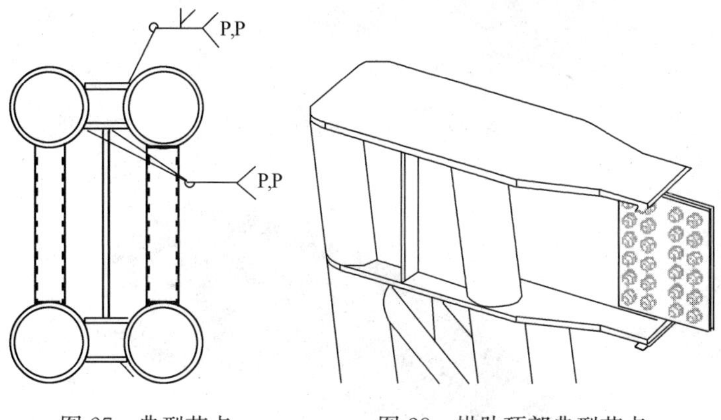

图 27 典型节点

图 28 拱肋顶部典型节点

图 29 冲砂完毕待涂装的拱肋

6 圆顶的加工制作

（1）主楼圆顶是一种比较新颖的结构较复杂的预应力钢结构顶盖，由 16 根铰接柱通过销轴和 8 根桁架上弦方管柱连接在楼面的环形桁架带上弦上。

圆顶分为内外两个环：内环包括一个半径 8.8m 的封闭箱梁，内环中心点的一个锥管节点，锥管节点上部两层辐射 24 榀径向钢梁（H300×150×8×12）和锥管节点下层的 24 根高帆索，钢丝绳公称直径 30mm，钢丝绳极限抗拉强度 1570MPa；外环包括 24 榀径向“Γ”型钢架（箱形 600×180×10×20 与 HN400×200×8×13 组合梁），24 根立柱之间的双层环形钢梁，两个环形双层圆管支撑系杆(ϕ203×8)，中间的四道圆管支撑系杆（ϕ203×8）。

圆顶的整体效果如图 30 所示。

（2）考虑到现场吊装位置条件，为了尽量减少临时支撑，安装径向“Γ”型钢架和钢柱时，将径向“Γ”型钢架与钢柱在地面拼装成整体进行吊装这一目的，同时考虑到运输尺寸限高限宽，结合结构的特点，圆顶的构件只能分开加工。这部分不好做预拼装，只能从深化设计和加工时下功夫，因此立柱和径向“Γ”型钢架是重点的考虑对象，其中的弯弧箱体部分是重点控制对象。

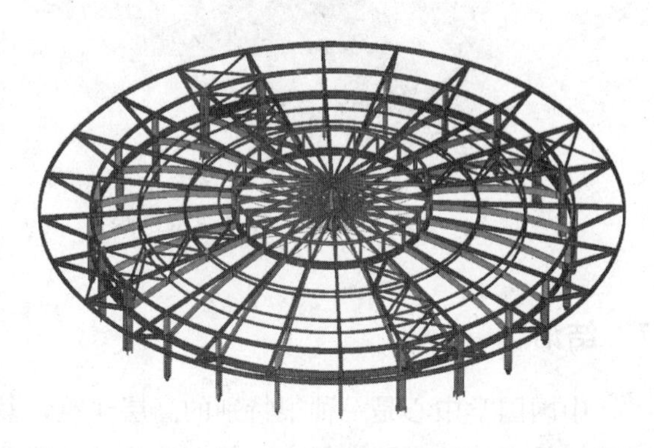

图 30 圆顶整体效果图

弧形构件较多，包括弧形 H 型构件和弧形箱形构件。现成的弯弧梁同规格的需整体下料，两端各加 400mm 余量，冷加工好后再分开，非型材 H 型构件和弯弧箱体需拼制。钢柱本体长度方向均匀加放 1‰焊接收缩余量，另每档连接板或加劲板加放 0.3mm 焊接收缩余量，每档牛腿加放 1mm 焊接收缩余量；上端口加放 5mm 端铣余量。对于耳板上要求较高的销轴孔：销轴孔直径为 82mm，放样、下料时将其直径加放 6～8mm 机加工余量，采用数控切割后再进行机加工镗孔。

与组装直线箱体有所不同，弯弧箱体的组装流程如图 31～图 36 所示。

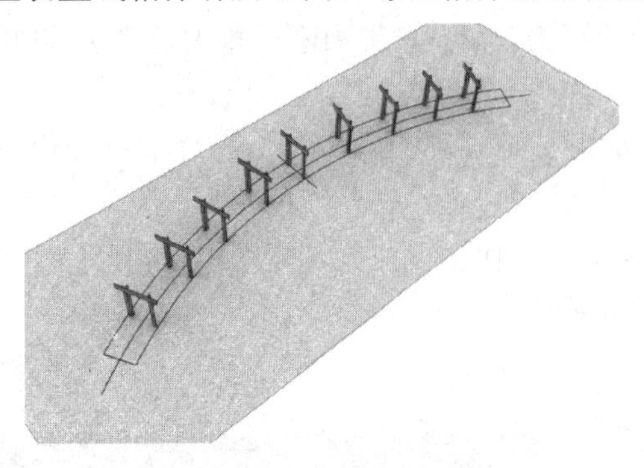

图 31　组装胎架，画线

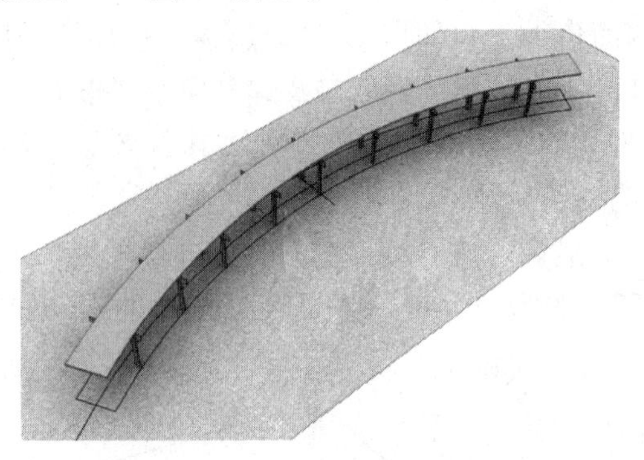

图 32　下翼缘板定位安装

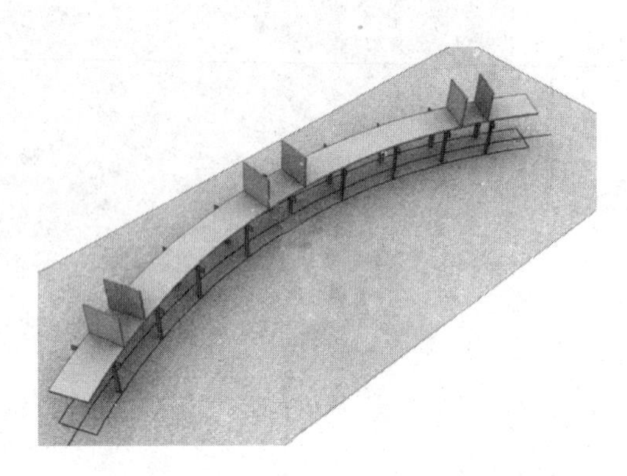

图 33　横隔板定位组装

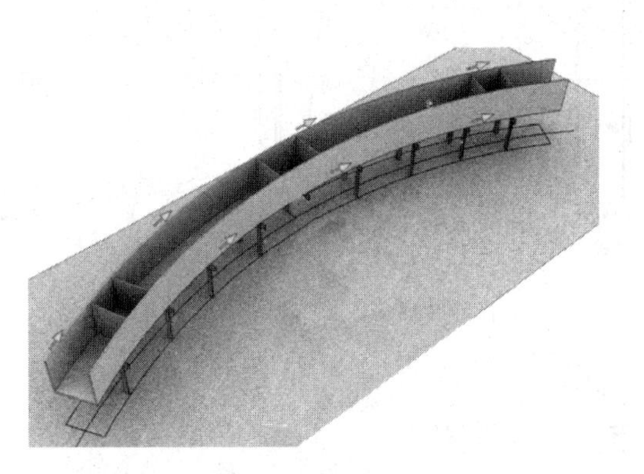

图 34　两侧腹板安装

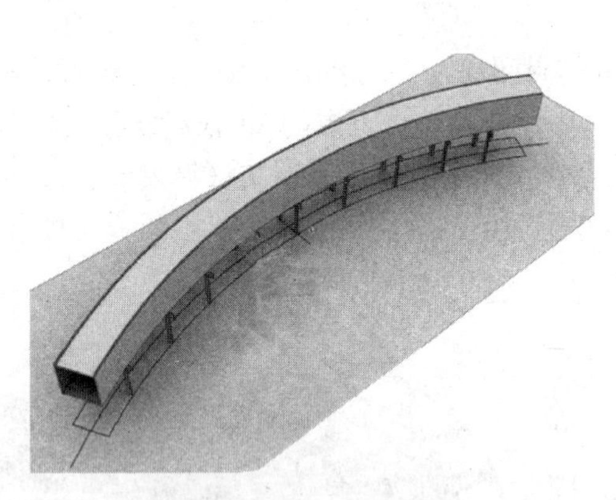

图 35　箱体纵缝的焊接

图 36　整体测量，矫正

7　结语

中国国学中心是一种很特别的高层建筑，其结构形式新颖，造型独特，结构外立面造型复杂，幕墙对结构的安装精度要求很高，外框柱及其外侧造型钢柱制作的精度控制是本工程的重点和难点，解决这个问题首要加强构件加工时的精度控制，严格工厂预拼装的落实，通过对其加工过程的分析与研究可以作为其他类似工程的借鉴。

宜兴市梅林大桥钢箱梁现场组拼及预拼装方案

余志刚，王永康，杜立平，邹峰，支欢页

（江苏沪宁钢机股份有限公司，宜兴　214231）

摘　要　本文介绍了宜兴市梅林大桥现场组拼及预拼装，针对本工程钢箱梁节段外形尺寸较大且节段重量较重，为了满足运输条件的需要，梁总成拼装在工地现场进行，另外，根据钢箱梁梁段的拼装精度要求，在工地梁段总装过程中，将同时进行钢箱梁的预拼装，此类型结构成功安装经验可供今后相类似的钢结构工程参考、借鉴。

关键词　钢箱梁预拼装；梁段组拼；精度控制

1　工程概况

梅林大桥跨越洑溪河，北起洑溪路路口，南至洑溪河南，路桥为三跨全钢结构桥梁，跨径布置为300m，下部结构为钢筋混凝土桥墩，路桥全长为1.3km。见图1。

图1　梅林大桥整体效果图

2　钢箱梁工地组拼及预拼装总体布置

该桥钢箱梁节段长度和宽度较大，为超大构件，公路运输无法满足运输要求，故采取在工地现场进行总体组拼，根据本桥的现场施工条件，钢箱梁节段的现场总拼拟布置在教育东路侧进行总体拼装。如图2及图3所示。

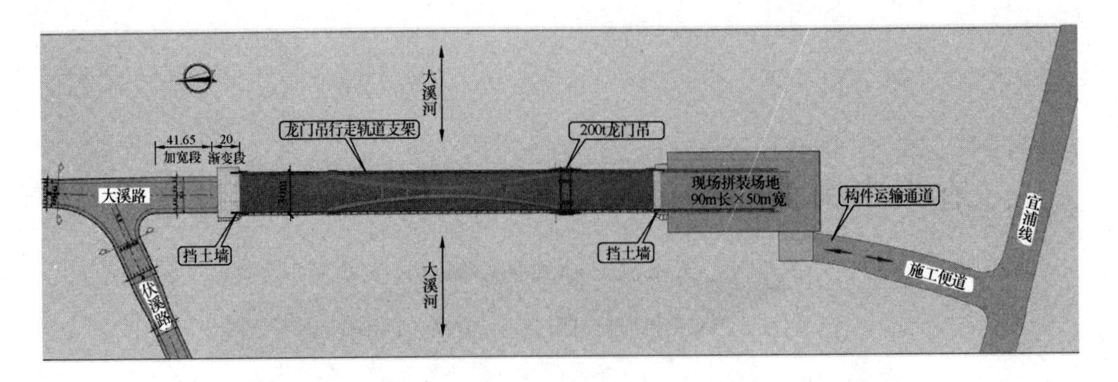

图 2　钢箱梁工地整体组拼及预拼装场地布置示意图

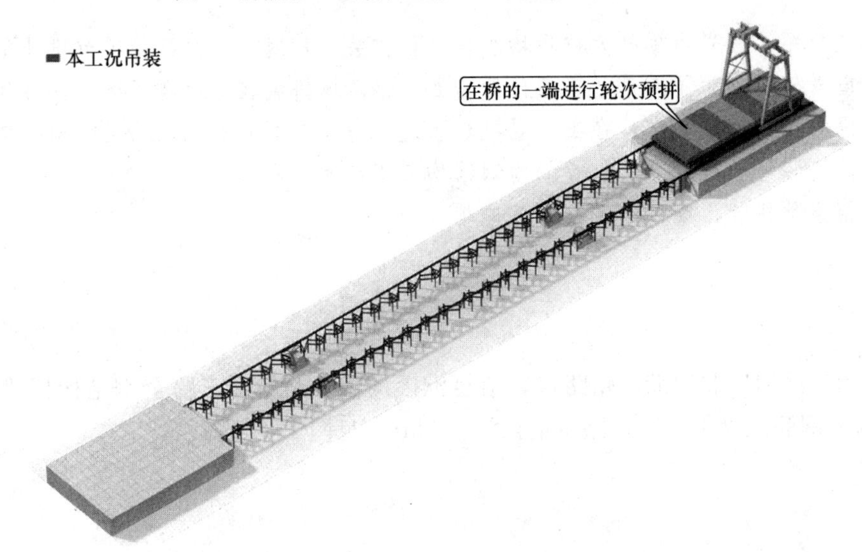

图 3　钢箱梁工地整体组拼及预拼装场地布置示意图

3　钢箱梁工地组拼及预拼装方案

为了满足钢箱梁的整体制造精度要求，钢箱梁的工地组拼我们将采取组焊及预拼装在胎架上一次完成，即采取多个节段在总成胎架上匹配组装完成。

实施时采取“5＋1”的方法进行匹配组拼和预拼装，具体划分轮次及匹配组拼顺序如图 4 所示。

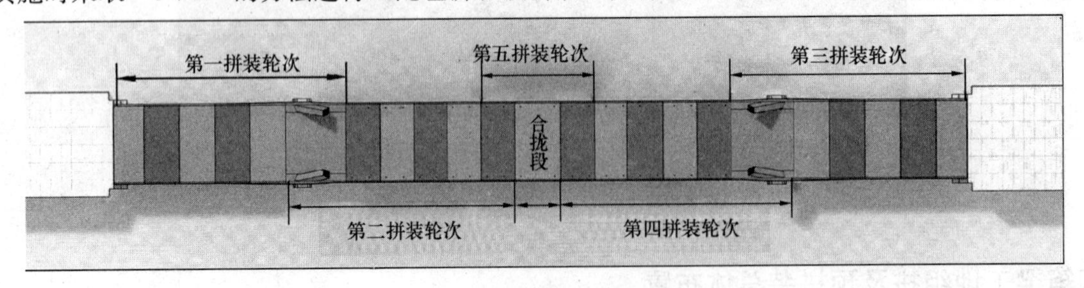

图 4　钢箱梁组拼顺序

为了保证钢箱梁桥面的安装整体精度，设置了合拢配切梁段，即将钢箱梁节段 G 作为合拢配切段，其合拢配切端设置在梁段的非基准侧，工地安装时通过实时测量配切余量。

4　钢箱梁工地组拼方法及工艺

该桥钢箱梁桥面宽度较宽，箱梁截面为单箱多室，其结构较为典型，下面介绍钢箱梁组拼及预拼装方法。

钢箱梁组拼采取“正装法”，以胎架为外胎，以横、纵隔板为内胎，各板单元按纵、横基线定位，辅以加固工装确保精度和安全。钢箱梁梁段组拼按下述工艺顺序进行：胎架制造→两边钢梁分段定位→底板单元组装→底板纵逢装、焊→横、纵隔板单元装配→腹板单元→顶板单元装、焊。钢箱梁现场组拼及预拼装采取“5+1”方式进行，即每轮以6个节段在总装胎架上一次完成组、焊工作。钢箱梁节段之间通过立体阶梯形推进方式逐段组装和焊接。具体组拼方法详见后述钢箱梁组拼及预拼装流程。

4.1 钢箱梁的组拼平台铺设及拼装胎架设置

钢箱梁组拼胎架采用刚性路基箱铺设成钢平台，钢箱梁的组拼平台的铺设至关重要，整个平台的承重能力及防沉降能力将直接影响钢箱梁桥的整体拼装精度要求。针对组拼平台铺设要求我们主要采取如下措施。

（1）拼装区域地基进行整平、压实，满足拼装区域设置一定横坡并在两侧设置排水沟。

（2）在拼装区域成“井”字形铺设重型承重路基箱，路基箱规格为0.3m×1.8m×8m，该种路基箱的承重能力我们在国内众多大型工程建设成功应用，其承载能力较强。路基箱按单排3块，共11排，每排路基箱间距8m，拼装平台宽度30m，长度82m。路基箱之间采用H型钢进行横向及纵向连系成整体，以确保拼装胎架的整体刚度。具体布置情况如图5所示。

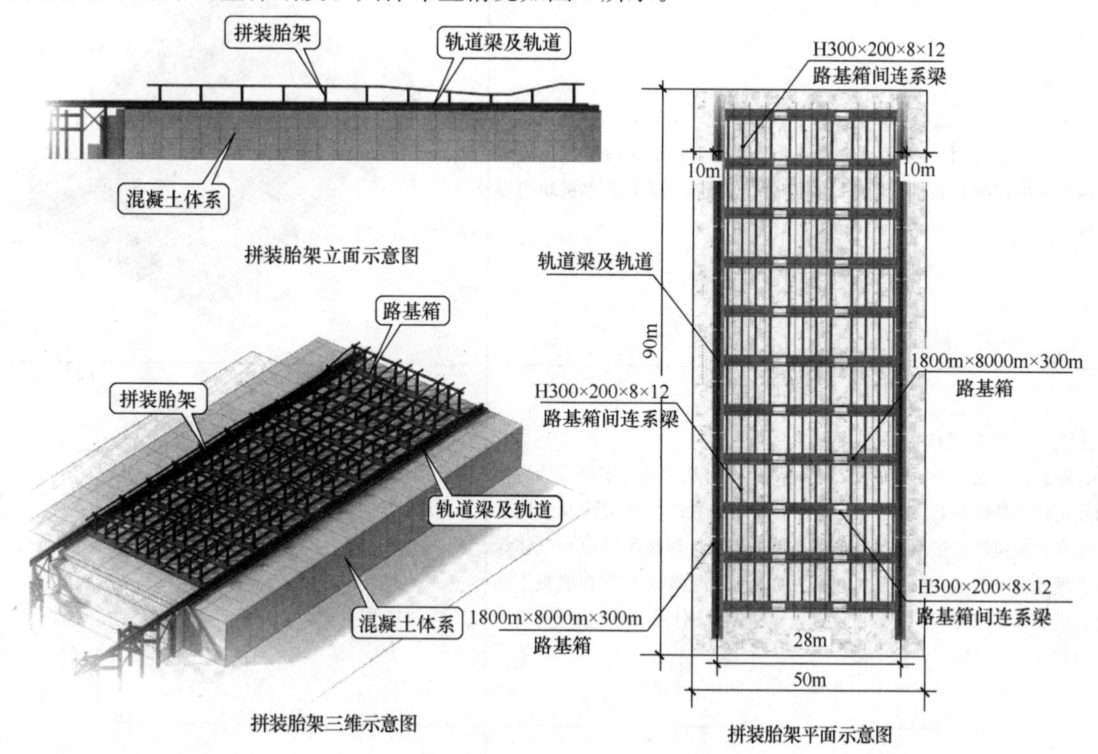

图5　钢箱梁组拼平台布置及设置示意图

拼装区域的地基承载力计算如下：

根据拼装轮次划分，结构拼装重量最大的拼接节段为钢箱梁E节段，节段总重量417t，拼装时下部路基箱承重路基箱约布置9块，路基箱尺寸为1.8m×8.0m，路基箱总接地面积为9×1.8×8.0=129.6m^2，考虑支撑模板的接触路基箱的实际面积的折减，有效接地面积按总路基箱结构面积的50%计算。根据上述情况计算，拼装区地基承载力要求如下：

$$P = T\delta/A = 417 \times 1000 \times 9.8 \times 1.5/(129.6/2) = 94.6\text{kPa}$$

式中　T——结构重量；

δ——不均衡系数1.5；

A——接地面积。

4.2 钢箱梁的组拼及预拼装工艺（表1）

钢箱梁节段工地组拼及预拼装工艺（以边跨为例） 表1

<table>
<tr><td>1. 总拼胎架设置
（1）胎架纵向各点标高按设计给定的线形设计，横向考虑焊接变形和重力的影响，设置适当的上拱度。
（2）胎架基础必须有足够的承载力，确保在使用过程中不发生沉降。胎架必须有足够的刚度，确保胎架使用过程不变形。
（3）在胎架上设置纵、横基线和基准点，以控制梁段的位置及高度，确保各部尺寸和立面线形，胎架外设置独立的基线、基点，以便随时对胎架进行检测。
（4）拼装完成后，应重新对胎架进行检测，做好检查记录，确认合格后方可进行下一轮组拼</td><td>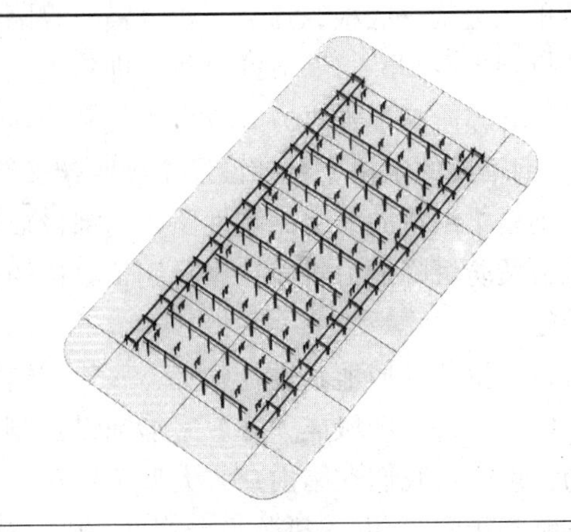</td></tr>
<tr><td>2. 板块组焊
为了减少总拼装胎架及缩短工期，针对顶、底板单元，我们将首先在现场专用胎架上将2～3个板单元拼焊成一个吊装单元，组装时通过预留焊接收缩量的样板控制U形肋的中心距，并通过设置反变形以控制板块组焊焊接变形</td><td>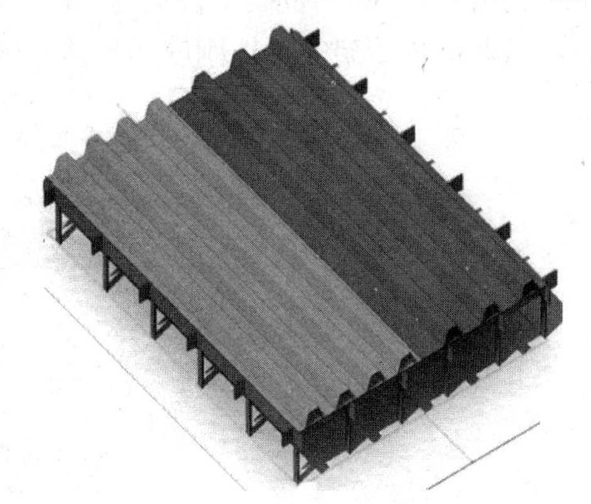</td></tr>
<tr><td>3. 底板单元上胎架定位
首先将底板吊上胎架进行定位（以中间底板作为基准进行定位，然后依次向两侧定位其他底板）。定位时定对地面安装位置线、外形线及分段位置线，所有底板组装定位后，进行底板拼缝的焊接，焊接采用CO_2气体保护焊打底埋弧自动焊接盖面。底板拼焊完成后根据胎架地样线在底板上画出腹板、横隔板、纵隔板的安装位置线，画线时以钢桥纵向中心线及横向中心线为基准</td><td>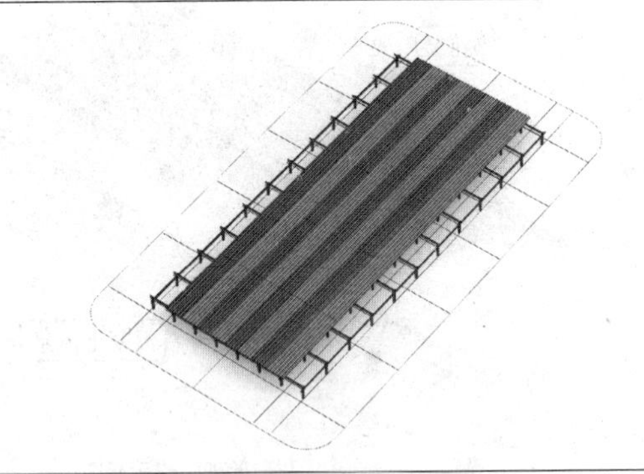</td></tr>
<tr><td>4. 横隔板单元组装
装配定位横隔板单元。将其板厚中心线对齐底板上的安装位置线，两端对齐腹板安装位置边线，并严格控制横隔板两侧的安装高度，同时必须保证其垂直度要求，允许公差控制在±1mm，定位正确后进行点焊牢固</td><td>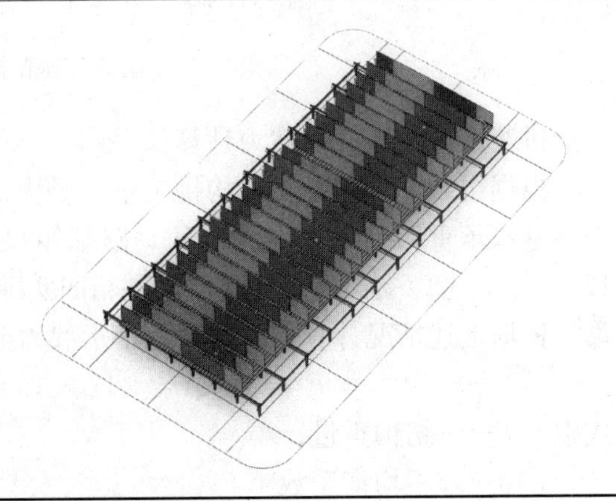</td></tr>
</table>

续表

5. 纵腹板组装 将纵腹板吊上胎架进行定位，纵腹板纵向定位时将其中心线定对安装位置线，另外必须保证与水平面的垂直度，其误差不得大于±1mm，否则必须进行调整，定位正确后与底板、横隔板的焊接，焊接时先焊纵腹板与底板的焊缝，再焊纵腹板与横隔板的焊缝。纵腹板与底板的焊缝外侧采用 CO_2 气体保护半自动焊，其余焊缝均采用 CO_2 气体保护焊进行，焊接过程中应“平行、对称”施工	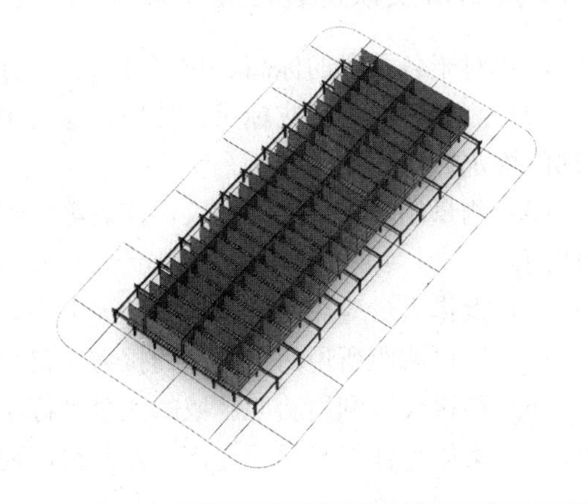
6. 组焊顶板单元 顶板单元的组装采取先进行中间顶板单元的组装和焊接，再组装两侧顶板单元，组装顶板单元时利用箱体高度控制工装控制顶板板面的标高，并用水准仪监控箱体高度。顶板单元组装时拼接缝间隙应考虑焊接收缩量，两两顶板单元组装完成后即进行纵缝的焊接，并应从箱中两侧对称分布两组焊工进行施焊。顶板对接纵缝焊接采用 CO_2 自动焊（陶质衬垫）打底、填充，埋弧自动焊盖面的焊接方法。顶板单元纵缝焊接完成后再进行纵隔板、横隔板与顶板的焊接	
7. 两边侧钢梁制作分段上胎架定位 将左右两侧钢梁制作分段吊上胎架进行精确定位，钢梁制作分段时要注意两侧中心线的水平度和桥轴线的平行度，即要保证两侧的一致性，然后依次相同定位后续制作分段，制作分段定位如右图所示	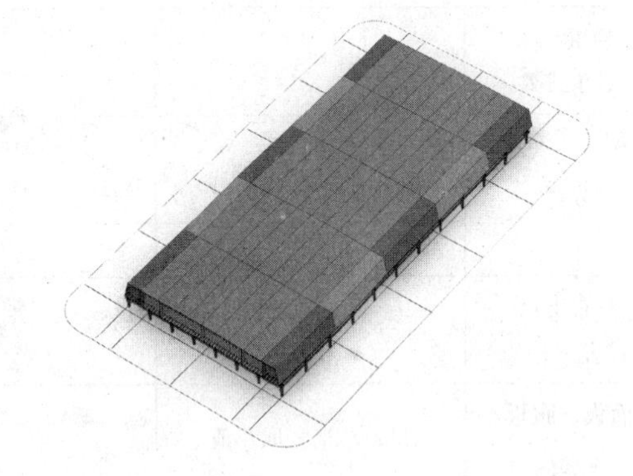
8. 安装临时连接及标记、标识 所有梁段组焊工作完成后按预拼装要求进行梁段的整体完工测量，包括检测全桥整体线形及尺寸要求，各分段控制尺寸、端口控制尺寸及分段间纵向U肋对合尺寸精度。梁段下胎架前应在梁段醒目位置做好梁段的编号标识，并各梁段做好各分段位置对合线标记、安装临时连接件等	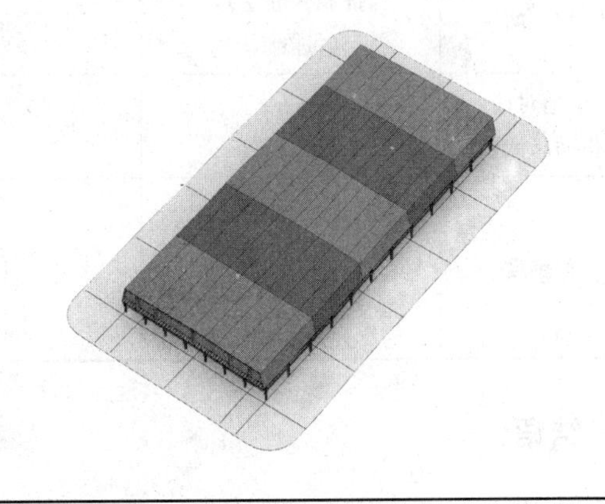

5 梁段组拼及预拼装检查测量要求

（1）对于各梁段的标高、长度等重要尺寸的测量，应避免日照影响，并记录环境温度。

（2）测量用的钢带或标尺在使用前应与被检测工件同条件存放，使二者温度一致，并定期送计量检测部门检定。

（3）测量用水准仪，经纬仪，仪表等一切量具均需要经二级计量机构检定。使用前应校准，并按要求使用。

（4）操作人员应经专门培训，持证上岗，并实行定人定仪器操作。

（5）钢尺测距所用的拉力计的拉力应符合钢尺说明书的规定。

（6）预拼装时利用胎架区域的测量坐标系统进行现场检测。

（7）梁段整体组装尺寸允许偏差及精度要求见表2。

梁段整体组装尺寸允许偏差及精度要求　　表2

项　目	允许偏差（mm）	条　件	检测工具和方法
梁段 （H）	±2	工地接头处	钢带 水平尺
	±4	其余部分	
组拼长度 （L）	±6	L（m）—试装时最外两斜拉索中心距	钢带 弹簧秤
	±2	分段时两吊点中心距	
全长	±20	分段累加总长	钢带、弹簧秤。当匹配试装分段累计总长超过允许偏差时，要在下段试装时调整
	±2	分段长	
腹板中心距	±3	可量风嘴距离	钢带
面板宽	±1	面板单元纵向有对接处面板宽	钢带
	±3	钢箱梁段、面板宽	
横断面 对角线差	≤4	工地接头处的横断面	钢带
旁弯	$3+0.1L$ 任意位置20m测长内<6	桥面中心连线在平面内的偏差 L（m）—三段试装长度	紧线器、钢丝线、（经纬仪）钢板尺
	≤5	单段钢箱梁	
左右支点 高度差（吊点）	≤5	左右高低差	平台、水平仪、钢板尺
面板、腹板 平面度	H50，$2t/3$ 取小值	H—加劲肋间距 t—板厚	平尺、钢板尺
扭　曲	每米不超过1， 且每段≤10	每段以两边隔板处为准	铅垂线、钢板尺
工地对接 板面高低差	≤1.5	安装匹配件后板面高差	钢板尺
预拱度	超过的+$\begin{cases}3+0.15L\\ \leqslant 12\end{cases}$ 不足的−$\begin{cases}3+0.15L\\ \leqslant 6\end{cases}$	L—匹配时三段的长度	水平仪、钢板尺

6 结语

本文介绍了宜兴梅林大桥桥面的预拼装技术。通过大家的努力，如今该桥梁已建成通车。我们在工程实践中所摸索出来的桥面预拼装方案与质量控制系统都可为今后类似工程提供参考。

参考文献

[1] 中华人民共和国行业标准．城市桥梁工程施工与质量验收规范 CJJ 2—2008[S]. 北京：中国建筑工业出版社，2008.
[2] 中华人民共和国国家标准．钢结构焊接规范 GB 50661—2011[S]. 北京：中国建筑工业出版社，2012.
[3] 中华人民共和国行业标准．铁路钢桥制造规范 TB 10212—2009[S]. 北京：中国铁道出版社，2010.
[4] 中国钢结构协会．建筑钢结构施工手册[M]. 北京：中国计划出版社，2002.

南昌市新龙岗大道立交桥钢箱梁加工制作技术

张炳顺，沈万玉，田朋飞，张煊铭

（安徽富煌钢构股份有限公司，巢湖 238076）

摘 要 介绍了南昌市新龙岗大道钢箱梁立交桥加工制作过程中采用的制作精度控制技术、焊接预变形、钢箱梁桥面拱度控制等钢桥加工技术，从加工制作总体工艺着手，分解出正交异性钢箱梁加工制作要点。从结构下料、焊接工艺、胎架制作及厂内预拼装等加工过程环节进入手行全过程加工质量监控，保证了正交异性钢箱梁的加工质量满足工程设计要求，取得很好的实际效果。

关键词 正交异性钢箱梁；制作；焊接；胎架；工艺

1 工程概况

南昌市新龙岗大道钢箱梁立交桥位于正在运营的主干道上，桥梁结构为箱式钢桥，桥梁全长为438.94m，桥身布置为八段连续型钢桥，桥梁主线跨距分别为27.94m＋2×33m、3×33m、30m＋33m＋30m、2×30m＋33m＋2×30m，桥幅宽16.5m，主线位于2％的纵坡上，且桥身纵向呈弧形，曲率半径2km。右边匝道跨径为3×33m，A0～A3轴桥梁总长99m，桥幅宽8.5m，左边匝道跨径分别为31.37m＋2×23m＋35m＋30m、3×33m、3×33m，B1～B12轴桥梁总长340.37m，桥幅宽8.5m。主线由直线过渡为圆弧形状，其总体平面布置图见图1～图3。

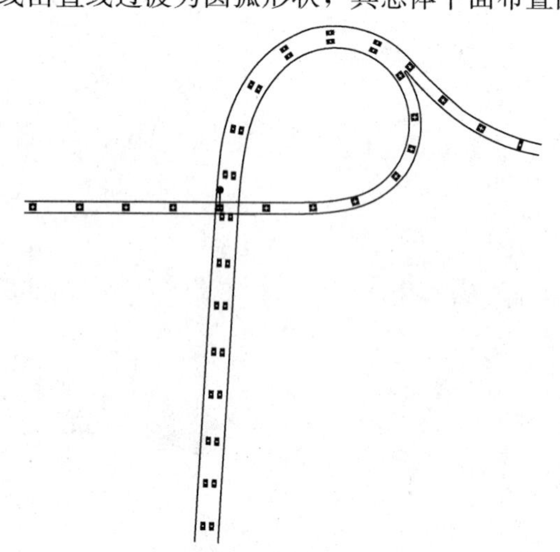

图1 钢箱梁整体轴测图

主桥桥面宽16.5m，两侧匝道桥面宽8.5m，所有梁体采用正交异性钢箱梁结构，这种结构形式相较于传统的混凝土结构具有整体结构质量轻、加工运输和架设施工方便、施工周期短、结构性能优越、具有能够跨越更大障碍的能力等特点。

2 结构特点及制作难点

桥梁截面为焊接箱形截面，桥梁的桥面系采用正交异性刚性板，桥梁截面高度为1.8m。桥面采用厚度为16mm的钢板，采用6mm的U形和20mm厚的钢板作为纵向加筋肋，横向加筋肋板厚12mm。

（1）钢箱梁桥位于城区内部正在运营的主干道上，建设过程中需维持交通运行，且桥梁下方为交通要道位置，交通量较大，施工工期短，加之现场施工场地狭小，造成各段钢桥现场施工无法采取过大节段进行拼装及吊装，如果划分梁段较小，不但增加现场的焊接工作量，而且焊接质量也不易保证。因此对箱梁合理地进行分段加工是个难点。

（2）主桥钢箱梁内部结构构造复杂，U形纵向加筋肋，横向加筋肋以及桥面板之间连接关系复杂，

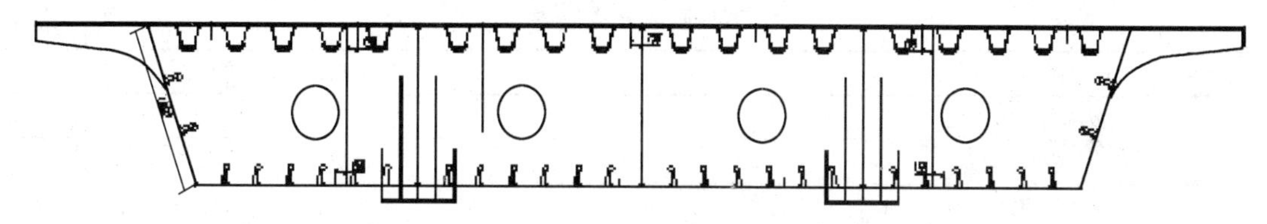

图2 钢箱梁整横截面示意图

这些零部件的加工精度对桥梁整体质量至关重要。因此对零部件的制作精度控制提出了更高的要求。

(3) 钢箱梁内部的零件较多，焊接工作量大，焊接质量要求高，特别是U形加筋肋与桥面板之间的焊接，单条焊缝较长，焊接质量要求较高，箱梁加工过程中的焊接变形控制也是个难点。

(4) 钢箱梁零部件拼装时，由于需要拼装的零部件较多，各个构件既相互独立又互相联系，而且构件的拼装精度直接影响钢箱桥的整体质量，如何有序地完成各零部件的拼装也是加工制作中的一个难题。

图3 工程效果图

3 箱梁加工工艺及质量控制要点

3.1 箱梁合理的进行分段

在钢箱梁工厂加工过程中，考虑到车辆运输、运输道路、吊装机械及确保施工现场焊缝最小化等相关因素，加工制作过程采用“化整为零，纵向分片，横向分段”的加工方法。

3.2 结构零部件下料与余量控制

放样前，根据详图和工艺要求，核对构件及构件相互连接的几何尺寸和连接。首制件采用数控切割机在钢板上进行1∶1的喷粉画线，验证放样和编程的正确性。每块钢板第一道工序就是采用钢板矫平机进行钢板矫平，矫平的目的就是保证钢板的平整度及消除钢板轧制过程中的应力，确保产品制造精度，如图4、图5所示。钢板下料前，全部在钢板预处理流水线上完成抛丸处理，并完成一道车间底漆工作，为提高构件加工制作的精准度，在下料画线误差应满足表1规定。

图4 数控火焰或等离子切割机

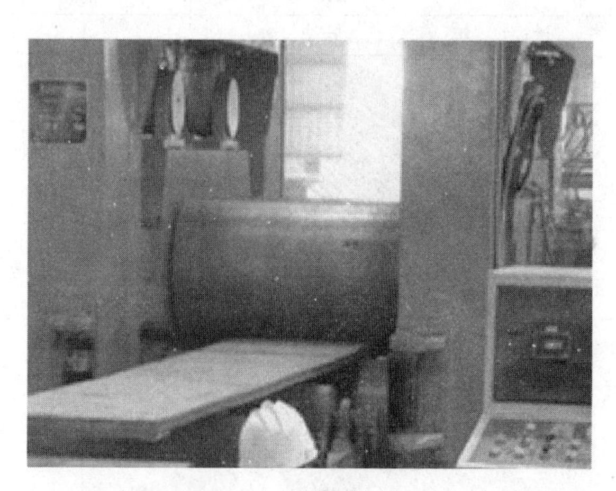

图5 七星辊（钢板矫平）

下料画线允许偏差 **表 1**

项　　目	允许偏差（mm）
板两边不平行度	1.5
长宽尺寸误差	1.5
长边直线度	2
端面不垂直度	1

3.3　焊接变形控制

（1）在焊接过程中对板材应进行热处理，当环境温度低于 5℃、相对空气湿度≥80%，在焊缝的焊缝两侧 80～100mm 区域内要求预热，预热温度为 80～100℃。通过热处理技术来减小焊接残余应力。

（2）箱形梁段的焊接变形的控制，特别是扭曲变形的控制是关键，扭曲变形一旦超差，就很难矫正，因此对箱形节段的焊接，变形以防为主，矫正为辅。焊接时应高度重视，采用对称施焊来保证节段的外形尺寸精度。

（3）腹板、翼板单元件焊接容易产生挠度变形，特别是横向挠度变形，采用反变形专用胎架进行焊接，可准确控制板单元的横向挠度变形。纵向挠度变形可采用在加劲板上火焰校正的方法进行矫正。

（4）横隔板单元刚性小，焊接时极易产生变形，如波浪变形、扭曲变形、挠度变形等，焊接时应采用小线能量，分段跳焊的方法焊接。

为提高钢箱梁焊接质量，对于焊接过程中的全熔透焊缝、钢板对接焊缝按一级焊缝要求验收，角焊缝、部分熔透焊缝外观按二级焊缝验收。

3.4　钢箱梁组立焊接流程控制

（1）该项目工程钢箱梁桥面预起拱按二次抛物线，在钢箱梁组立焊接时，为保证钢箱梁桥面拱度满足设计要求，在钢梁拼装前制定箱梁专用拼装胎架，胎架高度设置应满足箱梁桥面的预起拱值，胎架的制作在使用过程稳定。

（2）制定拼装顺序流程，综合考虑拼装过程中各构件的配合，焊接质量控制等因素对箱梁拼装的影响，制定如表 2 所示合理的拼装顺序。

拼　装　顺　序 **表 2**

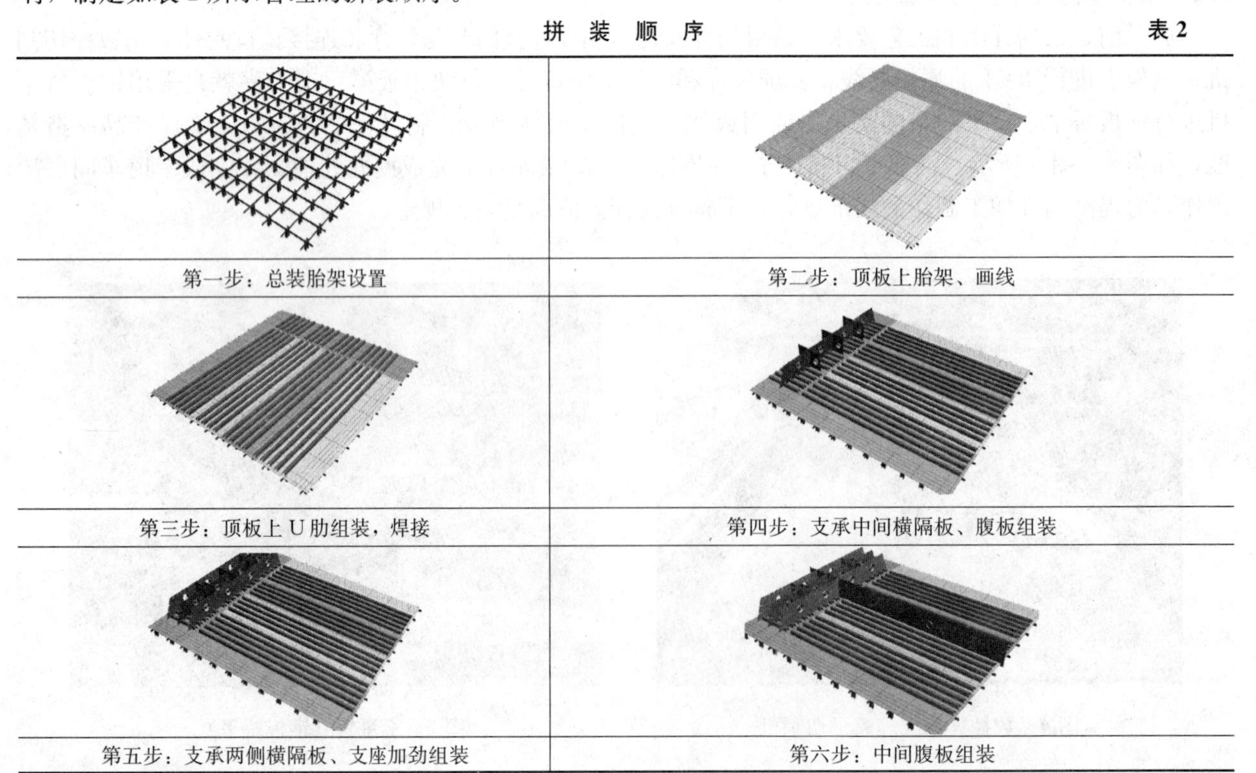

第一步：总装胎架设置	第二步：顶板上胎架、画线
第三步：顶板上 U 肋组装，焊接	第四步：支承中间横隔板、腹板组装
第五步：支承两侧横隔板、支座加劲组装	第六步：中间腹板组装

续表

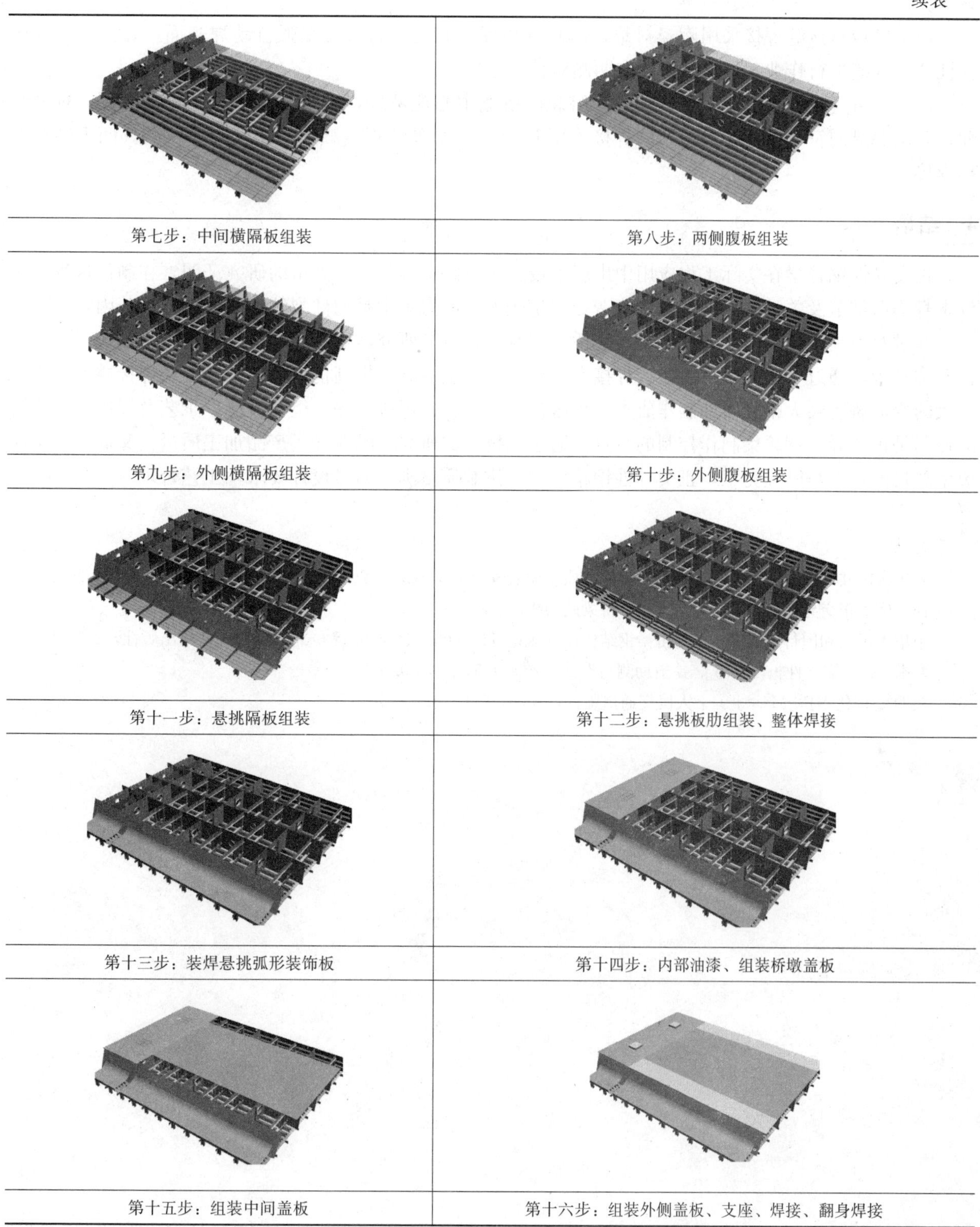

第七步：中间横隔板组装

第八步：两侧腹板组装

第九步：外侧横隔板组装

第十步：外侧腹板组装

第十一步：悬挑隔板组装

第十二步：悬挑板肋组装、整体焊接

第十三步：装焊悬挑弧形装饰板

第十四步：内部油漆、组装桥墩盖板

第十五步：组装中间盖板

第十六步：组装外侧盖板、支座、焊接、翻身焊接

（3）胎架应与埋件进行连接固定，确保总装胎架具有足够的刚性及无沉降。模板应根据全桥线形及底板定位要求进行设置，模板高度应满足设计预拱度要求。胎架应设置有分段及底板定位地样点，高度方向应设置有高程测量标杆。

（4）以中间梁段的中间底板作为基准进行定位，依次向纵横向两侧定位其他底板，同时加装卡马板固定；在底板上画出桥宽中心线、横隔板及腹板安装中心线，U肋、板肋安装位置线，两端切割余量线等。

（5）底板对接缝焊接采用陶瓷衬垫，CO_2 气体保护自动焊打底，埋弧自动焊盖面。焊接时至少应保证 2 条焊缝平行作业，且应从中间向两侧对称进行。

（6）U 肋组装前，内部先上好油漆，组装以桥宽中心这基准，组装时从中间向两边对称、对线装配，并确保纵向符合全桥线形。U 肋焊接采用 CO_2 药芯焊丝，焊接顺序与组装顺序一致，两人同时对称焊接。

4 结语

正交异性钢箱梁在实际工程应用中出现了疲劳裂纹缺陷等问题，大量的研究证明，在制作过程中构件本身构造细节及关键部位细部焊接构造处产生较大的应力集中是构件裂纹产生的重要内部因素。

通过对南昌市新龙岗大道钢箱梁立交桥加工制工艺技术研究，对传统的加工制作技术进行了进一步提升和升华。通过合理的余量留设、焊接变形控制及线型控制，提高构件的加工精度和焊接质量，避免较大的变形矫正会大幅度增加制作成本。克服构件在下料、焊接顺序、组装顺序、工艺及焊接残余应力的控制是正交异性钢箱梁制作控制的重点。通过该技术的研究，既保证了产品加工质量，又提高了生产效率。目前，工程已经完工，正交异性钢箱梁制作拼装质量满足质量设计要求，工艺合理。

参考文献

[1] 中华人民共和国国家标准．钢结构工程施工质量验收规范 GB 50205—2001[S]. 北京：中国计划出版社，2002.
[2] 钱冬生．正交异性板和箱梁结构运用于桥梁的历史[J]. 2008.
[3] 中华人民共和国行业标准. 铁路桥梁钢结构设计规范 TB 10002. 2－2005[S]. 北京：中国铁道出版社，2005.
[4] 尹书军. 正交异性板设计[J]. 铁道勘测与设计，2006（6）：27-30.
[5] 吴冲．现代钢桥[M]. 北京：人民交通出版社，2006：103-115.

交通大厅梅花柱制作安装施工技术

孙顺利，张军辉，陈　峰

（中建二局安装工程有限公司，北京　100070）

摘　要　本文阐述了中国西部国际博览城项目交通大厅梅花柱主要施工技术，从制作加工、现场安装、施工方法及措施等方面进行了重点论述。同时，施工过程中加强质量把控和现场检查。对类似场馆施工有借鉴意义。

关键词　钢结构；梅花柱；安装

1　工程概况

中国西部国际博览城项目是中国西部最大的展览中心，并作为中国西部国际博览会永久会址及大型国际、国内会展举办场地。总建筑面积56.75万m^2，地上展馆建筑面积20.1万m^2，除展馆外设有配套餐饮、会议、办公及相关设备用房；地下室建筑面积17.80万m^2，主要为地下汽车库及部分展厅配套餐饮和设备用房。

项目整体呈“L”形，包含8个展馆（A～H展馆）和1个交通大厅。其中，A、B、F为单层展馆，CG、EH组成双层展馆，统称为标准展馆，D展馆为多功能厅，所有展馆内侧为“飘带”形状交通大厅，整体金属屋面随结构造型起伏变化，如图1所示。

图1　中国西部国际博览城效果图

2　结构概况

交通大厅分为双向曲面网架，曲面网架整体呈“L”形，总长度约1600m，由南入口、北入口及主入口三部分网架组成，高度在21～70m之间，最大高差约50m。网架下部支撑为梅花柱，梅花柱主要由圆管段、铸钢节点、锥管段组成，高度18～67m之间，最大截面尺寸2.5m，最大板厚40mm，每隔6m设置横向连接板，如图2、图3所示。

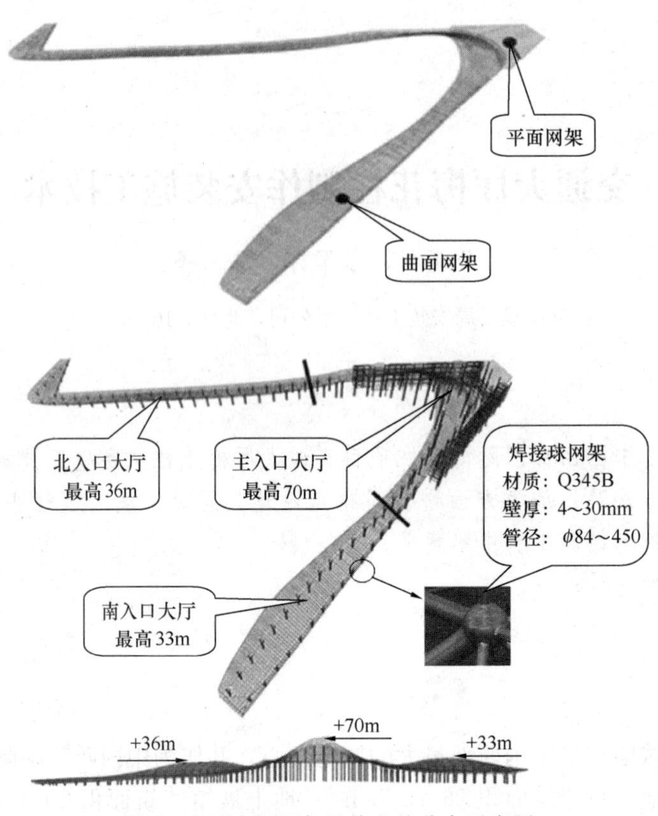

图 2　交通大厅网架及梅花柱分布示意图

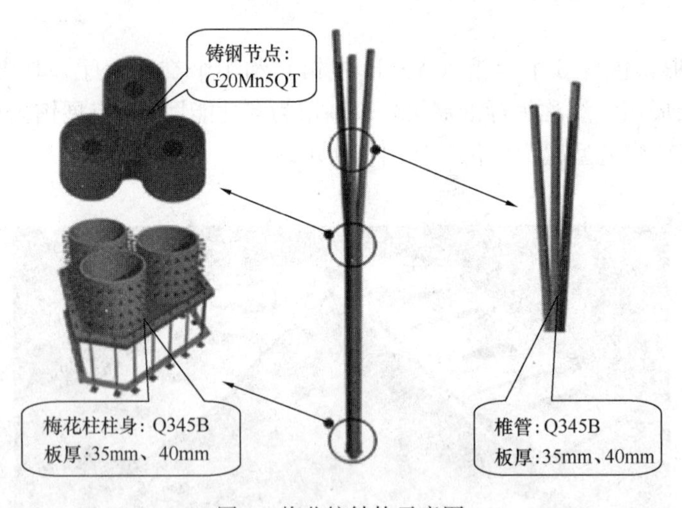

图 3　梅花柱结构示意图

3　施工重点分析

梅花柱柱距 18m，部分独立高度在 60m 以上，分叉后锥管上端直接与网架下弦球连接，如何选择高效的安装方法，保证梅花柱特别是锥管部分的施工安全和安装精度是关系到上部网架安装精度的前提，也是梅花柱安装的重点和难点。

梅花柱由于由 3 根圆管组成，上部分叉位置由 3 根锥管组成，梅花柱合理分段关系到梅花柱的运输和安装，所以梅花柱的合理分段是重点。

梅花柱为组合柱，无论工厂加工或者现场安装，梅花柱的拼装方法和拼装精度都是关键。

4 安装方法

（1）交通大厅梅花柱安装：分叉位置以下分段安装，分叉位置铸钢件和3根锥管在地面拼装完成后整体吊装。对部分超高超重锥管，进行逐根安装。所有锥管顶端必须进行精确定位。

（2）交通大厅平面网架安装：对作业部位地下室顶板加固，在楼面上分块拼装，使用履带吊分块安装，部分位置需使用支撑架临时加固。

5 主要施工技术

5.1 梅花柱分段

交通大厅梅花柱共有126组。主入口大厅梅花柱高度较高，最高的梅花柱高度约有60m，其余大部分均在30m左右。梅花柱吊装分段根据其高度及重量进行分段。主要将梅花柱分为两段和三段进行吊装。

（1）梅花柱高度大于50m的分为三段；

（2）梅花柱高度在30～50m之间的分两段；

（3）梅花柱在30m及以下的不分段，在加工厂制作成单元运至现场进行组装，组装完成后进行整根吊装。

5.2 梅花柱椎管加工技术

（1）下料

用计算机对锥管进行展开，放样并考虑加工余量，钢板下料前用矫正机矫平，采用数控下料切割，并对坡口进行加工；钢管纵缝对接焊缝处需加放2mm焊接收缩余量；下料后必须对外形尺寸进行复测，确保尺寸必须正确，避免造成接头错位，并弹出两端加工压头需要的中心线和加工线。如图4所示。

（2）画线

在扇形钢板上由同心圆画出一定间隔的多道径向线。如图5所示。

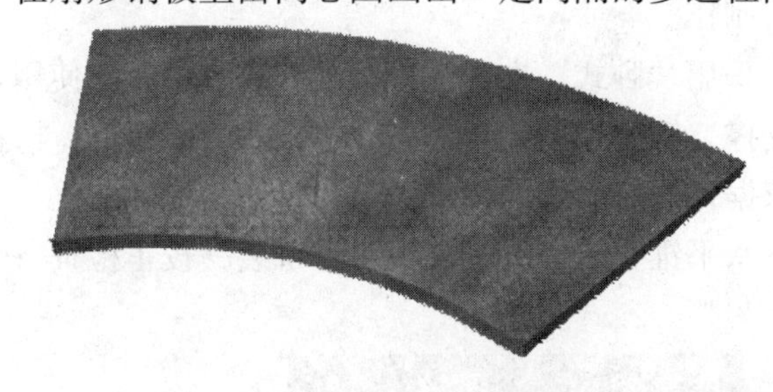

图4 锥管下料示意图

图5 画线

（3）两侧预弯

采用预弯机进行两侧预压成形。如图6所示。

（4）压制成型

对应样线进行多次多道压制。如图7所示。

（5）加固

对成形的半圆锥管进行加固，防止变形。如图8所示。

图6 两侧预弯

（6）焊接及校正

为保证锥管与圆管之间对接精准，在两个半圆锥管拼接时，在锥管端部放置两块圆板（圆板的外径是锥管端部内径），采用自动埋弧焊焊接成锥管，焊接前进行预热，先在外侧进行打底焊，然后焊接内侧焊缝，焊完内侧焊缝后再焊外侧焊缝，焊后24h后进行探伤，然后将需校整的端部吊进整圆机内按正整圆，如图9所示。

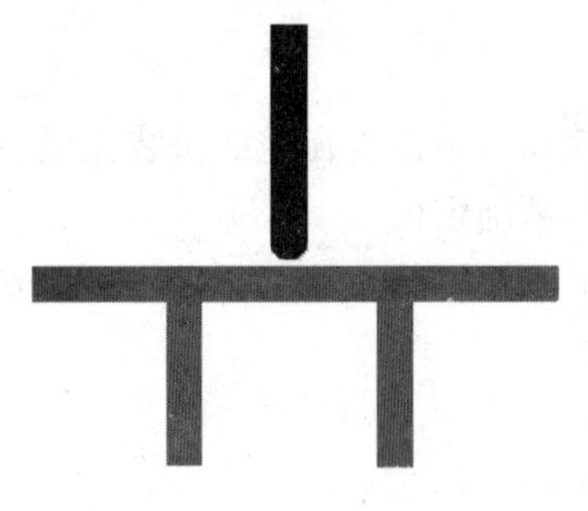

图 7　锥管压制

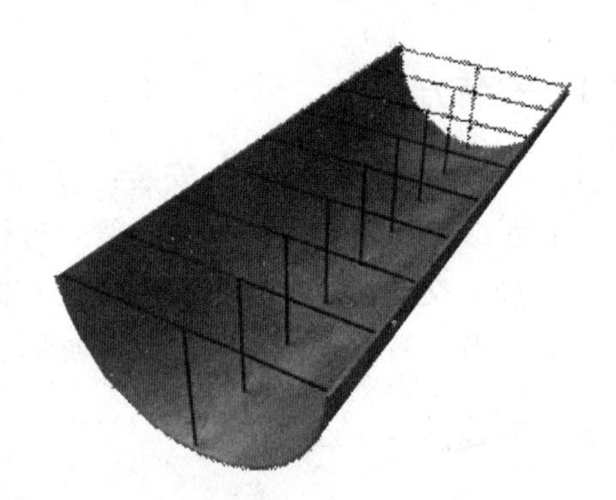

图 8　加固

图 9　焊接及校正

（7）检查验收

对焊接完成的锥管焊缝进行相关焊接检测。

5.3　梅花柱拼装

梅花柱直段为工厂加工，根据深化设计分段进行制作。

梅花柱锥管为现场拼装，根据锥管的结构形式，采用“卧式”方式进行拼装。拼装胎具，使用自制路基箱为基座，上部根据锥管的分叉位置，搭设钢支撑。钢支撑用 H200×200×8×12 的型钢。梅花柱锥管的定位，根据 Tekla 模型，取得的参数坐标为依据，进行放线定位。

梅花柱锥管拼装步骤：胎架搭设→铸钢件安装→水平锥管拼装→第三根锥管拼装→校正检查→焊接→检测→验收。如图 10 所示。

图 10　梅花柱锥管现场拼装

5.4 梅花柱焊接

梅花柱焊接严格按照工艺评定的参数进行焊接，焊接顺序采用对称施焊，焊接时注意焊前预热、层间清理和焊后保温处理，焊接过程中采取防风措施。如图 11 所示。

图 11 梅花柱锥管焊接

5.5 梅花柱安装

梅花柱安装主要采用 100t 汽车吊或 250t 履带吊进行安装。采用三点绑扎。椎管安装定位采用全站仪，连接位置采用连接耳板。如图 12 所示。

图 12 梅花柱现场安装

6 结论

中国西部国际博览城交通大厅组合梅花柱，具有高度高、截面大、延米重量重、施工工期紧张等特点，通过上述施工技术，积累一些经验，能为类似工程树形状等组合钢柱施工可参考借鉴。

参考文献

[1] 中华人民共和国国家标准．钢结构施工规范 GB 50755—2012[S]. 北京：中国建筑工业出版社，2012.
[2] 中华人民共和国国家标准．钢结构焊接规范 GB 50661—2011[S]. 北京：中国建筑工业出版社，2002.
[3] 中华人民共和国国家标准．钢结构工程施工验收规范 GB 50205—2001[S]. 北京：中国计划出版社，2002.
[4] 中华人民共和国国家标准．钢结构现场检测技术标准 GB/T 50621—2010[S]. 北京：中国建筑工业出版社，2010.
[5] 中华人民共和国国家标准．钢结构设计规范 GB 50017—2003[S]. 北京：中国计划出版社，2003.
[6] 沈祖炎．钢结构制作安装手册[M]. 北京：中国建筑工业出版社，1998.
[7] 陈禄如．建筑钢结构施工手册[M]. 北京：中国计划出版社，2002.

大跨度空间异形弯扭钢拱架加工制作技术

沈万玉，张炳顺，田朋飞，张煊铭

（安徽富煌钢构股份有限公司，巢湖　238076）

摘　要　西咸空港综合保税区事务服务办理中心钢结构工程结构复杂，截面复杂多样，上部拱架截面采用不规则曲面，而且是偏心受力连接方式，杆件种类繁多，节点形式多样，加工精度要求高。通过深化设计对复杂异形构件及节点的优化、加工制作过程中严格把控尺寸加工精度及焊接质量，确保了构件加工质量和进度要求。

关键词　钢结构；不规则构件；偏心受力；节点制作；焊接变形控制

1　工程项目概况

本工程为西咸空港综合保税区事务服务办理中心工程，位于陕西省西咸新区空港新城，紧邻208省道。本工程总建筑面积70203m²，钢结构总用钢量9500多吨。造型复杂，整个建筑形体类似于“飞碟”，是由球体、圆柱体、圆锥体、圆环体相结合形成的空间复杂结构体系（图1）。建筑布局分主楼和附楼两个部分，主楼为地上七层，地下一层，采用钢-钢筋混凝土组合框架结构。其中钢结构主构件为十字形劲性柱和H型劲性钢梁，整体外观造型采用日字形钢拱梁。附楼采用钢＋钢筋混凝土框架结构，中间连廊部分为钢结构，由圆管柱与H型钢梁组成。

图1　项目工程效果图

钢结构地下一层柱截面分别为十字形局部转“田”字形截面、“日”字形截面、“目”字形截面、“井”字形截面。上部是放射式中心内陷的旋抛穹屋顶，由68个钢结构球面拱架组成。

2　结构特点及加工制作难点

钢结构地上最高点29.850m，最低点15.850m；地下室承台顶标高－7.550m。地上结构造型由68榀球面曲肋与钢骨环梁构成，钢骨环梁随层布置，球面曲肋有14榀一端不落地，分别需要在6层、5层、3层钢骨环梁上进行传力的梁式转换，结构受力极其复杂。不同榀的球面曲肋各不相同。球面曲肋的跨度范围，最大跨度35.333m并向内倾斜悬挑6.500m，最小跨度10.474m并向内倾斜悬挑8.500m，球面曲肋最大倾斜角度36°，最小倾斜角度68°，单榀球面曲肋最大重量70t，最小重量25t。见图2、图3。

1）工程建筑体型特异，结构体系复杂，平面扭转不规则，竖向构件不连续，仅上部节点数量多达2000余个，且各不相同，普通的两维平面图纸难以全面表达，加工数据在翻样过程中易发生差错，如何正确将工程构造通过二维的平面图纸进行全面表达是钢结构工程加工过程中的难点。

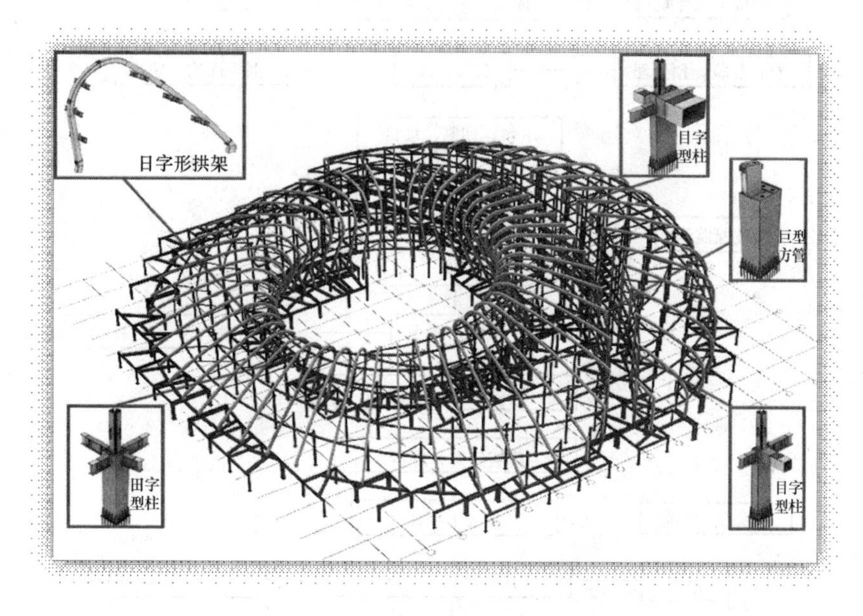

图 2　结构整体轴测图

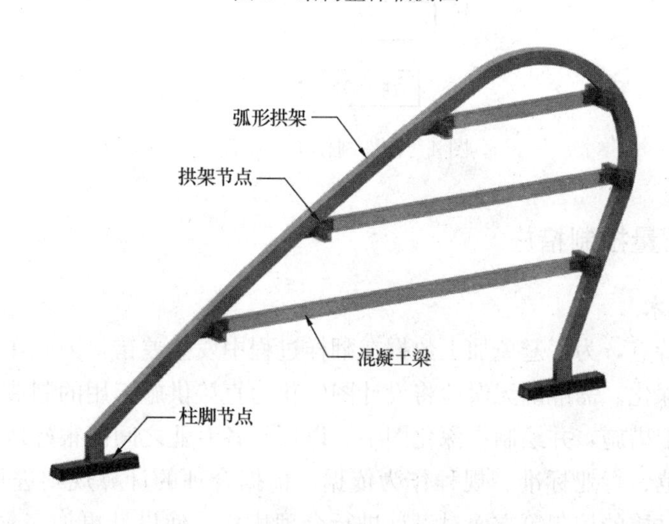

图 3　单榀拱架结构图

2）工程结构采用大量的复杂构件，如“井”字形柱、十字柱、变曲率弯扭拱架、弧形 H 型钢等构件。各段拱架拼接时，纵向加劲肋的拼接焊缝被封在箱体内部，无法焊接。而且拱架在拼装式下翼缘板焊接接焊缝需要仰焊，焊缝质量难以保证。

3）为了满足地下车库的要求，同时钢肋在地下室顶板部位梁式转换，使之地下室梁纵横交错，属于特别不规则的建筑，如三向钢梁相交于拱架连接节点，这类节点构件规格多、尺寸大、重量重，节点制作困难。

4）钢结构工程在施工过程中出现了大量的焊接工作，外界环境变化较大，组成构件的零件较大，构件板厚较大，焊接质量及焊接变形的控制是难点。

3　钢结构制作加工流程图

为满足西咸空港在西咸空港综合保税区事务服务办理中心钢结构工程制作的各项要求，项目工程的整体钢结构加工按图 4 中的工艺流程进行。

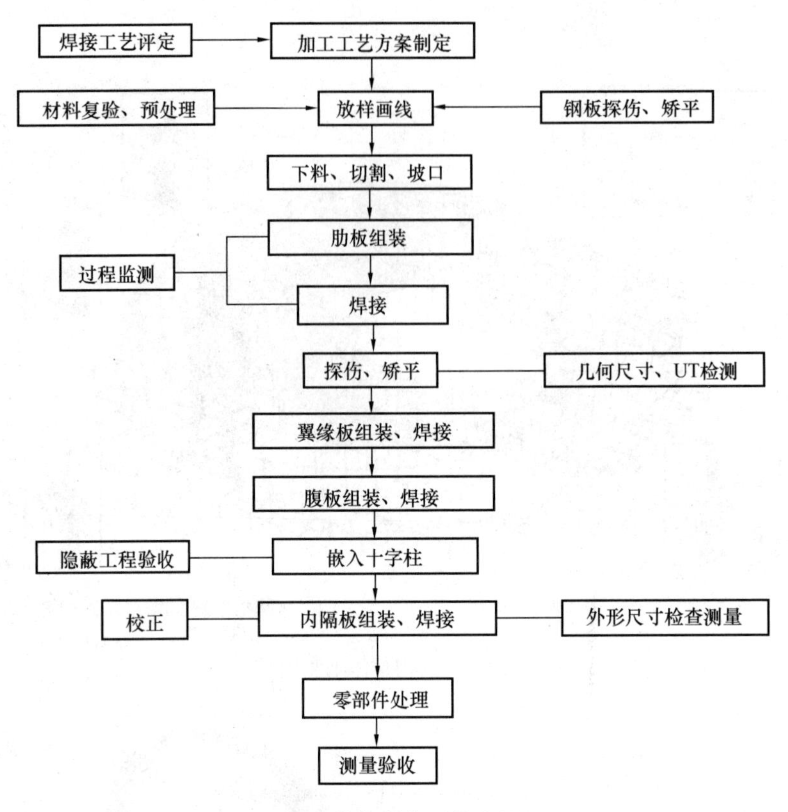

图 4 构件制作工艺流程

4 制作工艺要点及质量控制措施

4.1 钢结构深化设计技术

针对工程建筑结构特点，为了避免加工数据在翻样过程中发生差错，因此在本项目钢结构的制作初期要进行必要的钢结构深化。需准确无误地将设计图转化为直接供施工用的制造安装图纸，同时，还需考虑与各专业相关的施工措施，并绘制在深化图中，以便与各专业之间能很好地协调配合。深化设计需严格按照设计规定的规范、行业标准、规程作为依据；依据合理的计算规则进行相关验算，从节点构造、构件的结构布置、材质的控制等方面对设计进行合理优化，使设计更加完善。为了便于施工管理，编制详细的零部件编号规则及深化设计流程。

4.2 构件加工制作技术

4.2.1 弧形 H 型钢制作

弧形 H 型钢属于非标构件，加工工艺和普通焊接 H 型钢原理相同，但步骤相对复杂很多。

具体做法是通过数控下料机进行下料，采用全自动微控水平下调式三辊卷板加工设备弯曲，设备通过调节上辊位置来控制弧形钢板矢高，以致控制弧形钢板的弧度大小。在纵向加劲板组立时，在腹板上画出板宽中心线和纵肋组装定位线、作为安装检验的基准，画线采用多点以直代曲的方式，并在主要控制点上设置定位板。见图 6。

4.2.2 弯曲拱架施工现场对接焊接技术

采取以下措施，在拱梁对接处，上翼缘板 1000mm 范围内开洞，纵向加劲板 800mm 范围内开洞。拱梁对接施焊时，先焊接下翼缘板对接焊缝，再焊将纵向加劲板 800mm 长开口补缺，最后补缺上翼缘 1000mm 的开口。这样避免了大量的施工现场仰焊焊接，不但保证了现场构件对接焊缝的质量，而且提高工作效率。见图 7。

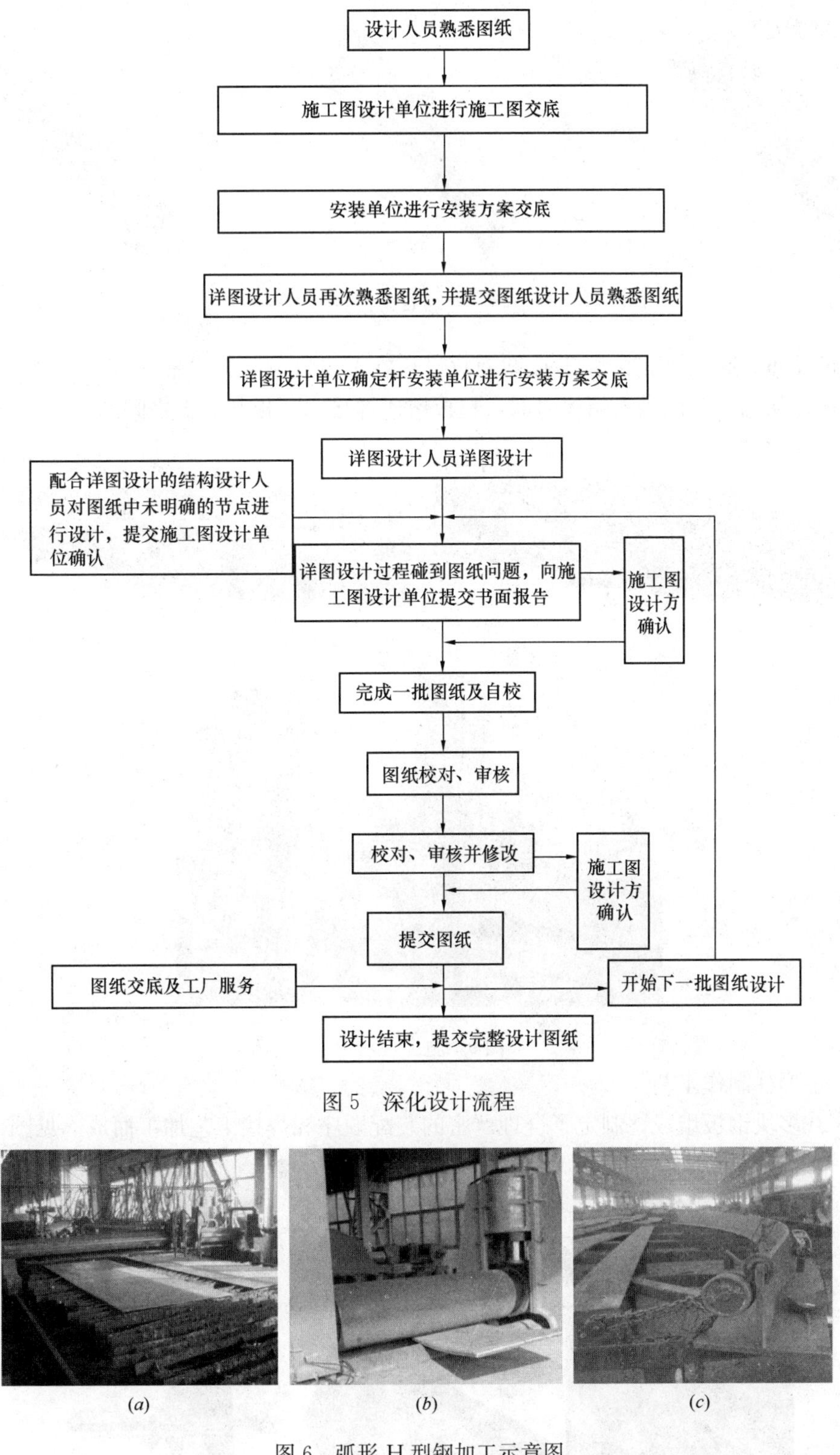

图5　深化设计流程

(*a*)　(*b*)　(*c*)

图6　弧形 H 型钢加工示意图

(*a*) 数控下料；(*b*) 钢板弯弧；(*c*) 纵向加劲板组立

4.2.3　十字柱（节点处转“田”字柱）制作工艺

此类型钢柱是本项目中利用极高的一种形式，由于相连接的钢骨梁翼缘板宽度远大于十字柱翼缘板宽度，所以在深化加工设计时考虑节点区域局部转为“田”字形。因十字柱截面过小（+500×350×25），开档间距过小（150mm），且箱形节点区域过长（1200mm），无法从端头施焊到中心区域。给加

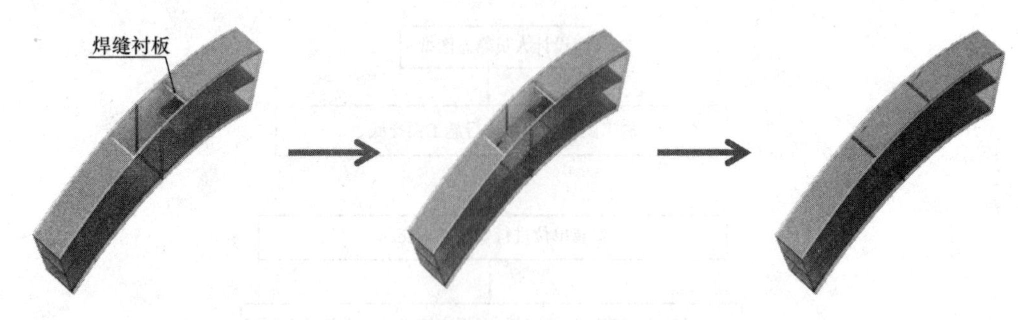

图 7　拱架对接示意图

工带来了极大的难度。通过研究，将 T 形截面翼缘板在节点区域隔断，嵌入 T 排翼缘板，四面坡口垫板熔透焊接嵌板，从箱体两侧深入箱体内部，垫板熔透焊接内隔板与嵌板之间的焊缝。见图 8、图 9。

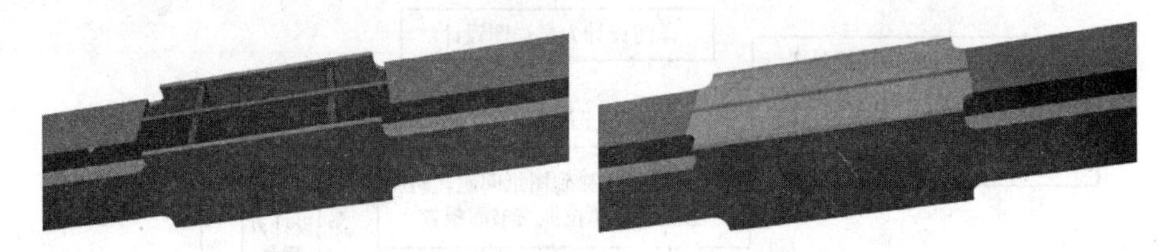

图 8　节点深化设计图

图 9　施工现场图

4.2.4　“井”字形柱制作工艺

此箱体由 20 多块钢板组成，制定了合理严密的装配顺序和焊接工艺加工而成。见图 10。

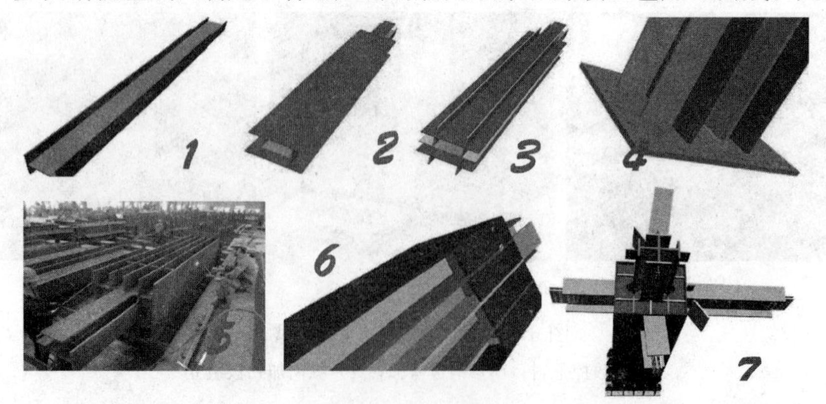

图 10　“井”字形柱制作工艺流程图

4.3　复杂节点制作技术

为提高钢结构节点的加工质量，在熟悉加工和安装流程之上对于这些复杂的节点要将设计意图通过深化设计表现出来，在节点深化时应全面考虑零部件的加工制作及拼装工艺，给予全面的、精细的研究。特别是三向钢梁相交于拱架连接节点（牛腿）加工制作。拱架牛腿包括：两根环梁牛腿、拉梁牛腿以及箱体，即三方牛腿通过箱体与拱架刚接，其中箱体内布置有横、纵加劲。见图 11、图 12。

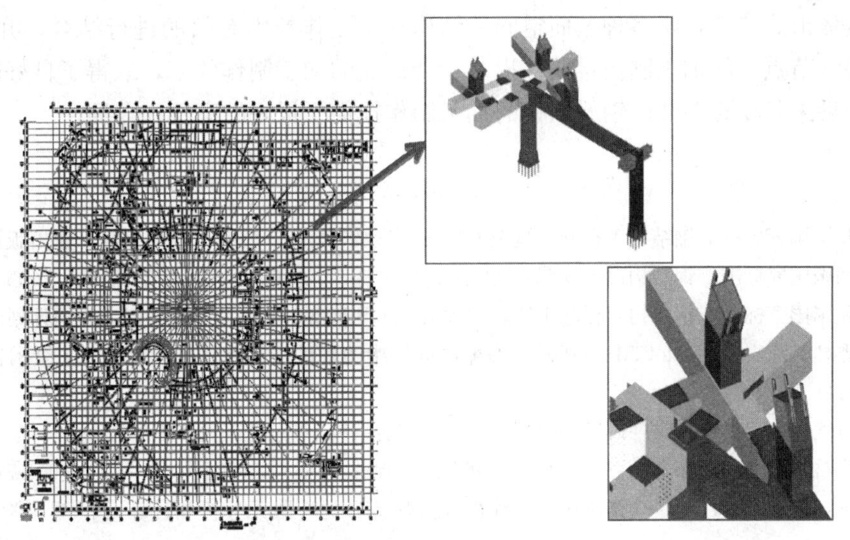

图 11　三向钢梁相交节点节点深化

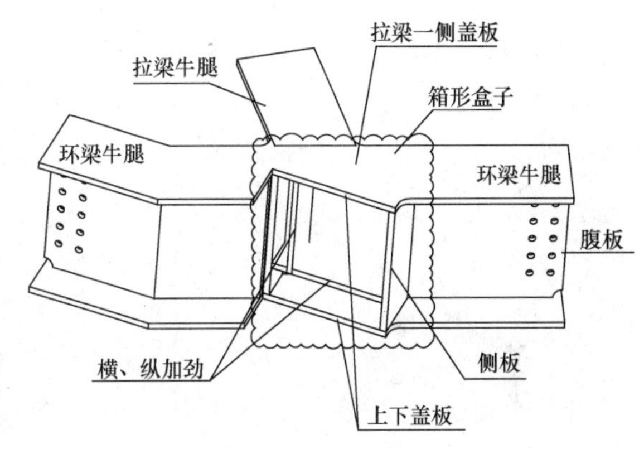

图 12　钢箱梁连接节点

在制作时将环梁方向的一侧牛腿腹板和侧板去除，将其组装为小合拢构件，再从侧面焊接箱形盒子内劲板与拱架间的焊缝。剩余方向的牛腿和箱体预先组装焊接成小合拢构件。最后嵌入并焊接后盖板。

4.4　焊接质量控制技术

根据工程特点，在制作和安装采用如下焊接控制技术：

1）前期焊缝接口质量处理，根据焊缝对接处对接要求，将焊缝接口打磨平整，并检查预留焊接间隙的处理是否满足细部要求。

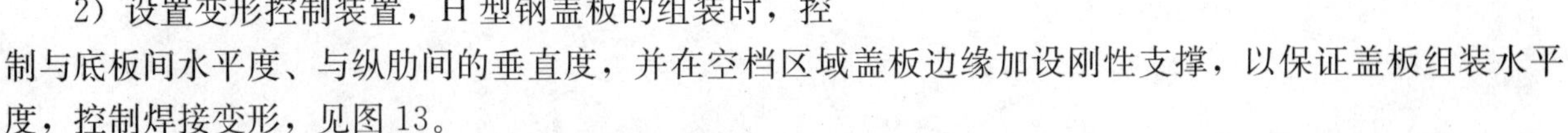

2）设置变形控制装置，H 型钢盖板的组装时，控制与底板间水平度、与纵肋间的垂直度，并在空档区域盖板边缘加设刚性支撑，以保证盖板组装水平度，控制焊接变形，见图 13。

3）在施焊前母材预热，加热范围及温度根据自行研发的钢板温控消减残余应力控制技术进行控制。

4）在现场进行焊接施工作业，厚板焊接前要进行加热，要求焊前预热最低温度为 60℃，焊接层间温度不大于 230℃。焊接完成后加热至 200～250℃，采用石棉布包裹焊缝及热影响区，使焊缝逐渐冷却至常温。见图 14。

图 13　变形控制装置

图 14　现场焊接施工

5 结语

根据结构具体形式特点，将多种截面空间钢结构加工制作技术有效的进行结合，并进一步的深化，解决了复杂构件（节点）的加工制作难题，提高复杂截面的加工制作效率，取得了良好的社会效益和经济效益，可以为后来各项复杂截面钢梁结构的加工制作提供了很好的案例和参照。

参考文献

[1] 中华人民共和国国家标准．钢结构工程施工规范 GB 50755—2012[S]. 北京：中国建筑工业出版社，2012.

[2] 中华人民共和国国家标准．钢结构设计规范 GB 50017—2003[S]. 北京：中国计划出版社，2003.

[3] 中华人民共和国国家标准．钢结构工程施工质量验收规范 GB 50205—2001[S]. 北京：中国计划出版社，2001.

[4] 王瑞平，万秀林，陈广宁．AutoCAD 三维技术在船体放样中的辅助应用和优势[A]. 2011 全国钢结构学术年会论文集[C]. 2011.

[5] 蔡禄荣．大跨度钢桁架拱桥预拱度设置及拼装误差理论研究[D]. 华南理工大学，2012.

[6] 寿建军，杨丽君，孙专利，陈志平．一种复杂空间节点的制作技术[J]. 钢结构，2015，30(6)：77-80.

[7] 陈楚，汪建华，杨洪庆．汪建华，杨洪庆．非线性焊接热传导的有限元分析和计算[J]. 焊接学报，1983，4 (3)：139-147.

[8] 陈骥．钢结构稳定理论与设计(3 版)[M]. 北京：科学出版社，2006.

大跨度梭形桁架安装全过程仿真分析

陈　峰，范玉峰，张军辉

（中建二局安装工程有限公司，北京　100070）

摘　要　以中国西部国际博览城项目为例，介绍了大跨度梭形桁架的安装方法。将大跨度梭形桁架安装全过程分为拼装、张拉、吊装、就位 4 个工况，并对每个工况进行了仿真分析。同时，分析了温度变化对安装过程的影响，并通过应力监测验证了分析结果。

关键词　钢结构施工；大跨度结构；梭形桁架；温度变化

1　工程概况

中国西部国际博览城项目（一期）是中国西部最大的展览中心（图 1），并作为中国西部国际博览会永久会址及大型国际、国内会展举办场地。项目包含 8 个展馆（A～H 展馆）和 1 个交通大厅。其中，A～F 展馆为首层展馆，H、G 展馆分别为 C、E 展馆的二层展馆。

图 1　中国西部国际博览城效果图

展馆屋盖采用大跨度梭形桁架结构，共计 88 榀，每榀梭形桁架长度 81m，跨中截面高度 10m，截面宽度 4m，重量达 65t，就位标高为 13.4～ 42.5m。梭形桁架结构形式复杂，主要由双曲圆管、钢拉杆、铸钢件、铸钢支座等结构组成（图 2）。其中，钢拉杆材质为 GLG550 级，直径分为 60mm、80mm 两种，设计预紧力分别为拼装状态下 30kN、50kN；铸钢支座为纯铰支座，材质为 G20Mn5QT 调和钢。

2　施工方法及过程

2.1　施工方法

项目展馆有大面积地下室，展馆屋面梭形桁架重量为 65t，长度为 81m，桁架斜腹杆为预应力钢拉杆，各榀桁架高度因屋面造型而起伏变化。综合考虑结构特点和现场条件，首先对地下室进行加固，然后在楼面上整榀拼装并张紧桁架，最后使用两台 200t 履带吊将桁架抬吊就位。

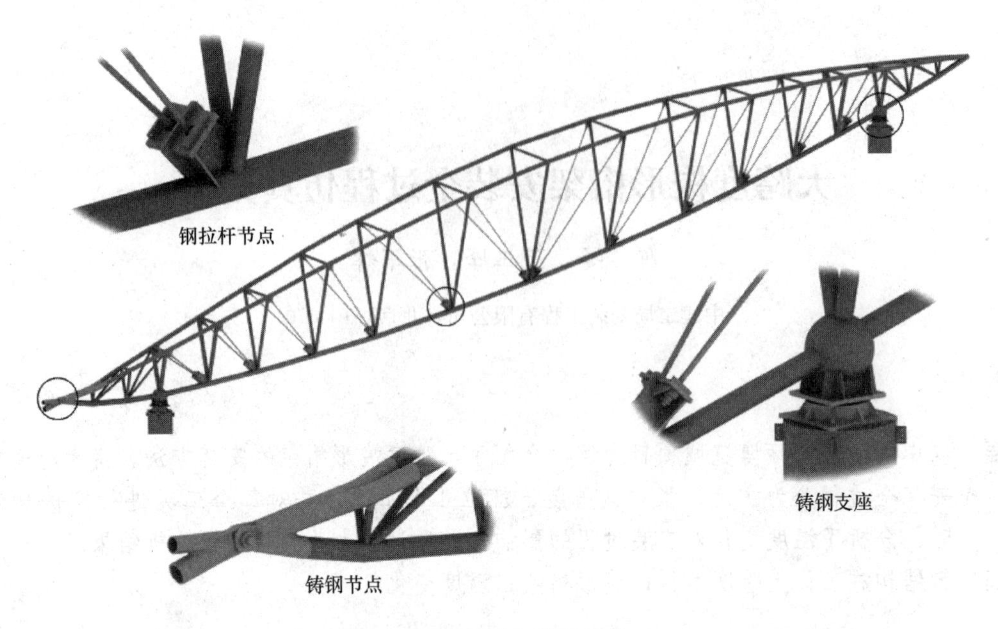

图 2　梭形桁架结构形式

2.2　施工过程

地下室混凝土施工前，根据桁架吊装部署确定履带吊行走路线，在地下室相应位置安装加固支撑。桁架施工过程如下：①搭设胎架进行桁架整体拼装，将桁架管件焊接完毕；②焊缝检测合格后，安装预应力钢拉杆并张拉到设计值；③在楼面上铺设路基箱，进行桁架抬吊安装；④桁架就位后，采取临时固定措施；⑤屋面次梁安装完毕后，进行桁架整体卸载。

3　仿真分析

3.1　拼装过程

梭形桁架截面呈“倒三角形”，上弦为双曲拟合曲线，采用“立式”拼装方法，首先对桁架弦杆限位，进而对其他杆件定位（图 3）。

图 3　梭形桁架拼装操作平台

拼装过程如下：下弦杆及支座球拼装→上弦杆拼装→上弦腹杆拼装→竖向腹杆拼装→端头铸钢件拼装→校正焊接→焊缝检测（图 4）。

桁架在焊接完毕后，钢拉杆安装前，最大变形约 0.8mm，最大拉应力约 8.4MPa，最大压应力约 −5.4MPa（图 5）。

3.2　张拉过程

每榀桁架共有 24 根刚性拉杆，施工时使用两台 50kN 扭矩扳手，沿主轴从两端向中间或从中间向

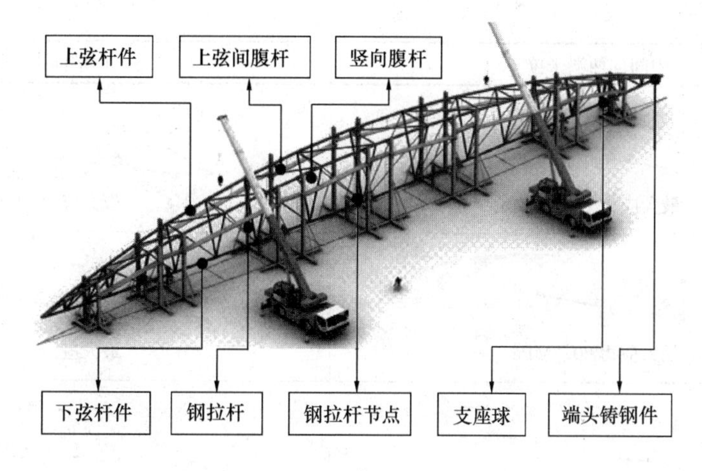

图 4　梭形桁架拼装示意图

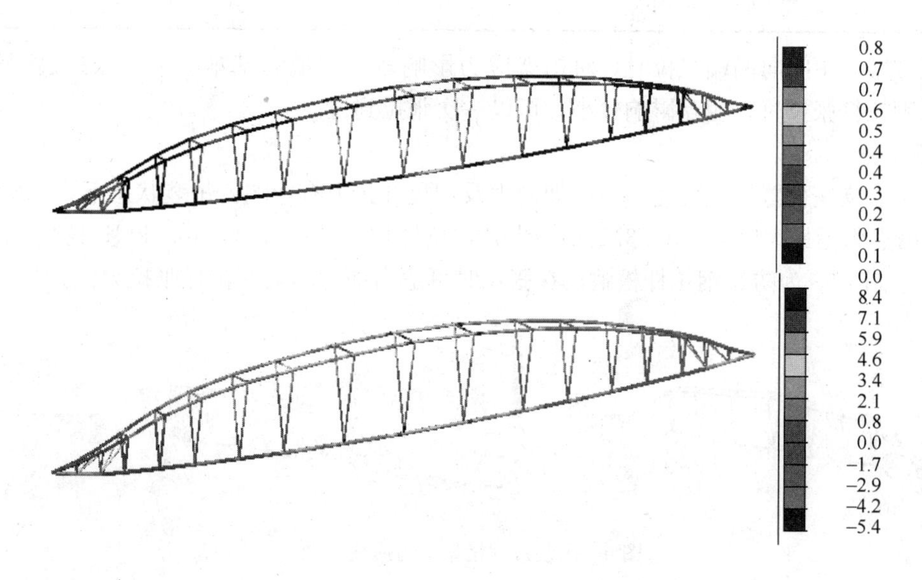

图 5　拼装状态应力应变云图

两端对称张拉，张拉过程最大应力如表 1 所示。

张拉过程中的最大应力　　**表 1**

过程	中间向两端张拉	两端向中间张拉
1	最大应力 15.5MPa	最大应力 18.8MPa
2	最大应力 14.7MPa	最大应力 20.3MPa
3	最大应力 14.6MPa	最大应力 21.1MPa

续表

过程	中间向两端张拉	两端向中间张拉
4	最大应力 15.7MPa	最大应力 21.6MPa
5	最大应力 20.7MPa	最大应力 21.6MPa
6	最大应力 22.2MPa	最大应力 22.2MPa

两种张拉方案，中间向两端张拉时，对桁架应力影响较小，最终基本一致。张拉过程结构变形很小，说明相邻钢拉杆张拉时，相互影响较小，可以一次张拉到位。

3.3 吊装工况

吊装过程中，支座位置发生变化，对桁架内力及钢拉杆张力有影响。吊装状态下，桁架两端最大位移 30.8mm，吊点附近最大应力－86.3MPa（图 6），拉杆拉力范围 4.3～40.3kN，跨中钢拉杆拉力增加，两端减小（图 7）。为防止钢拉杆松弛，在张拉时可适当加大两端钢拉杆张拉力值。

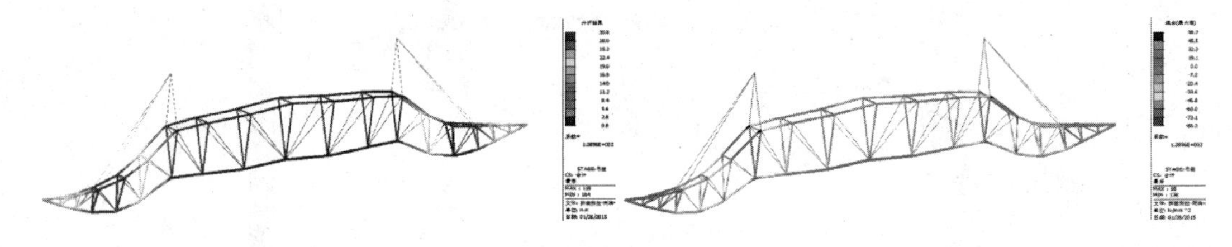

图 6　吊装过程桁架应力应变云图

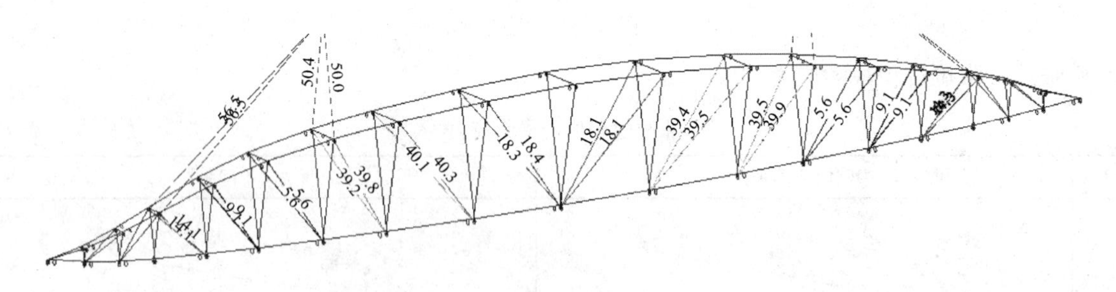

图 7　吊装过程钢拉杆拉力变化

3.4 就位工况

就位状态下，支座位置再次变化，在进行次梁加固后，桁架跨中最大位移 11.7 mm，支座附近最大应力 41.4MPa（图 8），拉杆拉力范围 14.3～136.4kN，跨中钢拉杆拉力增加，两端减小（图 9）。为

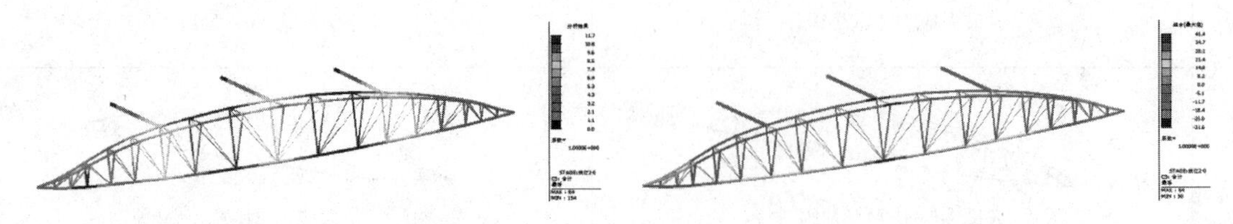

图 8　就位过程桁架应力应变云图

防止钢拉杆松弛，在张拉时可适当加大跨中钢拉杆张拉力值。

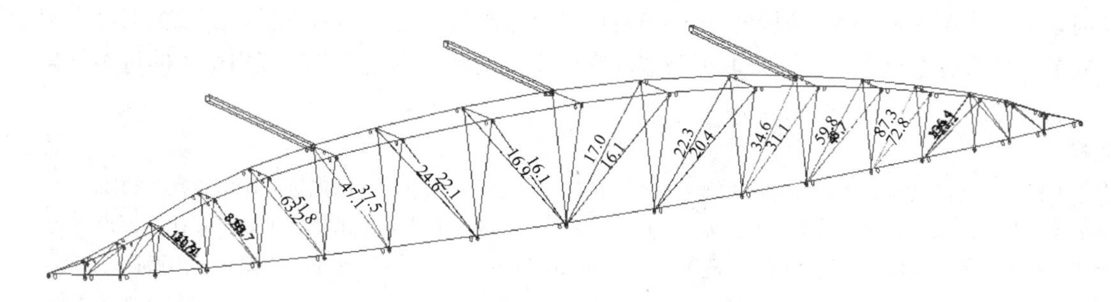

图 9　就位过程钢拉杆拉力变化

4　温度变化和支座安装影响

4.1　温度变化

比较就位后无温差变化和有温差变化下，桁架的应力和变形变化。假定昼夜温差变化为 20℃，计算结果如表 2 所示。无温差变化时，跨中最大位移 24.3mm，桁架最大应力－40.4MPa；有温差变化时，跨中最大位移 22.9 mm，桁架最大应力－127.7MPa。说明由于热胀冷缩，夜间跨中位移减小，导致下弦杆应力增大。

温差变化对桁架的影响　　表 2

无温差变化	有温差变化
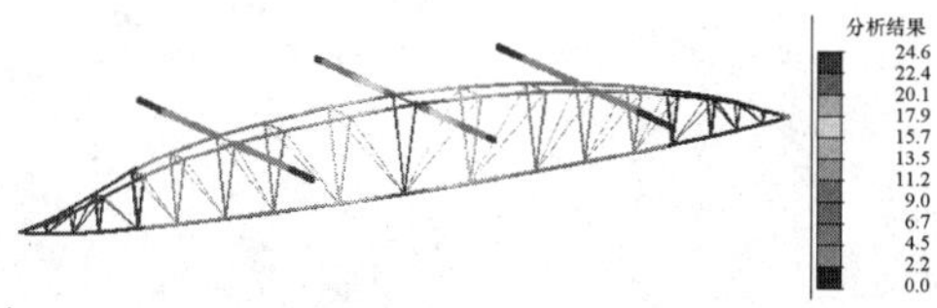	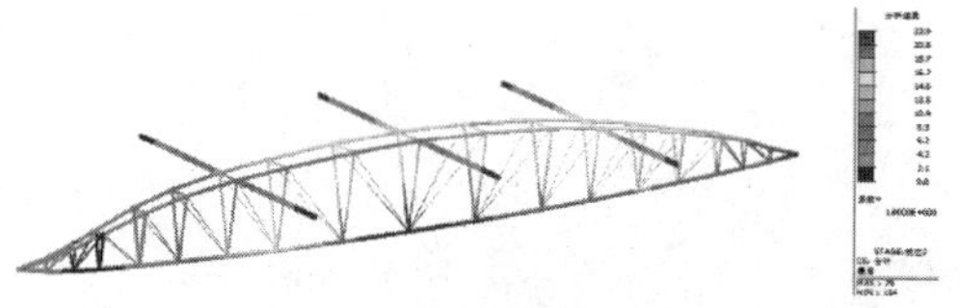
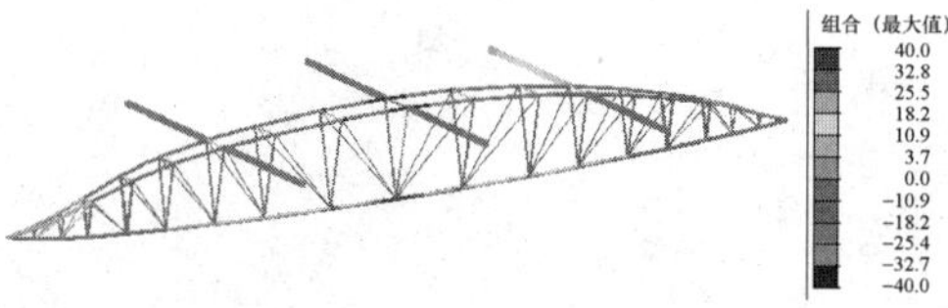	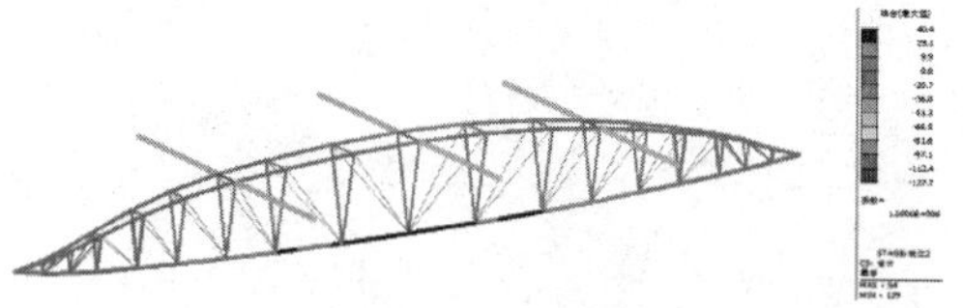

4.2　支座安装

为保证桁架就位准确，滑动支座提前安装但不焊接，而采用限位挡板临时固定，同时为保证桁架就位后变形释放，限位挡板与支座四周预留 20mm 间隙。焊接球井字板与铸钢支座上表面必须提前焊接牢固（图 10）。

桁架将要就位时应均匀缓慢，防止与铸钢支座发生碰撞，当焊接球落入井字板后，观察焊接球是否与井字板贴合，并在桁架悬吊状态下进行调整。调整完成后，立即进行临时固定。

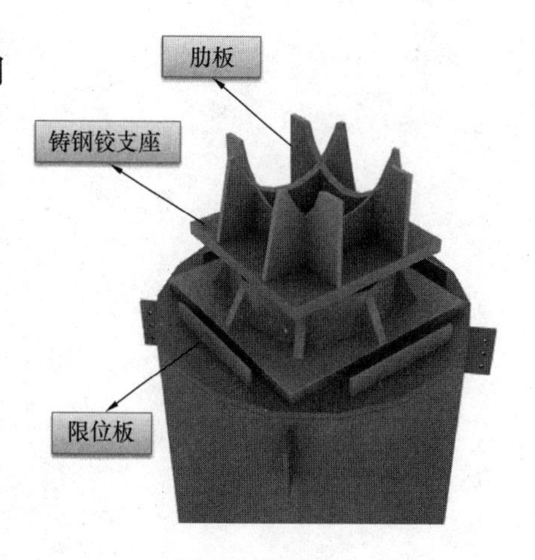

图 10　支座安装

5　结语

梭形桁架采用预应力钢拉杆作为斜腹杆，在吊装和就位过程中其张拉力会发生变化，引起桁架内力变化。通过对桁架安装全过程的分析，钢拉杆在吊装和就位时可能会发生松弛形变的现象，可以通过加大预拉力的方法避免。同时，由于桁架跨度较大，温差变化将导致桁架热胀冷缩，为减小由于温差导致桁架应力和变形的变化，安装时要选择合适温度，并采取可调节的支座安装措施，避免施工过程内应力的过多积累。

参考文献

[1] 中华人民共和国国家标准．钢结构施工规范 GB 50755—2012[S]. 北京：中国建筑工业出版社，2012.
[2] 中华人民共和国国家标准．钢结构焊接规范 GB 50661—2011[S]. 北京：中国建筑工业出版社，2002.
[3] 中华人民共和国国家标准．钢结构工程施工验收规范 GB 50205—2001[S]. 北京：中国计划出版社，2002.
[4] 中华人民共和国国家标准．钢结构现场检测技术标准 GB/T 50621—2010[S]. 北京：中国建筑工业出版社，2010.
[5] 中华人民共和国国家标准．钢结构设计规范 GB 50017—2003[S]. 北京：中国计划出版社，2003.
[6] 沈祖炎．钢结构制作安装手册[M]. 北京：中国建筑工业出版社，1998.
[7] 陈禄如．建筑钢结构施工手册[M]. 北京：中国计划出版社，2002.
[8] 田雨华，郑江华，苏立亮，张有为．大跨度钢管桁架施工技术[J]. 钢结构，2012.
[9] 刘学军，黄真，周岱．上海新国际博览中心大跨度钢结构工程施工技术研究[J]. 钢结构，2005.

超超临界锅炉悬挂重载式炉前大板梁精度控制技术

张煊铭，沈万玉，田朋飞，张炳顺

（安徽富煌钢构股份有限公司，巢湖　238076）

摘　要　随着技术的进步，钢结构在我国火力发电等电力装备领域中得到了广泛的应用，目前电厂锅炉钢结构是电厂的重要组成部分也是电厂建设的核心部分。结合1000MW超超临界机组锅炉钢结构工程实践，对超超临界锅炉悬挂重载式炉前大板梁精度控制技术进行研究，研究成果直接应用于超超临界机组电厂钢结构工程实践，促进了超超临界锅炉重型承载钢结构制造技术的进步。

关键词　火力发电；锅炉钢结构；超超临界；炉前大板梁；精度控制

1　引言

近年来，伴随我国经济建设发展进程的推进，国家对电力能源的需求也在不断快速增长，发电厂建设进入了新一轮的建设高潮。相比于其他燃煤发电机组，1000MW超超临界燃煤发电机组具有发电效率高、碳排放量少的特点，采用超超临界燃煤发电技术对于提供优质电力能源、节约资源消耗、实现可持续科学发展具有重要意义。电厂锅炉钢结构是燃煤发电厂建设的核心部分，1000MW超超临界机组锅炉钢结构设计常采用悬吊式结构体系，因此炉前大板梁是整个锅炉钢结构中最重要的核心构件。

2　工程概况

陕西府谷清水川电厂二期2×1000MW工程为陕西煤电一体化项目，是陕北能源化工基地提供电力支持的基础性项目，也是陕西省第一个百万机组项目，对陕西经济发展有着重大意义。主立柱采用箱型结构形式，外形尺寸2500mm×2500mm×13000mm，板厚60mm，单根重量91.975t，主、辅钢架总用钢量约15000t/台，如图1所示。

图1　陕西府谷清水川电厂二期2×1000MW

3 重难点分析

超超临界锅炉钢结构顶部要求布置能够悬挂锅炉的重载式大板梁，由于锅炉全部受压件通过吊杆悬挂在炉前大板梁上（悬挂荷载可达 3000t 左右），悬挂重载式炉前大板梁常设计为上、下两层叠合梁，以提供较大的抗弯能力。炉前大板梁构件的稳定性直接影响到锅炉设备的安全性，因此，要求严格控制炉前大板梁构件的制作成型精度和叠合精度，以减少初始几何缺陷带来的不利影响。

炉前大板梁如图 2 所示，预起拱量最大可达 20mm，起拱难度大，且要求上、下梁的拱度需保持一致。如何对上、下梁各自的尺寸和拱度进行严格控制并确保两根梁组装成一体后拱度的一致性，成为了炉前大板梁加工制作的关键问题。

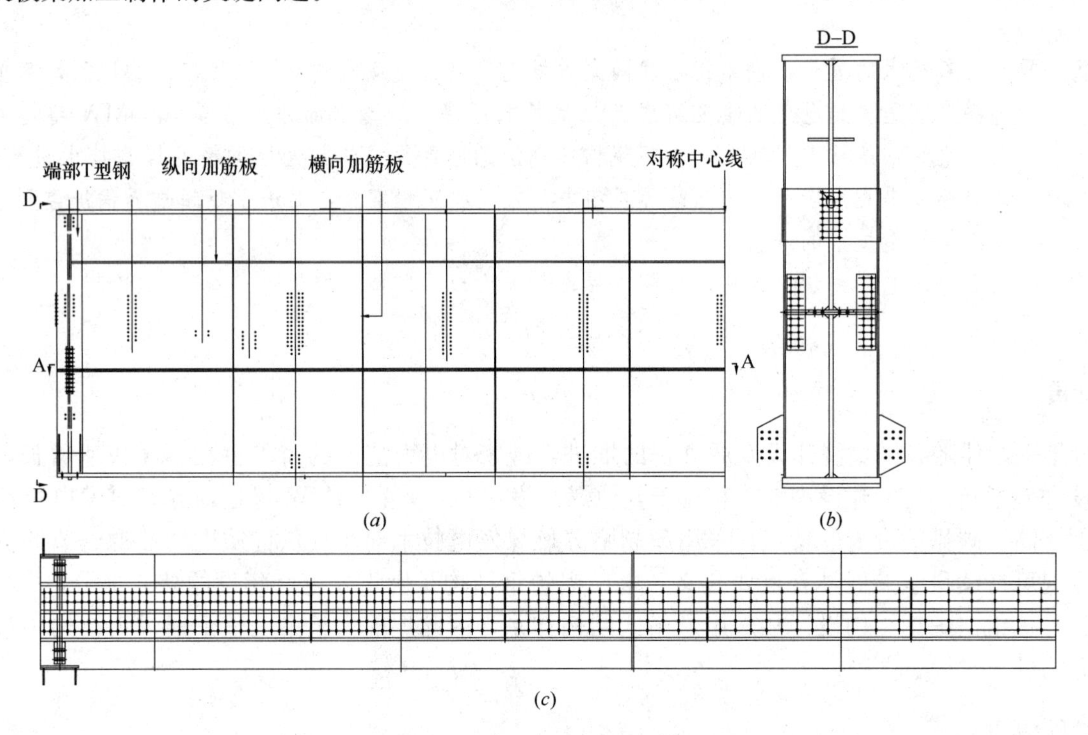

图 2　炉前大板梁示意图

(*a*) 主视图；(*b*) 立面图；(*c*) 俯视图

4 炉前大板梁预拱度与成型精度控制技术

根据炉前大板梁的特点和以往的制作经验采用腹板预制上拱法，即设定上拱值后在腹板的上、下弦割出连续拱度曲线，上、下弦带有拱度的腹板与上、下翼缘板组焊而得到带有上拱的梁。

梁的预制上拱是在腹板上按设定的上拱曲线用气割方法预先做成带有拱度的腹板。预制上拱尽管是工艺问题，但有些因素会影响上拱的稳定性、均匀性。

影响梁的拱度因素主要有预制上拱值、自重下挠值、焊接变形值 3 个方面，其中自重下挠值是影响梁拱度的主要因素，可以根据简支梁挠度公式：

$$Y_{\max} = 5qL^4/(384EI) \tag{1}$$

该公式取荷载和自重荷载作用下梁的下挠曲线的相反值，故又称为理想拱度曲线，理想拱度曲线端头起拱较为平缓，克服了二次抛物线上拱和正弦曲线上拱两种曲线需要修整的缺点。

腹板横向对接焊缝的影响在二次放样时已经予以消除，筋板和腹板、翼缘板的角焊缝可以通过调整焊接顺序的方式将影响程度降到最低，并且可以在 H 梁成型后作为微量调节拱度值的工艺手段，因此，横向焊缝引起的挠度变化在本工艺中可以不予计算。纵向焊缝焊脚高度大，热输入量大，对上、下梁的拱度变化影响也大；基本规律是使上梁产生上拱，使下梁产生下挠，可以根据公式：

$$f=\frac{0.005AhL}{I} \tag{2}$$

式中 f——梁挠度值；

A——焊缝面积；

h——焊缝到惯性中心的距离；

L——构件长度；

I——构件断面惯性矩。

经过对陕西府谷清水川电厂二期2×1000MW工程自重挠度和焊接变形量的计算以及对以往单梁的制作经验数据统计，估算出本工程叠梁因焊接和自重原因产生的拱度综合影响值为5mm。可以据此设定叠合面的反变形预制拱度值为5mm。根据设计要求，预设叠梁成型后拱度最大值为15mm。然后对上、下梁腹板进行拱度预放，装配焊接后上梁上端面拱度由预制的15mm增大到20mm，下端面（叠合面）由预制的－5mm到0；下梁下端面拱度由预制的25mm减小到20mm，上端面（叠合面）由预制的5mm减小到0，可以满足设计要求。拱度变化示意见图3。

确定腹板放样曲线，假设每根梁的挠曲变形的各点构成的曲线呈二次抛物线形，如图4所示。曲线方程式为：

$$y=4fx(L-x)/L^2 \tag{3}$$

式中 y——上下端面任意点的预放拱度值；

f——预设拱度最大值；

L——总长度；

x——任意点到长度中心的距离。

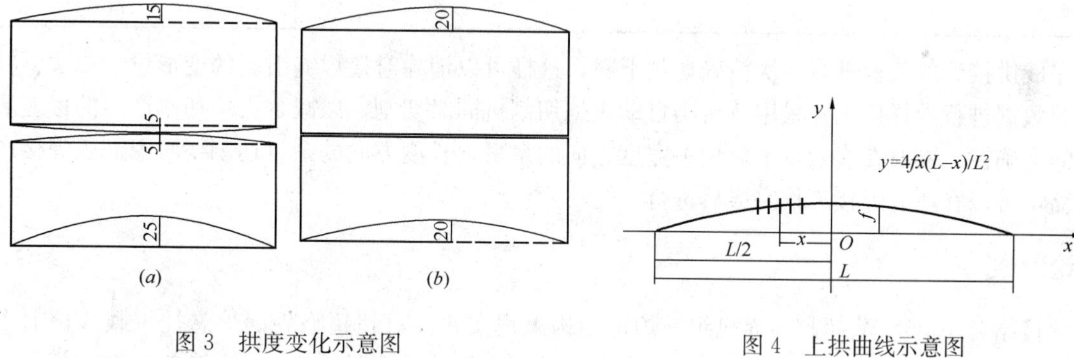

图3 拱度变化示意图

（a）预制拱度值；（b）焊接后拱度值

图4 上拱曲线示意图

本工程基本按照1m间距取点计算，中心线两侧值y对称。

以其中一根叠梁为例，计算单块腹板上下端面各点的拱度值，上端面最大拱度15mm，下端面反变形最大拱度值5mm，得到计算结果见表1。

曲线各点拱度预放值 **表1**

x点位置（mm）	腹板上端拱度预防值y（mm）	腹板上端拱度预防值y（mm）	腹板工艺宽度（mm）
0	15	5	3730
1110	15	5	3729.9
2110	14.9	5	3729.8
3110	14.7	4.9	3729.6

续表

x 点位置 (mm)	腹板上端拱度预防值 y (mm)	腹板上端拱度预防值 y (mm)	腹板工艺宽度 (mm)
4110	14.5	4.8	3729.3
5110	14.2	4.7	3728.9
6110	13.9	4.6	3728.5
7110	13.4	4.5	3727.9
8110	13	4.4	3727.3
9110	12.5	4.3	3726.6
10110	11.9	4.2	3725.8
11110	11.2	4	3725
12110	10.5	3.7	3724
13110	9.7	3.5	3723
14110	8.9	3.2	3721.9
15110	8	3	3720.7
16110	7	2.7	3719.4
17110	6	2.3	3718.1
18110	4.9	2	3716.2
19110	3.8	1.6	3715.5
20110	2.6	1.3	3713.5
21110	1.3	1.4	3711.8
22110	0	0	3710

对完成拼接后的腹板进行二次精确切割下料，这样可以消除对接焊缝引起的变形量。二次下料时按表1中的数据进行放样切割，采用2台半自动火焰切割机同时切割，以减少火焰切割产生的板变形，确保预拱的准确性。同时在腹板校平后切去宽度方向的余量，长度方向的余量切割要考虑筋板焊接产生的横向收缩，可以在所有焊接工作完成后进行。

5 结论

本项目结合1000MW超超临界机组锅炉钢结构工程实践，对超超临界锅炉悬挂重载式炉前大板梁精度控制技术进行研究，综合考虑了因焊接和自重原因产生的拱度影响值，该方法对炉前大板梁的翼缘板、腹板、叠合面下料时进行合理排版，以便于焊接完成后进行二次精确下料，消除焊接引起的变形，简化和方便了拱度预制值的计算。研究成果直接应用于超超临界机组电厂钢结构工程实践，促进了超超临界锅炉重型承载钢结构制造技术的进步。

参考文献

[1] 江哲生，董卫国，毛国光．国产1000MW超超临界机组技术综述[J]．电力建设，2007(08).
[2] 刘堂礼．超临界和超超临界技术及其发展[J]．广东电力，2007(01).
[3] 李续军．超(超)临界火力发电技术的发展及国产化建设[J]．电力建设，2007(04).
[4] 刘文斌．1000MW锅炉钢结构大板梁制作探讨[J]．钢结构，2008(04).
[5] 周敬松．叠式大板梁制作技术控制重点[J]．钢结构，2012(01).
[6] 赵巧良，金巧芳．锅炉大板梁的现场制作和焊接[J]．热加工工艺，2011(07)．
[7] 彭江沛，梁光意．1100MW超超临界锅炉钢结构叠梁制作变形控制[A]．2013全国钢结构学术年会论文集

[C]. 2013.
[8] 沈雪茹. 大型火电厂锅炉板梁静力及稳定性分析[D]. 上海交通大学，2008.
[9] 肖斌. 大型火电厂锅炉钢结构静力及稳定性分析[D]. 上海交通大学，2008.
[10] 谢忠. 嘉兴电厂 2×1000MW 超临界机组叠梁制作技术[J]. 钢结构，2010(12).

零自由度理论桁架放样法在工程实践中的应用

张煊铭，沈万玉，田朋飞，张炳顺

（安徽富煌钢构股份有限公司，巢湖　238076）

摘　要　以福州海峡国际会展中心为例，根据节点零自由度理论对双曲异形钢桁架的施工放样方法进行实践与总结，提出零自由度理论桁架放样法，同时对实测值进行对比分析，结果表明该方法有效提高了工程安装质量，保证了工程的顺利进行，具有很好的推广应用前景。

关键词　零自由度；桁架放样；双曲异形；钢结构

1　引言

普通弧形构件通常只是在一个平面内弯曲，属于平面结构，对于此类构件的放样只需将主管放置在胎架上，在胎架上利用线模型导出端点 XY 平面坐标，对弦杆进行定位，便可满足施工要求，而异形构件由于截面形心轴线在不同平面内弯曲，且沿横截面在长度方向上逐步扭转，属于非标准空间构件。若仅仅定位 XY 平面坐标，则在现场施工时放样构件在 Z 方向获得自由，直接导致放样结果不精确，进行返工作业不仅浪费大量的人力物力甚至会延误工期，造成严重的经济损失。

2　零自由度理论放样法

一刚片（及平面刚体）在空间 xyz 坐标系中由原来的位置 AB 改变到位置，可以看出此刚片在空间坐标系内有三个平动自由度 D_x、D_y、D_z 以及三个转动自由度 R_x、R_y、R_z，如图 1 所示。零自由度即是完全消除目标构件六个自由度。

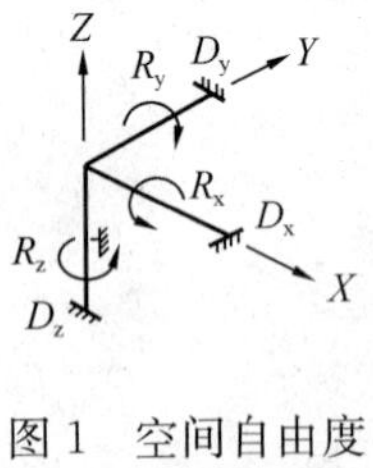

图 1　空间自由度

文献［4］建立斜拉桥拉索风雨激振的两质量三自由度理论模型用以研究斜拉索的风雨激振问题，文献［5］提出一种适用于多自由度结构拟静力试验的力和位移混合控制方法，文献［6］推导了多自由度体系效应影响强度折减系数的修正系数的计算方法。

以上对自由度的研究主要集中于科研试验，对于实际施工过程中的应用相对较少，本文立足于实际施工过程，对异形钢桁架放样进行研究，根据零自由度理论进行空间三维抓点。

3　工程概况

福州海峡国际会展中心（简称海峡会展中心）是国内最大单体会展中心之一，如图 2 所示。总建筑面积约 46809m²，东西向宽 282m，南北向长 84m，建筑高度 17m，主体结构采用钢管桁架，落地段为双曲落地桁架（图 3），钢管弯弧程度大、精度要求高，属于非标空间结构。

4　操作要点

零自由度理论桁架放样法与常规钢构件放样方法不同，需利用 CAD 三维技术对放样目标建立空间模型，后根据实际模型选取实际坐标原点，以海峡会展中心 ZHJ17 为例，对该放样方法进行阐述。

(1) 定位主弦杆：根据图纸，将主管放置在胎架上，利用空间三维模型定位主弦杆，以上弦杆一根主管端点为坐标原点，若选择与埋入式柱脚连接的端头为坐标原点，则以埋入式柱脚顶部实际坐标为准。计算其余各点坐标，用于桁架拼装定位放线，如图4所示（ZHJ17为例）。

图2　福州海峡国际会展中心

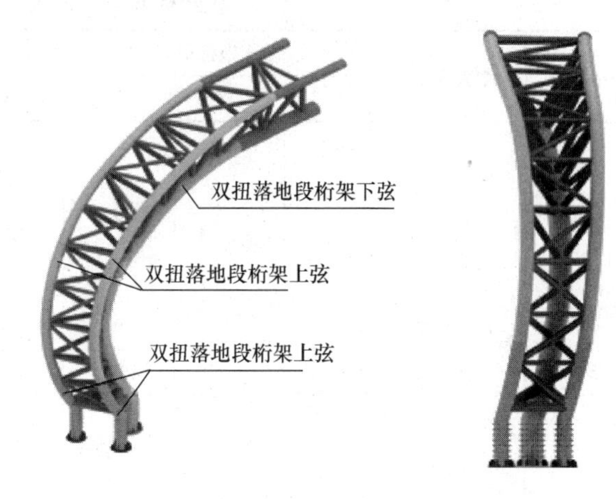

图3　双曲异型桁架

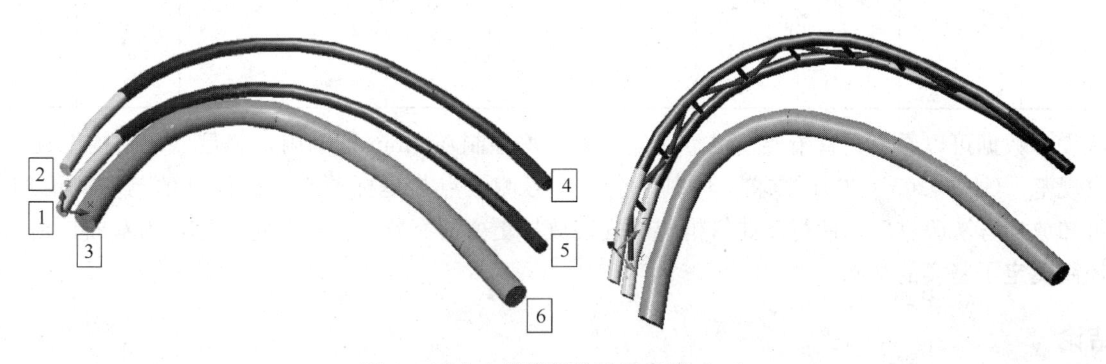

图4　零自由度桁架放样示意图（一）

坐标如表1所示。

ZHJ17主弦杆定位坐标（单位：mm）　**表1**

编号	X	Y	Z	备注
端点1	0	0	0	
端点2	37	−91	2011	
端点3	861	−1541	1074	
端点4	16738	−143	3009	
端点5	16680	0	0	
端点6	15952	−4250	1627	

(2) 定位上弦杆之间的腹杆，定位腹杆时，需对主管进行分中，按照图纸编号和尺寸进行安装，同时控制拼装顺序。

(3) 定位其余腹杆，控制拼装顺序和拼装构件编号，如图5所示。

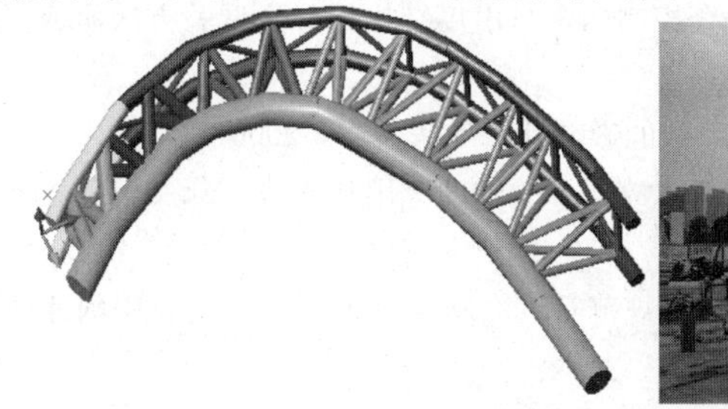

图5　零自由度桁架放样示意图（二）

使用该方法对钢桁架进行放样后，对管桁架安装质量进行随机检查，以下列举两榀双曲异型钢桁架ZHJ-17、ZHJ-18数据，坐标偏差的统计数据如表2所示。

坐标偏差数据统计（单位：mm） **表2**

桁架编号	测控点号	设计坐标值			实测坐标值			坐标偏差值		
		X	Y	Z	X	Y	Z	ΔX	ΔY	ΔZ
ZHJ-17	1	0	0	0	0	0	0	0	0	0
	2	37	−91	2011	40	−89	2008	3	2	−3
	3	861	−1541	1074	859	−1538	1071	−2	−3	−2
	4	16738	−143	3009	16740	−140	3012	2	3	3
	5	16680	0	0	16682	0	1	2	0	1
	6	15952	−4250	1627	15954	−4247	1627	2	3	0
ZHJ-18	1	0	0	0	0	0	0	0	0	0
	2	45	−87	2015	47	−86	2018	2	1	3
	3	879	−1538	1099	886	1535	1100	3	3	1
	4	16701	−128	3024	16704	−127	3026	3	1	2
	5	16697	0	0	16700	0	1	3	0	1
	6	15964	−4245	1636	15964	−4243	1639	0	2	3

从表中数据可以看出，管桁架三维空间坐标偏差均控制在3mm范围内，满足《钢结构工程施工质量验收规范》GB 50205—2001要求，其中主桁架1号测控点为坐标原点，故设计值与实测值均为0，由此可知放样方法改进后，使得双曲管桁架的安装放样更方便有效，完成既定目标，为双曲钢桁架安装质量控制奠定了坚实的基础。

5 结论

本文介绍了零自由度理论桁架放样法的基本原理，并通过在福州海峡国际会展中心双曲异型钢桁架工程放样中的应用和对测量数据的对比，结果表明该放样方法可操作性强，且完全满足异型弯扭构件的放样精度要求，弥补了传统放样方法的不足，证实了该放样方法的优越性，可为建筑施工单位在工程实践中提供参考与借鉴。

参考文献

[1] 蔡禄荣．大跨度钢桁架拱桥预拱度设置及拼装误差理论研究[D]．华南理工大学，2012.

[2] 罗榕青．平面零自由度运动链的分类及应用[J]．机械科学与技术，1994(02).

[3] 施炜，叶列平，陆新征．基于单自由度体系的钢筋混凝土框架倒塌易损性预测方法研究[J]．建筑结构学报，2014(10).

[4] 李寿英，陈政清，顾明．斜拉桥拉索风雨激振的两质量三自由度理论模型[J]．土木工程学报，2007(10).

[5] 赵刚，潘鹏，聂建国，王宗纲．基于力和位移混合控制的多自由度结构拟静力试验方法研究[J]．土木工程学报，2012(12).

[6] 翟长海，谢礼立．多自由度体系效应对强度折减系数的影响[J]．工程力学，2006(11).

[7] 王瑞平，万秀林，陈广宁．AutoCAD三维技术在船体放样中的辅助应用和优势[A]．2011全国钢结构学术年会论文集[C]. 2011.

[8] 中华人民共和国国家标准．钢结构工程施工质量验收规范GB 50205—2001[S]. 北京：中国计划出版社，2002.

2016 年世界园艺博览会主门钢结构技术特点

胡正平[1,4]，张　存[2]，严洪丽[3]，沈　锋[2]

（1. 清华大学，北京　100084；2. 唐山铭嘉建筑设计咨询有限公司，唐山　063000；
3. 中国二十二冶集团有限公司，唐山　063000；4. 北京华清和兴科技有限公司，北京　100190）

摘　要　2016 年唐山世界园艺博览会主题是“都市与自然・凤凰涅槃”，其含义是：时尚园艺、绿色环保、低碳生活；都市与自然和谐共生。D1 大门为整个园区的主门，代表园区的整体形象，表达“时逢盛世，有凤来仪”，永久向世人展示唐山抗震四十周年后抗震重建和生态治理恢复成果、在采煤塌陷区生态恢复的决心。D1 大门设计方为唐山铭嘉建筑设计咨询有限公司，施工方为中国二十二冶集团有限公司，清华大学土木系提供技术支持。

关键词　膜结构；双曲铜管；防屈曲支撑

1　建筑体系

整个大门的形体由一系列单片羽毛单元在三维方向从中间向两边渐变缩小和倾斜，呼应了圆形广场的形态，同时也形成凤凰翅膀的整体印象。前后交叠并从内向外起伏的形态更暗含双翅扇动飞行的意向。单片羽毛单元在垂直方向的不同高程上也形成交叠穿插的形态，中间片最高，依次向两边递减，这样就使得这些单片的羽毛单元分出主次，强调了世园会的中心轴线和主入口的强大意向。见图 1。

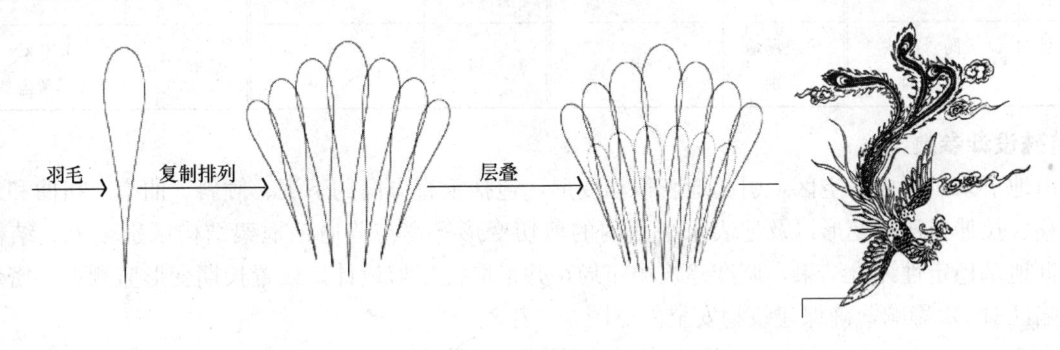

图 1　建筑形体表达

2　结构体系

2016 唐山世界园艺博览会主门项目，设计采用树枝型骨架式膜结构体系；结构方案兼顾了建筑功能、美观及力学等优点，22 根分叉柱直接承担前部 7 片羽毛荷载。平面最大尺寸为 101.4m×111.6m，高度为 26m，最大悬挑 26.5m；上部结构为钢结构，竖向结构为 22 个树形柱＋悬挑桁架型撑，屋盖结构为 13 片羽毛结构，基础为桩基础＋拉梁，超长拉梁中间设置独立柱墩，以减少拉梁截面。项目涵盖了双曲弯管、铸钢件、新型屈曲约束支撑、膜结构。见图 2。

2.1　基本设计参数

按重要性分类，本工程结构安全等级为三级，结构重要性系数为 0.9。根据《膜结构技术规程》表

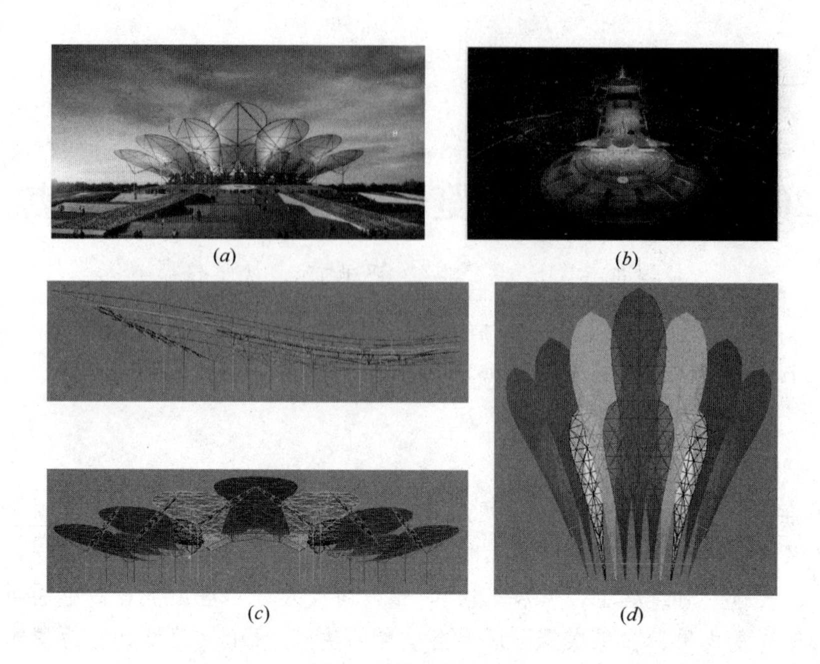

图 2　结构工程概况

(a) 工程效果正视图；(b) 工程效果鸟瞰图；(c) 工程计算模型侧立面图；(d) 工程计算模型俯视图

4.14，膜材的质量保证期和膜结构的设计使用年限规定，本工程膜结构设计使用年限为 5 年。其基本信息见表 1。

结构设计基本信息　　**表 1**

结构安全等级	三级			设计地震分组	一	特征周期(s)	0.50
结构设计使用年限	5	抗震设防烈度	8	基本地震加速度	0.20g	人防等级	—
结构类型和体系	大跨骨架式膜结构	建筑场地类别	Ⅱ	基本风压	0.40 kN/m^2	基本雪压	0.35kN/m^2(需考虑放大)

2.2 特殊设计参数

唐山地下采矿形成采空区，引起地表移动变形，包括垂直方向的下沉、倾斜、曲率、扭曲和水平方向的位移、拉伸或压缩变形以及地表水平面内的剪切变形等，与普通钢框架结构区别较大。结构设计时，根据地基稳定性评价结果，调准建筑物布局，并采取抗变形设计，设置长期变形监测点，密切注意采煤塌陷区对 D1 影响，确保建筑物安全。见图 3、表 2。

计算离散点变形值及各点差值统计表　　**表 2**

计算点号	下沉(mm)	倾斜(mm/m)		水平移动(mm)		水平变形(mm/m)	
		纵向	横向	纵向	横向	纵向	横向
16	172	−0.43	−0.58	−184	−249	0.09	0.19
17	180	−0.44	−0.6	−186	−251	0.07	0.15
18	188	−0.45	−0.61	−187	−253	0.05	0.11
19	196	−0.47	−0.62	−188	−254	0.03	0.07
17−16	8	−0.01	−0.02	−2	−2	−0.02	−0.04
18−17	8	−0.01	−0.01	−1	−2	−0.02	−0.04
19−18	8	−0.02	−0.01	−1	−1	−0.02	−0.04

注：1 号点至 3 号点为纵向，垂直于 13 方向为横向；向 3 号点方向的纵向倾斜和移动为“+”，反之为“−”；面向 3 号点，向右侧的倾斜和移动为“+”，反之为“−”；水平拉伸为“+”，压缩为“−”。其余各点同 1、2、3 点。

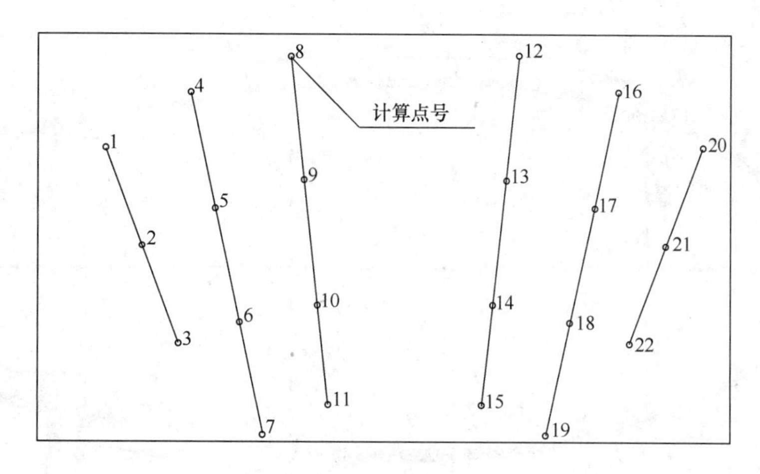

图 3　计算离散点位置图

2.3　模型建立

屋盖 13 片羽毛对称布置，空间高度距离相同，建模时选择最大最高的一块平面作为基准，借助犀牛的曲面偏移功能，在空间上偏移出各片羽毛空间平面，地面平面曲线往上投影完成屋盖空间轮廓线。结合竖向支座位置，将曲线等分为均匀线段，参数化选点，完成膜面的网格划分，构成了结构的全面有限元模型（图 4）。

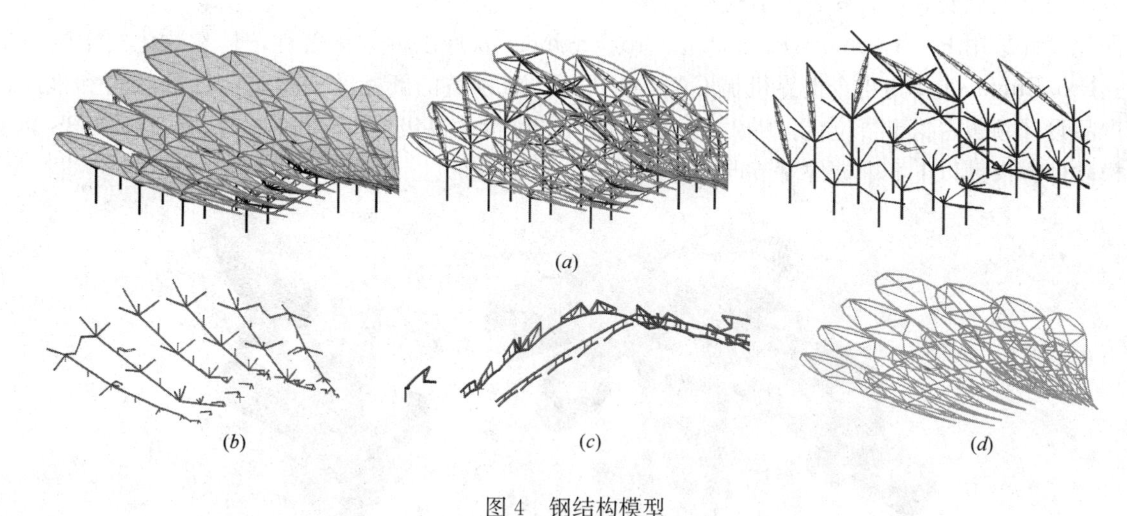

图 4　钢结构模型

（a）落地支撑；（b）不落地支撑（c）悬挂桁架支撑；（d）膜结构支撑

3　施工特点

D1 大门主体钢结构采用树枝型骨架式管结构体系，钢结构材质均为 Q345B。主体包含 22 件钢管柱、1200t 管桁架及支撑、17 件铸钢节点、20 件 BRB 桁架。

3.1　双曲圆管钢结构分段与制作工艺

13 片羽毛屋盖，存在大量的双曲钢管，最大弯管型号为 $\phi600\times40$，最小弯管半径为 4455mm，常规冷弯不能解决，采用热弯管工艺如下：直管下料后通过弯管推制机在钢管待弯部分套上感应圈，用机械转臂卡住管头，在感应圈中通入中频电流加热钢管，当钢管温度升高到塑性状态时，在钢管后端用机械推力推进，进行弯制，弯制出的钢管部分迅速用冷却剂冷却，这样边加热、边推进、边弯制、边冷却，不断将弯管弯制出来。考虑到运输、节点位置、弯管工艺、损耗等因素，单根直管长度控制在 9m。图 5 给出了 $\phi600\times40$ 双曲管分段。

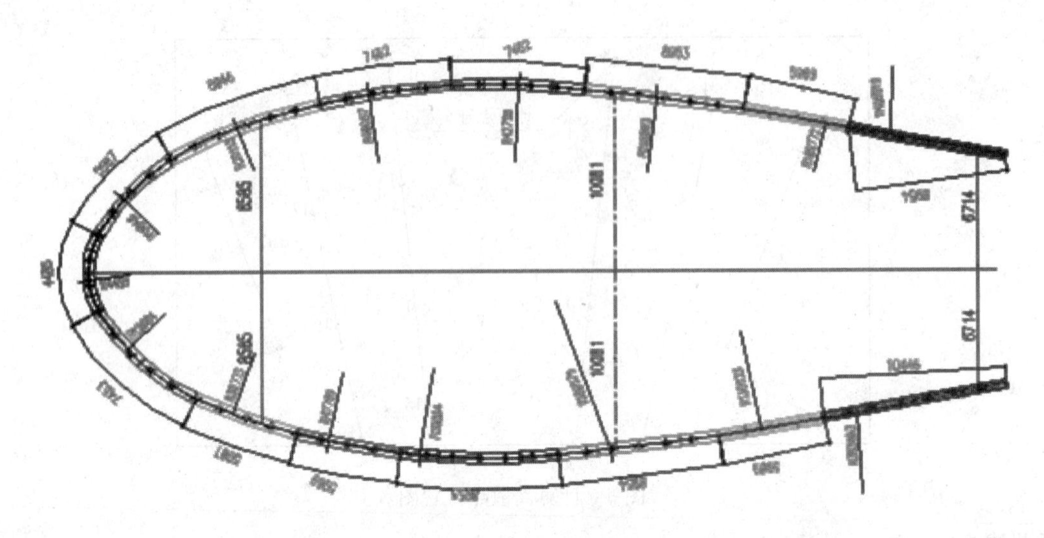

图 5　弯管平面分段

3.2　铸钢节点设计

本工程为单层折面网格结构，由 13 个形状相近的结构单元构成，在主结构交汇的节点采用铸钢件，总共有 17 个，最大铸钢件单个重量为 11.5t。铸钢件材质为 Gs-20Mn5V，端部最大厚度为 60mm。铸钢件采用高空定点安装，后安装主结构及次结构。

深化设计采用 Pro/Engineer Rhino3D。Pro/Engineer 软件以参数化著称，是参数化技术的最早应用者。Pro/Engineer 作为当今世界机械 CAD/CAE/CAM 领域的新标准而得到业界的认可和推广，在国内产品设计领域占据重要位置。Rhino3D 是一个功能强大的高级建模软件，一款基于 NURBS 为主三维建模软件。借助以上 2 个软件对节点进行参数化分析（图 6）。

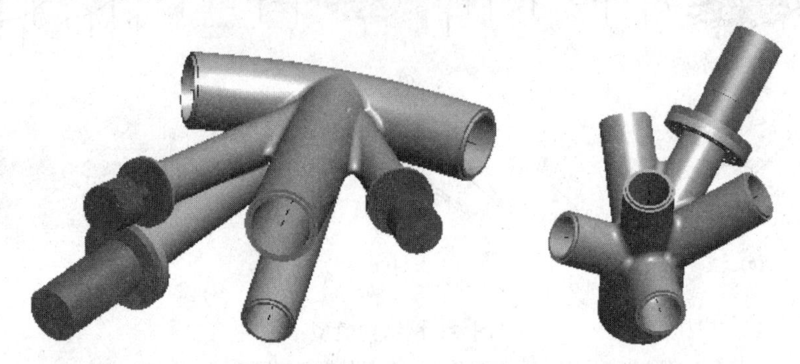

图 6　索撑型防屈曲支撑端部法兰节点

3.3　典型支撑吊装分析

吊装过程中荷载考虑结构自重与锚具重量，对于吊耳相连并将吊装里传递到结构内部的其他构件，应使用静力荷载的 2.0 倍动力系数，对于其他所有结构构件，使用静力荷载 1.35 倍动载系数。支撑采用 BEAM189 单元模拟，吊索采用 LINK10 单元模拟。通过吊装工况的验算，吊装过程中结构是安全的。见图 7。

4　结语

（1）设计上设计上体现的公共建筑轻巧、新颖、异形特点，选型应用了双曲圆管钢结构、铸钢件、防屈曲支撑等技术。

（2）工程实践中，经历了公共建筑方案到实施的 9 遍修改，从最初的 24 颗钢柱到最终 22 颗，最初的 127.8×142.5m，高度为 31.8m，局部悬挑 27m，斜挑 57m，到最终的 101.4m×111.6m，高度为

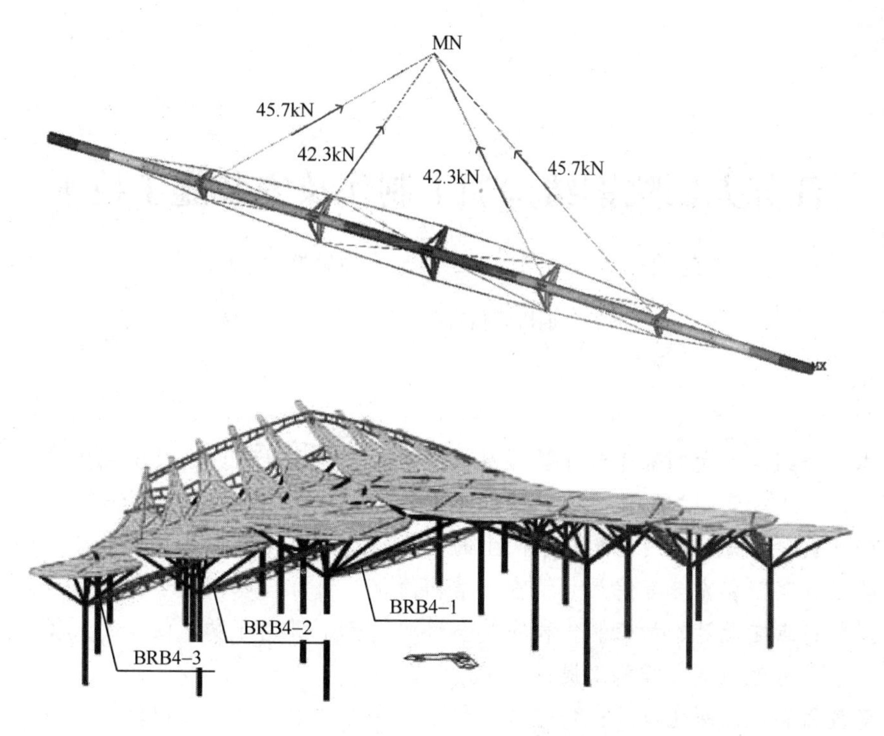

图7　典型支撑构件吊装分析

26m，最大悬挑26.5m。

（3）深化详图阶段全面协调。铸钢件法兰、BRB法兰，螺栓直径，部分截面不匹配，部分截面太大太密，支撑打架等。

（4）整体实施顺利，根据skp模型，去掉后排柱，调整羽毛间距，有限元模型转化，通过建筑师的密切配合和设计院的支持，结构在2个月内完成了全部施工。见图8。

图8　结构实景

江苏大剧院钢结构加工制作及安装施工技术

范荣如，余志刚，王永康，柳贤琪，卢　燕

（江苏沪宁钢机股份有限公司，宜兴　214231）

摘　要　本文介绍江苏大剧院变截面弧形斜柱的特点及制作难点，通过研究开发总结出一套操作性强，加工精度高的制作流程，保证了工程质量。建筑设计歌剧厅与音乐厅咬合在一起，咬合建筑要求充分运用结构在空间上的重叠合拢，又互不干涉其受力形式与范围，所以在结构设计时需要充分考虑尺寸精准、结构简化、受力合理、便于施工等相关要求。我公司针对其特点在设计、加工制作和安装全过程进行了研究开发，保证了工程质量，达到了设计要求，可为类似工程施工提供参考。

关键词　变截面斜柱；深化设计；外轮廓控制线；中心环梁；咬合碰撞校核；外壳网格罩面

1　工程概况

江苏大剧院位于南京市建邺区河西新城文体轴线西段，南京奥体中心以西，濒临长江，与江北新区隔江相望，建成后将成为一个集演艺、会议、展示、娱乐等功能为一体的大型文化综合体（图1）。本工程包括歌剧厅、音乐厅、戏剧厅、综艺厅及公共大厅五个主要部分，总建筑面积271386m²，建筑高度47.3m。

图1　江苏大剧院整体建筑效果图

2　变截面弧形斜柱的加工制作技术

（1）变截面弧形斜柱的难点分析

1）本工程斜柱外形尺寸较大，钢板最大厚度100mm；分段最重重量40余吨，对生产场地和车间能力要求提出了较高的要求。

2）由于斜柱大部分焊接坡口均为全熔透焊缝，焊接收缩变形较大，易产生各种变形，会造成斜柱截面尺寸发生较大的误差，如果斜柱加工后误差过大，则会严重影响到现场的安装进度和安装质量，给现场安装带来极为不利的后果，所以为保证斜柱现场安装的进度和精度要求，工厂制作时必须对斜柱壁板的平整度以及斜柱的外形尺寸精度进行严格控制，对斜柱的生产应安排合理的加工周期，指定合理的加工工艺和工序，同时配备合适的加工设备、起重设备及加工场地，是确保斜柱的制作进度和质量的重要保证。

3）由于本工程中斜柱数量多且作为最主要的竖向承重构件，是本工程中极其关键核心所在，其加工制作质量的好坏直接关系到安装和整个项目的质量好坏，因此如何采取措施保证斜柱的加工制作精度满足设计和安装要求是本工程的重点。

4）斜柱节点牛腿多，节点制作精度要求高，保证斜柱节点的制作精度是直接保证结构现场安装的重要保证措施之一。

（2）变截面弧形斜柱加工制造方法

1）加工分段的划分

斜柱加工制作分段划分说明：

本工程四个厅的斜柱如图 2 所示，由于上部顶环梁的斜向布置，造成斜柱的长短差别很大，特别是顶面部分，最长的约 30 多米，最短的仅 6m 左右，但都属于超大构件。根据吊装方案和运输限制，需对斜柱进行分段划分，针对斜柱长度将斜柱分为较长和较短二种形式，对于较长斜柱和较短斜柱分段划分，其立面划分均一致，区别主要在于顶面部分的划分，较长的斜柱将顶面部分划分成两个分段，如图 2 所示。

2）工厂加工步骤（表 1）

图 2　斜柱分段示意

工厂加工步骤　　表 1

步骤一：外侧翼缘板分段定位： 由于外翼缘板长度较长，分为三段进行定位组装，先吊上一块上翼缘板与胎架进行定位，定对两端位置线和平台中心线。吊上其余外侧翼缘板与已定位好的第一块板进行定位对接，定对中心线直线度、坡口间隙和板边差，与胎架定位并进行对接焊接	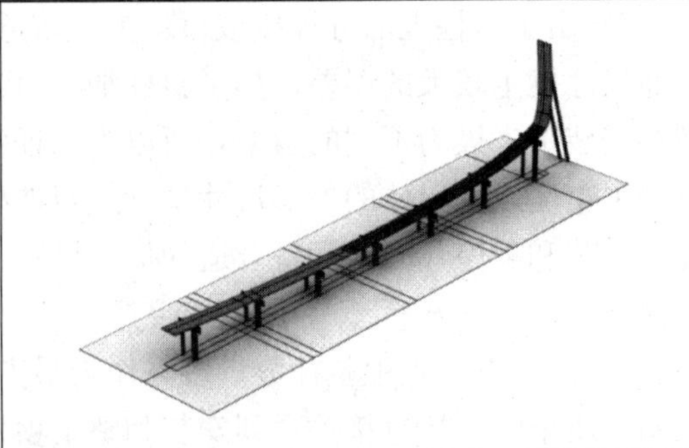
步骤二：横隔板定位组装： 外侧翼缘板对接后，进行初步矫正，然后安装箱体内的横隔板，横隔板定位时须注意安装角度，然后与上翼缘板定位固定	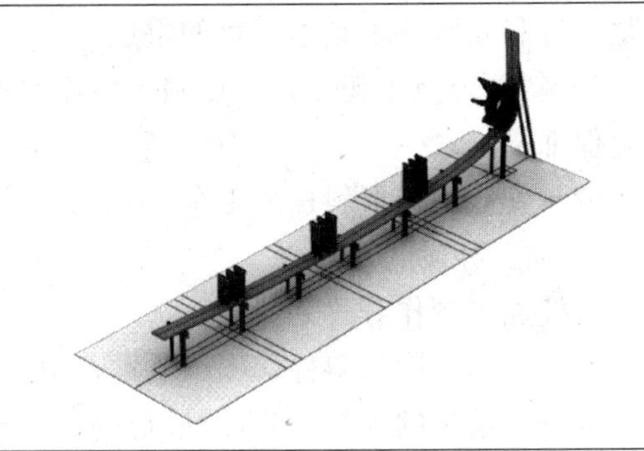
步骤三：腹板分段组装对接： 横隔板定位后，以分块的形式安装二侧腹板，与上翼缘板和横隔板定位，定对腹板和垂直度和直线度以及与横隔板的组装间隙、腹板对接处的板边差和坡口间隙	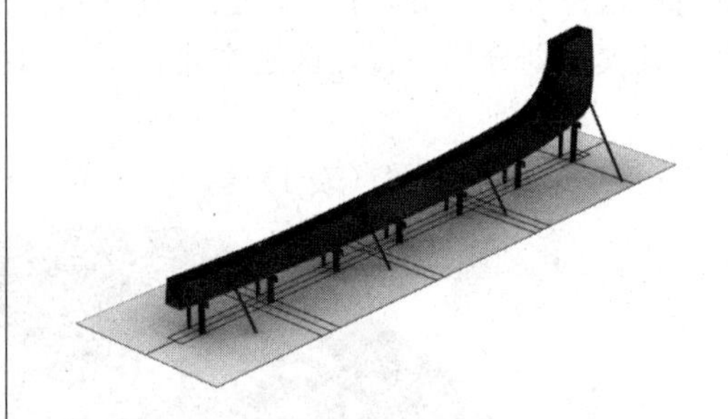
步骤四：箱体内部焊接后封板： 腹板安装后，进行箱体内部的焊接，先焊腹板的对接焊缝，后焊横隔板的竖向角焊缝，最后焊平角焊缝，焊后矫正，然后进行下翼缘板的封板。盖板安装后，进行箱体纵缝的焊接，焊接采用 CO_2 打底埋弧焊进行盖面，焊后探伤检测，并进行局部矫正	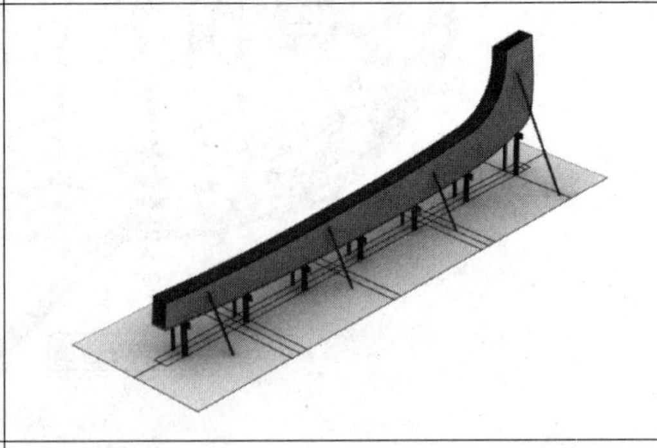
步骤五：电渣焊孔占孔及焊接： 箱体纵缝焊接后，进行箱体腹板上电渣焊孔的占孔，电渣焊孔的画线应根据横隔板的位置线精确画线，并将隔板位置线驳至腹板外侧并用洋冲标记。占孔后，进行横隔板的电渣焊接，焊接前应先设置专用的铜衬引弧板，焊接采用非熔嘴电渣焊机进行焊接，焊后进行探伤检测，并磨平引出弧处的焊缝	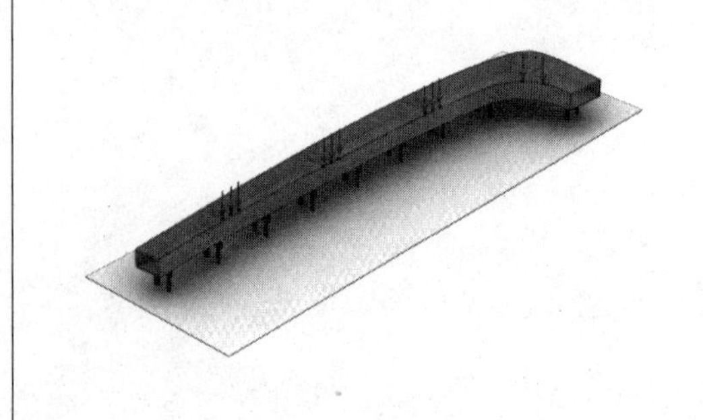

续表

步骤六：箱体端部端铣加工： 将箱体吊入端铣平台，对箱体进行定位，定对端面垂直度固定后进行端面加工，端铣时按画出的切割线进行加工，并留半只洋冲印	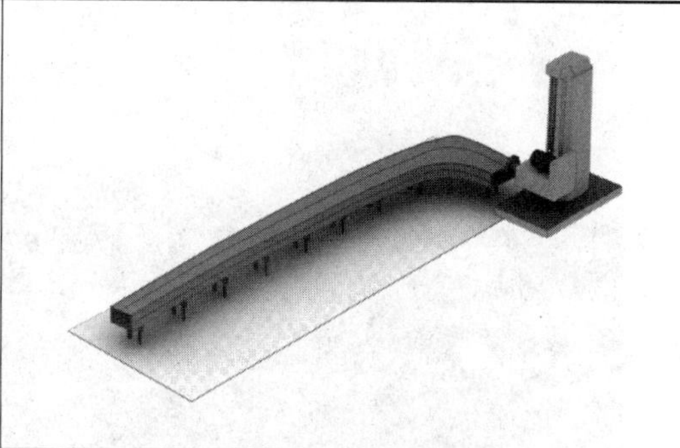
步骤七：箱体定位及连接件画线： 将端铣好的箱体在专用组装平台上定位，按胎架底线在箱体上画出支撑牛腿的安装位置线，并提交验收	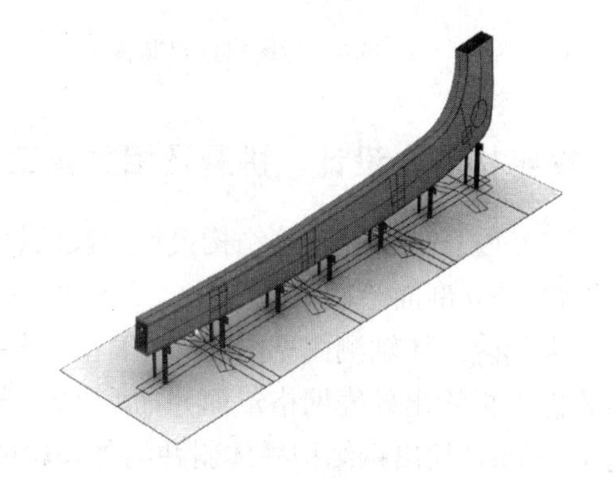
步骤八：支撑牛腿的组装焊接： 画线检查后，先安装箱体上的支撑牛腿，定位时严格近胎架底线进行定位，定位后即进行相贯线的焊接，焊接采用 CO_2 气保护焊接，焊接应对称进行	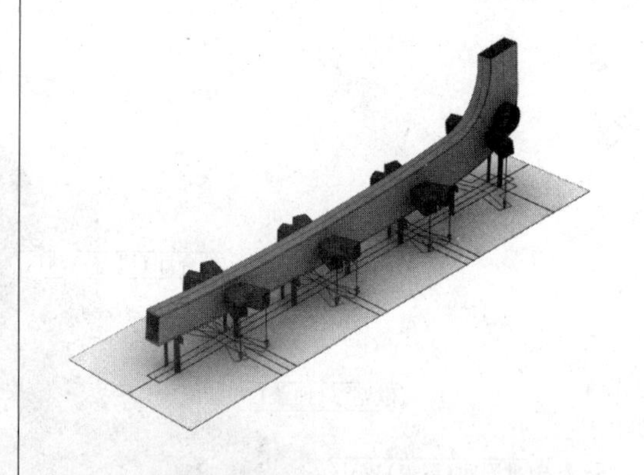

（3）变截面弧线斜柱工厂加工制作、现场安装实况（图3～图6）

图3　厂内斜柱半成品

图4　厂内斜柱预拼装图

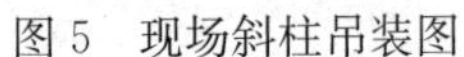

图 5　现场斜柱吊装图

图 6　现场斜柱安装完成图

3　钢结构咬合设计、拼装及相关施工技术

（1）咬合部位在建筑结构设计阶段的处理

1）平立剖面绘制阶段

大剧院总体轴测图见图 7。本工程中歌剧厅与音乐厅即存在相互咬合的方式，建筑外观设计通过犀牛软件模拟绘出外壳网格罩面并抽取相应斜柱外包线，然后根据建筑外包线采用犀牛软件自身的功能内退 400mm，找出钢结构柱体斜柱的外观轮廓控制线，见图 8。然后根据计算软件算出的截面规格模拟绘出相应的斜柱剖面图，见图 9（*a*）。

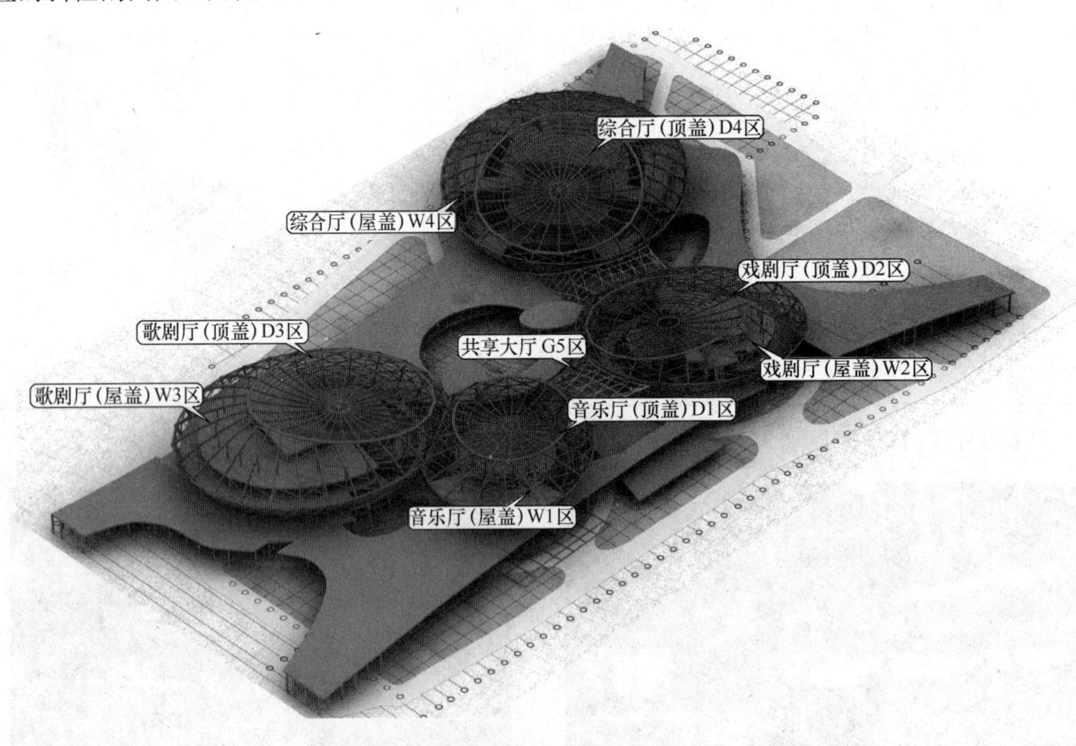

图 7　大剧院总体轴测图

同理根据音乐厅的 Bim 建筑外观线内退 400mm 找出音乐厅钢结构斜柱的外轮廓控制线，再根据计算软件算出的截面规格模拟绘制出音乐厅的相关斜柱剖面图，见图 9（*b*）。同时根据计算软件中已搭设的杆件绘制相应的平面、立面、剖面布置图等。

上述方法是结构设计出图的基本方法，这样可以准确地结合建筑和结构设计来描绘出单体结构的钢结构斜柱剖面图，从而为深化建模工作提供了可靠的参考图。

基于建筑、结构、深化的系统结合的充分协调性，可以简化设计图阶段的步骤与缩短工作时间，避免重复设计过程中的不必要的干扰，从而可以加速初步方案设计到施工图阶段的进程。

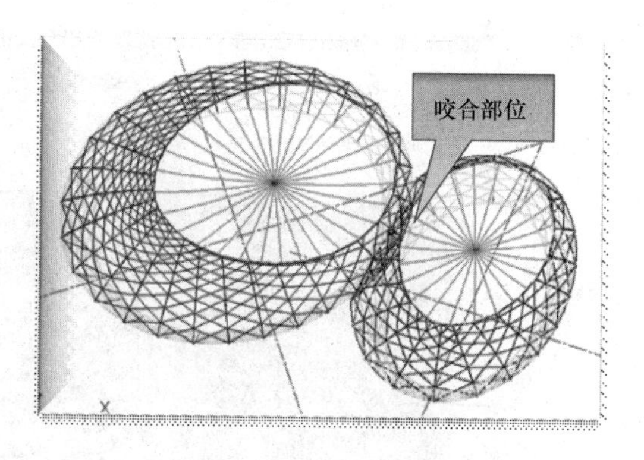

图 8 Bim 建筑外观线内退 400mm 后

2）三维模型的创建

由于本工程属于空间结构，需要模拟一定量的曲线，故采用精度相对较高的 AutoCAD 来参与建模。首先确立单体建筑的轴网，根据平面、里面、剖面布置图，初定关键控制点标高及位置，然后定位柱脚、顶环梁与斜柱交点、中心环梁中心点等，这样在确定控制点的原则下，再根据上述斜柱剖面的外轮廓线形逐步拉出实体三维模型，同理可以创建出拉梁、环梁等其他相应的构件实体。整体模型见图 10。

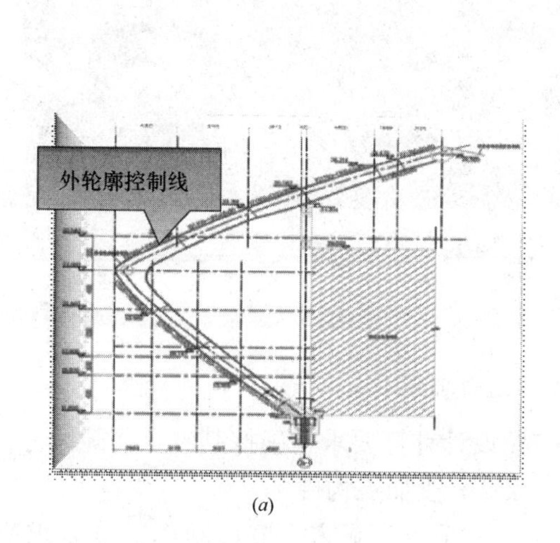

(a)

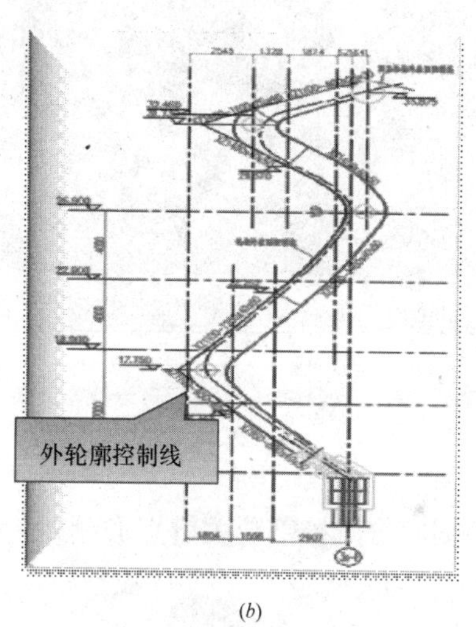

(b)

图 9 斜柱剖面图

(2) 咬合部位在加工阶段中的过程处理

1) 预加工模拟校核

本工程斜柱外形尺寸较大，钢板最大厚度 80mm；分段最重重量 40 余吨，对生产场地和车间能力要求提出了较高的要求。由于斜柱大部分焊接坡口均为全熔透焊缝，焊接收缩变形较大，易产生各种变形，会造成斜柱截面尺寸发生较大的误差，如果斜柱加工后误差过大，则会严重影响到现场的安装进度和安装质量，一旦现场安装后出现偏差过大后调整纠正相对较困难，给现场安装带来极为不利的后果，所以为保证斜柱现场安装的进度和精度要求，工厂制作时必须对斜柱壁板的平整度以及斜柱的外形尺寸精度进行严格控制，对斜柱的生产应安排合理的加工周期，指定合理的加工工艺和工序，同时配备合适的加工设备、起重设备及加工场地，是确保斜柱的制作进度和质量的重要保证。而且由于本工程中斜柱数量多且作为最主要的竖向承重构件，是本工程中极其关键核心所在，其加工制作质量的好坏直接关系到安装和整个项目的质量好坏，因此如何采取措施保证斜柱的加工制作精度满足设计和安装要求是本工程的重点。

鉴于工程描述的质量标准与不确定性因素，在施工图下发加工制作前，我们首先利用先进的数字化模拟系统对三维空间结构进行数字化预拼装及碰撞校核（图 11）。由于此处我们校核的主要是咬合结构相关部位，这部位在结构卸载完成后至关重要，一旦出现卸载后变形过大，两个单体相互碰撞，不仅改变了结构原有的受力形式，而且严重破坏了建筑结构的美学要求。因此，在加工制作相关咬合部位构件

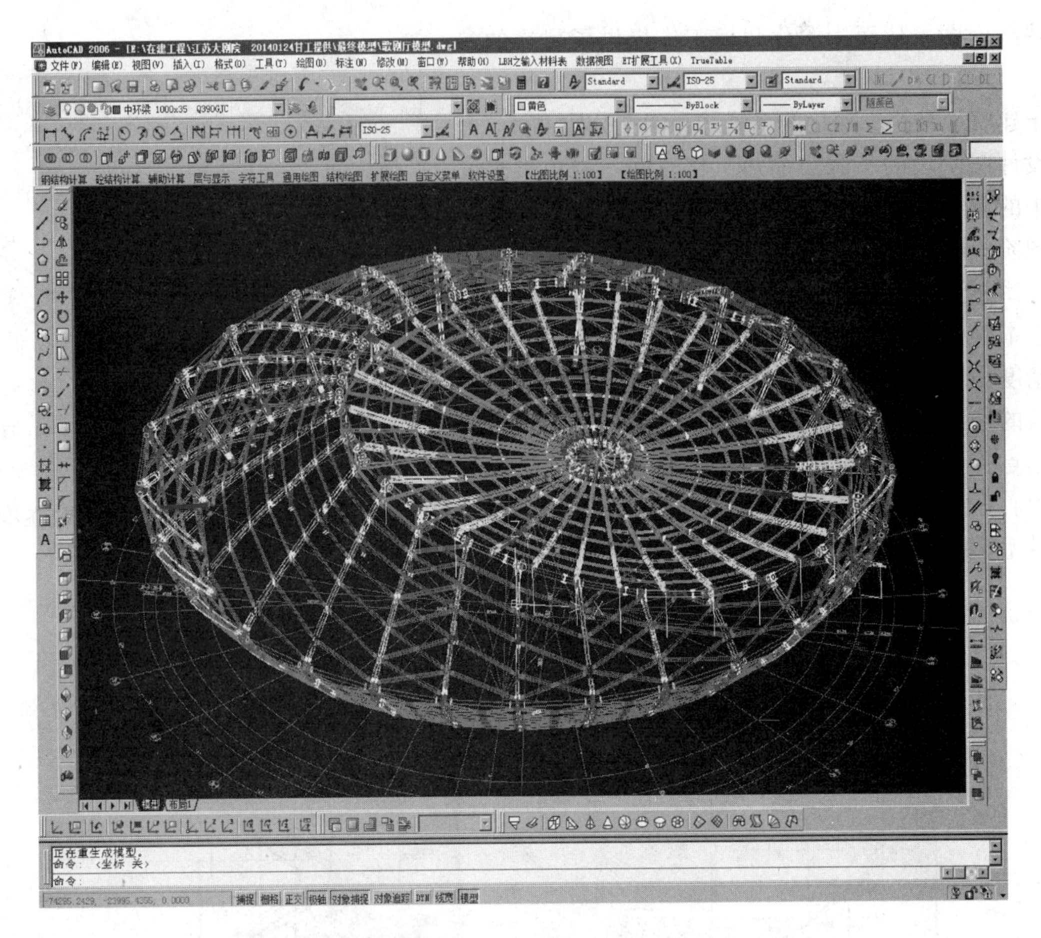

图 10　单体结构轴测图

时极为必要。根据咬合碰撞部位关键点的测距，按照设计计算要求精确控制咬合间隙尺寸。

图 11　咬合碰撞校核轴测图

2）分段加工构件

斜柱节点牛腿多，节点制作精度要求高，保证斜柱节点的制作精度是直接保证结构现场安装的重要保证措施之一。

每榀单元斜柱充分考虑吊装及运输进行分段后，从钢材的下料切割、矫平工艺、合理选择焊接坡口形式、制定焊接反变形措施、优化组装方法和焊接工艺等一系列工艺措施控制斜柱的组装精度及焊接整体变形。而构件加工的关键步骤如图 12 所示。

(3) 咬合部位在施工过程的处理

1）大剧院整体安装步骤解析

本工程歌剧厅、音乐厅、戏剧厅、综合厅 4 个大厅结构形式较为类似，结构形式也基本一致，根据其结构受力特点，采取合理的安装顺序是保证结构在安装过程中符合结构受力特点、确保结构受力安全的重要保障，因此，合理设计结构安装总体顺序（图 13）至关重要，各厅屋盖区安装顺序采取逆时针环向安装，其中歌剧厅以 2a-15 轴为起点，沿逆时针环向施工；综合厅以 5a-1 轴为起点逆时针安装；音乐厅以 3a-1 轴为起点逆时针安装；戏剧厅以4a-1轴为起点逆时针安装。而音乐厅与歌剧厅咬合，根据现场实际施

图 12　构件加工的关键步骤

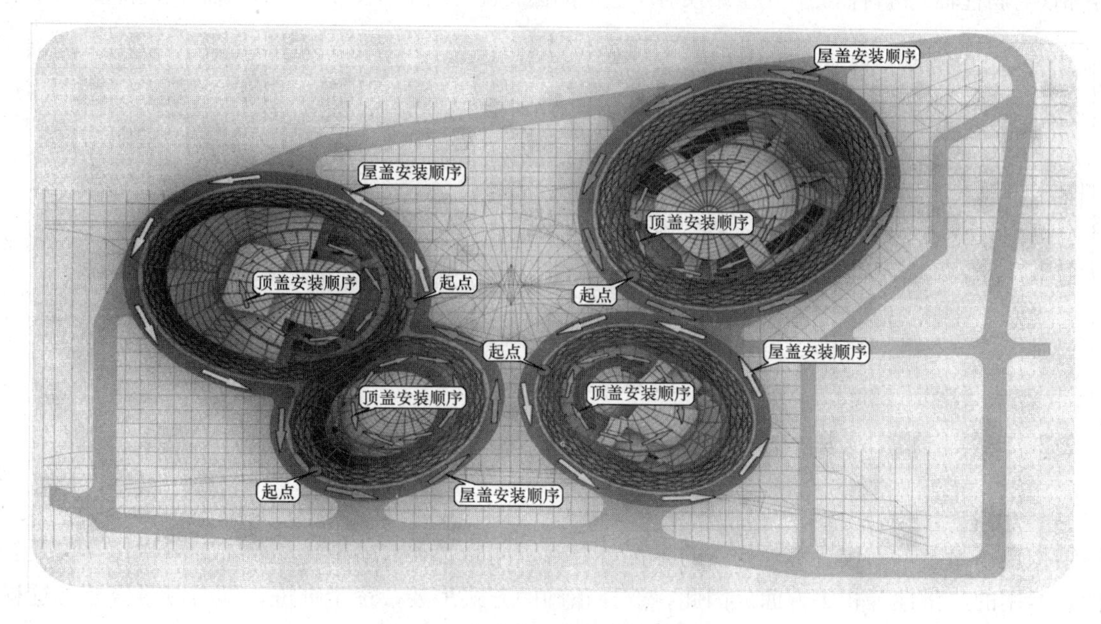

图 13　大剧院钢结构吊装工序图

工进度及要求，音乐厅优先吊装，歌剧厅与音乐厅咬合部位的斜柱及相应的支撑、系杆同时一并吊装（图 14），待音乐厅吊装完成后才进行歌剧厅剩余部位的吊装，按照先难后易、先里后外的原则，这样可以排除不必要的干扰，简化吊装步骤，便于施工。

图 14 咬合部位吊装效果图

2）单体场馆斜柱吊装施工方案的确定

本工程斜柱呈倾斜状“7”字形，向外侧倾斜且倾斜角度不一，同时由于斜柱重量重、安装高度高，故安装难度较大，斜柱根据吊装方案，分为立面和顶面二部分进行安装，对于顶面部分相对要容易一些，主要是立面倾斜部分，需要保证定位轴线的正确、倾斜角度的正确以及标高的正确，三者缺一不可，若出现安装较大的偏差，则整个球状结构将可能无法保证外形的几何尺寸，因此斜柱安装精度控制是安装实施过程中的一个重点。

斜柱安装精度控制是工程实施的重点：

① 采用临时支撑顶部调节装置调整斜柱倾斜角度：斜柱定位倾斜角度采用临时支撑进行初步定位（图 15），通过在临时支撑的顶部设置调整油泵，用油泵微调将斜柱的倾斜角度调整到位，临时支撑应采用缆风绳稳定加固。

② 采用经纬仪和全站仪对斜柱定位轴线和标高进行监控：斜柱倾斜角度调整后，用临时马板卡死，然后采用经纬仪对斜柱轴线进行监测，用全站仪对斜柱顶部标高进行测量（图 16），确保轴线和标高的安装正确。

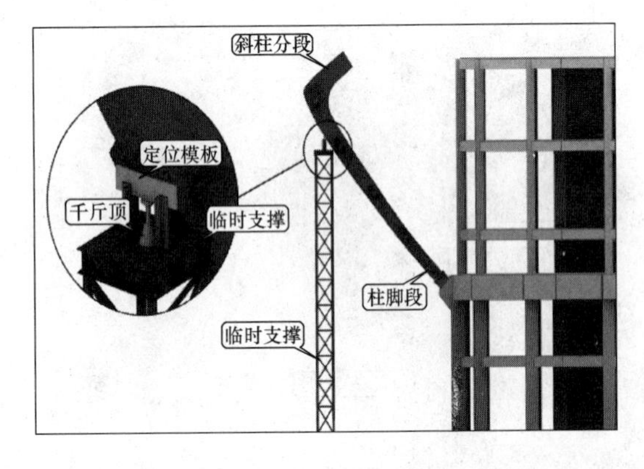

图 15 胎架支撑图

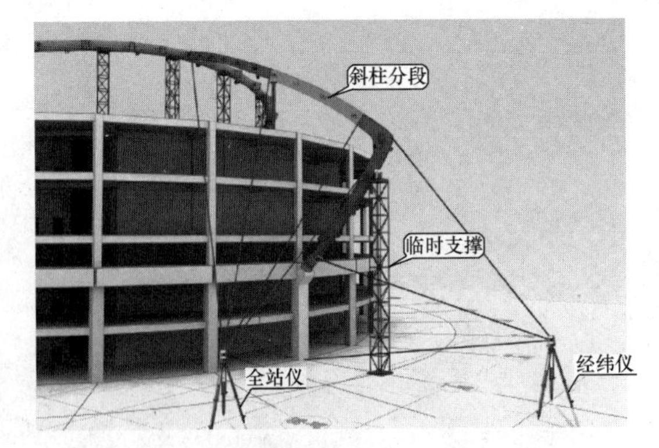

图 16 测量调节定位

3）现场吊装的实施

钢结构现场吊装，不仅要考虑构件的方案可行性，同时必须兼顾现场的施工环境许可，以及施工的便利性、费用的经济性等相关方面。因此，选择正确的方式吊装，逐步推进，即时测量复核，这样才能保证主体结构在卸载后不会有较大的偏差及变形。现场吊装见图 17～图 19。

图 17　音乐厅凹面斜柱

图 18　歌剧厅凸面斜柱

图 19　咬合部位完成后

4　结语

（1）变截面弧形斜柱外形尺寸较大，钢板最大厚度 100mm；分段最重重量 40 余吨。斜柱大部分焊接坡口均为全熔透焊缝，焊接收缩变形较大，易产生各种变形，斜柱节点牛腿多，节点制作精度要求高，所以为保证斜柱现场安装的进度和精度要求，工厂制作时必须对斜柱壁板的平整度以及斜柱的外形尺寸精度进行严格控制，对斜柱的生产应安排合理的加工周期，采取合理的加工工艺和工序，同时配备合适的加工设备、起重设备及加工场地，是确保斜柱的加工制作精度和质量的重要保证。

（2）江苏大剧院的建筑设计歌剧厅与音乐厅咬合结合在一起，咬合建筑要求充分运用结构在空间上的重叠合拢，又互不干涉其受力形式与范围，所以在结构设计时需要充分考虑尺寸精准、结构简化、受力合理、便于施工等相关要求。我公司针对其特点在设计、加工制作和安装全过程进行了研究开发，保证了工程质量，达到了设计要求，可为类似工程施工提供参考。

参考文献

[1]　中华人民共和国国家标准．钢结构设计规范 GB 50017—2003[S]. 北京：中国计划出版社，2003.

[2]　江苏沪宁钢机股份有限公司．经典建筑钢结构工程[M]. 北京：中国建筑工业出版社，2008.

超高层建筑桁架层预拼装整体吊装技术

李秋耕，陶双杰，全玉国，汪　寒

（中建钢构有限公司，武汉　430100）

摘　要　文章阐述了某超高层建筑塔楼钢结构伸臂-环带桁架层施工采用的施工技术，钢结构安装按照“地面散件预拼装、拼装单元整体吊装就位”的方法进行施工，在高效保证桁架层施工质量和进度的同时，降低了钢结构施工成本。

关键词　伸臂-环带桁架层；预拼装；整体单元吊装

1　前言

随着现代建筑结构安全技术体系日渐成熟及国内经济快速发展，我国超高层建筑如雨后春笋般广泛兴建。随着社会对超高层建筑建设的要求，建筑高度不断攀升，传统框架—核心筒结构体系在结构受力方面不能实现相应的建筑需求，框架—核心筒—伸臂—环带桁架结构应运而生。它通过伸臂—环带桁架自身刚度将外围的钢框架与核心筒结构连成整体，侧向荷载作用时将结构协调成一个有效的整体抵抗外部作用，提高结构抗弯刚度。由于桁架层结构、节点复杂，结合钢结构制作运输工艺、质量管控、成本等方面要求，桁架层构件安装需合理分段，散件制作、运输，但若施工现场采用散件原位安装方法，不仅施工进度面临延误，施工安全、施工质量等各方面要求也无法得到保证。针对以上问题，桁架层施工采用了“地面散件预拼装、拼装单元整体吊装就位”的施工技术进行桁架层钢结构安装。

2　工程概况

某高层钢结构总用钢量约5.8万t，建筑高度达452m，主楼共有5道桁架层，其中伸臂-环带桁架2道，环带桁架3道，构件截面为H型钢，材质为Q345GJC、Q345B等。桁架层结构形式如图1所示。

3　桁架层预拼整体吊装施工

3.1　桁架层构件制作分段

为了满足制作工艺要求及构件运输方面的要求，单个构件尺寸控制在17m×3.5m×3m范围内，按此原则进行分段，对构件运输效率提升、构件变形控制、运输成本控制具有极为有利的影响。构件分段充分考虑运输因素，按照构件类型分为钢柱、弦杆、腹杆以及节点板，如图2所示。

3.2　桁架层构件预拼装

3.2.1　预拼装技术优势

桁架层施工传统技术采用散件高空原位安装，但此方法存在以下不足：

1）散件吊装施工塔吊利用率不高，施工工期长；

2）高空作业多，安全风险较大；

3）拼装精度控制难度大，不利于整个桁架层安装质量控制；

4）散件安装无法及时形成稳定体系，措施量大，施工成本高。

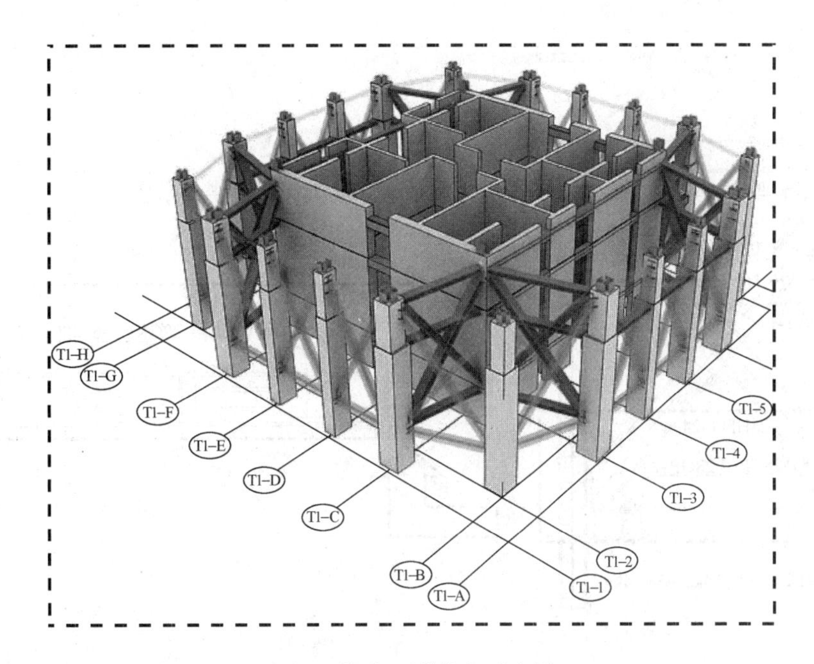

图1　伸臂-环带桁架示意图

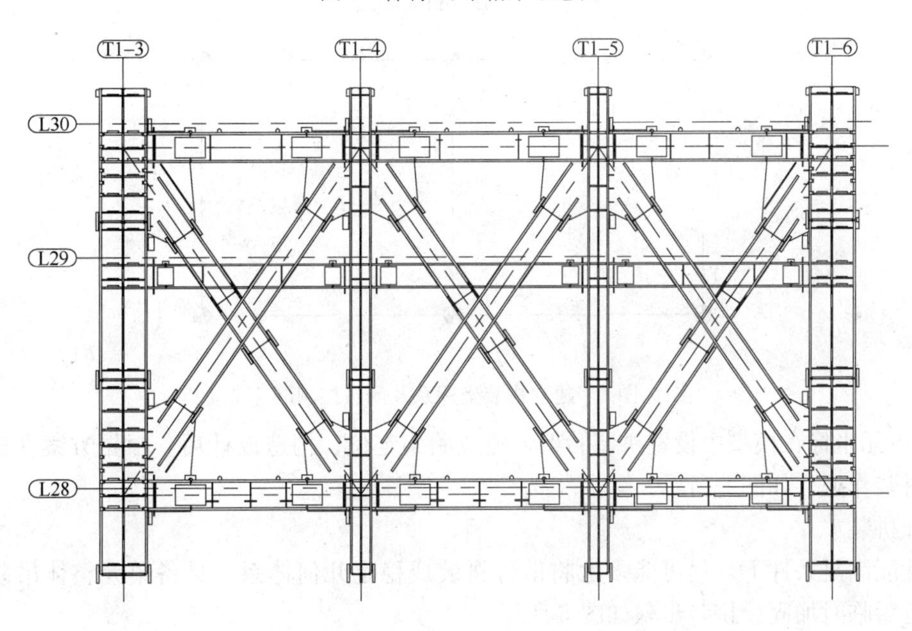

图2　构件分段示意图

针对散件安装方法上述不足，采用地面散件预拼装，拼装单元整体吊装就位的方法，有效解决了吊装效率不高、安全风险大、拼装质量控制难等难题。

3.2.2　构件预拼装

根据桁架层构件特点、吊装设备条件，从尽量减少吊次、保证吊装安全角度考虑，拟对弦杆与节点板、腹杆与腹杆等进行地面预拼装。

(1) 节点板与弦杆拼装

1) 地面拼装时考虑起重设备性能满足条件下，将节点板与弦杆拼装成一个吊装单元整体吊装，如图3所示。

2) 在拼装之前需对拼装场地进行平整处理，以满足拼装作业要求。根据拼装单元特点，建立三维实体模型，确定拼装坐标系并建立测量控制网，如图4所示。

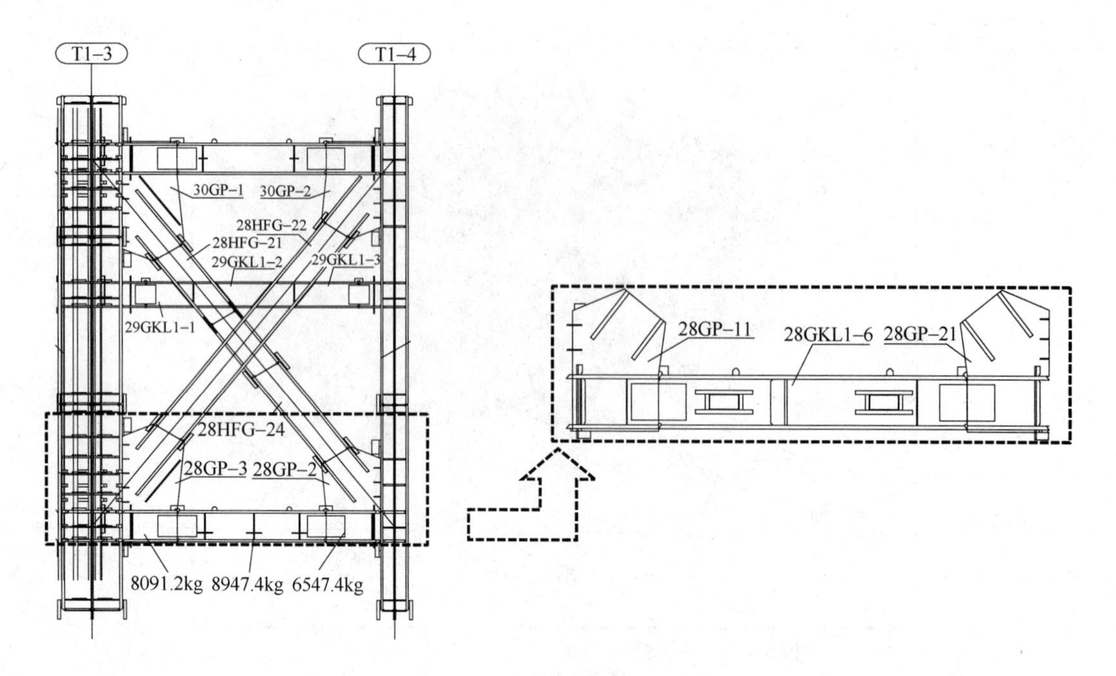

图 3　弦杆拼装思路

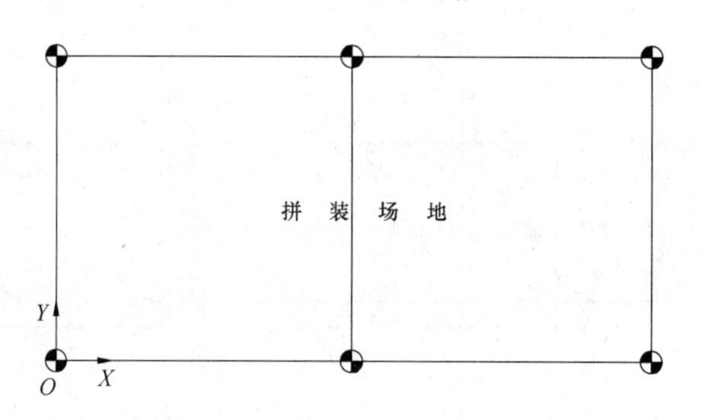

图 4　建立拼装坐标系及测量控制网

3）按照单元坐标在模型中设置拼装胎架，完成胎架定位、构造设计后，根据方案在现场布置拼装胎架，进行拼装作业。如图 5 所示。

（2）腹杆拼装

在塔吊性能满足条件下，尽可能多地将散件拼装成稳定几何体系，具备单元整体吊装的强度及刚度，便于就位后临时加固。拼装步骤如图 6 所示。

3.3　拼装单元吊装

3.3.1　桁架层吊装流程

桁架层拼装单元吊装步骤如图 7 所示。

3.3.2　拼装单元吊装方法

弦杆单元、腹杆单元采用“两吊点”吊装，两端设置与重量匹配的倒链，用以调整拼装单元空中吊装姿态，快速就位，并在弦杆一段拉设合适钢丝绳作为安全备绳。由于吊装单元体量大，吊装前需特别注意检查吊装所用钢丝绳、卸扣、捯链等是否与吊重匹配、外观质量是否合格，避免发生重大吊装事故。见图 8、图 9。

3.3.3　拼装层焊接质量控制

1）严格要求构件制作、现场拼装精度；

2）在保证焊接熔透前提下，采用小角度、窄间隙坡口形式，以减少焊接收缩量；

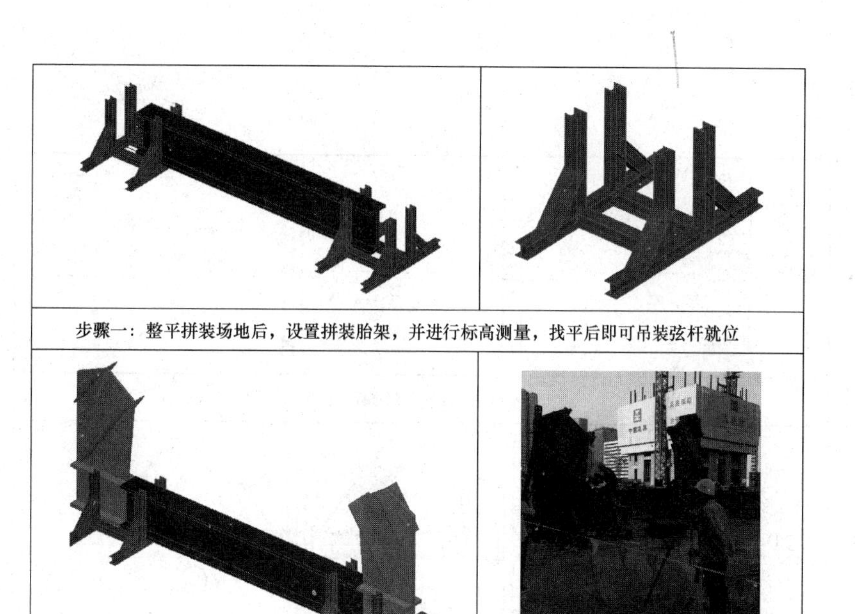

步骤一：整平拼装场地后，设置拼装胎架，并进行标高测量，找平后即可吊装弦杆就位

步骤二：吊装弦杆两端节点板就位，采用经纬仪对节点板平面内、外垂直度进行校正，拼装完成后，安装弦杆与节点板腹板处高强螺栓，然后按照方案既定顺序进行焊接连接

图5　节点板与弦杆拼装步骤

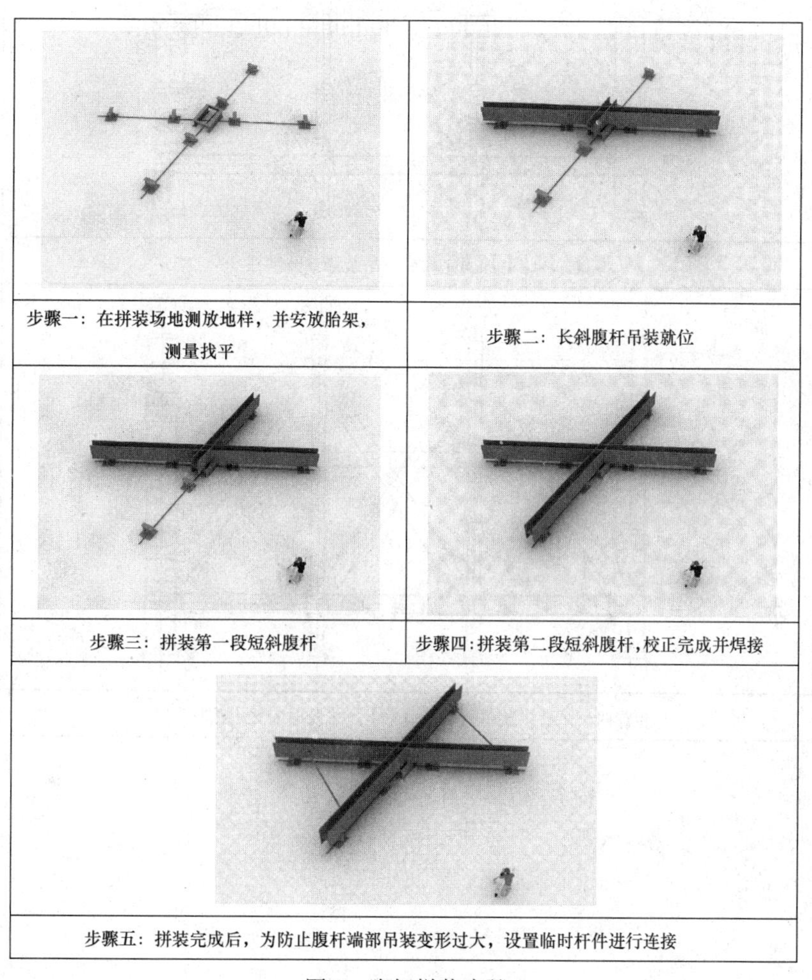

步骤一：在拼装场地测放地样，并安放胎架，测量找平

步骤二：长斜腹杆吊装就位

步骤三：拼装第一段短斜腹杆

步骤四：拼装第二段短斜腹杆，校正完成并焊接

步骤五：拼装完成后，为防止腹杆端部吊装变形过大，设置临时杆件进行连接

图6　腹杆拼装步骤

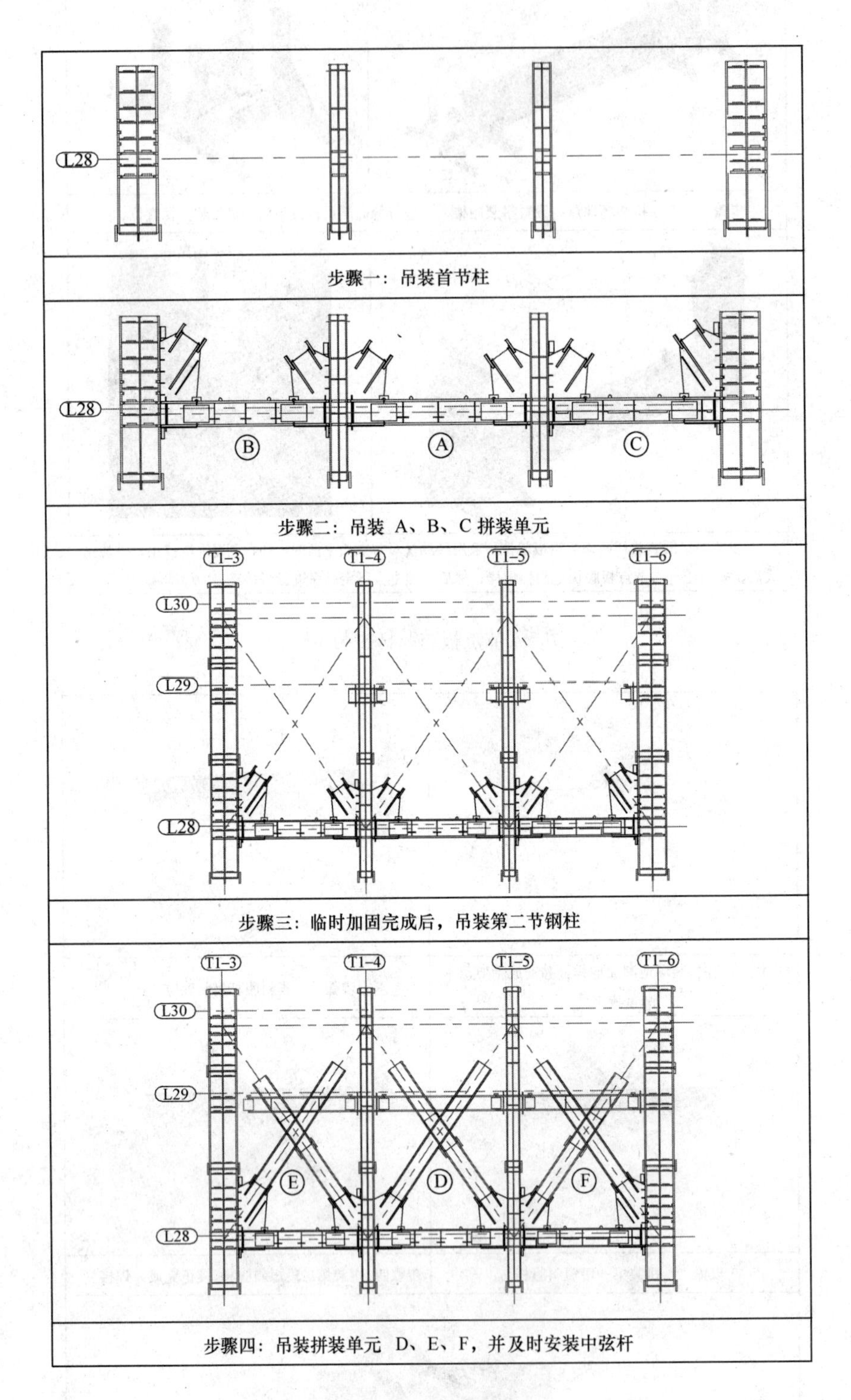

图 7 桁架层拼装单元吊装步骤（一）

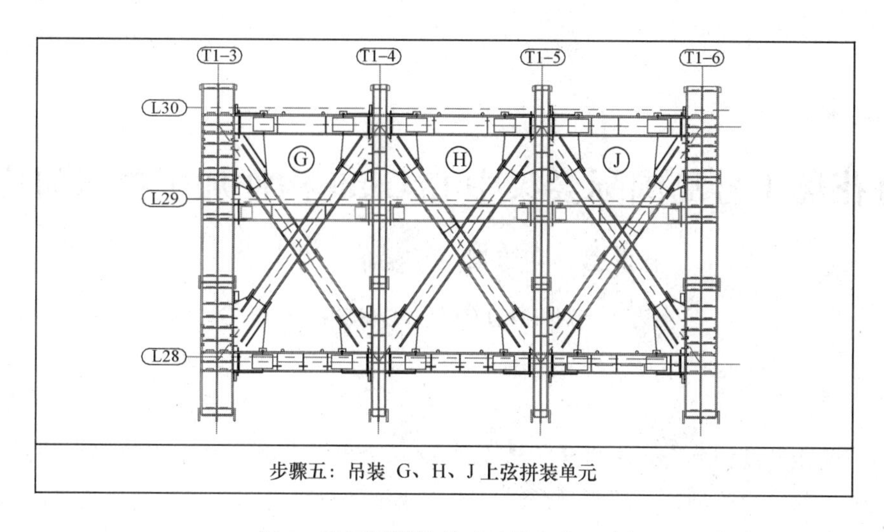

步骤五：吊装 G、H、J 上弦拼装单元

图 7　桁架层拼装单元吊装步骤（二）

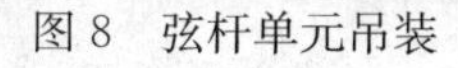
图 8　弦杆单元吊装　　　图 9　腹杆单元吊装

3）尽量采用对称焊接，进行多层多道焊接，减少热输入量，减小焊接变形、应力；

4）采用合理的焊接顺序，桁架两侧同时焊接，先焊受力大的杆件，再焊受力小杆件，先焊受拉杆件，再焊接受压杆件，先焊厚板再薄板；

5）焊接时应从中部对称向两侧进行，避免焊接变形累积。

4　结语

杆件预拼整体吊装技术的应用，极大地提高了施工效率，缩短了超高层施工工期，同时有效解决了桁架层安装精度控制、安全措施设置等施工难点，值得类似项目钢结构施工借鉴。

参考文献

[1]　中华人民共和国国家标准．钢结构工程施工质量验收规范 GB 50205—2001[S]．北京：中国计划出版社，2002.

[2]　中华人民共和国国家标准．钢结构施工规范 GB 50755—2012 [S]．北京：中国建筑工业出版社，2012.

[3]　王宏．超高层钢结构施工技术[M]．北京：中国建筑工业出版社，2013.

海花岛1号岛国际会议中心C-h9构件加工技术研究

徐其君，胡海国，李爱华，刘小平

（江苏沪宁钢机股份有限公司，宜兴 214231）

摘　要　海花岛1号岛国际会议中心建筑造型为12朵盛开的牡丹，其中心花瓣内外两层、局部三层，花瓣外轮廓由不同的弯扭钢管形成，本文介绍弯扭钢管构件加工制作技术的研究及应用。

关键词　冷弯加工；中频弯钢管加工；预拼制

1　工程概况

海花岛1号岛国际会议中心整体规划取“露滴牡丹开，花开富贵”之意，采用了“一主多辅”的分散式布局，总建筑面积8.6万m^2，其中地上6.6万m^2，地下2.0万m^2。基地内12朵花分散于北、中、南三个区域（图1、图2）。中区大会堂是整个建筑群的核心，统领着整个建筑群。国际宴会厅，国际圆桌会议厅位于北区，剧场式会议位于南区。商务会议中心（F）为直径45m的建筑，4栋分布于基地之中。建筑内主要布置1个通高12m的500m^2中型会议厅，以及8个100m^2和9个50m^2的小型会议厅。首层入口为垂拔空间，两侧布置6部直梯为会议人群提供便利的交通。二层设置休息平台。

图1　海花岛工程整体效果图

图2　海花岛1号岛国际会议中心效果图

2 结构体系分析

海花岛 1 号岛国际会议中心 12 朵牡丹中，C-h9 项目是其中的一朵，其花瓣内外两层、局部三层，落脚点平面投影直径 50m，高 24m，花瓣密肋间距约 1.3m，采用钢结构体系。

为表现花瓣的柔美，主体竖向肋须尽量细长，因此要形成稳定可靠的结构体系，就必须加强并搭接花瓣外框成为一体（环向成箍可有效提高结构效率）。按此原则建立的花瓣结构造型如图 3、图 4 所示，主入口采用钢拱承托花瓣。

花瓣从里到外，分为内瓣、外瓣和复瓣，均由竖肋和外框组成，竖肋下端铰接，外框相互搭接（复瓣除外）、下端固接。

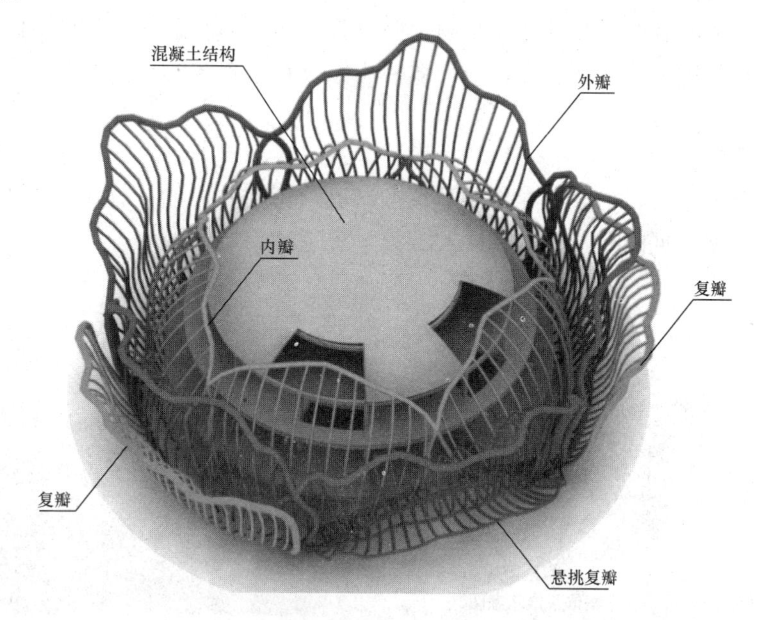

图 3 C-h9 项目轴测图

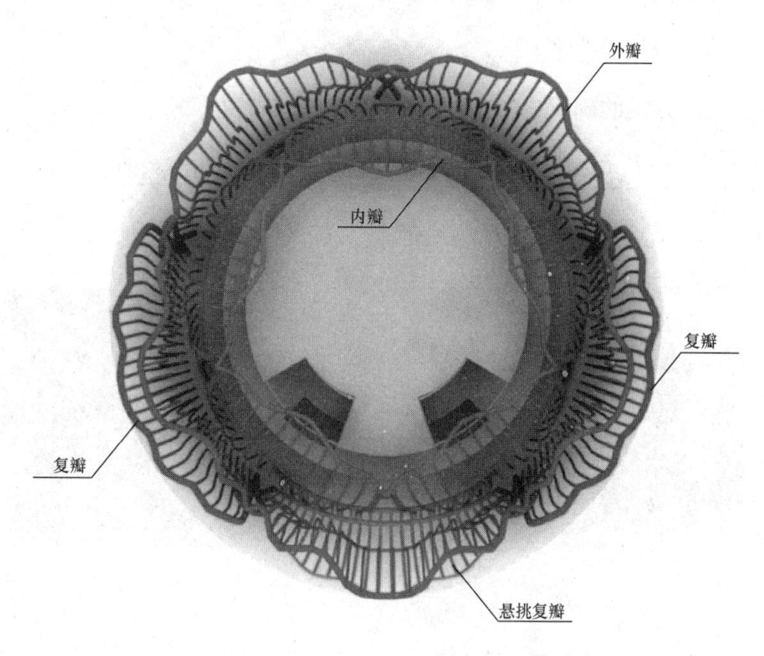

图 4 C-h9 项目俯视图

3 钢管切割工艺流程

1）切割下料

通过试验确定各种规格的杆件预留的焊接收缩量，在计算钢管的断料长度时计入预留的焊接收缩量。

2）切割程序的编制

数控相贯线切割需知道相贯的管与管相交的角度、各管的厚度，管中心间长度和偏心量即可进行切割。

3）切割相贯线管口的检验

通过计算机把相贯线的展开图在透明的塑料薄膜上按 1∶1 绘制成检验用的样板，样板上标明管件的编号。检验时将样板根据“上、下、左、右”线标志紧贴在相贯线管口，检验吻合程度。

4 钢管弯曲加工工艺

根据安装方案的分段要求，把弦杆在安装分段的基础上再细分成加工分段，加工分段尽量在一个平面内弯曲。确保加工精度。见图 5。

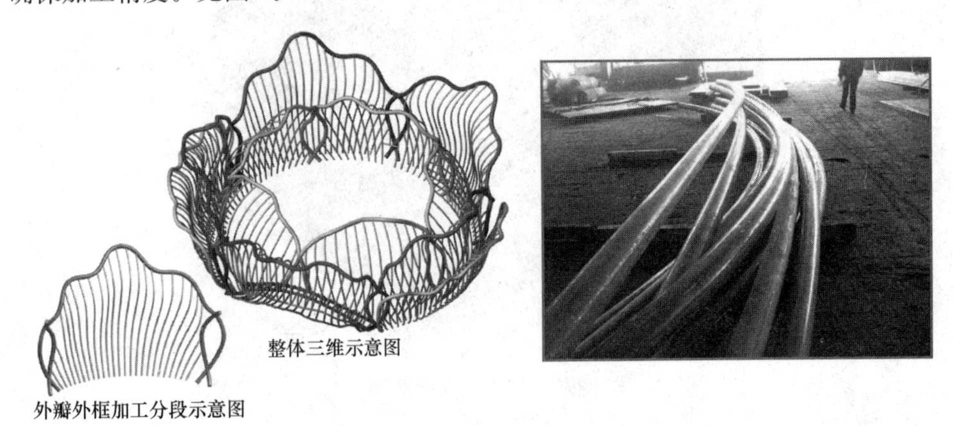

图 5 弯曲钢管

（1）钢管弯曲加工工艺方案的确定（表 1）

钢管弯曲加工工艺方案 **表 1**

本工程钢管截面 ϕ199～ϕ800 等，钢管壁厚在 10～30 不等。对于弯圆弯曲加工目前主要有以下两种形式：油压机机械弯圆、中频弯管机电加热弯圆		
适用范围	弯曲半径较大，较平缓的钢管	弯曲半径较小，弯曲比较大的钢管

续表

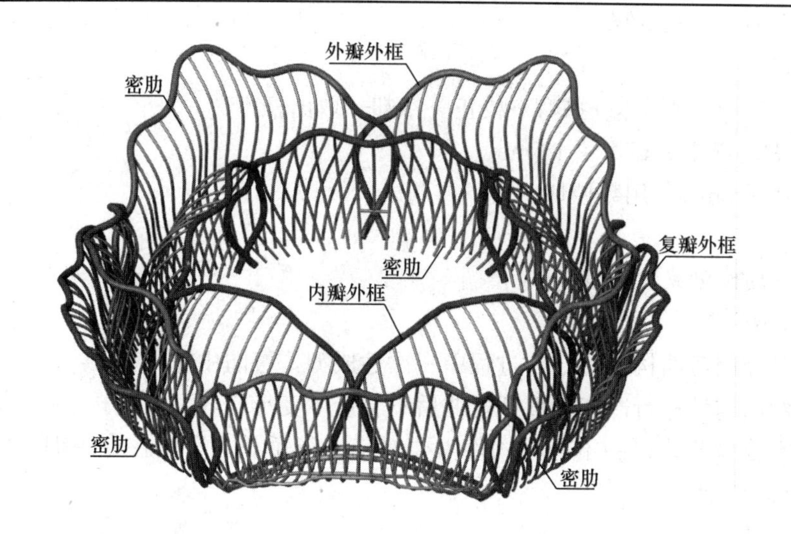

说明：根据本工程的结构特点，外瓣、内瓣及复瓣的外框弦杆弯曲程度较大，采用中频弯管。其他花瓣内弯曲程度平缓的竖向密肋钢管采用冷弯加工工艺

序号	部位	规格	质量（t）	加工方式
1	外瓣及复瓣边框	D800×20	192	中频弯管
2	内瓣边框	D600×20	86.7	
3	密肋	D299×10	308.3	冷压弯管
4	复瓣密肋	D351×16	34.1	
5	底部斜交密肋	D299×14	27	
6	边框底	D800×30	28.5	
7	拱	D600×30	29.7	
8	拱面支撑梁	D351×16	4	

（2）中频弯管加工工艺

1）典型弯管工艺流程（图6）

2）中频摵弯（即热弯）机械设备介绍

① 该设备为非标弯管设备（图7）。

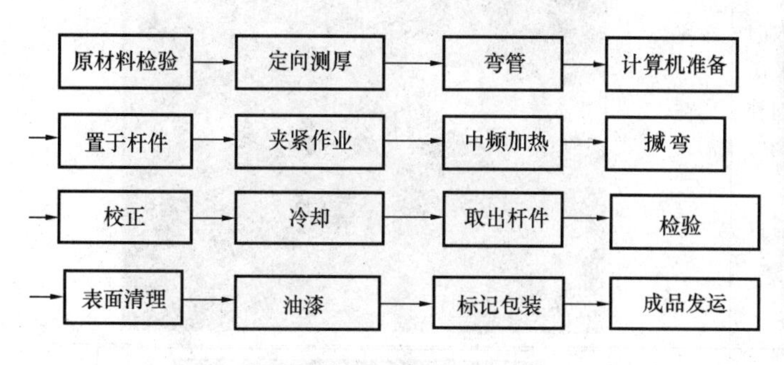

图6　典型弯管工艺流程

图7　中频摵弯机械设备实景

② WG-1000可弯制ϕ150～1000mm管件（表2）。

中频摵弯机械设备参数　　**表2**

型　号	功率（kW）	摵弯范围（mm）
WG-1000	150	150～1000

③ 能弯制壁厚70mm以下的碳钢、合金钢、有色金属管和各种异径管、型钢等。

④ 弯曲半径角度在规范允许范围内可任意选择。

⑤ 工作流程：

计算机准备→置入杆件→夹紧作业→中频加热→揻弯→校正→冷却→取出杆件。

⑥ 揻弯精度：曲率半径：≤1%R；弯曲矢高：≤±5mm

⑦ 检验工具：刚性范本，其厚度为2mm，用数控切割机下料制成。

3）中频揻弯（即热弯）工艺

① 中频揻弯电流、电压按产品材质硬度来调试确定。

② 弯制速度要求一般控制在10cm/s。

③ 起弯后要求持续性弯曲，尽量控制弯曲构件在弯曲过程中一次性成型，警防中途停顿。

④ 中频加热弯曲后必须马上对弯曲构件进行冷却，保证弯曲后不会产生变形。

⑤ 揻弯矫正，钢管构件弯曲后需要检验，检验不合格构件需要对其进行矫正，矫正在专用钢管弯曲矫正设备上进行。直到达到设计要求为此。

4）中频揻弯（即热弯）过程注意事项

避免多次加热。多次加热会导致材质变脆，造成硬化。同时，加工温度过低时，应避免强行弯曲，因钢材在500℃以下时，极限强度与屈服点到达最大值，塑性显著降低，处于蓝脆状态。受力后会导致内部组织破坏，产生裂纹。

（3）冷压弯管加工工艺

冷压弯管工艺流程见图8，钢管弯曲加工工艺见表3。

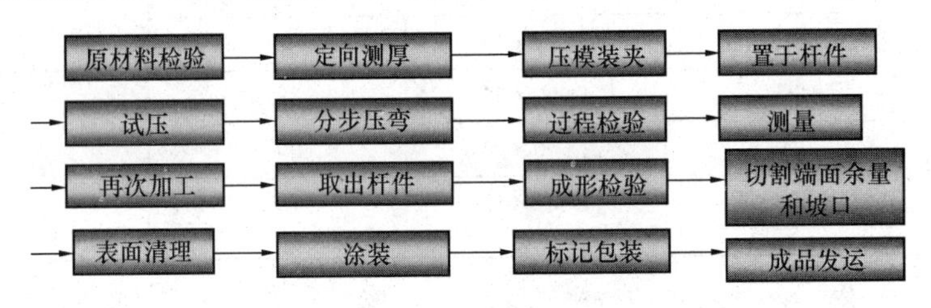

图8 冷压弯管工艺流程

钢管弯曲加工工艺说明 **表3**

冷弯加工设备	对于曲率半径适中、壁厚较厚、管径较大的钢管，采用冷压加工，其弯曲加工设备采用800～2000t油压机进行加工。本工程弯曲钢管截面尺寸相对适中，截面尺寸为ϕ299、ϕ351等，钢管壁厚在8～22不等。 根据钢管的截面尺寸制作上下专用压模，进行压弯加工	
钢管的对接接长	考虑到钢管弯制后两端将有一段为平直段，为此，采用先在要弯制的钢管一端拼装一段钢管，待钢管压制成形后，再切割两端的平直段，从而保证钢管端部的光滑过渡	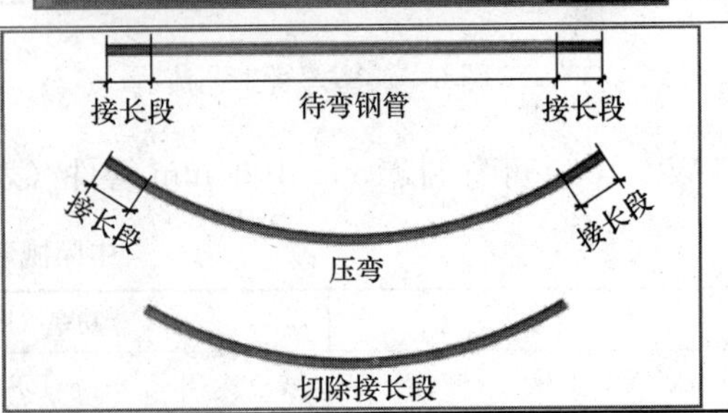

续表

上、下压模的设计和装夹	弯管前先按钢管的截面尺寸制作上下专用压模，压模采用厚板制作，然后与油压机用高强螺栓进行连接，下模开挡尺寸根据试验数据确定	

钢管的压弯工艺

钢管压弯采用从一端向另一端逐步搣弯，每次搣弯量约为500mm，压制时下压量必须进行严格控制，下压量根据钢管的曲率半径进行计算，分为五次压制成形，以使钢管表面光滑过渡，不产生较大的皱褶，根据本公司多年来的施工经验，每次下压量控制如下表所示：

第一次	第二次	第三次	第四次	第五次
$H/3$	$H/3$	$H/5$	$H/10$	$H/20$

H—压制长度钢管范围内的理论拱高。

下压量控制采用标杆控制法，采用在钢管侧立面立一根带刻度的标杆，下压量通过与标杆上的刻度线进行对比来控制

冷压弯管后的检验

压制成形后的钢管应放在专用平台上进行检验以下内容：

1）成品弯管后表面不得有微裂缝缺陷存在，表面应圆滑、无明显皱褶，且凹凸深度不应大于1mm。

2）壁厚减薄率：≤10%或实际壁厚不小于设计计算壁厚。

3）波浪率（波浪度 h 与公称外径 D_o 之比）不大于2%，且波距 A 与波浪度 h 之比大于10

冷压弯管的外形尺寸允许偏差

偏差项目		允许偏差（mm）	检查方法	图例
直径		$d/500 \not> 3$	用直尺或卡尺检查	
椭圆度	端部	$f \leqslant \frac{d}{500}$，$\not> 3$	用直尺或卡尺检查	d f
	其他部位	$f \leqslant \frac{d}{500}$，$\not> 6$		
管端部中心点偏Δ		Δ不大于5	依实样或坐标经纬、直尺、铅锤检查	Δ Δ_1
管口垂直度Δ_1		Δ_1不大于5	依实样或坐标经纬、直尺、铅锤检查	
弯管中心线矢高		$f \pm 10$	依实样或坐标经纬、直尺、铅锤检查	
弯管平面度（扭曲、平面外弯曲）		不大于10	置平台上，水准仪检查	

续表

<table>
<tr><td rowspan="1">钢管弯曲后的线型检验方法</td><td>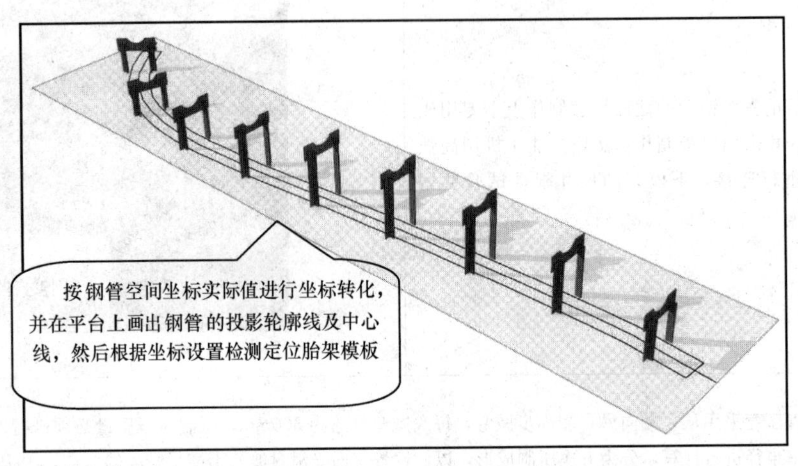

本工程钢管均为空间结构，为了保证现场的拼装精度及高空吊装安装精度，空间弯曲钢管加工成型后在专用胎架上进行检测，即根据每根钢管在整体模型中的实际坐标参数，经过转化，在平台画出转化后的实际线型，进行整体检测，这样方能保证每根钢管的线型正确，对于在检测过程中误差较大的构件，采用火工进行必要的调整
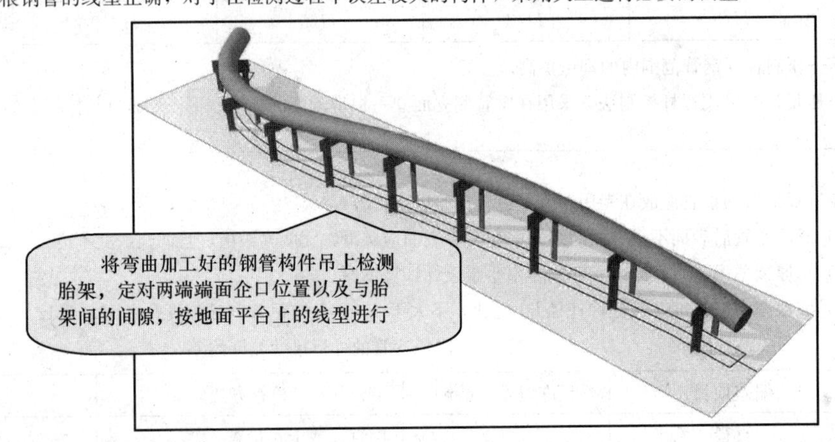

严格按检测胎架的线型和标高进行测量，对于超差处采用火工加热的方法进行调整，对于每一根此类弯曲线型的弦杆必须保证线型的正确</td></tr>
</table>

5 工厂预拼装工艺

(1) 预拼装方案说明

工厂预拼装目的在于检验构件工厂加工能否保证现场安装的质量要求，确保下道工序的正常运转和安装质量达到规范、设计要求，能否满足现场一次吊装成功率，减少现场安装误差。

为控制构件由于工厂制作误差、工艺检验数据等误差，保证构件的安装精度，减小现场安装产生的积累误差，故部分构件需进行必要的预拼装。

(2) 预拼装机械的选用

预拼装吊装机械根据各构件的重量和其中最大一个分段的重量确定，本工程的预拼装机械选择采用1台50t行走行车进行构件的预拼装。

(3) 预拼装方案

1) 预拼装方案及拼装工艺流程

预拼装在专用的拼装场内进行，拼装采用卧式拼装的方法进行拼装，拼装工艺流程如下：

拼装胎架制作—外框节点定位—外框分段拼装定位—花瓣竖向肋拼装定位—检验—监理工程师检查—构件拆除—构件涂装—检验合格。

2）预拼装胎架设置

预拼装胎架的设置如图9所示，胎架设置时应先根据花瓣外框及竖向肋线形定位坐标转化后的 X、Y 投影点铺设在平台上，进行放 X、Y 的投影线、放标高线、检验线及支点位置，形成田字形控制网，并提交验收，然后竖胎架直杆，根据支点处的标高设置胎架模板。胎架设置应与相应的分段重量及高度进行全方位优化选择，另外胎架高度最低处应能满足全位置焊接所需的高度，胎架搭设后不得有明显的晃动状，并经验收合格后方可使用。

为防止刚性平台沉降引起胎架变形，胎架旁应建立胎架沉降观察点。在施工过程中结构重量全部荷载于路基板上时观察标高有无变化，如有变化应及时调整，待沉降稳定后方可进行焊接，胎架设置如图9所示。

图9　预拼装胎架设置

3）预拼装的测量验收

预拼装的质量好坏将直接影响高空分段拼装的质量，测量工作的质量是安装单元高精度拼装的首要关键工作，测量验收应贯穿各工序的始末，对各工序的施工测量、跟踪检测全方位进行监测。花瓣预拼装的测量方法、测量内容如表4所示。

分段地面拼装控制尺寸表　　**表4**

序号	内容／项目	控制尺寸（mm）	检验方法
1	拼装单元总长	±10	全站仪、钢卷尺
2	对角线	±5	全站仪、钢卷尺
3	各节点标高	±5	激光经纬仪、钢卷尺
4	节点处杆件轴线错位	3	线垂、钢尺
5	坡口间隙	±2	焊缝量规
6	单根杆件直线度	±3	粉线、钢尺

（4）花瓣工厂预拼装工艺流程（图10）

预拼装步骤一：底板画线

预拼装步骤二：胎架设置

预拼装步骤三：节点定位

预拼装步骤四：花瓣边框钢结构定位组装

预拼装步骤五：花瓣边框钢结构定位组装

预拼装步骤六：花瓣密肋定位组装

图 10　花瓣工厂预拼装工艺流程

6　结语

海花岛 1 号岛国际会议中心建筑造型为 12 朵盛开的牡丹，其中心花瓣内外两层、局部三层，花瓣外轮廓由不同的弯扭钢管形成，钢结构制作加工难度很大。我公司针对该工程的复杂造型，组织技术人员对弯扭钢管构件加工制作技术进行了试验研究。

通过采用冷弯钢管 、中频弯钢管加工工艺及相关的弧形管线型测量措施，保证了海花岛 1 号岛国际会议中心 c-h9 弯管的曲线型的加工精度。通过构件的工厂预拼装措施，检验构件工厂加工能否保证现场安装的质量要求，确保下道工序的正常运转和安装质量达到规范、设计要求，满足现场一次吊装成功率，减少现场安装误差。

超高层钢结构安防措施标准化应用及研究

杜志虎，蔡荣根，任桃元，陈瑞荣，余宣球

（中建钢构有限公司，深圳　518040）

摘　要　超高层钢结构施工安全防护目前还在探索阶段，标准化的安全防护措施目前正在逐渐推广实行，被广泛应用于钢结构施工现场。结合杏林湾营运中心12号楼钢结构安放标准化措施应用情况，针对标准超高层的结构特点，本文从操作平台、水平通道、梁下安全网三大防护措施设计构造、力学性能以及使用要求等方面详细阐述了其实际应用技术，取得了良好的安全效益与经济效益。

关键词　超高层；钢结构；安全防护措施；设计应用

1　引言

中国城市正在高速进化中，拥有高地价高容积率的超高层代表性建筑拔地而起，钢结构施工作为超高层的主要施工阶段，由于现场施工难度大，当前作业人员安全意识普遍较低，高空悬空作业较多，导致现场施工危险性极高，安全事故时有发生，安全形势严峻。

2　钢结构安全防护现状

目前钢结构施工安防措施良莠不齐，现场防护措施大多为临时措施，缺乏技术指导，实用性和安全性较差，本文着重于现场实践探索钢结构安防措施，采用可行性高，安全性高，可循环性高的措施作为现场的安全防护；利用工艺简单化，强度可靠的新型设计，提高可应用性，满足超高层钢结构施工推广应用。

3　可调变径式操作平台分析

通常传统脚手架操作平台缺乏稳定性，防坠防火性能差（图1），并且标准超高层外框柱多为圆管柱与方形柱带有牛腿，因此当前的操作平台应该以有效解决以上所有问题为设计出发点，研究设计能够普遍推广使用的操作平台。

3.1　可调变径式操作平台构造

结合本工程主塔楼的钢柱结构形式，钢柱最大直径为1400mm，最小直径为900mm，项目部参照公司标准设计制作可调变径式操作平台以供使用（图2）。

图1　传统操作平台实例

操作平台由底板、护栏、花纹钢板封板三部分组合而成。其中，底板均由角钢与钢板焊接而成，共计5类9块不同规格的底板，底板之间连接采用螺栓连接，底板边缘均匀分布螺栓孔用于操作平台变径调节（图3），局部底板连接采用耳板螺栓形成可翻转式活动底板用于操作平台安装与定位（图 4）；护栏由角钢、钢网片、踢脚板拼装焊接而成，共计 3 类 12 个。

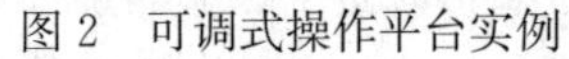
图 2　可调式操作平台实例

图 3　底板变径调节螺栓孔

考虑现场牛腿长度（700mm）以及人在站姿作业中的最佳工作范围空间（立姿工作活动余隙身体通过的宽度不小于 510mm），故将底板的宽度设计成 600mm 左右。护栏踢脚板、花纹封板主要防止焊渣等细小物体掉落，护栏高度为 1500mm 更加安全并且方便搭设防风棚。

3.2　组成材料

1）钢材。底板材料为角钢∟70×5、∟80×5、PL15×32、PL3 花纹钢板组成，护栏采用角钢∟50×3、PL3×200 以及钢网片（边长为 20mm），材质均为 Q235B，其质量和标准应符合国家相关规定。

2）螺栓。底板连接、护栏连接均采用 M18 高强螺栓相互连接。其质量应符合国家相关规定。

3）镀锌。所有材料均采用镀锌防锈处理。

3.3　操作平台力学验证

根据现场的施工具体情况，需使用有限元软件 MIDAS 对该平台的承载力、整体稳定性等受力情况作力学分析检验。

可变径操作平台主要承载结构为可调节底座结构，护栏采用插销连接，为非承载结构，护栏视为底座结构恒载（线载值 357N/m，自重分项系数取 1.35），设计站可承载 5 人（单人重 80kg，活载分项系数取 1.35），为结构活载。自重分项系数取 1.4，伸缩板件为多螺栓连接，节点间设置为铰接耦合。平台承重体系如图 5 所示。设计工况组合见表 1。

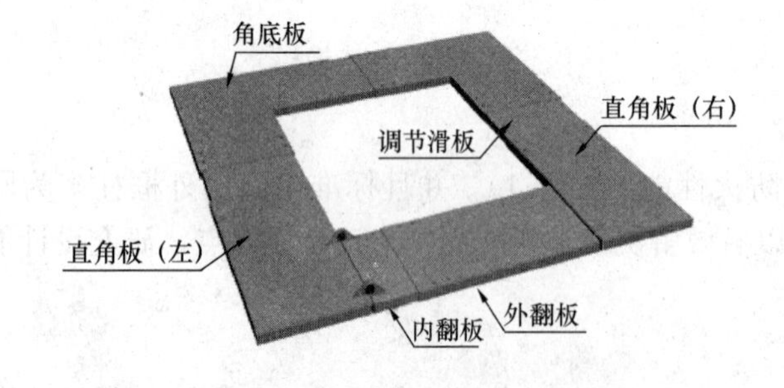

图 4　翻转式活动底板连接

图 5　平台承重体系

设计工况组合　　表 1

编　号	工　况	激　活	类　型	组合说明
1	空载	激活	标准组合	1.4G+1.35D
2	满载	激活	标准组合	1.4G+1.35D+1.2L

选用最危险工况进行模拟验算，结果见图 6。

最大下挠部位发生在底座四角，挠度为 4.7mm，最大弯矩发生在底板中部，弯矩值为 632N·m，

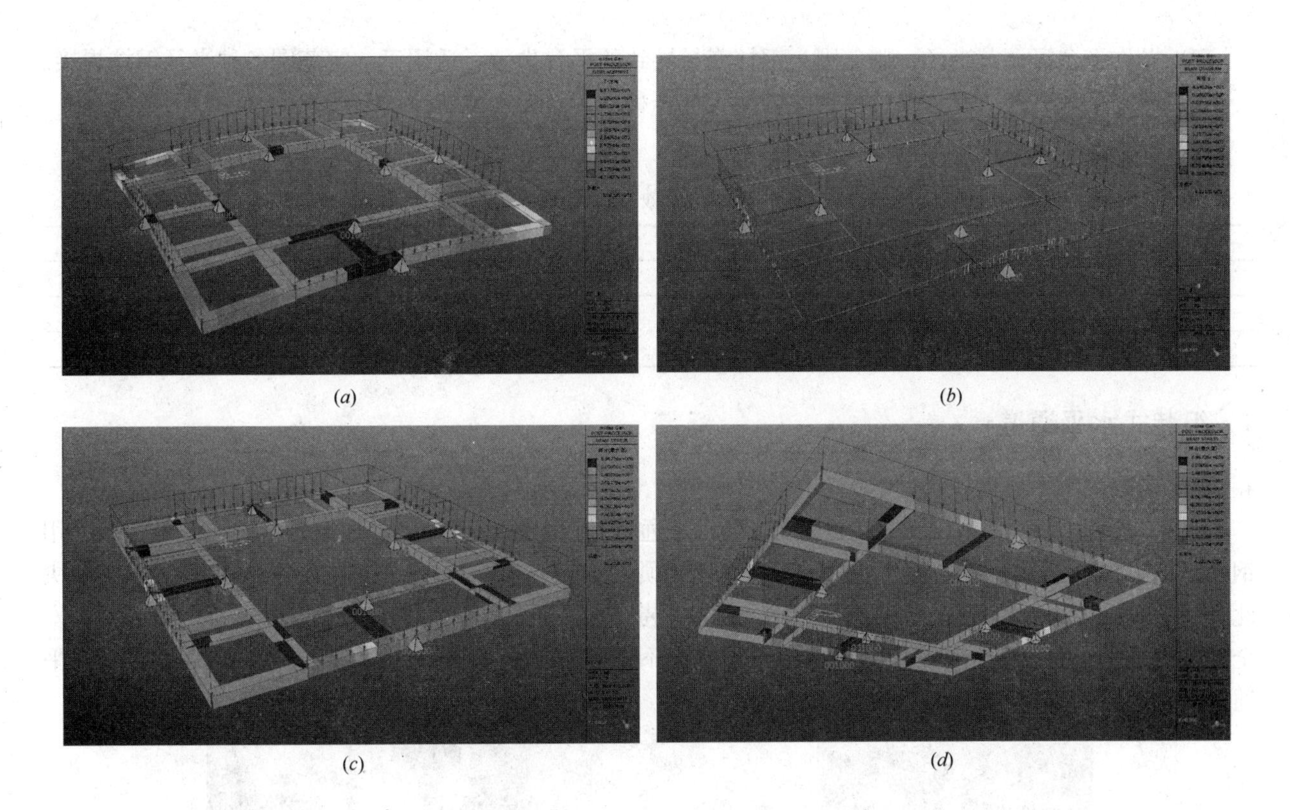

(*a*) (*b*) (*c*) (*d*)

图 6　危险工况模拟验算

（*a*）挠度云图；（*b*）结构弯矩图；（*c*）组合应力云图一（俯视图）；（*d*）组合应力云图二（仰视图）

最大组合内应力同样产生于底板中部，应力值为 122MPa。结构采用 Q235B 钢材，屈服强度为 235MPa，满足设计要求。

3.4　操作平台的安装与使用要求

（1）操作平台的安装

1）操作平台应在地面拼装完成，安装完成后检查连接螺栓是否稳固，将活动板翻板与侧面需要拆卸的护栏用铁丝绑扎牢固，防止在吊运过程中发生垮塌坠落。

2）安装吊装时使用一条溜绳，安装定位过程需缓慢进行。

3）起吊安装时，由柱顶起重工指挥操作，严禁其他人员同时使用对讲机指挥操作。

4）吊装完成后将弧形盖板围绕钢柱进行布设并固定。

（2）操作平台拆卸

1）吊装前将边门拆除，并将侧面护栏用铁丝固定牢靠于平台内部，将半弧形翻板拉起同样固定牢靠于平台内部。

2）将平台内部杂物散件清理干净，保证无活动物件。

3）检查操作平台连接螺栓是否牢固，吊耳是否出现裂纹等。

4）起吊前应缓慢起吊，避免平台与钢柱发生剧烈碰撞。

（3）操作平台维护与保养

1）平台每转运一次，必须组织安全、技术、生产等部门进行验收。

2）验收过程对操作平台的表面外观进行检查，如发现变形应及时校正。

3）操作平台表面出现剐蹭油污和锈迹及时清理，清理干净和补涂油漆。

4）禁止在操作平台内堆放连接板等较重物件，防止平台变形。

3.5　可调变径式操作平台效益分析

1）避免重复搭设临时脚手架操作平台。

2）操作平台可调节半径，避免因为钢柱变径导致的平台失效，适用于一定范围各种半径钢柱焊接。

3）拆卸吊装方便，有利于楼层钢柱之间安全转移。

4）节省人工搭设操作平台人工损耗（表2）。

操作平台效益对比表 **表2**

损耗分类	传统脚手架操作平台（个）	可调变径式操作平台（个）
人工消耗	2	1
转运耗时	1h	15min
安装耗时	3h	10min

4 组装式水平通道

4.1 当前施工水平通道现状

水平通道主要用于施工作业中施工人员的水平通行和应急撤离时的安全通道。传统水平通道多采用钢管、木方搭设，钢丝绳做两侧护栏，安装过程繁琐，防护不严密，防坠性能差（图7、图8）。为解决此类问题，在公司标准化基础之上设计新型标准组装式水平通道，此类水平通道具有安装转运方便，安全稳定性能佳、可循环利用性高；并针对异形多边不规则楼层施工面需实现闭环连通的问题，设计水平通道转角连接架有效解决此问题。

图7 传统水平通道

图8 组装式水平通道

4.2 水平通道设计构造

水平通道组件分为三部分，①护栏组件；②底板组件；③水平通道转角连接架。

根据本工程实际情况，底部面板结构采用□50×50×4的方钢和∟30×3角钢组成标准框架单元，水平支撑∟30×3间距1m设置，框架单元上表面满铺60×60×4的钢网片；两侧护栏使用□30×30×3和□20×20×2的方钢通过U形扣件连接而成，高度1.2m，立杆间距约1m；在通道两侧安全立杆底部设置踢脚板，踢脚板高200mm。

水平通道转角连接架采用[63×40×4.8的槽钢和□45×45×3的方钢，槽钢通过设计连接板相连接形成可调节张角，张角通过方钢与槽钢相连接限定，形成一个90°范围内可调节转角连接架（图9～图11）。

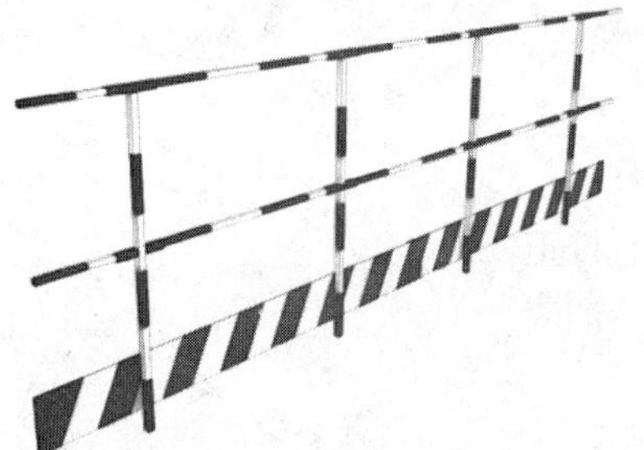

图9 护栏构造图

4.3 力学验证

此处选用典型4m拼接水平通道板底板作为主要承载结构，自重分项系数取1.4，护栏荷载模拟为线荷载（361N/m，分项系数取1.35），设计同时承受5人重量（单人按800N集），活载分项系数取1.2。

端部两端1/8位置典型竖向支撑，采用Midas模拟验算。

模型结构见图 12。设计工况组合见表 3。

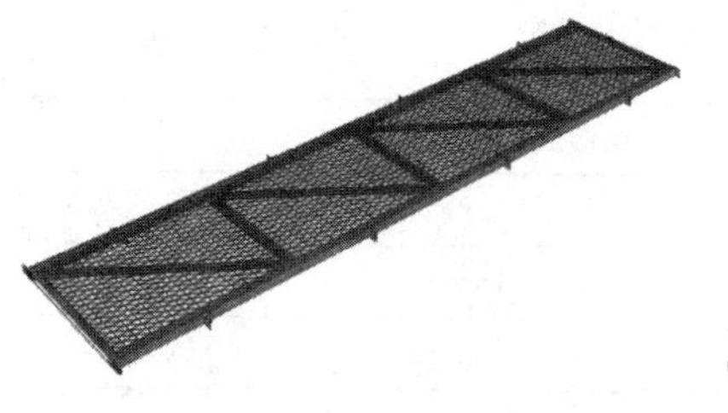

图 10　底板构造图

图 11　转角连接架构造图

图 12　水平通道承载结构体系模拟模型

设计工况组合　　**表 3**

编号	工况	激活	类型	组合说明
1	空载	激活	标准组合	1.4G+1.35D
2	满载	激活	标准组合	1.4G+1.35D+1.2L

选用最危险工况进行模拟验算，结果见图 13。

最大挠度、最大弯矩及最大应力均发生在水平通道中部，其中最大挠度值为 16mm，最大弯矩值为 957N·m，最大应力值为 101MPa（≤235MPa），满足规范及设计要求。

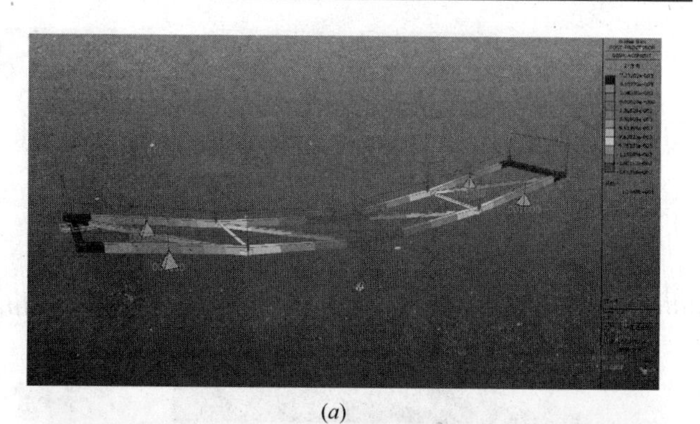

(*a*)

(*b*)

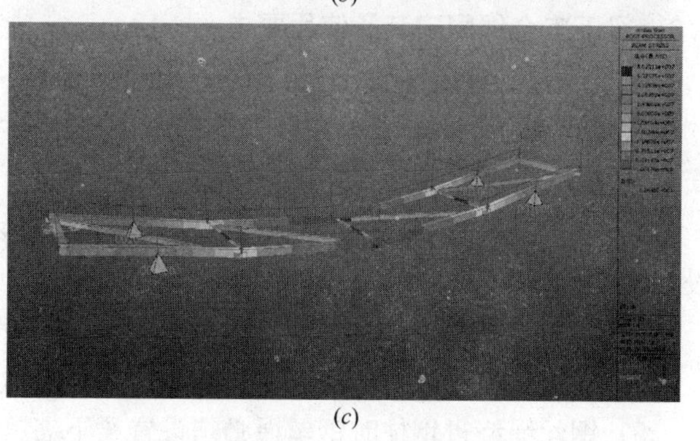

(*c*)

图 13　危险工况模拟验算

(*a*) 挠度云图；(*b*) 结构弯矩图；(*c*) 组合应力云图

4.4　水平通道安装方法及使用要求

（1）组装式水平通道安装

1）利用塔吊将已拼装成的单元吊至施工楼层铺设于钢梁表面；

2）水平通道先安装底板连成整片；

3）通过调节转角连接架，将走通连成整体后，再将螺栓拧紧；

4）安装底板完成后，再安装上部栏杆；

5）组装式水平通道铺设完成后应组织相关人员进行使用过程验收。

（2）水平通道拆卸与维护保养

1）拆卸水平通道先进行护栏拆除，然后进行底板拆除；

2）护栏拆除成片按顺序拆除，放置于预制好的钢管框架中，放置整齐，用塔吊转运；

3）底板拆除按时针顺序拆除，利用木跳板铺设临时平台配合拆除；

4）水平通道在使用过程中应定期进行维护和保养工作。

4.5　组装式水平通道效益分析

1）工厂化制作，安全质量有保证，现场组装方便，可重复利用；

2）大量节省重复的搭设临时钢管木跳板走道

的时间，节省人工损耗（表4）；

3）水平通道整体美观，安全性能好。

水平通道效益对比表 **表4**

损耗分类	传统脚手架水平通道（个）	组装式水平通道（个）
人工消耗	3	2
转运耗时	40min	15min
安装耗时	60min	20min

5 梁下安全网

水平安全网防护早期为梁上安全网，使用安全网满铺于梁上，此种防护方式优点是铺设方便，但不利于后期压型钢板铺设，铺设过程需拆除安全网，使作业人员处于零防护状态，近期钢结构大力推行梁下夹具式安全网，此种方式使用夹具较多，施工过程耗时，项目综合考虑安全性、现场施工进度、实际可操作性三方面设计制作梁下安全绳网结构（图14、图15）。

图14 早期梁上安全网实例

图15 梁下安全网实例

5.1 梁下安全绳网设计构造

梁下安全网结构组成部分分为安全平网、10mm钢丝绳、梁下夹具A、梁下夹具B、梁下夹具C以及花篮螺栓、安全扣等材料。

其中安全网采用P-3×6规格高强丝，梁下夹具A设计如图，用于钢梁核心筒侧安装，梁下夹具B用于钢框梁外侧如图，安全网筋绳与安全扣连接，安全扣扣于钢丝绳上可滑动，钢丝绳核心筒端采用花篮螺栓与梁下夹具A连接，外框梁侧采用绳卡固定于梁下夹具B上，梁下夹具C固定钢丝绳（图16）。

5.2 梁下安全绳网安装及使用要求

（1）梁下安全绳网安装

1）结合现场钢梁长度以及两根钢梁间跨度实际情况将3m×6m安全网在地面预拼接成符合要求的安全网（图17）；

2）将梁下夹具安装在梁下翼缘两端，距离端部15～20cm，夹具挂设钢丝绳内侧孔洞，外边孔洞挂设保险绳；

3）利用绳扣与安全绳结合筋绳必须绑扎在安全扣上，确保筋绳受力的有效性；

4）安全网拉设必须保持其筋绳拉直并且为作为主要受力点，确保安全网的有效性；

5）钢丝绳绕过钢柱时钢丝绳必须设置梁下夹具C，钢丝绳拉设完成后，梁下两绳间距控制在10cm以内，端头两股钢丝绳用2个安全扣连接，调整两绳间距；

6）夹具B将夹具安装在柱间框梁下翼缘上，利用绳卡将钢丝绳固定在夹具B钢筋部位；

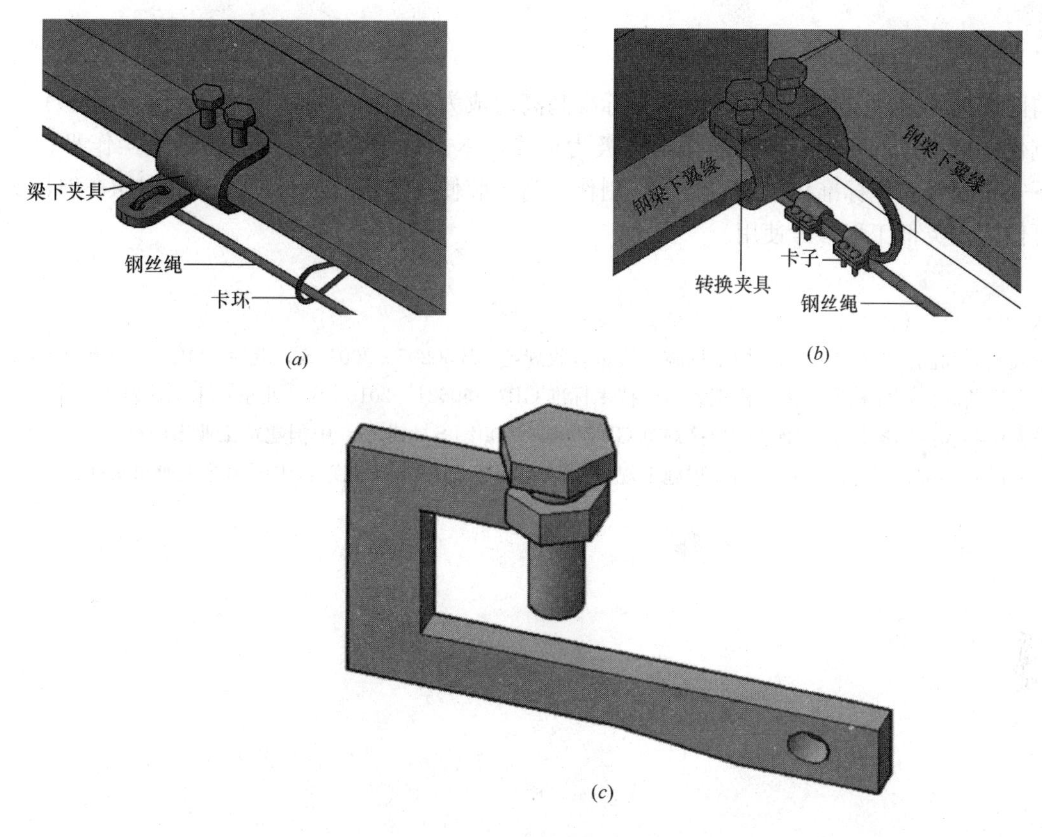

图 16　各种形式的梁下夹具

(*a*) 梁下夹具 A；(*b*) 梁下夹具 B；(*c*) 梁下夹具 C

7）安全网边角不允许留有漏洞，整体布局必须要平整美观，安全牢靠。

8）每层铺设完成的安全网需进行验收合格后方可正常使用。

（2）梁下安全绳网拆卸及维护保养

1）先拆除安全网，使用铝合金人字爬梯，必须双人配合，登高时，安全带必须挂牢靠，方可进行拆除工作；

2）钢丝绳、安全网拆除后进行整理编号，方便上一楼层使用；

3）检查安全网破损情况，小破损及时进行修补，出现破损严重应及时更换。

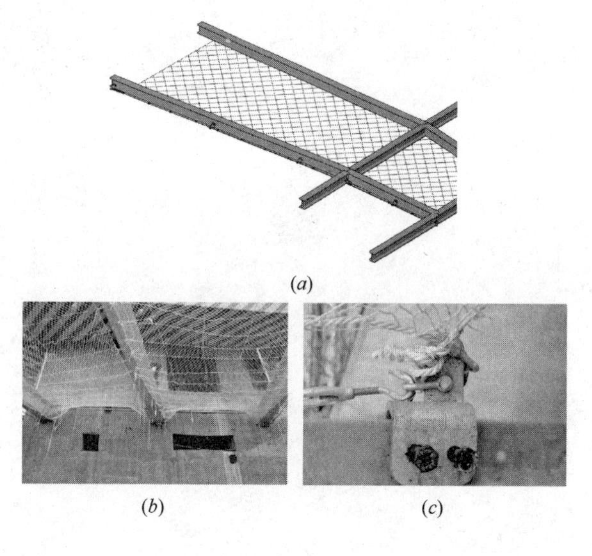

图 17　梁下安全网实例

(*a*) 梁下安全绳网效果图；(*b*) 梁下安全绳网实例图；(*c*) 夹具与绳网连接实例

5.3　梁下安全绳网效益分析

1）相对传统梁上安全网安全强度提升，同时有利于施工人员在梁上行走；

2）梁下安全网使用过程采用拉索式，节省吊运材料过程安全网的拆除与恢复时间；

3）对于存在梁上压型钢板或钢筋桁架模板的工程（本工程存在梁上钢筋桁架模板），梁下安全网方便梁上模板施工，无需预先拆除便可作业，同时提高高空作业安全性。

6 结语

当前国内钢结构建筑快速发展，尤其是标准超高层成为钢结构建筑发展的主流，成立一套有技术支持、规范化、可推广的安全防护标准化措施极为重要，本文详细介绍了标准超高层操作平台、水平通道、梁下安全网等安全标准化措施的设计、制作、与安装使用各步骤。目前以上措施均在项目实现安全使用，可供国内类似工程参考使用。

参考文献

[1] 中华人民共和国国家标准．钢结构工程施工质量验收规范 GB 50205—2001[S]. 北京：中国计划出版社，2008.

[2] 中华人民共和国国家标准．钢结构现场检测技术标准 GB/T 50621—2010 [S]. 北京：中国建筑工业出版社，2010.

[3] 中华人民共和国国家标准．钢结构焊接规范 GB 50661—2001 [S]. 北京：中国建筑工业出版社，2012.

[4] 中华人民共和国国家标准．钢结构工程施工规范 GB 50755—2012[S]. 北京：中国建筑工业出版社，2012.

武夷山东站站房网架累积提升施工技术

袁晓民，王永年，衡武浩，陈　涛，张　坤，陈振国

（中建钢构有限公司，广州　510000）

摘　要　武夷山东站站房网架施工采用“分层拼装、累积提升”的方法。首先拼装一层地面位置的网架，将其提升至二层，与二层楼板位置的网架拼接成整体，再整体提升至设计高度。此方法解决了网架结构不同标高部分的拼装支撑难题，降低了措施投入，节约了施工场地，提前插入网架拼装施工，提高了施工效率。

关键词　网架；累积提升；施工

1　工程概况

武夷山东站站房屋盖网架长 132m，宽 56m，如图 1 所示。屋盖网架采用双层焊接球节点正放四角锥网架，网格尺寸 4.8m×4.8m，最大矢高 4.5m。采用下弦支撑，共设置 24 个抗震球铰支座，屋盖支撑体系为周边钢筋混凝土柱及混凝土梁。网架下弦中心标高 18.55m，整个屋面网架用钢量约 640t。

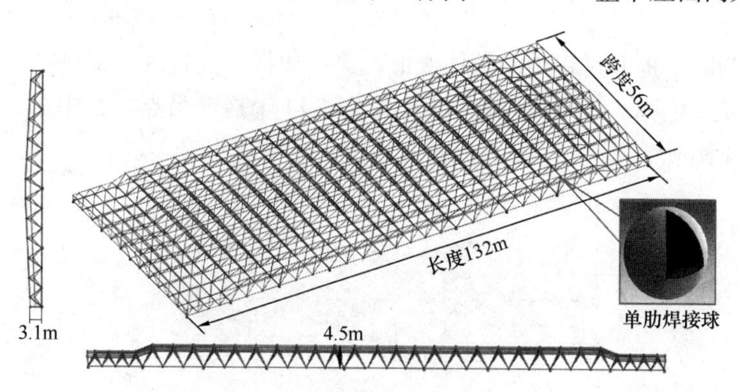

图 1　武夷山东站网架结构效果图

2　工程重难点

本网架施工重难点主要包括以下几个方面：①工程体量较大，施工工期非常紧；②网架安装面积较大，达 7600m²，跨度较大，高度高；③施工场地狭小，屋盖覆盖范围外无堆场，构件进场顺序要求高；④本工程为焊接球网架，焊接球与网架杆件焊接工作量大，安装难度较大；⑤焊接球网架在地面拼装过程中需考虑预起拱，根据设计及规范要求，网架下弦节点起拱最大值为 56mm；⑥通过对整个网架提升过程的模拟验算，部分杆件应力比过大，需在加工制作时进行更换；⑦网架采用整体提升，同步控制是重点。

3　施工方案选择

结合本工程特点，通过多方案对比分析，选用累积提升进行施工。网架分别在一层地面及二层楼板

拼装，可最大限度地合理利用有限的场地进行施工，在土建结构完成施工前，可与土建施工平行流水立体交叉，缩短整个工程工期；采用地面拼装可最大限度地减少高空吊装作业，拼装效率高，容易保证焊接质量；整体提升施工技术相对成熟，有大量类似工程经验可借鉴，提升过程中的安全性有保障；提升支架设置在混凝土结构顶部，临时设施用量小，节省措施投入。

4 累积提升施工工艺

4.1 拼装分区

候车厅 A～C 轴/7～12 轴范围内无二层楼板，该区域对应的网架为拼装单元一，二层候车厅范围内的网架为拼装单元二，拼装分区见图 2。

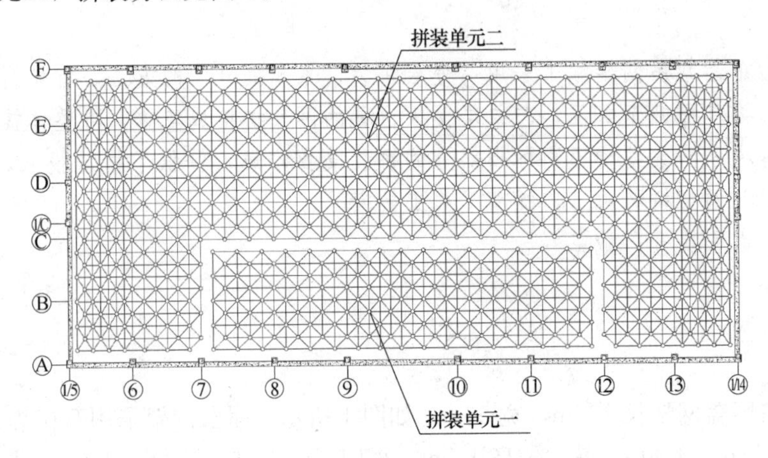

图 2 拼装单元划分

4.2 提升吊点设置

根据结构特点，为减小提升过程中的结构变形，第一次提升设置 8 个提升点，其中东、西面各设置 4 个提升吊点，吊点布置见图 3（*a*）；第二次提升共设置 14 个提升吊点，其中东、西面各 6 个，南、北面各 1 个，吊点布置见图 3（*b*）。每个提升点位置设置一台液压提升器。

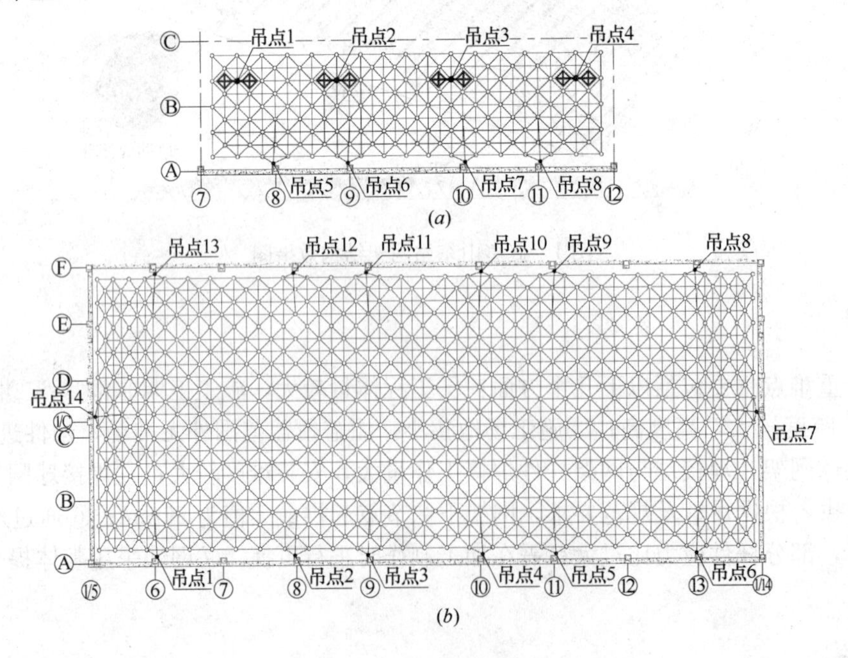

图 3 提升吊点布置

（*a*）第一次提升吊点布置；（*b*）第二次提升吊点布置

网架主受力杆件为上、下弦杆，不宜分段。第二次提升下吊点设置在下弦位置，为避免下弦杆断开，下吊点采用“箱型托梁+加固杆”的形式作为提升支撑点，根据受力计算托梁截面为“B400×325×12”，加固杆截面为“ϕ152×8”，如图4（a）所示。第一次提升下吊点1～4设置在上弦球位置，采用临时吊具与上弦球连接，如图4（b）所示。

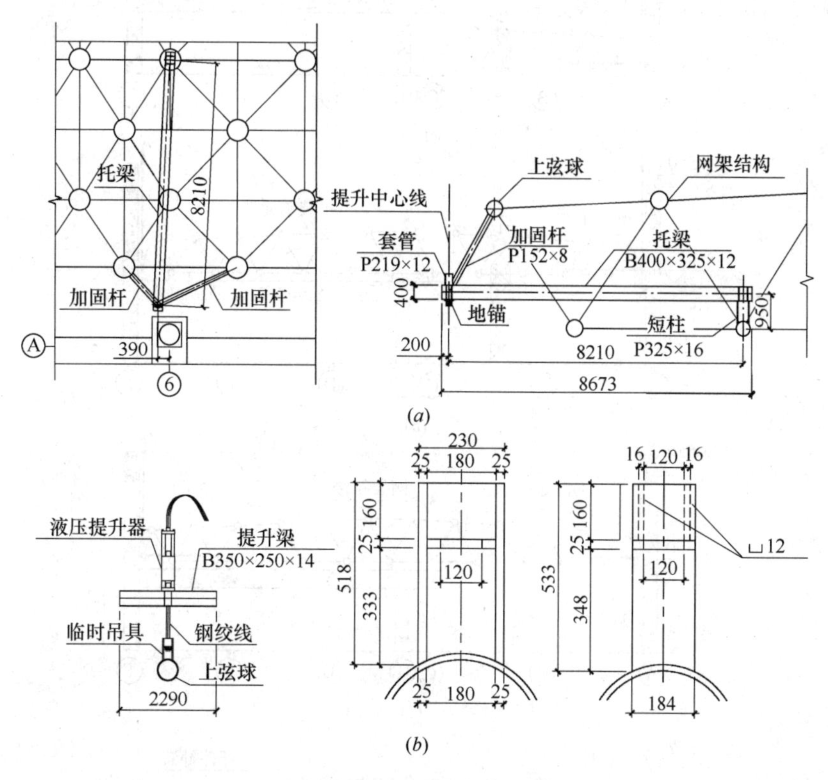

图4 提升下吊点设置

（a）下吊点托梁；（b）下吊点临时吊具

4.3 提升平台设计

提升过程中支撑体系设置直接关系到网架提升的质量和安全。本工程提升平台共分为两种形式：第一次提升的提升吊点1～4需设置胎架作为临时支撑，胎架顶端架设横梁作为提升平台，如图5（a）所示；其余提升平台设置在下部结构的混凝土柱柱顶位置，如图5（b）所示。

4.4 提升方案

本网架提升施工高度18.55m，提升分两次进行，具体步骤如下（图6）：①设置网架拼装用临时支撑胎架，网架下弦距离地面700mm，同时随土建施工进度安装提升平台，网架拼装完成后开始提升；②将拼装单元一提升8.5m，暂停提升；③将其与拼装单元二拼接成整体，将第一次提升的吊点1～4卸载，补装胎架位置杆件；④整体提升至设计位置，安装支座球及周边杆件，提升平台卸载，提升设备拆除，网架提升完毕。

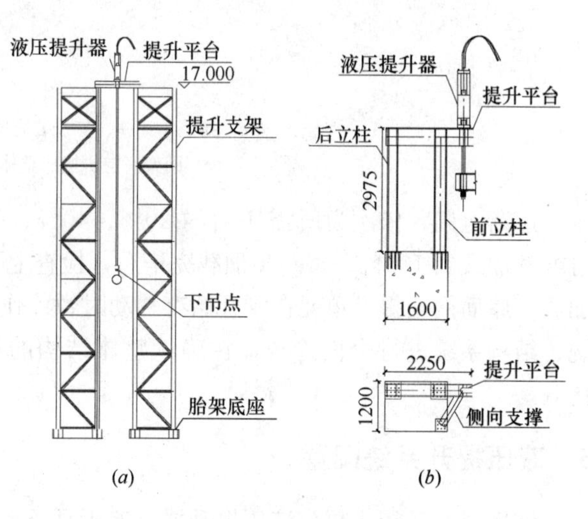

图5 提升平台设置

（a）提升平台一；（b）提升平台二

4.5 分级加载试提升

待液压系统设备检测无误后开始试提升。经计算，确定液压提升器所需的伸缸压力（考虑压力损失）和缩缸压力。开始试提升时，液压提升器伸缸

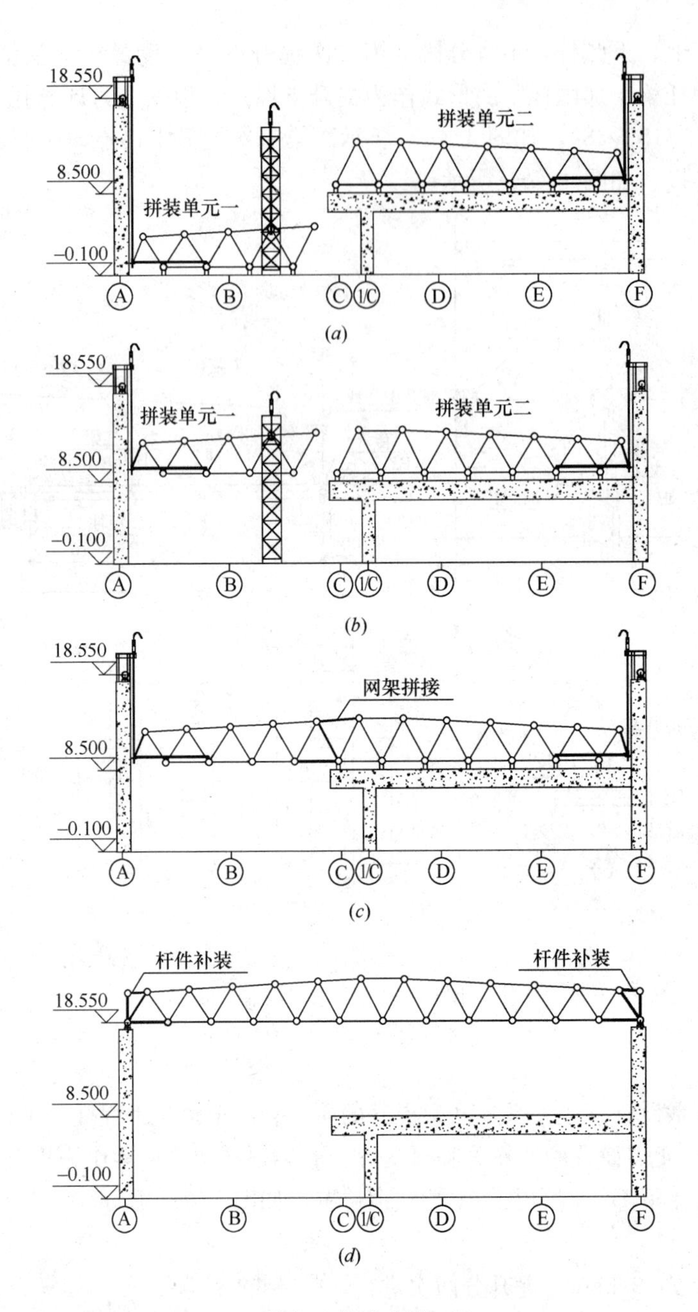

图 6 提升步骤

(a) 拼装单元一、二拼装完成；(b) 拼装单元一提升至二层；
(c) 网架高空拼接成整体；(d) 网架提升至设计位置

压力逐渐上调，依次为所需压力的 20%、40%、60%、70%、80%、90%，在一切都正常的情况下，可继续加载到 100%。每一步加载完毕后，检查上下吊点变形情况，一切正常的情况下继续下一步分级加载。屋面网架提升单元在刚开始有移动时暂停作业，保持液压设备系统压力，对液压提升器及设备系统、结构系统进行全面检查，在确认整体结构的稳定性及安全性绝无问题的情况下，才能开始正式提升。

5 液压提升系统配置

液压提升系统主要由液压提升器、液压泵源系统、计算机同步控制及传感检测系统组成。

5.1 液压提升系统布置原则

满足屋面网架提升单元各吊点的理论提升推反力的要求，尽量使每台液压设备受载均匀；尽量保证每台液压泵源系统驱动的液压设备数量相等，提高液压泵源系统的利用率；在总体控制时，要认真考虑液压同步提升系统的安全性和可靠性，降低工程风险。

5.2 液压提升器配置

本工程中屋面网架提升单元在整体提升过程中，设置 14 台液压提升器，每台液压提升器标准为配置 5 根钢绞线，额定提升能力为 75t，提升速度约为 8m/h。钢绞线作为柔性承重索具，采用高强度低松弛预应力钢绞线，抗拉强度为 1860MPa，单根直径为 17.80mm，破断拉力不小于 36t。提升吊点最大反力标准值为 614kN，单台 YS-SJ-75 型液压提升器穿 5 根钢绞线，则单根钢绞线的最小安全系数为：$5\times36\div(614\div10)=2.93>2.5$，满足使用要求。

5.3 泵源系统及计算机控制系统配置

依据提升吊点及液压提升器设置的数量，共配置 3 台 YS-PP-15 型液压泵源系统。第一次提升区域共 8 个吊点，连接 1 台泵站；第二次提升阶段，将另外增加的 10 个吊点分别连接 2 个泵站。

为保证提升过程中各提升设备均匀承受荷载，保证各吊点在提升施工过程中的同步性，提升施工过程中，配备一套 YS-CS-01 型计算机同步控制及传感检测系统。

6 结语

1）根据本工程网架面积大、施工场地狭窄的特点，采用累积提升施工技术，充分利用现场施工作业面，安全高效，比原计划工期缩短 20 天。

2）通过局部拼装与提升工艺相结合，累积提升，形成整体结构，最终完成网架整体提升。解决了不同标高部分拼装支撑问题，简化了地面拼装工序，降低了成本，提高了施工效率。

3）采用累积提升，低标高位置的网架可先插入施工，避免钢结构施工间歇，加快了施工进度，保证了整体提升施工的顺利进行，为类似工程提供了借鉴。

参考文献

[1] 中华人民共和国国家标准．钢结构工程施工规范 GB 50755—2012 [S]. 北京：中国建筑工业出版社，2012.
[2] 中华人民共和国国家标准．钢结构设计规范 GB 50017—2003 [S]. 北京：中国计划出版社，2003.

五

金属屋面系统新技术应用

一般工业厂房金属屋、墙面围护系统施工安装技术探索

郎占顺，苗泽献

（森特士兴集团股份有限公司，北京 100176）

摘 要 以营口忠旺铝业有限公司年产60万t高强度、大断面铝合金挤压型材及深加工项目厂房钢结构围护系统为案例编制，详细剖析屋墙面围护系统的施工安装要点、难点、美观要求等。

屋面围护系统：上层板为360°直立锁边带打胶镀铝锌板（WS-468），其施工生产和安装的灵活性、快速性、准确性适合大跨度自支撑式密合屋面安装体系，可以根据单坡长度制作超长尺寸的板块而不因应力影响变形。下层板选用与上层板模数匹配的板型（WS-936），在布置屋面点式采光窗时，变得灵活可靠，保证了采光窗的透光率，更为节能环保。

墙面板围护系统：外墙板采用了反面成型板（WS-806）预冲孔安装的工艺，在外侧挂设100mm保温棉的情况下，依然保证精度及美观，在台度、门、窗洞口位置采用了独特的PE＋彩板堵头形式，同时保证了墙体的密闭保温及耐久性。

排水系统：采用了我司独特的外挂超长彩板天沟及通长雨水管产品。

该项目施工质量一流，进度一流，赢得业主好评，取得良好的经济效益和社会效益。

关键词 钢结构围护；施工安装；工艺工法

1 概述

本论文以营口忠旺铝业有限公司年产60万t高强度、大断面铝合金挤压型材及深加工项目（A2厂房）钢结构围护系统为案例，该工程位于渤海辽东湾东北岸，辽宁省营口市的沿海产业基地内，属暖温带大陆性季风气候，气候温和，四季分明，但干旱、暴雨、冰雹、大风等灾害性天气时有发生。

厂房主体采H型门式钢架结构，屋面、墙面围护系统分别采用了我司独特的双层现场复合产品及先进的安装工艺，其中屋面板的加工和安装的灵活性、快速性、准确性适合大跨度自支撑式密合屋面安装体系，可根据单坡长度制作超长尺寸的板块而不因应力影响变形。同时下层板选用与上层板模数匹配的板型（WS-936），在布置与屋面配套的点式采光窗时，变得灵活可靠，保证了采光窗的透光率，同时简化了施工工艺，更为的节能和环保；外墙板在安装时采用了反面成型板预冲孔安装的工艺，在外侧挂设100mm保温棉的情况下，依然保证精度及美观。台度、山墙盖帽、门、窗洞口等位置采用了我司独特的PE堵头＋彩板堵头组合形式，同时保证了墙体的密闭保温及耐久性；附属系统包括屋面双层中空点式采光窗系统，外挂超长彩板天沟及通长雨水管的排水系统，1.0mm厚纯平镀铝锌金属板装饰造型系统。

2 设计概况

该厂房建筑面积57600m²，长度600m，跨度96m，柱距9m，檐口高度16.400m，根据厂房伸缩缝

位置分为一、二、三区。

2.1 屋面围护系统节点

屋面系统的结构层次从下往上依次为：屋面檩条（Z 型）＋底板（WS-936）＋次檩条（Z 型）＋玻璃丝棉（厚 150mm）＋上层板（360°直立锁边带打胶镀铝锌板 WS-468）。见图 1，图 2。

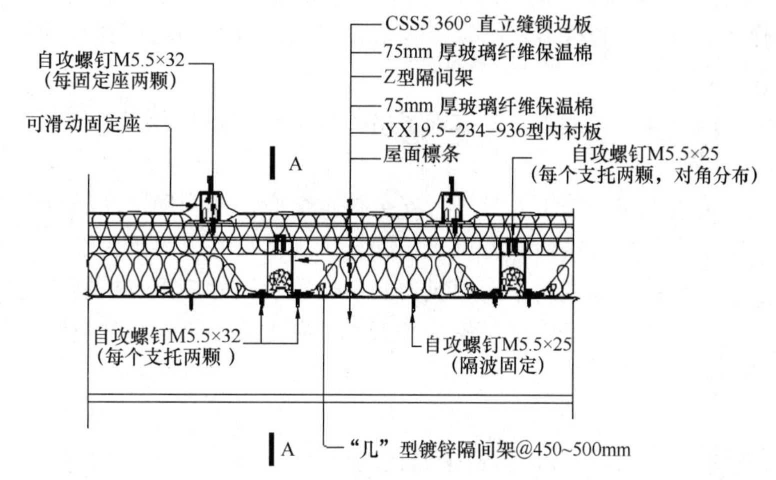

图 1　屋面构造横向剖面图

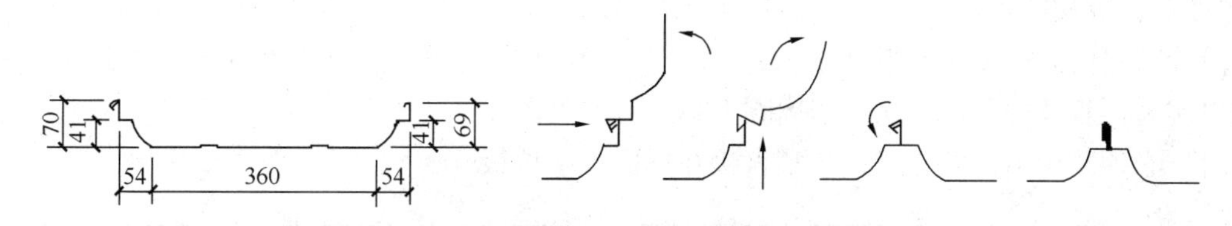

图 2　CSS-5 屋面外板组装步骤示意图

2.2 墙面围护系统节点

墙面系统的结构层次从下往上依次为：墙面围护系统采用内墙板（WS-900）＋玻璃丝棉（厚 50mm）＋墙面檩条（Z 型、C 型）＋玻璃丝棉（厚 100mm）＋外墙板（WS-806）的形式。

2.3 屋、墙面附属系统节点

包括屋面点式采光窗系统，天沟及雨水管的排水系统，纯平镀铝锌金属板装饰造型系统。见图 3。

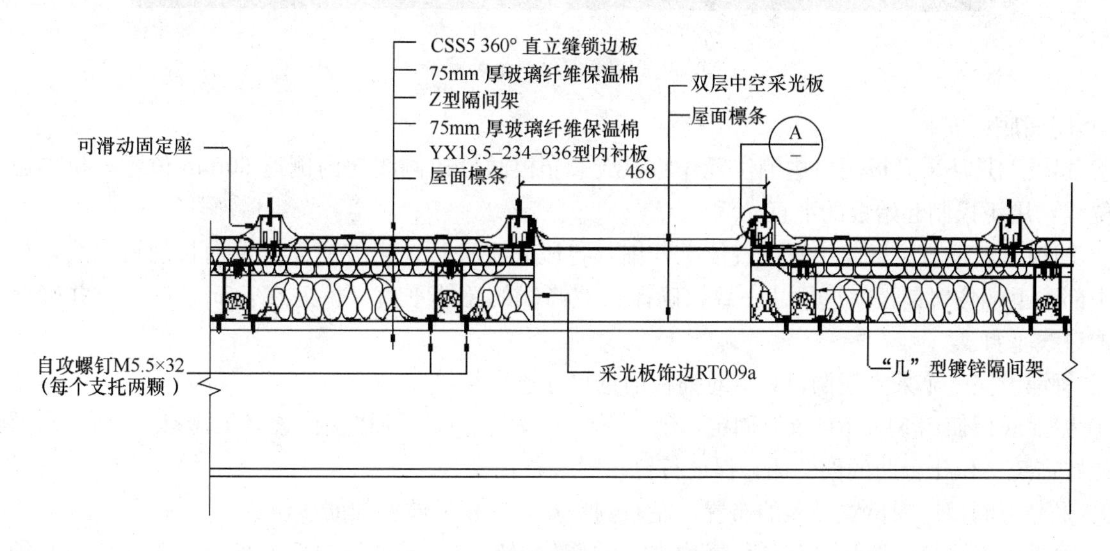

图 3　屋面双层采光板纵向剖面图

3 施工安装工艺

3.1 WS-936 屋面底板安装

(1) 施工前的准备

1) 根据设计院确认的报审图和板型，结合点式采光窗的位置及现场檩托板间距复测数据确定出整板和异形板的规格长度和数量。

2) 为便于现场的就位及安装，分区、分段确定出各规格板的打包数量，并根据施工进度计划，确定出材料的生产和进场计划。

3) 安装前项目技术负责人组织施工人员进行安全技术交底，并明确屋面底板安装标准和控制重点。

4) 进场的材料均需检查验收合格后，方可进场卸车，规格尺寸以料单为准。

5) 复测屋面檩条整体平面度及复测屋面通风器洞口位置及尺寸，重点控制通道檩条的平直度。

6) 复查以下部位：屋面拉、压条、檩条螺栓、隅撑等有无遗漏；焊接部位防腐是否完成。

(2) WS-936 屋面底板安装工艺

1) 测量放线

依据屋面外板布置图，拉钢盘尺放出每道采光板洞口（468mm 有效尺寸）位置，并用记号笔标注。并进行二次复核，防止出现错误。

2) 屋面底板等材料就位

分区段计算出所需的屋面底板（以下料时的包数为单位）的数量，吊装到位，可通过预留屋面檩条的吊装洞口实现，若场地允许，从厂房周圈上料为宜。见图 4。

转板时，必须采用抬板的方式，严禁直接在屋面板上拉板。

图 4 WS-936 材料吊装就位

3) 屋面底板安装

① 起板，是从采光板洞口边侧位置开始，从采光板洞口边侧线向内侧返 60mm 位置，拉出通长钢丝定位线，用于控制起始板的平直。

② 铺板时由檐口位置向中脊位置依次开铺，各段同步进行，半坡屋面拉设通长的钢丝线，控制下端、中部、上端位置铺板前进尺寸一致，确保板波峰线的总体平直（偏差在 5mm 以内），并确保与中脊及檐口线垂直。

③ 每铺设完一个采光板洞口，需对铺板前进尺寸进行复尺。

④ 屋面底板使用 M5.5 自攻钉固定，上、下两端及左、右侧的搭接位置必须满打，中间位置跳打，打钉位置需统一位于板肋的同一侧，保证打钉在同一条直线上。

⑤ 采光板洞口周围位置马凳的布置，左右侧是安装在相邻波谷加筋线位置。

⑥ 除采光板洞口位置外，其他位置均需齐波峰位置安装，保证纵向在一条线。横向位置必须通过拉线或弹线，保证横向在一条直线上。

⑦ 采光板洞口安全网布设，采光板洞口两端位置及中间隔一道檩条位置设置一对安全网挂件；挂件之间位置@400mm 使用尼龙扎带与屋面底板侧连接，保证安全网伸展平直；安全网挂架固定于采光板洞口内侧，以不影响洞口收边安装为宜。

⑧ 屋面底板清理，屋面底板及马凳打钉过程中，产生的大量铁屑，使用鼓风机及时清理，分区段施工完毕后，及时工完场清。

（3）WS-936 屋面底板安全文明及成品保护措施

1）施工作业人员必须按要求走上屋面通道。

2）屋面底板安装作业区域内，必须按要求拉设足够的（横向、纵向）生命线，并正确系挂，临边位置需通长拉设生命线，打板人员需设置加长（3～5m）生命线，运板人员需铺设安全走道板，进行安全重点管理。

3）施工区域内的安全网要求及时按交底内容布置，并需设置足够的警示标志、标识，地面下侧位置需警戒，所有工具需打孔系绳，防止坠落。

4）屋面底板大面积施工前必须做样板段，完成后需立即报于项目部项目技术负责人，通知相关单位共同验收。

5）防止屋面集中堆放材料，避免二次污染及破坏。

6）雨期施工期间必须采取防风措施，必须及时固定，必须进行避雨存放，不得出现浸水现象。

7）现场的材料整齐放置，必须做到工完场清。

3.2 CSS5 屋面上层板安装工艺

（1）CSS5 屋面上层板现场生产

1）依据公司深化报审图（经设计院确认版）进行下料，下料尺寸现场复测，确定下料单后，作出 CSS5 板下料编号图。

2）规划现场出板区，平整场地，并根据各出板区的生产量（长度计），确定卸放钢卷的数量。

3）机台就位及调试。

4）屋面板的生产及注意事项：①板型尺寸（公、母扣及板的有效宽度）复核，板长复核；②结合现场需求，制定板的生产顺序；③长板、短板配套出，合理使用钢卷。

5）屋面板分层放置，垫放木方，每层控制在 20～25 片（选用吊车的参数确定），板两头位置用铁丝捆绑牢固。

（2）CSS5 屋面上层板轨道铺设

1）屋面底板安装完毕，底板伸缩缝内收边安装完成（在檩条位置搭接），平均隔两道檩条安装一道完善的马凳及隔件架作为屋面上层板的转运轨道，重点控制平直度。

2）轨道接口位置的处理：增加马凳，平齐对接。

（3）CSS5 屋面上层板吊装（图 5）

图 5　CSS5 板吊装

1）吊杆、吊带、卡具提前准备齐全，并满足安全要求。

2）吊车就位，吊装区域警戒，吊装前先进行试吊。

3）屋面板吊装注意事项：吊杆两端头悬挑板长不超过 3m；按照由内向外的位置顺序进行吊装。

（4）CSS5 屋面上层板屋面转运、就位

1）使用 CSS5 板小车转运，转板时，工人走檩条处，屋面底板波谷位。

2）屋面板两端头及中间位置，使用铁丝或钢丝绳捆绑固定。

（5）采光窗洞口收边安装

1）保证屋面板转运到位的前提下，方可安排采光板洞口收边的安装。先拆除过采光板洞口位置轨道，收边安装在采光板 468mm 洞口两侧定位线内侧位置，单坡通长拉线，保证平直。

2）洞口防护措施，两端头位置安全网挂件，移至隔件架上侧。

（6）保温棉及次檩条的安装

1）次檩条提前分料，保温棉吊装就位。

2）采光板洞口收边安装后，开始满铺第一层保温棉；然后进行次檩条安装，保证两端头距洞口收边尺寸相同；最后满铺第二层保温棉，与第一层错缝搭接。

（7）CSS5 上层板安装（横线复尺，纵向拉线原则）

1）铺板前工作，檐口位置次檩条上通长粘贴止水胶带后铺板，并拉线控制平直。

2）从采光板洞口侧位置起板，纵向拉通线，控制起板平直度（可在 468mm 洞口定位线内侧 50mm 位置）。

3）每块板在固定座安装前，需横向复尺，及对两个端头及中间至少 5 处进行复尺，偏差不得大于 5mm；纵向拉线及对公肋通长位置上的固定座外边缘拉线（468mm 公肋线外出 20mm），保证固定座安装在同一条线上，同时需保证固定座的平直。

（8）CSS5 上层板双层中脊系统

1）中脊背衬板及内堵头安装。

2）中脊保温棉及内盖板安装。

3）中脊外堵头安装。

4）中脊外盖板安装（与内盖板错缝搭接）。

（9）CSS5 上层板屋面中脊通风器泛水件安装

通风器泛水内堵头及背衬板。

（10）CSS5 屋面上层板锁口

1）施工前准备工作，及时保养机器。

2）特殊位置如檐口和其他端部位置机器自身无法全部咬合到位，会在端部留下一段无法咬合，因此需要做两个轨道探出端部位置使机器能从一端的端头开始咬合，这样就可以避免端头位置无法咬合的情况。

3）要求咬过的边连续、平整，不能出现扭曲和裂口。在锁边机咬合过程中，其前方 1m 范围搭接边需接合紧密。

3.3 WS-806 外墙板安装工艺

（1）WS-806 外墙板安装工艺流程

台度标高测量及控制线弹设→墙面檩条平整度复测→台度衬件、收边及窗上（门上）收边安装→保温棉铺设→806 墙面板铺设→窗下、窗侧附件及收边安装。

（2）WS-806 外墙板安装技术

1）台度标高测量及控制线弹设，从土建或钢构单位已有标高点用水准仪引测台度标高基准点，每个柱距处标测一点，用墨线将各标记点连接成基准线，水平标高必须以同一个基准点进行引测，以减少

厂房四周台度标高基准线的测量误差及确保台度收边整体的交圈。

2）墙面檩条平整度复测，在最顶端、最低端檩条处分别拉设纵向钢丝线（可用小法兰进行绷紧）；顶底钢丝之间拉设可滑动竖向钢丝线；逐个测量并记录每道檩条与竖向钢丝线的尺寸，测量偏差大的部位要求钢构对垂直度进行调整，小的部位可用檩条的椭圆孔或电钻扩孔进行微调。

3）窗上（门上）收边安装。

① 收边安装前应用比檩距长 1cm 的木方将墙面檩条撑平。

② 收边安装前两端应在地面剪好 45°角，滴水檐处用 6mm 钻头@500mm 钻好滴水孔。

③ 搭接处应先安装好导水板（长度≥250mm）；打两道暗胶。

4）保温棉安装。

① 保温棉的实际裁切长度比竖向理论长度大 10cm，裁切时应用木板或现场废板垫好，禁止直接放在地面或不平整面上，以免损坏铝箔贴面。

③ 第一卷保温棉安装应测量垂直度，每一跨需复测，出现偏差应进行调整。

④ 每道檩条保温棉应粘贴通长双面胶带，将 5cm 搭接铝箔抹平粘贴好。

⑤ 保温棉对接应紧密，窗上、窗下、窗侧檩条（或方管），安装墙面板前需填充保温棉。

5）WS-806 外墙板安装。

① 同一规格长度板每 5～6 片一叠就位，起始端头每片板必须完全对齐。

② 板就位后应实测每道檩距，根据实测数据在板上用铅笔画好钉位线，根据钉位线用 6mm 钻头进行预冲孔；铁屑应在将板提起拍打后用抹布轻轻擦拭，以免损伤烤漆。

③ 在公扣处距板上端 0.5m 处用 8mm 钻头预冲挂钩孔，提升前用硬纸套套在板上端头以防已安装好板的烤漆被划伤。

④ 将台度衬垫收边及 3mm 衬垫板垫在台度收边上，以防板自重下压导致台度收边平直度出现问题，板提升前 PE 堵头用双面胶带粘贴好（注意窗上拐角处）。

⑤ 第一片板起始安装必须用经纬仪对垂直度严格校核。

⑥ 安装时要求作业人员自攻枪应垂直，板初步固定后用 2m 靠尺横向、斜向进行平整度复测，对于平整度不满足要求的，需将自攻钉退出后进行调平，再次在原有孔处打钉固定。见图 6。

图 6　WS-806 板调平

⑦ 每片板安装可用鱼丝线及小卡钩上下端固定绷紧后根据板肋线控制垂直度。

⑧ 每块板安装完成后需将掉落在收边上的铁屑用小毛刷清扫干净，以防锈蚀破坏烤漆，板面用抹布擦拭干净。

6）窗下、窗侧附件及收边安装。

① 堵头安装前，先用靠尺对平整度进行复核并调整；然后在板面上用铅笔画出水平安装位置控制线；安装完成后进行U形衬件的安装，缝合钉（拉铆钉）应等距布置；需确保收边与板平面平直。

② 窗侧收边安装前应先粘贴通长止水胶带，U形衬件应与窗上、下收边边侧平齐并保持垂直。

③ 窗下及窗侧收边与U形衬件的拉铆固定应根据收边长度进行等距布置。

④ 窗侧收边安装前的剪口方式如下图；采用上插窗上收边（窗侧收边抹胶）、下套窗下收边（窗下抹胶）进行结构式防水安装，收边搭接处必须打两道暗胶，挤紧无缝隙后拉铆钉等距拉铆，并将挤出的胶用抹布清理干净。

3.4 WS-900 内墙板安装工艺

（1）WS-900 内墙板安装工艺流程

台度标高测量及控制线弹设→墙面檩条调平→台度及窗下收边安装→保温棉铺设→900 墙面板铺设→窗上、高窗窗下、窗侧附件及收边安装。

（2）WS-900 内墙板安装技术

1）台度标高测量及控制线弹设，从土建或钢构单位已有标高点用水准仪引测台度标高基准点，每个柱两侧各标测一点，并用墨线将各标记点逐跨连接成基准线。需要注意：水平标高必须以同一个基准点进行引测，以减少厂房四周台度标高基准线的测量误差，交圈无误。

2）墙面檩条平直度局部调整：在两相邻钢柱对应标高檩托板处拉设水平钢丝线（用紧线器拉紧），对檩条室内一侧翼缘有局部下挠情况，参照钢丝线用木方调整檩条至水平。

3）台度收边及窗下收边安装，在台度收边安装前，测量好窗下收边端头到钢柱翼缘的间距，确定台度收边长度尺寸，靠近钢柱翼缘端裁剪 90°折边，用弹设好的标高基准墨线控制台度收边及窗下收边标高，收边对接位置底端用拉铆钉拉结紧密，搭接长度 5～6cm 为宜。

4）保温棉安装：

① 保温棉的实际裁切长度比竖向理论长度大 5cm 即可，裁切时应用木板或现场废板垫好，禁止直接放在地面或不平整面上，以免损坏铝箔贴面，并在垫板上标注保温棉裁剪尺寸，提高效率。

② 第一卷保温棉安装应测量垂直度，及时复测，出现偏差应进行调整。

③ 保温棉对接位置应确保对接缝严密，内外墙保温棉对接缝应错开设置。

5）WS-900 内墙板安装：

① 同一规格长度板每 5～6 片一叠就位，起始端头每片板必须完全对齐。

② 板就位后应实测每道檩距，根据实测数据在板上用铅笔画好钉位线，根据钉位线用 6mm 钻头进行预冲孔；铁屑应在板安装前用抹布轻轻擦拭，以免损伤烤漆。

③ 板端头处用 8mm 钻头预冲挂钩孔，提升前用硬纸套套在板上端头以防已安装好板的烤漆被划伤。

④ 内墙板安装前，首先将台度垫板垫在台度收边上，以保护台度收边并能保证内墙板起始标高一致。

⑤ 打钉时要求作业人员手电钻垂直板面，板初步固定后平整度复测，采用调节自攻钉松紧程度的方法进行调校。

⑥ 每跨起始第一张板安装必须用经纬仪严格控制垂直度，至多 5 片需要用经纬仪进行校核，内墙板与钢柱位置不留缝隙。

⑦ 遇到门窗洞口位置，使用电剪刀进行裁剪。

6）窗上、窗侧附件及收边安装：

① 窗上收边安装前，首先用靠尺对墙面板的平整度再次进行复核调整；缝合钉（拉铆钉）应等距布置（间隔两个波峰为宜），需确保收边与墙面板波峰不存在缝隙，并保证收边的平直度。

② 窗侧收边安装 U 形衬件外立面应与内板波峰面平齐，并保持垂直。

③ 窗侧收边与U形衬件的拉铆固定应根据收边长度进行等距布置。

3.5 双层中空点式采光窗安装工艺

（1）双层中空点式采光窗安装工艺流程

采光窗收边安装→采光窗整体拼接→采光窗位置铺棉→采光窗整体安装。

（2）双层中空点式采光窗安装技术

1）采光窗收边安装

① 安装屋面板前把采光窗洞口收边预先安装上，根据屋面底板采光窗洞口预留尺寸定位采光窗侧收边位置。

② 屋面板安装后，先安装采光窗两端头收边，可先测量采光窗洞口预留尺寸，如有偏差及时调整，在檩条上画点控制收边内径尺寸。

③ 采光窗收边平直度的控制，用挂线和钢靠尺的方法。

2）采光窗整体拼接

① 拼接流程：

材料就位→上、下面清理干净→钻孔→安装接口背衬板→搭接处粘贴丁基胶带→背衬板螺栓孔处涂抹密封西卡胶→安装上板→安装压板→止退螺母紧固。

② 采光板与屋面板按照相应位置就位，在屋面板波峰处横向放置1m的木方作为拼接平台。

③ 采光板上、下面清理，采光板在拼接前要先翻过来背面向上，用抹布擦拭一遍。

④ 采光板钻孔，首先用大力钳卡住两边直角处，使其没有缝隙为标准，对准预冲孔位置，钻头大小需合适，钻完孔后要把产生的碎末清理干净。

⑤ 安装接口背衬板，检查一下背衬板螺栓有无松动的状况，如果有则禁止使用。

⑥ 粘贴丁基胶带，在背衬板螺栓两侧各粘贴一道丁基胶带，位置紧贴背衬板螺杆，粘贴到直角位置或者有角度的位置时要把丁基胶带翻过来压实后再粘，保证紧密粘贴。

⑦ 打西卡胶，在背衬板螺栓位置涂抹西卡胶，不要过多，覆盖住螺杆边缘即可。

⑧ 上板安装，上板套进螺杆后，要在两侧直角处从新卡住大力钳，防止紧固后接口直角处产生缝隙，大力钳卡住后在上板螺杆边缘处再次涂抹西卡密封胶。

⑨ 压条安装，安装时如果预留孔和螺杆位置有偏差严禁敲击螺杆，要缓慢用力套进螺杆内，然后用力下压即可。

⑩ 止退螺母的紧固，尽量使用快速内六角扳手，避免使用开口扳手，可以大大增加工效，紧固止退螺母的顺序：先把两边止退螺母同时紧固，再紧固中间两个止退螺母。紧固结束后要把中间粘贴的丁基胶带挤压到位。见图7。

图7　止退螺母安装

3）采光窗位置保温棉安装

① 铺棉前把铺棉位置垃圾清理干净，着重注意把铁质物清理出来。

② 保温棉安装，各个缝隙需铺设到位。

4）采光板整体安装

① 通长采光板抬运过程中要在每一个接口处站人手扶，在行走中要保持步伐一致，以免在抬运过程中出现折板或者接口开缝。

② 采光窗的母扣与屋面板的公扣要先扣合紧密，地面上使用对讲机与屋面施工人员沟通，如有采光窗与收边接触的地方弯曲或者有缝隙及时处理。

③ 采光窗公扣安装固定座，先确认一下收边和采光窗的位置是否正确，确认后再打固定座。

④ 采光窗公母扣锁边，清理施工作业面。

3.6 超长外挂彩板天沟安装工艺

（1）超长外挂彩板天沟安装工艺流程

天沟生产→天沟内衬件安装→放线（檐口堵头位置与集水盒位置）→撑杆安装→丁基胶带与堵头安装→集水盒安装→天沟及吊带安装。

（2）超长外挂彩板天沟安装技术

1）天沟的生产，根据轴线距离确定天沟长度，进行现场生产，并整齐放置。

2）天沟内衬件安装，本工程内衬选用L30×30×2镀锌折弯件，单根长度3m，使用拉铆钉连接固定，需要注意的是拉铆钉位置与吊带位置错开，天沟两侧背衬件接口错开设置。

3）放线，安装橡胶堵头、天沟撑杆、集水盒前，需在天沟上按照现场实际尺寸进行放线。

① 把天沟扣放在距檐口2m（安全距离）左右的屋面板波峰上，与檐口平行，按照实际波峰的距离使用拐尺和铅笔把撑杆和堵头的中心线画在天沟上，排尺前需要考虑起始端头和搭接长度等问题，积水盒的中心线也要画在天沟上，集水盒的中心线是从墙面距离钢柱中同侧最近的波谷处反到屋面的线（集水盒位置一定要错开雨篷、附房边缘）。

② 由于分段天沟的截面相同，所以接口处要进行剪口处理（搭接100mm）。

③ 集水盒的剪口线需用积水盒当模具，把集水盒的中线对上集水盒在天沟上的中线，分别在内外用铅笔画上形状线条。

④ 放完线后，把天沟翻面，用钢板尺把线返到上部两侧边缘处。

4）天沟撑杆的安装，天沟外侧支撑处打钉，把撑杆按照线居中放置，然后使用合适的木方顶住撑杆下侧，使用自攻钉固定。

5）丁基胶带与堵头安装：天沟内侧粘贴通长丁基胶带。

3.7 通长彩板雨水管安装工艺

通长彩板雨水管安装工艺流程：

45°弯头连接制作→弯头与落水管连接→雨水管卡箍制作与安装→通长落水管的整体安装→落水管与集水盒连接→落水管与下侧弯头的连接。

3.8 纯平镀铝锌金属板装饰造型系统

（1）工艺流程

胎架制作→装饰骨架预制→装饰骨架安装→造型板安装。

（2）纯平镀铝锌金属板装饰造型安装技术

胎架制作作为前期准备最重要的一个环节，直接影响装饰骨架的尺寸以及造型板安装后的观感质量，尺寸需要进行严格的复测。

4 工程效果展示（图8）

图8 墙面外板及造型总体效果

5 结束语

本工程采用了由我司提供的国内、外技术先进、成熟的CSS5直立锁缝屋面系统，该系统屋面底板（WS-936）、CSS5（WS-468）、双层中空采光板的板型匹配，通过施工过程中的严格定位放线，可达到屋面预留点式采光洞口的效果，扭转了行业中以往的大量后切割洞口的局面。屋面中脊及通风器泛水采用了我司先进的双层高强收边系统，极大的提高了防水性能。墙面板预冲孔工艺的使用，消弱了打钉过程中板面的集中应力，在挂有100mm厚保温棉的情况下，依然保证了墙面整体的平整度。门、窗洞口收边采用了PE+彩板双堵头形式，大大提高了厂房的密闭性及耐久性。超长外挂天沟及通长落水管的安装使用，减少现场接口数量，降低漏水隐患。

对于在该厂房围护系统施工中的一系列的探索和创新，都为我司在今后类似工程积累了丰富的施工经验，在为公司追求经济价值的同时也为社会提供了更高品质的服务，创造出更多价值。

福州海峡国际会展中心超长扇形金属屋面系统施工关键技术

王永梅，何鹏飞，屠齐华

（浙江东南网架股份有限公司，杭州　311209）

摘　要　针对福州海峡国际会展中心金属屋面系统的面积大、超长扇形的施工难度，本文详细介绍了屋面施工顺序、超长扇形板搭接技术、二次防水设计及施工技术、金属屋面板浮动式出屋面洞口节点设计等关键技术。实践证明，通过该系列技术措施，保证了工程质量和施工安全，并为此类屋面工程设计及施工提供技术参考。

关键词　超长扇形板搭接技术；二次防水设计及施工；金属屋面板浮动式出屋面洞口节点

1　前言

目前，我国已经建成了一大批高铁站房、机场、体育场馆、会展中心等标志性钢结构建筑，该类结构大多采用金属屋面。金属板材的种类很多，有镀铝锌板、铝镁合金板、钛合金板、铜板、不锈钢板等。由于材质及涂层质量的不同，有的板寿命可达 60 年以上。但随着大量金属屋面的投入使用，也暴露了一些问题，如屋面漏水、锈蚀、屋面板被风吹掉等，这不仅影响了建筑物的正常使用，也给业主带来了很大损失，同时对设计、施工方也造成了相应的损失。为此屋面板的设计与施工必须引起大家的高度重视。

福州海峡国际会展中心屋面工程于 2010 年 5 月 18 日竣工投入使用，经过 5 年多的考验，整个屋面未出现渗漏现象，防水质量达到了设计要求的屋面Ⅰ级防水要求。本文结合该工程的屋面系统设计及施工技术，重点叙述超长扇形金属屋面系统施工关键技术，为类似屋面工程设计及施工提供技术参考。

2　工程概况

福州海峡国际会展中心（图 1）位于福州市仓山区，北邻闽江，南临福州火车南站，是目前国内最大单体会展中心之一，也是亚洲第二大会展中心。该会展中心由会议中心和两个展馆组成，占地 2000 多亩，总建筑面积约 38 万 m^2，其中地上 23 万 m^2，地下 15 万 m^2，是福州金山展览城的 10 倍大，其建筑规模处于全国前列。整个福州海峡国际会展中心将着重举办一些大型的、专业性的展会等，为海峡两岸经济发展作出贡献。展览厅屋面呈椭圆形，长 468m，宽 130m。结构采用钢管桁架主次梁结构，屋面采用 S65 铝镁锰合金直立锁边屋面体系，展厅两侧的综合服务楼和登陆厅上部为发散型圆弧屋面，整个金属屋面使用多段从 2m 到 20m 的长度不等的屋面板拼接而成，搭接部位容易出现渗漏现象。

图 1　福州海峡国际会展中心

福州属典型的亚热带季风气候，雨量充沛，霜少无雪，夏长冬短，极端气温最高 42.3℃，最低－2.5℃，2013 年福州成为四大火炉之首。年相对湿度约 77%。常出现热岛效应，又福州为盆地地形，夏季中午气温高达36℃以上。主导风向为东北风，夏季以偏南风为主。7～9月天气炎热，是台风活动集中期，每年平均台风直接登陆市境有2次。因此，尤其在夏季台风活动集中期及多雨季节，对屋面系统的抗风、防水、排水都提出了较高的要求。

3 超长扇形金属屋面系统施工难点

本工程主展厅两侧的综合服务楼和登陆厅上部为发散型圆弧屋面，整个金属屋面使用多段从2～20m的长度不等的屋面板拼接而成，扇形屋面的搭接节点设计是施工质量好坏的关键；防水屋面包括H1展厅区19.90m标高到屋顶区域，双层防水屋面若二次防水做法处理不当，很容易导致屋面板破坏，渗漏；该工程出屋面洞口不是设置在屋面屋脊处，而是设置在屋面中部，若出屋面洞口节点处理不好必然带来屋面板撕裂、漏水等一系列问题。因此有必要对该超长扇形金属屋面系统进行一系列施工关键技术研究。

4 超长扇形金属屋面系统施工关键技术

4.1 屋面施工顺序

工地现场屋面板施工采用“檐口搭设高空平台、集装箱式压型板机吊装至高空平台，采用高空压制出板，人工水平搬运”的方式进行安装，见图2。即在屋面长轴方向的左侧中央位置设置长15m，宽4.5m，高度到达檐口高度的钢施工平台，将装有屋面板压制设备的24尺的标准集装箱安置在施工平台上进行面板加工。并通过人工搬运的方式将屋面板运输至安装位置，该种施工方案大大降低了对施工场地的要求，将原来地面的加工、制作搬到高空进行，也降低了对运输器材的要求。

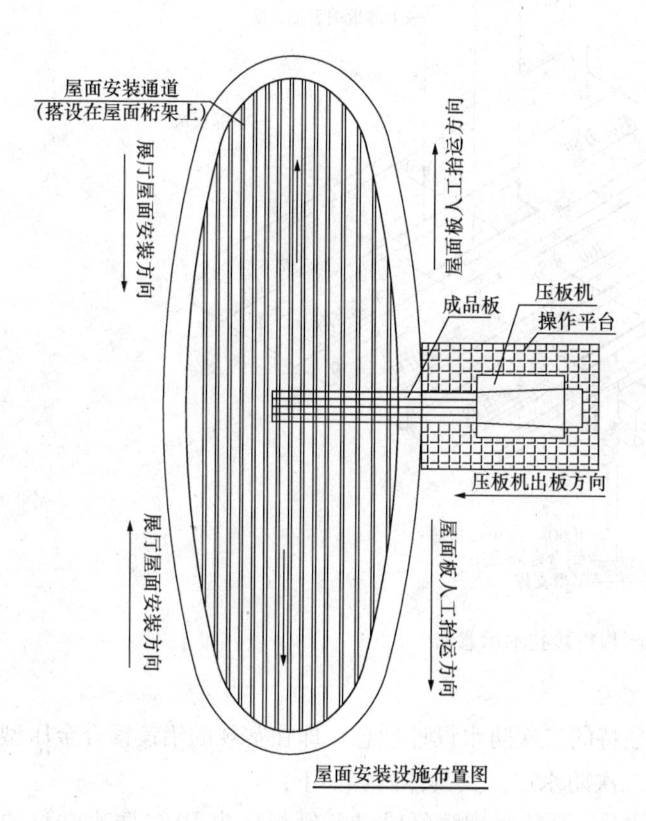

图2 屋面施工顺序示意图

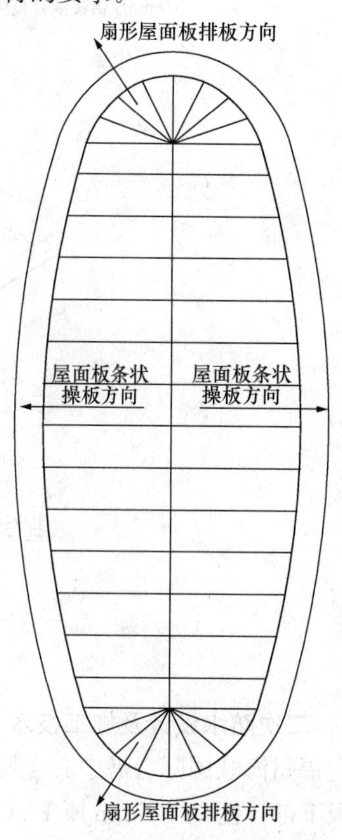

图3 屋面板排板示意图

整个屋面安装根据短轴分成对称的两部分，由两侧向中央安装。首先安装天窗、天沟骨架及屋面次檩条，然后安装0.8mm厚压型穿孔底板，待底板安装完成后，开始铺设无纺布及填充玻璃纤维吸声棉，接着安装2mm厚衬檩支撑以及吸声棉、保温棉，再安装几字形衬檩条、8mm防水增强纤维硅酸钙板以及1.5mm厚PVC防水卷材，最后安装0.9mm厚铝镁锰合金屋面板。同时，由两侧向中央施工、分段流水施工的施工方式，减少了屋面的施工时间，保证工程按时完工。

在屋面板排板方向，为保证超长扁椭圆形屋面的超强的抗风防渗漏功能，屋面中间部分采取短向条状排板，屋面端部采取扇形排板。见图3。

4.2 超长扇形板搭接技术

本工程主展厅两侧的综合服务楼和登陆厅上部为发散型圆弧屋面，整个金属屋面使用多段从2～20m的长度不等的屋面板拼接而成。为了防止屋面出现漏水现象，所有搭接位置的屋面板全部采用铝焊连接，并采用加大肋增强铝焊连接强度，在保证整个屋面造型的基础上，确保了所有搭接位置不出现漏水现象。

该技术采取在顺水向上580板宽叠压290板宽镁锰合金屋面板（图4），重叠长度200mm，并在宽板型上开凹槽开口便于波谷中间叠压窄板波峰，凹槽尺寸280mm×100mm。然后在上部板端压加大肋，该加大肋板顺板方向长度300，略大于上板凹槽开口长度方向20mm，投影横向宽度为120mm，每边大于凹槽开口横向方向尺寸10mm，这样更好地防止屋面出现漏水现象。最后在上部板端投影线位置、后加大肋周边位置采取铝焊连接，并在后加大肋迎水面方向端部采取局部夹紧及焊接封闭，防止雨水在搭接处渗漏。

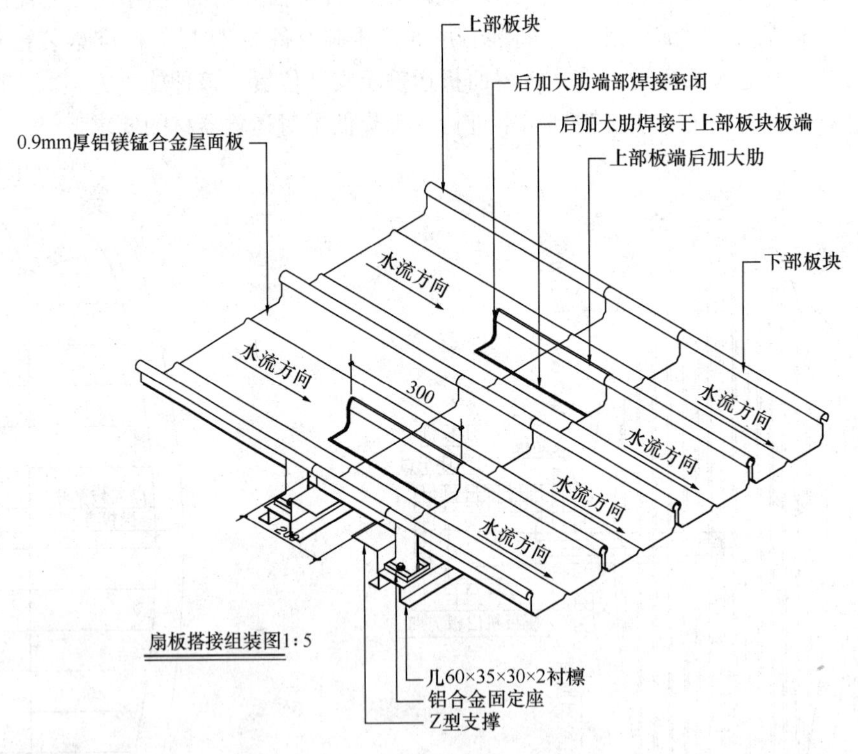

图4　扇形板搭接技术示意图

4.3 二次防水设计及施工技术

福州海峡国际会展中心金属屋面系统选用独特的二次防水设计理念，即在常规的铝镁锰合金压型屋面板下部，铺设1.5mm厚PVC防水卷材做为二次防水层。其具体内容如下：

在常规的檩条、吸声层、保温层上部铺设8mm厚防水增强纤维硅酸钙板作为PVC防水卷材的基层，用于固定及保证PVC防水卷材的效果；防水卷材铺设于8mm厚防水增强纤维硅酸钙板上，并向天沟、天窗等屋面防水薄弱点进行延伸，保证所有细部位置均不发生漏水现象。而整个PVC防水卷材上部，全部使用螺钉穿透PVC卷材与下部结构连接的方式，在保证防水卷材对螺钉挤压的基础上，可以较好的防止屋面穿透点的漏水。使用以上材料建筑而成的屋面系统，具有预期寿命长、防渗能力强的特点。经过我公司精心组织施工后，可保证 20 年不破坏、不渗漏。

4.4 金属屋面板浮动式出屋面洞口节点设计及施工

在金属屋面板上开设上人孔洞、安装屋面风机、安装采光天窗等，是金属屋面系统的常见附属配套构造，由于该工程出屋面洞口设置在屋面中部，该出屋面洞口节点处理不好必然带来屋面板撕裂、漏水等一系列问题，为此设计了适应金属屋面板热胀冷缩要求的浮动式金属屋面板的出屋面洞口节点。

该浮动式出屋面洞口的连接节点由檩条系统、洞口骨架组件、金属屋面系统、和防水扣件、板件连接组合而成。其中洞口骨架组件、金属屋面系统和防水扣件、板件固定连接成一体，与檩条系统可伸缩滑动，见图 5。

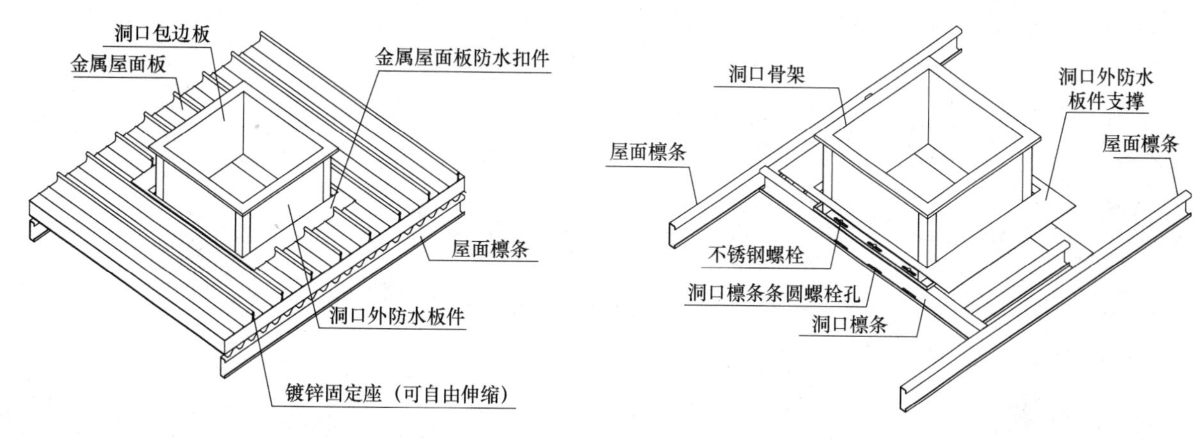

图 5　出屋面洞口连接构件组合

图 6　洞口骨架组件与檩条系统组合

首先是将洞口骨架组件用 M8 不锈钢螺栓连接在檩条系统上，见图 6，这样洞口骨架组件连同 M8 不锈钢螺栓可在檩条系统的长圆孔中滑动，连接稳固可靠，且能够释放温度应力；再将金属屋面系统通过镀锌固定座（可自由伸缩）固定在檩条系统上，用电动锁边机将金属屋面板的搭接边咬合在一起，因镀锌固定座分为上下可滑移的两片，故金属屋面系统的金属屋面板与檩条系统也可相对滑动；然后将洞口外防水板件套在洞口骨架组件上面，并支撑在洞口外防水板件支撑上，等金属屋面板施工后，在金属屋面板与洞口外防水板件间设置丁基防水胶带，并用防水不锈钢铆钉固定并将防水扣件扣压在金属面板上，做好防水固定。实景图见图 7。

图 7　金属屋面板浮动式出屋面洞口节点实景图

该构造设计有效保证洞口骨架组件与檩条系统可靠连接，使洞口骨架荷载有效可靠传递到檩条上，且在温度应力下金属屋面板连同洞口骨架组件在沿板长方向可自由滑动，保证金属屋面板与出屋面洞口连接处的防水性能及受力性能。

5　结语

福州海峡国际会展中心金属屋面系统采用高空压制出板，人工水平搬运的方式安装，降低了施工场地及运输器材的要求；通过超长扇形板搭接节点设计及施工技术，解决了扇形屋面搭接渗漏的技术难题；通过二次防水设计，确保了二次防水屋面板设计使用年限不破坏、不渗漏；通过金属屋面板浮动式出屋面洞口构件节点设计，适应了金属屋面板热胀冷缩要求。该一系列技术措施为工程的顺利进行及工程质量增加了保障，可为类似工程提供参考。

参考文献

[1] 朱建荣，徐凤．屋面雨水排水量计算参数取值探讨[J]．给水排水，2006，32（11）：71-72.

[2] 杨红侠．屋面防水设计[J]．陕西建筑，2012(10)19-20.

[3] 中华人民共和国行业标准．采光顶与金属屋面技术规程 JGJ 255—2012[S]．北京：中国建筑工业出版社，2012.

[4] 中国建筑金属结构协会钢结构专家委员会．轻型钢结构房屋新技术与新产品的应用[M]．北京：中国建筑工业出版社，2011.

[5] 中华人民共和国国家标准．铝合金结构设计规范 GB 50429—2007[S]．北京：中国计划出版社，2008.

[6] 周观根，金卫明，谢佑仁，等．超大型金属屋面板系统设计与施工[J]．钢结构与建筑业，2003.9(2)：38-40.

浅谈金属屋面二层防水设计与施工技术

刘　方

（山东雅百特科技有限公司，上海　200335）

摘　要　随着社会的发展和进步，现代城市建筑造型呈现多元化的趋势，建筑师为了体现自己的设计理念和城市品位，中规中矩的建筑已经逐渐被奇特的建筑形式所取代，围护结构作为建筑的外衣，能否实现建筑大师的创意，屋面防水成为重要问题之一。本文通过对成都中国西部国际博览城（南区）项目C馆金属屋面系统施工技术的实践，为大型金属屋面系统的施工技术提供借鉴。

关键词　金属屋面板；二层防水；结构防水

1　工程概况

拟建的成都中国西部国际博览城建筑结构新颖，造型独特。中国西部国际博览城项目平面呈L形。L形两边长度约为880m及760m，两边端点距离约530m。共分为五个展厅及一个多功能厅，平面尺度较大。钢屋盖根据建筑造型及功能需要，共分为9个独立结构单元，其中分区1、2、4、5、6拟采用管桁架结构，其他分区拟采用网架结构。该工程立面及屋盖造型新颖、体型复杂。见图1。

图1　效果图

金属屋面工程主要由铝镁锰金属屋面系统、不锈钢天沟系统、天窗系统、小洞口檐口系统、大洞口檐口和外立面檐口、格栅吊顶系统、防坠落系统以及防雷系统等组成。施工主要包括本工程的屋面在防水、防雷、抗风、保温、吸声等构造的设计，以及材料的选用。

2　金属屋面施工重点难点分析

（1）金属屋面排水坡度不一致，存在0度排水坡度，次檩条标高必须与理论值进行核对保证顺滑，避免曲线上的凸凹，留下积水隐患。见图2、图3。

（2）金属屋面板咬边施工质量难以控制，T码位置必须通过放线确定，根据屋面板情况，保证咬边平顺，无开口。

（3）防水卷材搭接必须根据下层找平板坡度方向，高处在上低处在下的原则，保证排水顺畅，防水卷材的铺设及热风焊接必须保证平整无凸凹褶皱。

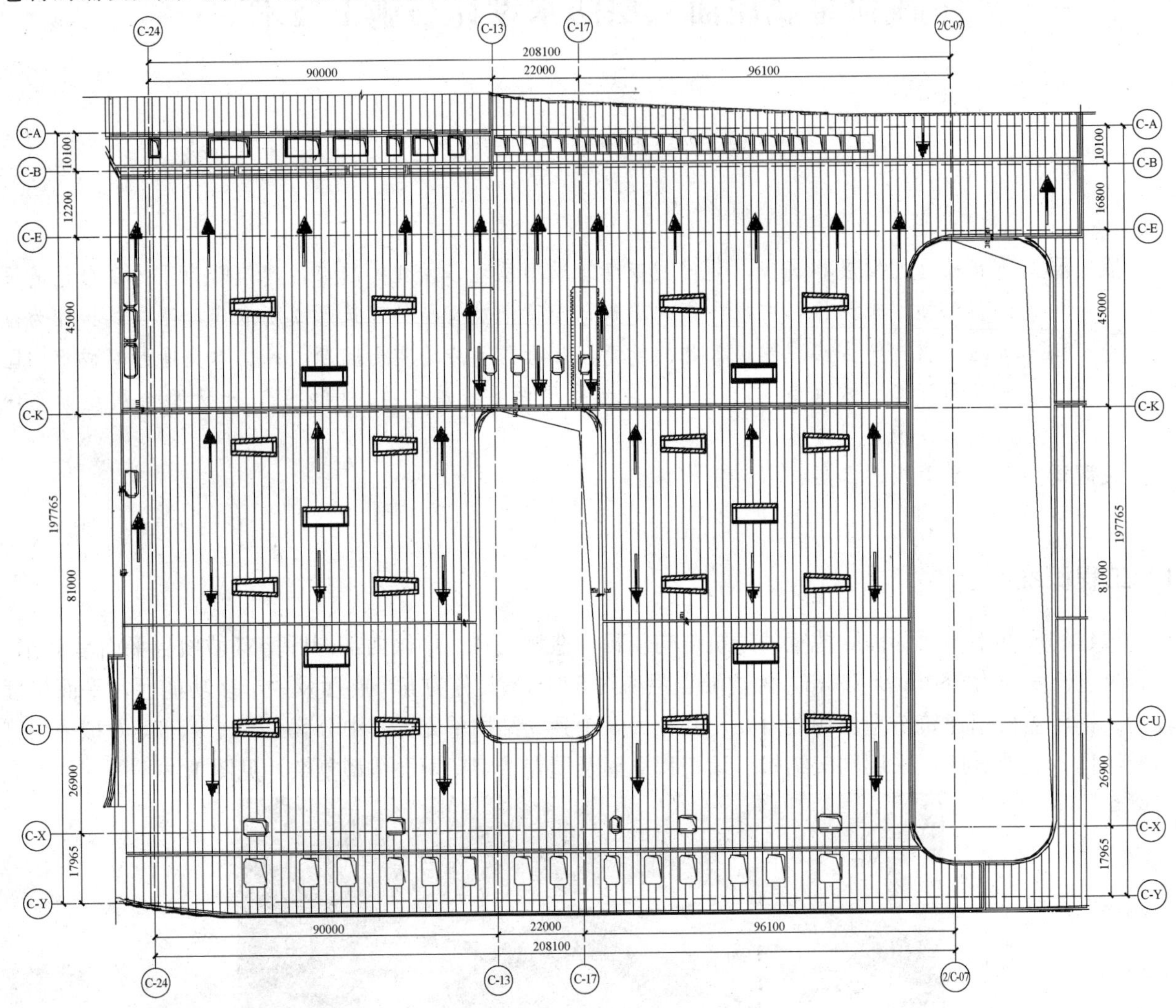

图2 屋面排水方向示意图

3 金属屋面工程设计

屋面分室内室外两部分，室外部分为一般屋面构造（底板＋保温棉＋防水层屋面板）层，室内部分为下部装饰吸声层、中部保温及二次防水层、顶部屋面板防水层。室内部分是此项目的主要部分，而室内部分的重点难点主要在中间部分二层防水及顶部屋面板，见图4、图5。

（1）屋面板安装方式及板型的确定

根据等高线示意图（图3）及屋面造型，屋面板的选择必须要有很强的导水、排水，防水的功能，我们选择了1.0mm厚PVDF铝镁锰直立锁边屋面板（400/65），并且满足超大跨度的需求，在标高最高处铺设一张两大头屋面板，以此为轴线，往两侧排布，解决屋面板由于倾斜，导致侧面渗水的情况，在极端天气下，又可以使雨水直接从高往低漫过65mm屋面板肋，起到排水作用，详见图7。在最低处则铺设一张两小头屋面板，以此为轴线，往两侧排布，详见图6。

（2）防水问题是金属屋面都必须解决的常规问题，结合项目的特殊造型，在屋面板下部，增设一到

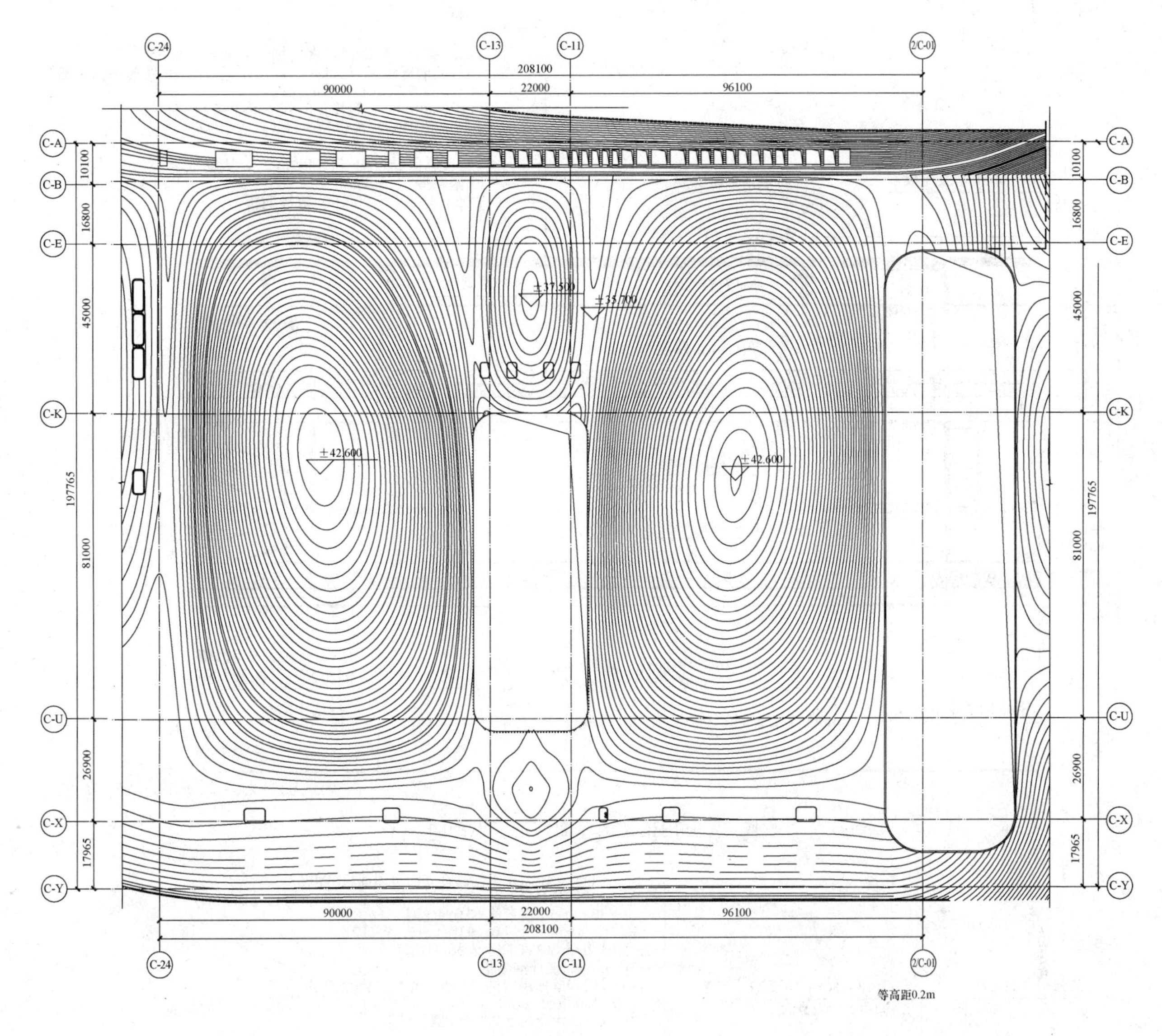

图 3　屋面等标高线示意图

防水卷材，卷材间采用热风焊接封闭，并从低往高处铺设确保雨水能顺利流向低处，并汇集到不锈钢天沟内，形成二次结构性排水、防水。为此中部主要构造层从下往上依次为：1.0mm 厚 YX75-200-600 镀锌钢板、PE 隔汽膜（$130g/m^2$）、两层 40 厚 $130kg/m^3$ 岩棉错缝铺设、0.6mm 厚镀锌钢平板、1.2mm 厚 PVC（H 型）防水卷材，镀锌钢平板起支撑防水卷材的作用，避免施工时防水卷材凹陷形成积水，详见图 8。

4　主要节点设计

此节点的特点在于，天窗凸出屋面，破坏了屋面板的整体防水性，而天窗与屋面板转角处做防水收边处理，而中间层部的防水卷材延伸到凸出的天窗龙骨上，用防水卷材将天沟龙骨包起来，使天窗与屋面部分共同达到二道防水层的要求。同时在天窗竖向墙面与横向屋面间的泛水板，需折成两个钝角，给热胀冷缩留出空间，抗风螺栓固定于靠天窗侧，将热胀冷缩移动位置选择在靠天沟处，尽量避免靠天窗侧泛水板因热胀冷缩移动而导致铝焊处被拉裂，见图 9。

建筑的外观为双曲面造型，满足了第二道防水的要求后，顶部还需要一层屋面板，避免因日照而使防水卷材形成的老化，并作为第一道防水保护层，为此檩条需穿出防水卷材，在檩托处将防水卷材上翻 170mm，平面处卷材间热风焊处理，外侧作打胶处理。若屋面板万一发生积水、渗水的情况，防卷材

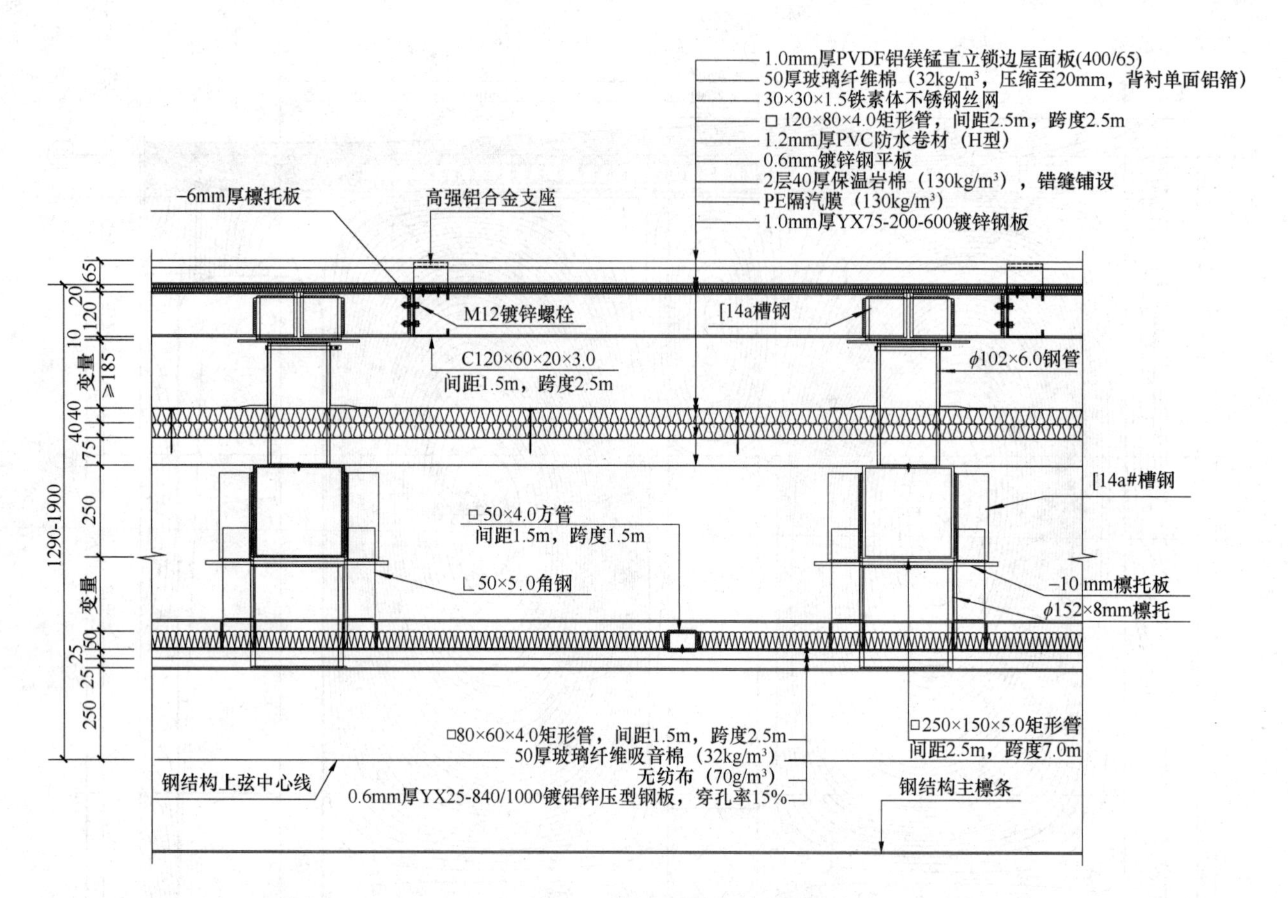

图 4　室内桁架区屋面构造层纵剖面

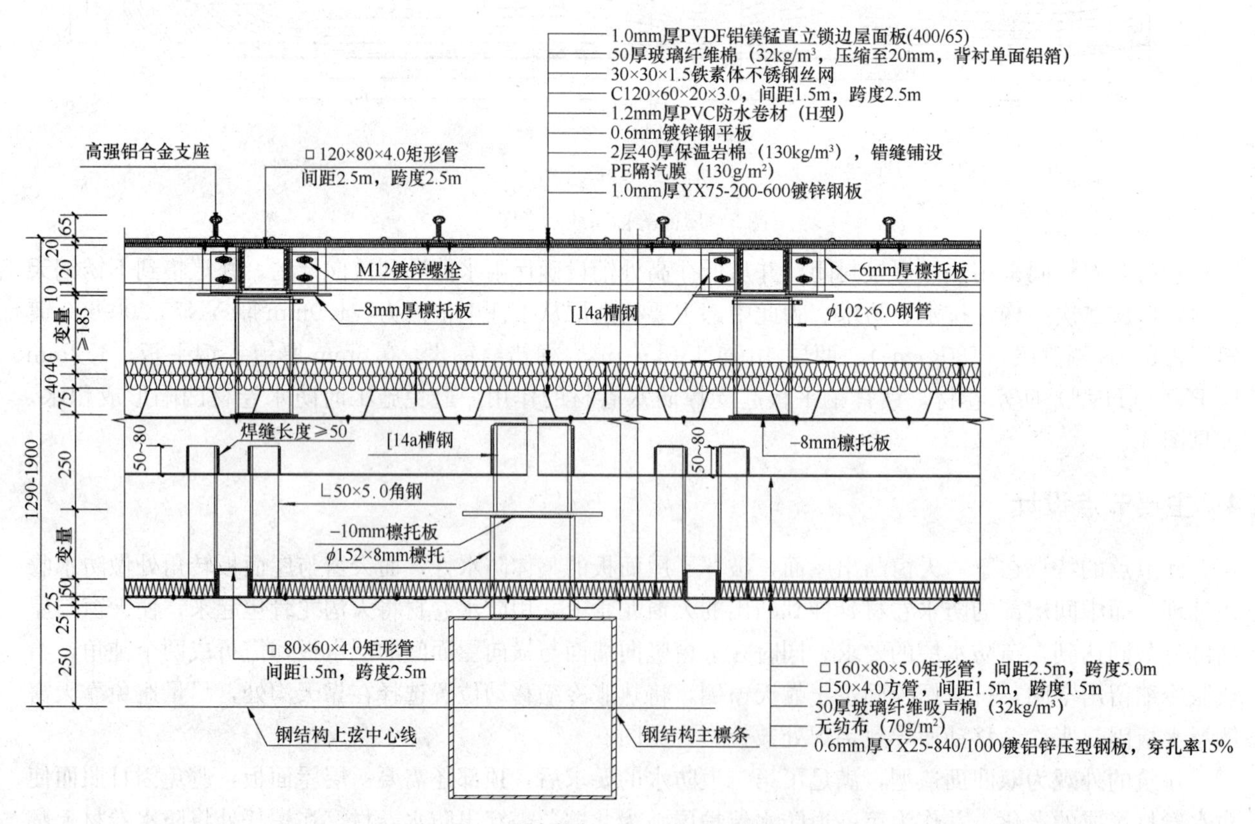

图 5　室内桁架区屋面构造层横剖面

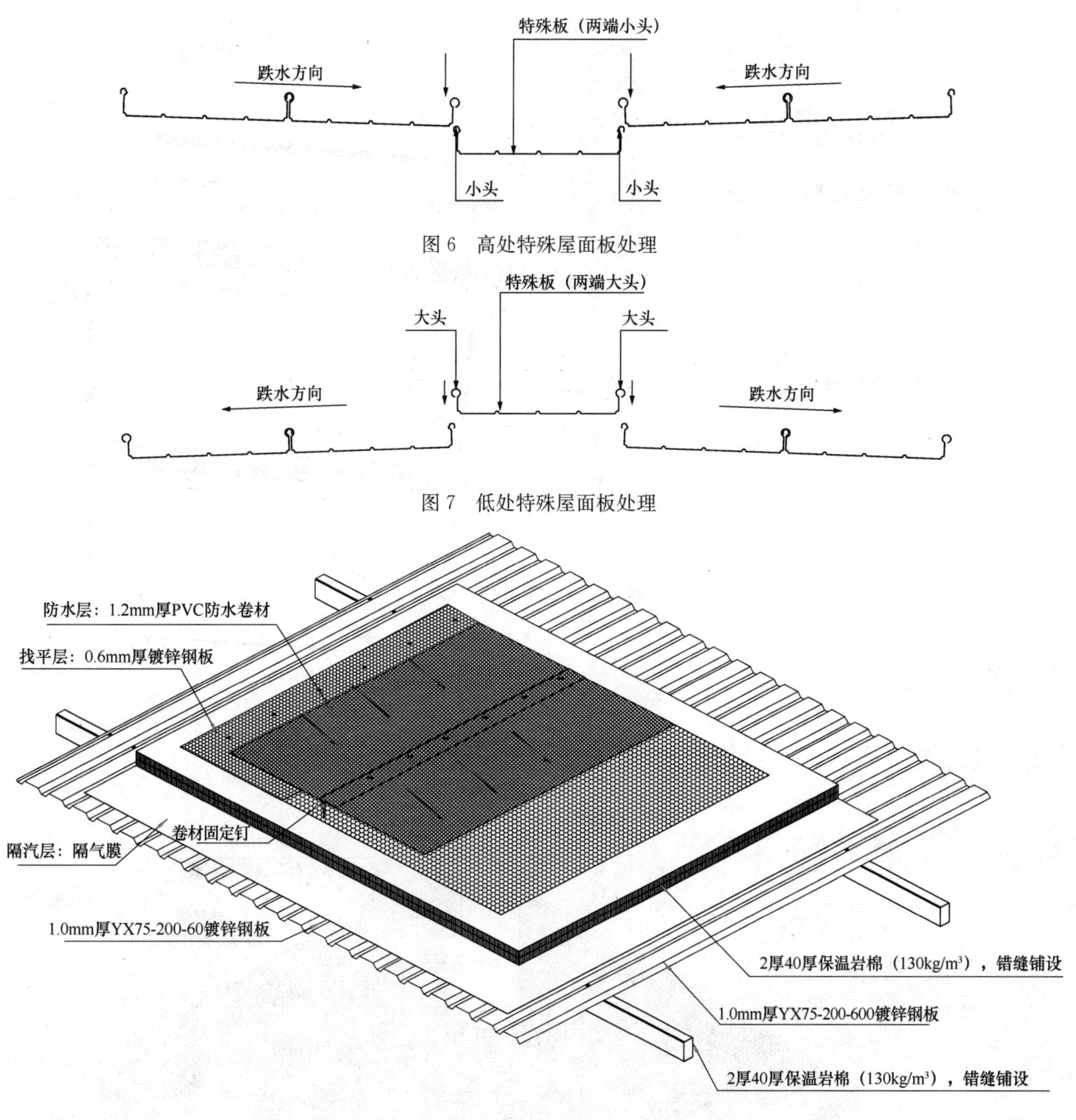

图 6　高处特殊屋面板处理

图 7　低处特殊屋面板处理

图 8　防水卷材安装示意图

上积水还可以顺坡度，沿卷材汇入天沟内，真正地从构造上达到防水效果，详见图 10。

5　金属屋面系统的安装

5.1　中间层安装

中间层安装之前，先把下部反吊顶装饰吸音层安装到位后，开始屋面板二级檩托檩条的安装，然后是依次是：1.0mm 厚 YX75-200-600 型镀锌钢板＋PE 隔气膜＋双层 40mm 厚 130kg/m³ 保温岩棉＋0.6mm 镀锌钢平板＋1.2mm 厚防水卷材。在以上工序施工中，最需要注意的是 1.0 镀锌压型钢板，施工前，下方需先满铺安全网，边铺边拆安全网，注意人员安全，1.0mm 厚镀锌压型钢板同时可以作为施工平台，人工通道使用，但切勿当作材料堆积平台。

施工中最重要的部分是防水卷材，也是屋面从上到下防水的最后一道防线。防水卷材铺设方向为从

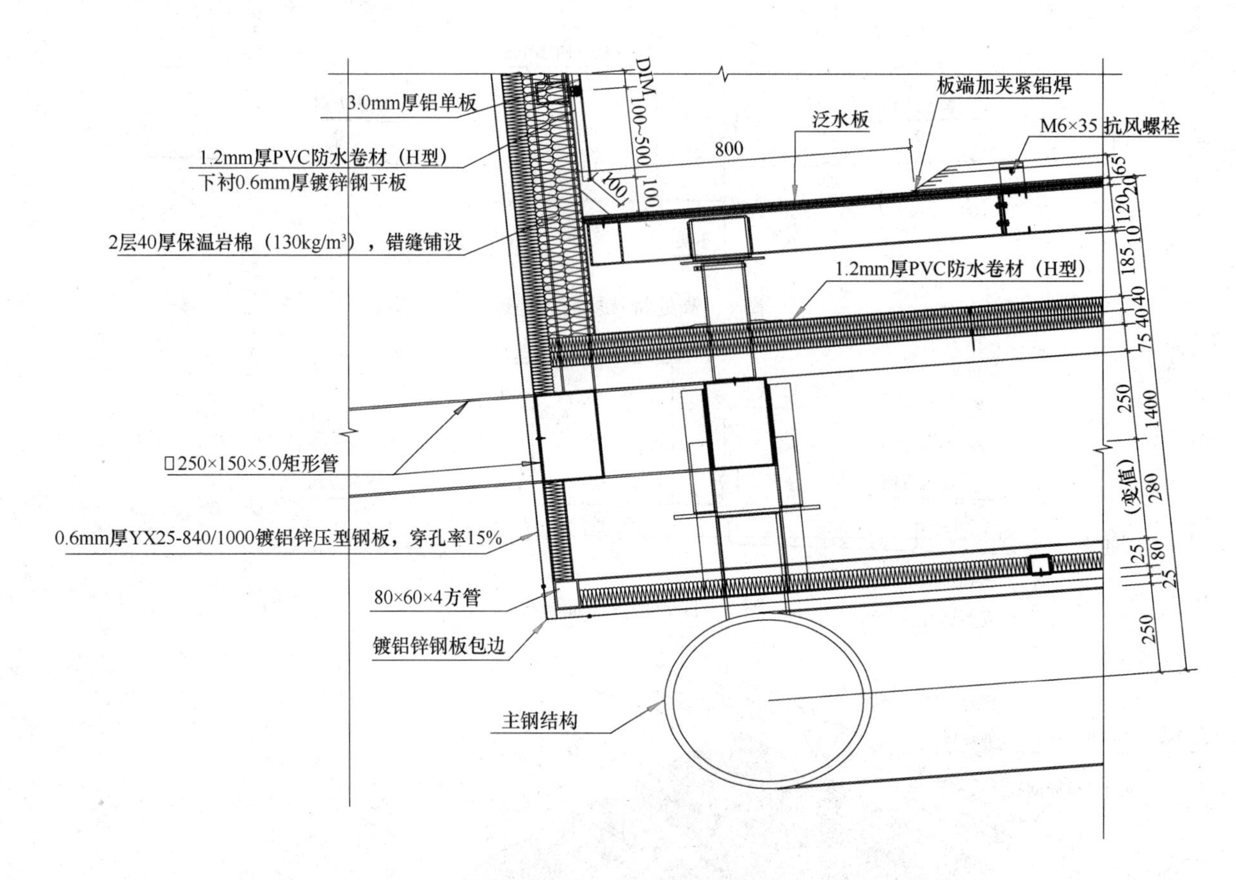

图 9　凸出天窗处防水节点

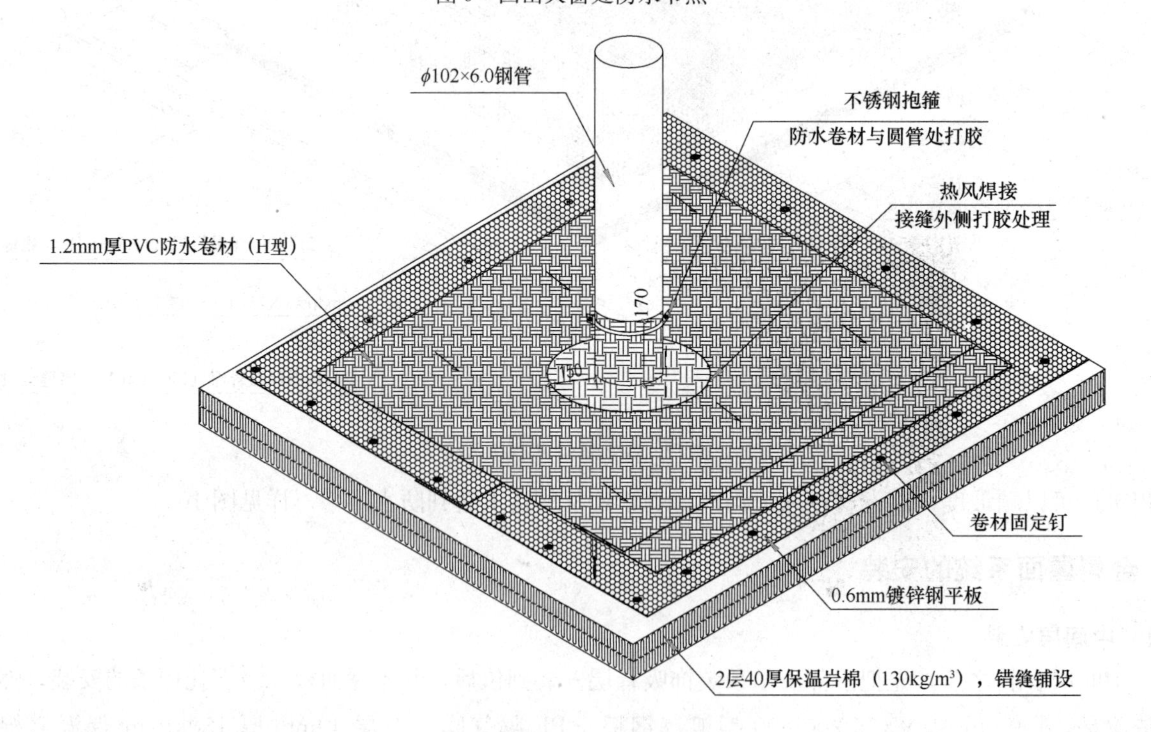

图 10　柱角防水收边节点

低到高、顺坡搭接的原则，在二级檩托部位上翻 170mm，上翻部分与平面部分间放一块防水卷材作为过渡（图 10），保证焊接质量，无褶皱凹陷等现象。在防水卷材铺设焊接前，需查防水卷材是否顺延到天沟内，是否存在积水点，并加以调整之后，方能进行防水卷材最后的热风焊接工作。

5.2 顶部屋面板安装

结合以往工程经验，根据现场施工及钢结构情况，屋面板长度为70m，考虑现场加工工艺，屋面板排板方向见图2。在屋面板安装前，需对檩条的顺滑度进行检查，清除屋面上剩余材料及建筑垃圾，然后从中间往两边开始放线，做好铝合金T码定位及钢丝网施工，依次按照屋面板施工工艺，加工—运输—安装—咬合—锁边—附件安装。

6 注意事项

（1）注意防水卷材的焊接，不能漏焊少焊，焊接达不到质量要求，无凹陷褶皱现象，积水能顺利排到天沟内。

（2）在C-11轴、C-13轴处，屋面板排水方向在同一标高线上，屋面坡度几乎为0，如图3中云线处，为避免在施工过程中凹陷，保证屋面板上积水顺利排出，先需预起拱50mm，进行淋水试验后，检查屋面板槽内积水能否顺利汇入天沟内，如果不能，需对低洼部分次檩条进行调整，直到屋面板槽内无积水为止，最后进行锁边咬合工序。

7 结语

在大型金属屋面工程设计施工过程中，尽量避免穿出屋面情况，保证屋面板的排水坡度，如果需要穿出屋面时，需做好两道防水层，在此案例中，存在排水坡度过小，及凸出屋面天窗，采用中间层防水卷材解决了防水的问题，让天窗与屋面防水形成一整体。在无排水坡度位置，可以通过防水卷材解决排水问题，既满足外观效果，也达到排水防水要求。

参考文献

[1] 中华人民共和国国家标准. 屋面工程技术规范 GB 50345—2012[S]. 北京：中国建筑工业出版社，2012.
[2] 中华人民共和国国家标准. 屋面工程质量验收规范 GB 50207—2012)[S]. 北京：中国建筑工业出版社，2012.
[3] 中华人民共和国行业标准. 采光顶与金属屋面技术规程 JGJ 255—2012. [S]. 北京：中国建筑工业出版社，2012.
[4] 中华人民共和国国家标准. 彩色涂层钢板及钢带 GB/T 12754—2006)[S]. 北京：中国标准出版社，2006.
[5] 中华人民共和国行业标准. 压型金属板设计施工规程 YBJ 216—1988[S].
[6] 压型金属板设计和安装规范 AS 1562[S].

大型公共建筑金属屋面系统施工质量与安全控制

苗泽献，王跃清

（森特士兴集团股份有限公司，北京 100176）

摘　要　本文系统介绍了直立锁边铝镁锰金属屋面系统安装质量和不锈钢天沟伸缩控制技术。

关键词　金属屋面；直立锁边；铝镁锰合金；不锈钢伸缩技术

1　概况

厦门高崎国际机场 T4 航站楼建筑面积为 7.2 万 m^2，航空港物流中心工程建设面积约 2.4 万 m^2，建筑结构的类别为乙类，结构形式采用组合结构形式，一层为混凝土结构，二层以上为钢结构。主楼和物流中心屋面为钢桁架结构，指廊屋面为钢梁结构。屋面为 1.0mm 厚铝镁锰板，2.0mm 厚不锈钢天沟。

主航站楼金属屋面东西向长约 252 m，南北向长约 134 m（主楼天窗 AT1 中心处），由玻璃天窗分隔为两个梯形形状。航站楼最低处标高为：18.45m，最高处标高为：44.684m；指廊金属屋面东西向长 54m，南北向长 315 m，成矩形。指廊最低处高度 16.304m，最高处 24.696m。主楼和指廊之间由连廊连接，架空连廊长度约 31m。

航站楼和连廊金属屋面系统为双曲面造型，东西向各分布一条高出屋面钢结构 4m 的钢结构造型，中部为玻璃天窗。檐口部分采用型钢龙骨及 25mm 厚蜂窝铝板制作而成；天沟系统采用 2mm 厚不锈钢板、60mm 保温岩棉、天沟支持龙骨采用口 60mm×60mm×3mm（Q235B，热镀锌），收边泛水等，采光系统使用 TP10（LOW-E）＋12A＋TP10＋1.52PVB＋TP10mm 双银钢化中空夹胶玻璃，氟碳铝合金型材框，Q345B 氟碳喷涂钢骨架；金属屋面系统依次为镀锌穿孔吸声板、无纺布、吸声棉、衬檩支托、钢衬檩、钢丝网、玻璃棉、防水透气膜以及压型铝镁锰金属屋面板，屋面四周设有密封墙，起到保温隔热的作用。屋面装饰檩条系统采用 3mm 厚 PVDF 烤漆的 3000 系列铝单板作为装饰面板。见图 1～图 3。

图 1　T4 机场设计效果图 1

由于屋面结构均为双曲面，所以屋面、天窗、檐口之间的排水要求很高，必须合理地布置天沟，根据实际结构真实三维造型合理设计每个节点，满足排水、抗风及建筑外观要求。

图 2　T4 机场设计效果图 2

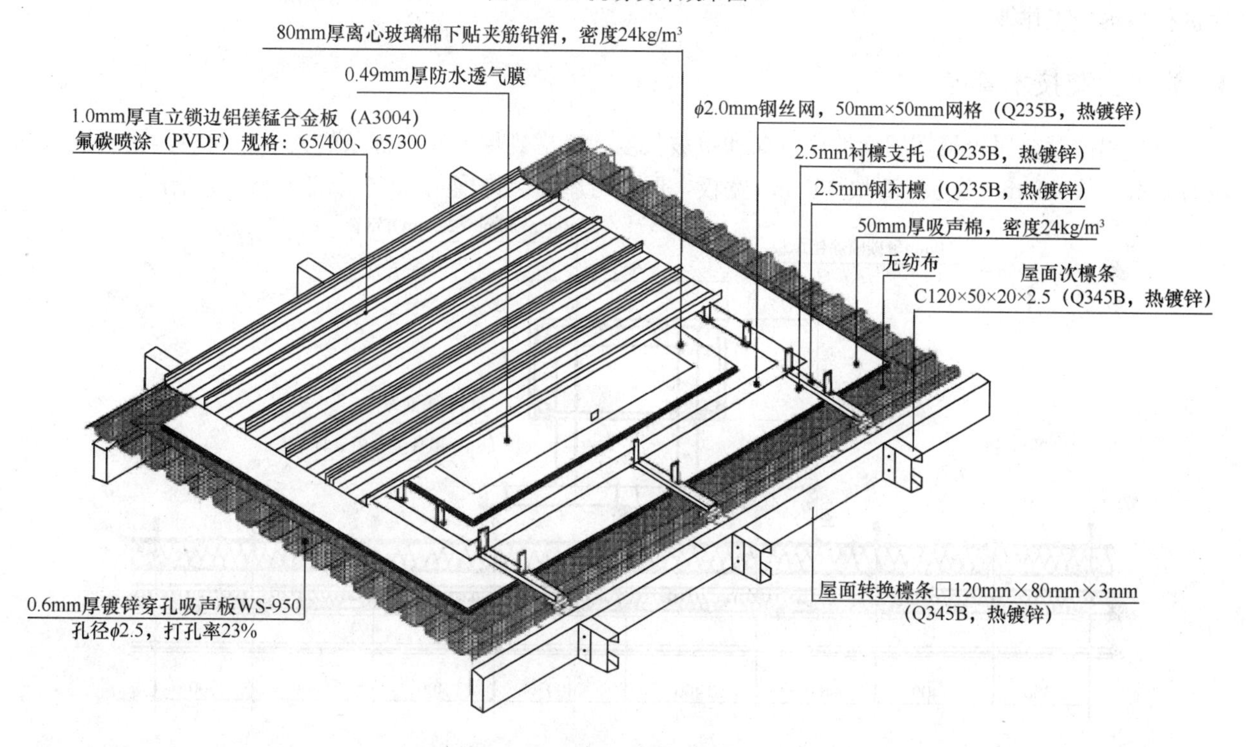

图 3　铝镁锰板金属屋面体系构造

2　项目的特点、难点和控制要点

2.1　建筑设计风格特点

该建筑立面和屋面外观效果以中国闽南建筑风格的“双曲面、马鞍形、燕尾脊”的设计理念。檐口板的飞檐造型表现出了闽南风格的建筑文化。

铝镁锰板金属屋面体系的二次深化设计、天窗大小分格、天沟的布置和伸缩缝处理以及屋面和檐口铝单板的细部节点等成为本工程的重点、难点和控制要点，如何通过二次深化设计和安装把设计师的意图施工出来显得尤为重要。

2.2　施工的难点和重点

该项目地处厦门，属于沿海地区，经常受台风侵袭，加上设计造型独特，屋面板单坡长度超过130m，如何做到防风揭、防漏雨、抗台风、抗热胀冷缩等安装方面的技术难题摆在我们面前。

首先，解决屋面曲线及排水坡度，通过金属屋面深化设计、应用施工过程中的安装技术，科学合理的排布屋面檩条，减少檩条的跨度，从而精细调整坡度曲线，确定檩条的截面形式，减少重量及檩条焊接量。

其次按照风洞试验的数据，确定风压大小，采用增加受力点、受力面积的方法增加屋面局部风速较大区域的抗风掀能力。

最后使用柔性材料替代刚性材料，改变节点构造，从而达到优化排水系统形式的目的。

3 项目的总体部署

根据公司的总体安排，结合项目的特点，采取设计先行施工跟随的原则，成立设计专案组，施工前期与设计院进行充分的沟通，从檩条的布置、屋面天窗的分隔、屋脊的细部构造、天沟的断面尺寸和位置以及檐口铝单板等都做出了非常详细的深化设计图纸，并请业主和监理再次审核通过后付诸实施。项目部管理人员全部到位，组建高效项目团队，充分响应总包单位的现场施工管理，积极配合各方科学有序进行各项施工作业。

4 施工安装技术管控

(1) 铝镁锰金属板根据屋面坡度方向和单坡长度，考虑到屋面装饰檩条的大小和间距，屋面板在铺设时采取 6 块 400mm 宽板+2 块 300mm 宽板，形成与屋面装饰檩条 3000mm 间距模数搭配。见图 4。

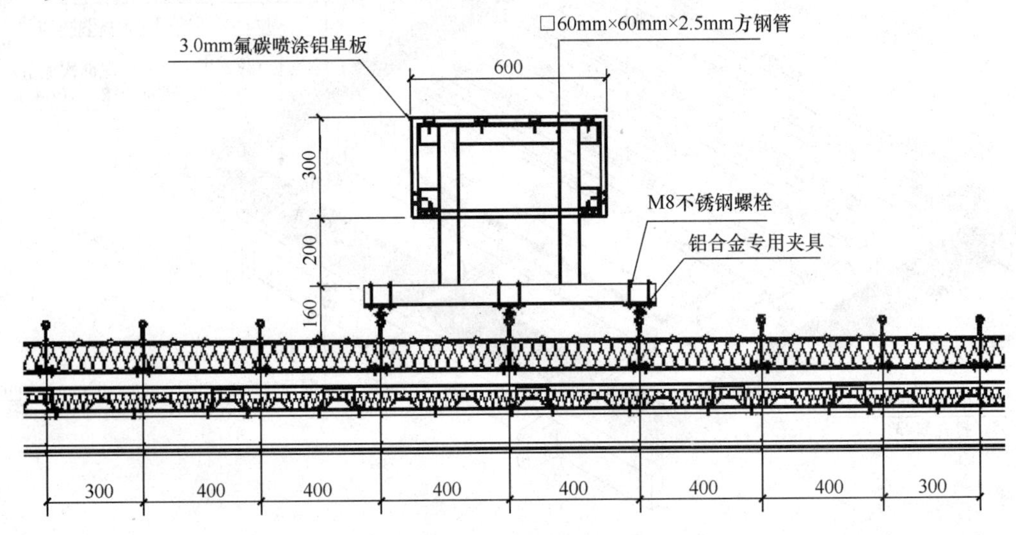

图 4 屋面装饰檩条断面图

(2) 由中国建筑科学研究院建研科技股份有限公司风洞试验，按照 1∶200 做了结构模型，设置 1404 个测试点，按照基本风压：50 年重现期 0.80kN/m^2，360°每 10°一次的风向角，风洞测压试验结果表明，主航站楼的综合极值风压的变化范围为−10.0～6.3kN/m^2（上表面为 8.9）。−10.0kN/m^2 的负风压发生在屋盖南侧尖角区域，为其合风压值（方向向上）；6.3 kN/m^2 的正风压则发生屋盖上方装饰条边缘处。根据试验结果，屋面设置加密区和重点加密区进行加强，加密区次檩条加密一倍，由 1.4m 间距变为 0.7m 间距，面积为 12706m^2，重点加密区 210m^2，次檩条采用双 C 型钢，T 码宽度由 60mm 调整为 120mm，保证屋面的抗风能力，保证屋面板与支座的咬合能力，另外增加了两道抗风夹。缩小檩条间距，增加抗风夹，加大连接 T 码的尺寸，并将连结码由 60mm 加宽至 120mm，连接螺钉由 4 颗增加至 6 颗，增加咬合力，在檐口设置防跌落钢丝绳，方便安全带之挂设。见图 5。

(3) 屋面变形和温度变化会导致金属屋面不锈钢天沟产生变形，从而使天沟焊接接头开裂，发生渗漏。本次施工中采用构造伸缩缝和 EPDM 三元乙丙温度伸缩带，有效吸收天沟产生变形，降低焊接接头的应力，避免天沟发生渗漏。施工完成后，设置一道防紫外线保护金属片，进一步减少 EPDM 在紫外线下的加速老化问题。伸缩带的安装缝隙宽度约 150mm，每侧与天沟水槽搭接焊接 120mm。见图 6。

(4) 天沟伸缩带满焊前在天沟伸缩带的 EPDM 材料上铺设湿毛巾，并在焊接时间断焊接，以免影

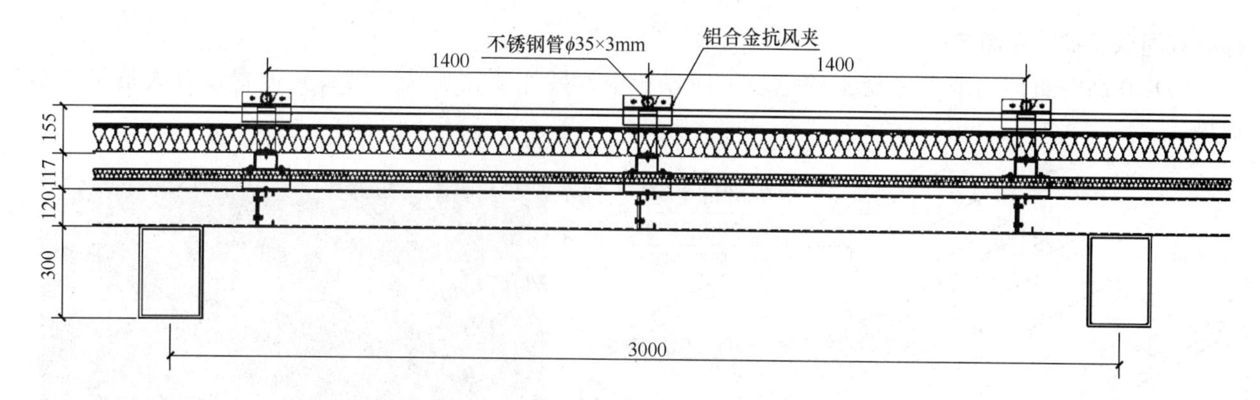

图 5　屋面抗风夹布置示意

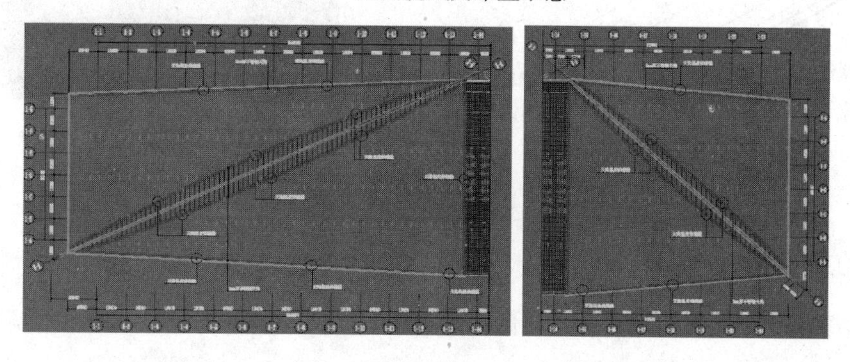

图 6　屋面伸缩缝示意图

响伸缩带的损坏。在天沟设置限位器，以避免由于天沟的热胀伸长时，缝隙变窄，水槽不锈钢边缘将伸缩带剪断。限位器可限制缝宽最大缩小距离 40mm。见图 7。

图 7　屋面不锈钢天沟伸缩缝和限位示意图

5　金属屋面安全控制技术

金属屋面施工通常为高空作业，这也是该分部工程需重点控制的安全隐患。在有些项目上，安全防护由于投入大，一般又看不到直观经济回报，往往不被管理者重视。但是一旦发生安全事故，带来的损失可能是巨大的，无法弥补的。金属屋面工程的安全隐患是令多数行业内管理者头疼的问题，这就需要多投入资金、人力、物力。管理细致周到，防护到位。对于造型复杂的屋面结构，安全防护应有防护方案，设置多道防护。

本工程由于造型独特，常规的平网外加生命线的防护，不能完全解决实际的安全问题。这就需要管理者下功夫仔细研究最佳的防护方案。

(1) 安全网设置。本工程实际操作中，采用沿弧长方向悬挂水平网，并在水平线 75°弧度面板以下每 2m 悬挂立网，防止人员在角度较大区域沿水平网滑下或直接坠落。

(2) 在作业面设置生命线基础上，在屋面弧顶位置分段固定通长设置悬挂用生命线，保证人员身上都有双绳双保护。见图 8。

(3) 在高空重体力或冬期施工的危险工序作业中，另外需在弧端（拱脚）位置设置人员滑落防护垫。

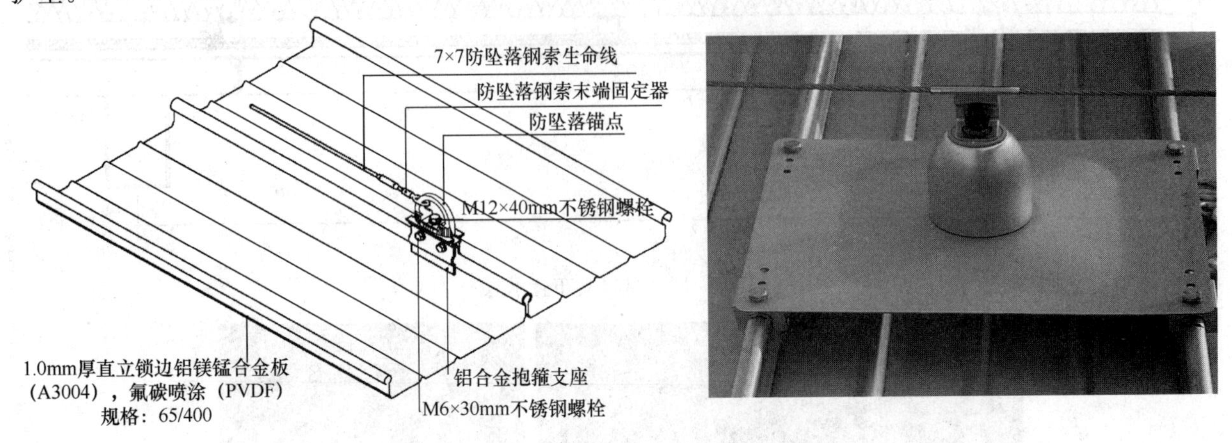

图 8　屋面板防坠落系统固定图

6　项目实施的重点把控

做好前期的深化设计工作，配备高效项目管理团队，严格控制进场材料，严格落实样板制，严格执行工序三检制。

7　结论

在本工程施工过程中，屋面板现场制作，不受长度限制，提高了生产效率，避免了板块的运输等环节，节省了人力物力，在很大程度上缩短了工期。

通过对施工现场的掌控和关键施工技术应用，使屋面工程得以顺利进行，屋面板系统工程质量得到了保证，收到了良好的经济效益和社会效益，很好的达到了预期目标和设计要求。

该工程一次性通过验收，建筑风格得到完美体现，同时也得到很高赞誉“把工程做活了”，并荣获多个奖项。

参考文献

[1]　陈跃华. 深圳机场 T3 航站楼异形金属屋面工程防水技术[J]. 中国建筑技术协会，2013.

[2]　黄伶俐. 浅谈大型金属屋面系统设计与施工技术[J]. 钢结构，2013 增刊.

[3]　蔡昭云. 金属压型板屋面抗风吸力性能试验研究[J]. 中国建筑工业出版社，2011.

大型机场航站楼建筑幕墙设计关键要点分析

花定兴

（深圳市三鑫幕墙工程有限公司，深圳　518054）

摘　要　大型机场航站楼建筑幕墙设计具有结构跨度大、平面空间造型复杂等诸多特点，如何达到大跨度结构和建筑幕墙技术完美结合，其设计关键要点分析是非常重要的。

关键词　大跨度；航站楼；空间造型；幕墙设计；关键要点

1　前言

近十多年来，全国各地建成了一大批大型机场航站楼。机场航站楼代表着机场所在城市和地区的形象，在公众心目中占有特殊的地位。航站楼作为功能复杂、设施完善、技术先进的重要建筑，它在建筑新材料、新结构和新技术应用方面以及在设计理念和风格流派方面多起着标志性建筑主导作用。而建筑幕墙作为航站楼外围护结构对表达建筑形象起着举足轻重的作用。航站楼幕墙通常采用钢结构、铝合金和玻璃作为主要的建筑材料，建筑造型趋于简洁、流畅和通透，以强调其可识别性及其机场建筑特性。大面积的透明玻璃幕墙成为航站楼常用的重要建筑设计符号。

与此同时，伴随着机场航站楼建筑要求的大空间、简洁通透，幕墙结构形式也变得越来越复杂，一些高难度的幕墙结构形式在大型航站楼建筑幕墙设计中得到全方位应用。无论是传统的框架式玻璃幕墙，还是大跨度的钢索结构的点支式玻璃幕墙或者单元式玻璃幕墙，由于大跨度幕墙结构相对于主体结构的独立性和特殊性，结构设计已成为幕墙设计中关键环节。笔者根据多年来主持的国内十余项（包括北京、上海、广州、昆明、深圳、重庆、青岛、宁波、厦门等）大型机场航站楼建筑幕墙的设计实践谈谈体会。

2　大型机场航站楼建筑幕墙特点及设计难点

2.1　特点

1）建筑造型复杂（屋面或立面多为曲面和斜面）。

2）建筑立面高低起伏大（如昆明新机场屋面高低起伏达 50m）。

3）建筑平面尺度大、伸缩缝多（建筑周长 4～9km，边长达 200～800m）。

4）建筑立面倾斜面多（如北京 T3、上海浦东 T2、广州 T1、深圳 T3、厦门 T4）。

5）幕墙结构体系跨度大（一般为 20～40m，风荷载作用下变形大）。

6）主体结构屋面外挑檐长，风压作用变形对立面幕墙影响大。

7）建筑构造复杂，收边收口和转角多。

8）幕墙结构体系复杂多样（包括单杆结构、平面钢桁架、空间钢桁架、预应力索桁架和单层索网结构）；采用预应力索结构的有广州、重庆、昆明、青岛、宁波等机场航站楼幕墙。

9）幕墙结构材料包括钢结构、不锈钢索结构、铝合金结构、玻璃结构，甚至由各种材料组成的其他组合结构。

2.2 设计重难点

1）幕墙形式与结构体系综合确定。

2）幕墙结构体系与主体结构力学关系的确立。

3）建筑伸缩缝构造与幕墙结构关系（包括登机桥）。

4）幕墙空间结构体系概念设计与计算分析。

5）幕墙结构自身及和主体结构连接。

6）建筑幕墙与主体建筑收边收口（异型面板）处理。

7）幕墙与主体建筑相互位移适应（风、地震、温度）的构造防水设计。

8）超大尺寸的电动开启窗的刚度、强度、五金连接的开启问题。

2.3 大型机场航站楼幕墙结构设计要点

1）必须了解幕墙面板布置及其分格（一般由建筑师提出并全面熟悉设计院图纸）。

2）熟悉幕墙后面主体结构支承情况（楼层及梁柱、屋面结构等）。

3）了解主体结构对幕墙的边界条件（特别对索结构）。

4）建筑师及业主对幕墙结构形式的要求。

5）各种结构形式的受力特点。

6）各种结构形式适用条件。

7）各种结构形式经济合理性。

8）各种结构形式与幕墙的匹配性。

9）不要盲目追求使用索结构，特别是单索，使用索结构对边界条件要求高，由于建筑结构设计结束后才开始进行幕墙设计，设计院往往未考虑预拉力荷载。幕墙索结构和主体结构存在相互影响关系。索结构对主体结构产生较大反力，主体结构的变形对索结构预拉力也有很大影响。

10）单索结构计算必须考虑几何非线性影响，索结构的张拉对相邻索结构有很大影响，必须进行施工期间索张拉计算，合理确定索结构预应力的张拉方案。

11）应重视钢结构连接节点可靠性（耳板、销轴、焊缝的计算等）；其连接非常重要（预埋件、螺栓、角码）。

12）隐框玻璃幕墙设计要谨慎，玻璃下设可靠铝合金托条，结构计算及质量要有可靠保证。

13）钢结构的稳定计算要考虑长细比及平面外稳定。有些计算软件无法进行钢结构稳定计算，必要时应人工校核。平面外支撑要有可靠保障。

14）应明确各种荷载传递路径与结构体系中各杆件所担负功能，尽量使荷载传递路径简捷。

15）要考虑结构安装活动调节控制。

3 工程案例分析

3.1 北京首都国际机场扩建工程 T3 航站楼

1）大板块玻璃幕墙

玻璃幕墙以大分格、大跨度玻璃为主（最大玻璃规格为 3464×2500）。为满足建筑师对视觉效果的要求，玻璃幕墙采用三角形空间钢桁架结构作为主受力体系，以横向铝合金横梁作为抗风构件、以竖向吊杆作为竖向承重构件，从而形成可靠的幕墙结构体系，实现了具有通透视觉、宏伟壮观的建筑幕墙（图 1、图 2）。

2）大铝合金横梁

为满足建筑使用要求，在幕墙外部设置水平遮阳板，结合幕墙的结构体系，综合考虑之下，将横向水平铝合金横梁截面向幕墙玻璃面外延伸形成一定宽度，具有遮阳效果，同时本横梁又作为幕墙结构体系中水平抗风杆件，从而既满足了建筑要求，又满足了结构受力要求，可谓是建筑与结构经典的结合（图 3）。

图 1　局部外视效果图

铝合金横梁主要承受水平方向的风荷载、地震荷载、围护荷载等作用力。大跨度铝合金横梁自身的强度、刚度满足设计要求，并通过支座将荷载传递给主支承桁架体系，支座的设计还应能满足垂直荷载产生的扭转力矩，并可实现横梁三维方向的调整，以保证横梁的安装精度。竖直方向的荷载（重力荷载、雪荷载等），通过嵌在玻璃缝隙中的高强不锈钢吊杆传递给隐藏在屋面空间桁架边缘处的箱梁，再通过箱梁传递给主支承桁架体系。

图 2　局部内视效果图

铝合金横梁采用了高强度铝合金（6063A T5/T6），单根横梁长度达到13.9m，这样铝合金的开模、挤压、加工、喷涂、安装各个环节的难度是国内幕墙工程中是前所未有的。

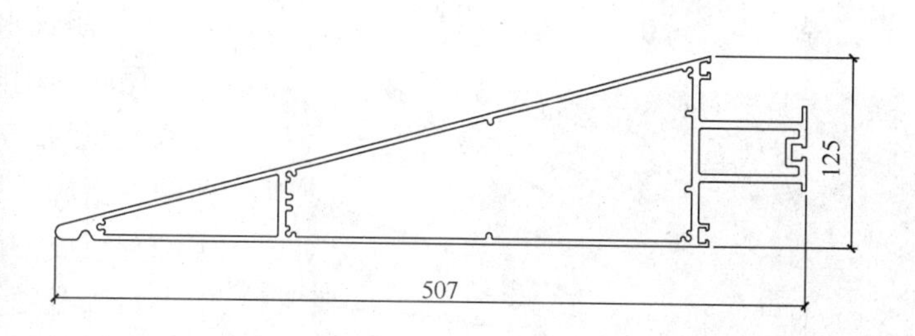

图 3　铝合金横梁

图 4　铝合金横梁外观

铝合金横梁集三种功能于一体：

a. 外挑出玻璃外面450mm，可作为幕墙的遮阳板；

b. 抗风梁承受幕墙的风荷载和地震荷载的作用；

c. 作为统一明显的装饰线条，形成建筑外立面的主基调（图 4）。

3）不锈钢吊杆

不锈钢吊杆的使用有效地弥补了横梁弱轴方向的不足，充分利用了吊杆抗拉能力强的特点（图 5）。不锈钢吊杆要承受整个幕墙一半的重量，而且要藏在玻璃接缝中间，所以要尽可能地细，最后选用S630高强不锈钢。不锈钢吊杆的受力是从下往上递增的，所以越到上面越粗，最大直径为 $\phi 22$，最小为 $\phi 14$。不锈钢吊杆在大跨径横梁纵向区格内，采用分段安装方式，采用等强度的不锈钢套筒同向螺纹进行上下连接。通过螺栓螺母与大跨径横梁连接，并通过调节螺栓、螺母，来保证大跨径横梁安装的直线度。不锈钢吊杆为绝热型，嵌在 EWS-1 玻璃幕墙系统的纵向玻璃缝中，纵向玻璃缝采用平装黑色相容的干嵌缝材料通过机械固定在玻璃铝嵌条内。嵌缝材料不仅具有良好的隔热、隔声性能，而且能够满足不锈钢吊杆因大跨径横梁受力后挠曲变形而产生的位移。

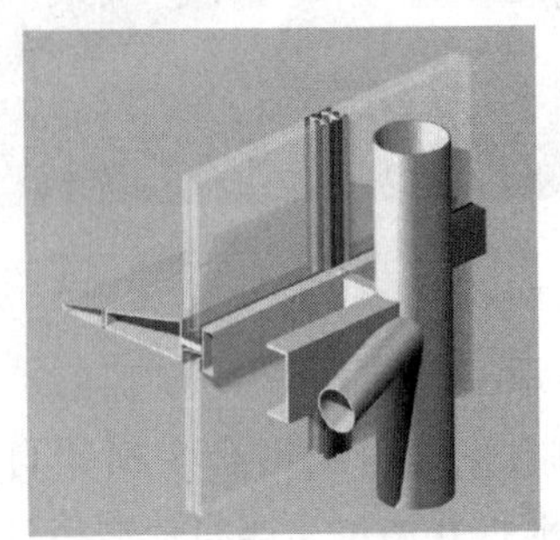

图 5　不锈钢吊杆

4）幕墙钢结构

为达到立面宏伟壮观、通透明快的效果，幕墙主受力构件采用弧形桁架，通过桁架将幕墙传来的荷载全部传递给混凝土结构。桁架布置间距为 13.9m 左右，沿幕墙面均匀布置（图 6）。

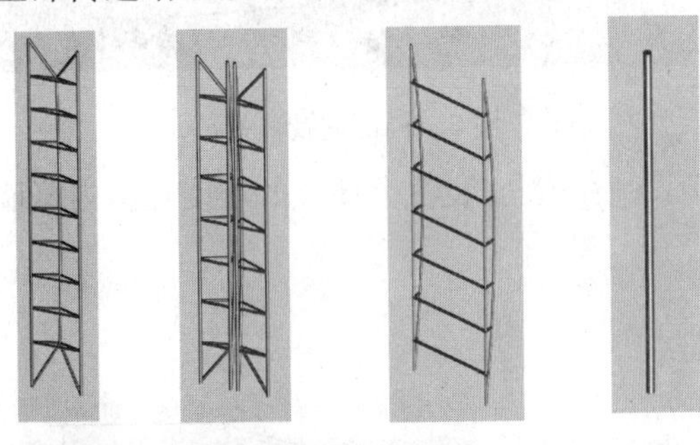

图 6　幕墙钢结构

5）本工程最大亮点

a. 抗风铝合金大横梁与横向装饰及遮阳功能三合一；

b. 隐藏不锈钢吊杆承受幕墙自重（立面简洁）；

c. 三角形支撑幕墙钢桁架与主体结构活动球铰链接适应屋架风压变形。

3.2　昆明长水国际机场航站楼

昆明新国际机场航站楼建筑面积 54.8 万 m^2，建筑幕墙面积约 15 万 m^2。航站楼主要由前端主楼、前端东西两侧指廊、中央指廊、远端东西 Y 形指廊和登机桥等部分组成。南北总长度为 855.1m。东西宽 1134.8m。中央指廊宽度为 40m；Y 指廊宽度 37m，尽端局部放大到 63m；前端东西两侧指廊端部双侧机位的部分，指廊宽度 46m；航站楼最高点为南侧屋脊顶点，相对标高 72.25m。在幕墙的设计及施工中，采用了多项新技术。

1）悬索点式玻璃幕墙系统

该工程最大特点是南立面 60m 高的点式玻璃幕墙单层索网体系与主体彩色钢结构连为一体（图 7）。索的巨大预拉力和钢彩带变形相互影响其力学关系复杂，其柔性单层索网结构在箱形钢结构中滑动的复杂结构体系为国内外行业内首创。单索点支式玻璃幕墙镶嵌在金黄色钢彩带内，尤其是南立面波浪形钢彩带给单索点支式玻璃幕墙结构设计和施工带来前所未有技术难题。这种由高强度不锈钢钢丝拉索结合高强度瓜件组成玻璃幕墙的支撑体系，大大减少了幕墙构件对于建筑外部造型的限制，创造出一种更为轻巧、明快的现代建筑形象，在机场夜幕下更起着显著的标识性作用。

单索点式幕墙系统采用单索结构体系，中间 $\phi40$ 竖索和横索，两边 $\phi36$ 竖横索，两端 $\phi30$ 竖索。索

图 7　正立面照片

结构布置见图 8。

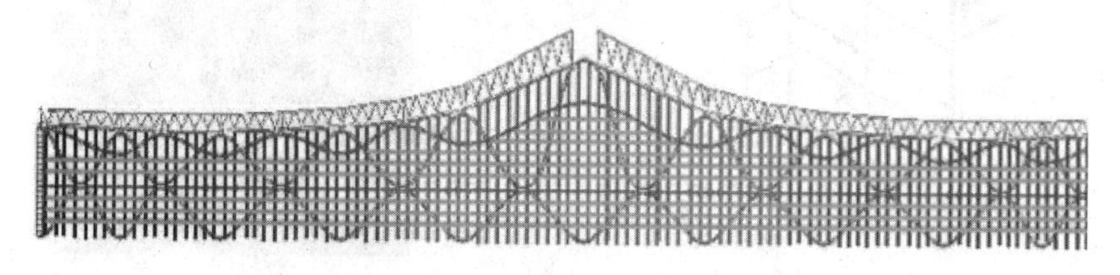

图 8　索结构布置

钢彩带为 700×2500×70 尺寸不等的箱形钢结构，考虑到如果竖索在钢彩带之间分段，竖索张拉时非常繁琐，而且会因为张拉过程对主体钢彩带产生额外的附加荷载，这对主体钢彩带是非常不利的。需要竖索相对于钢彩带可以上下滑动，只传递水平荷载给钢彩带，为了实现这个功能，深化设计时采用了定滑轮的设计思路，这是定滑轮在国内幕墙拉索体系中的首次应用。

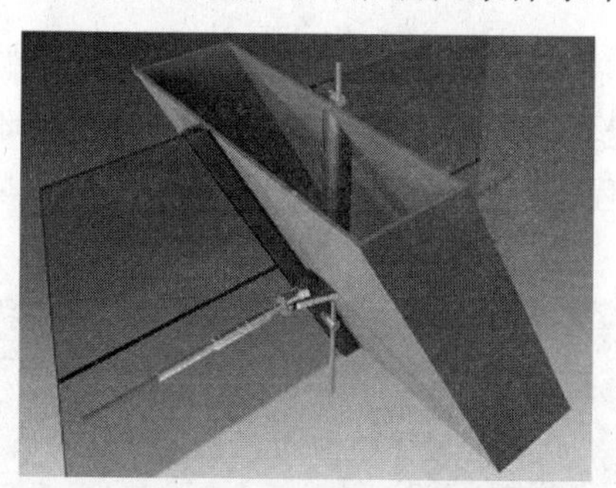

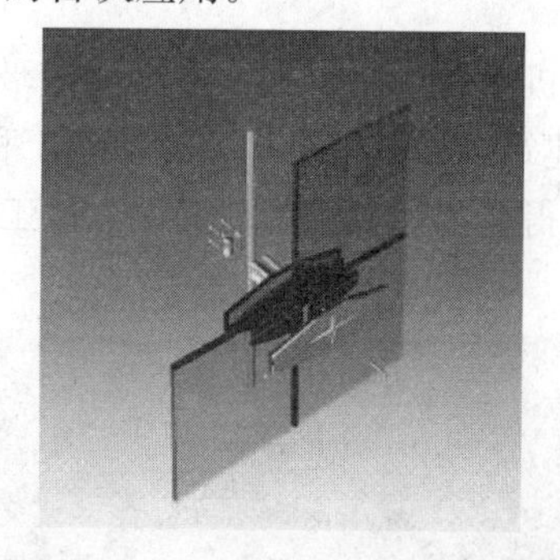

图 9　竖索穿钢彩带节点做法

图 9 中定滑轮固定在钢彩带预留的孔洞中，竖索穿过定滑轮，上下可以自由滑动，水平能传递荷载给钢彩带，定滑轮的摩擦系数非常小，能有效地防止竖索磨损。为了更有效地防止不锈钢竖索磨损，定滑轮的两个滑轮的材质采用的是比不锈钢软的铝，这样，即使有磨损，高预应力的不锈钢丝也能得到保护。为了构造简单及施工方便，横索采用分段设计和施工。

张拉计算结果表明，根据设定的前十二种张拉工况，在每种张拉工况下，主动张拉区对被动影响区影响都较小，对钢结构的位移和应力也都较小，均控制在设计范围内。

2）两翼超大旋转幕墙系统

昆明新机场在节能减排已成为国家战略的大背景之下，进行了大胆全面的尝试，阳光穿过四面巨大的玻璃幕墙，通过玻璃幕墙的自然采光，航站楼的全年人工照明可节能 20%～30%。可以自动开关的航站楼天窗和玻璃幕墙自动窗以及东西两侧的 8 扇超大自动智能化旋转门，让身处其中的旅客随时能够感受到舒适的自然风。

昆明地理位置属北纬亚热带，然而境内大多数地区夏无酷暑、冬无严寒，具有典型的温带气候特点，素以“春城”而享誉中外；在考虑航站楼的幕墙节能设计时，针对昆明的气候特点，在航站楼大厅采用了自然通风的设计理念，在航站楼中心区东、西两面，位于EWS5.2位置，各采用8樘9m×6m（高×宽）两翼旋转玻璃幕墙系统，旋转幕墙三维图、样板照片见图10、图11。

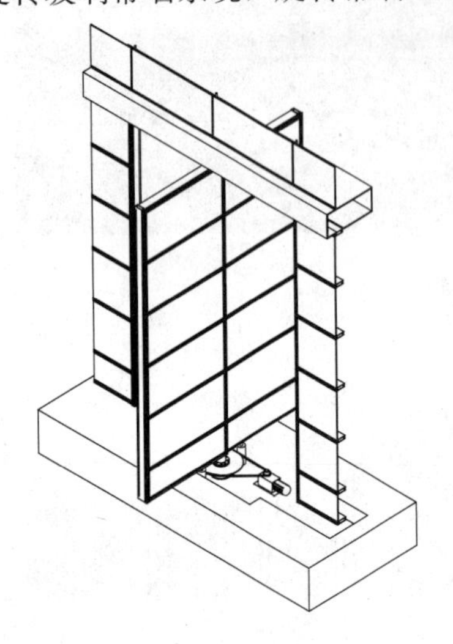

图10　9m×6m旋转玻璃幕墙三维图

图11　旋转幕墙系统1：1样板

本旋转玻璃幕墙系统位于东西两侧幕墙，非主要人流出入口，主要是自然通风的功能，当处于关闭状态时，和整幅幕墙非常协调统一，本系统实现了四个角度开启、风速、雨水感应、防夹防撞、火灾报警等智能化控制功能。整个航站楼几乎可以不设空调，达到节能环保的目的。

3）小结

昆明长水国际机场南立面采用单索点支式玻璃和金黄色波浪形钢结构彩带浑然一体巧妙地组合成“金镶玉”幕墙，建筑设计方案造型独特。本工程幕墙采用了多项新技术，其节能环保、绿色建筑理念得到很好实现，获得业主和专家论证好评。该工程已经获得鲁班奖和詹天佑工程大奖，建成后北立面照片见图12。

图12　昆明长水国际机场北立面

4　结束语

大型机场航站楼常常通过玻璃幕墙和屋面采光窗形成开敞通透的“透明建筑”给人以轻盈的感觉，加上曲面起伏的现代建筑的华丽造型使得建筑外观丰富溢彩，这种建筑内外视觉极大地满足了人民群众日益增长的物质文明和精神文明需要。

以上通过两个大型机场航站楼建筑幕墙设计特点分析，充分展示了大型航站楼建筑的复杂造型以及建筑、结构与幕墙的构造关系，一些最新的科技成果在航站楼幕墙设计和施工中得到了很好的应用。机场航站楼建筑幕墙设计必须根据每个项目的自身特点，实现个性和共性（建筑幕墙与机场航站楼建筑效果）最佳完美结合。

“BIM 技术成就建筑之美”
——浅谈江苏大剧院外装饰幕墙工程设计与施工技术

周志刚，陈建辉

（山东雅百特科技有限公司，上海　200335）

摘　要　本工程屋面造型新颖独特，本文主要介绍了本项目的部分重点难点问题以及解决措施。

关键词　BIM；外装饰幕墙

1　工程概况

江苏大剧院项目是一个集演艺、艺术培训、展示、商业配套等功能为一体的大型文化综合体，位于长江之滨的江苏省南京市河西新城核心区。基地净用地面积共 19.6633 万 m^2，总建筑面积 27.1386 万 m^2，建筑总高度 47.3m。

江苏大剧院造型如同 4 颗水珠，分别容纳了歌剧厅、戏剧厅、音乐厅、综艺厅等主要功能厅，4 颗水珠坐落在一个公共活动平台之上，“水珠”围绕 70m×60m 的椭圆形室外中心广场均匀分布，形成半围合的空间形态。呈荷叶水滴造型，充分体现“水韵江苏”特色（图 1）。

江苏大剧院主体钢结构，采用箱形桁架与横向支撑相结合的空间结构体系，其外形复杂，主体钢结构沉降变形很大，卸载后最大变形可达 250mm，这就使金属屋面在施工过程中要有很大调差量，才能满足建筑外观尺寸，给金属屋面的施工增加很大难度。主体钢结构造型如图 2 所示。

图 1　建筑概况

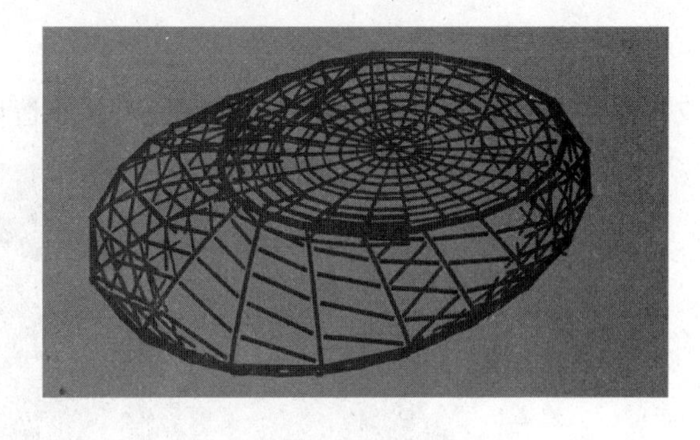

图 2　主体钢结构造型

2　檩条结构层

檩条结构层是整个项目的骨架，只有檩条结构层做的精确到位才能保证装饰幕墙这套外衣穿的合体，所以安装檩条时必须将主体钢结构的施工误差调整到外形允许的范围之内；将建筑皮和主钢结构模型组合起来，找出建筑皮和主体钢结构之间的位置关系，然后依此来确定檩条完成面及檩托高度，并以三维坐标的形式确定檩条的坐标点，现场通过全站仪进行空间位置定位。

檩条与主钢结构连接整体模型见图 3。

屋面檩条整体效果见图 4。

图 3 檩条与主钢结构连接整体模型

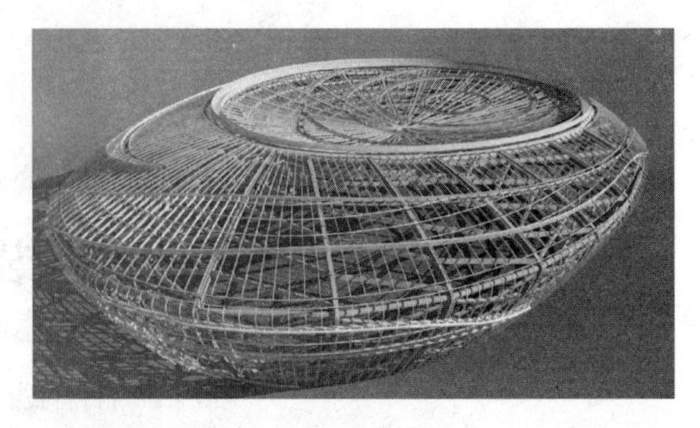

图 4 屋面檩条整体效果图

3 直立锁边防水层

3.1 设计难点

由于该建筑造型复杂，屋面呈双曲水滴造型，屋面板布置是否合理直接关系到建筑造型的实现及美观，见图 5。

图 5 屋面板造型

屋面板空间排版，也是此项目的一个难点，屋面板的长度，弯弧半径，几乎每块都不一样，所以屋面板必须进行空间排版，才能定位长度及弯弧半径。首先，在 BIM 软件模型中按照扇形板与直板相结合的方式进行排版，这种排布方式既满足屋面的造型要求，又能 使屋面板才合理利用。其次，经过屋面板空间的排版，我们就可以得到屋面板的长度，屋面板的弯弧半径，屋面板宽度尽量控制在 230～500mm 之间变化（合理控制板材利用效率），根据这个间距变化来调整屋面固定支座间距，并现场放样复核，从而保证了建筑造型顺利实现。见图 6。

图 6 屋面板空间排版

3.2 屋面板曲率分析

经过建模并分析，屋面板最小弯弧半径 1.1m，位于拱起的低点。屋面板最大弯弧半径 23.5m。见图 7。

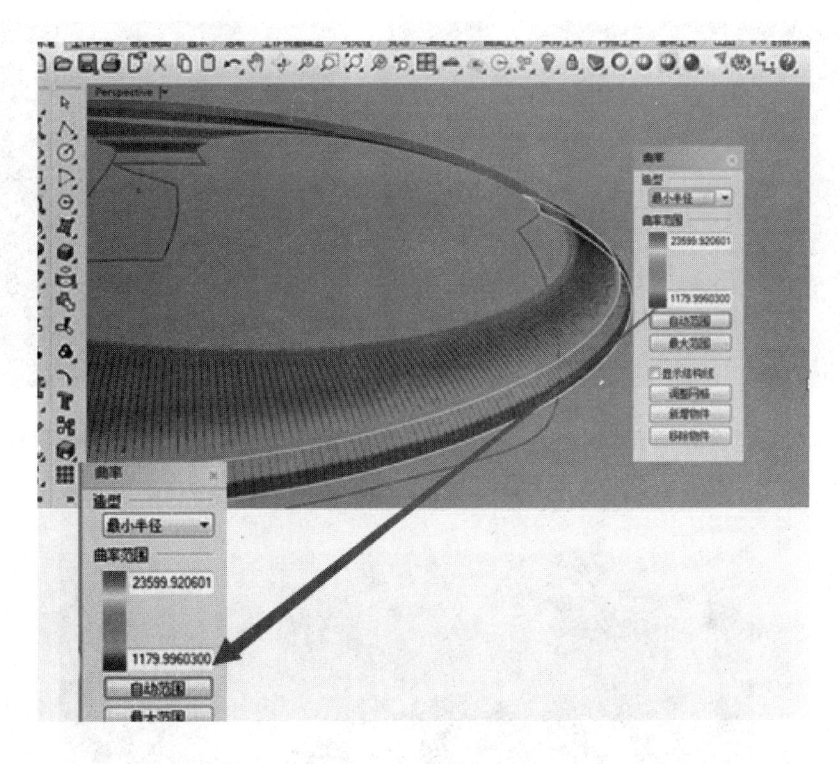

图 7　屋面板曲率分析

4　装饰板面层

装饰板面层相当于给建筑物穿上一套华丽的外衣，这套外衣做的漂亮与否，直接关系到建筑物的整体美观性。为了表达建筑物“水韵江苏”之特色，需要在屋面板表面设计一层装饰板，来满足建筑效果需要，具体选择何种装饰板，经过论证分析，并结合南京的文化特色，最终选择钛复合板作为主要装饰面，B 系统不可见区域选择铝复合板装饰面，板块径向缝宽 15mm，纬向缝宽 100mm，装饰板与屋面板之间通过铝合金锁夹连接，装饰板龙骨采用铝圆管支撑。见图 8。

（1）首先根据建筑轮廓线用 BIM 软件绘制出来建筑表皮，然后在三维模型中按照建筑外观的效果对钛复合板进行分格，分格完成后在对每一块钛板尺寸根据现场调整，出加工图。见图 9。

（2）钛板加工完成后，现场进行三维测量放线，每块钛板的四个角都要放线打点放线，标准误差控制在±5mm 之内。

（3）水滴莲花，花瓣及花茎造型，此处装饰面板全部为双曲板，每块板的空间坐标都不一样，我司全部采用 BIM 建模，模拟空间坐标定位，结合现场实际放样下料、安装。如图 10 所示造型。

图 8　屋面板装饰面

5　不锈钢导水天沟

（1）本工程天沟数量较多，并且每条天沟从上至下都是双曲状，天沟设计也是本工程的难点，直接影响屋面的防水性能，在设计阶段，我们采用 BIM 技术，对天沟龙骨进行模拟、放样。见图 11。

图 9　绘制屋面板表皮

图 10　装饰面板 BIM 建模

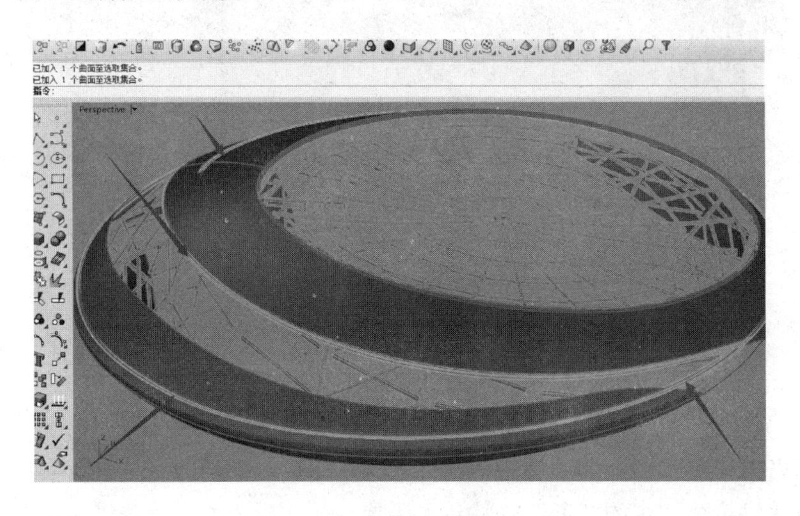

图 11　天沟龙骨模拟

（2）由于该工程天沟造型也是双扭状，如何实现天沟板的过渡顺滑，至关重要，首先对天沟进行三维空间模拟，找出天沟变化的曲线，然后根据曲线路径对天沟龙骨进行建模、定位，然后根据龙骨布置排布天沟板。见图 12。

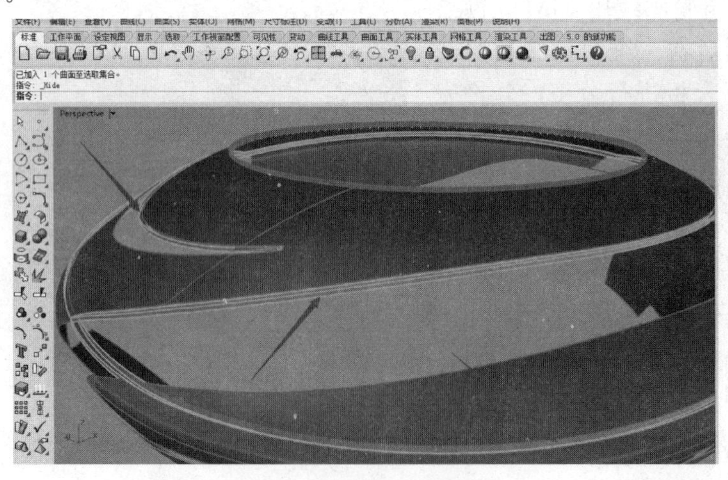

图 12　布置天沟板

（3）由于该天沟属于双曲造型，在屋面板上坡度及标高渐变，故在进行排水系统设计时，应考虑水流速度对天沟最低点的影响，避免最低点排水压力过大，需要在天沟局部区域设置天沟落水斗，同时需要考虑集水井，减缓水流对天沟最低点的影响，避免最低点出现溢流现象。见图 13。

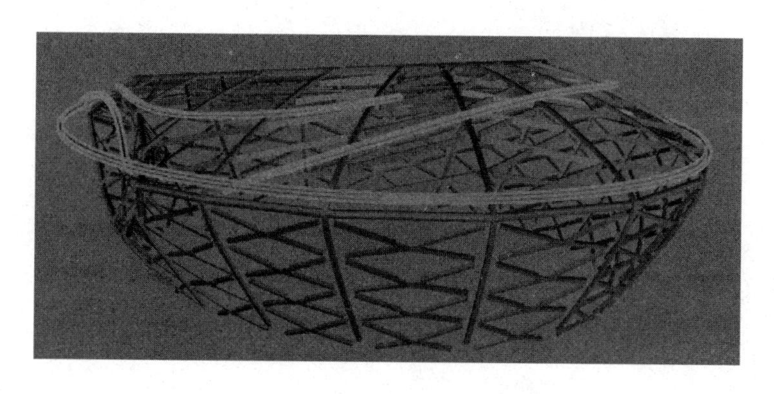

图 13　布置天沟落水斗

6　结语

本工程屋面造型呈曲线、新颖独特，给人以强烈的视觉冲击与美感。通过详细深入研究本项目的设计、加工、施工、使用和维护等各环节，解决了本项目工程重点难点问题。

（1）测量放线

1）本工程的建筑造型不规则，建筑形体由连续的自然曲面组成，为达到安装精度要求，必须对每层平面、每块幕墙曲面都要进行定位、放线。

2）本工程平立面均为不规则图形，标高控制点复杂，受外部环境（如施工过程中的风荷载、温度变形、楼层之间的变形）影响较大，所以测量放线是本工程的重点。

（2）钢件加工尺寸精度控制和焊接质量控制

本项目支撑龙骨主要为钢龙骨，所占比例为 95%以上。钢龙骨大小、长短各不相同，从而导致钢龙骨的重量有所不同，为了高效、合理地完成这一环节，采用有效的精度控制和质量控制。

（3）直立锁边板的吊装和安装

本项目直立锁边板所占比例较大，且板块数量较多、板块规格多，导致直立锁边板吊装和安装困难。

（4）装饰板的加工及安装

本项目装饰板的加工尺寸，弯弧半径，基本每块都不一样，加工规格尺寸之多，加工难度之大，在装饰板的安装过程中，安装精度的控制，也是本工程的难点。

在江苏大剧院钢结构外装饰幕墙的施工图设计和现场施工过程中，出现了很多难点和新问题，通过对工程的重点难点分析、研究。在实践中，我们针对工程具体的难点进行研究开发，找到了解决问题的方法，在整个工程中我们运用 BIM 技术，所有构件全部三维建模，此工程完整地诠释了“BIM 技术成就建筑之美 ”。

浅谈压型金属板屋面工程质量问题

弓晓芸，弓　剑

（中冶建筑研究总院，北京　100088）

摘　要　本文通过压型金属板屋面工程实例，对压型金属板屋面工程设计施工中出现的问题，提出建议和改进措施，以保证屋面工程质量。

关键词　压型金属板屋面；设计施工；工程质量

1　压型金属板屋面系统工程的应用

1.1　压型金属板屋面系统

压型金属板屋面墙面系统是指采用压型金属板面板、金属面夹芯板、压型金属板底板、保温隔热隔声防潮及防水材料等，与其配套的固定支架、连接件、零配件及密封材料组成的单板、各种复合板作为屋面、墙面系统的总称。压型金属板屋面墙面系统必须满足承重、防水、保温、隔热、隔声、安全耐久、美观适用、环保节能等不同建筑物的功能要求。

压型金属板板材主要采用：彩色涂层钢板、镀锌钢板、镀铝锌钢板、铝合金板、彩色涂层铝合金板、不锈钢板、钛合金板、铜板等。

按照建筑设计要求屋面墙面可分为保温非保温，分别采用单层压型金属板、金属面夹芯板、现场压型金属板和保温隔热等材料组成的复合板。

1.2　特点

金属压型板、夹芯板及复合板是集承重、防水、抗风、保温隔热、装饰为一体的多功能新型轻质板材。与传统的建筑板材比较，自重轻、强度高、防水及抗震性能好，可回收利用，是环保节能性材料；工业化生产产品质量好，施工安装简便快捷；颜色丰富多彩、装饰性强，组合灵活多变，可表现不同建筑风格；采用金属板作屋面墙面围护结构，可以减少承重结构的材料用量，减少构件运输和安装工作量，缩短工期、节省劳动力，综合经济效益好；广泛用作建筑物的屋面、墙面围护结构。

1.3　应用

压型金属板屋面墙面围护结构系统是一项发展最快、应用最广的建筑新技术新产品体系，压型金属板、夹芯板加工厂家遍布全国各地，有的厂家已具有独自的屋面墙面围护系统，有的厂家引进国外先进设备，技术水平不断提高。目前国内的压型板板型有几十种。夹芯板生产线全国各地引进20多条，主要从意大利、德国、韩国引进，目前国内厂家也能够制作夹芯板生产线。尤其是近十多年，直立锁边铝合金压型板的研究应用满足了各种大型体育场馆、会展中心、大剧院、航站楼和高铁车站等标志性建筑屋面的需要。估计每年压型金属板屋面墙面用量在两千万平方米以上。

1）新建扩建机场航站楼、高铁车站站房和雨棚等交通设施见图1。

2）各种用途体育场馆见图2。

3）大剧院、博物馆、会展中心、园博园、博览中心等大型公共建筑见图3。

图1 各类机场航站楼、高铁车站站房

(a) 沈阳桃仙国际机场航站楼；(b) 昆明国际机场航站楼；(c) 杭州萧山国际机场航站楼；(d) 南宁国际机场航站楼；(e) 深圳宝安国际机场航站楼；(f) 郑州新郑国际机场航站楼；(g) 武汉高铁站；(h) 广州南站

1.4 挑战与问题

近十几年，国内新建的剧院、会展中心等大型公共建筑；新建的机场航站楼、高铁车站站房等交通设施；奥运会、亚运会及大运会的体育场馆建筑都是标志性大型建筑。这些建筑的特点是：

1）许多建筑都是国外的设计方案，有些建筑设计造型新颖、奇特；尤其是屋面形状非常复杂怪异，有的建筑造型似飞鸟展翅、蚌壳、蝴蝶等动物，有些造型似波浪漩涡、水珠、树叶、花瓣、石头、钻石、鸟巢等非线性形状；屋面造型复杂的建筑大多只是追求“空中景观”，人们在地面上是无法欣赏到的。

(*a*) (*b*) (*c*) (*d*) (*e*)

图 2　各类体育场馆

(*a*) 济南奥林匹克中心体育场馆；(*b*) 福州奥林匹克中心体育场；(*c*) 哈尔滨万达茂滑雪游乐园；(*d*) 广州亚运会综合馆；(*e*) 深圳大运会综合馆

2）有的建筑屋面面积不大，形状又过于复杂。

3）有些建筑屋面单体面积巨大，屋面坡度过于平缓。

4）有些建筑屋面开洞过多、构造复杂，埋下漏水隐患。

5）有些建筑屋面追求奢华加设不锈钢板、钛合金板、铝合金格栅等高档装饰面层。

这就给屋面墙面的详图设计、制作加工，施工安装带来极大的难度和挑战，屋面厂家想方设法达到设计预期的效果。但是由于种种设计和施工方面的原因，一些建筑的屋面发生压塌、漏水、风揭等损坏情况的现象屡屡发生，引起社会上的极大关注，这不仅严重影响了建筑物的正常使用，而且造成了巨大的经济损失，同时也给行业的信誉造成了不好的影响（图 4～图 6）。

2016 年 2 月 6 日《中共中央国务院关于进一步加强城市规划建设管理工作的若干意见》中，针对当前一些城市存在的建筑贪大、媚洋、求怪等乱象丛生，特色缺失和文化传承堪忧等现状，提出加强建筑设计管理。按照“适用、经济、绿色、美观”建筑方针，突出建筑使用功能以及节能、节水、节地、节材和环保，防止片面追求建筑外观形象。强化公共建筑和超限高层建筑设计管理。鼓励国内外建筑设计企业充分竞争，培养既有国际视野又有民族自信的建筑师队伍，倡导开展建筑评论。

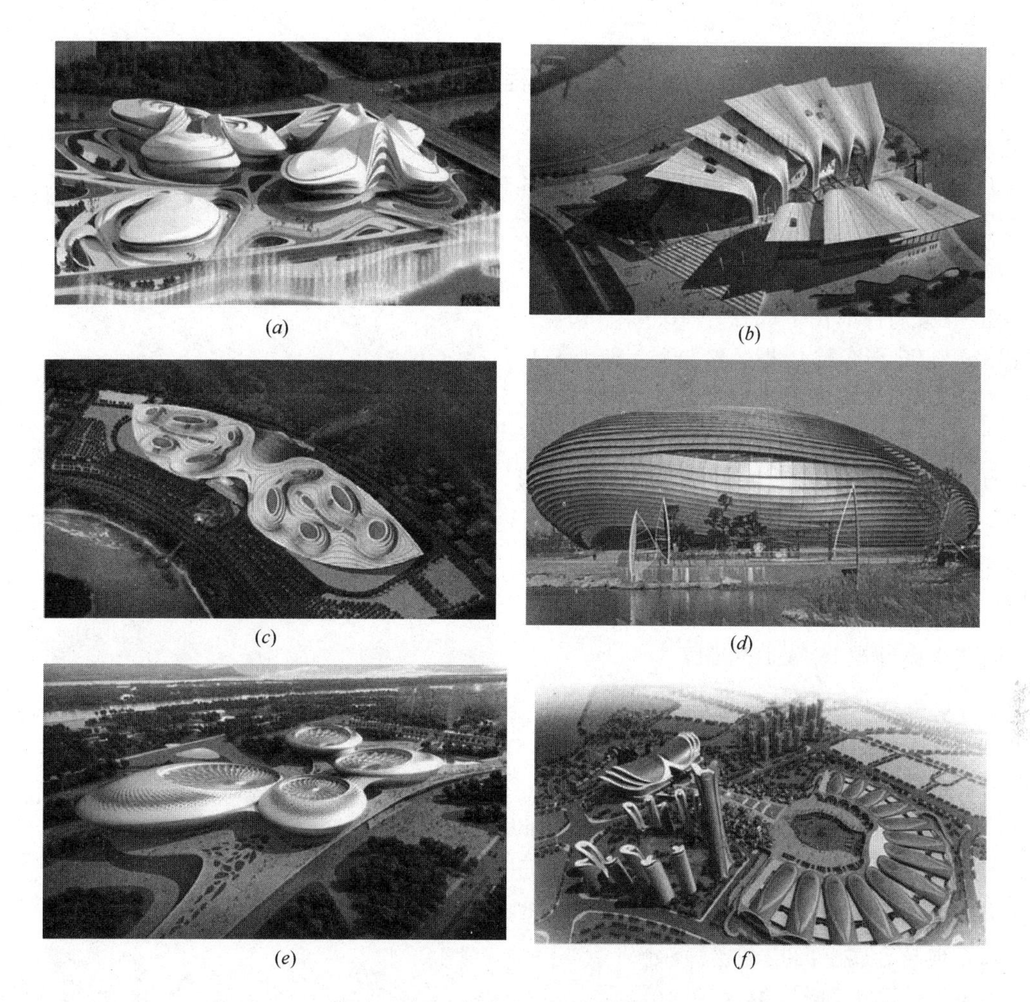

图3 各类大型公共建筑

(a) 长沙梅溪湖会展中心；(b) 无锡大剧院；(c) 重庆国际博览中心；(d) 北海园博园；
(e) 南京江苏大剧院；(f) 昆明国际会展中心

图4 大雪压塌屋面

图5 台风吹掉屋面

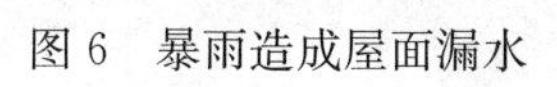

图6 暴雨造成屋面漏水

2　金属屋面墙面工程现行设计施工标准、规程规范

1)《连续热镀锌钢板及钢带》GB/T 2518
2)《连续热镀铝锌合金镀层钢板及钢带》GB/T 14978
3)《彩色涂层钢板及钢带》GB/T 12754
4)《一般工业用铝及铝合金板，带材》GB/T 3880
5)《变形铝及铝合金化学成分》GB/T 3190
6)《铝及铝合金彩色涂层板，带材》YS/T 431
7)《建筑用钛锌合金饰面复合板 》JG 339
8)《建筑用压型钢板》GB/T 12755
9)《铝及铝合金压型板》GB/T 6891
10)《建筑用金属面绝热夹芯板》GB/T 23932
11)《自钻自攻螺钉》GB/T 15856.4
12)《建筑结构荷载规范》GB 50009
13)《钢结构设计规范》GB 50017
14)《冷弯薄壁型钢结构技术规范》GB 50018
15)《门式刚架轻型房屋钢结构技术规程》CECS 102
16)《铝合金结构设计规范》GB 50429
17)《建筑工程施工质量验收统一标准》GB 50300
18)《钢结构工程施工质量验收规范》GB 50205
19)《压型金属板工程应用技术规范》GB 50896
20)《采光顶与金属屋面技术规程》JGJ 255
21)《建筑设计防火规范》GB 50016
22)《建筑物防雷设计规范》GB 50057
23)《建筑物防雷工程施工与质量验收规范》GB 50601

标准图集：

《压型钢板夹芯板屋面及墙体建筑构造》(一) 01J925—1
《压型钢板夹芯板屋面及墙体建筑构造》(二) 01J925—2
《压型钢板夹芯板屋面及墙体建筑构造》(三) 08J925—3

其中：

《压型金属板工程应用技术规范》GB 50896
《钢结构工程施工质量验收规范》GB 50205

这两本国家标准对压型金属板屋面墙面工程制作加工、施工安装、竣工验收规定的比较详细，是压型金属板屋面墙面工程应遵循的主要标准。

3　压型金属板屋面墙面施工质量要求

《压型金属板工程应用技术规范》GB 50896、《冷弯薄壁型钢结构技术规范》GB 50018、《钢结构工程施工质量验收规范》GB 50205 等国家标准对压型金属板屋面墙面工程的设计、施工质量及验收要求作了详细的规定。

例如《压型金属板工程应用技术规范》GB 50896—2013 中对压型金属板屋面系统、墙面系统设计、制作安装、质量控制和工程验收都作了如下规定：

5 建筑设计

5.1 一般规定

5.1.1 压型金属板系统应根据当地气象条件、建筑等级、建筑造型、使用功能要求等进行系统设计。

5.1.2 压型金属板系统设计应包括下列内容：

1 压型金属板屋面系统、墙面系统构造层次设计；

2 压型金属板屋面系统、墙面系统抗风揭设计；

3 压型金属板屋面防水排水设计；

4 压型金属板系统防火、防雷设计；

5 压型金属板系统保温隔热设计；

6 确定压型金属板选用的材料、厚度、规格、板型及其他主要性能；

7 确定压型金属板配套使用的连接件材料、规格及其他主要性能。

5.1.3 压型金属板系统设计时应考虑温度变化的影响，合理选择压型金属板板型及连接构造。

5.1.4 压型金属板系统应防止外部水渗漏，并应防止系统构造层内冷凝水集结和渗漏。

5.1.5 压型金属板屋面系统应进行排水验算。

5.1.6 压型金属板系统所用材料的燃烧性能和耐火极限应符合现行国家标准《建筑设计防火规范》GB 50016 的有关规定。

5.1.7 压型金属板系统应根据现行国家标准《建筑物防雷设计规范》GB 50057 和相关设计要求进行防雷设计。

5.2.2 压型金属板系统设计应符合下列规定：

1 压型金属板系统应设置其他构造层，满足系统水密性和气密性要求；

2 当压型金属板系统有保温隔热要求时，应采用防热桥构造；

3 压型金属板屋面与墙面围护系统的伸缩缝设置宜与结构伸缩缝一致；

4 压型金属板屋面和墙面板应设置固定式连接点；扣合型和咬合型屋面板，除应按照设计要求设置的固定式连接点外，屋面板在其他部位不得与固定支架或支承结构直接连接固定；

5 在风荷载大的地区，屋脊、檐口、山墙转角、门窗、勒脚处应加密固定点或增加其他固定措施；对开敞建筑，屋面有较大负风压时，应采取加强连接的构造措施；

6 压型金属板屋面与墙面系统不宜开洞，当必须开设时应采取可靠的构造措施，保证不产生渗漏；

7 压型金属板屋面宜设置防止坠落的安全设施。

7 加工、运输及贮存

7.1 一般规定

7.1.1 压型金属板宜在工厂加工，当受运输条件所限时可在现场加工；

7.1.2 加工压型金属板的原材料应符合相应原材料的标准要求，并有生产厂的质量证明书；

7.1.3 压型金属板产品应符合现行国家标准《建筑用压型钢板》GB/T 12755 和《铝及铝合金压型板》GB/T 6891 的有关规定；

7.1.4 压型金属板表面宜贴保护膜。

8 安装

8.1.1 压型金属板系统安装前应完成详图设计，并应完成确认。

8.1.2 压型金属板进场后进行检查应符合下列规定：

1 应检查产品的质量证明书、中文标志及检验报告；压型金属板所采用的原材料、泛水板和零配件的品种、规格、性能应符合现行国家产品标准的相关规定和设计要求。

2 压型金属板的规格尺寸、允许偏差、表面质量、涂层质量及检验方法应符合设计要求和本规范第 7.3 节的有关规定。

8.1.3 安装单位应根据压型金属板系统构造，确定各个构造层的安装工序。安装过程中，应按相应技术标准对各工序进行质量控制，相关工序之间应进行交接检验，并应有完整的记录。

8.1.4 压型金属板的每道工序安装完成后，应对已完成部分采取保护措施。

8.1.5 屋面底板未经计算校核，不得作为安装及维护时的行走通道。

强制性条文：

8.3.1 压型金属板围护系统工程施工应符合下列规定：

1 施工人员应戴安全帽，穿防护鞋；高空作业应系安全带，穿防滑鞋；

2 屋面周边和预留孔洞部位应设置安全护栏和安全网，或其他防止坠落的防护措施；

3 雨天、雪天和五级风以上时严禁施工。

9 验收

9.2 原材料及成品进场验收

9.3 固定支架、紧固件及其他材料验收

9.4 压型金属板现场加工验收

9.5 固定支架安装验收

9.6 压型金属板安装验收

9.7 节点安装验收

4 保证压型金属板屋面工程质量的问题和建议

金属屋面工程是非常重要的分部工程，必须满足建筑结构设计要求，满足建筑物使用功能的要求。房屋建筑对屋面的使用功能要求为：安全耐久、遮阳防雨防雪、防风抗风、保温隔热隔声、美观适用、容易维护、节能环保等。不同类别的建筑对屋面的具体要求也不同。其中安全耐久、不漏雨是对房屋建筑最基本的要求。

（1）为了保证工程质量，提高技术水平，整顿金属屋面墙面工程施工队伍，中国建筑金属结构协会制定了《金属屋（墙）面设计施工资质》标准，从工程业绩、技术人员资质、技术管理水平和技术装备等方面对企业进行评估，分为特级、一级和二级。金属屋面墙面工程必须选择有资质的企业进行施工。

（2）投标阶段：要认真分析屋面墙面设计方案的可行性及存在问题，及时向业主和设计院反映，并提出方案优化建议。

中标后：要认真编制屋面墙面施工组织设计，进行屋面墙面详图深化设计，研究在实施过程中可能出现的安全和漏水问题，及时和设计院协商解决；对于形状复杂奇特以及开洞过多的屋面建议组织有关专家进行方案论证；对于不可行或吃不准的部分必须进行试验研究，或者建议设计院修改方案。对于风荷载大的地区按照设计要求进行屋面风揭试验，屋面构造及节点做法请设计院确认。

（3）屋面墙面压型金属板的制作加工、施工安装必须符合国家现行规程规范的要求；对于超规范的复杂屋面工程应组织专家论证；压型金属板施工安装严禁赶工、草率留下隐患。

（4）屋面墙面压型金属板的验收必须按照国家现行规程规范的要求进行。

（5）压型金属板屋面墙面围护结构工程的施工必须重视安全措施和安全教育，防止发生安全事故。

（6）对于施工后及使用中屋面发生渗漏、风揭的部位要详细检查、分析原因、研究办法，彻底进行修补，保证能够正常使用。

（7）为了保证压型金属板屋面墙面工程质量，建议研究编制本公司的金属屋面墙面系统技术资料，针对屋面墙面用不同品种规格的压型板，在试验研究的基础上编制每种板型的企业技术标准，内容包括：系统说明；材料选用；压型板跨度荷载选用表；不同部位构造节点；与其配套的零配件、连接件、堵头及密封材料构造详图及选用表；压型板制作加工、包装运输堆放、施工安装说明以及维护与维修使用说明书等。

（8）通过工程实践不断总结压型金属板屋面墙面工程成熟的细部设计、节点构造、施工工法及配套连接件零配件等技术，为相关规程规范修订提供依据。

参考文献

[1] 中华人民共和国国家标准. 钢结构工程施工质量验收规范 GB 50205—2001[S]. 北京：中国计划出版社，2002.
[2] 中华人民共和国国家标准. 压型金属板工程应用技术规范 GB 50896—2013[S]. 北京：中国计划出版社，2014.
[3] 中华人民共和国国家标准. 冷弯薄壁型钢结构技术规范 GB 50018—2002[S]. 北京：中国标准出版社，2003.

一种金属幕墙系统在建筑上的应用

宋新利，景立党，田　磊，胡文悌，杨得喜

（河南天丰钢结构建设有限公司，新乡　453000）

摘　要　金属幕墙系统作为一种新型幕墙形式，在强度高、重量轻、隔热保温、色泽鲜艳、外形美观上都达到了一个更高的水平，同时又具有加工制作方便、施工速度快等特点，越来越受到建筑界的青睐。本文结合实际项目探讨金属幕墙系统的系统构造，龙骨布置，建筑节点以及幕墙系统的美观灵活等问题。

关键词　金属幕墙；系统构造；龙骨布置；建筑节点；美观灵活

1　概述

随着社会的发展，人们除了关注对建筑物功能之外，对建筑的外观造型、绿色环保、寿命周期等要求也越来越高。金属幕墙系统作为一种新型的幕墙系统，具有灵活多变的造型，集保温、装饰一体化，丰富多样的饰面材料选择，满足不同使用功能和寿命的建筑物。金属幕墙系统是一种性能优异的幕墙系统，适用于各类民用建筑和公共建筑。

图1　金属幕墙板

2　金属幕墙板及其特性

金属幕墙板（图1）是一种集保温装饰于一体的幕墙板，由内、外层金属板，岩棉或玻璃丝棉保温芯材复合，采用独特的侧面折边和封堵工艺加工而成的盒式复合板材。

2.1　金属幕墙板主要技术参数

墙板厚度：50mm、75mm、80mm、100mm、150mm。

墙板宽度：300～1200mm。

墙板长度：面板为平板：最长8000mm，面板为压花条纹面或压花面：最长11000mm。

墙板接缝：垂直方向：双榫槽接口，15mm标定尺寸；水平方向：等压雨屏设计，40～150mm。

接缝宽度：40～150mm。

墙板饰面：外层面板：压花或平板；内层面板：压花或条纹。

2.2　金属幕墙板主要产品特点

（1）无缝卷边：每张板端，均用外层金属板直接卷边密封，使每张板外观呈独立的镶嵌效果，保证水平与垂直缝线条一致，使整个建筑物干净悦目。

（2）干式密封：内置扣合结构、工厂涂装插接缝丁基不干密封胶，永久保证密封效果，所有金属板的密封在内部完成，完全避免板缝外部现场附设硅胶容易造成灰尘和污渍的污染现象。

（3）无缝转角，无缝卷角：进口可移动成型设备现场生产，可以现场加工，不受限制，使建筑物转角处、梁柱外套显得干净利落；克服了众多建筑在转角处难看的收边和铆钉、焊点及补漆印迹等。

（4）多面效果：包括平面板面、浮雕面、石材纹理、小波纹等，提供范围广泛的创造性，可与幕墙、百叶窗及其他系列墙板广泛结合。使建筑物整体外观配合合理、完美整洁。

（5）隐藏卡件、紧固螺钉：版面整洁、线条流畅、外形美观、现代大气、建筑感强，具有防腐蚀、防锈蚀性能和外墙自洁功能。

2.3　冷墙面系统，保温节能良好

金属幕墙板可以通过改变外层金属板的涂料，使用反射隔热材料反射太阳光，减缓太阳光的热量传递，从而达到降低室内温度的效果，这也就是冷墙面系统。

金属幕墙板芯材用岩棉，是由天然的优质玄武岩高温熔融，经过从澳大利亚进口的全自动生产线，高速离心吹制成细长纤维，产品不燃烧，不产生有毒烟气，并且熔化温度超过1000℃，具有极强的防火能力。体积密度为120kg/m³，颜色色为深褐色或者深绿色。保温隔热效果好，可以提高建筑围护结构的热阻值，降低建筑采暖和空调能耗，节能减排；不吸湿，耐老化，性能长期稳定；吸声隔声，降噪效果好；化学惰性，不腐蚀其他金属材料；轻质，可切可锯，容易加工；不含石棉，对人体无害；纤维可降解，可以循环利用。

金属幕墙板芯材用玻璃丝棉，采用优质玻璃丝绵，密度为64kg/m³，导热系数0.037W/m·K，憎水率>98%，燃烧性能A级，纤维直径7μm，渣球含量0%。热荷重收缩温度300℃。热荷重收缩温度，是指“在一定荷重下加热，厚度收缩10%对应的温度”，在此温度下，材料的尺寸、机械性能及热性能没有超出允许范围的变化，即能够保证正常使用的最高温度。

金属幕墙板可以采用冷墙面系统，芯材采用高性能保温材料，是非常优异的保温节能材料。

2.4　模块化生产，施工便捷

金属幕墙板可以划分成不同的模块，比如，“U”形板、“L”形板、平板、正弧板、反弧板等模块（图2），不同的模块满足了建筑物个性化的设计，同时，模块化的生产提高了生产效率。

图2　幕墙“L”形、“U”形板

金属幕墙板重量轻，正常情况每平方米不超过24kg，易于吊装搬运。同时幕墙板为模块化，施工安装就像堆积木一样，大大提高了施工效率和安装成本。

2.5　表面靓丽，恒久耐用

金属幕墙板面板材质丰富多彩，可采用彩涂钢板，不锈钢板，铝板，钛锌板，铜板等金属材料，使用寿命可以达到100年。金属面板表面烤漆色彩丰富，颜色可达上100种之多（图3）。金属面板可以采用多种纹理处理，如压纹、印花、仿真压纹、立体压纹等（图4）。

2.6　外形美观，灵活多样

金属幕墙系统可适应建筑外观设计的多样化和灵活性，金属幕墙板可横向、竖向铺设，墙板企口插入式连接，纵向通过工厂折边、封堵、板端离缝，采用高耐候EPDM镶嵌，形成横竖缝相似的效果。

图 3 烤漆颜色

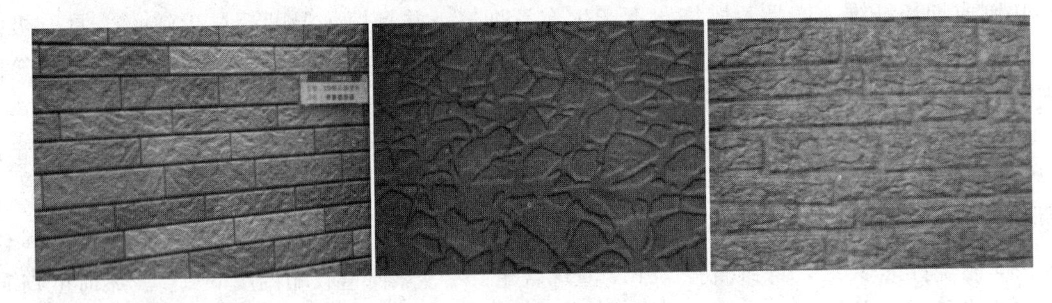

图 4 表面压纹

板材表面平整度高，节点收边处理简洁，无明钉。金属幕墙系统可以同玻璃幕墙、铝单板幕墙、石材幕墙等搭配使用，让建筑物的造型生动灵活，丰富多彩（图 5～图 8）。

图 5 错落有致

图 6 一体转角

图 7 柔美曲线

图 8 光滑平整

各类不同的立面板型可以随意自由组合，增强建筑外观实体与镂空的感觉和饰面效果比例，最大满足设计需要。金属幕墙板在企口处做了革命性的设计。其一，在保证企口不变的情况下，板厚可以变化，凸显建筑物立体层次感；其二，企口处的装饰缝宽度是可以调整的，调整范围为 40～150mm，从而让建筑物立面体现出错落有致的光影效果（图 9、图 10）。

图 9　厚度变化

图 10　装饰缝变化

3　工程实例

某研发实验楼工程。本工程办公楼为五层钢框架结构，建设地点位于河南新乡。建筑面积约 3000m²。设计理念为装配式绿色建筑。整体外观设计新颖，金属幕墙与玻璃幕墙的有机结合更加彰显现代建筑的风范；竖线条与金属幕墙板横排的应用使整个建筑线条明快，赋予建筑清心、和谐、通畅和灵气。

3.1　金属幕墙板的设计

本项目外墙板选用 100 厚银色和铁青灰色亚光金属岩棉幕墙板（图 11），外层面板 0.8mm 厚，内层面板 0.5mm 厚，AZ150 涂层，自洁高耐候板，集防火、保温隔热、隔声降噪与美观装饰于一体。燃烧性能达到 A 级，导热系数小于等于 0.043W/（m・K），平均隔声量大于等于 37dB。采用 1000mm、900mm 两种宽度。

3.2　金属幕墙系统构造

金属幕墙系统（图 12）采用 100mm 厚芯材为岩棉的金属幕墙板，板材为横向铺设，板材上下插入式连接，纵向通过工厂折边，板端离缝，采用高耐候 EPDM 镶嵌，形成横竖缝相似。板材表面平整度高，自重轻，防火性能好，安装方便，节点收边处理简洁，无明钉，构造防水效果好，无冷桥。立面达到铝单板幕墙效果，与玻璃幕结合提升建筑立面效果。

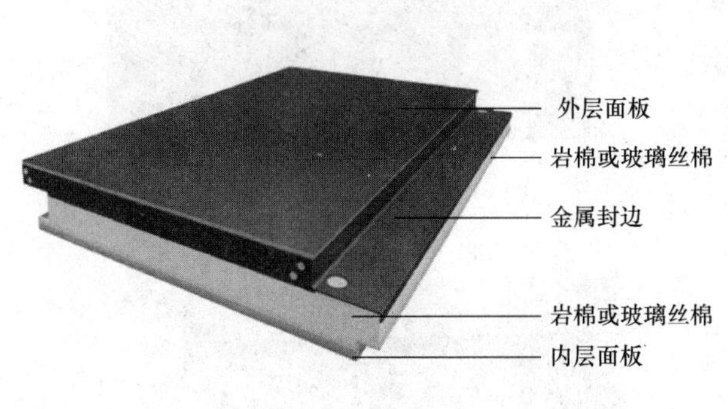

图 11　金属幕墙板

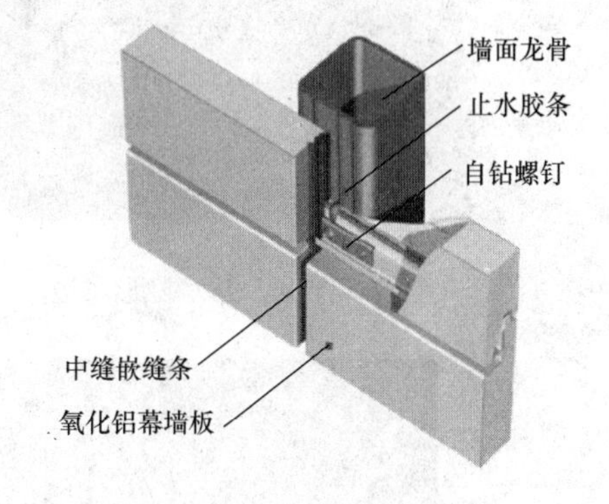

图 12　金属幕墙系统构造

3.3　金属幕墙系统热工分析

经分析计算金属幕墙系统的传热系数为 0.51W/m²・K，小于节能建筑标准要求的 0.60W/m²・K。结露检查计算，室内结露温度为 10.2℃，金属幕墙系统内表面结露温度为 16.89℃，金属幕墙系统内表面不会结露。即金属幕墙系统满足节能标准要求。

3.4 龙骨设计（图13）

金属幕墙板横向铺设，墙面龙骨竖向设置，规格为热镀锌方管，热镀锌量不低于Z275g。幕墙板对接缝（中缝）处的竖向龙骨同幕墙板结合面的有效宽度不小于120mm。

图13 龙骨布置

3.5 幕墙系统节点设计

建筑幕墙采用金属幕墙和玻璃幕墙系统搭配使用，金属幕墙板与玻璃幕墙上下连接处采用隐形收边，让玻璃幕墙和金属幕墙融为一体，浑然天成（图14）；门、窗周边收边同外墙板平，保证防水的同时，突出横竖缝线条的清晰，让建筑物立面更加干净整洁（图15）；一体转角处理，运用一体转角板不但可以很好地突出墙面转角的整体性而且能够增强建筑物立面效果（图16）；根据建筑造型在南、北立面采用横排与局部竖排板的建筑处理方法，改变传统的铺板做法，让立面视觉产生强烈的对比，能够充分体现金属幕墙板的灵动的风格（图17）；立面竖向造型全部采用“U”形工厂预制转角板，无收边处理，让建筑物清新亮丽，彰显个性（图18）；女儿墙压顶采用不外漏隐形压顶，使建筑更显挺拔向上，简约极致（图19）。

图14 幕墙隐形收边

图15 窗户收边

图16 一体转角

图17 横竖搭配

图 18 “U”形模块

图 19 女儿墙顶

4 金属面幕墙板在设计和施工中的建议

4.1 龙骨设计注意事项

幕墙板横铺时，龙骨竖向设置，仅在门窗洞口处设置横向龙骨，龙骨宜采用热镀锌方管，热镀锌量不低于 Z275g，厚度不宜小于 3.0mm。幕墙板竖向对接缝的龙骨连接面宽度不应小于 120mm。

4.2 幕墙板设计长度

幕墙板长度建议控制在 3000～6000mm 之间，板长过长会影响生产加工的精度，从而影响板面的平整度。同时幕墙板过长，直接暴露在室外，热胀冷缩易引起墙板表面变形。

4.3 墙面排板设计

金属幕墙板是一种盒式板，任何方向的裁切都会影响板材的使用寿命，而且会产生材料浪费和人工成本，产生不必要的损失。在幕墙系统设计时，必须按照幕墙板宽度的模数设计，或者用不同的板宽搭配使用。但是建议板宽种类不应超过两种，一是影响工程造价，二是影响施工进度。

5 结语

金属幕墙板作为一种新型建筑材料，以其丰富多彩的颜色，轻质节能环保的特性，通过合理设计，精妙的搭配组合，能够赋予建筑外观以无限想象的空间，是民用建筑、公共建筑墙体保温装饰一体化的最佳选择。

参考文献

[1] 中华人民共和国国家标准. 建筑用金属面绝热夹芯板 GB/T 23932—2009[S]. 北京：中国标准出版社，2010.

[2] 河南省公共建筑节能设计标准 DBJ 41/075—2006[S].

[3] 中华人民共和国国家标准. 建筑幕墙 GB/T 21086—2007[S]. 北京：中国标准出版社，2008.